Zink · TQM als integratives Managementkonzept

Klaus J. Zink

TQM als integratives Managementkonzept

Das EFQM Excellence Modell und seine Umsetzung

Mit Selbstbewertungsprozess

Berücksichtigt Reviews des EFQM-Modells von 2000 und 2002

2. vollständig überarbeitete und erweiterte Auflage

HANSER

Bibliographische Information der Deutschen Bibliothek
Die Deutsche Bibliothek verzeichnet diese Publikation in der Deutschen Nationalbibliografie; detaillierte bibliografische Daten sind im Internet über http://dnb.ddb.de abrufbar

Internet: http://www.hanser.de
Lektorat: Martin Janik
Herstellung: Ursula Barche
Umschlaggestaltung: Wolfgang Perez, büro plan.it
Druck und Bindung: Kösel, Krugzell
Printed in Germany

ISBN 978-3-446-22719-4

Inhaltsverzeichnis

Vorwort

Vorwort zur 1. Auflage

Business Excellence durch Total Quality bleibt auch nach mehreren Jahren der Auseinandersetzung mit diesem Thema eine Herausforderung.

Inzwischen hat sich TQM in Europa etabliert und findet in dem von der EFQM (European Foundation for Quality Management) propagierten Europäischen Modell eines Umfassenden Qualitätsmanagements eine Ausprägungsform, die durch die Integration in nationale Qualitätspreise eine breite Anwendung erfahren hat. Dieses Modell steht daher auch hier im Mittelpunkt. Darüber hinaus geht es um zwei weitere Ziele:

1. zu zeigen, dass TQM kein kurzfristig orientiertes Rationalisierungsprogramm, sondern ein integratives Managementkonzept ist;
2. zu beschreiben, wie ein solches Managementkonzept als Organisationsentwicklungsprozess in die Praxis umgesetzt werden kann.

Um diesen Praxisbezug besonders zu betonen, enthält die Darstellung eine Vielzahl von Beispielen. Dabei wurde u. a. auf eine europäische Fallbeispielsammlung zurückgegriffen, die diesen Grundlagenband ergänzt (Zink, K. J. [Hrsg.]: Business Excellence durch TQM – Erfahrungen europäischer Unternehmen. Hanser 1994). In einem dritten Teil werden die in diesem Kontext relevanten Management-Tools beschrieben. Dabei ist beabsichtigt, jeweils eine in sich geschlossene Darstellung zu geben, was im Einzelfall zu Wiederholungen z. B. von Abbildungen führen kann.

An der Aufarbeitung der Beispiele für die European Quality Award-Module sowie der Management-Tools waren meine Mitarbeiter Dr. R. Hauer, Dipl.-Wirtsch.-Ing. T. Bäuerle, Dipl.-Wirtsch.-Ing. T. Brandstätt, Dipl.-Wirtsch.-Ing. U. Klein, Dipl.-Wirtsch.-Ing. J. Rau, Dipl.-Wirtsch.-Ing. U. Riedmaier, Dipl.-Wirtsch.-Ing. P. Sommer, Dipl.-Wirtsch.-Ing. A. Schmidt, Dipl.-Wirtsch.-Ing. W. Steinmetz und Dipl.-Wirtsch.-Ing. M. Thul beteiligt, denen ich dafür herzlich danke. Die formale Erstellung lag in Händen von Dipl.-Wirtsch.-Ing. S. Böffel, der in der Endphase durch Dr. H. Diery unterstützt wurde. Die operative Umsetzung leisteten die Herren cand.-

Wirtsch.-Ing. M. Gössler und cand.-Wirtsch.-Ing. W. Voß; auch dafür herzlichen Dank. Für mehrfaches Korrekturlesen und die Gestaltung der Umschlaggrafik danke ich meiner Frau.

Schließlich danke ich dem Hanser Verlag und Herrn Dr. H. Henzler für die Übernahme dieser Publikation.

Kaiserslautern, im Sommer 1995 *Prof. Dr. Klaus J. Zink*

Vorwort zur 2. Auflage

Seit Erscheinen der 1. Auflage, die mehrfach unverändert nachgedruckt wurde, sind einige Veränderungen im Umfeld, aber auch weitere Erfahrungen mit so genannten „Partialkonzepten" hinzugekommen. Gleichzeitig wurde das EFQM-Modell für Excellence für das Jahr 2000 grundlegend überarbeitet und 2002 einer erneuten Revision unterzogen.

Die verstärkte Anwendung von Selbstbewertungskonzepten auf der Grundlage von Excellence-Modellen auch in Deutschland führt schließlich zur Notwendigkeit, dem Selbstbewertungsprozess einen breiteren Raum einzuräumen. Auf Vorschlag des Hanser Verlages wurden diese Gedanken aus dem Buch „Bewertung ganzheitlicher Unternehmensführung" übernommen und gründlich überarbeitet. Dies führt in der Konsequenz dazu, dass die Kapitel 3 und 4 der 2. Auflage sich ausschließlich auf den Bewertungsprozess konzentrieren. Um den Umfang in einem vertretbaren Rahmen zu belassen, wurden die zusätzlichen Inhalte im bisherigen Teil III fallweise an anderer Stelle eingearbeitet oder völlig aufgegeben.

Das zunehmende Interesse an einer Selbstbewertung auf der Grundlage von Excellence-Modellen in nichtindustriellen Bereichen war der Anlass, unsere Erfahrungen auf diesem Gebiet in einen entsprechenden Exkurs (Kapitel 6) einfließen zu lassen.

Während sich die Arbeit an der 1. Auflage auf mehrere Schultern verteilte, lastete die redaktionelle Umsetzung der 2. Auflage weitgehend auf meinem Mitarbeiter Herrn Dipl. oec. Ulrich Steimle, dem ich in besonderem Maße danke. Er wurde dabei von unseren wissenschaftlichen Hilfskräften Dennis Fritsch, Isabel Welz, Tobias Hinterwimmer, Marc Schulz, Christoph Brandl und Sven Seibert unterstützt. Das Material für den Exkurs in den nichtindustriellen Bereich wurde von verschiedenen Mitarbeitern des Instituts für Technologie und Arbeit an der Universität Kaiserslautern zusammengetragen, denen ich hiermit danke. Mein Dank gilt auch Herrn Dr. Wolfgang

Voß, der das Kapitel über den Prozess der Selbstbewertung kritisch gegengelesen hat, sowie meiner Frau, die einerseits während der Arbeit an diesem Buch auf mich verzichtet und andererseits das abschließende Korrekturlesen übernommen hat.

Schließlich gebührt dem Hanser Verlag Dank für die Geduld, die er aufgebracht hat, bis die 2. Auflage nach mehreren Anläufen endlich abgeschlossen werden konnte.

Kaiserslautern, im Herbst 2003 *Prof. Dr. Klaus J. Zink*

1 Business Excellence durch Total Quality

1.1 Zur Notwendigkeit integrativer Managementkonzepte

1.1.1 Standortbestimmung

Dass Veränderungen die einzigen Konstanten in einer Organisation sind, hat sich inzwischen herumgesprochen. Insbesondere der Einfluss der Informations- und Kommunikationstechnologien führt jedoch zu einer früher kaum vorstellbaren Zunahme an Komplexität und Dynamik. Daraus ergeben sich vielerlei Herausforderungen und Fragen: Sind die „traditionellen" betriebswirtschaftlichen Steuerungskonzepte noch tragfähig? Wie lässt sich ein solcher Wandel mit durchschnittlich immer älter werdenden Belegschaften gestalten? Gibt es eine Möglichkeit, die erhöhten Anforderungen an Flexibilität mit irgendeiner Form sozialer Stabilität zu verknüpfen? Wie können die Beratungskonzepte der Vergangenheit weiterentwickelt werden, um über eine Erfolgsquote von ca. 30 % hinauszukommen? Kann der Spagat zwischen kurzfristigen Erfolgen und mittel- bis langfristigen Veränderungen gelingen? Führt ein nachhaltiges Wirtschaften auch finanziell zu besseren Ergebnissen? Verringert eine „Stakeholderorientierung" den „Shareholder Value"? Etc.

Analysiert man die Entwicklung der letzten Jahre, so muss man feststellen, dass in vielen industriellen Bereichen die „technische Innovationskrise" durch neue Produkte und Dienstleistungen weitgehend überwunden werden konnte. Innovationen in Bezug auf andere Aspekte der Unternehmensführung waren eher gebunden an gerade aktuelle Themen des Beratungsmarktes. In Sektoren wie z. B. der öffentlichen Verwaltung gibt es erste, zaghafte Versuche, den Bürger als Kunden zu entdecken. Ähnliches kann fallweise auch im Krankenhaus beobachtet werden. Vergleicht man die Situation im internationalen Umfeld, so kann man nicht feststellen, dass deutsche Organisationen hier eine führende Rolle einnehmen.

Über viele Jahre hat man – und das lag z. B. in der Automobilbranche nahe – versucht, japanische Managementkonzepte zu assimilieren – und den gleichen Versuch zu unternehmen, wie die Japaner nach dem Zweiten Weltkrieg selbst, nämlich die

Konzepte derer, die erfolgreich sind, zu kopieren. Dies hat gerade in wirtschaftlich schwächeren Zeiten offensichtlich einen besonderen Reiz, wenn die Verfallszeiten der „Heilslehren" immer kürzer werden. Quality Circles, Kanban, Just-in-Time, Time-Based Management, Total Productive Maintenance, Total Quality Control, Quality Function Deployment, Simultaneous Engineering, KAIZEN und Lean Production bzw. Lean Management oder Business Reengineering sind einige wahllos herausgegriffene Beispiele dafür.

Bevor diskutiert werden kann, ob diese Konzepte in relevantem Umfang und auch gesamtwirtschaftlich die Wettbewerbsfähigkeit erhalten oder zurückgebracht haben, erscheint es sinnvoll, noch einmal auf die hier in Frage stehenden veränderten Rahmenbedingungen einzugehen.

Beispielhaft seien (für die westlichen Industrieländer) folgende Faktoren genannt:

- Die Globalisierung der Märkte hat den Wettbewerb verschärft, weil Kunden weltweit Produkte oder Problemlösungen bezüglich ihres Preis-Leistungs-Verhältnisses vergleichen können.
- Damit werden auch weltweit Kostenstrukturen vergleichbar, wobei die in der deutschen Diskussion immer wieder im Vordergrund stehenden Arbeitskosten nur ein Element sind.
- Der Zusammenhang zwischen Organisationsstrukturen und Kosten wird ersichtlich.
- Die Rolle der „Human Resources" rückt wieder stärker in den Vordergrund der Betrachtung.
- Die ökologischen Auswirkungen industrieller Produktion müssen sich kritisch hinterfragen lassen. Nachhaltiges Wirtschaften erweist sich auf Dauer auch ökonomisch als erfolgreicher.
- Qualifizierte Mitarbeiter haben (u. a. durch die größere finanzielle Unabhängigkeit der „Generation der Erben") ein steigendes Anspruchsniveau bezüglich ihrer Arbeit.
- Wegen der zunehmenden Vermögenswerte in privater Hand wird die Marktmacht der Kunden für Konsumgüter und Dienstleistungen weiter ansteigen.

Zusammenfassend – wenn auch vereinfachend – kann man feststellen, dass die Marktmacht der Kunden in allen Bereichen größer geworden ist. Legt man der Betrachtung einen „breiteren" Kundenbegriff zugrunde, kann dies auch die oben genannten Aspekte „Mitarbeiter" und „Umwelt" einschließen.

Wie haben wir nun auf die veränderte Situation reagiert?

Wenn der Kunde die Gehälter bezahlt, was eine Binsenweisheit ist, ergibt sich als Konsequenz eine absolute Kundenorientierung. Diese Kundenorientierung hat verschiedene Facetten: zum einen den Beitrag zur Lösung des Problems des Kunden und zum anderen das Kosten-Nutzen-Verhältnis dieser Problemlösung. Dabei hat der Problemlösungsbeitrag mindestens drei Dimensionen: eine zeitliche („Wie schnell?"), eine qualitative („Wie gut?") und eine ökonomische („Wie preiswert?"). Dies gilt zunächst für ein traditionelles Kundenverständnis, bei dem der Kunde als externer Abnehmer von Produkten und Dienstleistungen auftritt.

Aber wurde nicht auf betriebswirtschaftlichen Konferenzen über „Unternehmungsführung vom Markt her" diskutiert? Gab es nicht zahllose Tagungen über „Time-Based Management"? Lässt sich die Zahl der über die Jahre propagierten Kostensenkungsprogramme noch zählen? Wenn die diesbezüglichen „Hausaufgaben" alle gemacht wurden, warum gibt es dann noch Probleme?

Der Kern der Antwort liegt wohl in dem Begriff „Programm"!

Programme hatten und haben wir wahrlich genug – täglich flattern neue Ankündigungen ins Haus. Das Problem der meisten, wenn nicht aller, als „Heilslehren" verkauften Programme besteht darin, dass sie sich einerseits nur auf Teilaspekte beziehen und andererseits meist in einem weitgehend unveränderten Umfeld eingesetzt werden. Weitere Probleme ergeben sich aus der meist kurzfristigen Fixierung auf Kostensenkungserfolge, die durch die traditionellen betriebswirtschaftlichen Konzepte des Rechnungswesens unterstützt werden.

Qualität und Quantität der neuen Rahmenbedingungen erfordern allerdings eine radikale Veränderung von Denk-, Organisations-, Informations- und Belohnungsstrukturen im Rahmen einer kundenorientierten Unternehmenskultur. Dazu müssen Programme durch ganzheitliche Ansätze ersetzt werden, die insbesondere die Einbindung der Führungskräfte verstärken und Belohnungs- bzw. Entlohnungssysteme verändern.

Ein derartiger ganzheitlicher Ansatz kann nur im Rahmen eines integrativen Managementkonzeptes zu finden sein. Daher ist zunächst grob zu skizzieren, was ein ganzheitliches Managementkonzept ausmacht, um dann zu prüfen, inwieweit eher „traditionelle" Konzepte diesen Anforderungen gerecht werden können.

1.1.2 Anforderungen an integrative Managementkonzepte

Management im funktionalen Sinn, d. h. als Beschreibung der Prozesse und Funktionen, die sich aus der Arbeitsteiligkeit von Organisationen ergeben (wie z. B. Planung, Organisation, Führung und Kontrolle), hat im Laufe der Zeit viele Inhalte und Interpretationen erfahren. Dabei spielten sowohl die jeweils gültigen Paradigmen (Welt- oder Menschenbild) als auch der spezifische (wissenschaftliche oder praktische) Hintergrund der Auseinandersetzung mit dieser Fragestellung eine Rolle.

Es gab sowohl sach- als auch personenbezogene Schwerpunktsetzungen sowie teilweise eine besonders starke Betonung formaler Methoden. Wegen der spezifischen Ausrichtung auf explizite oder meist implizite – also unausgesprochene – Annahmen (z. B. bezüglich eines ausschließlich rationalen und auf materielle Belohnung ausgerichteten Verhaltens der Mitarbeiter) waren viele Konzepte nur begrenzt, d. h. in Teilbereichen, erfolgreich. Außerdem wurde die „Erfolgsnotwendigkeit“ durch wirtschaftliche Boomzeiten (und eingeschränkten Wettbewerb) relativiert.

Verschärfter internationaler Wettbewerbsdruck oder allgemeiner die zunehmende Umweltdynamik und -komplexität in vielen Märkten bzw. Marktsegmenten verändern die Voraussetzungen und erfordern dementsprechend einen Paradigmenwechsel. Bleicher bzw. die St. Galler Schule formuliert als Antwort auf diese geänderten Rahmenbedingungen das Konzept eines integrierten Managements.[1] Dieses geht u. a. von der Prämisse aus, dass nur ganzheitliches Denken zur Bewältigung komplexer Probleme beitragen kann. Ganzheitliche, systematische Betrachtungen sind dabei charakterisiert durch:[2]

- Unternehmen als offene Systeme, die in ihrer Verflechtung mit der Umwelt akzeptiert werden,
- die Verbindung von analytischem und synthetischem Denken unter Berücksichtigung vernetzter Strukturen,
- die Substitution von linearem Denken in einfachen Ursache-Wirkungs-Ketten durch Denken in Verknüpfungen (z. B. Führung als Regelkreis der kontinuierlichen Verbesserung),
- die Interdisziplinarität im Denken wie in der Zusammenarbeit,
- Vorstellungen von Strukturen und Prozessen zur Erfassung der steigenden Bedeutung der Information.

Mit Bezug auf die drei Dimensionen des Managements nach Ulrich[3] werden normative, strategische und operative Aufgabenfelder im Sinne einer schwerpunktsetzenden Abgrenzung von Problemfeldern unterschieden (vgl. **Bild 1.1**). Dabei wird deren gegenseitige Abhängigkeit ausdrücklich betont. Die integrierende Klammer für diese Aufgabenfelder bildet eine Managementphilosophie, die allen Beteiligten Klarheit „über die paradigmatischen Grundlagen ihres Handelns“[4] verschafft. Dies führt zu einer Vision, also der Formulierung einer Vorstellung vom „Ziel der Reise“, und einem Leitbild, das für alle Beteiligten eine Möglichkeit der Identifikation eröffnet.[5]

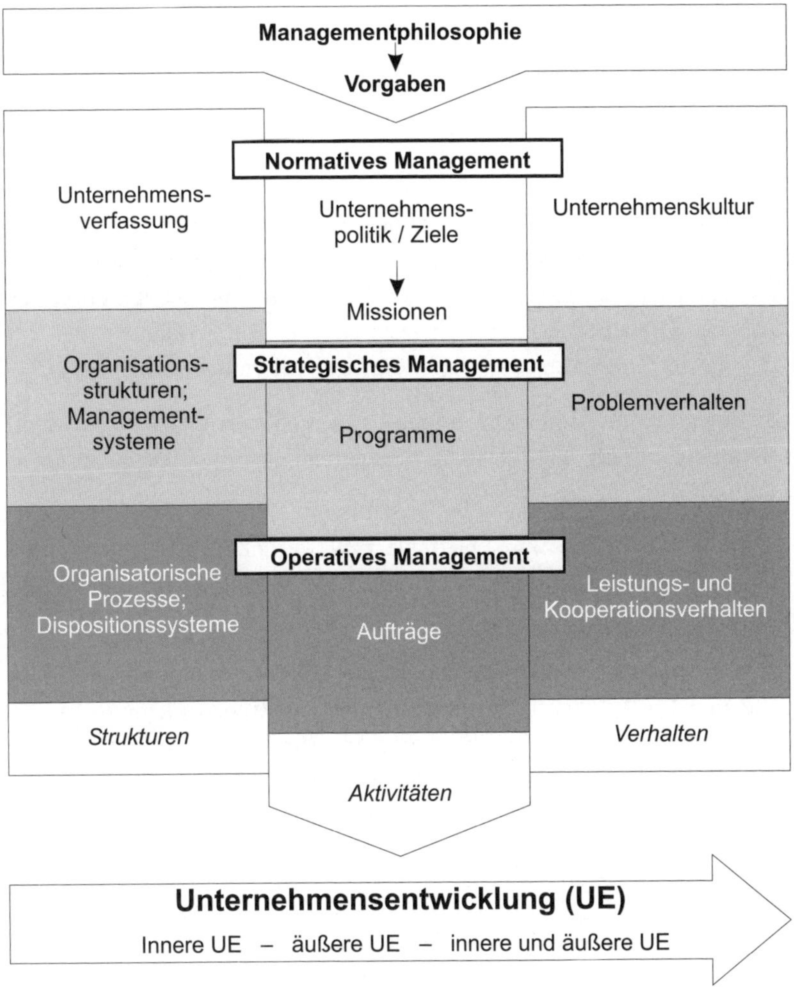

Bild 1.1 Normatives, strategisches und operatives Management[6]

Von dieser Vision ausgehend werden generelle Ziele normativer Art abgeleitet. In der strukturellen Dimension beinhaltet dies die Unternehmensverfassung (z. B. Kompetenz- und Verantwortungszuordnung auf Leitungsebene), die Einbindung von (internen und externen) Interessenvertretern und die Art der Konfliktlösung. *Normatives Management* in der personellen Dimension spiegelt sich in der Unternehmenskultur wider, die Operationalisierung findet im Rahmen der Unternehmenspolitik statt, welche die Vision durch Missionen einer ersten Konkretisierung zuführt.

Im Rahmen der normativen Vorgaben kann das *strategische Management* durch Organisationsstrukturen und Managementsysteme den strukturellen Rahmen und durch ein geeignetes Führungskonzept die Verhaltensdimension konkretisieren. Die Instrumentalisierung des strategischen Managements erfolgt über eine geeignete Unternehmensplanung.[7]

Operatives Management bedeutet Umsetzung von Normen und Strategien. Dazu sind organisatorische Prozesse erforderlich, die durch Ausführungsprogramme (Aufträge) gesteuert werden und zu einem konkreten Leistungs- und Kooperationsverhalten führen. Aus der Dynamik der Umwelt resultiert die Notwendigkeit, den Managementprozess immer wieder an veränderte Rahmenbedingungen anzupassen.

Neben der integrativen Kraft der gemeinsamen Vision wird dieses Konzept auch durch horizontale und vertikale Integration ganzheitlich.

Horizontale Integration heißt, dass alle „Instrumente“ und die daraus resultierenden Aktivitäten eine strukturale und personale bzw. verhaltensbezogene Verankerung haben. So sind z. B. Unternehmenspolitik und Unternehmensziele eine Funktion der Unternehmensverfassung und der Unternehmenskultur.

Vertikale Integration beinhaltet die konsequente Transformation normativer in strategische und strategischer in operative Inhalte. Konkretes Führungs- bzw. Kooperationsverhalten wird determiniert durch das strategisch ausgerichtete Führungskonzept, das sich stringent aus dem normativen Rahmen (Unternehmenskultur) ableiten lässt.

Bleicher spricht in diesem Zusammenhang von „Harmonisation“ durch interdimensionalen „Fit“, der einen Basis-Fit in den einzelnen Dimensionen voraussetzt, d. h. dass diese in sich „stimmig“ sind (vgl. **Bild 1.2**).[8]

Diese wenigen und notwendigerweise allgemein gehaltenen Aussagen mögen genügen, die Idee eines integrativen[9] Managementkonzeptes zu verdeutlichen und die Grundlage für die Positionierung der nachfolgend zu erörternden neueren „Managementkonzepte“ zu liefern.

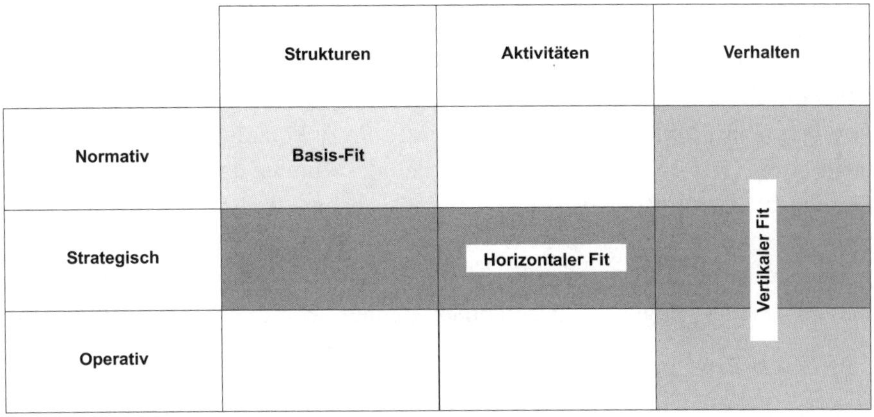

Bild 1.2 Harmonisierung einzelner Managementdimensionen (nach Bleicher)[10]

1.1.3 Einige neuere „Managementkonzepte" und deren Beurteilung

In wirtschaftlich schwächeren Zeiten nimmt die Zahl der als „Patentlösung" angebotenen „Managementkonzepte" stark zu. Da diese meist als ganzheitliche Problemlösungen angeboten wurden bzw. werden, sind sie vor dem Hintergrund des oben formulierten Ansatzes - und der zwischenzeitlich vorliegenden Erfahrungen - kritisch zu würdigen.

Es scheint daher sinnvoll, die in der „jüngeren" Vergangenheit am meisten diskutierten Konzepte kurz darzustellen und deren potenzielle Stärken und Schwächen herauszuarbeiten.

1.1.3.1 Lean Production und Lean Enterprise

Wenige populärwissenschaftliche Publikationen über wirtschaftliche und organisatorische Sachverhalte haben in Deutschland eine solche Resonanz erfahren wie das Buch von Womack, Jones und Roos[11] über (einen Teil der) Ergebnisse des „International Motor Vehicle Program" des Massachusetts Institute of Technology (MIT). In dieser Publikation wird auch der von John Krafcik gewählte Begriff Lean Production verwendet, der in früheren Papieren auch in der Kombination lean/fragile (als Gegensatzpaar zu robust/buffered) auftrat.[12]

Daum und Piepel haben dieses Konzept sehr anschaulich zusammengefasst.[13] Sie unterscheiden folgende Bausteine:

a) Der schlanke Vertriebskanal:
Kernpunkt bildet die spezifisch japanische Methode des „aggressiven“ Autoverkaufs durch regelmäßige Kundenbesuche und die daraus resultierende Erstellung von Haushaltsprofilen zur Optimierung des Produktplanungsprozesses. Als Gegenleistung für die Kooperationsbereitschaft des Kunden übernimmt der Verkäufer eine Reihe von Zusatzleistungen wie z. B. Fahrzeuganmeldung, Überführung des Neufahrzeuges, Abholung des Gebrauchtwagens, großzügige Kulanzregelungen etc., was zur Erhöhung der Kundenbindung führt. Das eigentlich Schlanke an diesem Vertriebskanal ist die wesentlich kleinere Anzahl an Händlern der ersten Vertriebsstufe (im Vergleich zu westlichen Industriestaaten).
b) Die schlanke Produktentwicklung:
Unter der oben geschilderten Voraussetzung einer immer aktuellen Information über die tatsächlichen Kundenbedürfnisse lässt sich die schlanke Entwicklung durch vier Elemente beschreiben:
   - Bildung interdisziplinärer Arbeitsteams mit eindeutig zugeordneten Teammitgliedern,
   - Ausstattung des Teamleiters mit einer Fülle von Kompetenzen („starker“ Projektleiter),
   - umfassende Information (im Sinne einer Fixierung und Lösung aller Probleme, wie z. B. der Ressourcenzuweisung) zum frühestmöglichen Zeitpunkt,
   - gleichzeitige Entwicklung von Fahrzeugkomponenten, Fertigungsprozessen und Betriebsmitteln (Simultaneous Engineering).
c) Der schlanke Beschaffungskanal:
Als Hauptkennzeichen lassen sich hier Organisation und Inhalt der Zusammenarbeit mit Zulieferern ausmachen. Die Zusammenarbeit mit Lieferanten ist hierarchisch aufgebaut, wobei der kleinen Zahl der Zulieferer der ersten Ebene die größte Bedeutung zukommt: Sie sind integraler Bestandteil des Produktentwicklungsteams und stehen darüber hinaus in einem gegenseitigen Erfahrungsaustausch zur Optimierung der Prozesse. Diese Art der Zusammenarbeit setzt sich auf der nächsten Stufe in analoger Weise fort. Der Inhalt der Zusammenarbeit bezieht sich u. a. auf das Erreichen der festgelegten Zielkosten, wobei Hersteller und Lieferanten – z. B. mit den Mitteln des Value Engineering und später der Wertanalyse – gemeinsam Kostenreduzierungen, unter der Prämisse eines „vernünftigen“ Gewinns für beide, erarbeiten. Eine Folge dieser systematischen Vorgehensweise ist z. B., dass die Kosten für ein Zulieferteil während der Produktlebenszeit sinken statt steigen.

d) Die schlanke Fertigung:
Hier lassen sich Vorfertigung (z. B. Presswerk) und Montage unterscheiden:
In der *Vorfertigung* hat insbesondere die Senkung der Werkzeugwechselzeiten von mehreren Stunden auf wenige Minuten zur wirtschaftlichen Fertigung von kleineren Losen – und damit zu erheblichen Bestandsreduzierungen geführt. Ein weiterer Vorteil kleinerer Lose liegt in kürzeren Rückkopplungsschleifen für die Mitarbeiter, die zu Qualitätsverbesserungen führen können.
In der *Montage* erfolgt eine drastische Reduzierung der Bestände durch Kanban-Steuerung sowie Just-in-Time-Produktion. Weil von null Fehlern ausgegangen und damit keine Nacharbeit eingeplant wird, reduziert sich der Flächenbedarf. Schließlich wird die Fläche zwischen den Arbeitsplätzen bewusst minimiert, um Kommunikationsmöglichkeiten zu verbessern (Blickkontakt zu ermöglichen). Teamarbeit mit Integration möglichst vieler „indirekter" Aufgaben ist ein weiterer Baustein. Das systematische Ausmerzen von Schwachstellen durch Abschalten des Bandes soll Fehler sofort beseitigen und damit deren Wiederholung vermeiden.
Aus den erhöhten Anforderungen in beiden Bereichen lässt sich ableiten, dass entsprechende Qualifikation und Motivation bei den Mitarbeitern vorhanden sein müssen.

Gerade die zuletzt dargestellten Bausteine einer Lean Production gehen auf das Toyota Production System (TPS) zurück, dessen Hauptziel es ist, jede Art von Verschwendung („Muda") zu vermeiden.[14] Viele dieser Ideen sind also 25 Jahre alt und älter. Der Ursprung dieser Gedanken liegt – wie der Name zeigt – in der Produktion. Dementsprechend dienen alle Bausteine der Verbesserung des Produktionssystems, was nicht ausschließt, dass zu dessen Optimierung vor- und nachgelagerte Bereiche auch über die Unternehmensgrenzen hinweg (also bei Kunden und Lieferanten) einbezogen werden.

Wenn man über „Lean" diskutiert, sollte man einerseits diese Ursprünge berücksichtigen und andererseits beobachten, welche „Weiterentwicklungen" im Ursprungsland zu beobachten sind:

Zunächst kann man konstatieren, dass der Begriff „Lean" für das, was damit alles „verkauft" werden soll, wenig tauglich ist. Reicht „Schlanksein" als einziges strategisches Ziel aus? Was heißt nun aber schlank? Zurückgeführt auf das TPS bedeutet es, jede Art von Verschwendung zu vermeiden, wobei verschiedene Arten von Muda unterschieden werden: z. B. Überproduktion (Arbeiten auf Lager), mehrfacher Transport, Herstellung fehlerhafter Teile, überflüssige Bewegungen im Arbeitsablauf oder Wartezeiten – also alles, was keine Wertschöpfung beinhaltet.[15]

Verlässt man diese eher begriffliche Ebene, so geht es um eine differenziertere Betrachtung inhaltlicher Fragen. Was kann man lernen?

Lehnt man sich an die oben gewählte Gliederung von Daum und Piepel an, so steht zunächst der „schlanke Vertriebskanal“ zur Diskussion. Hier lesen wir bei Womack und seinen Kollegen: „Das System macht nur Sinn, wenn die Autos nach Auftrag hergestellt und sofort ausgeliefert werden.“[16] Unter dieser Prämisse ersetzt das Vertriebssystem einerseits teure und häufig ungenaue Marktuntersuchungen und zieht andererseits eine Glättung des Produktionsflusses mit einer drastischen Reduzierung der Lagerbestandskosten nach sich.[17] „Größere“ Kundenorientierung durch eine systematischere Nutzung von Kundenfeedback führt außerdem zu einer stärkeren Markenbindung des Kunden.

Die Notwendigkeit einer „schlanken Produktentwicklung“ im Sinne einer Prozessoptimierung mit dem Ziel der Verbesserung des „Time to Market“ ist inzwischen wohl allgemein akzeptiert. Dennoch gibt es auch hier noch Verbesserungsmöglichkeiten. Die in diesem Zusammenhang zu diskutierende „integrative Produktentwicklung“ scheitert allerdings immer noch zu oft an der mangelnden Kommunikationsfähigkeit an den Schnittstellen (z. B. Marketing und Entwicklung).[18]

Auch der „schlanke Beschaffungskanal“ im Sinne einer verstärkten Zusammenarbeit mit deutlich weniger Lieferanten hat in den letzten Jahren eine stärkere Aufmerksamkeit und Umsetzung erfahren. Dabei ist allerdings ein kritisches Augenmerk einerseits auf die Arbeitsbedingungen japanischer Zulieferer und andererseits auf die Frage der Verwertung der Ergebnisse gemeinsam erarbeiteter Verbesserungen zu richten.

Die „schlanke Fertigung“ als Kernelement des TPS – und damit auch von Lean Production – soll in drei Aspekten beleuchtet werden:

a) Die kundenorientierte Fertigung:
   Hier hat das TPS z. B. durch die drastische Kürzung von Werkzeugwechselzeiten immense Vorteile zu bieten, die auch bei einer Großserienproduktion durch die gewonnene Flexibilität zu einer stärkeren Kundenorientierung und damit zu einem weitgehenden Abbau von Beständen führen kann. Die erforderlichen Steuerungsmechanismen (Kanban bzw. Just-in-Time) werden schon seit einigen Jahren auch in Deutschland angewendet.[19] Diese Reduzierung von Beständen wird allerdings im Allgemeinen nur dadurch möglich, dass potenzielle Qualitäts- oder Kapazitätsschwankungen durch Zeitpuffer zwischen den Schichten bzw. durch Mehrarbeit der Mitarbeiter aufgefangen werden.

b) Die Reduzierung des Flächenbedarfs:
Wenn sich diese Reduzierungen durch Einsparung von Reparaturflächen ergeben, ist dies positiv zu bewerten. Aber spätestens dann, wenn man, um das System komplett zu kopieren, Maschinen so eng stellt, dass Wartung und Reparatur schwierig werden und die Bedienung für durchschnittlich gebaute Mitteleuropäer problematisch wird, sollte man sich daran erinnern, dass unsere Flächenkosten nicht immer jenen auf einer übervölkerten Insel (Japan) entsprechen.

c) Die Humanzentrierung:
Beim Studium der „Lean-Literatur" fällt auf, dass insbesondere jene, die noch vor einigen Jahren die menschenleere Fabrik propagiert hatten, nun den Menschen wieder in den Mittelpunkt ihrer Konzepte stellten. Auch hier macht es Sinn, sich noch einmal das Toyota-Produktionssystem zu vergegenwärtigen: Die Mitarbeiter erhalten zwar zusätzliche indirekte Aufgaben (wie z. B. Instandhaltung oder Qualitätsprüfung), die Arbeit enthält aber kaum Handlungsspielräume (z. B. auch durch Poka-yoke) und findet nach wie vor in einem getakteten Fließsystem statt.
Die zusätzliche Realisierung des Andon-Prinzips (d. h. den Prozess bei Störungen bis zur völligen Klärung und Beseitigung der Ursache anzuhalten) kann zwar zur definitiven Beseitigung von Fehlerursachen beitragen, führt aber für alle Betroffenen auch zu einer erheblichen Belastung. Dies und die Notwendigkeit, solche Ausfälle durch Nacharbeit nach Ende der regulären Schicht aufzuarbeiten, mag dazu geführt haben, dass japanische Automobilunternehmen mit alternativen Formen der Gruppenarbeit experimentiert haben (so z. B. Toyota in der Tahara Plant oder Honda in dem Werk für den NSX). Die (Un-)Zufriedenheit der Mitarbeiter mit diesem System dokumentieren auch die Ergebnisse einer Untersuchung in einem Mazda-Werk in den USA.[20] Es stellt sich daher die Frage, ob in diesem Zusammenhang tatsächlich von einer „Humanzentrierung" gesprochen werden kann.
Die Unterschiede zwischen verschiedenen Formen der Gruppenarbeit sind in einer akzentuierenden Abgrenzung in **Tabelle 1.1** dargestellt.

Tabelle 1.1 Taylorismus, Lean Production und teilautonome Arbeitsgruppen

Tayloristisch-fordistische Arbeitsteilung	Lean-Gruppen-Konzepte	Teilautonome Arbeitsgruppen
Hohe Arbeitsteilung	Hohe Arbeitsteilung	Arbeitsteilung bestimmbar
Hohe Standardisierung	Hohe Standardisierung	Ziel- statt Wegorientierung (eigene Arbeitsverteilung und Arbeitsplanung)
Fließbandfertigung	Fließbandfertigung	Boxenfertigung, Arbeit am stehenden Objekt
Verantwortung für bzw. Bezahlung nach Menge	Verantwortung für Menge, Qualität und Kosten	Verantwortung für Menge, Qualität und Kosten
Keine Beteiligung an Verbesserungsmaßnahmen	Kontinuierliche Verbesserung (KAIZEN) als integraler Bestandteil	Kontinuierliche Verbesserung über Quality Circles (z. B. bei Schnittstellenproblemen)
Nur „direkte" (ausführende) Tätigkeiten	Integration „indirekter" Tätigkeiten, insbesondere Quality Management, Störfallbeseitigung (z. B. Prüfen, Einrichten, Instandhalten)	Integration „indirekter" Tätigkeiten, insbesondere Quality Management, Störfallbeseitigung (z. B. Prüfen, Einrichten, Instandhalten)
Absicherung über Materialpuffer, jedoch keine Puffer zwischen den Schichten	Keine Materialpuffer: Just-in-Time- bzw. Null-Fehler-Fertigung, jedoch Puffer zw. den Schichten für Nacharbeit und Produktionsausfälle (Management by Stress)	Materialpuffer zur Entkopplung von Subsystemen (unterschiedliche Handhabung)

In einer ersten Bewertung kann man festhalten, dass es sicher richtig ist, sich wieder auf das Wesentliche zu konzentrieren und „Überkomplexität" durch Einfachheit zu ersetzen – um eine bessere Übersetzung von „lean" vorzuschlagen als „schlank". Es ist sicher auch ein Verdienst der Diskussion um Lean-Konzepte, dass der Mitarbeiter (auch von den Ingenieurwissenschaften) „wiederentdeckt" wurde. Wie die oben zitierte Studie von Mazda zeigt, bleibt allerdings zu verifizieren, ob es sich dabei tatsächlich um eine „Humanzentrierung" handelt. Schließlich gehen auch die in diesem Konzept enthaltenen Facetten der Kundenorientierung prinzipiell in die richtige Richtung, auch wenn sie zunächst vorrangig unter dem Aspekt der Produktionsoptimierung thematisiert wurden. Zu den eher negativ zu bewertenden Gesichtspunkten zählen die fehlende visionäre Potenz des Konzeptes (Was ist die Zukunftsvision von „Lean“?) und das, zumindest in der praktischen Umsetzung entstandene, „Kostensenkungsprogramm“-Image (Welches Motivationspotenzial - nicht Angstpotenzial - entsteht für die Mitarbeiter, mit dem sie sich identifizieren können?). Hier gibt es teilweise deutliche Parallelen zu früheren Programmen, ob diese nun Gemeinkostenwertanalyse heißen oder Zero-Base-Budgeting. Das Konzept ist außerdem reduziert auf eine ausschließlich einzelwirtschaftliche Optimierung. Gesamtgesellschaftliche Auswirkungen auf die allgemeine Verkehrssituation oder durch teilweise dramatische Freisetzungseffekte werden höchstens von den Gewerkschaften thematisiert.

Seit Erscheinen der 1. Auflage dieses Buches haben Womack und Jones ein zweites Buch geschrieben, das in der deutschen Übersetzung den Titel „Auf dem Weg zum perfekten Unternehmen“ hat. Auf Grund der zwischenzeitlichen Erfahrungen, aber auch des Wunsches, von „Lean Production“ zu „Lean Enterprise“ zu gelangen, formulieren sie folgende Prinzipien für eine schlanke Organisation:

a) Wert:
Definition der Wertschöpfung aus der Sicht des Kunden - und nicht aus der Sicht des Unternehmens im Sinne von „Happy Engineering“; Wertdefinition in Bezug auf das Gesamtprodukt unter Einbeziehung von Zulieferungen und Dienstleistungen; Festlegung von Zielkosten.
b) Der Wertschöpfungsstrom:
Identifikation des gesamten Wertschöpfungsstroms (aller Tätigkeiten, die zur Herstellung eines bestimmten Produktes oder einer Dienstleistung oder einer Kombination von beiden erforderlich sind); Produktentwicklung (vom Konzept über die Konstruktion und die Produktionsvorbereitung bis zum Produktionsanlauf); Informationsmanagement (von der Bestellung über die genaue Terminierung bis zur Auslieferung); physikalische Transformation (vom Rohmaterial bis zum fertigen Produkt in den Händen des Kunden).
c) Flow:
Fluss der (verbleibenden) werterzeugenden Aktivitäten für spezifische Produkte; gesamter Wertschöpfungsstrom ohne Berücksichtigung der traditionellen Grenzen von Jobs, Karrieren, Funktionen und Unternehmen; Überdenken spezieller Arbeitspraktiken und Werkzeuge, um Rückfluss, Ausschuss und Stillstand aller Art abzuschaffen.
d) Pull:
Herstellen von Produkten oder Erbringen von Dienstleistungen nur, wenn der nachgelagerte Kunde sie nachfragt: genau das konstruieren, planen und fertigen, was der Kunde will - und wann er es will.

e) Perfektion:
 Als Konsequenz der Spezifizierung des Wertes, der Identifikation des Wertschöpfungsstroms, der Einbindung der wertschöpfenden Schritte in einen kontinuierlichen Fluss (Flow), der Abruf dieser Werte durch den Kunden (Pull) entwickelt sich die Chance zur Perfektion mit einer Transparenz für alle Beteiligten; Verknüpfung von kontinuierlicher radikaler mit inkrementaler Verbesserung; Fokussierung der Energie auf Beseitigung von „Muda".

Diese Generalisierung – und das zeigen auch viele Beispiele im Buch – überträgt die prinzipiellen Gedanken auch auf den Dienstleistungsbereich. Da den Autoren die Umsetzungsprobleme in der Praxis offensichtlich nicht verborgen geblieben sind, setzen sie sich auch mit diesen Fragen auseinander.[21] Es wird offensichtlich, dass sie den Weg zum perfekten Unternehmen nun als Organisationsentwicklungsprozess verstehen, der einen Change Agent erfordert, der sich auch die Sorgen der Mitarbeiter zu Eigen macht. Während viele Berater in der Vergangenheit Lean Production als schnelle Problemlösung angeboten haben, sprechen Womack und Jones nun von der Notwendigkeit, fünf Jahre zu investieren.[22]

Alles in allem ist Lean Production – auch in seiner Ausweitung als Lean Enterprise – ein sinnvoller Ansatz, Fehler der Vergangenheit auszumerzen und in einem kontinuierlichen Verbesserungsprozess Komplexität beherrschbar zu machen. Die konsequente Ausrichtung auf den Kunden liefert die richtige Grundlage für die Optimierung von Prozessen und Ressourcen. Für ein ganzheitliches Managementkonzept fehlt die stringente Auseinandersetzung mit den anderen Interessengruppen („Stakeholder") einer Organisation ebenso wie eine Integration in die Planungs- und Bewertungsprozesse. Die Operationalisierung der kontinuierlichen Verbesserung bleibt unklar. Die Autoren gestehen schließlich ein, dass es noch kein Unternehmen gibt, das diese Gedanken für die gesamte Wertschöpfung realisiert hat.[23]

1.1.3.2 KAIZEN, CIP oder KVP

KAIZEN, Continuous Improvement Process (CIP) oder „eingedeutscht" Kontinuierlicher Verbesserungsprozess (KVP) sind weitere Begriffe aus der Diskussion der jüngeren Vergangenheit. Hält man sich an den KAIZEN-Erfinder Imai bzw. an dessen (auch) in Deutschland schon in der x-ten Auflage verkauftes Buch, so findet man zunächst einen Schirm (vgl. **Bild 1.3**).

Bild 1.3 Der KAIZEN-Schirm[24]

Bei dessen Betrachtung entsteht der Eindruck, der Autor habe allerlei ältere und jüngere Konzepte gesammelt, unter einen Schirm gepackt, mit KAIZEN überschrieben und durch den Untertitel „Der Schlüssel zum Erfolg der Japaner im Wettbewerb" den Versuch einer neuen „Heilslehre" gestartet.

Unabhängig von dieser nicht ganz verständlichen Abbildung sind folgende Themen für KAIZEN kennzeichnend:

a) KAIZEN als prozessorientiertes Management (im Kontrast zur ausschließlichen Ergebnisorientierung), wie im **Bild 1.4** dargestellt.

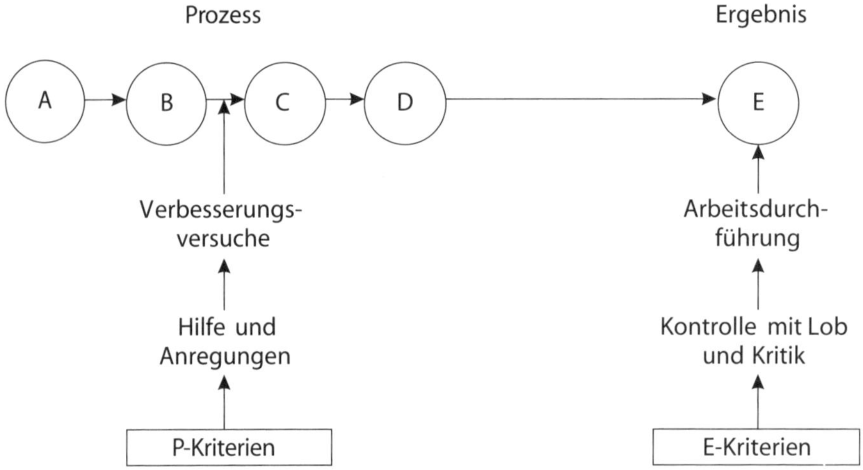

Bild 1.4 Prozessorientierte Kriterien (P) vs. ergebnisorientierte Kriterien (E)[25]

b) KAIZEN und Innovation bzw. KAIZEN als japanisches Konzept der Innovation: Hierbei wird besonders hervorgehoben, dass sich Innovationen im Westen durch das Ziel großer Veränderungen auszeichnen. KAIZEN hingegen bedeutet Innovation in kleinen Schritten, wobei **Bild 1.5** verdeutlichen soll, dass nur eine solche Vorgehensweise in der Lage ist, den neuen Standard zu stabilisieren.[26]
Sicherlich ist die Stabilisierung von „kleinen" Veränderungen einfacher als jene von Innovationssprüngen. Dennoch bedarf es in beiden Fällen entsprechender struktureller Rahmenbedingungen, sonst sind auch kleine Verbesserungen nicht von Dauer, wie Erfahrungen mit Quality Circles bereits gezeigt haben.[27]

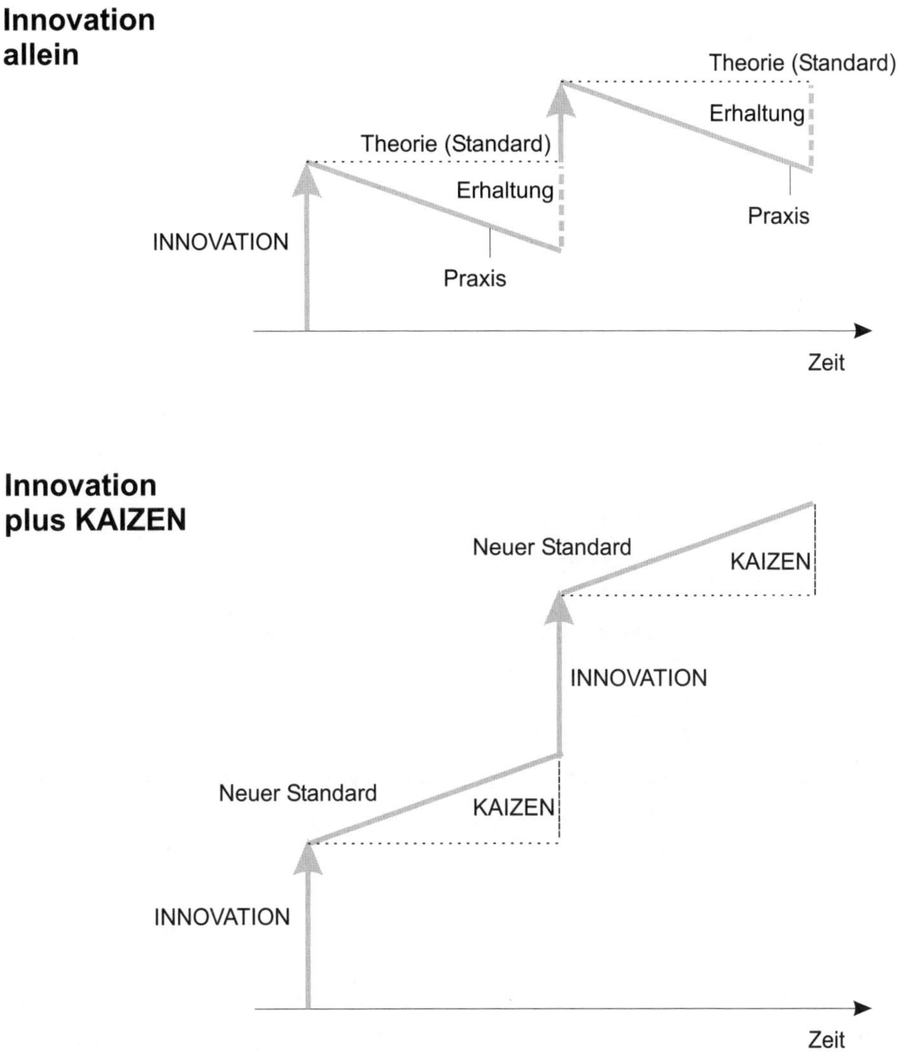

Bild 1.5 Innovation und KAIZEN[28]

c) KAIZEN als Veränderungsprozess auf verschiedenen Ebenen:
Management-, gruppen- und personenorientiertes KAIZEN werden als „die drei Segmente von KAIZEN" bezeichnet. Die Unterschiede zwischen diesen drei Segmenten beschreibt **Tabelle 1.2**.

Tabelle 1.2 Die drei Segmente von KAIZEN[29]

	Managementorientiertes KAIZEN	Gruppenorientiertes KAIZEN	Personenorientiertes KAIZEN
Werkzeuge	Sieben statistische Werkzeuge Neue Sieben Professionelle Fertigkeiten	Sieben statistische Werkzeuge Neue Sieben	Hausverstand Sieben statistische Werkzeuge
Einbeziehung	Manager und Spezialisten	Teilnehmer eines Q.-Zirkels (einer Gruppe)	Alle
Bereich	Schwerpunkt auf Systemen und Verfahren	Innerhalb eines Arbeitsbereichs	Am eigenen Arbeitsplatz
Dauer	Projektdauer	ca. fünf Monate	Immer
Verbesserungen (Anzahl)	Vom Management vorgegeben	Zwei bis drei pro Jahr	Viele
System	Projektteam aus Linie und Stab	Aktivitäten von Kleingruppen	Vorschlagswesen
Kosten der Umsetzung	Meist kleine Investitionen	Meist gering	Gering
Ergebnisse	Neues System und verbesserte Anlagen Verbesserte Leistungsfähigkeit des Managements	Verbesserte Arbeitsverfahren Verbesserte Arbeitsmoral Überarbeitung von Standards Mitwirkung und Lernchancen	Verbesserung vor Ort Verbesserte Arbeitsmoral KAIZEN-Bewusstsein Selbstentfaltung
Richtung	Stufenweise sichtbare Verbesserung Deutliche Steigerung	Stufenweise sichtbare Verbesserung	Stufenweise sichtbare Verbesserung

Gerade diese Tabelle macht deutlich, dass ein struktureller Rahmen für ein ständiges Infragestellen geschaffen werden soll. Die Einbeziehung aller wird an späterer Stelle als „humanistischer Ansatz“[30] oder besser „humanzentrierter“ Ansatz bezeichnet. Versucht man den Kern von KAIZEN herauszuarbeiten, so stößt man zunächst auf das sprachliche, aber damit auch inhaltliche Problem, dass in einer Vielzahl von Fällen KAIZEN und Total Quality Control (TQC) gleichgesetzt werden. So wird zunächst TQC als Element von KAIZEN interpretiert (S. 35) oder an anderer Stelle TQC als „Autobahn“ zu KAIZEN erklärt (S. 67). Diese Aussagen stehen im Widerspruch zu zahlreichen Gleichsetzungen dieser Begriffe (S. 74) oder der Aussage: „Im Rahmen des TQC sind Gewinn und KAIZEN miteinander verflochten“ (S. 161). Gilt TQC also doch als Obermenge? Dafür sprechen u. a. die vorgeschlagenen Instrumente (die „sieben statistischen Werkzeuge“ und die „neuen Sieben“), aber auch die Organisationsformen, in deren Rahmen sich die kontinuierliche Verbesserung abspielen soll (z. B. Quality Circles).[31] Diese Überschneidungen erschweren eine Abgrenzung.

Darüber hinaus finden sich auch einige eher „technische“ Elemente des Toyota Production System[32] wieder, so dass der Eindruck eines „Gemischtwarenladens“ mehr oder minder aktueller Werkzeuge entsteht. So werden z. B. Cross Functional Management, Policy Audit, Kundenorientierung und Beziehungen zu Lieferanten als Themen aufgegriffen. Wegen des Alters von KAIZEN sowie des (damaligen) gesellschaftlichen Umfelds in Japan spielen ökologische oder gesellschaftliche Fragestellungen kaum eine Rolle. Die Humanzentrierung ist - sofern sie sich auf das Toyota- bzw. Lean-Konzept bezieht - kritisch zu hinterfragen.

Dennoch wäre es für viele Unternehmen wünschenswert und hilfreich, wenn sie eine Kultur ständiger Verbesserung (unter Einbeziehung aller Mitarbeiter!) in ihren Organisationen verwirklichen könnten. Dazu sind allerdings strukturelle Rahmenbedingungen zu schaffen, zu denen z. B. die Veränderung der „Belohnungssysteme“ gehört, die bei Imai nur sehr begrenzt thematisiert wird.

Insofern ist KAIZEN eher eine Philosophie oder Geisteshaltung als ein in sich geschlossenes Konzept. Viele Aussagen machen erst durch die Verknüpfung mit Total Quality Control einen Sinn - und für umfassende Qualitätsförderungskonzepte ist kontinuierliche Verbesserung auch eine unabdingbare Voraussetzung.

Als ganzheitliches Management - aber auch „nur“ als Innovationskonzept - kann KAIZEN nicht genügen, da die ausschließliche Verbesserung in kleinen Schritten die Gefahr einer zu starken Bindung an den Ist-Zustand beinhaltet.

Wie schon an früherer Stelle erwähnt, ist „gruppenorientiertes“ KAIZEN über viele Jahre auch in Deutschland in Form von Quality Circles praktiziert worden. Auch dort haben die Erfahrungen gezeigt, dass es der Einbindung in umfassendere Konzepte und entsprechender struktureller Rahmenbedingungen bedarf.[33]

1.1.3.3 Six Sigma

Von Motorola Mitte der 80er Jahre zunächst als Instrument der Qualitätsplanung entworfen und im Wesentlichen auf den Produktionsbereich zugeschnitten, ist auch dieses Konzept inzwischen weiterentwickelt worden.[34]

Ähnlich den Erfahrungen bei Lean Production hat man erkannt, dass Innovationen nicht nur das Vorhandensein von Instrumenten voraussetzen, sondern z. B. geeignete Qualifizierungskonzepte, die Beteiligung der relevanten Interessengruppen – und last, but not least die absolute Einbindung des Top-Managements. In diesem Sinne hat sich aus der „angewandten Statistik“ eine Philosophie entwickelt, die derzeit national und international wieder Aufmerksamkeit findet.

Der Kern des Six Sigma-Ansatzes besteht in der Reduzierung von Variation mit positiven Auswirkungen auf Durchlaufzeit und Nutzungsgrad. In der „jüngeren Variante“ könnte man damit eine strategische Initiative beschreiben, deren Ziel Kostenreduzierung bzw. Ergebnisverbesserung ist – und zwar sowohl im produzierenden Gewerbe als auch im Dienstleistungsbereich. Erreicht wird dies mit einer formalisierten, systematischen und vor allem ergebnisorientierten Methodik, die auch das Design des Produktes oder Prozesses einbeziehen kann. Wie der Name signalisiert, geht es darum, die Variation von Prozess- und Produktmerkmalen so gering zu halten, dass in einer Million Möglichkeiten nur 3,4 Fehler auftreten. Statistisches Denken und die Anwendung statistischer Werkzeuge bilden die wesentliche Grundlage von Six Sigma.

Das neuerlich wieder gewachsene Interesse an Six Sigma basiert auf den inzwischen publizierten Erfolgsgeschichten von Motorola, General Electric oder ABB, die wesentliche Ergebnisverbesserungen damit in Zusammenhang bringen.[35] Versucht man das Konzept in den hier diskutierten Zusammenhang zu stellen, so könnte man es am ehesten mit dem KAIZEN-Gedanken – und dem dort Gesagten – in Verbindung bringen: Es ist eine auf Verbesserung ausgerichtete Philosophie unter Anwendung einer formalisierten Methodik. Insofern kann es als Baustein für einen umfassenderen Ansatz dienen. Dies zeigen auch die in der Literatur immer wieder zitierten Anwendungsfälle: Six Sigma ist dort eine von mehreren strategischen Initiativen. Insofern liegt es fern, von einem ganzheitlichen Unternehmensführungs- bzw. Bewertungskonzept zu sprechen.

1.1.3.4 Business Reengineering und Reengineering Management

Neben der Diskussion über Lean Management hat auch das Buch von Hammer und Champy sowohl in den USA als auch in Deutschland Furore gemacht. Unter der Überschrift „Business Reengineering“ versprechen die Autoren eine Radikalkur für das Unternehmen.[36] Dieser Prozess beginnt mit der Sinnfrage („Warum machen wir die Dinge, die wir tun?“[37]) und hat das Ziel einer vollständigen Neugestaltung des Unternehmens,[38] um Verbesserungen zu erzielen, die weit über traditionelle Rationalisierungserfolge hinausgehen (z. B. 10-prozentige Kostensenkung oder entsprechende Verkürzung der Durchlaufzeit).[39]

Business Reengineering – so behaupten Hammer und Champy – sucht nach neuen Modellen für die Organisation der Arbeit, indem die Paradigmen der Industrialisierung, wie Arbeitsteilung, Betriebsgrößenvorteil, hierarchische Kontrolle etc., über Bord geworfen werden.[40]

Analysiert man nach dieser markigen Einleitung die Bausteine von Business Reengineering,[41] so finden sich einige Aspekte, die bekannt wirken, wie die (Re-) Integrationskonzepte „Zusammenfassung mehrerer Teilaufgaben“ (horizontale Integration) oder „Mitarbeiter fällen Entscheidungen“ (vertikale Integration). Diese Thematik wurde unter der Überschrift „Arbeitsstrukturierung“ schon Anfang der 70er Jahre diskutiert[42] und in der jüngeren Vergangenheit wieder als „Teilautonome Arbeitsgruppen“ (bei Hammer und Champy dann als „case-teams“) aufgegriffen.

Die arbeitsplatzbezogene Funktionsintegration durch EDV-Einsatz findet sich schon relativ früh z. B. bei Scheer.[43] Dass die Arbeit dort erledigt werden soll, wo es am sinnvollsten ist, kann man schon in Höhns „Harzburger Führungsmodell“ nachlesen.[44]

Obwohl man diese Beispiele noch weiter fortführen könnte (so z. B. die Aussage, dass es keinen „One-best-way“ gibt), ist das Buch von Hammer und Champy in der Mischung dieser „alten“ Ideen innovativ. Dazu kommt, dass die Informationstechnologie – im Gegensatz zu den meisten der oben aufgeführten älteren Quellen – eine tragende Rolle übernimmt. Oder allgemeiner: Neue Technologien bilden die Grundlage, um organisatorische Konzepte „radikal“ in Frage zu stellen.[45] Dies wird ergänzt um die pointierte Aufforderung, sich nicht mit „üblichen“ Ergebnissen zufrieden zu geben. Dabei wird richtig gesehen, dass dies nur durch einen tief greifenden Wandel der Unternehmenskultur erreicht werden kann: „Neue“ Wertvorstellungen sind gefragt.[46] Dementsprechend sind die Voraussetzungen für eine erfolgreiche Einführung und umgekehrt für ein Scheitern weitgehend identisch mit denen anderer umfassender Veränderungskonzepte.[47]

Vergleicht man Business Reengineering z. B. mit dem ersten Buch von Womack und Jones zum Thema Lean Management, so sind die Aussagen zur Kundenorientierung oder Unternehmenskultur bei Hammer und Champy wesentlich deutlicher. Der Versuch der Abgrenzung gegenüber „Qualitätsprogrammen“ zeigt aber auch die Grenzen von Business Reengineering:[48] Der „Qualitätsbewegung“ wird angelastet, dass sie sich nur auf bestehende Unternehmensprozesse beziehe und dort „nur“ eine kontinuierliche Verbesserung (im Sinne von KAIZEN) anstrebe. Obwohl sich dieses Missverständnis durch eine Reihe von Quellen widerlegen lässt,[49] zeigt diese Aussage, dass Business Reengineering „lediglich“ ein methodisches Konzept der Umstrukturierung ist, das allerdings auch Aussagen zu den Umstrukturierungszielen macht.

Die in der Abgrenzung bewusst ausgeschlossene kontinuierliche Weiterentwicklung (z. B. über Survey- und Feedback-Methoden) ist aber eine wesentliche Voraussetzung, um aus einem Veränderungsinstrument ein ganzheitliches Managementkonzept zu machen. Dies schmälert allerdings nicht die Relevanz des Veränderungsansatzes in einer spezifischen Unternehmenssituation.

Auch zu dem Buch von Hammer und Champy gibt es ein zweites Buch, das allerdings von Champy allein geschrieben wurde.[50] Der Titel „Reengineering Management“ macht schon die Kernaussage – und erklärt (wie bei Lean Production), warum die Erfolgsquoten nicht wesentlich über 30 % hinausgehen.

Champy gesteht einleitend zu, dass die Umsetzung von Reengineering Probleme bereitet. Die Ursache für diese Probleme lokalisiert er dann im Verhalten des Managements bzw. dessen Unfähigkeit, dieses zu verändern.[51] Eine auf eine „Bombenwurfstrategie“ hinauslaufende Veränderung stößt an die Grenzen der Unternehmenskultur. Bei der Formulierung der Kernfragen stehen daher die Sinnfrage („What for?“) und die Frage der Veränderung der Unternehmenskultur vor der Frage der Veränderung von Prozessen und Leistungen.[52] Außer dem Sachverhalt, dass auch Champy die Notwendigkeit eines Organisationsentwicklungsprozesses erkannt hat, ändert sich an der prinzipiellen Beurteilung dieses Ansatzes in Bezug auf ganzheitliche Managementkonzepte wenig.

1.1.3.5 Organizational Intelligence, Intellectual Capital, Knowledge Management oder Lernende Organisation

Wenn zwei der bisher zitierten Konzepte (Lean Production und KAIZEN) einen japanischen Ursprung hatten, so gilt dies auch - zumindest in einer Variante der Umsetzung - für „Organizational Intelligence" (O.I.).[53] Während Wissen, Intelligenz oder allgemeiner Problemlösungspotenzial bisher eher als implizite Produktionsfaktoren gehandelt wurden, steht hier organisationale Intelligenz als Produkt und als Prozess im Vordergrund der Betrachtung. Die einzelnen O.I.-Prozesse (Wahrnehmung, Speicherung, Lernen, Kommunikation und Entscheidung) führen zu hierarchisch gegliederten O.I.-Produkten (Daten, Information durch Datenauswertung und das strukturierte und effiziente Potenzial an Wissen).

Dabei spielen Informations- und Kommunikationstechnologien (I.u.K.) (wie bei Hammer und Champy) eine wichtige Rolle, wobei es nicht um den Ersatz menschlicher Intelligenz geht, sondern um deren Ergänzung. Die Stärke des O.I.-Ansatzes liegt einerseits in seiner Ganzheitlichkeit und andererseits in seiner Allgemeingültigkeit (im Sinne einer Unabhängigkeit von spezifischen Rahmenbedingungen oder Situationen). Nicht nur wegen der Ähnlichkeit der Abkürzungen (O.I. und O.E.) stößt man in diesem Zusammenhang auf das Konzept der Organisationsentwicklung (O.E.). Insbesondere die humanbezogenen Facetten wie Wahrnehmung, Lernen, Kommunikation und Entscheidung als Führungsaufgabe sowie die Erhöhung des Problemlösungspotenzials einer Organisation durch die Wandlung zur „lernenden Organisation"[54] sind Themenfelder von O.E. Zwar hatten dort (bisher) I.u.K.-Technologien wenig Platz, aber in Konzepten zum selbst gesteuerten Lernen wurde beispielsweise der Einsatz von CBT (Computer-Based Training) diskutiert.[55] Gruppenorientiertes Lernen und Lernnetzwerke spielen insbesondere in der jüngeren Berufspädagogik (wieder) eine wichtige Rolle.[56]

Die Thematik Organizational Intelligence stellt sich in jüngeren Publikationen[57] auch unter der Überschrift „Intellectual Capital" und „Knowledge Management" dar. In diesem Sinne wird „Wissen" als „neuer" Produktionsfaktor interpretiert - oder wie bei Senge als „5. Disziplin" deklariert.[58] Mit dieser Entwicklung wird das „Humankapital" (wieder) zum wichtigsten Aktivposten.[59]

Ähnlich wie beim Business Reengineering geht es auch hier um eine interessante Weiterentwicklung unter spezifischer Ausnutzung von Technologie und erweiterter Sichtweise. Analysiert man die relevanten Publikationen, kommt man zu dem Schluss, dass O.I. (ähnlich wie O.E.), Intellectual Capital oder Knowledge Management ein „Meta-Konzept" ist, das ganz erheblich zur Verbesserung der Wettbewerbsfähigkeit beitragen kann. Der Schwerpunkt liegt – noch stärker als beim Business Reengineering – im methodischen Ansatz. Inhaltliche oder normative Ausrichtungen sind weniger zu erkennen, es sei denn, man wertet die besondere Bedeutung, die den Mitarbeitern beigemessen wird, als normative Neuorientierung.

1.1.3.6 Shareholder Value

Große, börsenbewertete Kapitalgesellschaften in Deutschland haben in der jüngeren Vergangenheit ein nicht gerade neues finanzielles Steuerungsinstrument entdeckt: den Shareholder Value. Damit reagieren auch deutsche Manager auf den Sachverhalt, dass die institutionellen Geldanleger (z. B. Fonds-Gesellschaften) Unternehmen vor allem nach diesem Kriterium bewerten. Ohne hier auf Details der Berechnung eingehen zu können und zu wollen, ist zunächst darauf hinzuweisen, dass der „Erfinder" dieses Konzeptes eine langfristige Maximierung des Unternehmenswertes anstrebt, die auch im Widerspruch zu kurzfristigen Performance-Bewertungen stehen kann. Letzten Endes geht es um die Frage, ob eine Shareholderorientierung mit einer Stakeholderorientierung verknüpfbar ist, oder ob sie im Widerspruch dazu steht. Interessant ist in diesem Zusammenhang, dass Rappaport in der zweiten Auflage seines Buches, die inzwischen auch in deutscher Übersetzung vorliegt, sich mit dieser Problematik auseinander setzt.[60] Zunächst weist er noch einmal darauf hin, dass es um die langfristige Profitabilität gehe – und dass dies bei manchen Restrukturierungen gerade nicht berücksichtigt worden sei. Seine Auseinandersetzung mit der „Stakeholderproblematik" fasst er dahin gehend zusammen, dass es in einem „aufgeklärten Eigeninteresse" liege, dass Eigentümer und andere Anspruchsgruppen partnerschaftlich an der Wertschaffung beteiligt werden.

Die Gefahren eines falsch verstandenen Shareholder Value hat Allan Kennedy[61] thematisiert. In seinem Buch „Das Ende des Shareholder Value" begründet er, warum Unternehmen zu langfristigen Wachstumsstrategien zurückkehren müssen.

Mit dem vermeintlichen Widerspruch von Shareholder Value und Stakeholder Value beschäftigt sich Jeffrey Pfeffer an der Stanford Graduate School of Business am Beispiel der Mitarbeiterorientierung.[62]

Bevor er sich mit dem Erfolg von Organisationen auseinander setzt, diskutiert er kritisch die Ursachen für den Erfolg, wie sie oft von (Top-)Managern beschrieben werden:

- in der richtigen Branche zu sein,
- groß zu sein, um dadurch Kostenvorteile zu erzielen,
- ein globales Unternehmen zu sein,
- ein High-Tech-Unternehmen zu sein,
- hauptsächlich durch Kostensenkung erfolgreich zu sein.

Nach einem Vergleich dieser „Quellen des Erfolgs“ mit empirischen Studien bzw. mit deren Ergebnissen kommt Pfeffer zu dem Schluss, dass dies nicht die tatsächlichen Ursachen sein können. Und er führt weiter aus: „Erfolg entsteht dadurch, dass man seinen Kunden einen Nutzen liefert. Die Fähigkeit, dies zu tun, erfordert fundierte Vorstellungen darüber, was der Kunde will und was er schätzt und wie Mitarbeiter zu organisieren und zu führen sind, damit dieser Nutzen entsteht.“[63] „Erfolg kommt von der erfolgreichen Umsetzung einer Strategie – und nicht von deren bloßer Existenz. Die Fähigkeit einer erfolgreichen Umsetzung hängt aber in ganz erheblichem Maße von den Mitarbeitern ab, wie sie behandelt werden, welche Fähigkeiten und Kompetenzen sie besitzen und wie sie diese für die Organisation einsetzen.“[64]

Natürlich hängt der Erfolg eines Unternehmens nicht ausschließlich von den Mitarbeitern ab, da es eine Menge interner und externer Einflussgrößen gibt, auf die sie keinerlei Einfluss besitzen, so z. B. die Qualität des Managements oder Wechselkursschwankungen. Unterstellt man jedoch, dass diese Nebenbedingungen für alle Unternehmen gelten (können), so kann eine richtig gestaltete „Arbeitspolitik“ zum wesentlichen Wettbewerbsvorteil werden.[65] Auf der Grundlage verschiedener Studien, einer entsprechenden Literaturanalyse und persönlicher Erfahrungen formuliert Pfeffer sieben Human Resource Management-Konzepte erfolgreicher Unternehmen:[66]

1. Arbeitsplatzsicherheit (Vertrauen als Grundlage für Engagement)
2. Geeignete Personalauswahlstrategien (aufwändige Selektionsverfahren auf der Grundlage präziser Anforderungen)
3. Teilautonome Arbeitsgruppen und Dezentralisierung als Grundbausteine der Organisationsgestaltung
4. Gute Bezahlung und Ergebnisbeteiligung
5. Hoher Stellenwert von Aus- und Weiterbildung
6. Abbau von Statusdifferenzen
7. Umfassende Informationskonzepte

Die Zusammenhänge und gegenseitigen Abhängigkeiten einer mitarbeiterorientierten Strategie zeigt **Bild 1.6**.

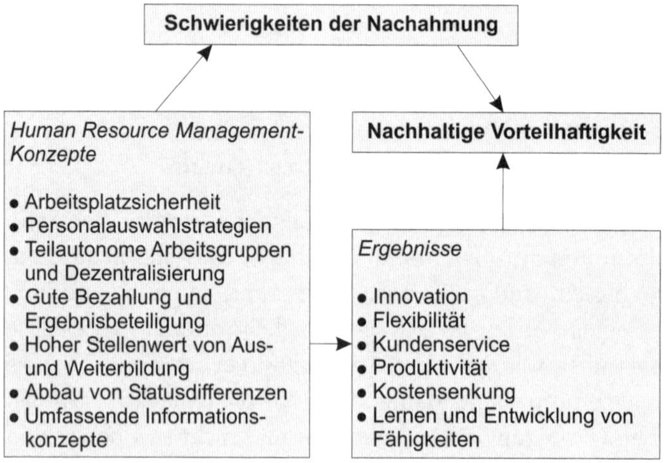

Bild 1.6 Ergebnisse einer mitarbeiterorientierten Strategie[67]

Viele der Elemente stimmen mit dem überein, was schon an früherer Stelle diskutiert worden ist. Es macht daher Sinn, die Behauptungen von Pfeffer z. B. an den Gewinnern internationaler Qualitätspreise zu spiegeln, da diese als „Best Practices“ oder „Benchmarks“ dienen können. Dies lässt sich dadurch begründen, dass die Voraussetzungen, einen solchen Preis zu erhalten, auch hohe Bewertungen auf den Gebieten „Mitarbeiterorientierung“ und „Mitarbeiterzufriedenheit“ implizieren. Analysiert man die publizierten Bewerbungen, z. B. für den European Quality Award oder den Malcolm Baldrige National Quality Award, so sind selten „exotische“ Konzepte zu finden, aber in jedem Fall eine sehr stringente Umsetzung der jeweiligen Vorhaben. Dies erfordert, wie es auch Pfeffer formuliert, mehr als nur kosmetische Veränderungen: Es erfordert den ernsthaften Entschluss, „die Situation tatsächlich zu verändern, wie z. B. Mitarbeiter mehrfach zu qualifizieren, schlüssige Belohnungskonzepte zu entwickeln, Teamarbeit einzuführen, ein Vorschlagswesen zu institutionalisieren, KVP-Gruppen oder andere Mechanismen der Beteiligung der Mitarbeiter an betrieblichen Problemlösungen zu realisieren usw.“[68]

1.1.3.7 Balanced Scorecard

Die schon bei Rappaport angesprochene Notwendigkeit der „Ausbalancierung“ unterschiedlicher Interessen kommt auch in der von Kaplan und Norton propagierten Balanced Scorecard zum Tragen.[69] Da diese auch in Deutschland auf zunehmendes Interesse stößt, soll sie hier kurz skizziert und bewertet werden.

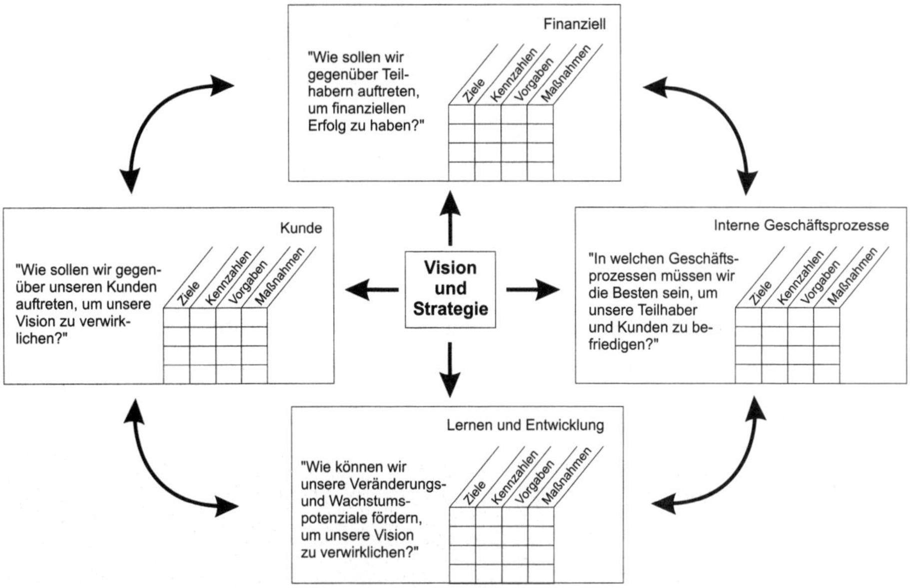

Bild 1.7 Balanced Scorecard zur Umsetzung einer Strategie[70]

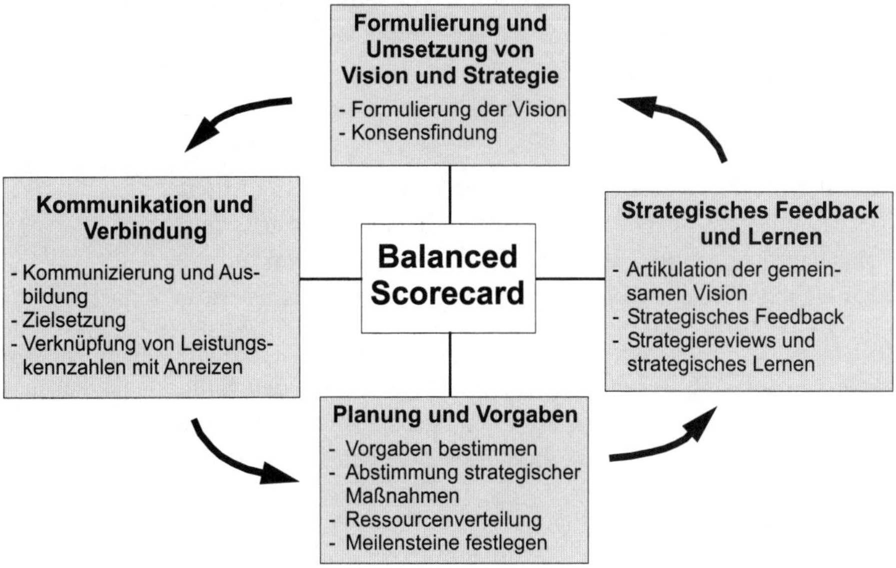

Bild 1.8 Balanced Scorecard als strategischer Handlungsspielraum[71]

Die Balanced Scorecard ist zunächst ein Instrument, um eine auf einer Vision basierende Strategie in einer Organisation umzusetzen. Insofern kann sie als strukturierte Form des „Policy Deployment" angesehen werden. Inhaltlich versucht sie die einseitige und vergangenheitsorientierte Fixierung auf finanzielle Kennzahlen dadurch zu überwinden, dass sie die Ausrichtung auf den Kunden, Lernen und Entwicklung (Mitarbeiter) und die internen Geschäftsprozesse in den Prozess des „Ausbalancierens" integriert. **Bild 1.7** veranschaulicht die Zusammenhänge.

Es ist offensichtlich, dass ein solches Vorgehen ein erweitertes Berichts- oder Rechnungswesen erfordert. **Bild 1.8** zeigt, dass auch die Idee der kontinuierlichen Verbesserung Teil der Überlegungen ist.

Da die von Kaplan und Norton vorgeschlagene Version der Balanced Scorecard an unternehmensspezifische Bedürfnisse angepasst werden kann, lässt sich daraus ein ganzheitlicher Ansatz für eine allerdings spezifische Fragestellung (Policy Deployment) entwickeln.

1.1.3.8 Customer Relationship Management (CRM)

Die (Wieder-)Entdeckung des Kunden im Marketing mutet etwas befremdlich an, aber ohne Zweifel ist dieses Thema seit einiger Zeit wieder aktuell geworden. Was ist nun das Neue an Customer Relationship Management (CRM) aus Sicht derer, die dieses Konzept als innovativ anpreisen?[72] Vier zentrale Punkte werden angesprochen:[73]

- Die Perspektive wechselt von der Unternehmens- zur Kundenseite.
- Der Kunde kommt in den Genuss des Angebots, das er sich wünscht.
- Nicht alle Kunden sind für ein Unternehmen gleich attraktiv.
- Langfristige Beziehungen zu profitablen Kundengruppen steigern messbar die Gewinne.

Würde man dies so stehen lassen, müsste man daraus den Schluss ableiten, dass Marketing bisher ausschließlich das Interesse der Unternehmen und nicht der Kunden vertrat. Manche haben das schon immer vermutet. Liest man nun die Headlines des hier zitierten Beitrages:[74]

- „Den Wert der Kundenbeziehungen entdecken
- Die Unternehmensprozesse am Kunden orientieren
- Aus Call-Centern werden Customer-Interaction-Center (CIC)
- Das CIC: Zentrale für optimale Kundenbeziehungen
- Call-Center-Agents – Manager der Kundenbeziehungen",

dann wird deutlich, dass es tatsächlich um mehr als das gute alte „Beziehungsmanagement“ als Marketinginstrument geht.[75] Kommt man noch einmal auf die Kernaussagen des Artikels von Rapp zurück, so lassen sich die innovativen Ansätze des „neuen“ Beziehungsmanagements in zwei Feldern finden:

- Kundenorientierung auch durch die Ausrichtung der Organisation zu realisieren, d. h. auch die strukturellen Rahmenbedingungen (Unternehmensprozesse am Kunden orientieren) zu schaffen,[76]
- alle Potenziale der Informations- und Kommunikationstechnologie zu nutzen, um „Customizing“ (die maßgeschneiderte Anpassung der Produkte und Leistungen an die Kundenerwartungen) zu realisieren.[77]

Positioniert man diesen Ansatz im Kontext integrativer Managementkonzepte, so kann man zunächst konstatieren, dass hier relevante Instrumente für die Auseinandersetzung mit einem sehr wichtigen Stakeholder – dem Kunden – diskutiert werden. Inwiefern die eventuell zu starke Betonung der Informationstechnologie trägt, muss sich erst noch zeigen. Möglicherweise bevorzugen manche Kunden doch immer noch das traditionelle „Beziehungsmanagement“ mit einer Face-to-face-Kommunikation und den damit verbundenen psychologischen Prozessen.

Es wird an späterer Stelle im Kontext von Total Quality Management zu zeigen sein, dass sowohl die langfristige Ausrichtung auf den Kunden als auch die Schaffung entsprechender struktureller Rahmenbedingungen auch dort – und ggf. schon sehr viel früher – thematisiert worden sind.

Der Erfolg wird letztlich nicht von der Omnipotenz der Informationstechnologie abhängen, sondern – wie bei den TQM-Ansätzen – von der Frage der Veränderung von Einstellungen und Verhalten bei allen beteiligten Organisationsmitgliedern (und insbesondere beim Management): Erhält der Kundennutzen wirklich die zentrale Bedeutung bzw. setzt sich ein Denken in Kundennutzen durch?

1.1.3.9 Zusammenfassende Bewertung der vorgestellten Konzepte

Die hier vorgestellten, in der jüngeren Vergangenheit durch Theorie und (Beratungs-)Praxis verstärkt diskutierten Konzepte, sind nun den in diesem Kapitel formulierten Anforderungen an ein integratives Managementkonzept gegenüberzustellen. Dies auch deswegen, weil die Vertreter dieser Ansätze (oder die jeweiligen Berater, die diese Konzepte „verkaufen“) für sich in Anspruch nehmen, dass damit die jeweils aktuellen Probleme der Wirtschaft zu lösen seien.

Wenn man rekapituliert, dass ein ganzheitliches Managementkonzept eine normative, eine strategische und eine operative Dimension haben sollte – und diese Dimensionen darüber hinaus durch einen horizontalen und vertikalen „Fit" zu einem integrativen Ansatz werden müssen –, dann zeigt sich relativ schnell, dass alle hier vorgetragenen „Innovationen" eher Partialkonzepte sind.

Dies beginnt bei der integrierenden Kraft der gemeinsamen Vision – also einer Vision, die *allen* Organisationsmitgliedern etwas bietet. „Lean" oder „Schlanksein" als Vision kann genauso wenig ausreichen wie „KAIZEN" (kontinuierliche Verbesserung), wenn das „Ziel der Reise" – und das ist schließlich die Aufgabe oder der Inhalt einer Vision – nicht klar wird. Business Reengineering enthält dazu eine Reihe impliziter Aussagen (z. B. unter der Überschrift „die neue Arbeitswelt"[78]), aber eine stringente Umsetzung ist nur fallweise zu erkennen. Organizational Intelligence/ Intellectual Capital oder Knowledge Management sowie Customer Relationship Management und die Balanced Scorecard beinhalten schon im Begriff eine (implizite) Vision. Was diese jedoch für die Organisationsmitglieder bedeutet, wird meist nur unscharf thematisiert.

Während in den meisten Konzepten (z. B. bei Lean Production, KAIZEN, Six Sigma, Business Reengineering) die Rede davon ist, dass sich die Unternehmenskultur verändern muss, ist wenig Konkretes bezüglich der Transformation in strategische und operative Inhalte im Sinne einer vertikalen Integration ausgesagt.

Auch bezüglich der horizontalen Integration zwischen Unternehmenskultur und Unternehmenspolitik bzw. -zielen gibt es in der Mehrzahl der Konzepte nur sehr begrenzte Aussagen (z. B. wie eine durch Mitarbeiterorientierung geprägte Unternehmenskultur in Unternehmenspolitik und vor allem in konkreten Zielen wiederzufinden ist). Einen Zusammenhang zwischen Kundenorientierung und strukturellen Veränderungen findet man in Aussagen zum Customer Relationship Management. Dort steht jedoch nur eine Zielgruppe (bzw. ein Stakeholder) im Mittelpunkt des Interesses.

Insgesamt entsteht der Eindruck, dass es sich bei allen Ansätzen eher um Partialkonzepte handelt, die in einen umfassenden Zusammenhang einzubetten sind, der sowohl bezüglich des Umfangs als auch der zeitlichen Dimension Ganzheitlichkeit repräsentiert. Neben einer Berücksichtigung aller relevanten Interessengruppen („Stakeholder") muss dies vor allem auch den Aspekt einer längeren zeitlichen Dimension im Sinne von Nachhaltigkeit, aber auch kontinuierlicher Verbesserung einschließen.

1.2 Business Excellence durch integrative Managementkonzepte

Bevor im Folgenden näher auf ganzheitliche Unternehmensbewertungskonzepte eingegangen werden kann, sind zunächst einige begriffliche Grundlagen zu schaffen. Insbesondere ist zu zeigen, wie sich der „Excellence"-Begriff entwickelt hat. Da dieser oft auch mit „Unternehmensqualität" gleichgesetzt wird, muss zuerst auf den Unterschied in den Qualitätsbegriffen eingegangen werden.

1.2.1 Business Excellence als „Unternehmensqualität"

Die Auseinandersetzung mit einem veränderten Qualitätsverständnis setzt sinnvollerweise beim „traditionellen" Qualitätsbegriff an, wie er beispielsweise in der DIN EN ISO 9000:2000 zu finden ist. Qualität wird dort bezeichnet als das „Vermögen einer Gesamtheit inhärenter Merkmale eines Produkts, Systems oder Prozesses zur Erfüllung von Forderungen von Kunden und anderen interessierten Parteien".[79] Dementsprechend könnte Qualität zunächst als Erfüllung der geforderten (bzw. vereinbarten) Eigenschaften verstanden werden. Diese Definition macht schon mindestens zweierlei deutlich:

a) Die Anforderungen der Kunden sind zunächst der Maßstab. Dabei ist zu berücksichtigen, dass es in diesem Zusammenhang nicht nur um externe Abnehmer von Leistungen (einschließlich Informationen) geht, sondern auch um alle internen Kunden. Der Leistungserstellungsprozess und die vor- und nachgelagerten Bereiche lassen sich entsprechend als System von Kunden-Lieferanten-Beziehungen darstellen (vgl. **Bild 1.9**).
Neben diesem „Geflecht" interner Kunden-Lieferanten-Beziehungen ist in die Betrachtung einzubeziehen, dass sich auch die Beziehungen zum externen Kunden keineswegs als linear oder eindimensional darstellen. **Bild 1.10** zeigt die komplexe Verflechtung zwischen einem Kunden und seinem Lieferanten: Daraus wird deutlich, dass die Definition, wer der eigentliche (externe) Kunde ist, der z. B. über ein spezifisches Qualitätsniveau entscheidet, keine triviale Aufgabe ist.
Wie kundenorientiert eine Organisation ist, lässt sich mindestens an zwei Fakten ausmachen. Zum einen an der Bedeutung, die Reklamationen beigemessen wird: Werden diese als lästige Störung durch den Kunden empfunden – und möglichst durch einen „subalternen Mitarbeiter" abgewiegelt – oder werden sie als Chance einer Verbesserung begriffen und erreichen die Aufmerksamkeit (auch) des höheren Managements?

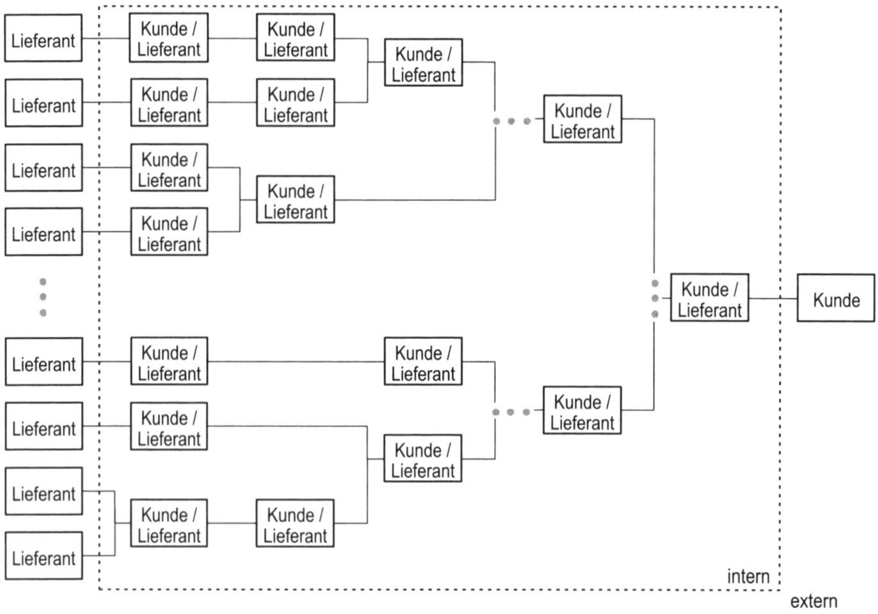

Bild 1.9 Kunden-Lieferanten-Beziehungen (stark vereinfacht)

Zum anderen, welche Rolle dem Kunden – im Vergleich zum Management – in der etablierten Strukturorganisation zukommt: Kann man im Konfliktfall tatsächlich für den Kunden und u. U. gegen das Management handeln?

Dementsprechend kann Kundenorientierung als erster wichtiger Baustein für (Business) Excellence festgehalten werden.

b) Wenn eine absolute Kundenorientierung im Vordergrund der Betrachtung steht, folgt daraus zwingend, dass es ohne Spezifizierung der Anforderungen keine Qualität geben kann. Daraus resultieren u. a. spezifische Aufgabenstellungen für die am Markt agierenden Unternehmenseinheiten.

Dass es hierbei z. B. bei der Systementwicklung ganz erhebliche Defizite gibt, zeigt eine schon ältere Studie von Tavolato et al., die bis heute nichts an Aktualität verloren hat (vgl. **Bild 1.11**).

Da die Erfüllung von Anforderungen nicht unbedingt etwas über die „Qualität" dieser Erfüllung (z. B. im Sinne eines Kosten-Nutzen-Verhältnisses) aussagt, muss die Zufriedenheit des Kunden als zusätzliches Kriterium für Qualität formuliert werden:

„Qualität ist die Erfüllung von (vereinbarten) Anforderungen zur dauerhaften Kundenzufriedenheit."

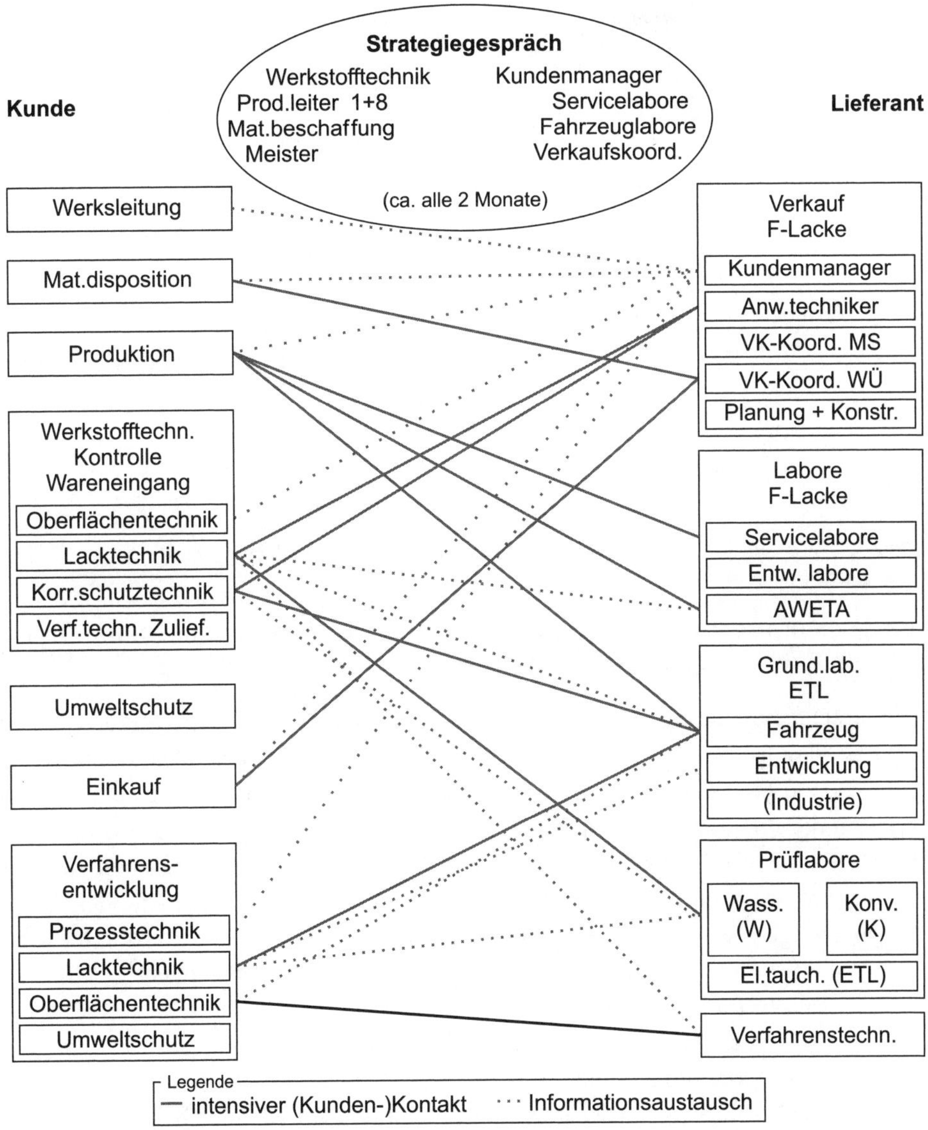

Bild 1.10 Verflechtungen zwischen Kunden und Lieferanten (Beispiel Automobil- [Kunde] und Lackhersteller [Lieferant])

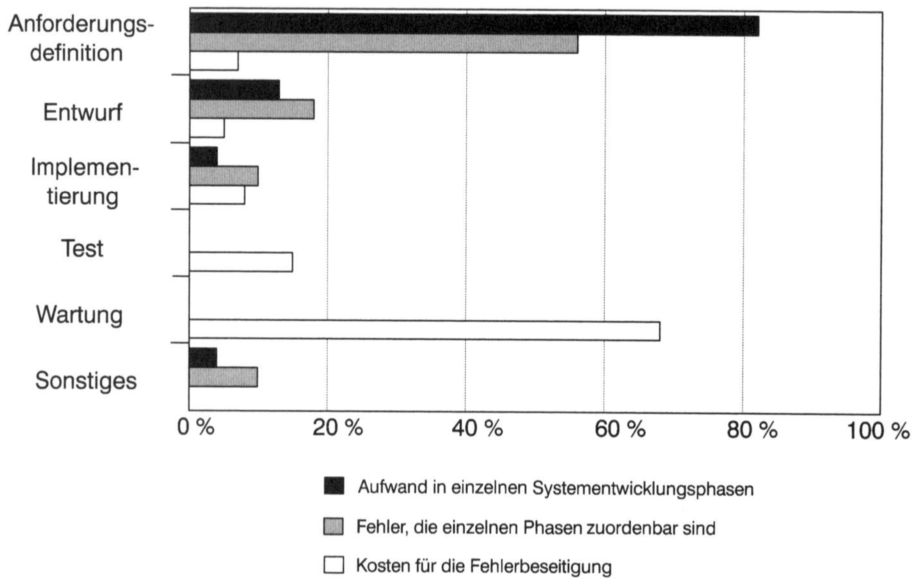

Bild 1.11 Aufwand, Fehler und Kosten für die Fehlerbeseitigung in einzelnen Systementwicklungsphasen[80]

Im Zusammenhang mit einer (zunächst) ergebnisorientierten Definition von Qualität sind zwei weitere Aspekte zu thematisieren:

a) Die Differenzierung in Produkt- und Servicequalität, weil viele Studien zeigen, dass Kunden insbesondere wegen Mängeln in der Servicequalität zur Konkurrenz wechseln (vgl. **Bild 1.12**). Die Notwendigkeit der Verknüpfung beider Aspekte zeigt die Qualitätsmatrix im **Bild 1.13**.

b) Die Frage, ob die Erfüllung von (vereinbarten) Anforderungen überhaupt zur dauerhaften Kundenzufriedenheit beitragen kann:
Hierzu gibt es zwei gegensätzliche Positionen. Die eine wird durch Kanos Qualitätsdimensionen deutlich. Er unterscheidet drei Ausprägungen:[81]
   - „Take-it-for-Granted-Quality“
     ↳ Qualität fällt nur auf, wenn sie nicht vorhanden ist.
   - „One-Dimensional-Quality“
     ↳ Qualität trägt attributbezogen zur Kundenzufriedenheit bei.
   - „Attractive Quality“
     ↳ Diese Dimension der Qualität erfreut den Kunden, weil sie unerwartet ist.
     ↳ Durch traditionelle Kundenbefragung ist ein solches Qualitätsverständnis kaum zu evaluieren.

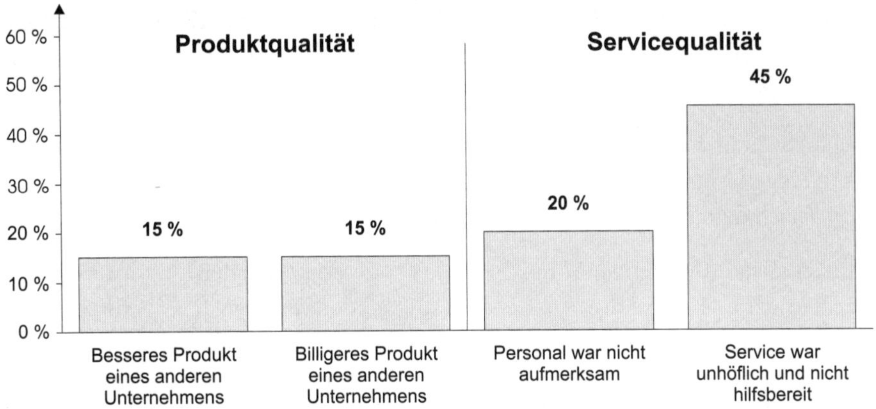

Bild 1.12 Erkennbare Gründe für den Wechsel zu einem Konkurrenten[82]

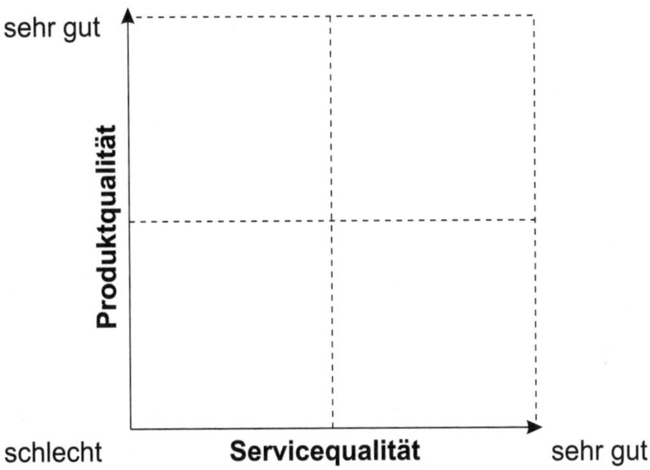

Bild 1.13 Die Qualitätsmatrix[83]

Dieses „Delight your Customer" führt zu der Diskussion, ob die (permanente) Übererfüllung von Anforderungen („beste" Qualität im Sinne von „Happy Engineering") nicht die gleiche Bewertung zu erfahren habe wie eine Untererfüllung und ob sie betriebswirtschaftlich überhaupt einen Sinn mache. Sinnvoll kann eine Übererfüllung nur in der Interpretation sein, dass dem Kunden mehr Problemlösungspotenzial (z. B. Produkte und Dienstleistungen zur Lösung seiner Probleme) (an)geboten wird, als er eigentlich erwartet: Ich kann seine Probleme besser lösen als die Konkurrenz, oder ich verschaffe ihm einen „Zusatznutzen" (z. B. durch Serviceleistungen), den andere nicht anbieten.

Wenn dies im Vorfeld geklärt ist, geht es dann (siehe oben) um die Erfüllung von (definierten) Anforderungen, wobei sowohl dem Kunden als auch dem eigenen Unternehmen ein Wertzuwachs zu sichern ist.

Versucht man zu klären, auf welchen Feldern Qualität in einem umfassenden Sinne zum Tragen kommt, so zeigt sich, dass sich diese im Laufe der Zeit verändert haben bzw. (nach dem obigen Verständnis) auch verändern mussten.

Zunächst stand die Qualität des Produkts oder der Dienstleistung im Vordergrund der Betrachtung – und dort vor allem der Aspekt der Prüfung. Das heißt, Qualität war einerseits inputorientiert (Qualitätseinflüsse bei der Materialbeschaffung) und andererseits outputorientiert (der Versuch, durch umfassende Prüfungen Qualität „hineinzukontrollieren" und damit nur „Qualitätsprodukte" auszuliefern). Dass es diese Betrachtungsweise immer noch gibt, lässt sich durch eine Analyse der Zusammensetzung der so genannten „Qualitätskosten" relativ einfach belegen.

Selbstverständlich ist die Qualität der eingekauften Vorleistungen ein ebenso wichtiges Thema. Um die Qualität in den vorgelagerten Bereichen zu sichern, ist daher eine intensive(re) Kooperation mit den Zulieferern erforderlich. Dies muss im Gegensatz zu früheren Auffassungen u. a. auch dazu führen, deren Anzahl zu verringern (Stichwort: „Single Sourcing"). Die Erfahrungen der letzten Jahre zeigen, dass sich diese Tendenzen auch in Deutschland weiter verstärken werden.

Ein verändertes Qualitätsbewusstsein muss sich dementsprechend auch in der Bewertung der Lieferanten niederschlagen.

Die Binsenweisheit, dass man Qualität nur „hineinproduzieren" kann, führte in der Folge zu einem stärkeren Interesse an Arbeitsabläufen und -verfahren und damit zu einer „Prozessorientierung". Aus Überlegungen dieser Art lässt sich ein „Qualitätskreis" im Sinne eines Phasenkonzeptes der Qualitätssicherung ableiten, bei dem Kunden-Lieferanten-Beziehungen eine besondere Rolle spielen (vgl. **Bild 1.14**).

Dieser Qualitätskreis beginnt bei der Marktforschung (Definition der Kundenanforderungen) und endet beim Kundendienst bzw. Service (After-Sales-Qualität). Damit wird deutlich, dass alle Bereiche einbezogen werden müssen. Während im „traditionellen" Produktionsbereich die Prozesssicherung in den Vordergrund rückt, muss in den vorgelagerten Bereichen (z. B. der Entwicklung) der Einsatz präventiver Maßnahmen (z. B. Fehlermöglichkeits- und -einflussanalyse (FMEA) oder Design Review) zunehmen und müssen – im Sinne von Kunden-Lieferanten-Beziehungen – die Verantwortlichkeiten dafür festgelegt werden, dass auch Qualität produziert werden kann (Stichwort: Simultaneous Engineering). Praktische Erfahrungen in vielen

Unternehmen dokumentieren die Relevanz präventiver Maßnahmen in der planerischen Ebene, da hier ein Großteil der Fehler entsteht, der in der Produktion, der Endprüfung oder gar erst im Einsatz mit erheblichem Aufwand behoben werden muss.

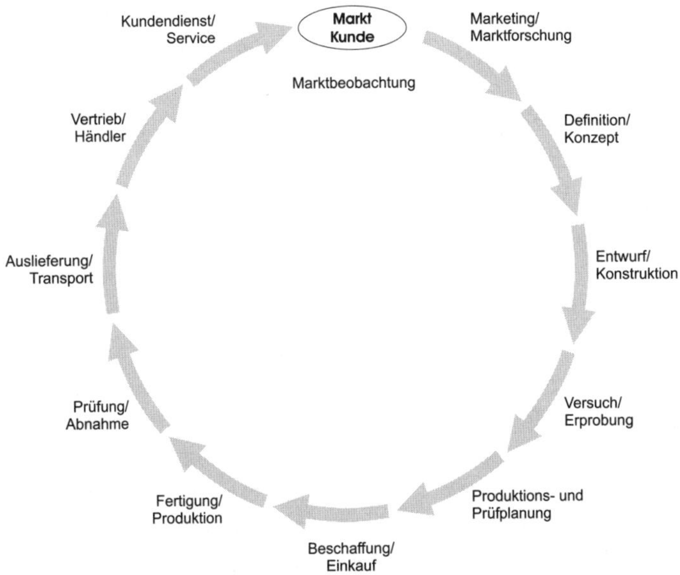

Bild 1.14 Qualitätskreis als Phasenkonzept der Qualitätssicherung[84]

Dementsprechend geht es auch um eine differenzierte Betrachtung der Kosten, die u. U. alle Lebenszykluskosten eines Produktes (im weitesten Sinne) einschließen muss.

Ebenso wirkt sich eine präzise Klärung der Kundenanforderungen und ihre systematische „Übersetzung" in die Sprache des Unternehmens – z. B. mit Hilfe der Methode Quality Function Deployment – sehr positiv u. a. auf die Anlaufkosten einer Produktion aus.[85]

Bei der After-Sales-Qualität sind alle umsatzrelevanten Marktreaktionen zu berücksichtigen. Dazu zählen z. B. in der Investitionsgüterindustrie neben minimalen Fehlerraten auch eine fachgerechte Reparatur, die Verfügbarkeit der Ersatzteile, die Kapazität des Servicenetzes, eine Notdienstbereitschaft sowie eine schnelle Abwicklung von Garantiefällen bzw. Kulanzleistungen. Umsatzrelevante Marktreaktionen können sich auch aus der Interdependenz zwischen Garantiekosten und Garantiezeiten ergeben.

Wenn man Qualität nun nicht nur mit dem Kunden in Verbindung bringt, sondern auch mit den anderen Interessengruppen der Organisation, so ist als weiteres Element eines umfassenden Qualitätsbegriffs die Qualität der Arbeit(sbedingungen) zu nennen. Dazu zählen z. B. Mitwirkungsmöglichkeiten, die Möglichkeit, sich fachlich, methodisch oder auch sozial bei der Arbeit qualifizieren zu können, die Qualität der Zusammenarbeit innerhalb und zwischen den Abteilungen oder die Qualität der Arbeits- und Betriebsmittelgestaltung. Diese „Tätigkeitsorientierung" des Qualitätsbegriffs ist im angelsächsischen Bereich schon lange unter dem Begriff „Quality of Working Life" verbreitet.

Schließt man unter normativen Aspekten die Umweltbeziehungen einer Organisation in die Betrachtung ein, so lässt sich eine „Qualität der Außenbeziehungen" definieren, in der u. a. die gesellschaftliche Verantwortung – z. B. im Bereich Umweltschutz oder die Rolle eines Unternehmens in einem Gemeinwesen – zum Ausdruck kommt. Umweltorientierung im engeren Sinne bezieht sich auf Produkte (z. B. Entsorgung), Prozesse (z. B. Emissionen) und Arbeitsbedingungen (z. B. berufsbedingte Erkrankungen). Die gesellschaftliche Dimension des Themas Qualität wird in der jüngeren Vergangenheit auch dadurch deutlich, dass solche Inhalte verstärkt in so genannten „Non-Profit"-Bereichen diskutiert werden. Dazu zählen z. B. (kommunale) Krankenhäuser, die einerseits bei enger werdenden Budgets Qualität erhalten wollen und andererseits als Voraussetzung einer Zukunftssicherung den Patienten als Kunden entdecken müssen. Auch im Neuentwurf des Bundessozialhilfegesetzes (BSHG) taucht der Begriff Qualität auf.[86] Er wird dort ganzheitlich interpretiert und soll als Grundlage für die Bemessung finanzieller Zuwendungen herangezogen werden.

Nimmt man die Kapitalgeber als weitere Zielgruppe hinzu, so sind auch deren Interessen an einer auf Dauer ausgerichteten Steigerung des Unternehmenswertes zu berücksichtigen.

Damit wird klar, dass eine Veränderungsstrategie, die auf umfassende Qualität im Sinne von (Business oder Organizational) Excellence abzielt, sich an allen Interessengruppen („Stakeholder") ausrichten sollte. Selbstverständlich sind die hier vorgetragenen Definitionselemente nicht unabhängig voneinander. Es handelt sich vielmehr um eine akzentuierende Abgrenzung. Während der Zusammenhang zwischen Produkt- (oder Dienstleistungs-) und Prozessqualität im Allgemeinen noch akzeptiert wird, fällt es vielen (noch) schwer, z. B. die Qualität der Arbeit(sbedingungen) oder der Außenbeziehungen in eine solche Betrachtung zu integrieren.

Die oben skizzierte Entwicklung des Qualitätsbegriffs kann man in ähnlichen Phasen in allen westlichen Industriestaaten nachvollziehen. Dies zeigen u. a. auch die Ausschreibungskriterien für die nationalen bzw. internationalen Modelle für (Business) Excellence.

Die folgenden Abbildungen zeigen die aktuellen Kriterien des US-amerikanischen Malcolm Baldrige National Quality Award, des Australian Business Excellence Award sowie des European Quality Award. Obwohl zwei dieser „Awards" nach wie vor als „Quality Awards" verliehen werden, haben sich alle drei Bewertungsmodelle inzwischen vom Begriff „Qualität" verabschiedet und diesen durch „Excellence" (bzw. Business Excellence oder Performance Excellence) ersetzt.

2003 Categories and Items			**Point Values**
1.0	**Leadership**		**120**
	1.1	Organizational Leadership	
	1.2	Social Responsibility	
2.0	**Strategic Planning**		**85**
	2.1	Strategy Development	
	2.2	Strategy Deployment	
3.0	**Customer and Market Focus**		**85**
	3.1	Customer and Market Knowledge	
	3.2	Customer Relationships and Satisfaction	
4.0	**Measurement, Analysis, and Knowledge Management**		**90**
	4.1	Measurement and Analysis of Organizational Performance	
	4.2	Information and Knowledge Management	
5.0	**Human Resource Focus**		**85**
	5.1	Work Systems	
	5.2	Employee Learning and Motivation	
	5.3	Employee Well-Being and Satisfaction	
6.0	**Process Management**		**85**
	6.1	Value Creation Processes	
	6.2	Support Processes	
7.0	**Business Results**		**450**
	7.1	Customer-Focused Results	
	7.2	Product and Service Results	
	7.3	Financial and Market Results	
	7.4	Human Resource Results	
	7.5	Organizational Effectiveness Results	
	7.6	Governance and Social Responsibility Results	
		Total Points:	**1000**

Bild 1.15 Malcolm Baldrige National Quality Award: Examination Categories and Items[87]

2003 Categories and Items			Points
1.0	Leadership and Innovation		180
	1.1	Strategic direction	
	1.2	Organisational culture	
	1.3	Leadership throughout the organisation	
	1.4	Environmental and community contribution	
2.0	Strategy and Planning Processes		100
	2.1	Understanding the business environment	
	2.2	The planning process	
	2.3	Development and application of resources	
3.0	Data, Information and Knowledge		100
	3.1	Collection and interpretation of data and information	
	3.2	Integration and use of knowledge in decision making	
	3.3	Creation and management of knowledge	
4.0	People		160
	4.1	Involvement and commitment	
	4.2	Effectiveness and development	
	4.3	Health, safety and wellbeing	
5.0	Customer and Market Focus		150
	5.1	Knowledge of customers and markets	
	5.2	Customer relationship management	
	5.3	Customer perception of value	
6.0	Processes, Products and Services		160
	6.1	Innovation process	
	6.2	Supplier and partner processes	
	6.3	Management and improvement of processes	
	6.4	Quality of products and services	
7.0 .	Business Results		150
	7.1	Indicators of success	
	7.2	Indicators of sustainability	
		Total Points:	1000

Bild 1.16 Australian Business Excellence Award: Examination Categories and Items[88]

Criteria and criterion parts (2002 Revision)		Point Values
1.	**Leadership**	**100**
1a	Leaders develop the mission, vision, values and ethics and are role models of a culture of Excellence	
1b	Leaders are personally involved in ensuring the organisation's management system is developed, implemented and continuously improved	
1c	Leaders interact with customers, partners and representatives of society	
1d	Leaders reinforce a culture of Excellence with the organisation's people	
1e	Leaders identify and champion organisational change	
2.	**Policy and Strategy**	**90**
2a	Policy and Strategy are based on the present and future needs and expectations of stakeholders	
2b	Policy and Strategy are based on information from performance measurement, research, learning and external related activities	
2c	Policy and Strategy are developed, reviewed and updated	
2d	Policy and Strategy are communicated and developed through a framework of key processes	
3.	**People**	**80**
3a	People resources are planned, managed and improved	
3b	People's knowledge and competencies are identified, developed and sustained	
3c	People are involved and empowered	
3d	People and the organisation have a dialogue	
3e	People are rewarded, recognised and cared for	
4.	**Partnerships and Resources**	**90**
4a	External partnerships are managed	
4b	Finances are managed	
4c	Buildings, equipment and materials are managed	
4d	Technology is managed	
4e	Information and knowledge are managed	
5.	**Processes**	**140**
5a	Processes are systematically designed and managed	
5b	Processes are improved, as needed, using innovation in order to fully satisfy and generate increasing value for customers and other stakeholders	
5c	Products and Services are designed and developed based on customer needs and expectations	
5d	Products and Services are produced, delivered and serviced	
5e	Customer relationships are managed and enhanced	
6.	**Customer Results**	**90**
6a	Perception Measures	
6b	Performance Indicators	
7.	**People Results**	**200**
7a	Perception Measures	
7b	Performance Indicators	
8.	**Society Results**	**60**
8a	Perception Measures	
8b	Performance Indicators	
9.	**Key Performance Results**	**150**
9a	Key Performance Outcomes	
9b	Key Performance Indicators	
		Total Points: 1000

Bild 1.17 European Quality Award: Criteria and criterion parts[89]

1.2.2 EXKURS: Qualitätsmanagement, Total Quality Management und Organizational Excellence

Wenn Organizational Excellence im Sinne umfassender Qualität verstanden wird, stößt man zwangsweise auf die Konzepte eines umfassenden Qualitätsmanagements im Sinne von Total Quality Management.

Was bedeutet nun umfassendes Qualitätsmanagement oder Total Quality Management?

Hierzu hat es gerade in den letzten Jahren einige sprachliche Verwirrungen gegeben, die darauf zurückzuführen sind, dass die in der ursprünglichen Normenreihe DIN EN ISO 9000 beschriebenen Qualitätssicherungssysteme ohne inhaltliche Änderungen in „Qualitätsmanagementsysteme" umbenannt wurden und damit - bewusst oder unbewusst - eine Affinität zu Total Quality Management hergestellt wurde.[90]

Die Idee, ein extern zertifizierbares Qualitätssicherungssystem aufzubauen, hängt nicht unwesentlich mit der innerstaatlichen Umsetzung der EG-Richtlinie zur Produkthaftung zusammen:[91] Die Rechtsprechung zur Produkthaftung verpflichtet die Unternehmen bzw. deren Vertreter (Inhaber, Geschäftsführer und Vorstände), im Rahmen ihrer Organisationsverantwortung alle notwendigen Maßnahmen zu treffen, damit nur ausreichend sichere Produkte in den Verkehr gebracht werden. Maßstab für das Bewerten der Erfüllung dieser Anforderungen ist das technisch Mögliche und wirtschaftlich Zumutbare, auf der Grundlage des Standes der Technik und der voraussehbaren Folgen beim Versagen der einzelnen Erzeugnisse bei unterschiedlichen Anwendungen.

Um diese allgemeinen, übergeordneten rechtlichen Anforderungen zu verwirklichen, sind die Unternehmen verpflichtet, entsprechende Einrichtungen und Abläufe zu schaffen.

Für die unternehmensspezifische Qualitätsorganisation ergeben sich damit folgende Anforderungen:

- sachgerechte und wirksame Aufbauorganisation,
- systematisch entwickelte und aufeinander abgestimmte Arbeitsabläufe (Ablauforganisation),
- Dokumentation der Vorgaben, Qualitätsziele und der verwirklichten, anforderungsgerechten Leistungen,
- dafür erforderliche Verfahrens- und Verhaltensvorschriften,
- deren wirksame Überwachung im Ablauf und

- anwendungsbezogene, aussagefähige Prüfverfahren mit dem reproduzierbaren Nachweis des Übereinstimmens von Prüfergebnissen mit den Langzeiterfahrungen für die einzelnen Produkte in ihren unterschiedlichen Einsatzbereichen.

Diese umfassenden gesetzlichen Anforderungen haben in den letzten Jahren - zunächst im europäischen Ausland (z. B. Großbritannien) - zu einem zunehmenden Interesse an der Zertifizierung von Qualitätssicherungssystemen auf Basis der Normenreihe DIN EN ISO 9000 ff. geführt.

Der Aufbau und vor allem die Dokumentation eines QM-Systems stellen die Eindeutigkeit und Nachvollziehbarkeit von (Produktions-)Prozessen sicher, was in diesem Zusammenhang eine besondere Relevanz hat. Dadurch, dass man beweisen kann, dass man *etwas richtig gemacht* hat, wird auch eine positive Auswirkung auf die (Produkt-)Qualität erwartet.

Ein Total Quality-Konzept stellt zunächst die Frage, ob *das Richtige* gemacht wird. Das heißt: Im Vordergrund allen Handelns steht hier die Ausrichtung auf den Kunden.

Dies war bei der DIN EN ISO 9000 ff. bis zu deren Revision im Jahr 2000 zumindest nicht explizit der Fall.

Greift man auf die bis zum Jahr 2000 gültige Norm für den Begriff „Total Quality Management" zurück, so wird deutlich, dass auch die anderen Interessengruppen einer Organisation (Mitarbeiter, Kapitalgeber und Gesellschaft) zu den Zielgruppen von TQM gehören.[92]

> „Auf der Mitwirkung aller ihrer Mitglieder beruhende Führungsmethode einer Organisation, die Qualität in den Mittelpunkt stellt und durch Zufriedenstellung der Kunden auf langfristigen Geschäftserfolg sowie auf Nutzen für die Mitglieder der Organisation und für die Gesellschaft zielt."

Aus diesen Erklärungsansätzen wird deutlich, dass es sich bei Total Quality Management um ein umfassendes Konzept mit dem Ziel „Business Excellence" handelt. Einige dieser Gedanken sind im Zuge der Revision der Norm in die überarbeitete DIN EN ISO 9000:2000 aufgenommen worden.

Dazu zählen z. B. die explizite Ausrichtung des Handelns auf den Kunden, die Notwendigkeit einer kontinuierlichen Verbesserung und die Orientierung an Kern- oder Schlüsselprozessen mit einer entsprechenden organisatorischen Verankerung. Die Erläuterungen zur Norm lassen auch eine gewisse „Stakeholderorientierung" erkennen. In diesem Sinne kann man konstatieren, dass die DIN EN ISO 9000 weite Teile des TQM-Gedankengutes aufgenommen hat.

Auf der Grundlage eines umfassenden Qualitätsverständnisses wurden auch die international inzwischen weit verbreiteten Bewertungskonzepte für Business bzw. Organizational bzw. Performance Excellence entwickelt. Dies zeigt in besonderem Maße die Veränderung der Ausschreibungskriterien des Malcolm Baldrige National Quality Award seit dessen Einführung.

Während die ersten Versionen noch einen (teilweise deutlichen) Bezug zur Qualitätsdiskussion im engeren Sinne herstellten, zeigen die Ausschreibungsunterlagen für 2003 ein Qualitätsverständnis, das nur als Unternehmensqualität im weitesten Sinne verstanden werden kann. **Bild 1.18** stellt die Ausschreibungskriterien von 1989 denen von 2003 gegenüber.

In diesem Kontext ist aber auch die Weiterentwicklung des EFQM-Modells zu betrachten, die an späterer Stelle[93] noch im Detail zu beschreiben sein wird. Im Kontext des Vergleichs zwischen der DIN EN ISO 9000:2000, dem TQM-Konzept und dem EFQM-Modell in der Version ab 2000 wird deutlich, dass hier (unter Einbeziehung der Interessen der relevanten Stakeholder) vor allem die stringente Umsetzung von Politik und Strategie einer Organisation bewertet wird.[94]

1.2.3 Von Partialkonzepten zu einem umfassenden Ansatz

Wenn nun die an früherer Stelle diskutierten Konzepte, aber auch andere Ansätze wie z. B. Time-Based Management oder Total Productive Maintenance nur für eine spezifische Fragestellung geeignet und somit als Partialkonzepte zu bewerten sind, stellt sich die Frage nach Alternativen. Da in den bisherigen Abschnitten dieses Kapitels die Idee einer umfassenden Unternehmensqualität im Sinne von „Excellence" im Mittelpunkt stand, wird es nicht verwundern, dass hier der Nachweis geführt werden soll, dass Total Quality Management als Veränderungsstrategie mit dem Ziel (Business) Excellence ein integratives Managementkonzept sein kann.

Grundlage der Erörterung ist wiederum das im Abschnitt 1.1.2 dargestellte integrative Managementmodell und dessen Implikationen bezüglich vertikaler und horizontaler Harmonisierung bzw. einer entsprechenden Stimmigkeit. Diese Stimmigkeit beinhaltet auch die Möglichkeit einer „nahtlosen" Erweiterung aller hier behandelten Facetten um Aspekte, die in diesem Kontext nicht oder nur sehr oberflächlich diskutiert wurden.

Malcolm Baldrige National Quality Award
Examination Categories, Subcategories and Point Values
1989

Examination Categories / Subcategories		Point Values
Leadership		**120**
Senior Leadership	30	
Quality Values	20	
Management System	50	
Public Responsibilty	20	
Informations and Analysis		**60**
Scope of Data and Information	25	
Data Management	15	
Analysis and Use of Data for Decision Making	20	
Planning for Quality		**80**
Planning Process	30	
Plans for Quality Leadership	50	
Human Resource Utilization		**150**
Management	25	
Employee Involvement	40	
Quality Education and Training	30	
Employee Recognition	20	
Quality of Worklife	35	
Quality Assurance of Products and Services		**140**
Design and Introduction of Products and Services	25	
Operation of Processes	20	
Measurements and Standards	15	
Audit	20	
Documentation	10	
Quality/Assurance of Operations and Business Processes	25	
Quality/Assurance of External Providers of Goods & Services	25	
Quality Results		**150**
Quality of Products and Services	70	
Operational and Business Process / Quality Improvement	60	
Quality Improvement Applications	20	
Customer Satisfaction		**300**
Knowledge of Customer Requirements and Expectations	40	
Customer Relationship Management	125	
Customer Statisfaction Methods of Measurement & Results	135	

Total Points: 1000

Malcolm Baldrige National Quality Award
Examination Categories, Subcategories and Point Values
2003

Examination Categories / Subcategories			Point Values
1.0	**Leadership**		**120**
1.1	Organizational Leadership	70	
1.2	Social Responsibility	50	
2.0	**Strategic Planning**		**85**
2.1	Strategy Development	40	
2.2	Strategy Deployment	45	
3.0	**Customer and Market Focus**		**85**
3.1	Customer and Market Knowledge	40	
3.2	Customer Relationships and Satisfaction	45	
4.0	**Measurement, Analysis, and Knowledge Management**		**90**
4.1	Measurement and Analysis of Organizational Performance	45	
4.2	Information and Knowledge Management	45	
5.0	**Human Resource Focus**		**85**
5.1	Work Systems	35	
5.2	Employee Learning and Motivation	25	
5.3	Employee Well-Being and Satisfaction	25	
6.0	**Process Management**		**85**
6.1	Value Creation Processes	50	
6.2	Support Processes	35	
7.0	**Business Results**		**450**
7.1	Customer-Focused Results	75	
7.2	Product and Service Results	75	
7.3	Financial and Market Results	75	
7.4	Human Resource Results	75	
7.5	Organizational Effectiveness Results	75	
7.6	Governance and Social Responsibility Results	75	

Total Points: 1000

Bild 1.18 Ausschreibungskriterien des Malcolm Baldrige National Quality Award in 1989 und 2003

Die integrative Klammer des auf Bleicher zurückgehenden Modells bildet die Managementphilosophie, die in eine Vision mündet.

Eine Managementphilosophie, die auf umfassender Qualität im Sinne von Business Excellence abzielt, enthält u. a. folgende Elemente einer Ganzheitlichkeit:

- Ganzheitlichkeit im Sinne eines Systemansatzes
  Ausgangspunkt einer umfassenden Veränderungsstrategie mit dem Ziel „(Business) Excellence" muss eine systemorientierte Betrachtungsweise sein. Dies beinhaltet, dass Ganzheitlichkeit nur durch das Verständnis aller interdependenten Systemelemente innerhalb und außerhalb der Organisation erreicht werden kann. Dies bedeutet z. B. die Abhängigkeiten zwischen Verhalten und Strukturen zu erkennen, aber auch zur Kenntnis zu nehmen, dass die Organisation ihrerseits wiederum ein Element eines größeren Systems (z. B. der Gesellschaft mit deren Einflüssen) ist.
- Ganzheitlichkeit durch Orientierung an den relevanten Interessengruppen einer Organisation
  Der Anspruch einer ganzheitlichen Unternehmensführung kann auf Dauer nur erreicht werden, wenn ein „Wert" für alle relevanten Zielgruppen entsteht. Nur dann werden diese bereit sein, einen entsprechenden Beitrag für die Organisation zu leisten. Üblicherweise werden folgende Interessengruppen in diese Betrachtung einbezogen:
  - Kunden, weil ohne sie die Organisation ihren Selbstzweck verliert,
  - Mitarbeiter, weil ohne sie dieser Selbstzweck nicht realisiert werden kann,
  - Kapitalgeber liefern eine weitere Voraussetzung für die Realisierung des Selbstzweckes,
  - Partner sind bei arbeitsteiligen Prozessen der Wertschöpfung unabdingbar,
  - die Gesellschaft als Meta-System, in die die Organisation eingebunden ist (z. B. durch normative Erwartungen unterschiedlicher Art).
- Ganzheitlichkeit durch Nachhaltigkeit
  Der (permanente) Veränderungsprozess mit dem Ziel „Excellence" wird nur dauerhaft erfolgreich sein können, wenn er eine kurzfristige und damit kurzsichtige Orientierung überwindet. Dies erfordert in aller Regel auch nachhaltiges Wirtschaften mit Verantwortung für die kommenden Generationen.
- Ganzheitlichkeit durch Zukunftsorientierung
  Kontinuierliche Weiterentwicklung durch Lernen, Innovation und Verbesserung sind wesentliche Voraussetzungen für Überlebensfähigkeit. Das immer wieder kritische Infragestellen des Ist-Zustandes in Bezug auf den Selbstzweck, aber auch die „Produkte" und Prozesse ist unabdingbar. Innovation spielt hierbei eine we-

sentliche Rolle. Aber auch die Verbesserung in kleinen Schritten gehört genauso dazu wie die Formulierung von Breakthrough-Zielen und Reengineering-Konzepten.

Die Operationalisierung der „Basis-Philosophie" erfordert zunächst die Formulierung einer Vision, die eine Zukunftsperspektive beinhaltet und den Mitgliedern der Organisation entsprechende Identifikationsmöglichkeiten eröffnet.

Aus der Philosophie und der Vision hat dann eine Transformation auf die Ebene des *normativen Managements* zu erfolgen. Dies erfordert zunächst im Rahmen der Unternehmenspolitik die Übersetzung der Vision bzw. Philosophie in *Missions* und *Ziele*. Dies kann z. B. bedeuten, dass die Unternehmenspolitik eine Orientierung auf den Kunden explizit in den Vordergrund stellt, und diese mit weiteren Aspekten wie Prozess- und Mitarbeiterorientierung, aber auch Umwelt (im weitesten Sinne) verknüpft.

Zur Realisierung der Vision und damit auch der Unternehmenspolitik bedarf es einer entsprechenden *Unternehmenskultur*, die diese in gemeinsamen Werten (z. B. bezüglich Kunde, Mitarbeiter, Umwelt) reflektiert. Dies zeigt sich dann beispielsweise im Umgang mit Reklamationen („Reklamationskultur"/„Zufriedenheitsgarantie"), im Umgang mit Fehlern („schuldfreie Atmosphäre") und insbesondere in der Langfristigkeit von Optimierungskonzepten.

Im Sinne einer horizontalen Harmonisierung ist als dritter Baustein eines normativen Managements die *Unternehmensverfassung* zu thematisieren. Sie beinhaltet den strukturellen Gestaltungsaspekt, die „normierende, formale Rahmenordnung für die Zielfindung und den Interessenausgleich zwischen Um- und Insystem".[95] Dies kann (mehr oder minder) konstitutionelle Rahmenbedingungen betreffen, die u. a. mit den Aspekten der Partizipation zu tun haben, also z. B. mit der Einbindung der Mitarbeiter in Zielbildungsprozesse und der Delegation von Kompetenzen zu deren Umsetzung. Auch eine selbst auferlegte Verpflichtung zu Auditierungen (z. B. bezüglich des Realisierungsstandes eines Excellence-Konzeptes, der Umweltverträglichkeit des unternehmerischen Handelns oder der Auswirkungen auf die Zufriedenheit der Mitarbeiter) wäre eine solche konstitutionelle Entscheidung.

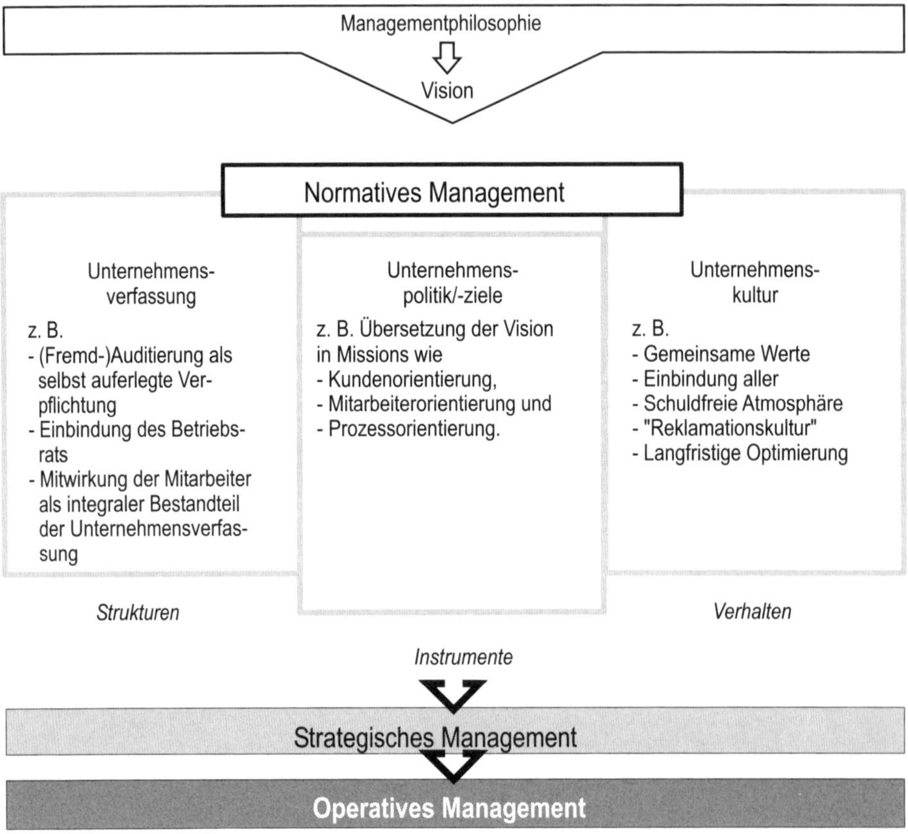

Bild 1.19 Beispielhafte Inhalte des normativen Managements

Ebenso könnte die Aufspaltung eines Unternehmens in kleine, rechtlich selbständige Einheiten zur Verbesserung der Kundenorientierung (und mit positiven Auswirkungen für die Mitarbeiter) eine Entscheidung im Rahmen der Gestaltung der Unternehmensverfassung sein. Schließlich ist auch die Frage der Einbindung des Betriebsrates in Veränderungsprozesse, die nicht gesetzlich geregelt sind, ein konstitutionelles Thema, das Unternehmenskultur und Unternehmenspolitik widerspiegelt – und insofern horizontale Harmonisierung verifiziert (oder falsifiziert).

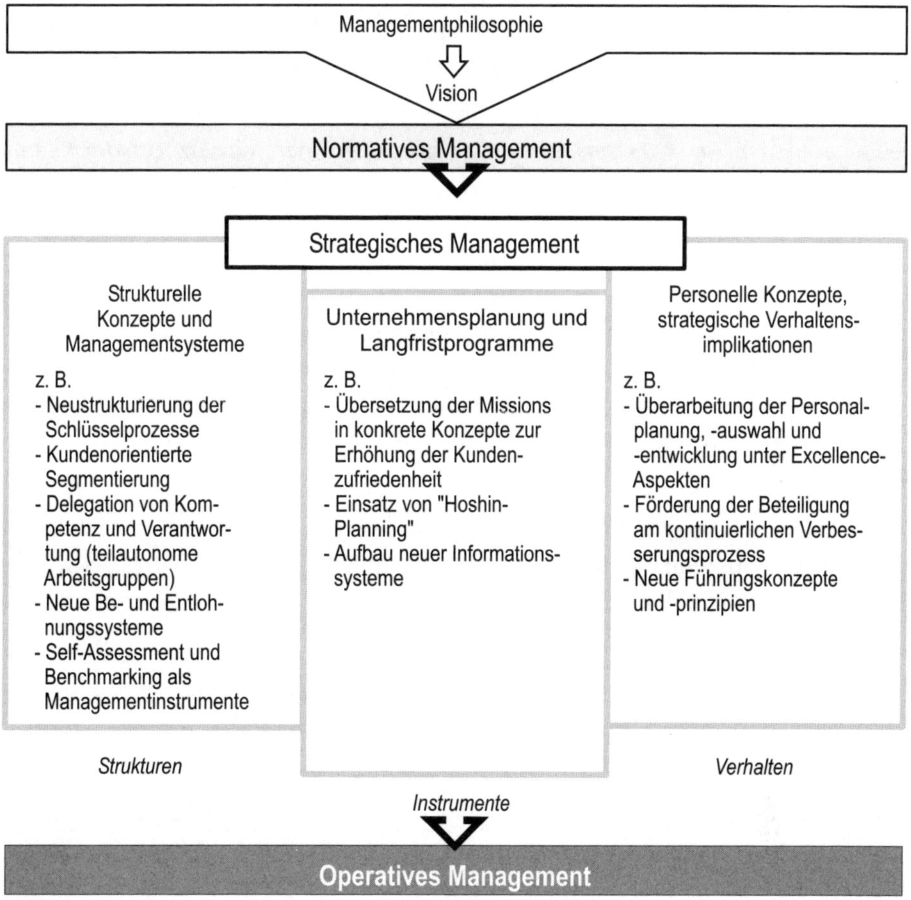

Bild 1.20 Beispielhafte Inhalte des strategischen Managements

Die nächste Stufe eines integrativen Managementkonzeptes erfordert die stringente Übersetzung dieser normativen Rahmenbedingungen in das *strategische Management*. Der erste Schritt besteht dabei in der Transformation der Missions bzw. Ziele in eine entsprechende *Unternehmensplanung*, wobei sich die Teilpläne (im Sinne einer vertikalen Harmonisierung) unmittelbar aus den Teilzielen ableiten lassen (müssen). Die Unternehmenspolitik und die damit verknüpften Ziele einer Verstärkung der Kundenorientierung schlagen sich z. B. in einer mittelfristigen Planung zur Messung von Kundenzufriedenheitsdaten nieder. Das Ziel der Erhöhung der Partizipation und Identifikation führt zu einer strategischen Ausrichtung der Planungsprozesse, die zur Erfüllung dieser Ziele beitragen können. Die stärkere Ausrichtung auf kundenorientierte Prozesse erfordert die Planung eines geeigneten Informationssystems und die Initiierung eines entsprechenden Programms zu dessen Umsetzung.

Die Realisierung strategischer Unternehmensplanung setzt als Rahmenbedingung geeignete *strukturelle und personelle Konzepte* sowie den Einsatz entsprechender Managementsysteme voraus. Dabei kommt in diesem Kontext den strukturellen Rahmenbedingungen eine besondere Bedeutung zu. Dies beinhaltet zunächst die Kenntnis der Schlüsselprozesse, die hinter den kritischen Erfolgsfaktoren eines Unternehmens stehen sowie deren systematische Analyse (unter Berücksichtigung der „normativen" Sinnfrage: Warum existieren wir überhaupt?). Ergebnis ist dabei nicht selten eine Neustrukturierung, z. B. im Sinne einer kundenorientierten Segmentierung. Die Realisierung einer konsequenten Prozessorientierung erfordert neue Kompetenzstrukturen. Partizipation setzt Delegation von Kompetenz und Verantwortung voraus.

Veränderte oder modifizierte Ziele in einer Unternehmenskultur gemeinsamer Werte zu erreichen bedingt im Allgemeinen eine Anpassung bzw. radikale Veränderung der Be- und Entlohnungssysteme.

Wenn Business Excellence auf Management by Facts mit dem Ziel einer kontinuierlichen Verbesserung beruht, werden entsprechende Managementsysteme benötigt, die sicherstellen, dass man sich nicht nur auf sich selbst konzentriert: Self-Assessment in Verbindung mit Benchmarking gehört unabdingbar in diese Kategorie.

Neben strukturellen Rahmenbedingungen sind auch die strategischen Konzepte mit Verhaltensimplikationen der veränderten Unternehmenspolitik anzupassen, um eine entsprechende Unternehmenskultur zu generieren und vice versa. Dazu zählen u. a. die Konzepte der Personalplanung, -auswahl und -entwicklung, die aktive Förderung der Beteiligung an kontinuierlicher Verbesserung sowie die Entwicklung geeigneter Führungskonzepte und -prinzipien. Auch hier ist auf den horizontalen „Fit" der einzelnen Bausteine des strategischen Managements zu achten. Die praktische Bewährung zeigt sich dann in der Operationalisierung der normativen und strategischen Konzepte.

Da Planung immer „Ersatz des Zufalls durch den Irrtum" ist, resultieren die Ausführungsprogramme im Rahmen des *operativen Managements* immer aus einem Herunterbrechen im Rahmen einer rollierenden Planung, wobei zum einen die Konkretisierung der Inhalte für das „Tagesgeschäft" erfolgen muss und zum anderen kontinuierliche Verbesserung durch Projektarbeit realisiert wird.

Die organisatorischen Prozesse mit ihren Dispositions- und Regulierungssystemen werden z. B. durch die Realisierung von Selbststeuerung und Selbstprüfung, statistische Prozessregelung, Kanban-Steuerung oder andere Methoden der Prozessführung realisiert. Steuerungsgrößen können hierbei Kundennutzen oder Wertschöpfungsaspekte sein.

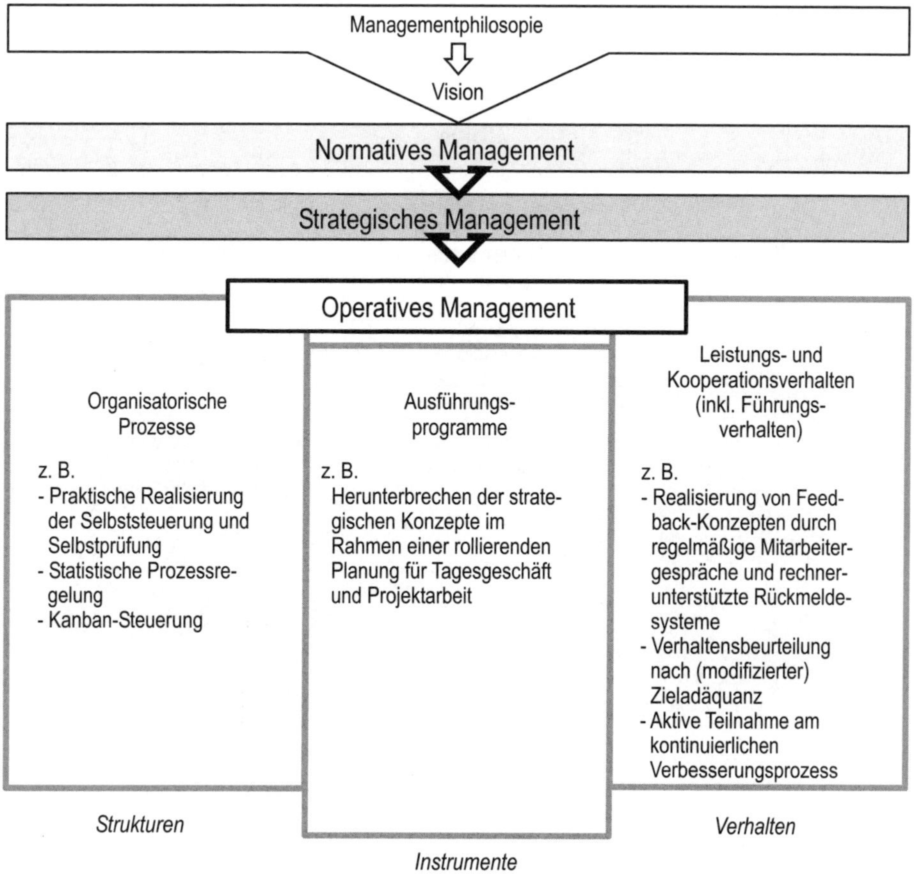

Bild 1.21 Beispielhafte Inhalte des operativen Managements

Die Verhaltensauswirkungen (Leistung/Kooperation bzw. Führung) zeigen sich darin, wie die Systeme „gelebt" werden: z. B. wie Feedbacksysteme realisiert (regelmäßige Mitarbeitergespräche) oder genutzt (Rechnerunterstützung) werden, wie Verhaltensbeurteilungen im Führungsprozess adäquat eingesetzt werden, wie sich die aktive Teilnahme an der kontinuierlichen Verbesserung entwickelt etc.

Ein Managementsystem ist schließlich nur dann überlebens- und wettbewerbsfähig, wenn es sich selbst kontinuierlich weiterentwickelt. Zwei methodische Konzepte, die diese Dynamisierung sicherstellen, wurden oben (im Rahmen der Managementsysteme) schon angesprochen: Self-Assessment und Benchmarking.

Bild 1.22 gibt die grobe Gedankenskizze dieses Abschnitts noch einmal zusammenfassend wieder:

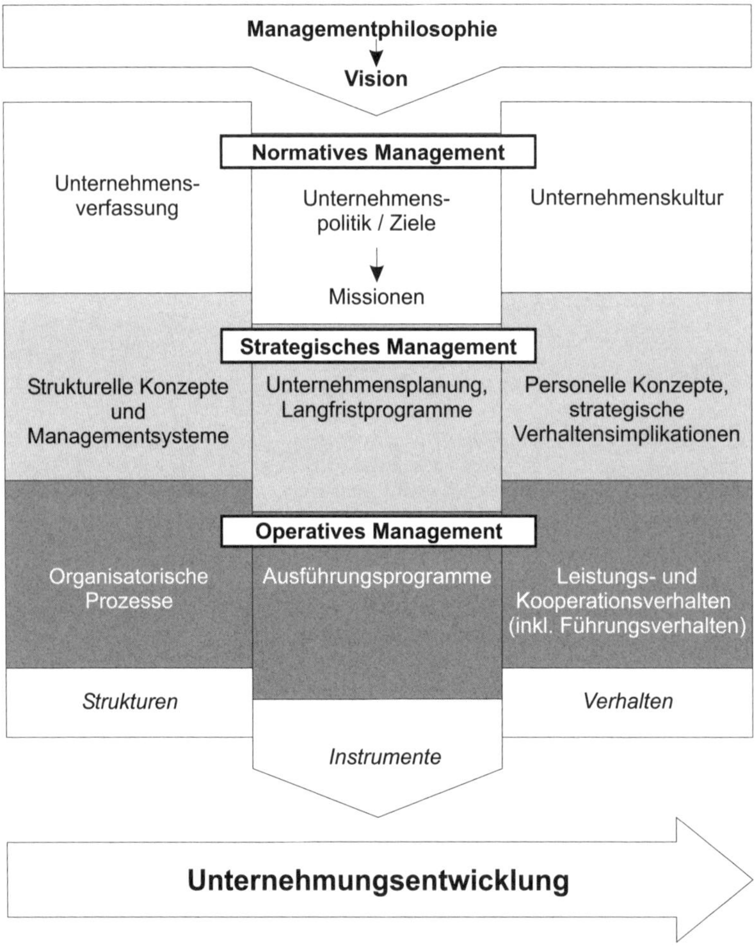

Bild 1.22 Normatives, strategisches und operatives Management[96]

Obwohl die Darstellung insgesamt eher rudimentären Charakter hat, können diese wenigen Beispiele zeigen, dass Total Quality-Konzepte mit dem Ziel (Business) Excellence, wenn sie wirklich umfassend verstanden werden, sehr wohl als integratives Managementkonzept ausgelegt werden können. Die folgenden Kapitel wenden sich nun der praktischen Umsetzung zu.

2 Das EFQM-Modell für Excellence

2.1 Die Grundlagen des Europäischen Modells für Excellence

Der Wettbewerb in der Triade führte Ende der 80er Jahre zu einer europäischen Initiative: Zur Gründung der European Foundation for Quality Management (EFQM), die zum Ziel hatte, das Thema Qualität in einem umfassenden Sinne dem Management europäischer Unternehmen nahe zu bringen.

Wie zuvor in Japan (Deming Prize) und den USA (Malcolm Baldrige National Quality Award) war vorgesehen, diesen Prozess durch ein Bündel anerkennender Maßnahmen voranzutreiben. Neben Preisen für wissenschaftliche und publizistische Arbeiten gab es auch einen Preis für hervorragende Führungspersönlichkeiten. An dessen Stelle trat 1992 der „Europäische Qualitätspreis" (European Quality Award, EQA) für Unternehmen.

Dieses „Hauptprodukt" der EFQM, das von der European Organization for Quality (EOQ) und der Europäischen Union (EU) mitgetragen wird, steht im Mittelpunkt der folgenden Ausführungen.[1]

Die Entwicklung des grundlegenden Modells für einen Europäischen Qualitätspreis erfolgte unter der Prämisse, einerseits einen eigenständigen europäischen Weg zu finden und andererseits dennoch mit den bereits vorhandenen Assessment-Konzepten vergleichbar zu sein.

Unter Einbeziehung von mehr als 250 Personen aus unterschiedlichen Institutionen, zu denen auch die Gründungsmitglieder der EFQM gehörten, wurde ein Modell konzipiert, das so offen sein sollte, dass es auf alle Branchen und Unternehmensgrößen, aber auch auf unterschiedliche kulturelle Rahmenbedingungen in Europa anwendbar ist.

Seine Grundstruktur unterscheidet sich von vergleichbaren Ansätzen dadurch, dass zwei Gruppen von Einflussgrößen unterschieden werden: so genannte „Enablers" oder Potenzialfaktoren („Befähiger") und „Results" bzw. Ergebnisse. Die starke

Betonung der Ergebniskomponenten geht auf Tito Conti und seine Arbeiten zum Thema „Company Quality Assessments“ zurück.[2]

Diese Ergebnisorientierung wird zunächst durch das einfache „Grundmodell“ repräsentiert (siehe **Bild 2.1**).

Bild 2.1 Das einfache Modell des EQA

Oder in Worten:

„Bessere Ergebnisse durch Einbindung aller Mitarbeiter in die kontinuierlichen Verbesserungsprozesse.“

Während sich diese Grundüberlegungen auch auf eine ganze Reihe anderer Konzepte (wie z. B. KAIZEN oder Lean Management) übertragen lassen, werden die Spezifikationen des Europäischen Modells für Excellence schon in seiner ersten Fassung aus dem Jahr 1992 deutlich (siehe **Bild 2.2**).

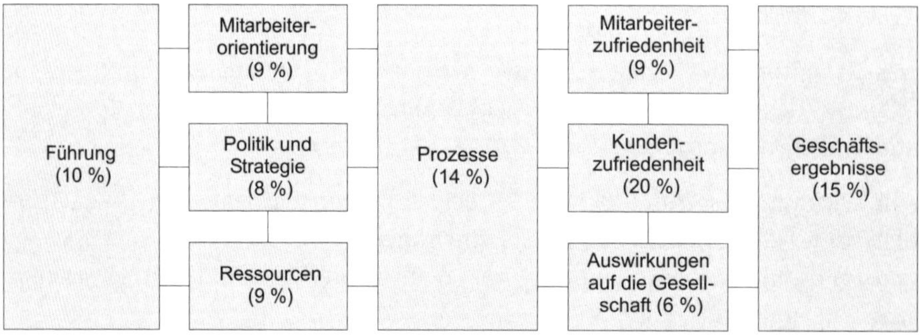

Bild 2.2 Das EFQM-Modell für Excellence in der Fassung aus dem Jahr 1992

Den so genannten Befähigern oder Potenzialfaktoren „Führung“, „Mitarbeiterorientierung“, „Politik und Strategie“, „Ressourcen“ und „Prozesse“ stehen die Ergebniskategorien „Mitarbeiterzufriedenheit“, „Kundenzufriedenheit“, „Auswirkungen auf die Gesellschaft“ und „Geschäftsergebnisse“ gegenüber.

Während auf der Seite der Befähiger wesentliche Einflussgrößen für den langfristigen Erfolg einer Organisation thematisiert werden, zeigt die Ergebnisseite, dass das Ziel aller Bemühungen die Verbesserung der Geschäftsergebnisse sein muss. Dies ist nur mit zufriedenen Kunden zu erreichen und setzt zufriedene Mitarbeiter voraus. Die gesellschaftliche Verantwortung der Organisation wird dabei mitberücksichtigt.

Wie bei allen international eingesetzten Modellen zur Bewertung einer umfassenden Unternehmensqualität (im Sinne von Performance, Organizational oder Business Excellence) ergibt sich von Zeit zu Zeit ein Überarbeitungsbedarf. Während z. B. der Malcolm Baldrige National Quality Award mehr oder minder jährlich überarbeitet wird, gab es die erste große Revision des EFQM-Modells zum Jahr 2000. Die Vorarbeiten zu dieser Revision begannen zunächst mit Befragungen. Im Januar 1997 wurde dann eine Model Development Steering Group gegründet. Nach ersten Überlegungen bezüglich eines prinzipiell „neuen“ Modells mit dann elf Kriterien wurde nach einer weiteren Befragung der EFQM-Mitglieder eine „evolutionäre“ Weiterentwicklung realisiert, die einen deutlichen Bezug zum alten Modell hatte und es den Organisationen ermöglichte, relativ leicht auf das „neue“ Modell umzustellen. Inhaltlich sollte das neue Modell folgende Anforderungen erfüllen:

- „viel mehr Gewicht auf den Kunden und andere Interessengruppen legen, deren Bedeutung in den späten 90er Jahren zugenommen hatte, wie z. B. Partner;
- die Wertschöpfungskette einschließlich der zunehmend wichtigeren Rolle von Partnerschaften für diese Kette deutlicher sichtbar machen und betonen;
- die wachsende Bedeutung widerspiegeln, die Organisationen dem Wissensmanagement, der Lernkultur und der Innovation als einem wichtigen Wettbewerbsvorteil beimessen;
- die Notwendigkeit besser aufzeigen, dass alle Aspekte dessen, was eine Organisation tut, auf die angestrebten Ergebnisse abgestimmt und in ihrer Gesamtheit darauf ausgerichtet sein müssen und damit folgerichtig auf die Politik und Strategie der Organisation.“[3]

In 1999 wurde dann das im **Bild 2.3** dargestellte Modell publiziert, das auf der Ebene der Kriterien der alten Version stark ähnlich war.

Bei den Befähigern wurde das Kriterium Ressourcen um die Partnerschaften in der Wertschöpfungskette erweitert. Die Ergebnisseite wurde begrifflich „neutralisiert“: Aus „Mitarbeiterzufriedenheit“ wurden „Mitarbeiterbezogene Ergebnisse“, aus „Kundenzufriedenheit“ wurden „Kundenbezogene Ergebnisse“, „Auswirkungen auf die Gesellschaft“ sind nun „Gesellschaftsbezogene Ergebnisse“. Aus den „Geschäftsergebnissen“ wurden „Schlüsselergebnisse“.

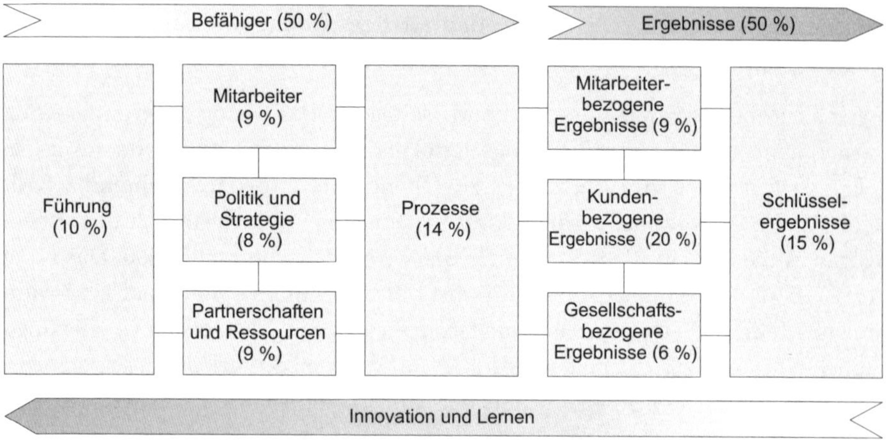

Bild 2.3 Das EFQM-Modell für Excellence[4]

Da bekanntlich „viele Wege nach Rom führen", war das EFQM-Modell immer offen bezüglich der Vorgehensweise, um nachhaltige Spitzenleistungen zu erzielen. Dennoch liegen dem Modell einige grundlegende Konzepte zugrunde, die im Zusammenhang mit der Modellüberarbeitung 1999 auch verstärkt publiziert wurden:

- **Ergebnisorientierung**
  Das EFQM-Modell hat sich von Anfang an (z. B. im Gegensatz zum MBNQA) auf die Erzielung von Ergebnissen ausgerichtet. In der neuen Version wird dabei auch die Berücksichtigung der Interessen aller relevanten Interessengruppen (Mitarbeiter, Kunden, Lieferanten, Gesellschaft und Kapitalgeber) zum Thema.
- **Kundenorientierung**
  als das zentrale Element aller Excellence-Modelle im Sinne einer unbedingten Voraussetzung für dauerhaften Geschäftserfolg.
- **Führung und Zielkonsequenz**
  als wichtige Voraussetzung für die Umsetzung von Politik und Strategie und damit die Erfüllung des Unternehmenszwecks.
- **Management mit Prozessen und Fakten**
  Faktenbasiertes Management ist ein wesentlicher Baustein von TQM – und damit auch Grundlage für Unternehmensqualität. Die Umsetzung in die Praxis setzt dabei entsprechend gestaltete Prozesse voraus, die im Sinne einer ABC-Analyse in Schlüssel- und Supportprozesse zu differenzieren sind.
- **Mitarbeiterentwicklung und Beteiligung**
  Die Beteiligung aller Mitarbeiter an betrieblichen Problemlösungen ist ein kritischer Erfolgsfaktor für umfassende Qualität. Dazu bedarf es einer geeigneten Per-

sonalentwicklung, die in eine Kultur des Vertrauens eingebettet ist und entsprechende Entscheidungskompetenzen vorsieht.

- **Aufbau von Partnerschaften**
  Es gehört zu den Binsenweisheiten, dass die Wertschöpfungskette nicht an den Grenzen der Organisation endet, daher müssen Partner in einer adäquaten Form einbezogen werden.
- **Verantwortung gegenüber der Öffentlichkeit**
  Von Anfang an hat sich das EFQM-Modell gegenüber vergleichbaren Modellen dadurch unterschieden, dass es den Auswirkungen auf die Gesellschaft ein größeres Gewicht beigemessen hat. Auch der aktuellen Diskussion um Corporate Social Responsibility wird dies gerecht.

Im Kontext des „Refreshments" in 2002 wurden die grundlegenden Konzepte weiter ausformuliert, indem deutlich gemacht wurde, was die Bedeutung der einzelnen Bausteine in Bezug auf Excellence ist, wie die jeweiligen Konzepte in die Praxis umzusetzen sind und welche Ergebnisse zu erwarten sind:[5]

Excellence in Bezug auf **Ergebnisorientierung** bedeutet, die Erwartungen der Stakeholder einer Organisation zu übertreffen („delight").

Dies setzt eine umfassende Auseinandersetzung mit den gegenwärtigen und zukünftigen Bedürfnissen und Erwartungen der relevanten Anspruchsgruppen einer Organisation ebenso voraus wie die Entwicklungen bei Mitbewerbern. Diese Erkenntnisse müssen sich dann in Politik und Strategie, Plänen, Zielen und Maßnahmen niederschlagen, um letztendlich ein ausgewogenes Portfolio von Ergebnissen für die relevanten Stakeholder präsentieren zu können.

Dies führt zu einem dauerhaften Erfolg für alle strategischen Anspruchsgruppen, indem die Organisation die Voraussetzungen für eine Stakeholderorientierung schafft.

Kundenorientierung in einer exzellenten Organisation führt zu einer dauerhaften Wertschöpfung für die Kunden.

Weil die Kunden letztendlich über den Erfolg einer Organisation entscheiden, ist es wichtig, sie gut zu kennen und sie zu verstehen. Dabei kann es sich um gegenwärtige und zukünftige Kunden handeln, die es zu gewinnen und zu binden gilt. Kundenbeziehungsmanagement in allen Facetten ist gefragt, aber auch die Auseinandersetzung mit Wettbewerbern bzw. Konkurrenten.

Hoch zufriedene Kunden haben eine stärkere Bindung an die Organisation und führen dadurch zu stabilen oder sogar wachsenden Marktanteilen; Wettbewerbsvorteile werden deutlich und tragen auch zur Motivation der Mitarbeiter bei.

Excellence setzt visionäre und „mitreißende" **Führung** voraus **und** verbindet diese mit einer **konsequenten Zielverfolgung.**

Exzellente Organisationen werden durch visionäre Führungskräfte geprägt, die es vermögen, andere für ihre Ideen zu begeistern und zu motivieren. Die Führungsmannschaft spornt sich gegenseitig in dem Streben nach Excellence an, wirkt an Verbesserungsprojekten mit – und führt so durch Vorbild. Die Konsequenz der Zielverfolgung wirkt in turbulenten Zeiten stabilisierend. Dies schließt nicht aus, dass bei Veränderung der Rahmenbedingungen entsprechende Zielanpassungen erforderlich werden, die den Mitarbeitern dann in jedem Fall transparent gemacht werden sollten.

Die Klarheit der Ziele und Wege schafft Vertrauen. Gemeinsame Normen und Leitbilder führen organisationsweit zu einem konsistenten Verhalten, was sich auch positiv auf die Mitarbeiter auswirkt. Auch turbulente Zeiten mit der Notwendigkeit für Veränderungen erschüttern das Vertrauen in die Organisation nicht.

Excellence bedeutet, Organisationen durch ein Netzwerk verbundener und gegenseitig abhängiger **Prozesse**, Systeme **und Fakten** zu führen.

Effektive Managementsysteme, die sich durch eine Stakeholderorientierung auszeichnen, kennzeichnen exzellente Organisationen. Eine systematische und stringente Vorgehensweise bei allen Aktivitäten sowie deren kontinuierliche Verbesserung beschreiben das Prozessmanagement. Entscheidungen sind faktenbasiert und berücksichtigen potenzielle Risiken auf der Grundlage entsprechender Daten. Eine adäquate Prävention stärkt das Vertrauen der Stakeholder.

Eine solche Vorgehensweise garantiert ein Maximum an Effektivität und Effizienz in der Entscheidungsfindung und Umsetzung bei gleichzeitiger Berücksichtigung der relevanten Risiken.

Exzellente Organisationen setzen auf **Mitarbeiterentwicklung und -einbindung**.

Dies setzt zunächst voraus, die derzeitigen und zukünftigen Anforderungen der Organisation zu kennen und dafür die entsprechenden Humanressourcen zu entwickeln und zu beschaffen. Dazu zählt auch die Fähigkeit der Mitarbeiter zur aktiven Beteiligung an der Weiterentwicklung der Organisation und zum Umgang mit Veränderungen.

Das in einer Organisation vorhandene intellektuelle Kapital und dessen optimale Nutzung haben immer mehr Bedeutung für nachhaltigen Erfolg im Wettbewerb. Dem muss Rechnung getragen werden, indem die Entwicklung der Mitarbeiter durch Übertragung entsprechender Verantwortung gefördert wird. Dies setzt eine entsprechende Unternehmenskultur voraus. Ziel ist die Steigerung der Wettbewerbsfähigkeit durch den Ausbau des in der Organisation vorhandenen Humankapitals. Gleichzeitig gewinnt eine Organisation, die ihre Mitarbeiter fördert und ihnen verantwortungsvolle Aufgaben überträgt, an Attraktivität als Arbeitgeber.

Alle Excellence-Überlegungen beruhen auf der Idee eines **kontinuierlichen Lernens**, das zu **Innovationen und Verbesserungen** führt.

Lernen bezieht sich im Sinne von Excellence nicht nur auf die eigene Organisation, sondern auch auf andere. Benchmarking, Knowledge Management und Knowledge Sharing sind Stichworte, die in diesem Zusammenhang von besonderer Bedeutung sind. Das kritische Hinterfragen des Ist-Zustandes gehört genauso zum Alltag wie die ständige Suche nach einer Verbesserung in der Wertschöpfung.

Dies erhöht die Reaktionsfähigkeit und damit Wettbewerbsfähigkeit einer Organisation auf der Grundlage ständig verbesserter Effektivität und Effizienz. Wissen wird systematisch aufgebaut und gemeinsam genutzt und schlägt sich auch in innovativen Produkten und Dienstleistungen nieder.

Exzellente Organisationen entwickeln und pflegen **Partnerschaften**.

In einer sich ständig ändernden und komplexer werdenden Welt kann der Erfolg einer Organisation zunehmend von Partnerschaften abhängen. Neben traditionellen Partnerschaften mit Zulieferern kommen solche mit Kunden und Wettbewerbern hinzu. Klar identifizierte und gemeinsam geteilte Ziele können virtuelle Strukturen durch optimal aufeinander abgestimmte Kernkompetenzen erfolgreich machen. In Private Public Partnership-Konzepten kann auch die Gesellschaft z. B. in Form einer kommunalen Verwaltung als Partner auftreten.

Dies kann zu einer verbesserten Wertschöpfung für die Stakeholder führen, die Wettbewerbs- und Überlebensfähigkeit durch verbesserte Effektivität und Effizienz erhöhen. Darüber hinaus ist eine Teilung von Risiken und Kosten denkbar.

Excellence kann sich im Rahmen unternehmerischer **Verantwortung gegenüber der Öffentlichkeit** (Corporate Social Responsibility) nicht mit der Einhaltung von Minimalvorschriften begnügen. Normative bzw. ethische Überlegungen spielen daher eine wichtige Rolle. Soziale Verantwortung und ökologische Nachhaltigkeit schlagen sich in Leitbildern und Verhalten nieder. Dies schließt auch vielfältiges gesellschaftliches Engagement ein. Davon haben nicht nur die Öffentlichkeit oder die jeweils betroffenen Stakeholder etwas, sondern auch die Organisation selbst: Neben einem allgemeinen Imagegewinn kann die Organisation von einer stärkeren Kunden- und Mitarbeiterbindung profitieren, wenn sie ihrer gesellschaftlichen Verantwortung gerecht wird.

Neben der inhaltlichen Überarbeitung der Kriterien wurde auch die Bewertungssystematik überarbeitet, die nun unter dem Begriff „RADAR-Logik" läuft. RADAR steht für:

Results (Ergebnisse),

Approach (Vorgehen),

Deployment (Umsetzung),

Assessment and

Review (Bewertung und Überprüfung)

Dabei wird einerseits noch einmal die Bedeutung der Ausrichtung des Handelns auf die angestrebten Ergebnisse (Results) verdeutlicht und andererseits die Systematik der kontinuierlichen Verbesserung im Sinne eines PDCA(Plan, Do, Check, Act)-Zyklus hervorgehoben. **Bild 2.4** zeigt den Zusammenhang.

Obwohl die prinzipiellen Bewertungskategorien vorher schon existent waren, sind auch hier Modifikationen eingeflossen. Besonders offensichtlich wird dies einerseits in der Frage nach der „klaren Ausrichtung auf die Bedürfnisse der Interessengruppen" und andererseits in der Stringenz der Unterstützung von Politik und Strategie. Während „Bewertung und Überprüfung" bisher nur beim Vorgehen zu finden waren, ist nun auch die Umsetzung einbezogen. Eine zusätzliche Betonung wird auf den damit verknüpften Lernprozess gelegt.

Im Folgenden werden die einzelnen Faktoren des Europäischen Modells für Excellence und deren Teilkriterien inhaltlich beschrieben und durch Beispiele ergänzt. Der eigentliche Bewertungsprozess wird an späterer Stelle erläutert.[6]

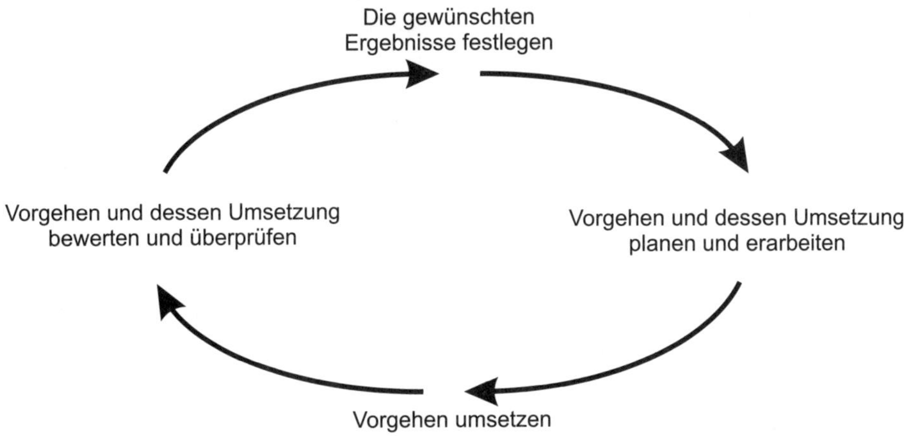

Bild 2.4 Die RADAR-Logik[7]

2.2 Bausteine des EFQM-Modells für Excellence

Im Gegensatz zum Malcolm Baldrige National Quality Award verzichtet das europäische Modell auf eine sehr detaillierte Gliederung und Beschreibung der einzelnen Elemente. Wie oben schon erwähnt, liegt ihm die Idee eines „offenen" Konzeptes zugrunde, in das sich Organisationen aller Art und Größe einbringen können. Insofern werden die aufgelisteten Teilkriterien bzw. deren Detaillierungen durch beispielhafte Aufzählungen als Vorschläge verstanden, die je nach Relevanz aufgegriffen oder begründet verworfen werden können.

Die im Folgenden zitierten Fallbeispiele beziehen sich nicht nur auf Gewinner des European Quality Award, sondern berücksichtigen auch Malcolm Baldrige National Quality Award-Gewinner sowie andere hervorragende Unternehmen. Insbesondere für die neu hinzugekommenen Teilkriterien (Überarbeitung 2002) wird fallweise auch auf die Publikationen der EFQM (Fallstudien) zurückgegriffen.

Die einzelnen Kriterien werden zunächst in einer Übersicht und dann detaillierter beschrieben.[8]

2.2.1 Kriterium 1: Führung

Führung spielt eine zentrale Rolle in allen Organisationen. Unterstellt man zunächst ein Unternehmen, das von seinem Gründer und Eigentümer geführt wird, so wird deutlich, dass Führung synonym mit unternehmen (im Gegensatz zu unterlassen) verwendet werden kann. Eine einzelne Person hat eine „Geschäftsidee“ im weitesten Sinne des Wortes und unternimmt etwas, um diese zu realisieren. Dies kann sowohl im Profit- als auch im Non-Profit-Bereich sein. Der Unternehmer wird damit zur zentralen Figur in der Organisation, die die Richtung weist, Verantwortung übernimmt und durch eigenes Verhalten vorbildhaft agiert. Diese Gedanken lassen sich prinzipiell auch auf „angestellte“ Führungskräfte beziehen – zumindest auf solche in leitender Position. Überträgt man diese Überlegungen nun auf den Gedanken der (Business) Excellence, so wird deutlich, dass Führungskräfte sowohl bei der Realisierung als auch der Stabilisierung von Excellence eine Schlüsselrolle einnehmen. Ohne das Engagement insbesondere des Top-Managements lassen sich weitreichende Veränderungsmaßnahmen in Richtung (Business) Excellence nicht realisieren. Demzufolge handelt es sich um eine „Conditio sine qua non“: Ohne Management-Engagement läuft nichts!

Deshalb ist Kriterium 1 wie folgt definiert: „Exzellente Führungskräfte fördern und vermitteln die Umsetzung der Mission und Vision. Sie entwickeln die für den nachhaltigen Erfolg der Organisation benötigten Werte und Systeme und setzen diese durch ihr Handeln und ihre Verhaltensweisen um. In Phasen der Veränderung bewahren sie die Konstanz der Zielsetzungen. Wenn nötig, sind solche Führungskräfte in der Lage, die Ausrichtung der Organisation zu ändern, und begeistern andere, ihnen zu folgen.“[9]

Obwohl es in diesem ersten Kriterium natürlich auch um eine Reihe inhaltlicher Fragen geht, steht immer das Verhalten der Vorgesetzten (Vorbildfunktion, „Leadership“ statt „Management“) im Vordergrund der Betrachtung. Insofern ergibt sich hier ein Zusammenhang zur Erfolgswahrscheinlichkeit der im ersten Kapitel diskutierten Konzepte: Erfolg setzt eine Veränderung der Unternehmenskultur voraus. Und dies muss sich insbesondere in der Einstellung und dem Verhalten des Managements niederschlagen.

Der unternehmensspezifische Ansatz soll Folgendes zeigen:

1a: Führungskräfte entwickeln die Vision, Mission, Werte und ethischen Grundsätze und sind Vorbilder für die Kultur der Excellence.

1b: Führungskräfte sichern durch ihre persönliche Mitwirkung die Entwicklung, Umsetzung und kontinuierliche Verbesserung des Managementsystems der Organisation.

1c: Führungskräfte arbeiten mit Kunden, Partnern und Vertretern der Gesellschaft zusammen.

1d: Führungskräfte verankern in der Organisation zusammen mit den Mitarbeitern eine Kultur der Excellence.

1e: Führungskräfte erkennen und meistern den Wandel der Organisation.

Diese Teilkriterien kann man wie folgt weiter detaillieren:

1a: Führungskräfte entwickeln die Vision, Mission, Werte und ethischen Grundsätze und sind Vorbilder für die Kultur der Excellence.

In diesem ersten Teilkriterium geht es darum, wie es der Unternehmensführung gelingt, eine Kultur der Excellence konsequent und auf Dauer zu etablieren und zum integralen Bestandteil des täglichen Handelns zu machen. Die Rolle des Managements besteht hierbei vor allem darin, geeignete strukturelle Rahmenbedingungen zu schaffen, die den Wandel im Unternehmen ermöglichen und dauerhaft absichern. Dies bedeutet insbesondere, dass es den Führungskräften gelingen muss, in ihrem Unternehmen ein Klima zu schaffen, in dem alle Mitarbeiter umfassende Qualität als grundlegendes Prinzip ihres eigenen Handelns und damit für die Weiterentwicklung des Unternehmens akzeptieren.

Dazu ist es zunächst erforderlich, dass die Führungskräfte

- eine Vision erarbeiten, die beschreibt, warum die Organisation existiert und was „das Ziel der Reise" ist. Dies erfordert in aller Regel, sich auch mit den wesentlichen Interessengruppen der Organisation auseinander zu setzen.
  Im Einzelnen kann man folgende Anforderungen an eine Vision formulieren. Sie sollte:[10]
  - vorstellbar sein, indem sie ein Bild vermittelt, wie die Zukunft aussehen soll,
  - wünschenswert sein, indem sie einen Bezug zu den langfristigen Interessen der Mitarbeiter, Kunden, Kapitalgeber und anderer relevanter Anspruchsgruppen herstellt,
  - umsetzbar sein, indem sie realistische und erreichbare Ziele enthält,
  - fokussiert sein, um daraus Leitlinien für Entscheidungen ableiten zu können,
  - flexibel sein, um sich ändernde Rahmenbedingungen integrieren zu können,
  - kommunizierbar sein, um innerhalb weniger Minuten vollständig erklärt werden zu können.

- diese Vision in Missionen (d. h. Botschaften, wie z. B. „verstärkte Kundenorientierung“) zu übersetzen, die ein fokussierendes Handeln ermöglichen, und diese in eine entsprechende Kultur einzubetten.

Eine solche Kultur der Excellence bedarf normativer Grundlagen, die sich beispielsweise in einer wertorientierten Personalpolitik oder in „Corporate Social Responsibility“ niederschlagen können. Wenn diese Werte gelebt werden sollen, müssen sie zunächst gemeinsam erarbeitet und durch die Führungskräfte vorgelebt werden.

Langfristiger Erfolg – und damit auch Zukunftsfähigkeit – setzt aber auch voraus, sich mit zukünftigen Anforderungen an Führung zu beschäftigen und (auch) vor diesem Hintergrund das eigene Verhalten kritisch zu hinterfragen und ggf. anzupassen.

Dazu gibt es eine Vielzahl von Instrumenten:

- Zunächst liefert die Selbstbewertung auf der Grundlage eines Excellence-Modells konkrete Hinweise, die u. a. auch Benchmarking-Daten einschließen.
- Die Befragung der für die Organisation relevanten Interessengruppen stellt ein Feedback zur Verfügung.
- Die unterschiedlichsten Verfahren einer Bottom-up-Beurteilung zielen meist konkret auf Verbesserungsmöglichkeiten im Verhaltensbereich. Im weitesten Sinne zählt dazu auch das so genannte 360°-Feedback.[11]

Alle diese Instrumente setzen zunächst die Bereitschaft zur Prüfung der Wirksamkeit des eigenen Führungsverhaltens voraus. Sind Probleme erkennbar, bedarf es der Bereitschaft, das Verhalten zu verändern. Insofern wird auch an dieser Stelle die besondere Rolle der Vorgesetzten für den Erfolg des Wandels deutlich.

Die erfolgreiche Umsetzung einer Unternehmenskultur, die auf die Förderung von (Business) Excellence ausgerichtet ist, bedingt auch, dass Führungskräfte sich sichtbar in Verbesserungsaktivitäten engagieren.

Dies kann beispielsweise dadurch erreicht werden, dass

- das Top-Management (z. B. der Eigentümer, der Geschäftsführer oder der Vorstandsvorsitzende eines Unternehmens) die Rolle des Initiators und des Promotors übernimmt,
- alle relevanten Vorgesetzten aktiv an Verbesserungsprojekten mitwirken,
- Führungskräfte in den einzelnen Projekten regelmäßige Review-Treffen durchführen und den aktuellen Stand der Umsetzung analysieren,

- Führungskräfte die Patenschaft für die Optimierung von Geschäftsprozessen oder für die Umsetzung einzelner Verbesserungsprojekte, die aus einer Selbstbewertung resultieren, übernehmen,
- Führungskräfte selbst an Schulungen teilnehmen, Schulungen für Mitarbeiter durchführen und dabei ihre eigenen Kenntnisse an die Mitarbeiter weitergeben (an der Schulungskaskade mitwirken) oder
- Führungskräfte Schulungsmaßnahmen zu spezifischen Themen persönlich eröffnen und in einer Abschlussdiskussion für Fragen zur Verfügung stehen.

Schließlich erfordert die Umsetzung von (Business) Excellence durch Selbstverantwortung, Kreativität und Innovation die Bereitstellung personeller und finanzieller Ressourcen sowie eine aktive Unterstützung durch die Führungskräfte auf allen Ebenen. Dies umfasst insbesondere, dass:

- Führungskräfte durch Veränderung der „Spielregeln" (Organisationsstruktur) die Voraussetzungen für Selbstverantwortung, Kreativität und Innovation anregen, z. B. indem geklärt wird, wie cross-funktionale Verbesserungsprojekte bottom-up initiiert werden können,
- Führungskräfte Abteilungsdenken überwinden und zu cross-funktionaler Zusammenarbeit anregen,
- Führungskräfte durch Setzen von Prioritäten deutlich machen, was im Sinne einer stringenten Umsetzung von Politik und Strategie wünschenswert und erforderlich ist.

Die Bereitstellung von Ressourcen und die Schaffung entsprechender (Organisations-)Strukturen allein reichen für eine Kulturveränderung nicht aus. Zusätzlich muss immer wieder zur Zusammenarbeit angeregt und ermuntert werden, z. B. indem positive Ansätze entsprechend anerkannt werden.

Zusammenfassend ist festzuhalten, dass eine entsprechende Veränderung der Unternehmenskultur in aller Regel Veränderungen in Einstellungen und Verhalten der Führungskräfte voraussetzt. Wie an früherer Stelle schon thematisiert, ist dies kein einfacher Prozess – aber für den Erfolg unabdingbar.

Zusammenfassend lassen sich für Teilkriterium 1a als mögliche Ansatzpunkte festhalten:[12]

- Die Vision, Mission und Kultur der Organisation entwickeln;
- Werte und ethische Grundsätze sowie Verantwortung für die Gesellschaft entwickeln und vorleben, die die Kultur der Organisation unterstützen;
- die Wirksamkeit des persönlichen Führungsverhaltens bewerten und verbessern;
- aktiv an Verbesserungen mitwirken;
- zu Eigenverantwortung, Kreativität und Innovationen anregen und ermutigen, z. B. durch Änderungen der organisatorischen Strukturen, durch Bereitstellen von Mitteln für Lernprozesse oder Verbesserungsaktivitäten;
- Lernprozesse anregen und unterstützen und die Erkenntnisse daraus umsetzen;
- Prioritäten für Verbesserungsaktivitäten setzen;
- zur Zusammenarbeit in der Organisation anregen und ermutigen.

Beispiel 2.1 Ritz-Carlton[13]

- Alle Mitglieder der Geschäftsführung sind im TQM-Steuerkreis vertreten.
- Die oberste Führungsebene stellt selbst sicher, dass Produkte und Dienstleistungen den Kundenanforderungen entsprechen.
- Das Motto „We Are Ladies and Gentlemen Serving Ladies and Gentlemen“ bringt zum Ausdruck, dass Kundenzufriedenheit oberste Priorität hat.
- Führungskräfte nehmen kontinuierlich an Schulungen zur Förderung von TQM teil und streben konsequent danach, die Wirksamkeit der Qualitätskonzepte zu steigern.

Beispiel 2.2 Granite Rock[14]

- Unternehmensziele und -erwartungen auf der Grundlage eines umfassenden Qualitätsverständnisses wurden von Führungskräften formuliert und an neun Bausteinen festgemacht. Sie spiegeln die Strategien zur Förderung umfassender Qualität wider.
- Für diese neun Bausteine werden jährliche Zielvorgaben formuliert, deren Erreichung bei den regelmäßigen Treffen der Führungskräfte überprüft wird.

- Die Rolle eines Managers ist eher die eines Lehrers und Coach als die einer „traditionellen“ Führungskraft.
- Die Review-Ergebnisse werden jedem Mitglied der Organisation durch die Führungskräfte zugänglich gemacht.
- Führungskräfte arbeiten aktiv an der Entwicklung sowie Umsetzung interner und externer Qualifizierungskonzepte mit. Darüber hinaus ist die Evaluation und Verbesserung des Managementsystems Bestandteil der Aufgaben der obersten Führungsebene.
- Es existiert ein Job-Rotationssystem für höhere Manager. Durch den planmäßigen Positionswechsel zwischen verschiedenen Fachbereichen bzw. unterschiedlichen Divisionen soll die Entwicklung neuer Ideen gefördert und die fachbereichsübergreifende Zusammenarbeit verbessert werden.

Beispiel 2.3 AUBI[15]

- In mehreren Workshops, an denen alle Führungskräfte teilnahmen, wurden in einem ersten Schritt die Unternehmenswerte als Eckpfeiler der zukünftigen AUBI-Kultur herausgearbeitet. Diese wurden im Rahmen von „Mitarbeiterinformationsmessen“, die von Führungskräften moderiert wurden, an die Mitarbeiter kommuniziert.
- Führungskräfte bei AUBI sind nicht nur Vorbilder für die Grundwerte und Spielregeln, sondern werden auch an diesen – im Rahmen der Vorgesetztenbeurteilung – gemessen. Alle Führungskräfte und die Geschäftsführung leiten und bearbeiten selbst aktiv Projekte, wobei sie die konkrete Umsetzung – im Sinne der Eigenverantwortung – oft an ihre Mitarbeiter delegieren.

Beispiel 2.4 Texas Instruments[16]

- Die Führungskräfte praktizieren das „Management by Walking Around“ und nutzen diese Gelegenheit, um den TQM-Gedanken persönlich zu verbreiten.
- TI-Manager haben in ca. 150 Quality-Teams persönlich mitgewirkt.

Beispiel 2.5 Yellow Pages[17]

- 85 % der Mitarbeiter beurteilten das persönliche Engagement der Führungskräfte 1999 positiv.
- Als Ergänzung zu traditionellen Schulungsmaßnahmen wurden so genannte „Lunchtime Talks“ initiiert, in deren Rahmen Mitarbeiter durch Senior Manager über aktuelle Entwicklungen und Erfahrungen informiert werden.

1b: Führungskräfte sichern durch ihre persönliche Mitwirkung die Entwicklung, Umsetzung und kontinuierliche Verbesserung des Managementsystems der Organisation.

Neben dem Engagement der Führungskräfte für Vision, Mission und Werte ist es von besonderer Bedeutung, dass die Führung die Entwicklung und Einführung eines Managementsystems (vgl. dazu Teilkriterium 5a) sicherstellt und entsprechende Strukturen und Abläufe etabliert. Hierdurch soll erreicht werden, dass die Organisation ihre Handlungen und Aktivitäten konsequent an strategischen Zielen und den Anforderungen aller Interessengruppen ausrichtet.

Dies kann z. B. bedeuten, dass die Strukturen einer Organisation so verändert werden, dass Kunden- und Mitarbeiterorientierung realisierbar werden. Da dies in aller Regel auch hierarchisch aufgebaute Machtstrukturen tangiert, bedarf es der Akzeptanz und des Engagements insbesondere der oberen Führungskräfte.

Dies alles erfordert zunächst die Entwicklung einer systematischen Vorgehensweise, mit der Politik und Strategie auf der Basis von Vision und Mission entwickelt, umgesetzt und in regelmäßigen Abständen aktualisiert werden. Sind Politik und Strategie bekannt, muss ein Prozess zur effektiven Leitung der Organisation entwickelt und eingeführt werden. Dabei geht es auch um eine entsprechende Aufbau- und Ablauforganisation. Bei der Veränderung der Organisationsstruktur spielt – wie im Kapitel 1 schon thematisiert – das Thema Kundenorientierung eine wesentliche Rolle, aber auch andere Stakeholder, wie z. B. die Mitarbeiter, sind zu berücksichtigen.

In enger Verbindung mit Veränderungen der Aufbauorganisation ist die Ablauforganisation („Prozesse“) zu sehen. Hier ist es die Aufgabe des Managements, dafür Sorge zu tragen, dass ein System für das Management der Prozesse erarbeitet und eingeführt wird. Dabei ist – wie an späterer Stelle noch zu erörtern sein wird – zwischen Schlüssel- bzw. Kern- und Supportprozessen zu unterscheiden.

Bestandteil jeglicher Managementsysteme muss die Entwicklung eines geeigneten Kennzahlensystems zur Messung der Zielerreichung sein und die Identifikation derjenigen Prozesse, die die Ziele der Organisation maßgeblich unterstützen. Eine Aufgabe, die nur vom Management geleistet werden kann.[18]

Die Verantwortung der Führungskräfte beschränkt sich jedoch nicht ausschließlich auf die strukturelle Absicherung des strategischen Planungsprozesses und die Identifikation der Schlüsselprozesse, sondern vielmehr auch auf die Entwicklung von Mechanismen für das Management dieser Prozesse,[19] d. h.

- welche Führungskräfte Prozessverantwortung übernehmen[20] und
- auf welche Weise Kennzahlen und Leistungsziele für Prozesse festgelegt werden.

In diesem Zusammenhang ist von den Führungskräften ebenfalls zu entscheiden, welche Instrumente im Unternehmen zum Einsatz kommen sollen, um den Prozess der kontinuierlichen Verbesserung im Unternehmen voranzutreiben. Beispiele hierfür sind:

- jährliche Selbstbewertungen, z. B. auf Grundlage des EFQM-Modells für Excellence, um daraus Handlungsschwerpunkte und Verbesserungsziele für die Organisation abzuleiten,[21]
- ggf. zusätzliche, systematische Datenerfassungen, z. B. Befragung der relevanten Interessengruppen, als Basis für Verbesserungsprojekte,
- ein systematisches Benchmarking mit anderen Organisationen,[22]
- regelmäßige „Qualitätsgespräche“ zwischen Vorgesetzten und Mitarbeitern auf allen Ebenen.

Mit diesen Forderungen wird eine enge inhaltliche Verknüpfung der Elemente „Führung“, „Politik und Strategie“ und „Prozesse“ deutlich: Führungskräfte sind für die strategische Ausrichtung der Organisation verantwortlich und gestalten inhaltlich den im Kriterium „Politik und Strategie“ betrachteten Prozess der Strategiegenerierung und -umsetzung. Dessen Ergebnisse wiederum schaffen die Grundlage für eine zielkonforme Gestaltung der Prozesse.

Das bisher Gesagte gilt weitgehend auch für die Einführung themenzentrierter oder integrativer Managementsysteme oder für die Realisierung gesellschaftlicher Interessen, z. B. die Einführung eines Öko-Audit-Systems oder eines Corporate Social Responsibility-Konzeptes. Neben einer systematischen Konzeptentwicklung und Umsetzung und einer regelmäßigen Überprüfung des Vorgehens sind auch hier die Akzeptanz und das Engagement der Führungskräfte Voraussetzung für den angestrebten Erfolg.

Zusammenfassend lassen sich für Teilkriterium 1b als mögliche Ansatzpunkte festhalten:[23]

- Die Organisation in ihrer Struktur so aufstellen, dass diese die Umsetzung von Politik und Strategie unterstützt;
- die Entwicklung und Umsetzung eines Systems zum Prozessmanagement sicherstellen;
- eindeutige Eignerschaft von Prozessen festlegen;
- die Entwicklung und Einführung eines Prozesses für die effektive Kontrolle[24] der Organisation sicherstellen;
- die Entwicklung und Einführung eines Prozesses für die effektive Steuerung der Organisation sicherstellen;
- die Entwicklung und Einführung eines Prozesses zur Messung, Bewertung und Verbesserung von Schlüsselergebnissen sicherstellen;
- die Entwicklung und Einführung eines oder mehrerer Prozesse zur Förderung, Identifizierung und Planung von Verbesserungsaktivitäten zur Prozessleistungsfähigkeit sicherstellen, z. B. durch kreative, innovative und lernorientierte Aktivitäten.

Beispiel 2.6 Granite Rock[25]

- Die Unternehmensorganisation wurde zur Förderung der Kundenorientierung umstrukturiert. Insbesondere wurde dadurch die Kundennähe des Top-Managements verbessert. Kundenbefragungen ermöglichen es, rasch auf Kundenwünsche eingehen zu können, einen hohen Qualitätsstandard bei Produkten und Serviceleistungen zu halten und somit die Kundenzufriedenheit sicherzustellen.

Beispiel 2.7 Texas Instruments[26]

- Prozesseigentümerschaft und Prozessmessgrößen werden durch weltweit gültige Ziele festgelegt.
- Policy Deployment ist die Grundlage des Prozessmanagements, der Festlegung von Prozesseigentümern sowie der Definition von Maßzahlen und Zielen.
- Das weltweite Prozessmodell wird auf europäischer Ebene durch ein crossfunktionales Team angepasst und jeder Schlüsselprozess mit einem Process Owner versehen.
- Alle Teammitglieder besitzen eine Ausbildung in Business Process Management und können Experten für Benchmarking und Reengineering hinzuziehen.

Beispiel 2.8 Yellow Pages

Die Rolle der Process Owner wurde 1997 durch das Management wie folgt festgelegt:[27]

- Leistungsziele und Messgrößen definieren,
- Einrichten und Controlling von Budgets,
- Scorecard-Ziele einhalten,
- kontinuierliche Weiterentwicklung des Prozesses,
- Lösung aller relevanten Schnittstellenprobleme.

1c: Führungskräfte arbeiten mit Kunden, Partnern und Vertretern der Gesellschaft zusammen.

Die Realisierung von (Business) Excellence beschränkt sich nicht ausschließlich auf das eigene Unternehmen, sondern setzt auch die Einbindung der Kunden, Partner und Vertreter der Gesellschaft voraus, wobei in diesem Kontext wiederum das persönliche Engagement der Führungskräfte im Vordergrund steht. Dies lässt sich z. B. daran erkennen, dass

- Führungskräfte einen erheblichen Teil ihrer Zeit für Kunden- und Lieferantenkontakte verwenden,
- Führungskräfte sich „vor Ort" informieren (systematisches Besuchsprogramm),
- geeignete Bewertungs- und Rückmeldesysteme (Lieferantenbewertung/Kundenzufriedenheitsanalysen) bestehen und diese systematisch von den Führungskräften als Managementinstrument genutzt werden,
- mit Lieferanten und Kunden (z. B. Händlern) ein partnerschaftliches Verhältnis besteht, das Schulungs- und Beratungsleistungen einschließt und den Dialog auf allen Führungsebenen fördert,
- Leistungen der Partner mit einer Auszeichnung durch das Top-Management anerkannt werden (z. B. Quality Excellence Award),
- Reklamationen zu einem Thema des Top-Managements werden,
- Führungskräfte gemeinsame Verbesserungsteams einrichten,
- Kunden und Lieferanten auf Initiative der Führungskräfte zu Partnern im Rahmen von Quality Function Deployment und Simultaneous Engineering werden.

Solche unternehmensübergreifenden Aktivitäten sind ein wichtiges Hilfsmittel zur Verbesserung der Kommunikation zwischen Unternehmen, zur Steigerung der Effektivität von Maßnahmen und damit zur Förderung partnerschaftlicher Beziehungen, die auf das Erreichen eines gemeinsamen Ziels ausgerichtet sind. Die Partner haben die Möglichkeit, die Wünsche und Bedürfnisse der jeweiligen Kunden und Lieferanten zu erfassen, sie zu verstehen und entsprechend darauf einzugehen. Die Reaktionszeit auf geänderte Kundenwünsche oder auf Veränderungen am Markt lässt sich verkürzen, wodurch ein wichtiger Beitrag zur Kundenorientierung geleistet wird.

Des Weiteren spielen auch die Beziehungen eines Unternehmens zu seiner Umwelt und die Übernahme gesellschaftlicher Verantwortung eine wichtige Rolle. Das Management sollte durch geeignete Maßnahmen dafür Sorge tragen, dass die wesentlichen Gedanken des firmenspezifischen (Business) Excellence-Konzeptes auch außerhalb des Unternehmens bekannt werden und sich in den Beziehungen zu seiner Umwelt niederschlagen. Eine Realisierungsmöglichkeit ist die Teilnahme von Vertretern des Unternehmens (i. d. R. Führungskräfte oder Fachleute) an Veranstaltungen zum Thema „Excellence“ oder die aktive Mitarbeit in Institutionen, die sich mit derartigen Themen beschäftigen.

Beispiele hierfür sind:

- Mitarbeit im Rahmen der EFQM bzw. deren nationaler Gruppierungen,
- Mitarbeit in Fach- (z. B. Normungsverbände, DGQ, DQS) oder Berufsverbänden (z. B. VDI, VDE, VDA), die sich mit den unterschiedlichen Aspekten umfassender Qualitätsförderung befassen,
- Durchführung branchenspezifischer, unternehmensübergreifender Konferenzen zum Thema „(Business) Excellence“, die als Plattform für einen Informations- und Erfahrungsaustausch dienen können.

Ein sehr wirkungsvoller Weg, das Gedankengut einer umfassenden Qualität zu verbreiten, ist die Einbindung der grundlegenden Konzepte in externe Aus- und Weiterbildungskonzepte. Hierbei kann es sich um Veranstaltungen handeln, die das Unternehmen selbst initiiert oder um Qualifizierungsmaßnahmen externer Anbieter. Beispiele hierfür sind:

- Mitwirkung in überbetrieblichen Seminaren und Trainingsprogrammen aus dem Bereich (Business) Excellence,
- Mitwirkung von Führungskräften des Unternehmens als Referenten für entsprechende Themen bei Vorlesungen und Case Studies im Rahmen von MBA- und/oder anderen Hochschulstudiengängen.

Das persönliche Engagement von Führungskräften zur Realisierung von Konzepten wie „Corporate Social Responsibility“, „Nachhaltiges Wirtschaften“ oder „Work Life Balance“ machen den Beitrag des Unternehmens für die Gesellschaft deutlich. Auch die aktive finanzielle Unterstützung und Förderung des Gemeinwesens insbesondere im kulturellen, sozialen und sportlichen Bereich trägt dazu bei. Beispielhafte Ansätze sind:

- finanzielle und materielle Förderung von Laien-Theatergruppen, Jugendzentren und Sportvereinen,
- Einrichtung oder Förderung von Begegnungs- oder Pflegestätten für behinderte und sozial benachteiligte Personengruppen.

Zusammenfassend lassen sich für Teilkriterium 1c als mögliche Ansatzpunkte festhalten:[28]

- Den Bedürfnissen und Erwartungen entsprechen, sie verstehen und darauf eingehen;
- Partnerschaften aufbauen und darin mitwirken;
- gemeinsame Verbesserungsaktivitäten begründen und darin mitwirken;
- einzelne Personen und Teams von Interessengruppen für ihren Beitrag zum Geschäft, für ihre Loyalität etc. anerkennen;
- in Berufsverbänden, Konferenzen und Seminaren mitwirken und dabei den Excellence-Gedanken verbreiten und unterstützen;
- Aktivitäten vorantreiben, unterstützen und sich für diese einsetzen, die auf die Verbesserung der globalen Umwelt und den Beitrag der Organisation für die Gesellschaft ausgerichtet sind, unter Berücksichtigung des Aspekts der Anerkennung der Rechte und Interessen zukünftiger Generationen.

Beispiel 2.9 Robert Bosch[29]

- Das Unternehmen stellte der deutschsprachigen Gruppe der EFQM insbesondere in den ersten Jahren Tagungsräume zur Verfügung.
- Im Rahmen einer Guided Study Tour der EFQM hat die Robert Bosch GmbH eine Tagung zum Thema „People Empowerment“ veranstaltet.
- Das Unternehmen stellt Referenten für Hochschulseminare zur Verfügung.

Beispiel 2.10 Texas Instruments[30]

- TI unterstützt den Staat Texas aktiv bei der Umsetzung einer TQM-Initiative.
- Es wurde ein TQM-Team installiert, das die Erfahrungen, die bei der Umsetzung umfassender Qualitätskonzepte gewonnen wurden, Gruppen außerhalb des Unternehmens zugänglich macht.

Beispiel 2.11 Rank Xerox[31]

- Die Geschäftsführer des Unternehmens halten auf Kongressen und bei anderen Unternehmen Vorträge zum Thema „Umfassende Qualität".
- Führungskräfte von Rank Xerox wirken bei der Durchführung von Kongressen der EFQM mit.

Beispiel 2.12 BMW[32]

- Leitbild Nachhaltigkeit: verantwortliches Engagement als Unternehmensphilosophie.
- Bei der BMW Group ist nachhaltiges Wirtschaften schon seit Jahren ein bewährtes Erfolgsrezept der Unternehmensphilosophie. Verbindung von Umweltschutz und Technologie oder Konzepte intelligenter Verkehrslösungen sind hierbei ebenso charakteristisch für die BMW Group wie fortschrittliche Arbeitszeitmodelle, umfangreiche Sozialleistungen, intensive Förderung von Wissenschaft, Kultur und Nachwuchs sowie kritischer Dialog mit internationalen Partnern aus Politik und Gesellschaft.

Beispiel 2.13 Henkel[33]

- 1991 unterzeichnete Henkel als eines der ersten Unternehmen die 16 Managementgrundsätze für nachhaltiges Wirtschaften der Internationalen Handelskammer. Seitdem ist Nachhaltigkeit Bestandteil der Unternehmensstrategie.
- Die Geschäftsführung trägt die Gesamtverantwortung für die Nachhaltigkeitspolitik, ein unternehmensweit besetzter Sustainability Council hat die globale Steuerung inne.
- Das Unternehmen fördert das ehrenamtliche gesellschaftliche Engagement seiner Mitarbeiter durch Sach- und Finanzmittel oder durch Freistellung. Im Jahr 2001 wurden weltweit 125 Kinderprojekte und weitere 193 soziale Projekte gefördert. Darüber hinaus engagiert sich Henkel in den Bereichen Kunst und Kultur, Freizeit und Sport sowie Umwelt- und Naturschutz.

1d: Führungskräfte verankern in der Organisation zusammen mit den Mitarbeitern eine Kultur der Excellence.

Die Veränderung einer alten und die Stabilisierung einer neuen Kultur können als Organisationsentwicklungsprozess verstanden werden. Solche Veränderungen haben zwei Komponenten: die Änderung von Einstellungen und Verhalten aller Beteiligten und die Anpassung von Strukturen und Systemen (z. B. Belohnungssystemen) zur

Stabilisierung der Veränderungen. Wie an früherer Stelle schon einmal thematisiert, spielt sich Veränderung zunächst in den Köpfen ab: Sich kundenorientiert zu verhalten setzt voraus, dass eine kundenorientierte Einstellung existiert. Im weiteren Sinne gilt dies natürlich auch für eine Kultur der Excellence. Viele Erfahrungen zeigen, dass bei einer Veränderung von Einstellungen dem Verhalten der Führungskräfte eine wichtige Bedeutung zukommt.

Erste und wichtigste Voraussetzung ist daher zunächst die Glaubwürdigkeit, mit der die Führungskräfte die „neuen" Botschaften vermitteln. Sie persönlich müssen Vision, Mission, Werte, Politik und Strategie glaubhaft kommunizieren, indem sie die ganz konkreten Auswirkungen beschreiben und ihre Unterstützung vorbildhaft unter Beweis stellen. Auswirkungen beschreiben heißt z. B., dass man schon vor Beginn einer Datenerhebung (z. B. für eine Selbstbewertung) deutlich macht, was mit den Ergebnissen geschieht - und dies dann auch tatsächlich eintritt. Der englische Begriff „walk the talk" drückt kurz und bündig aus, was unter Glaubwürdigkeit in diesem Zusammenhang zu verstehen ist.

Zur Umsetzung eines neuen Gedankenguts ist es darüber hinaus unerlässlich, dass der Informationsaustausch zwischen Vorgesetzten und Mitarbeitern funktioniert. Führungskräfte müssen für ihre Mitarbeiter ansprechbar sein, ihnen zuhören und mit ihnen kommunizieren. Nur so kann sichergestellt werden, dass man eine umfassende Akzeptanz erreicht, ein einheitliches Verständnis sicherstellt und Vorbehalte bei den Betroffenen ausräumt. Beispielhafte Realisierungsmöglichkeiten sind in diesem Zusammenhang:

- Nutzung regelmäßiger Mitarbeiterversammlungen (z. B. Betriebsversammlung), auf denen das Top-Management die Mitarbeiter über den Stand der Umsetzung informiert, erarbeitete Ergebnisse präsentiert, das Erreichen von Zielen analysiert und die weitere Vorgehensweise vorstellt;
- Kommunikation der (Business) Excellence-Idee über die unterschiedlichsten Medien (Betriebszeitung, schwarzes Brett, Videos, persönliche Anschreiben);
- Schaffen von Gelegenheiten für informelle Gespräche zwischen Mitarbeitern und Vorgesetzten sowie entsprechender Diskussionsmöglichkeiten;
- Bewertung der Effektivität der Kommunikation zwischen Führungskräften und Mitarbeitern mit Hilfe geeigneter Evaluationsinstrumentarien.

Über die „bloße" Kommunikation der Idee hinaus muss auch immer wieder ein neuer Ansporn für das Durchhalten bei dieser „never ending journey" gegeben werden. Widersprüche sind aufzulösen, Fragen zu beantworten und vor allem ist immer wieder die Übereinstimmung von Reden und Handeln zu demonstrieren.

Schließlich erfordert die Umsetzung eines (Business) Excellence-Konzeptes die Bereitstellung personeller und finanzieller Ressourcen sowie eine aktive Unterstützung durch die Führungskräfte auf allen Ebenen. Dies umfasst insbesondere

- die Umsetzung von Problemlösungen (insbesondere wenn Probleme entstehen, deren Überwindung an eine bestimmte Machtposition oder auch Budgetzuständigkeit gebunden ist),
- die Freistellung von Mitarbeitern für „Qualitätsgespräche", Projektarbeit, KVP-Gruppen oder Schulungsmaßnahmen - aber auch die Motivation daran teilzunehmen - und
- die Schaffung geeigneter Räumlichkeiten mit einer entsprechenden Ausstattung für Gruppenarbeit.

Wie immer die Bereitstellung von Ressourcen aussieht, sie muss zunächst als Investition (Vorleistung) durch die Führungskräfte verstanden werden. Daher stellen sich z. B. folgende Fragen:

- Gibt es ein Budget für die Umsetzung des Veränderungsprozesses z. B. für die Konzeptentwicklung und Weiterentwicklung (auch mit Unterstützung Externer)?
- Sind die Investitionen für Aus- und Weiterbildung unabhängig von der aktuellen Wirtschaftslage?
- Gibt es auch längerfristige Ressourcenzuweisungen, die deutlich machen, dass es um mehr als eines der „üblichen" Programme geht?
- Wie entwickeln sich diese Aufwendungen im Branchenvergleich bzw. im Vergleich zu Best Practice-Beispielen?
- Dient das eigene Unternehmen als Benchmark für andere?

Umfassende Veränderungskonzepte müssen durch Menschen getragen und realisiert werden. Da diese Veränderungsbereitschaft nur sehr langsam greift, bedarf sie auf allen Ebenen einer entsprechenden Verstärkung durch Anerkennung. Alle beteiligten Personengruppen müssen also ein geeignetes Feedback erhalten, aus dem ersichtlich wird, wie ihre Verhaltensweisen und Leistungen von Vorgesetzten, Kunden oder Lieferanten wahrgenommen und erlebt werden. Die wesentlichen Zielsetzungen, die durch ein Feedback verfolgt werden, sind:[34]

- Förderung und Stabilisierung entsprechender Verhaltensweisen durch deren Anerkennung;
- Korrektur von Verhaltensweisen, die der eigentlichen Intention z. B. einer konsequenten Kundenorientierung widersprechen;
- Aktivierung eines Lernprozesses mit der Möglichkeit, voneinander zu lernen;
- Ermöglichen einer selbstkritischen Reflexion;
- Information und Motivation, um Ungewissheit zu reduzieren und Voraussetzungen für verändertes Handeln zu schaffen.

Damit der Zweck eines Feedbacks auch tatsächlich erreicht wird, ist es erforderlich, dass die Führungskräfte – deren Rolle hier im Vordergrund steht – bestimmte Gestaltungshinweise beachten:[35]

- Feedback muss richtig formuliert werden, d. h., es muss die Beschreibung konkreter Einzelheiten enthalten, die Reaktionen beim Feedbackgeber nennen und mögliche Folgen aufzeigen.
- Feedback muss angemessen, d. h. auf die Bedürfnisse des Feedbackempfängers und nicht des Feedbackgebers ausgerichtet sein.
- Feedback muss sich auf die Verhaltensweisen beziehen, die der Empfänger zu ändern in der Lage ist.
- Feedback soll so bald wie möglich gegeben werden.
- Feedback darf keinen Zwang zu einer Verhaltensänderung beinhalten. Der Empfänger entscheidet also selbst, ob er aufgrund der erhaltenen Informationen sein Verhalten ändert oder nicht.

Selbstverständlich gelten auch in diesem Kontext alle sonst üblichen Empfehlungen für Mitarbeiterfeedback in Form von Anerkennung und Kritik,[36] wie sie später zu erörtern sind. Es muss hier noch einmal wiederholt werden, dass im gesamten Kriterium „Führung“ zwar eine Reihe inhaltlicher Fragen zu thematisieren ist, die in anderen Kriterien vertieft werden, dass es jedoch hier ausschließlich um das Verhalten der Führungskräfte geht.

Eine Kultur der Excellence muss sich auch in gleichen Möglichkeiten für unterschiedliche Zielgruppen zeigen, z. B. durch eine bessere Verknüpfbarkeit von Beruf und Familie für Frauen. Auch hier ist eine Vorbildfunktion der Führung gegeben, die sich z. B. im Anteil von Frauen in Führungspositionen ausdrückt.

Zusammenfassend lassen sich für Teilkriterium 1d als mögliche Ansatzpunkte festhalten:[37]

- Persönlich den Mitarbeitern die Mission, Vision, Werte, Politik und Strategie, Planungen, Ziele und Zielwerte der Organisation kommunizieren;
- für die Mitarbeiter ansprechbar sein, ihnen aktiv zuhören und sie begeistern, sie in eine Gemeinschaft integrieren[38] und auf sie eingehen;
- Mitarbeitern beim Erreichen ihrer Planungen, Ziele und Zielwerte helfen und sie dabei unterstützen;
- Mitarbeiter zur Mitwirkung an Verbesserungsaktivitäten motivieren und befähigen;
- die Bemühungen von Teams und Einzelnen auf allen Ebenen der Organisation zeitnah und auf angemessene Weise anerkennen;
- Chancengleichheit und kulturelle Vielfalt fördern und dazu ermutigen.

Beispiel 2.14 Ritz-Carlton[39]

- Alle Mitglieder der Geschäftsführung sind im TQM-Steuerkreis vertreten.
- Mitglieder der obersten Führungsebene zeichnen sich selbst verantwortlich, dass Produkte und Dienstleistungen den Kundenanforderungen entsprechen.
- Neue Mitglieder werden durch Führungskräfte persönlich angeleitet. Sie durchlaufen ein intensives Einführungsprogramm. Hier stellt der Präsident selbst die Qualitätsziele des Unternehmens vor.
- Führungskräfte nehmen kontinuierlich an Schulungen zur Förderung von TQM teil und streben konsequent danach, die Wirksamkeit der Qualitätskonzepte zu steigern.

Beispiel 2.15 Texas Instruments[40]

- TI-Politik der offenen Tür: Das TI-Management hat sich auf eine Politik der offenen Tür verständigt, die es jedem Mitarbeiter ermöglicht, die Person in der Organisation anzusprechen, die – unabhängig von dem hierarchischen Status – am besten in der Lage ist, ein Problem schnellstmöglich und auf die angemessene Weise zu lösen.

Beispiel 2.16 Milliken European Division[41]

- Erfolge, die über die eigentlichen Pflichten eines Mitarbeiters hinausgehen, würdigt die Geschäftsleitung mit einem Dankesbrief oder mit einem persönlichen „Dankeschön".

Beispiel 2.17 Komatsu[42]

- Bereichsmanager besuchen regelmäßig persönlich die Fertigungsbereiche, um mit den Mitarbeitern persönlich über Probleme und Fortschritte in Projekten zu diskutieren.
- Durch ihre Mitwirkung in Schulungen und der aktiven Teilnahme in Verbesserungsgruppen schaffen sie zusätzlich kurze Feedbackschleifen, die den Mitarbeitern einen direkten Kontakt ermöglichen, um Probleme zu äußern und Veränderungen auszulösen.

Beispiel 2.18 SWITCH Biotech[43]

- Mitarbeiter/innen: 40 Frauen, 38 Männer
- Anteil von Frauen in Führungspositionen: 50 % auf der zweiten und 60 % auf der dritten Leitungsebene
- Maßnahmen:
  - Förderung von Frauen bei der Vergabe von Lehrstellen,
  - Förderung von Frauen bei der beruflichen Weiterentwicklung,
  - qualifizierte Teilzeitangebote und Vertrauensarbeitszeit,
  - lebensphasenorientierte Gestaltung der Arbeitszeit,
  - Telearbeit,
  - Zuschüsse des Unternehmens bei Kinderbetreuungskosten bei Kindern bis zu drei Jahren,
  - Kindergarten für Kinder von ein bis sechs Jahren,
  - Vermittlung von Beratung für die Beschäftigten rund um das Thema Betreuung von Kindern und hilfsbedürftigen Angehörigen.

1e: Führungskräfte erkennen und meistern den Wandel der Organisation.

Wenn, wie an früherer Stelle formuliert, die einzige Konstante der Wandel ist, dann sind insbesondere Führungskräfte gefordert, die internen und externen „Treiber" des Wandels zu erkennen. Dies erfordert in aller Regel die Existenz eines Frühwarnsystems. „Warnsystem" deshalb, weil Veränderung in den meisten Organisationen als Ausnahme und nicht als Normalität gesehen wird. Veränderungen sind in den seltensten Fällen Teil von Stellenbeschreibungen – und das Top-Management hat nicht selten eine gewisse Distanz zum Arbeitsalltag und beschränkt sich auf verdichtete, meist vergangenheitsbezogene Daten und Berichte.[44] Dies macht schon deutlich, dass Selbstbewertungen auf der Grundlage von Excellence-Modellen einen wichtigen Baustein zum Aufbau von Frühwarnsystemen liefern können. Veränderungen in Zufriedenheitsdaten werden sich z. B. auf jeden Fall finanziell niederschlagen, insofern kann Kundenzufriedenheit als Indikator für Geschäftsergebnisse gesehen werden. Aber auch Zufriedenheitsdaten sind Vergangenheitsgrößen. Es bedarf daher der Nutzung z. B. der Konzepte des Customer Relationship Management.[45]

Neben den Kunden spielen natürlich auch existierende und potenzielle Wettbewerber eine wichtige Rolle als Auslöser für Veränderungen, wobei hier auch Aspekte der Globalisierung zu berücksichtigen sind. Dabei führen technologische Entwicklungen zu einer besseren und schnelleren Kommunikation in globalen Informationsnetzwerken. Die Sättigung der Märkte in wirtschaftlich entwickelten Ländern spielt ebenso eine Rolle, wie Privatisierung, Deregulierung und andere Entwicklungen bezüglich ihrer Auswirkungen zu überprüfen sind.[46]

Als interner Treiber des Wandels kann z. B. die aufgrund der demografischen Entwicklung absehbare dramatische Veränderung der Altersstruktur der Belegschaften gesehen werden. Es bedarf also eines systematischen Prozesses zur Erkennung von Veränderungen, bei dem die Führungskräfte eine bedeutende Rolle spielen, der aber auch viele andere Mitarbeiter einbeziehen muss. Dies gilt zunächst für alle Mitarbeiter mit direktem Kontakt zum Kunden, die dessen sich verändernde Probleme als erste erkennen können. Aber auch alle anderen Interessengruppen der Organisation können solche Informationen liefern.

Wenn die wesentlichen Treiber für Veränderungen identifiziert sind, geht es um die Frage, welche Veränderungen notwendig sind und auf welche Felder sich diese erstrecken: die Entwicklung neuer Problemlösungen für den Kunden, eine Veränderung der Organisation in neuen virtuellen Kooperationsstrukturen oder völlig neue Vertriebskanäle? Auch hier ist die Entscheidung des oberen Managements gefordert.

1 Sensibilisierung für die Dringlichkeit
↳ Untersuchung des Marktes und anderer Wettbewerbsbedingungen
↳ Identifikation und Diskussion von Krisen, potenziellen Krisen oder bedeutender Chancen

↓

2 Bildung eines Steuerkreises
↳ Einbinden aller relevanten Machtpromotoren, um den Veränderungsprozess zu leiten
↳ Die Gruppe zu einem "Team" formen

↓

3 Entwickeln einer Vision und Ableitung von Strategien
↳ Formulierung einer Vision, die die Veränderungsanforderungen unmittelbar unterstützt
↳ Entwickeln von Strategien zum Erreichen der Vision

↓

4 Kommunizieren der Veränderungsvision
↳ Nutzung aller zur Verfügung stehenden Möglichkeiten, um die neue Vision und die Strategien permanent zu kommunizieren
↳ Steuerkreis muss als Vorbild vorangehen

↓

5 Breit angelegte Umsetzung vorantreiben
↳ Widerstände abbauen
↳ Veränderung von Strukturen und Abläufen, die die Vision untermauern
↳ Zu Risikobereitschaft, unkonventionellen Ideen und deren Umsetzung ermuntern

↓

6 Kurzfristige Erfolge generieren
↳ Planen sichtbarer Verbesserungen oder Erfolge
↳ Erfolge schaffen
↳ Sichtbare Anerkennung und Belohnung von Mitarbeitern, die diese Erfolge möglich gemacht haben

↓

7 Erreichtes stabilisieren und neue Veränderung anstreben
↳ Erworbene Glaubhaftigkeit nutzen, um Systeme, Strukturen und Strategien, die nicht zusammenpassen und die nicht die Vision der Veränderung tragen, neu zu gestalten
↳ Mitarbeiterpotenziale, welche die Veränderungsvision tragen, gewinnen, fördern und entwickeln
↳ Wiederbeleben des Prozesses mit neuen Themen, Projekten und Change Agents

↓

8 Verankern der neuen Ansätze in der Unternehmenskultur
↳ Erzeugen besserer Leistungen durch kunden- und produktivitätsorientiertes Verhalten, umfassendere und bessere Führung und effektiveres Management
↳ Verdeutlichung der Beziehung zwischen neuem Verhalten und Organisationserfolg
↳ Konzepte zur Führungskräfteentwicklung und Nachfolgeplanung entwickeln

Bild 2.5 Der 8-Stufen-Prozess für die Umsetzung tief greifenden Wandels[47]

Nachdem die Veränderungsnotwendigkeiten identifiziert sind, muss ein Veränderungskonzept entwickelt werden. Auch hier gilt, dass Erfolg nur dann erzielt werden kann, wenn das obere Management die Führungsrolle übernimmt. Ein weiterer Erfolgsfaktor ist in einer mehrstufigen Vorgehensweise zu sehen, die durch Verstärkungs- und Motivationsprozesse die (meist nicht geringen) Widerstände überwindet. Kotter hat einen solchen Prozess vorgeschlagen, der im **Bild 2.5** dargestellt ist.

Zusammenfassend lassen sich für Teilkriterium 1e als mögliche Ansatzpunkte festhalten:[48]

- Die internen und externen Kräfte des Wandels für die Organisation erkennen;
- die nötigen Veränderungen innerhalb der Organisation, in Bezug auf das Geschäftsmodell und die externen Verbindungen identifizieren und festlegen;
- die Entwicklung von Veränderungsplänen persönlich führen;
- finanzielle Mittel, weitere Ressourcen und Unterstützung für Veränderung sicherstellen;
- die Umsetzung und die Risiken des gesamten Portfolios der Veränderungsprogramme managen;
- die effektive Umsetzung der Veränderungen unter Einbezug der Interessengruppen sicherstellen;
- die Veränderungen und die hierfür maßgeblichen Gründe den Mitarbeitern und den anderen Interessengruppen kommunizieren;
- Mitarbeiter unterstützen und in die Lage versetzen, mit dem Wandel umzugehen;
- die Wirksamkeit der Veränderungen messen, bewerten und das erworbene Wissen mit anderen teilen.

Beispiel 2.19 Wal-Mart[49]

- Dominante Branchenstellung durch rasche Anpassungsfähigkeit: Fähigkeit, sich schneller als die anderen zu verändern.
- Fähigkeit kein Zufallsprodukt: Jeden Samstagmorgen treffen sich die Führungskräfte aus dem ganzen Land in der Zentrale, um das Geschehen der vergangenen Woche zu analysieren und insbesondere neue Ideen und Beobachtungen auszutauschen: Was funktioniert gut? Was nicht? Welche Veränderungen im Kaufverhalten der Kunden lassen sich erkennen?

Beispiel 2.20 America Online (AOL)[50]

- Wöchentliche Treffen der Senior Executives zur Unternehmensanalyse: Nehmen die Mitgliederzahlen zu oder ab? Steigen oder fallen die Erträge? Was ist mit den Nutzungszeiten? Was ist mit dem Anzeigengeschäft? Was ist überraschend und was neu?
- Führungskräfte von AOL verbringen viel Zeit damit, nach möglichen Bedrohungen durch Wettbewerber und nach Marktereignissen Ausschau zu halten.

2.2.2 Kriterium 2: Politik und Strategie

Während im Kriterium Führung der allgemeine Rahmen „unternehmerischen Handelns“ (Vision, Mission, Werte) aufgespannt und insbesondere die Rolle der Führungskräfte thematisiert wurde, geht es nun darum, wie Politik und Strategie entstehen und wie sie in konkretes Handeln transferiert werden. Dies setzt im Allgemeinen die Beantwortung folgender Fragen voraus:

- Wo stehen wir derzeit?
- Wo soll die Reise hingehen?
- Was ist der beste Weg, um dieses Ziel zu erreichen?

Dabei sind in der Regel folgende Aufgabenstellungen zu lösen:[51]

- die kritischen Erfolgsfaktoren zu definieren und herauszufinden, welche Schlüsselprozesse dahinter stehen und wie diese zu steuern sind;
- Politik und Strategie so zu beschreiben, dass sie klare Rahmenbedingungen für Entscheidungsträger liefern;
- sicherzustellen, dass Ressourcen zur Verfügung stehen, um die Ziele der Organisation effizient und effektiv zu erreichen;
- alle Aktivitäten in der Organisation so zu organisieren, dass sie sich gegenseitig unterstützen, um die gewünschten Ergebnisse zu erreichen;
- die Zustimmung möglichst aller Interessengruppen zu erreichen und den Mitarbeitern die bestmöglichen Kompetenzen zu vermitteln;
- eine entsprechende Antwort auf „externe Störgrößen“, wie z. B. Wettbewerber, zu finden.

Um die Qualität dieser Problemlösungen zu bewerten, ist Kriterium 2 wie folgt definiert: „Exzellente Organisationen setzen ihre Mission und ihre Vision durch Entwicklung einer auf die Interessengruppen ausgerichteten Strategie um, die die Märkte und Branchen berücksichtigt, in denen die Organisation tätig ist. Politik, Pläne, Ziele und Prozesse werden zur Entfaltung der Strategie entwickelt und umgesetzt.“[52]

Die Bedeutung von Politik und Strategie macht auch die 2000 revidierte Bewertungsmethodik deutlich, bei der neben einem verstärkten Fokus auf die Interessengruppen der Organisation für jegliche Aktivität innerhalb der Organisation die Frage zu beantworten ist, inwiefern diese zur Realisierung von Politik und Strategie und damit zur Realisierung des Unternehmenszweckes beiträgt. Somit kommt der Politik und Strategie bzw. dem Unternehmenszweck natürlich eine zentrale Bedeutung zu. Weil dies so ist, setzen sich die beiden ersten Teilkriterien mit der Qualität der Entstehung bzw. der Qualität der dabei verwendeten Datenbasis auseinander. Die beste Datenbasis und die beste Politik und Strategie taugen allerdings wenig, wenn sie nicht in den Köpfen und Herzen der Mitarbeiter verankert sind.

Die Akzeptanz und Umsetzung von Politik und Strategie werden wesentlich von deren Formulierung und Einführung abhängen. Dabei sollten folgende Punkte beachtet werden:

- Politik und Strategie sollten so formuliert sein, dass sie jeder versteht und auf die konkreten Anforderungen seines Arbeitsbereichs bzw. Arbeitsplatzes übertragen kann.
- Die Entwicklung sollte nach dem „Catch-Ball-Prinzip" erfolgen, d. h. Top-down- und Bottom-up-Elemente enthalten.
- Allgemeine Strategien müssen in konkrete (Teil-)Ziele übertragen werden.
- Die Kommunikation kann nur dann glaubwürdig sein, wenn sie durch die Führungskräfte in einer Informationskaskade (top-down) stattfindet. Auch eine Kommunikation im Hinblick auf die externen Partner ist erforderlich. Dafür sind entsprechende Ressourcen zur Verfügung zu stellen.
- Da Planung als „Ersatz des Zufalls durch den Irrtum" zu verstehen ist (keine Planung liefert uns dem Zufall aus, während jede Planung auch von Annahmen ausgehen muss, die letztlich nicht zutreffen), bedarf es einer kontinuierlichen Anpassung an veränderte Rahmenbedingungen.

Ein weiterer wichtiger Punkt ist die Frage, welche Interessengruppen zu berücksichtigen sind. Dazu macht es Sinn, kurz auf den Begriff „Stakeholder" und seine Entwicklung einzugehen.

Der Begriff „Stakeholder" wurde erstmals Anfang der 60er Jahre von Ansoff am Institut für Planung in Lockheed sowie Stewart und Dorscher am Stanford Research Institute verwendet.[53] In die Managementlehre, insbesondere auch mit Bezug zum strategischen Management, wurde das Konzept von Freeman 1984 eingeführt. In der Literatur wird üblicherweise zwischen Bezugs-, Interessen- und (strategischen) Anspruchsgruppen unterschieden. Abgrenzungskriterien sind dabei die effektive

Macht der Stakeholder und deren Wille, diese auch auszuüben. Nach dieser Abgrenzung sind Bezugsgruppen alle Gruppen, die einen tatsächlichen, direkten oder indirekten Bezug zum Unternehmen haben. Die von ihnen ausgeübte Macht und der Wille zur Machtausübung sind jedoch gering. Interessengruppen dagegen haben einen direkten oder indirekten Kontakt zum Unternehmen. Ihr Wille zur Machtausübung ist größer, ihre Macht jedoch ebenfalls gering. Strategische Anspruchsgruppen haben schließlich konkrete Erwartungen und Ansprüche sowie Einfluss auf die Unternehmensziele. Sie verfügen daher über effektive Macht und haben auch den Willen, diese auszuüben. Diese Interpretation für Stakeholder fasst Freeman in folgender Definition zusammen: „Wir sollten den Begriff ‚Stakeholder' für diejenigen Einzelpersonen oder Gruppen verwenden, die für die Erreichung ihrer persönlichen Ziele von der Organisation abhängen und von denen die Organisation abhängt. In diesem Sinne können Mitarbeiter, Eigentümer, Kunden, Lieferanten, Kreditgeber und auch andere Gruppen als Stakeholder begriffen werden."[54] An anderer Stelle spricht Freeman vom „Bedrohungspotenzial": „Jene Gruppen, ohne deren Unterstützung die Organisation nicht weiterexistieren könnte."[55] Alternativ dazu könnte man jedoch auch die positive Formulierung eines „Chancenpotenzials" nutzen.

Mit diesem Verständnis könnte eine Stakeholderanalyse wie folgt aussehen:

- Auflisten der für die Organisation relevanten Gruppen,
- Rangreihe bezüglich des Gefahren- und Chancenpotenzials,
- Profil der einzelnen Gruppen bezüglich ihrer relevanten Erwartungen,
- Formulierung von Zielen und geeigneten Umsetzungsstrategien unter Berücksichtigung der jeweiligen Abhängigkeiten.

Insbesondere der letzte Punkt macht deutlich, dass man die Gleichwertigkeit der Interessen eher als Phasenmodell begreifen muss: Wenn den Kunden die entsprechende Priorität zukommt, können mit den so erwirtschafteten Gewinnen z. B. die Ansprüche der Shareholder/Eigentümer, Mitarbeiter oder der Gesellschaft befriedigt werden. Ein dauerhaft zufrieden stellender Umgang mit den Stakeholdern und ein Ausgleich zwischen den unterschiedlichen Interessen wird sich nur auf der Grundlage solcher Win-win-Situationen realisieren lassen.

Im Zusammenhang mit Politik und Strategie werden im Rahmen des EFQM-Modells für Excellence folgende Themenfelder angesprochen:

2a: Politik und Strategie beruhen auf den gegenwärtigen und zukünftigen Bedürfnissen und Erwartungen der Interessengruppen.

2b: Politik und Strategie beruhen auf Informationen aus Leistungsmessung, Untersuchungen, lernorientierten sowie nach außen gerichteten Aktivitäten.

2c: Politik und Strategie werden entwickelt, bewertet und aktualisiert.

2d: Politik und Strategie werden kommuniziert und durch ein Netzwerk von Schlüsselprozessen umgesetzt.

Diese Kriterien lassen sich – wie folgt – weiter detaillieren:

2a: Politik und Strategie beruhen auf den gegenwärtigen und zukünftigen Bedürfnissen und Erwartungen der Interessengruppen.

Weil Politik und Strategie sich vor allem an den Interessengruppen der Organisation ausrichten sollen, müssen deren gegenwärtige und zukünftige Bedürfnisse und Erwartungen identifiziert, verstanden und vorweggenommen werden. Dies setzt die Schaffung einer entsprechend breiten Datenbasis voraus.

Da das Überleben eines Unternehmens von den Kunden abhängt, geht es hier zunächst um Aspekte der Marktforschung und ggf. -segmentierung im weitesten Sinne – aber auch die Interessen der anderen Stakeholder sind zu berücksichtigen.

Das EFQM-Modell für Excellence trägt dieser Tatsache insofern Rechnung, als bei der Formulierung der Politik und Strategie die Bedürfnisse und Erwartungen der Interessengruppen explizit zu berücksichtigen sind. Hierzu gehören insbesondere

- Kunden und Lieferanten,
- Mitarbeiter des Unternehmens sowie die
- Aktionäre und die Gesellschaft.

Um die derzeitigen und zukünftigen Erwartungen der relevanten Stakeholder zu erfahren, gibt es eine Vielzahl von Quellen.

Die meisten Organisationen haben vielfältige Informationen über Entwicklungen am Markt durch die üblichen Methoden der Marktforschung. Über seine Lieferanten hat man Informationen durch Lieferantenbewertungskonzepte. Auch die Wünsche der Eigentümer bzw. Shareholder bleiben selten verborgen. Erstaunlicherweise haben aber immer noch (zu) viele Organisationen nur wenige Informationen über Mitarbeiter und Kunden. Man glaubt zu wissen, dass sie zufrieden sind; „harte" Befragungsdaten kann man allerdings nicht vorlegen. Dabei sollte es in beiden Fällen nicht nur um die Messung der Zufriedenheit gehen, sondern auch – je nach betrachteter Interessengruppe – um Konstrukte wie „Kundenbindung" und „Mitarbeitermotivation".

Um Kundenanforderungen zu erkennen, gibt es prinzipiell zwei Möglichkeiten:[56]

- Kundenfeedback (z. B. durch persönliche Kontakte und gezielte Umfragen einschließlich aller Möglichkeiten eines Customer Relationship Management via Internet) und
- Prozessfeedback (z. B. aus Prozessen wie Werbeaktivitäten, Messe-/Seminarveranstaltungen, Anfragenbearbeitung, Projektbearbeitung, Auftragsbearbeitung, Auslieferung und Installation sowie Serviceverfahren).

Bezüglich der Mitarbeiter lassen sich grundsätzlich ähnliche Instrumente einsetzen: z. B. die systematische Auswertung von Mitarbeiterbefragungen oder Mitarbeitergesprächen, aber auch jegliches Prozessfeedback.

In den letzten Jahren wurden verstärkt Instrumente zur Messung der Mitarbeiterzufriedenheit genutzt. Diese greifen allerdings insofern zu kurz, als sie wiederum nur vergangenheitsorientierte Daten liefern. Daher sind hier auch Instrumente einzusetzen, die z. B. Aussagen über das Motivationspotenzial von Aufgaben zulassen, aber auch deutlich die Differenz zwischen Ist-Zustand und Soll-Zustand (Erwartungen) herausarbeiten.

Werden schon Selbstbewertungen auf der Grundlage von Excellence-Modellen und damit auch Befragungen der relevanten Interessengruppen durchgeführt, können diese Ergebnisse (mit den obigen Einschränkungen) herangezogen werden. Wichtig ist in diesem Zusammenhang vor allem, dass es einen konsequenten Prozess der Datenerhebung und -transformation in die Politik und Strategie gibt.

Ansonsten kennt das strategische Management z. B. das Instrument der SWOT-Analyse (Strengths, Weaknesses, Opportunities, Threats), das – ergänzt um eine Stakeholderanalyse – eingesetzt werden kann und über die Ergebnisse einer bloßen Stärken-Schwächen-Analyse hinausgeht.

Neben einer Datensammlung in Bezug auf die eigene Organisation geht es darum, die Trends im Markt und insbesondere im Wettbewerb genauso zu verstehen wie gesellschaftliche Entwicklungen und diese vorausschauend in Politik und Strategie zu integrieren.

Zusammenfassend lassen sich für Teilkriterium 2a als mögliche Ansatzpunkte festhalten:[57]

- Informationen sammeln und verstehen, um Markt und Marktsegmente zu definieren, in denen die Organisation heute und in Zukunft operieren will;
- die Bedürfnisse von derzeitigen und zukünftigen Interessengruppen, einschließlich Kunden, Mitarbeitern, Partnern, Gesellschaft und Geldgeber, identifizieren, verstehen und vorwegnehmen;
- die Entwicklungen am Markt einschließlich der Wettbewerberaktivitäten identifizieren, verstehen und vorwegnehmen.

Beispiel 2.21 Granite Rock

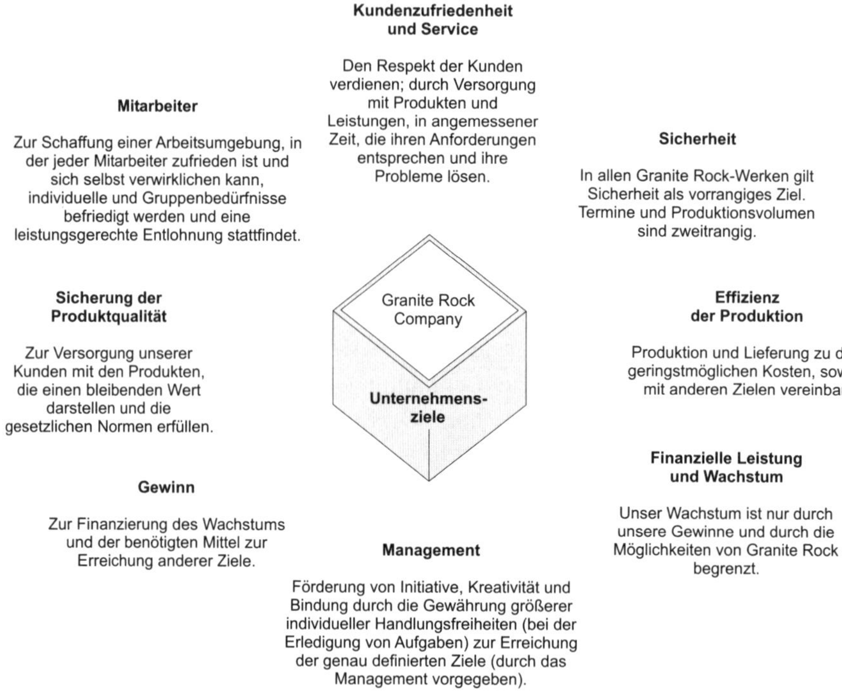

Bild 2.6 Stakeholderorientierte Unternehmensziele als Basis für Politik und Strategie[58]

Beispiel 2.22 TNT

Information	Verantwortung
Selbstbewertung	Leiter Qualitätswesen
Marktuntersuchung	Leiter Vertrieb
Mitarbeiterbefragung	Leiter Personal
Finanzmittel	Leiter Finanzen
Technische Ressourcen	Divisionsleiter
Betriebsprüfungen	Divisionsleiter
SWOT-Analyse	Divisionsleiter
Kundenbefragung	Leiter Vertrieb
Finanzergebnis	Leiter Finanzen
Gesetze, Vorschriften, Normen	Leiter Verwaltung
Lokale Interessengruppen	Leiter Verwaltung
Benchmarking	Leiter Qualitätswesen

Bild 2.7 Stakeholder-Input für Politik und Strategie[59]

Beispiel 2.23 Hewlett-Packard

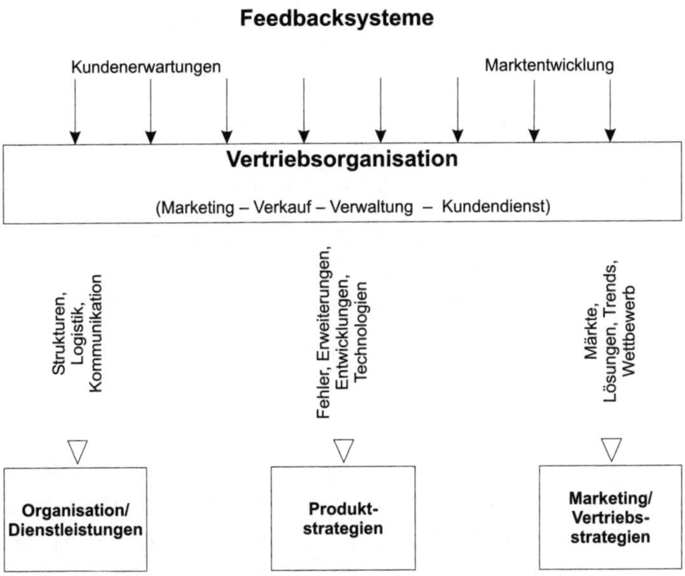

Bild 2.8 Kundenfeedbacksystem als Input für Politik und Strategie[60]

2b: Politik und Strategie beruhen auf Informationen aus Leistungsmessung, Untersuchungen, lernorientierten und nach außen gerichteten Aktivitäten.

Während Kriterium 2a auf Bedürfnisse und Erwartungen der relevanten Interessengruppen fokussiert, geht es im Kriterium 2b nun stärker um die eigentliche Datenerhebung, wobei vor allem eine sehr breite Datenbasis und die Qualität dieser Daten eine Rolle spielen. Dies setzt einerseits voraus, dass solche Daten vorhanden sind, und andererseits, dass die darin abgebildeten Zusammenhänge auch verstanden werden.

Dabei wird man sich zunächst mit internen Leistungsindikatoren beschäftigen. Excellence-Modelle setzen weltweit auf kontinuierliche Verbesserung. Dies beinhaltet die Erhebung von Verbesserungsmöglichkeiten unternehmensweit (das Bonmot: „Wenn SIEMENS wüsste, was SIEMENS weiß", beschreibt z. B. einen solchen Sachverhalt) – und deren konkrete Umsetzung in Handeln –, was zunächst eine Einbindung in Politik und Strategie voraussetzt. Beispielhaft kann man hier den Umgang mit Ergebnissen aus Selbstbewertungsmaßnahmen ansprechen.

Das Image des Unternehmens im Markt und der Bekanntheitsgrad seiner Marken liefern Anhaltspunkte für die Beschreibung der Marktperspektive. Da Handeln im Wettbewerb stattfindet, müssen aber auch Daten über Wettbewerber beschafft werden. Besonders wertvoll sind dabei so genannte „Best-in-Class"-Daten.

Das Denken in Wertschöpfungsketten macht es erforderlich, sich ebenso mit (potenziellen) Partnern zu beschäftigen. Dazu eignen sich – wie oben schon erwähnt – interne Lieferantenbewertungen bzw. deren Ergebnisse, aber auch alle extern verfügbaren Informationen z. B. von potenziellen Partnern.

Politik und Strategie bzw. unternehmerisches Denken finden in Bezug auf die Gesellschaft nicht im „luftleeren" Raum statt, insofern bedarf es der Analyse kurz- und langfristiger (potenzieller) gesellschaftlicher Entwicklungen (z. B. bezüglich Umwelt oder Nachhaltigkeit) und deren Auswirkungen auf die Gesetzgebung. Ebenso sind volkswirtschaftliche und z. B. demografische Veränderungen einzubeziehen, wobei hier in aller Regel eine nationale Perspektive schon lange nicht mehr ausreicht.

Neben den gesellschaftlichen Entwicklungen ist ein besonderer Fokus auf die Entwicklung von neuen Technologien zu richten, die die Organisation direkt (z. B. über neue Produkte und Prozesse), aber auch indirekt (z. B. über völlig veränderte Arbeitsbedingungen) beeinflussen können. Technologien im weitesten Sinne sind auch Geschäftsmodelle, die sich in Abhängigkeit veränderter Rahmenbedingungen selbst verändern können.

Bezüglich der Produkte und Dienstleistungen werden Daten benötigt, die deren Entwicklung über den gesamten Lebenszyklus beschreiben.

Schließlich stellt sich auch hier die Frage, wie die Ideen von Interessengruppen analysiert und verwendet werden können, da das EFQM-Modell für Excellence hinterfragt, wie Bedürfnisse und Erwartungen der Interessengruppen bei der Formulierung von Politik und Strategie explizit berücksichtigt wurden.

Zusammenfassend lassen sich für Teilkriterium 2b als mögliche Ansatzpunkte festhalten:[61]

- Ergebnisse interner Leistungsindikatoren analysieren;
- Ergebnisse von lernorientierten Aktivitäten analysieren;
- Daten zum Image und zur Markenbekanntheit analysieren;
- die Leistungen von Wettbewerbern und klassenbesten Organisationen analysieren;
- Daten zu vorhandenen und möglichen Schlüsselkompetenzen von Partnern analysieren;
- Daten zu sozialen, umwelt- und sicherheitsbezogenen sowie gesetzlichen Belangen unter kurz- und langfristigen Aspekten analysieren;
- Daten zu den Auswirkungen von Produkten und Dienstleistungen über deren gesamten Lebenszyklus hinweg analysieren;
- ökonomische und demografische Indikatoren identifizieren und verstehen;
- Daten zur Bestimmung des Einflusses von neuen Technologien und Geschäftsmodellen auf die Ergebnisse der Organisation analysieren.

Beispiel 2.24 TNT

Beispielhafte Benchmarking-Projekte, um Leistungslücken zu erkennen:[62]

- Kommunikation mit dem Kunden
- Leistungsmessung
- Benutzung finanzieller Kennzahlen und finanzielle Vergleiche
- Vision und Mission
- Interne Berichtssysteme
- Interne Auditierung
- Effektive Benutzung des Benchmarkings
- Benutzung der Balanced Scorecard

Beispiel 2.25 IBM

Bild 2.9 Benchmarking in Bezug auf stakeholderorientierte Ziele als Datenbasis für Politik und Strategie bei IBM[63]

Beispiel 2.26 Yellow Pages

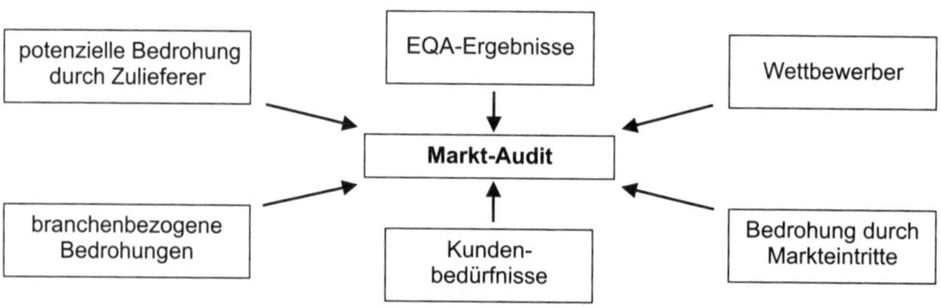

Bild 2.10 Größen, die in die Marktanalyse einfließen[64]

Beispiel 2.27 Texas Instruments

Indikatoren	Wie eingesetzt
• Makroökonomie (BIP, Inflation usw.)	→ Wirtschaftsprognose → Zinsniveau → Entgeltpolitik
• Electronic Engineering Production Trends	→ Strategien für Marktsegmente → Kundenstrategie
• Verhältnis von Bestellungen zu Rechnungsstellungen (Semiconductor Trade Statistics)	→ Preispolitik → Rabattpolitik
• Nationale Halbleiter-Industrieverbände	→ Länderstrategie → Investitionspolitik
• Niveau und Entwicklung der Löhne und Sozialleistungen	→ Vergütungspolitik

Bild 2.11 Beispiele ökonomischer Indikatoren, die von TI Europe verfolgt werden[65]

Beispiel 2.28 Volvo

Tabelle 2.1 Wettbewerbs- und Best-in-Class-Daten als Input für Politik und Strategie[66]

Gegenstand	Datenquelle	Ergebnis
Qualität	J. D. Power Initial Quality Study (Benchmark)	Ziele für Kenngröße „Prüfbemerkungen pro Auto", Prioritäten
Kosten	International Motor Vehicles Program des MIT: Leistungsrangfolge für Automobilwerke, Forschungsdaten	Abweichungen und dahinter stehende Mechanismen, Ziele für Kenngröße „Arbeitsstunden je Auto"
Auslieferung	Internes Volvo Car Corporation Benchmarking	Ziele für Auslieferung (führende Position behalten)
Human Resource Management	Entlohnungssysteme und Lohnniveau	Relative Positionierung
TQM-Anwendung	Erhebung in der Volvo Car Corporation	Leistungsbeste Volvo-Geschäftseinheit pro Unterkriterium
Umwelt	Berichte aus EMAS-Audits	Abweichungen und Ziele (Benchmarks)
Sicherheit	Belgische Automobilwerke	Abweichung und Ziele (Benchmarks)

Beispiel 2.29 AUBI

Allgemeine

Selbstbewertung nach dem EFQM-Modell
Auftragseingänge
Exportanteil
Gesamtmarktanteil
Unfallzahlen
Bearbeitungszeiten
Auftragsabwicklung

Produktionsleistungen

Gesundheitsquote
Personalproduktivität
Termintreue
Betriebsleistungen
Produktionsminuten

Qualität

Fehler
Reklamationen
Prozessfähigkeit

Umwelt

Entsorgung/Kreislaufführung
Stromverbrauch
Abfall
Wasserverbrauch
Heizöl-/Erdgasverbrauch

Finanzielle Leistungsindikatoren

Lagerbestände
Umsätze
Cashflow
Gesamtkapitalrendite

Lieferantenleistungen

Liefergenauigkeit
Lieferpünktlichkeit
Qualität
QKZ

Technologie

Patente
Neuprodukt-Umsatz

Bild 2.12 Auszug interner Leistungsindikatoren[67]

2c: Politik und Strategie werden entwickelt, bewertet und aktualisiert.

Politik und Strategie müssen einerseits im Einklang mit der Vision, Mission und den Werten der Organisation entwickelt werden. Andererseits ist, da Planung immer von Prämissen ausgeht und so Wirklichkeit abstrahiert, eine kontinuierliche Überprüfung und ggf. Anpassung erforderlich. Insofern ist hier u. a. auch von Interesse, wie dieser Planungsprozess systematisch verbessert wird und wie veränderte Prioritäten aufgrund der unter 2b diskutierten Datenerfassung zu geeigneten Anpassungsmaßnahmen führen.

Bei der Entwicklung ist zunächst die breite Datenbasis zu berücksichtigen, die unter 2b beschrieben wurde. Diese Daten können jedoch z. B. bezüglich der Interessengruppen auch widersprüchlich sein. Es stellt sich daher die Frage, wie mit solchen Widersprüchen umgegangen wird. Auch kurz- und langfristige Zwänge und Anforderungen sind ggf. gegeneinander abzuwägen. Die neuere deutsche Gesetzgebung zum Thema Risikomanagement (KonTraG), aber auch „traditionelle" Planungsphilosophien erfordern Alternativszenarien und Notfallpläne, um Risiken abzudecken.

Auf der zuvor diskutierten Datenbasis müssen Politik und Strategie sich mit gegenwärtigen und zukünftigen Wettbewerbsvorteilen auseinander setzen – und dabei auch einen Abstimmungsprozess mit den relevanten Partnern der Organisation vorsehen. Aber nicht nur eine marktorientierte Strategieentwicklung hat Platz zu greifen, sondern auch eine ressourcenorientierte: Was sind meine Kernkompetenzen und welche Partnerschaften oder Allianzen benötige ich, um meine Politik und Strategie in die Tat umsetzen zu können? Geht es (nur) darum, wieder sicherzustellen, dass das Unternehmen in etablierten Märkten präsent ist oder bedarf es neuer Marktzugänge?

Bei der Aktualisierung von Politik und Strategie sollten auch gesellschaftliche Entwicklungen aufgegriffen werden, die eine Beachtung neuer Aspekte notwendig erscheinen lassen, um mit den veränderten Anforderungen aus dem relevanten Umfeld der Organisation Schritt zu halten. Ein Beispiel dafür ist die zunehmende Bedeutung des Themenfeldes „Corporate Social Responsibility" bei der Beurteilung der Aktivitäten einer Organisation durch Anleger und Kunden.

Die zunehmende Umweltdynamik und -komplexität in den letzten Jahren erfordert, dass die Unternehmenspolitik, aber insbesondere auch die Strategie und deren Umsetzung, nicht statisch sein können. Unternehmen benötigen Instrumente, die die Wirksamkeit und Relevanz ihrer Politik und Strategie bewerten, und Prozesse zu deren Überarbeitung und Verbesserung.

Für die Evaluation von Effektivität und Relevanz der Strategie bieten sich Selbst- und Fremdbewertungsinstrumente an, wie z. B. Self-Assessment, Befragungen oder Benchmarking im Rahmen des EFQM-Modells für Excellence. Das Ergebnis dieses Evaluationsprozesses führt zu einem Strategie-Review und ggf. zu Anpassungsmaßnahmen. Neben diesen umfassenden Reviews, die sich aus wirtschaftlichen Gründen höchstens einmal jährlich realisieren lassen, bedarf es auch weniger aufwändiger Reviews in kleineren Zeitabständen (viertel- oder halbjährlich).

Die Instrumentalisierung des Review-Prozesses kann im Rahmen eines PDCA-Zyklus oder eines Hoshin-Planning[68] ablaufen. Darüber hinaus ist hier auch ein Review des Review-Prozesses erforderlich. Dazu liefert eine Selbstbewertung nach der RADAR-Methode eine gute Grundlage.

Dabei spielt der Bezug zu den unternehmensspezifischen „Excellence-Kriterien", die sich im Allgemeinen in den Missions niederschlagen, die der Politik und Strategie zugrunde liegen, eine zentrale Rolle. Eine entsprechende Aktualisierung wird dabei immer wieder notwendig werden.

Zusammenfassend lassen sich für Teilkriterium 2c als mögliche Ansatzpunkte festhalten:[69]

- Politik und Strategie im Einklang mit der Mission und der Vision der Organisation sowie den Konzepten der Exzellenz entwickeln, bewerten und aktualisieren;
- die kurz- und langfristigen Erwartungen und Bedürfnisse der Interessengruppen gegeneinander abwägen;
- Risiken bewerten und Vorgehensweisen zum Umgang mit den Risiken festlegen;
- gegenwärtige und zukünftige Wettbewerbsvorteile bestimmen;
- Kernkompetenzen identifizieren und Notwendigkeiten für Partnerschaften und Allianzen zur Umsetzung von Politik und Strategie bestimmen;
- die Präsenz in etablierten Märkten bestätigen oder die Notwendigkeit erkennen, die Vorgehensweise im Markt zu ändern;
- die Strategie mit der der Partner und Allianzen verzahnen;
- kritische Erfolgsfaktoren identifizieren;
- soziale und umweltbezogene Standards mit den Partnern abstimmen und kontinuierlich weiterentwickeln;
- die Relevanz und Effektivität der Politik und Strategie bewerten.

Beispiel 2.30 IBM

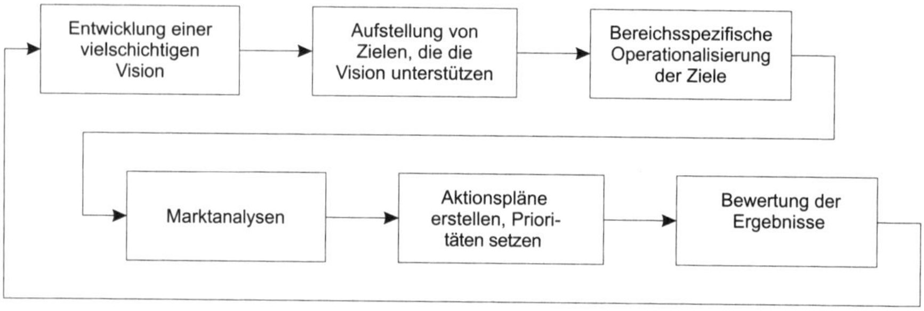

Bild 2.13 Politik und Strategie als kontinuierlicher Prozess[70]

Beispiel 2.31 IBM

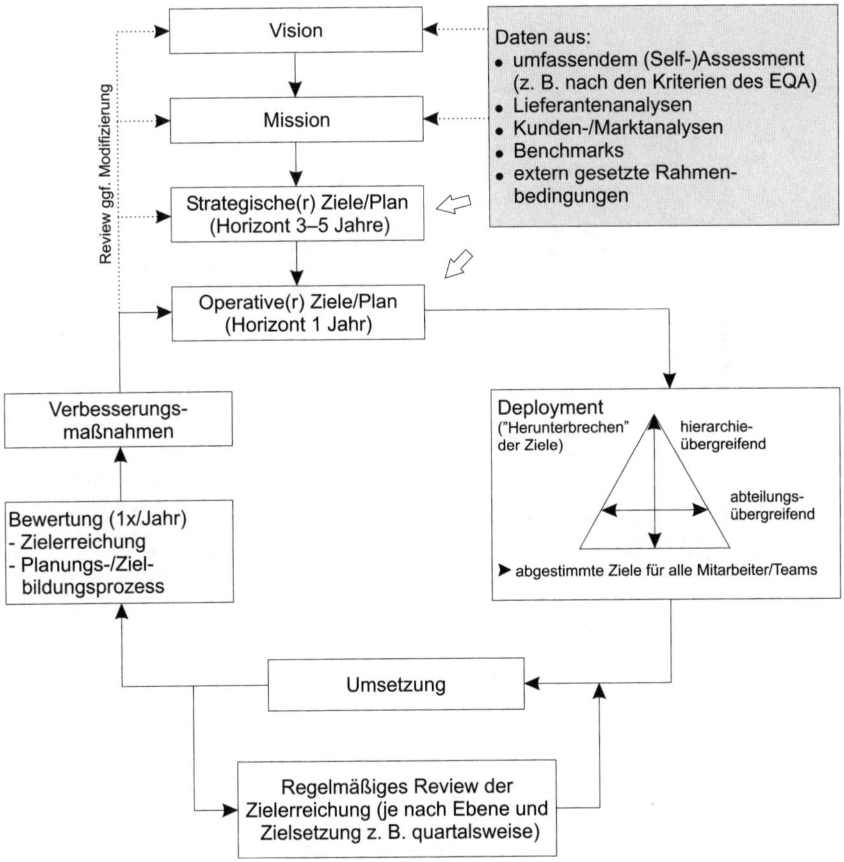

Bild 2.14 Strategische Planung als kontinuierlicher Prozess bei IBM[71]

Beispiel 2.32 Toyota

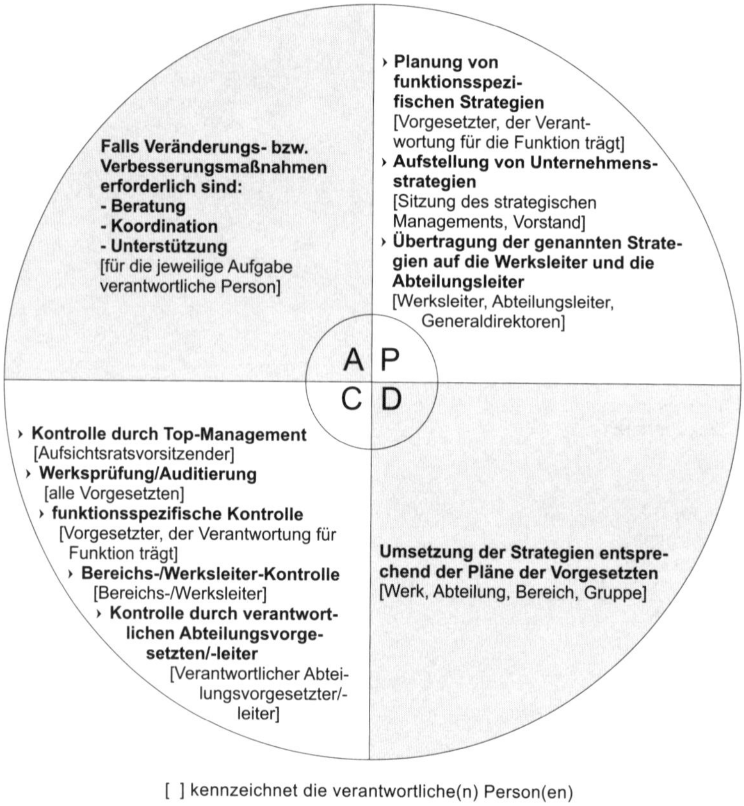

Bild 2.15 Kontinuierliche Verbesserung der Politik und Strategie durch einen PDCA-Zyklus bei Toyota[72]

Beispiel 2.33 AUBI

Tabelle 2.2 AUBIs Grundlagen für strategisches Controlling[73]

Strategische Zielgrößen	Bewertung	Informationsquelle
Werte/Leitbild (Politik)	Unternehmens- und Führungsgrundsätze	Mitarbeiterbefragungen Synergiecheck Ziele/Zielreportings Imageabfrage ...
Interne Potenziale	Stärken Schwächen	Eigensituationsanalyse Positionierung/ Potenzialanalyse Ziele/Zielreportings
Externe Potenziale	Chancen Risiken	Wettbewerbsanalyse Umfeldanalyse Kundenanalyse Ziele/Zielreportings
Strategie	Produkt-/Marktstrategien	Geschäftsfeldkonzeption Portfolioanalyse Wettbewerbsanalyse Umfeldanalyse ...
	Ressourcenstrategien	Eigensituationsanalyse Ziele/Zielreportings ...

2d: Politik und Strategie werden kommuniziert und durch ein Netzwerk von Schlüsselprozessen umgesetzt.

Die Hauptaufgabe, die in diesem Zusammenhang zu lösen ist, liegt in der Beantwortung der Frage, durch welches Netzwerk von Schlüsselprozessen Politik und Strategie umgesetzt werden können. Dies führt, wie oben schon erwähnt, zur Frage nach den kritischen Erfolgsfaktoren bzw. den Schlüsselprozessen, die hinter diesen kritischen Erfolgsfaktoren stehen. Kritische Erfolgsfaktoren beschreiben im Allgemeinen diejenigen Komponenten der Unternehmensleistung, die für den Erfolg im Wettbewerb hauptsächlich verantwortlich zeichnen. Diese Erfolgsfaktoren umfassen damit die grundlegenden Anforderungen, deren Erfüllung über die Akzeptanz der Unternehmensleistung durch die Kunden und deren Zufriedenheit entscheidet. Damit werden gleichzeitig die Kompetenzforderungen an eine erfolgreiche Organisation festgelegt: Ein Unternehmen, dessen Stärken sich mit den kritischen Erfolgsfaktoren decken, bietet beste Voraussetzungen, um erfolgreich am Markt zu operieren.

Aus diesem Grund sollte die Definition der wesentlichen Geschäftsprozesse von den kritischen Erfolgsfaktoren ausgehen. Durch eine unternehmensweite und abteilungsübergreifende Gestaltung der wesentlichen Abläufe wirken alle betroffenen Bereiche zusammen, um die Fähigkeit der Organisation zur Umsetzung der Erfolgsfaktoren, d. h. zur Erfüllung der wesentlichen Wettbewerbs- und Marktanforderungen, zu verbessern. Das Kernziel muss dabei sein, gegenwärtig noch häufig anzutreffende funktions- und abteilungsorientierte Grenzen im Denken und Handeln der Mitarbeiter zu überwinden und an ihre Stelle die gemeinsame Aufgabenerfüllung zu setzen.

Die Stakeholderorientierung muss dabei sicherstellen, dass die neue, prozessorientierte Organisationsstruktur nicht mehr ausschließlich nach dem Prinzip „inside-out“, sondern durch Einbeziehung der Kunden „outside-in“, d. h. von den Marktanforderungen und vom Kunden her, festgelegt wird.

Die Definition der kritischen Erfolgsfaktoren ist somit eine Schlüsselaufgabe der Unternehmensführung und kann dementsprechend nur durch das Top-Management gelöst werden. Dabei können die Antworten branchen- oder auch unternehmensspezifisch unterschiedlich ausfallen (Umweltschutzaspekte haben z. B. möglicherweise in der chemischen Industrie eine andere Relevanz als in anderen Branchen).

Die kritischen Erfolgsfaktoren müssen ihrerseits in Beziehung zu Vision und Mission stehen, dementsprechend mit einer Wertebasis verknüpft sein und sich auch in den wesentlichen Zielen wiederfinden. Einen solchen Prozess der Identifikation von Schlüsselprozessen zeigt **Bild 2.16**.

Eine Ableitung kritischer Erfolgsfaktoren aus den Kundenerwartungen unter Einbeziehung der involvierten Abteilungen zeigt **Bild 2.17** am Beispiel des Produktsupports eines Rechnerherstellers. In einem nächsten Schritt werden die kritischen Erfolgsfaktoren dann entsprechenden Prozessen zugeordnet (siehe **Bild 2.18**).

Beispiel 2.34 IBM

Werte	Vision	Mission	Ziele	Erfolgsfaktoren	Schlüsselprozesse
Was sind unsere grundsätzlichen Einstellungen?	**Wohin gehen wir?**	**Was für ein Geschäft betreiben wir?**	**Was müssen wir erreichen?**	**Auf was müssen wir uns konzentrieren?**	**Wie werden wir dies erreichen?**
1. Respekt vor dem Menschen 2. Qualität bei allem, was wir machen 3. Bester Kundendienst	Höchste Kundenzufriedenheit weltweit	Bereitstellung von Softwaresystemen und computergestützten Problemlösungen mit weltweit hoher Qualität, überlegenem Service und Support	1. Höchste Kundenzufriedenheit und Produktqualität in der Branche 2. Aufbau strategischer Geschäftsfelder 3. Beste Geschäftsergebnisse in der Branche - Einnahmen - Marktanteil - Kapitalwiedergewinnung - Liquide Mittel	- Lieferung überlegener Produktqualität - Umfassenden Kundenservice bieten - Erkennen von Innovationspotenzial - Technisch ausgereifte Produkte auf den Markt bringen - Flexible Produktion	- Strategischer Planungsprozess - Definition und Entwicklung neuer Produkte: - Software - Hardware - Auftragsabwicklung Produktions- und Verwaltungsprozesse - Management der Finanzen - Verbesserung des Kundenservice

Bild 2.16 Identifikation von Schlüsselprozessen bei IBM[74]

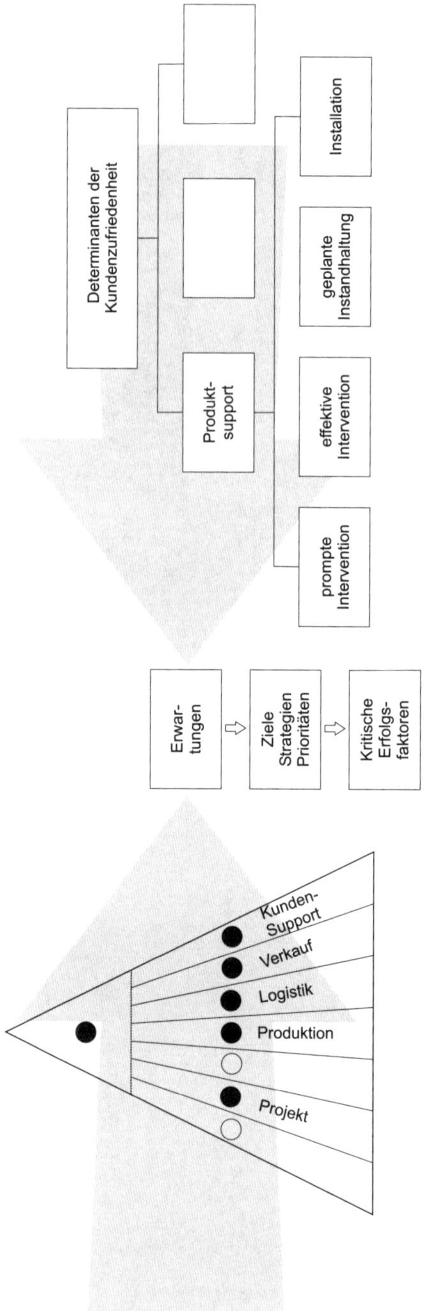

Bild 2.17 Identifikation kritischer Erfolgsfaktoren[75]

Prozesse / Kritische Erfolgsfaktoren	Ausreichende Ressourcen	Technisches Know-how	Kommunikationsfähigkeit	Service-Standards	Effektive/vorbeugende Instandhaltung/Call Managementsystem	Schnelle Ersatzteilbeschaffung	Diagnosefähigkeit	Information für Linie/ausführende Ebene	Fähigkeit, Leistungen und Ergebnisse zu messen	Beurteilung der monetären Prozesssituation (1-5; 5 = sehr gut)	Verbesserungsziele
Bewertung der momentanen Situation (1-5; 5 = sehr schlecht)											
Gewichtung (1-5; 5 = maximal)											
Personalbeurteilung und Anerkennung		●	●	●					●		
Messung von Service-Qualitätsindikatoren	●	●	●	●	●	●	●	●	●		
Organisation von Telefon-Interfaces			●		●				●		
Hotline-Abwicklung								●	●		
Erstellen von Prozeduren, Informationen und Handbüchern							●				
Entwicklung von Diagnosesystemen							●				
Ersatzteilinformations- und Logistiksystem						●			●		
Call Management-Informationssystem					●				●		
Ressourcenplanung	●				●	●	●				
Definiton und Aktualisierung von Service-Standards				●					●		
Aus- und Weiterbildung		●	●	●					●		
Personalauswahl		●	●	●							

Bild 2.18 Zuordnung kritischer Erfolgsfaktoren zu Prozessen[76]

Als Grundlage für die Identifikation relevanter Basisprozesse können zunächst die relativ abstrakten Darstellungen von Gaitanides et al. sowie Sommerlatte und Wedekind dienen (siehe **Bild 2.19** und **Bild 2.20**).

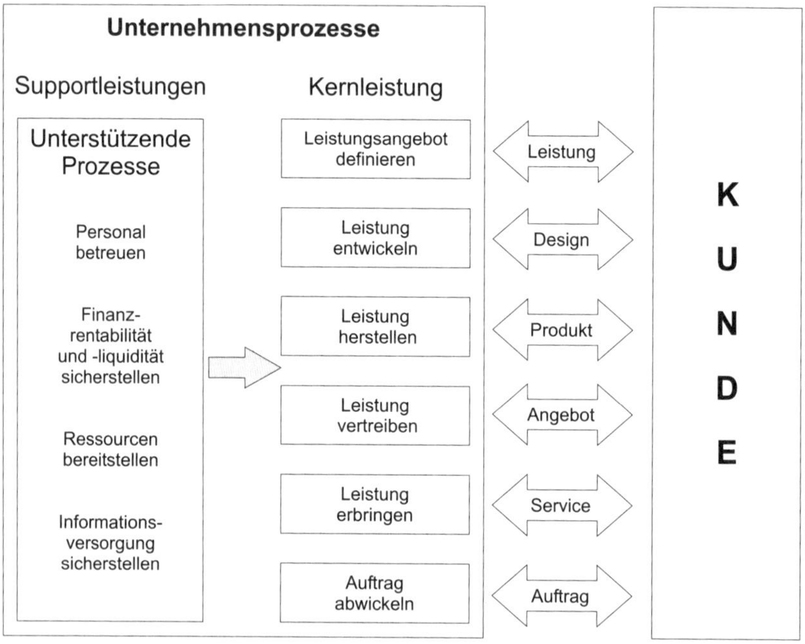

Bild 2.19 Positionierung von Unternehmensprozessen nach Gaitanides et al.[77]

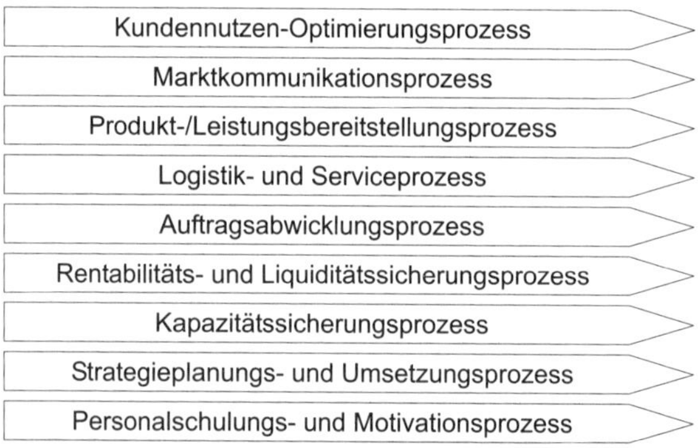

Bild 2.20 Die entscheidenden Leistungsprozesse im Unternehmen nach Sommerlatte und Wedekind[78]

Auf der Grundlage des EFQM-Modells für Excellence resultieren aus dieser Aktivität vor allem Prozesse, die mit den so genannten Ergebniskriterien (kunden- und mitarbeiterbezogene Ergebnisse, gesellschaftsbezogene Ergebnisse und Schlüsselergebnisse) und damit den Stakeholdern der Organisation in Zusammenhang stehen. Im **Bild 2.21** sind diese als „Schlüsselkunden" bezeichnet. Bei der Festlegung der Schlüsselprozesse ist daher auch zu klären, welche Auswirkungen diese auf die relevanten Zielgruppen haben. **Bild 2.22** zeigt beispielhaft einen Prozess zur Sicherung der Kundenzufriedenheit.

Beispiel 2.35 Ubisa

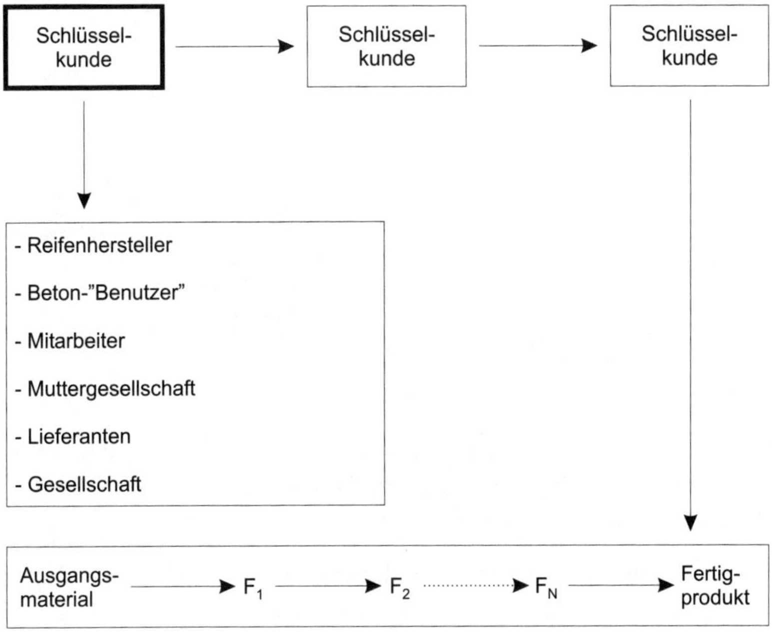

Bild 2.21 Identifikation von Schlüsselprozessen bei Ubisa[79]

Beispiel 2.36 Texas Instruments

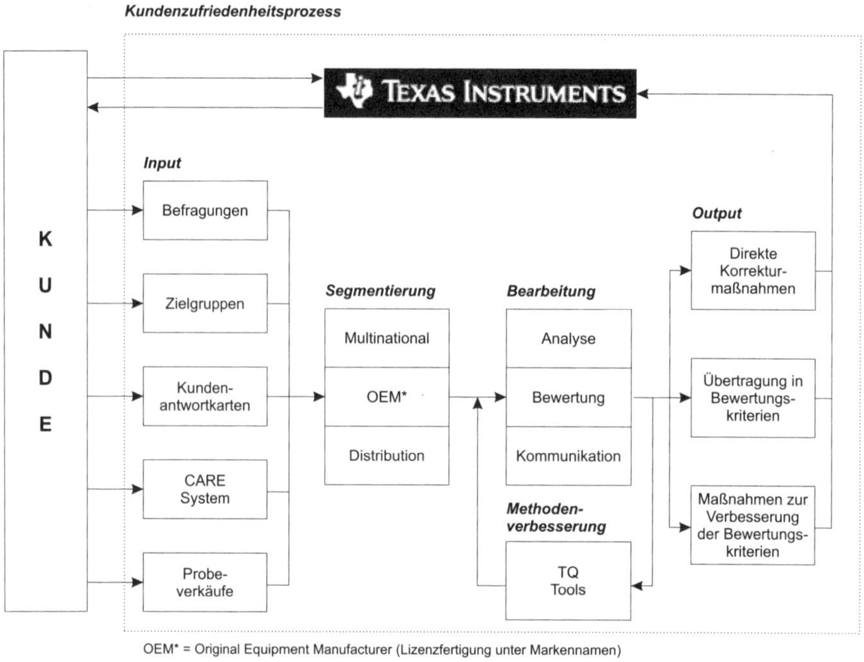

Bild 2.22 Prozess zur Sicherung der Kundenzufriedenheit[80]

Schließlich ist immer wieder die Effektivität des Netzwerks der Schlüsselprozesse im Hinblick auf die Erreichung des Unternehmenszwecks – und damit der Realisierung von Politik und Strategie zu überprüfen.

Die beste Vision und die stringenteste Planung nutzen wenig, wenn sie nicht kommuniziert werden. Die Art der Kommunikation ist eng verbunden mit dem Planungsprozess: Ist dieser auf Beteiligung ausgerichtet, entsteht schon während des Prozesses eine „Informationskaskade". In jedem Fall wird dieser Kommunikationsprozess top-down auszurichten sein, indem die jeweiligen Vorgesetzten Politik und Strategie bzw. deren Konsequenzen für den eigenen Bereich darstellen. In Abhängigkeit der Zielgruppen können dabei unterschiedliche Medien zum Einsatz kommen. Die Konkretisierung für den einzelnen Mitarbeiter wird sich im Rahmen von Zielvereinbarungsgesprächen niederschlagen, wobei dort die Zusammenhänge zu Abteilungs-, Bereichs- und Unternehmenszielen herzustellen sind. Dort, wo individuelle

Zielvereinbarungen (noch) nicht üblich sind, hat die Darstellung für den jeweiligen (Gruppen-)Bereich zu erfolgen.

Wie bei jeder Informationsvermittlung ist eine Erfolgskontrolle sinnvoll, um zu erfahren, was tatsächlich vermittelt werden konnte. Dies kann im Rahmen von regelmäßigen Mitarbeiterbefragungen sowie im Rahmen von Selbstbewertungen ggf. durch externe Assessoren geschehen. Eine fallweise mündliche Befragung vor Ort durch Mitglieder des oberen Managements führt im Allgemeinen zu „Aha"-Erlebnissen bei allen Beteiligten.

Darüber hinaus geht es um den prinzipiellen Prozess der Transformation von Politik und Strategie in konkrete Unternehmenspläne und deren Herunterbrechen (Policy Deployment). Dabei ist von besonderer Bedeutung, dass sich dieses Deployment nicht nur – wie beim traditionellen Management by Objectives – an funktionalen Interessen ausrichtet, sondern dass Kunden- und Prozessorientierung auch durch cross-funktionale Deployment-Prozesse zum Tragen kommt (vgl. folgende Darstellungen und Beispiele).

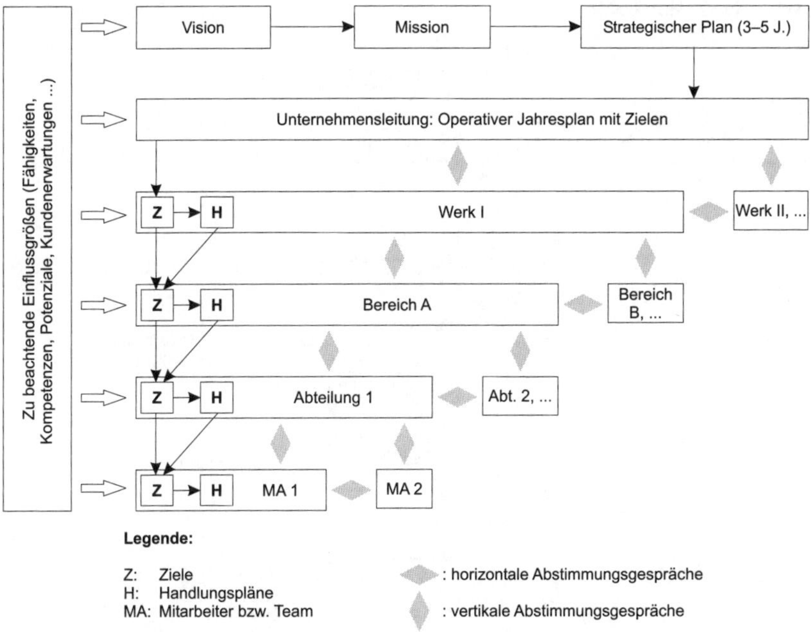

Bild 2.23 Policy Deployment als Ansatz zur ebenenspezifischen Operationalisierung von Unternehmenszielen (Prinzipienskizze)

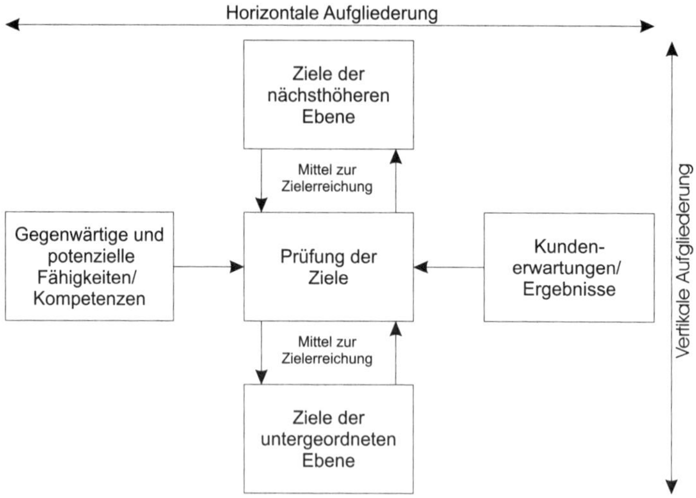

Bild 2.24 Horizontaler und vertikaler Zielabgleich im Rahmen eines Policy Deployment[81]

Beispiel 2.37 Rank Xerox

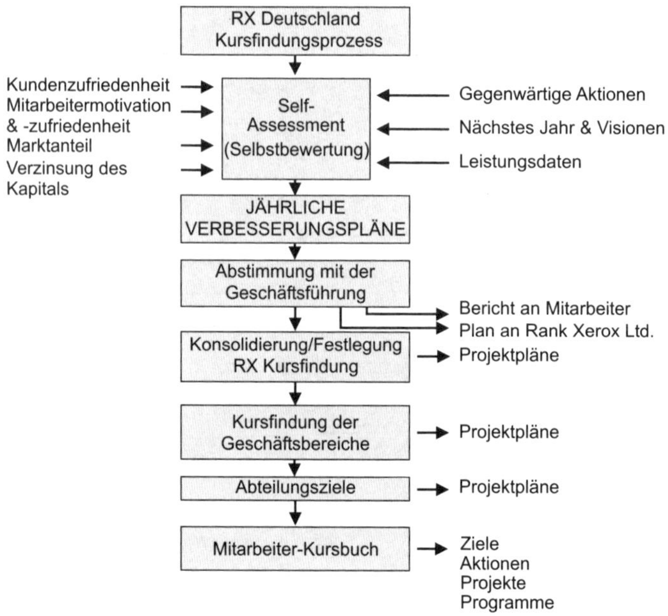

Bild 2.25 Ergebnisse des Self-Assessments als Datenbasis für Politik und Strategie bei Rank Xerox[82]

Beispiel 2.38 IBM

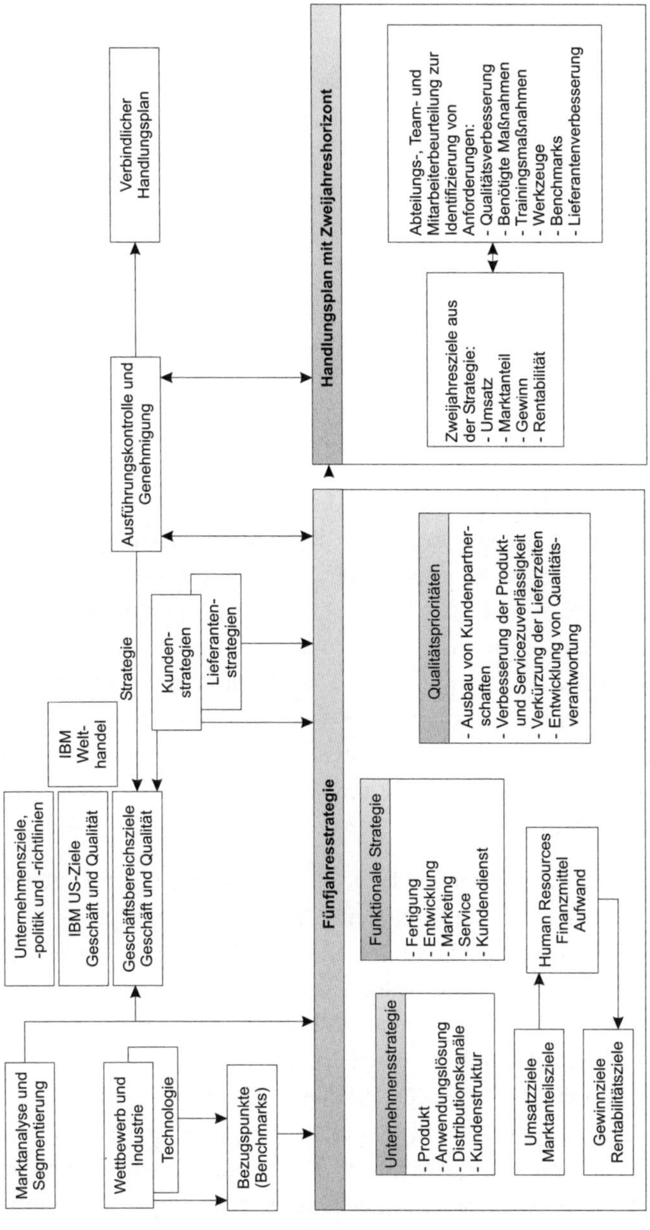

Bild 2.26 Politik und Strategie als Basis für Unternehmenspläne bei IBM[83]

Zusammenfassend lassen sich für Teilkriterium 2d als mögliche Ansatzpunkte festhalten:[84]

- Das Netzwerk von Schlüsselprozessen, die benötigt werden, um die Politik und Strategie der Organisation zu realisieren, identifizieren, gestalten und kommunizieren;
- Politik und Strategie den Interessengruppen vermitteln und ihren Bekanntheitsgrad untersuchen;
- Pläne, Ziele und Zielwerte miteinander verbinden, priorisieren, vereinbaren, kaskadieren und kommunizieren sowie deren Erfüllung verfolgen;
- ein organisationsweites Berichtswesen zur Fortschrittsverfolgung einrichten.

2.2.3 Kriterium 3: Mitarbeiter

Das einleitend dargestellte „einfache Modell" des European Quality Award hat schon verdeutlicht, dass die Einbindung *aller* Mitarbeiter angestrebt wird. Das Kriterium 3 beinhaltet jedoch weit mehr als eine bloße Einbindung in einen kontinuierlichen Verbesserungsprozess, indem es auch wesentliche Aspekte eines Human Resource Management (HRM) anspricht. Im Kern geht es darum, wie die Organisation ihr Humanpotenzial managt, entwickelt und zur Entfaltung kommen lässt. Dabei kann sowohl auf der Ebene des Individuums als auch bei Teams angesetzt werden, aber auch organisationsweite Konzepte werden thematisiert. Auch hier steht im Vordergrund, wie diese Maßnahmen Politik und Strategie unterstützen und darüber hinaus die Effektivität der Prozesse steigern.

Der Erfolg dieser Maßnahmen schlägt sich in allen Ergebniskriterien nieder. Im Gegensatz zu vielen alten und neueren Managementkonzepten, die ebenfalls eine Mitarbeiterorientierung oder Humanzentrierung für sich reklamieren, enthalten alle international verbreiteten Excellence-Assessment-Konzepte eine Bewertung der HRM-Konzepte durch die Mitarbeiter. Dazu sehen sie eine regelmäßige Befragung der Mitarbeiter vor. Analysiert man darüber hinaus das Gewicht des Kriteriums „Mitarbeiter" im EFQM-Modell für Excellence (im Sinne des prozentualen Anteils – 18 % von 100 %), so wird deutlich, dass diesem die zweithöchste Bedeutung zukommt. Durch die regelmäßige Mitarbeiterbefragung besteht eine hohe Wahrscheinlichkeit, dass Mitarbeiterorientierung mehr als nur ein „Lippenbekenntnis" ist.

Mitarbeiterorientierung wird dementsprechend von der EFQM wie folgt verstanden: „Exzellente Organisationen managen, entwickeln und entfalten das gesamte Potenzial ihrer Mitarbeiter auf der Individual-, Team- und Organisationsebene. Fairness und Chancengleichheit werden aktiv gefördert, die Mitarbeiter werden eingebunden und zum Handeln ermächtigt. Die Organisation sorgt für die Mitarbeiter, kommuniziert, zollt Anerkennung und belohnt in einer die Mitarbeiter motivierenden Weise. Sie schafft so die Selbstverpflichtung der Mitarbeiter, ihre Fähigkeiten und ihr Wissen zum Vorteil der Organisation einzusetzen.“[85]

Dies schlägt sich in folgenden Teilkriterien nieder:

3a: Mitarbeiterressourcen werden geplant, gemanagt und verbessert.

3b: Das Wissen und die Kompetenzen der Mitarbeiter werden ermittelt, ausgebaut und aufrechterhalten.

3c: Mitarbeiter werden beteiligt und zu selbständigem Handeln ermächtigt.

3d: Die Mitarbeiter und die Organisation führen einen Dialog.

3e: Mitarbeiter werden belohnt, anerkannt und betreut.

Diese Kriterien lassen sich wie folgt detaillieren:

3a: Mitarbeiterressourcen werden geplant, gemanagt und verbessert.

Unternehmenserfolg stützt sich wesentlich auf engagierte und qualifizierte Mitarbeiter. Daher kommt deren Aus- und Weiterbildung sowie der Personalplanung insgesamt existentielle Bedeutung zu.

In einem ersten Schritt müssen eine Personalpolitik und eine entsprechende Personalstrategie entwickelt werden, die eine stringente Umsetzung der wesentlichen Inhalte der Politik und Strategie der Organisation ermöglichen. Diese müssen sich daher in das Gesamtkonzept einfügen und integraler Bestandteil der Geschäftstätigkeit sein. Auch Beteiligungskonzepte und personalpolitische Entscheidungen wie Einstellungen, Versetzungen und Entlassungen müssen sich in dieses Bild einfügen. Zusammenfassend geht es darum, dass der Umgang einer Organisation mit ihren Mitarbeitern die Politik und Strategie als Ganzes widerspiegelt; Personalplanung muss als Instrument zu deren Umsetzung angesehen und eingesetzt werden.

Wenn schon im Kontext der Entwicklung von Politik und Strategie von einem „Catch-Ball-Prinzip“ gesprochen wurde, so gilt dies natürlich auch für den Personalbereich, wobei die Bottom-up-Impulse nicht nur von den Betroffenen kommen sollten, sondern auch deren Interessenvertretungen (z. B. der Betriebsrat) in diesen

Prozess einzubinden sind. Beteiligung führt auch hier zu Akzeptanz und die (permanente) Mitwirkung an Veränderungen macht diese zur Normalität.

Die Stringenz der Umsetzung einer an (Business) Excellence orientierten Personalpolitik muss sich an der Veränderung in den einzelnen Aufgabenfeldern des Human Resource Management messen lassen. Dies beginnt mit der Umsetzung der Personalpolitik in eine kurz-, mittel- und langfristige Personalplanung. Dabei ist es insbesondere für längerfristige Überlegungen erforderlich, im Sinne einer qualitativen Personalplanung einen Soll-Zustand zu entwickeln, der sich vorzugsweise an den (zukünftigen) kritischen Erfolgsfaktoren des Unternehmens bzw. der daraus resultierenden Organisation orientiert und auf dieser Grundlage die jeweiligen Schlüsselqualifikationen ermittelt.

Neben der längerfristigen Betrachtung gibt es oft auch einen kurzfristigen Handlungsbedarf, wenn z. B. Konzepte wie „Kundenorientierung" zur Neustrukturierung der Organisation führen und dies auch neue qualifikatorische Anforderungen an die Mitarbeiter stellt. Aber auch die prinzipielle Ausrichtung an den (cross-funktionalen) Schlüsselprozessen der Organisation wird zu solchen Konsequenzen führen. Neben der Anpassung der Qualifikationen (Personalentwicklung) hat eine innovative Personalpolitik aber auch alternative Karrierepfade zu schaffen, die „funktionale Karrieren" (z. B. Abteilungsleiter) durch projekt- und prozessorientierte Karrieren (z. B. Eigentümer eines Schlüsselprozesses) ergänzt. Letztendlich müssen sich veränderte Organisationsstrukturen, die sich z. B. in einem Netzwerk von Schlüsselprozessen abbilden, schon in veränderten Ausbildungsinhalten niederschlagen. Außerdem sind alle neu in die Organisation eintretenden Mitarbeiter z. B. auf neue Arbeitsformen vorzubereiten. Der Vollständigkeit halber sei in diesem Kontext auch die Nachfolgeplanung angesprochen, die auf der Führungsebene Teil des Risikomanagements sein sollte.

Stakeholderorientierte Unternehmen zeichnen sich in aller Regel auch durch die Förderung und Sicherstellung von Fairness und Chancengleichheit aus. Dies bedingt, dass solche Überlegungen Teil der Politik und Strategie sind und auch in konkrete Pläne (z. B. innovative Arbeitszeitregelungen zur besseren Vereinbarkeit von Familie und Beruf) münden. Arbeitsvertragliche Regelungen und die Gestaltung der Arbeitsbedingungen insgesamt sollten den Interessen beider Parteien – sowohl des Unternehmens bzw. der Organisation als auch der Mitarbeiter – Rechnung tragen.

Ein weiterer wichtiger Aspekt berührt die Erhebung der Mitarbeiterzufriedenheit. Herausragende Leistungen sind in der Regel nur zu erzielen, wenn die Mitarbeiter mit vollem Engagement an der Erreichung der Organisationsziele mitwirken. Neben einer angemessenen Qualifikation erfordert dies jedoch hohe persönliche Motivation, die wiederum stark von der individuellen Zufriedenheit abhängt. Um hier systematische Verbesserungen herbeiführen zu können, sollte die Mitarbeiterzufriedenheit regelmäßig ermittelt werden.

In der Praxis herrscht vielfach noch die Überzeugung, dass in einer Atmosphäre des Vertrauens und des offenen Umgangs eine anonyme und schematisierende Erhebung zur Mitarbeiterzufriedenheit nicht notwendig und im Einzelfall sogar kontraproduktiv sei. Probleme im Umgang miteinander könnten im direkten Dialog mit Kollegen oder dem Vorgesetzten angesprochen und dadurch meist ausgeräumt werden. Eine Mitarbeiterumfrage verleite nur dazu, unter dem Schutz der Anonymität undifferenzierte und unsachliche Kritik zu äußern und beschädige dadurch das Vertrauen zwischen Mitarbeitern und Vorgesetzten.

Unternehmen, die dennoch den Schritt wagen und sich zu einer anonymen Erhebung der Zufriedenheit entschließen, können jedoch mehrheitlich beide Erfahrungen nicht bestätigen. Sie stellen zum einen fest, dass die Äußerungen der Befragten durchweg sachlich und fundiert ausfallen und polemische Antworten keine oder nur eine vernachlässigbare Rolle spielen. Außerdem führen Umfragen oft zu neuen und überraschenden Einsichten zur Akzeptanz bestimmter Maßnahmen und Strukturen bzw. über bisher nicht erkannte Wünsche und Bedürfnisse der Mitarbeiter. Überdies zeigt die Praxis, dass Mitarbeiterbefragungen der einzige Weg sind, um wirklich systematisch Erkenntnisse über die Zufriedenheit zu gewinnen. Unternehmen, die sich auf das Gespräch mit dem Vorgesetzten beschränken, müssen sich daher fragen lassen, ob sie mit dieser Einstellung nicht eher die Augen davor verschließen, dass sie keine auch nur annähernd zuverlässigen Informationen über die Mitarbeiterzufriedenheit besitzen. Insofern sind regelmäßige Befragungen ein wirksames Instrument: Sie zwingen Organisationen zu einem systematischen und effizienten Vorgehen, um den Erfolgsfaktor „Mitarbeiterzufriedenheit" zu bewerten.

Nichtsdestoweniger sind solche Erhebungen ein sensibles Instrument der Personalpolitik. Ihr Erfolg hängt wesentlich davon ab, dass die Befragten die Integrität der auswertenden Stelle anerkennen. Insbesondere die Anonymität der Mitarbeiter muss unter allen Umständen gewahrt bleiben. Aus diesem Grund vergeben viele Unternehmen die Durchführung von Befragungen an externe Dienstleister, die die Ergebnisse nur in zusammengefasster Form an die Unternehmensleitung weitergeben. Die ausgefüllten Fragebögen verbleiben beim Dienstleister, so dass eine Rückverfolgung der Angaben und damit eine Rekonstruktion des individuellen Antwortverhaltens nicht möglich ist.

Ebenso wichtig ist jedoch, dass die Ergebnisse im Unternehmen kommuniziert werden und tatsächlich zu spürbaren Veränderungen führen. „Alibi-Befragungen“, die unkommentiert und ungenutzt in den Schubladen der Vorgesetzten verschwinden, führen zur Frustration bei den Befragten und bringen das Instrument der Mitarbeiterumfrage auf Jahre hinaus in Verruf. Schnell entwickeln sich Einstellungen wie: „Was soll's, man kann ja doch nichts ändern!“ oder „Die da oben machen doch sowieso, was sie wollen.“ Solche Äußerungen sind ein Indikator dafür, dass es dem Unternehmen und insbesondere den Führungskräften nicht gelingt, glaubhaft ihr Interesse an einer hohen Mitarbeiterorientierung zu vermitteln.

Wie an früherer Stelle schon einmal thematisiert, ist es hilfreich, Befragungsinstrumente zu verwenden, die über die Zufriedenheit hinaus auch Aspekte der Motivation abfragen und insbesondere durch Differenzbetrachtungen zwischen Ist- und Soll-Zustand zusätzliche Handlungsanleitungen liefern.

Personalentwicklung und Persönlichkeitsentfaltung sind jedoch nicht nur durch Qualifizierungsmaßnahmen zu erreichen, sondern auch durch persönlichkeitsförderliche Arbeits(inhalts)gestaltung. In diesem Zusammenhang ist es von besonderer Bedeutung, dass die an mehreren Stellen als vorteilhaft beschriebene Prozessorientierung auch die Möglichkeit für ganzheitliche Arbeitsinhalte schafft. Dabei kann man einerseits an Gruppenarbeitskonzepte denken, wie etwa teilautonome Arbeitsgruppen, die alle Prozessschritte (z. B. ein Auftrag) oder sinnvolle Teile davon (z. B. eine Baugruppe oder eine in sich geschlossene Sachbearbeitung) komplett bearbeiten. Dieser Sachverhalt ist im **Bild 2.27** schematisch dargestellt.

Diese Konzepte, die schon Ende der 70er Jahre im Rahmen der Ansätze der Arbeitsstrukturierung diskutiert wurden, beruhen auf den Prinzipien der Aufgaben(re)integration (siehe **Bild 2.28**).

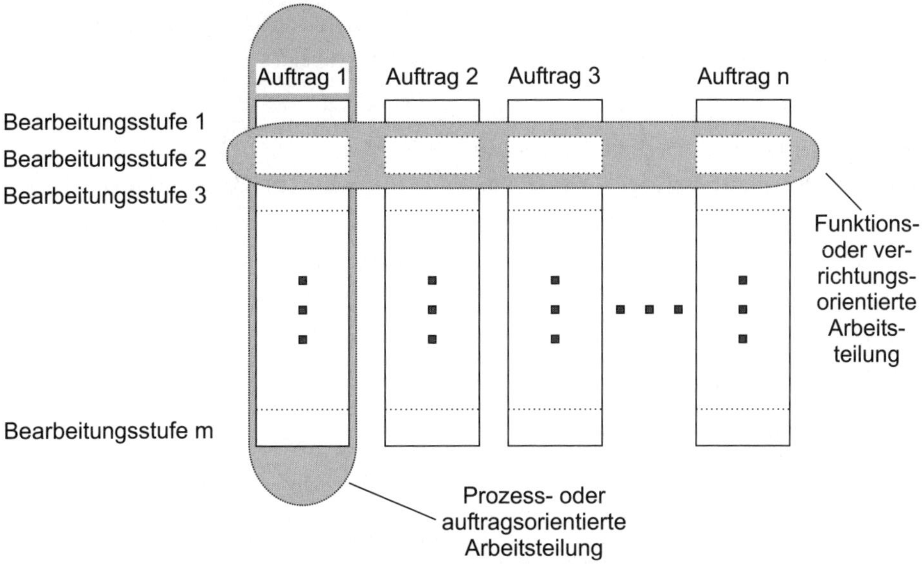

Bild 2.27 Formen der Arbeitsteilung[86]

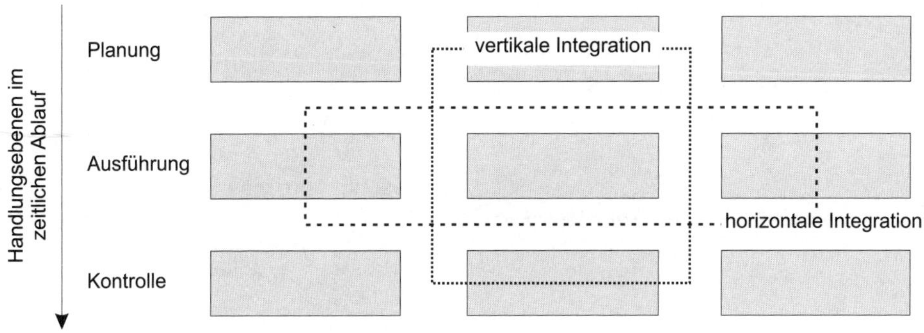

Bild 2.28 Abgrenzung zwischen vertikaler und horizontaler Aufgabenintegration

Integration bedeutet in diesem Zusammenhang immer Zusammenlegen von Aufgaben, die früher an getrennten Stellen ausgeführt wurden, an einem Arbeitsplatz oder in einer Arbeitsgruppe. Dadurch werden wiederum Schnittstellen abgebaut und Qualitätsprobleme eliminiert – bei einer im Allgemeinen drastischen Verkürzung von Durchlaufzeiten. Grundlage dieser Art der Funktionsintegration ist im Allgemeinen der Einsatz von/bzw. die Unterstützung durch intelligente DV-Systeme und entsprechende Softwarepakete.

Eine Prozessorientierung im Sinne einer Kunden-Lieferanten-Beziehung kann natürlich auch in der internen und externen Supply Chain realisiert.

Ähnliche Gestaltungskonzepte lassen sich auch für Projekte im Sinne prozessorientierter Projektgruppen realisieren, z. B. im Rahmen des Simultaneous Engineering.[87] Das heißt, für die Dauer des Entwicklungsprozesses arbeiten Vertreter aller relevanten Abteilungen und ggf. auch Lieferanten (z. B. Betriebsmittelhersteller) und Kunden (z. B. beim Rapid Prototyping) in einer Projektgruppe zusammen. Die Wirksamkeit dieser Zusammenarbeit ist sehr wesentlich von den Kompetenzen des Projektleiters abhängig.

Diesen Zusammenhang gibt sehr global **Bild 2.29** wieder:

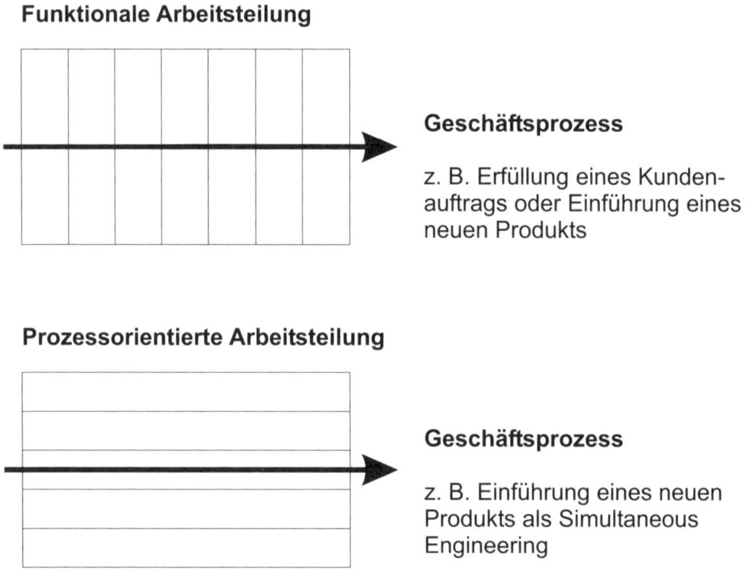

Bild 2.29 Funktionale und prozessorientierte Arbeitsteilung

Schließlich geht es nicht nur um die Veränderung von Arbeitsinhalten und Kompetenzen, sondern auch – und vielleicht vor allem – um die Veränderung von Einstellungen und Verhalten auf allen Ebenen einer Organisation: Kundenorientierung – um das obige Beispiel aufzugreifen – kann man nicht ausschließlich durch strukturelle Veränderungen erzielen, es bedarf auch einer Veränderung des Denkens (z. B. Denken in „Kundennutzen"). Aber auch die Idee einer kontinuierlichen Verbesserung in einer „schuldfreien Atmosphäre" ist bei weitem noch kein Allgemeingut. Gemeinsam mit Mitarbeitern zu besseren Ergebnissen zu gelangen setzt genauso eine veränderte Einstellung voraus wie z. B. die Überwindung des „Not-Invented-Here"-Syndroms.

Zusammenfassend lassen sich für Teilkriterium 3a als mögliche Ansatzpunkte festhalten:[88]

- Die Personalpolitik, -strategien und -planung entwickeln;
- Mitarbeiter und deren Vertretungen an der Entwicklung der Personalpolitik, -strategien und -planung beteiligen;
- die Personalplanung mit der Politik und Strategie, der Aufbauorganisation und dem Netzwerk der Schlüsselprozesse verzahnen;
- die Personalbeschaffung, Karriereentwicklung und Nachfolgeplanung managen;
- bei allen Aspekten der Beschäftigung Fairness fördern und sicherstellen, einschließlich Vorgehensweisen, Strategien und Plänen zur Chancengleichheit;
- Mitarbeiterumfragen und andere Formen von Mitarbeiterrückmeldungen zur Verbesserung von Personalpolitik, -strategie und -planung nutzen;
- innovative Organisationsmethoden zur Verbesserung der Arbeitsweise verwenden, z. B. Restrukturierung der Lieferkette und flexible Teamarbeit.

Beispiel 2.39 Texas Instruments

"Es gibt in der Industrie heute vermutlich keine größere Verschwendung als jene, dass bereitwillige Mitarbeiter durch unsensible Führungskräfte davon abgehalten werden, ihre Energien und Ambitionen im Interesse der Firma, für welche sie arbeiten, einzusetzen."

Pat Haggerty
TI Management Philosophies and Practices - 1965

*

"Wir hier bei TI sehen es als Führungsverpflichtung an, Bedingungen zu schaffen, welche den menschlichen Geist erweitern durch die Möglichkeiten, an einem erstrebenswerten Unterfangen teilzuhaben."

Pat Haggerty
TI Management Philosophies and Practices - 1965

Bild 2.30 Werte und Prinzipien der Mitarbeiterführung bei Texas Instruments[89]

Beispiel 2.40 TNT

Bild 2.31 Human Resource Strategy and the Strategic Plan bei TNT United Kingdom[90]

Beispiel 2.41 Bertelsmann

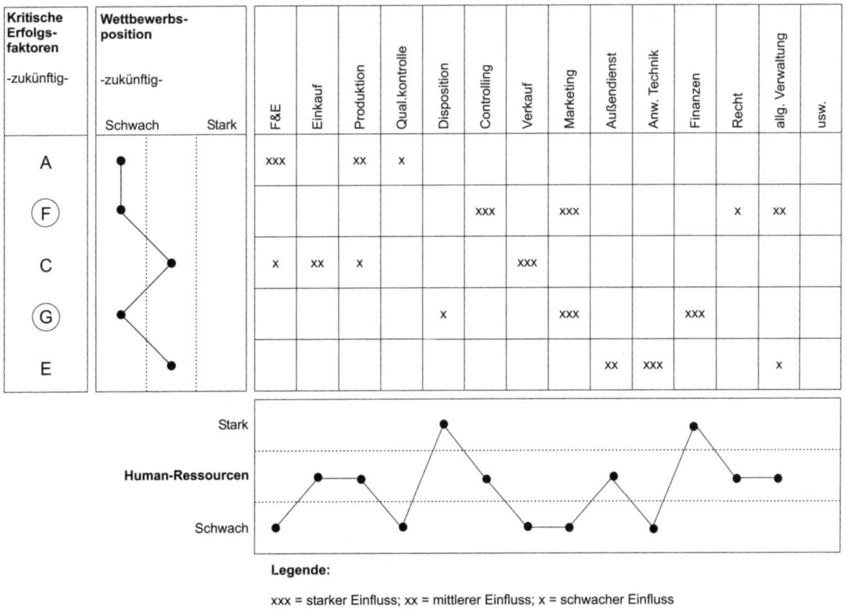

Bild 2.32 Analyse der Bedeutung der Humanressourcen für die Wettbewerbssituation[91]

Beispiel 2.42 Beksa

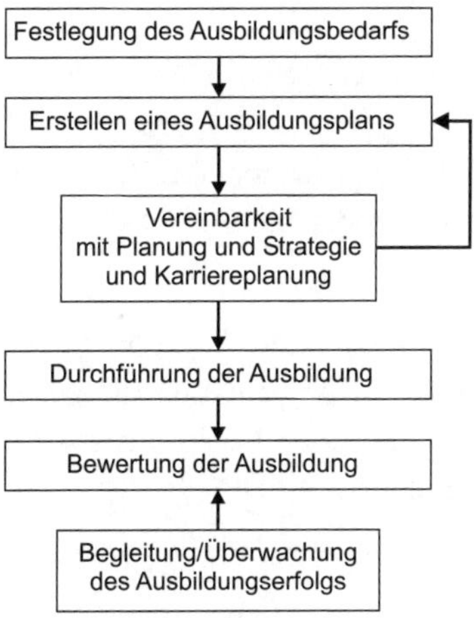

Bild 2.33 Training Process[92]

Beispiel 2.43 Yellow Pages

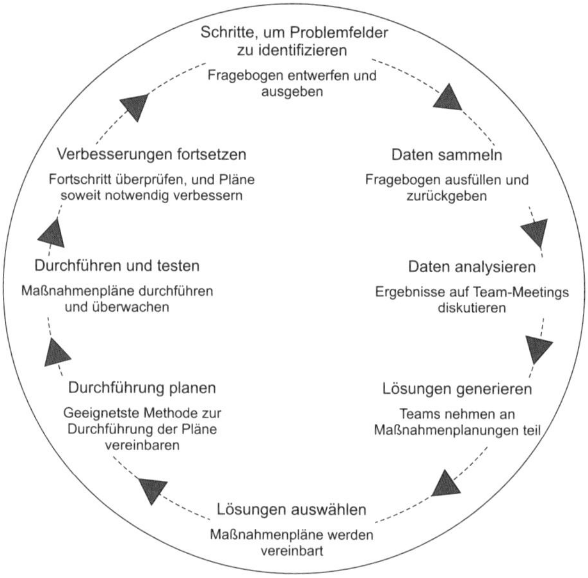

Bild 2.34 Employee Satisfaction Closed Loop Policy[93]

3b: Das Wissen und die Kompetenzen der Mitarbeiter werden ermittelt, ausgebaut und aufrechterhalten.

Wenn man davon ausgeht, dass „Excellence" nur durch Menschen erreicht werden kann, dann muss es ein Anliegen jeder Unternehmensleitung sein, das „Humankapital" seiner Mitarbeiter ständig auszubauen. Daher sollen durch bessere Konzepte und Instrumente fachliche, methodische und soziale Kompetenzen für bessere Problemlösungen entwickelt werden.

Dies beinhaltet zunächst, das Wissen und die Kompetenzen der Mitarbeiter zu ermitteln und zu bewerten. Der Bewertung müssen die gegenwärtigen und zukünftigen Bedürfnisse der Organisation zugrunde liegen. Daraus sind entsprechende Konzepte der Personalentwicklung abzuleiten.

Den Ausgangspunkt bildet somit eine systematische Schulungsbedarfsermittlung. Die Qualifikation der Mitarbeiter muss mit den jeweiligen, ggf. in Bezug auf Prozessorientierung und Flexibilität veränderten Anforderungen abgeglichen werden. Aus dieser Gegenüberstellung wird ein Aus- und Weiterbildungsbedarf sichtbar, der in einen individuellen Schulungsplan münden muss. Bezüglich der zukünftigen Bedürfnisse der Organisation entsteht ein unmittelbarer Zusammenhang zu Politik und Strategie. Welche quantitative und qualitative Entwicklung wird die Organisation nehmen, welche „Stellenbeschreibungen" lassen sich daraus für die Zukunft ableiten und welche Anforderungen ergeben sich daraus für die jeweiligen Aufgaben- bzw. Funktionsträger?

Tabelle 2.3 Beispiel für eine qualitative Personalplanung (analog für methodische und soziale Kompetenz)

Anzahl Mitarbeiter			**Fachliche Kompetenz**									
			hoch (z. B. Universitätsabsolventen)						Niedrig (z. B. Angelernte)			
Anzahl Mitarbeiter			5		4		3		2		1	
Alter	Soll	Ist	Soll	Ist	Soll	Ist	Soll	Ist	Soll	Ist	Soll	Ist
< 25	23	18	11	2	5	4	3	8	2	2	2	2
25–29	18	21	9	10	4	3	4	5	1	3	0	0
30–34	25	26	6	11	7	10	4	0	5	2	3	3
35–39	30	35	12	12	10	12	2	3	2	6	4	2
40–44	37	41	13	10	15	17	3	4	5	7	1	3
45–49	40	38	18	6	7	15	6	11	6	1	3	5
50–54	35	40	15	26	10	11	3	3	4	0	3	0
55–59	25	32	10	5	11	19	2	6	2	0	0	2
≥ 60	17	24	5	11	4	4	4	8	3	1	1	0
Summe	250	275	99	93	73	95	31	48	30	22	17	17

Dabei muss nicht nur die natürliche Fluktuation berücksichtigt werden, sondern auch die demografische Entwicklung in der Organisation. Auch Erkenntnisse über strukturelle Veränderungen der Aufbau- und Ablauforganisation wären hilfreich. Da diese nicht ohne Schwierigkeiten vorherzusehen sind, bleibt ein nicht unerheblicher Unsicherheitsfaktor.

Dies gilt jedoch nicht nur für die Nachfrageseite, d. h. für den Bedarf des Unternehmens an qualifizierten Fachkräften, sondern gleichermaßen für die Angebotsseite, d. h. für die Verfügbarkeit entsprechenden Personals. Die Schulungs- und Ausbildungsplanung darf sich demzufolge nicht nur am prognostizierten Bedarf orientieren, sondern muss auch die (angenommene) Entwicklungsfähigkeit des einzelnen Mitarbeiters berücksichtigen. Dieses Problem ist bislang nicht hinreichend gelöst. Meist stützt sich die Potenzialeinschätzung in der Praxis nicht auf ein fundiertes

Verfahren, sondern auf das Erfahrungswissen und die Intuition der jeweiligen Vorgesetzten. Ziel muss jedoch sein, auch hier ein nachvollziehbares und systematisches Vorgehen zu entwickeln.

Aus Sicht des Unternehmens bedeutet Personalentwicklung Aus- und Weiterbildung mit dem Ziel, die Lücke zwischen Ist- und Soll-Zustand im Rahmen der qualitativen Personalplanung zu schließen. Aus Sicht des einzelnen Mitarbeiters entsteht dadurch auch die Grundlage für eine Karriereplanung. Dabei wird in der Regel zwischen einer Führungsnachwuchskräfteplanung und einer allgemeinen Personalentwicklungsplanung unterschieden, die z. B. auf jährlichen Beurteilungsgesprächen basiert.

Auch die Personalbeschaffung muss sich in dieses Konzept einfügen. Ein Unternehmen muss sicherstellen, dass neu eingestellte Mitarbeiter den Anforderungen der zu besetzenden Stelle gerecht werden können und auch durch aus der langfristigen Planung erkennbare Veränderungen nicht überfordert werden. Selbstverständlich bleibt das Risiko von Fehlbesetzungen bestehen. Es sollte jedoch durch systematisches Vorgehen, das mit der Ableitung eines Qualifikationsprofils aus der Stellenbeschreibung beginnt, weitgehend reduziert werden. Die Wichtigkeit dieser Forderung wird deutlich, wenn man sich die hohen Kosten vor Augen führt, die die Einstellung eines unzureichend oder falsch qualifizierten Mitarbeiters verursacht, selbst wenn der Fehler innerhalb der Probezeit sichtbar wird und zu einer (frühzeitigen) Trennung führt.

Wenn Teamarbeit und Mitarbeiterbeteiligung Kernelemente einer auf Excellence ausgerichteten Personalpolitik sein sollen, müssen Personalentwicklungskonzepte diesem Inhalt eine besondere Bedeutung beimessen. Dies gilt für alle Zielgruppen im Unternehmen (Mitarbeiter und Führungskräfte) und erfordert neben der Qualifikation im Sinne der Vermittlung methodischer und sozialer Kompetenz auch entsprechende strukturelle Rahmenbedingungen, die ein entsprechendes Verhalten (wenn die Kompetenz dafür erworben wurde) als lohnend erscheinen lassen. Die Anzahl der Teams bzw. der zeitliche Aufwand für Teamarbeit sind ein erstes, aber nur oberflächliches Indiz dafür, inwieweit diese Form der Zusammenarbeit sich durchgesetzt hat. Diese rein quantitative Messung muss durch eine qualitative, ergebnisorientierte ergänzt werden.

Ein weiterer, methodischer Aspekt bezieht sich auf die Frage der Lernsituation: Diese kann sich auf eine einzelne Person beziehen oder eine arbeitsnahe Lerngruppe, z. B. bei einer Produkt- oder Prozessinnovation.[94] Lernen kann jedoch auch die ganze Organisation einbeziehen. Die Durchführung, Auswertung und Umsetzung einer

Selbstbewertung auf der Grundlage von Excellence-Modellen liefert dazu eine hervorragende Gelegenheit.

Aus- und Weiterbildung sowie individuelles Lernen spielen sich jedoch nicht nur im formalen Rahmen von Schulungen und Lehrgängen ab. Ebenso wichtig ist das Erfahrungslernen in der betrieblichen Praxis. Auch hier sind geeignete Rahmenbedingungen zu schaffen. Mitarbeiter müssen den Freiraum erhalten, um eigene Erfahrungen sammeln zu können. Dies erfordert zum einen die Einräumung von Handlungs- und Entscheidungsspielräumen, zum andern aber auch eine Kultur des konstruktiven Umgangs mit Fehlern. Dabei darf nicht die Schuldzuweisung im Mittelpunkt stehen, stattdessen sind Fehler als unabdingbare Folge individuellen Lernens und somit auch als Erkenntnisquelle zu verstehen und zu behandeln. Damit soll nicht Verantwortungslosigkeit propagiert werden, sondern Akzeptanz von Fehlern als Ergebnis menschlichen Handelns.

Neben der Frage nach der Existenz eines zielgruppenspezifischen und problemorientierten Personalentwicklungskonzeptes stellt sich jene nach dessen Wirksamkeit und deren Überprüfung. Die Notwendigkeit dafür ergibt sich nicht nur aus unmittelbaren wirtschaftlichen Gründen, sondern auch aus mittelbaren: Überqualifizierung oder allgemeine Qualifizierung, die nicht umgesetzt werden kann, führt häufig zu Unzufriedenheit und verhindert daher eher Motivation, als sie zu wecken.

Die Ernsthaftigkeit von Personalentwicklungsmaßnahmen lässt sich zum einen am Budget und dessen Veränderung (insbesondere in wirtschaftlich schlechteren Zeiten) erkennen und zum anderen am persönlichen Engagement nicht nur der Fachabteilung, sondern auch der Linienführungskräfte.

Beispiel 2.44 Hewlett-Packard

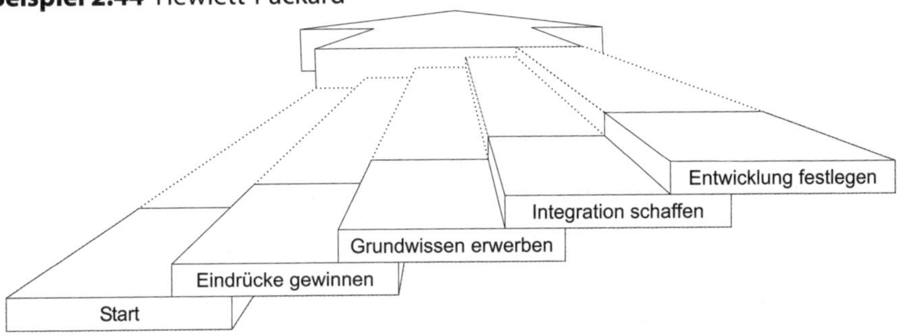

Bild 2.35 Integration neuer Mitarbeiter bei Hewlett-Packard[95]

1. Start (vor Eintritt bis 1. Tag):
   Erhalt der notwendigen Informationen, um einen angenehmen Übergang in die HP-Gemeinschaft und die neue Arbeitsumgebung zu ermöglichen.
2. Eindrücke gewinnen (1. Monat):
   Eindrücke über Erwartungen des direkten Vorgesetzten, Zweck und Zielrichtung des Bereichs sowie Beziehungen zum Gesamtunternehmen.
3. Grundwissen erwerben (2. bis 3. Monat):
   Grundwissen über Zweck und Zielrichtung des Unternehmens, grober Überblick über Philosophie und wesentliche Prozesse bei HP.
4. Integration schaffen (4. bis 6. Monat):
   Vertieftes Verständnis der Philosophie und Prozesse bei HP sowie Integration der eigenen Rolle in diese, Verstehen des Leistungsbeurteilungsprozesses und der Mitwirkungsmöglichkeiten am individuellen Entwicklungsplan.
5. Weitere Entwicklung festlegen (7. bis 12. Monat):
   Erlangen von Wissen über Erfahrungen mit und Zugangsmöglichkeiten zu Ressourcen, die für eine kontinuierliche Entwicklung und Qualifizierung notwendig sind.

Methoden:
Workshops, Übungen, Checklisten, Leistungsfeedback, Informationsmaterial, (strukturierte und informelle) Gespräche mit Vorgesetzten und Kollegen.

Beispiel 2.45 BOC Special Gases

Kompetenzanalyse bei BOC Special Gases als Element einer qualitativen Personalplanung[96]

- Prämisse:

Leistungsstarke Mitarbeiter besitzen „überlegene" Verhaltensweisen und bestimmte Kompetenzen (insbesondere Sozialkompetenzen).

- Ziele:

- Modell des „überlegenen" Verhaltens erarbeiten,
- Überblick über die Fähigkeiten und das Verhalten bei der „besseren" Ausführung einer Tätigkeit,
- „Kernkompetenzen" der Mitarbeiter herausarbeiten.

- Vorgehensweise:

- 1. Beurteilung aller Mitarbeiter des Geschäftsbereichs nach formalen Kriterien (zwei Zielgruppen unterschiedlicher Leistung).
- 2. Durchführung von Behavioural Event-Interviews mit diesen beiden Zielgruppen (Beschreibung der Art der Tätigkeitsausführung).

- 3. Objektive Auswertung der gewonnenen Informationen mit der Arbeitskompetenz-Analyse.
- 4. Herausarbeitung der entscheidenden Kompetenzen durch Vergleich der besseren mit den durchschnittlichen Mitarbeitern.
- 5. Detaillierte Überprüfung der für die einzelnen Tätigkeitsarten ermittelten Kompetenzmodelle und Erstellung darauf aufbauender allgemein gültiger Stellenbeschreibungen.

• Einsatzfelder für Ergebnisse:

- Personalplanung und -entwicklung durch Vergleich der Ist- mit den Soll-Kompetenzen der Mitarbeiter.
- Leistungsbeurteilung, Entgeltfindung.

Beispiel 2.46 AUBI

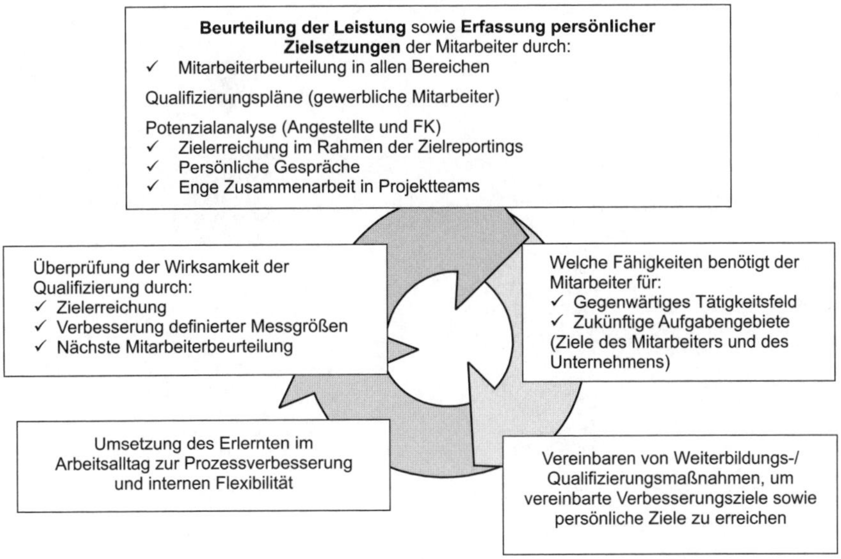

Bild 2.36 Systematische Identifikation und Klassifikation der Fähigkeiten bei AUBI[97]

Beispiel 2.47 Granite Rock

IPDP bei Granite Rock (Individual Professional Development Plan)[98]

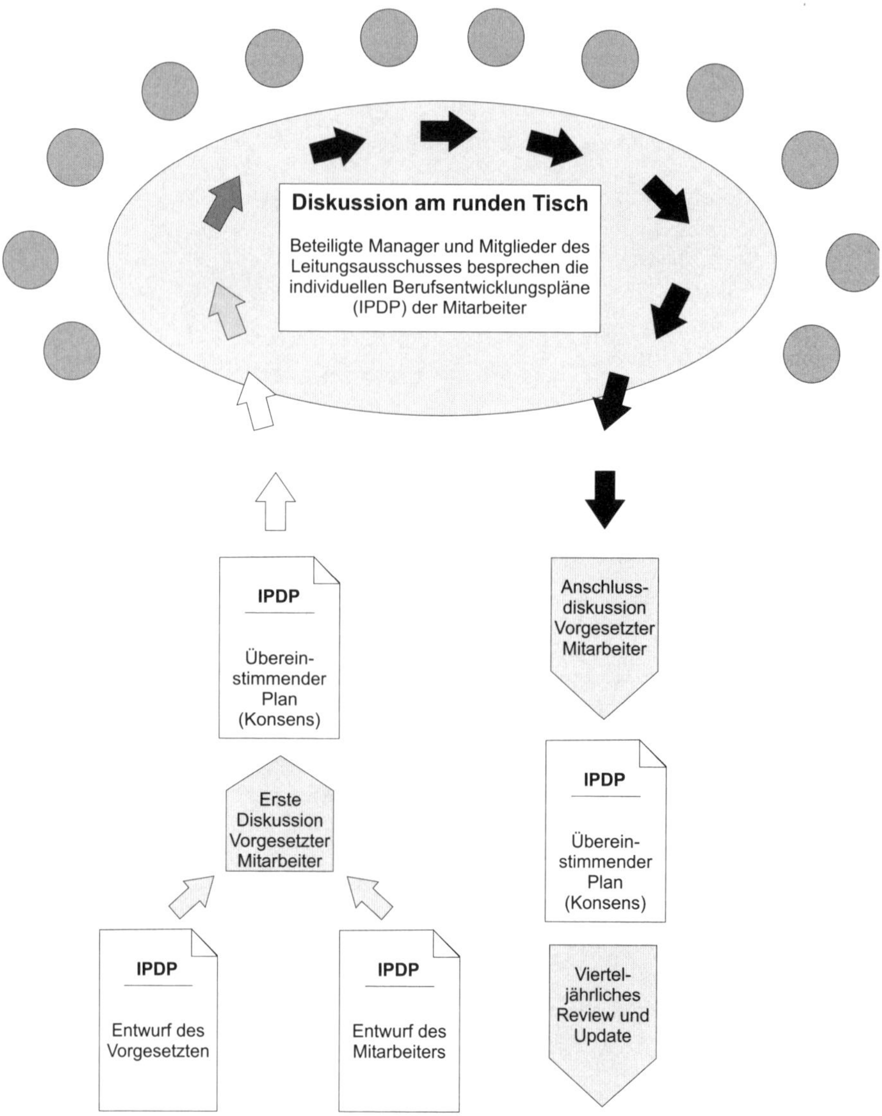

Bild 2.37 Individuelle Personalentwicklung bei Granite Rock

- Grundsätze:

- Jedem Mitarbeiter steht grundsätzlich jede Position im Unternehmen offen.
- Jeder Mitarbeiter kann an Seminaren und Weiterbildungsveranstaltungen zu allen Funktionsbereichen innerhalb des Unternehmens teilnehmen.
- Keine (Über-)Betonung bisheriger Leistungen, sondern Zukunftsorientierung.
- Die Erstellung eines IPDP ist freiwillig.

- Ziele:

- Integration der Vorstellungen des Unternehmens und der Vorstellungen der Mitarbeiter.
- Übereinstimmung von Unternehmensplänen (z. B. Geschäftsergebnisse, Qualität) und Personalentwicklung.
- Basis für Ermittlung des Schulungsbedarfs.

Beispiel 2.48 Texas Instruments

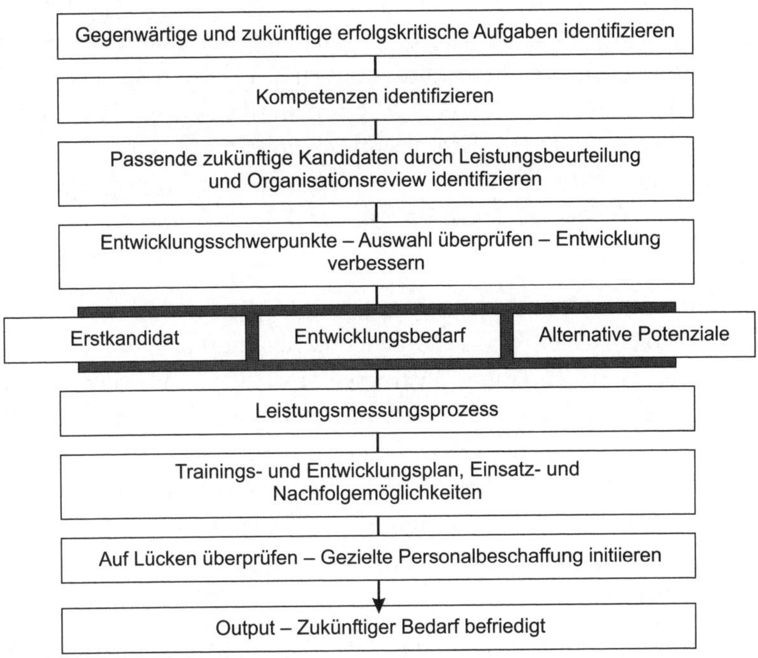

Bild 2.38 Leadership Development Process[99]

Wie im Zusammenhang mit dem Kriterium Politik und Strategie schon erörtert, ist das Entfalten der Unternehmensziele bis auf die Ebene von Teams und einzelnen Mitarbeitern ein wichtiges Element, um den Excellence-Gedanken in die Organisation zu tragen. Es ist daher sicherzustellen, dass einerseits Unternehmensziele funktional stringent heruntergebrochen bzw. entfaltet und andererseits kundenorientierte – und damit im Allgemeinen cross-funktionale – Ziele nicht vernachlässigt werden.

Diese Überlegung führt zu den Schwächen „älterer" Konzepte, wie z. B. Management by Objectives, bei denen in der Praxis eine funktionale Orientierung dominiert, während andere Aspekte eher implizit eingehen und die Lösung entstehender Zielkonflikte nicht thematisiert wird.

Die Übereinstimmung von Individual- und Gruppenzielen mit den Unternehmenszielen hängt einerseits vom Zielbildungs*prozess* ab, der formal Deckungsgleichheit sicherstellt, und andererseits von der Frage, ob es sich tatsächlich um eine Ziel*vereinbarung* handelt, die den Partnern erlaubt, auch eigene Vorstellungen einzubringen. Konzepte der Zielvereinbarung auf der Individualebene sind nur dann effizient, wenn ein System regelmäßiger Rückmeldungen funktioniert und Zielabweichungen zu Konsequenzen führen. Diese können u. a. darin bestehen, dass die „qualifikatorischen Voraussetzungen" nachgebessert werden – also eine direkte Verbindung zu den oben diskutierten Personalentwicklungskomponenten besteht. Darüber hinaus ist auch für funktionale und cross-funktionale Zielvereinbarungen ein Review-Prozess erforderlich, der auch die Arbeit von Projekt- oder Verbesserungsteams einbeziehen muss.

Eine spezifische Form des Reviews, die schon im so genannten Harzburger Modell[100] eine wichtige Rolle spielte, sind Mitarbeiterbeurteilungskonzepte. Dabei ist es von besonderer Bedeutung, dass dieses Instrument als Führungsinstrument genutzt und nicht als lästige Pflichtübung verstanden wird. Dies setzt in aller Regel ein entsprechendes Training der Führungskräfte voraus, was sich einerseits auf die Durchführung der Bewertung und die damit verknüpften Fehlermöglichkeiten bezieht, und sich andererseits auf die Durchführung des „Feedback-Gespräches" konzentriert. Kritik muss dabei immer konstruktiv sein, d. h. Rahmenbedingungen schaffen, um Leistung zu verbessern.

Das Review muss sich aber auch auf die Ziele beziehen: Waren diese erreichbar und damit realistisch? Waren sie messbar – und damit ihr Erreichen nachvollziehbar? Wurden die entsprechenden Ressourcen und Kompetenzen zur Verfügung gestellt? Welche Motivation war mit dem Erreichen der Ziele verknüpft?

Zusammenfassend lassen sich für Teilkriterium 3b als mögliche Ansatzpunkte festhalten:[101]

- Das Wissen und die Kompetenzen der Mitarbeiter ermitteln, klassifizieren und mit den Bedürfnissen der Organisation in Einklang bringen;
- Schulungs- und Entwicklungspläne erstellen und zum Einsatz bringen, um sicherzustellen, dass die Mitarbeiter die gegenwärtigen und zukünftigen Anforderungen der Organisation erfüllen;
- alle Mitarbeiter zur Unterstützung der Realisierung und Ausschöpfung ihres gesamten Potenzials entwickeln, trainieren und coachen;
- Lernmöglichkeiten für den Einzelnen, Teams und die Organisation entwickeln und fördern;
- Mitarbeiter über Arbeitserfahrung weiterentwickeln;
- Fähigkeiten zur Teamarbeit entwickeln;
- die Ziele von Einzelnen und Teams mit den Zielen der Organisation in Einklang bringen;
- die Ziele von Einzelnen und Teams bewerten und aktualisieren;
- Mitarbeiter beurteilen und bei der Verbesserung ihrer Leistung unterstützen.

Beispiel 2.49 AUBI

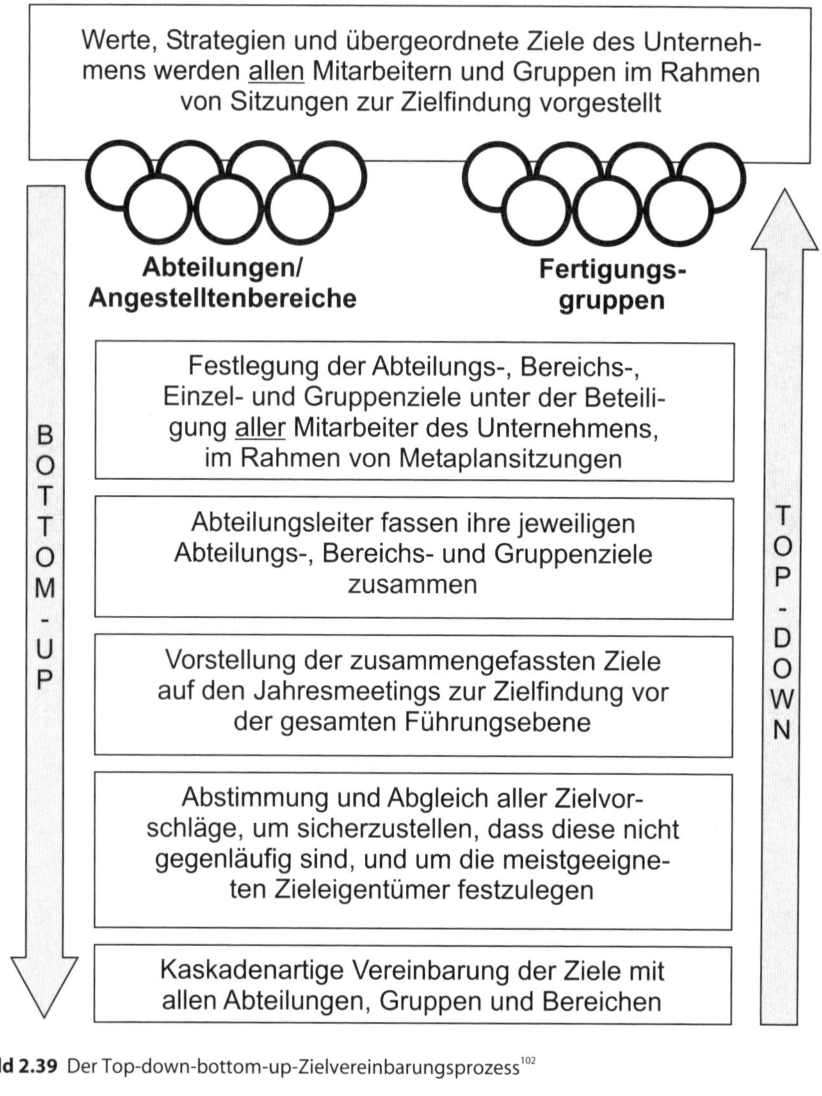

Bild 2.39 Der Top-down-bottom-up-Zielvereinbarungsprozess[102]

Beispiel 2.50 Hewlett-Packard

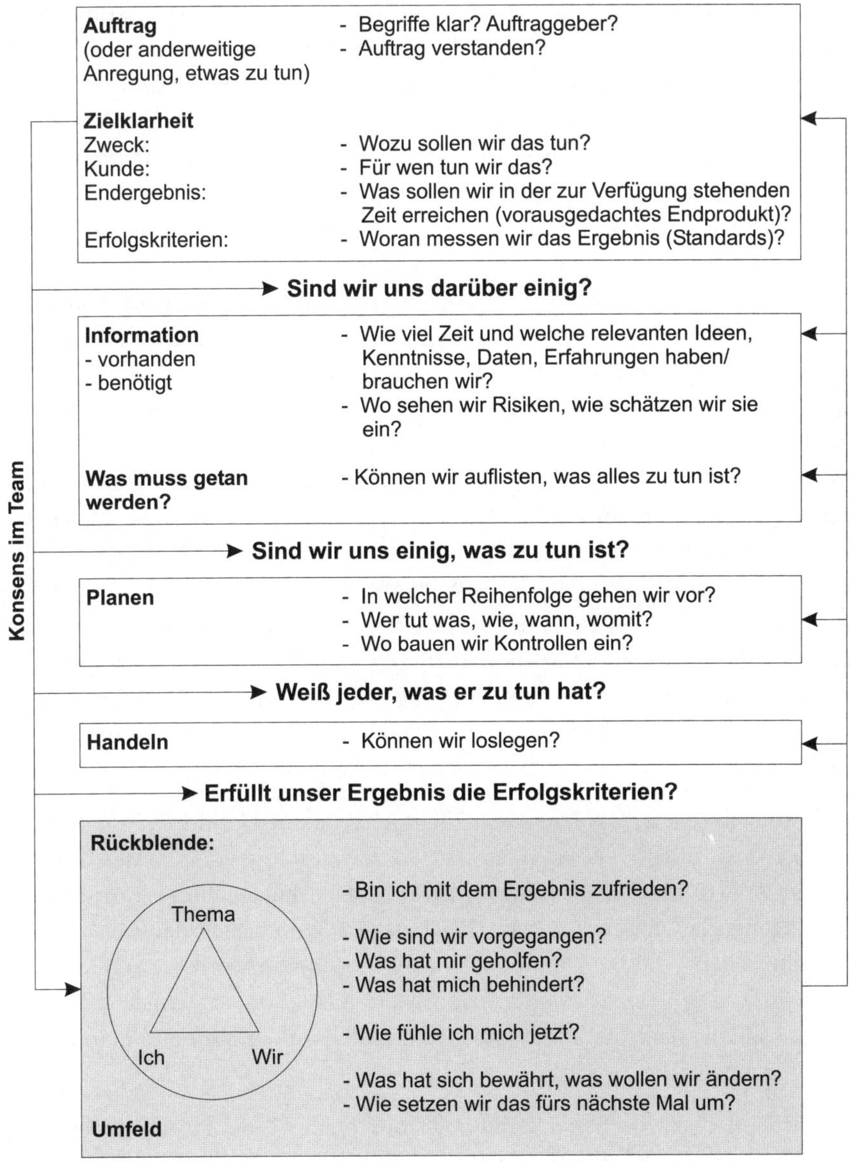

Bild 2.40 Handlungsanleitung zum „Zielorientierten Arbeiten in Teams"[103]

3c: Mitarbeiter werden beteiligt und zu selbständigem Handeln ermächtigt.

Die Beteiligung an kontinuierlicher Verbesserung ist kein Selbstläufer und erfordert daher geeignete Rahmenbedingungen. Dies gilt umso mehr, als es über Jahrzehnte industrielle Tradition war, Problemlösungen eher Spezialisten und/oder Fachabteilungen zu übertragen. Darüber hinaus besteht das prinzipielle Problem, dass insbesondere Führungskräfte Verbesserungsvorschläge als Kritik interpretieren oder als Nachweis ihres eigenen Untätigseins. Insofern bedarf es einer Veränderung der Führungs- und Unternehmenskultur, die den Mitarbeitern verdeutlicht, dass kontinuierliche Verbesserung (wieder) zu ihren Aufgaben gehört und dass dies zu positiven und nicht zu negativen Konsequenzen führt. Wenn Excellence-Modelle sich jedoch auf die Vision kompetenter und engagierter Mitarbeiter stützen, die ihr Erfahrungswissen zur kontinuierlichen Verbesserung beitragen, muss ein Unternehmen seinen Mitarbeitern entsprechende Handlungs- und Entscheidungsspielräume einräumen. Die gewünschte Selbständigkeit und Eigenverantwortung wird sich in vielen Fällen nicht von heute auf morgen realisieren lassen, da ein solches Verhalten in der Vergangenheit meist nicht erwünscht war. Es ist daher notwendig, zunächst ein Vertrauen in die neue „Freiheit“ aufzubauen, was Zeit benötigt. Wichtig ist in diesem Kontext auch, dass die Mitarbeiter die neue Situation (be)greifbar erfahren können. Dazu eignen sich z. B. Pilotprojekte mit neuen Formen der Arbeitsorganisation. Dies erfordert wiederum – wie oben schon erwähnt – Qualifizierung, aber z. B. auch eine Garantie der Entlohnung für einen Experimentierzeitraum (z. B. für die Dauer der Pilotphase den Durchschnitt der letzten sechs Monate). Die Gefahr finanzieller Einbußen in neuen Situationen wird eher demotivierend wirken.

Deshalb ist auch eine entsprechende „Öffentlichkeitsarbeit“ bei jeder sich bietenden Gelegenheit erforderlich. Dies können Betriebsversammlungen sein oder Abteilungstreffen aus Anlass von Feiern. Wichtig ist, dass das Management die Aufforderung zur Beteiligung glaubhaft vermittelt. Dies lässt sich am ehesten dadurch vermitteln, dass Spielregeln für die Beteiligung entwickelt und dokumentiert werden. Dadurch wird die Erfüllung von Beteiligungswünschen nicht von einzelnen Vorgesetzten abhängig, sondern die Mitarbeiter haben – im Rahmen der definierten Spielregeln – einen Anspruch darauf.

Die Motivation der Mitarbeiter kann auch durch die Unterstützung ihres Engagements außerhalb der Organisation, z. B. im Rahmen von Gemeindeprojekten oder in Sozialeinrichtungen, gefördert werden. Beispiele dieser Art sind auch in Deutschland unter dem Begriff „Corporate Volunteering“ bekannt geworden.

Engagement für Verbesserungen, Innovation und Kreativität setzt natürlich zunächst voraus, dass entsprechende Gelegenheiten für ein solches Verhalten geschaffen werden. Dazu bieten sich prinzipiell alle Formen der Mitarbeiterbeteiligung an, wie sie **Tabelle 2.4** zeigt:

Tabelle 2.4 Formen der Mitarbeiterbeteiligung im Rahmen von TQM-Konzepten

Formen der Mitarbeiterbeteiligung	Aufgaben	Mitwirkende/Zusammensetzung	Zeitliche Befristung
Betriebliches Vorschlagswesen	Lösung frei gewählter Probleme (ggf. nur außerhalb des eigenen Arbeitsbereichs)	Für alle Mitarbeiter möglich (u. U. auch in Gruppen)	Keine zeitliche Befristung
Qualitätsgespräche (ggf. auch als Lerngruppe)	Diskussion aktueller Qualitätsfragen, Analyse beispielhafter Kunden-Lieferanten-Beziehungen	Vorgesetzter und die ihm direkt unterstellten Mitarbeiter	Keine zeitliche Befristung
Qualitätszirkel/ KVP-Gruppen	Mitwirken an der Lösung frei gewählter Problemstellungen (i. A. des eigenen Arbeitsbereichs)	Mitarbeiter der ausführenden Ebene eines Arbeitsbereichs auf freiwilliger Basis	Keine zeitliche Befristung
Task-Force-Gruppen/ Projektgruppen	Lösung konkreter, vorgegebener Problemstellungen, Analyse bereichsübergreifender Prozesse	Mitarbeiter aus unterschiedlichen Arbeitsbereichen und Hierarchieebenen, nach fachlichen Gesichtspunkten zusammengesetzt	Auflösung der Gruppe nach Abschluss der Aufgabe
Teilautonome Arbeitsgruppen	Zusammenarbeit bei einer definierten Aufgabe, Einfluss auf Arbeitsverteilung und -inhalt	Nach fachlichen Gesichtspunkten zusammengesetzt, u. U. Mitwirkung bei der Auswahl	Keine zeitliche Befristung

Die Ernsthaftigkeit der Aufforderung zur Beteiligung zeigt sich schnell im betrieblichen Alltag, z. B. dadurch, dass die Mitarbeiter die Zeit erhalten, um an Problemlösungsgruppen teilzunehmen, und dass Formen der Zusammenarbeit, die eine entsprechende Mitwirkung und Mitbestimmung am Arbeitsplatz ermöglichen (wie teilautonome Arbeitsgruppen), gefördert werden. Es erscheint daher notwendig,

Führungskräften zu vermitteln, wie sie solche Rahmenbedingungen gestalten sollten, damit Mitarbeiter tatsächlich in die Lage versetzt werden, sich einzubringen.

Die Mitwirkung Einzelner an der kontinuierlichen Verbesserung sollte durch eine Weiterentwicklung des bestehenden betrieblichen Vorschlagswesens verstärkt werden. Dabei geht es insbesondere um den Abbau langwieriger und wenig transparenter Beurteilungsverfahren, die oft mehr Aufwand verursachen als die eigentliche Prämie. Hier sollten Systeme zum Einsatz kommen, die zeitnah und vor Ort anwendbar sind und den Zusammenhang zwischen (zusätzlicher) Leistung und Belohnung klar machen. Die Belohnung - auch für erfolgreiche Gruppenarbeit - braucht nicht immer materieller Art zu sein. Öffentliche Anerkennungsmaßnahmen und die Integration von Erfolgsberichten in „reguläre" Besprechungen tragen zur Belohnung bei.

Beispiel 2.51 IBM

Die besten Wege zur Verbesserung der Qualität - Bedeutung der Beteiligung der Mitarbeiter an der kontinuierlichen Qualitätsverbesserung (Mehrfachnennung möglich):[104]

• Beteiligung der Mitarbeiter	76 %
• Verbesserung der Kommunikation mit den Kunden	33 %
• Qualitätsbezogenes Training	26 %
• Qualitätsförderungsmaßnahmen	18 %
• Verbesserung der Beziehungen zu den Lieferanten	16 %
• Aufgabenübergreifende Qualifizierung der Mitarbeiter	13 %
• Anwendung statistischer Methoden	12 %
• Automatisierung	7 %

Beispiel 2.52 BMW

Leitsätze zur Lernstatt:[105]

1. Überwindung des Taylorismus
2. Einbeziehung des ganzen Menschen
3. Selbst-Aktivität der Teilnehmer („Hilfe zur Selbsthilfe")
4. Freiraum für die Gruppe (relative Selbststeuerung)
5. Direkte Einbeziehung der Meister als Moderatoren
6. Indirekte Einbeziehung der übrigen Vorgesetzten
7. Gleichgewicht zwischen Themenorientierung, Gruppenaktivität und Individuum
8. Anstreben von ausgereiften Formen des Umgangs miteinander
9. Volle Berücksichtigung der Beziehungsebene im zwischenmenschlichen Verhalten („Störungen haben Vorrang")
10. Arbeiten in zielgruppennahen Arbeitsformen (keine Schule)

11. Arbeiten so nah wie möglich am Arbeitsplatz
12. Ausgiebiger Gebrauch visueller Verständigungsmittel
13. Faire und methodische Austragung und Lösung von Konflikten
14. Transferprinzip:
„Wichtig ist nicht, was man sich vornimmt, sondern was man tut.“

Beispiel 2.53 Ciba-Geigy

CIGENIUS – Dezentrales Vorschlagswesen[106]

- Ablaufplan:

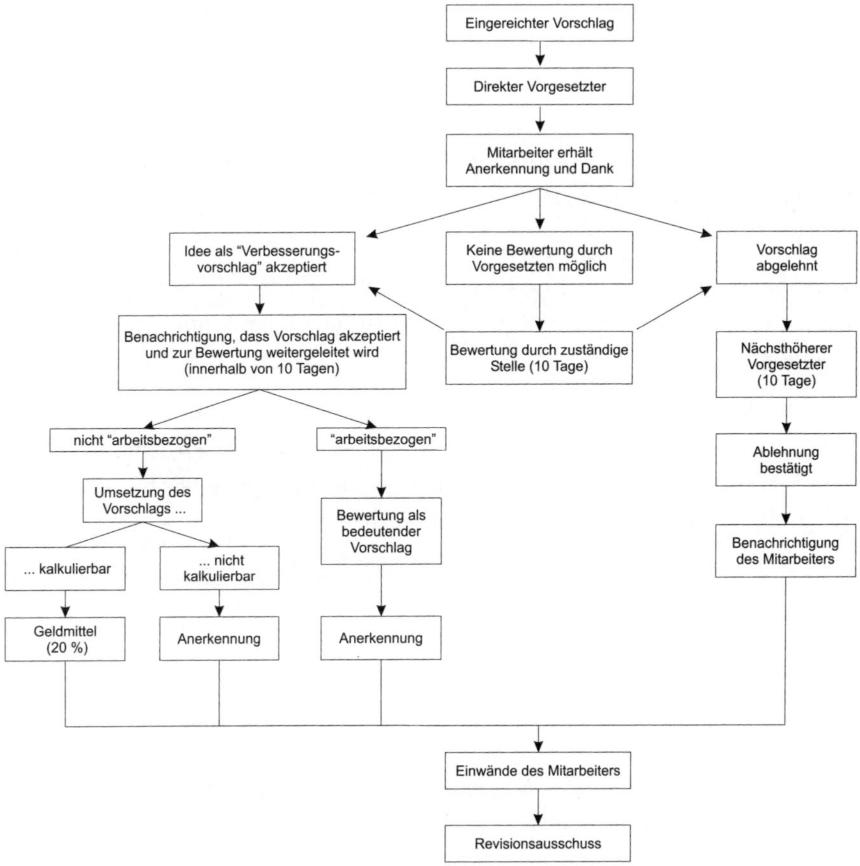

Bild 2.41 Dezentrales Vorschlagswesen bei Ciba-Geigy

- Charakteristika des Vorschlagswesens:

– Vorschläge sind alle formal eingereichten Ideen zur Verbesserung existierender Praktiken und Prozesse, die dem Unternehmen und seinen Mitarbeitern nutzen.
– Vorschläge können von Individuen oder Gruppen eingebracht werden.
– Vorschläge können sich sowohl auf die eigene Arbeit als auch auf andere Bereiche beziehen (Ziel: Erschließung des Expertenwissens vor Ort).
– Prämien können sowohl materiell als auch immateriell sein. Vorschläge, die die eigene Arbeitsaufgabe betreffen und damit in die „Berufspflicht" fallen, werden ausschließlich immateriell prämiert.
– Das Vorschlagswesen ist dezentral organisiert. Jede Anregung geht direkt an den jeweiligen Vorgesetzten, welcher innerhalb von zehn Arbeitstagen dazu Stellung nehmen muss. Ein Dank an den Mitarbeiter ist dabei eine Selbstverständlichkeit („Danke-Kultur"). Bei der Ablehnung eines Vorschlags wird diese von einem höheren Vorgesetzten ebenfalls innerhalb von zehn Arbeitstagen überprüft.

Die Umsetzung der Verbesserungsvorschläge wird oft vereinfacht, wenn hochrangige Führungskräfte eine Promotoren- oder Patenrolle übernehmen.

Die Beantwortung der Frage, inwieweit es gelingt, Mitarbeiter für solche Formen der Zusammenarbeit zu motivieren, hängt wesentlich davon ab, welche Kompetenzen ihnen im Rahmen von Problemlösungsgruppen oder teilautonomen Arbeitsgruppen zugestanden werden.

Wie bei anderen Unternehmensprozessen ist auch die Art und Weise der Mitarbeiterbeteiligung einem regelmäßigen Review, z. B. durch Mitarbeiterbefragung, zu unterziehen und ggf. veränderten Rahmenbedingungen anzupassen. Auch der Vergleich mit Best Practice-Beispielen kann weiterhelfen.

Für die Förderung der Mitarbeiterbeteiligung sollte ein differenziertes Konzept vorliegen, das unterschiedlichen Bedürfnissen (und Erfahrungen) gerecht werden kann. Dies bezieht sich sowohl auf den Umfang der Mitwirkung (vom Hinweis auf ein Problem bis zur Realisierung dessen Lösung) als auch auf die Organisationsform (z. B. Einzel- oder Gruppenarbeit). Eine zunehmende Partizipation der Mitarbeiter an Planungs- und Entscheidungsprozessen und die damit verbundene Autorisierung zu selbstverantwortlichem Handeln wird im angelsächsischen Sprachraum als „People Empowerment" bezeichnet.

Da die Bedürfnisse nach „Empowerment" interindividuell unterschiedlich sein können, spricht vieles für eine Umsetzung über Teamkonzepte. Hierfür sind insbesondere die an früherer Stelle schon angesprochenen Ansätze einer „teilautonomen" Gruppenarbeit geeignet.

Die folgende Abbildung zeigt die Organisation unterschiedlicher Teamkonzepte zur Realisierung eines umfassenden Qualitätsansatzes im Sinne von (Business) Excellence:

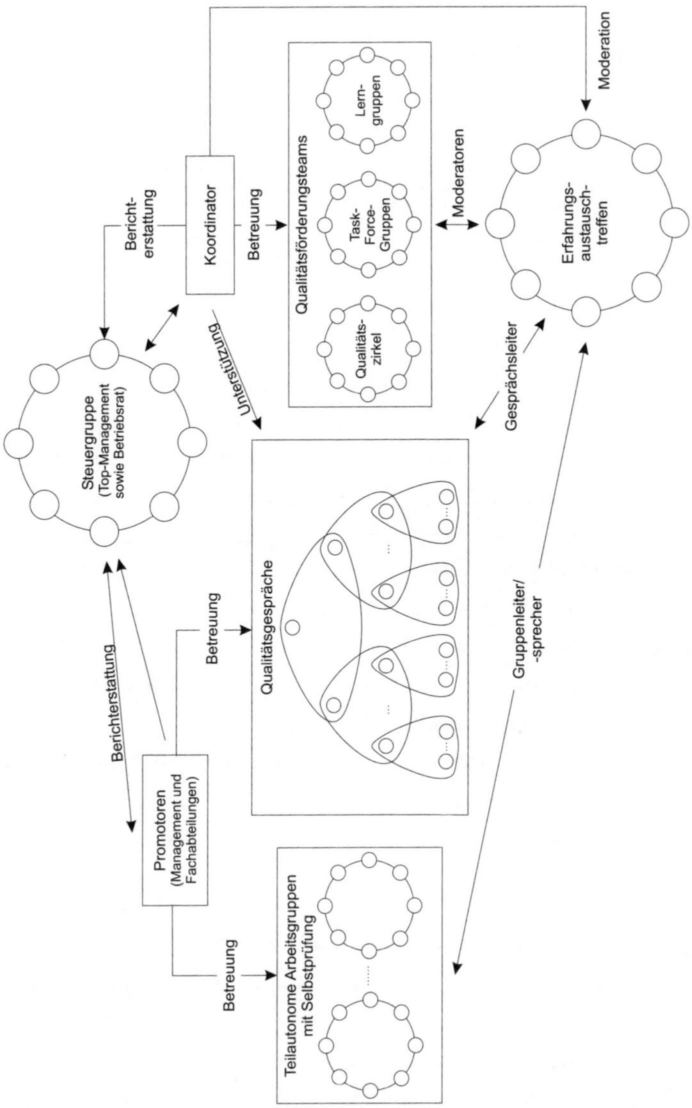

Bild 2.42 Grundstruktur des organisatorischen Aufbaus eines umfassenden Teamkonzeptes[107]

Zusammenfassend lassen sich für Teilkriterium 3c als mögliche Ansatzpunkte festhalten:[108]

- Einzelne und Teams zur Mitwirkung an Verbesserungsaktivitäten ermutigen und dabei unterstützen;
- die Einbindung der Mitarbeiter stärken und fördern, z. B. durch betriebsinterne Veranstaltungen, Betriebsfeiern und Gemeinschaftsprojekte;
- Gelegenheiten zur Förderung der Beteiligung der Mitarbeiter und zur Unterstützung von innovativem und kreativem Verhalten anbieten;
- Führungskräfte zur Entwicklung und Umsetzung von Richtlinien anleiten, die Mitarbeiter zum eigenständigen Handeln ermächtigen;
- Mitarbeiter zur Teamarbeit anregen.

Beispiel 2.54 Ritz-Carlton

People Empowerment:[109]

- Hohe Bedeutung der Mitarbeiter kommt in der Vision zum Ausdruck:
  „We are Ladies and Gentlemen Serving Ladies and Gentlemen."
- Einsatz von Teams auf allen Ebenen des Unternehmens zur Aufstellung von Zielen und Durchführungsplänen.
- Alle Ebenen auf die Vision und die Ziele ausrichten.
- Alle Angestellten anregen, über die täglichen Anforderungen hinauszudenken.
- Förderung der Kommunikation zwischen den verschiedenen Funktionen.
- Gleichzeitiges, integriertes Lösen der Probleme.
- Tätigkeitspläne dürfen keine Unklarheiten bei der Durchführung enthalten.
- Einarbeitung neuer Mitarbeiter durch Trainer und Vorgesetzte:

– „Vorleben" von Vorgehens- und Verhaltensweisen („gold standards and methods"),
– permanente (Lern-)Erfolgskontrolle,
– „Zertifizierung" von neuen Mitarbeitern, wenn alle Anforderungen erfüllt sind,
– Zertifizierungsstandards werden von Teams mit Mitarbeitern der betreffenden Abteilung erarbeitet.

- Kompetenz der Mitarbeiter:
  Jeder Mitarbeiter besitzt Vollmacht, im Falle von Reklamationen bis zu USD 2.000 zur Zufriedenstellung des Kunden auszugeben.

Beispiel 2.55 Robert Bosch

Teamorientierte Produktion (TOP):[110]

- Ziele:
- – Erhöhung der Flexibilität und Wirtschaftlichkeit
- – Erhöhung der Motivation der Mitarbeiter sowie ihrer Identifikation mit der Arbeit

- Grundsätze:
- – Gemeinsame, ganzheitliche Aufgabe für das Produktionsteam
- – Entscheidungskompetenz auf möglichst niedriger Organisationsebene
- – Weniger Schnittstellen zu anderen organisatorischen Einheiten
- – Kontinuierliche Verbesserung als ständige Aufgabe
- – Eindeutige Zielvereinbarungen
- – Umfassende aufgabenrelevante Information und Kommunikation
- – Qualifizierte, flexibel einsetzbare Mitarbeiter

- Teams als Kernelement der TOP:
- – Größe zwischen acht und 15 Mitarbeitern
- – Möglichst hohe Kontinuität hinsichtlich der Zusammensetzung

- Leiter ist ein ernannter Teamführer:
- – Arbeitet produktiv im Team mit
- – Moderiert Teambesprechungen (i. d. R. einmal pro Woche eine Stunde) und Lernstattrunden
- – Führt Maßnahmen zur kontinuierlichen Verbesserung der Prozesse durch
- – Ist Ansprechpartner für teamrelevante Angelegenheiten

- Durchführung:
- – Teams haben eine gemeinsame, inhaltlich abgegrenzte Aufgabe (Fachaufgabe als Schwerpunkt, daneben indirekte Aufgaben und interne Selbstorganisation), besitzen die dafür erforderlichen Ressourcen und Kompetenzen sowie die Ergebnisverantwortung
- – Vorgabe bzw. Vereinbarung teambezogener Ziele, die verständlich, beeinflussbar, erreichbar und vom Team messbar sein müssen:
    - – Termin-, Qualitäts-, Kosten- und Quantitätsziele
    - – Ziele im Rahmen von CIP-Aktivitäten
- – Informationen für das Team (z. B. Stand der Zielerreichung) werden ständig aktualisiert und visualisiert
- – Aufwand für Schnittstellenüberwindung wird durch Angliederung fertigungsnaher indirekter Funktionen an den Produktionsbereich minimiert
- – Selbständige Durchführung des KVP-Prozesses
- – Entlohnung abhängig von der Tätigkeit im Team auf Basis der Arbeitsbewertung; daneben teambezogener Entgeltbestandteil

3d: Die Mitarbeiter und die Organisation führen einen Dialog.

Die in den vorangegangenen Abschnitten dargestellten Veränderungen der Organisation mit neuen Formen der Zusammenarbeit setzen auch alternative Konzepte der Kommunikation voraus.

Dazu sind in einem „kundenorientierten" Ansatz zunächst die Kommunikationsbedürfnisse zu klären. Dabei muss allerdings berücksichtigt werden, dass die Erfahrung z. B. aus Mitarbeiterbefragungen zeigt, dass das Informationsbedürfnis unbegrenzt ist, bzw. umgekehrt formuliert, kaum ein Mitarbeiter zu der Aussage kommt, er sei ausreichend informiert. Insofern bietet es sich hier an, zunächst die für eine optimale Abwicklung der Aufgabe eines Mitarbeiters notwendigen Informationen zusammenzustellen und dann zu klären, welche Informationen zusätzlich notwendig bzw. wünschenswert sind.

Eine relativ einfache Methode besteht darin, eine Kommunikationsmatrix (siehe **Bild 2.43**) aufzustellen. Dazu werden z. B. alle an der Auftragsabwicklung beteiligten Stellen oder Gruppen in der Vertikalen und Horizontalen aufgetragen und dann wird für jede Schnittstelle in der Matrix die Kommunikationsnotwendigkeit definiert, die z. B. mit den Stufen 0 (keine Information erforderlich), 2 (Information erforderlich), 4 (Zusammenarbeit bei Problemen erforderlich, sonst nur Information) und 6 (Zusammenarbeit unbedingt erforderlich) gewichtet werden kann.

Diese Matrix bildet die Grundlage für ein Konzept des Informationsaustauschs bzw. der arbeitsbedingt notwendigen Kommunikation. Daraus lassen sich dann z. B. Datenzugriffsrechte ableiten. Umgekehrt muss analysiert werden, wer die entsprechenden Daten generieren oder zur Verfügung stellen kann. Auf Basis dieses Systems von informationsbezogenen Kunden-Lieferanten-Beziehungen muss dann ein System der wechselseitigen Information aufgebaut werden, das gewährleistet, dass benötigte Informationen aktuell und zuverlässig zur Verfügung gestellt werden. Dies ist nur möglich, wenn systematische Berichtspflichten definiert und Verantwortlichkeiten für die ständige Pflege der Datenbestände zugeordnet werden.

Darüber hinaus bedarf es einer Politik und Strategie, in der festgelegt wird, welche zusätzlichen Inhalte zu kommunizieren sind. Dies ist im Kontext der zuvor dargestellten Fragen z. B. bezüglich eines Policy Deployment, aber auch des gewünschten Empowerments der Mitarbeiter zu sehen.

Funktionsbausteine / Funktionsbausteine	Anfrageeingang	allgemeine Vorprüfung	Festlegung der Angebotspolitik	Registrieren der Anfrage	Ausarbeitung der Aufgabenstellung	Entwicklung von Lösungsalternativen	Diskussion der Alternativen	Angebotskonstruktion Mechanik	Angebotskonstruktion Elektrik	Selbstkostenkalkulation	Entwicklung der Funktionsbeschreibung	Kontrolle	Kalkulation	Angebot schreiben	Kontrolle	Unterzeichnen	Übergabe
Übergabe	0	0	0	0	0	0	0	0	0	0	0	0	0	0	0	2	x
Unterzeichnen	0	0	0	0	0	0	0	0	0	0	0	0	0	0	4	x	
Kontrolle	0	0	0	0	0	0	0	0	0	0	0	0	0	0	x		
Angebot schreiben	0	0	0	0	0	0	0	0	0	0	0	0	2	x	4		
Kalkulation	0	2	2	0	0	0	0	0	0	4	0	0	x		4		
Kontrolle	0	0	0	0	0	0	0	0	0	0	0	x					
Entwicklung der Funktionsbeschreibung	0	0	0	0	2	2	2	6	6	0	x	4					
Selbstkostenkalkulation	0	0	0	0	2	2	4	6	6	x		4					
Angebotskonstruktion Elektrik	0	2	4	0	2	4	6	6	x			4					
Angebotskonstruktion Mechanik	0	2	4	0	2	4	6	x	6			4					
Diskussion der Alternativen	0	0	0	0	4	6	x										
Entwicklung von Lösungsalternativen	0	0	6	0	6	x											
Ausarbeitung der Aufgabenstellung	0	2	4	0	x												
Registrieren der Anfrage	0	0	2	x													
Festlegung der Angebotspolitik	0	4	x														
allgemeine Vorprüfung	2	x															
Anfrageeingang	x																

Bild 2.43 Kommunikationsmatrix

Im Zusammenhang mit dem letztgenannten Punkt stellt sich die Frage nach dem Einsatz von Visual Management-Konzepten z. B. bei teilautonomer Gruppenarbeit. Die Visualisierung der wesentlichen Gruppenziele und deren aktueller Zielerfüllung wecken im Allgemeinen auch das Interesse für die Möglichkeit der Beeinflussung dieser Daten.

Visualisierung von Gruppenergebnissen:

- ❑ Kennzahlen der Gruppenleistung:
  - ● Ausbringung
  - ● Auslastung der Maschinen bzw. Ausfallzeiten
  - ● Qualität (Ausschuss, Nacharbeit)
  - ● Anwesenheit/Fehlzeiten (in % oder namentlich)
  - ● Anzahl der Verbesserungsvorschläge
  - ⇨ Tägliche, max. wöchentliche Aktualisierung durch Gruppenmitglieder oder Meister
  - ⇨ Grafische Darstellung der Ergebnisse (Linien- oder Balkendiagramme)
  - ⇨ Permanenter Vergleich mit Zielsetzungen
- ❑ Aktuelle Unternehmenssituation:
  - ● Auftragslage
  - ● Geplante Maßnahmen
  - ⇨ Aktualisierung nach Bedarf (i. d. R. monatlich) durch Vorgesetzte)
- ❑ Gruppeninterne Planungen:
  - ● Freischichten/Urlaubsplanung
  - ● Geplante Schulungsaktivitäten (Wer? Welche? Wann?), mittelfristige Qualifizierungsplanung
  - ● Ansprechpartner im Unternehmen
  - ⇨ Regelmäßige Aktualisierung nach den Gruppengesprächen
- ❑ Kontinuierlicher Verbesserungsprozess:
  - ● Aufgetretene Probleme
  - ● Verbesserungsvorschläge, Anregungen
  - ● "To-Do"-Listen (Wer? Was? Bis wann?)
  - ● Umgesetzte Vorschläge
  - ● Positive/negative Rückmeldungen von anderen Abteilungen, externen Kunden u. a.
  - ● Auditergebnisse (intern und extern)
  - ⇨ Permanente Aktualisierung durch Gruppe und nach Absprache durch Gruppenexterne

Bild 2.44 Visualisierung von Gruppenergebnissen an Informationstafeln

Zur Umsetzung einer neuen Politik der Information und Kommunikation bedarf es geeigneter Kommunikationskanäle in alle Richtungen (top-down, bottom-up und horizontal). In diesem Kontext geht es zunächst um die Nutzung der traditionellen Kommunikationswege im Rahmen von Sitzungen, Team-Briefings und regulärem Feedback, aber auch Betriebszeitungen und Newsletter. Neben der Prüfung, inwieweit Top-down-Information rechtzeitig und umfassend ist, ist vor allem von Interesse, ob es eine wirksame Bottom-up-Information und -Kommunikation gibt. Eine besondere Bedeutung hat natürlich auch die Kommunikation entlang der Wertschöpfungskette.

In diesem Zusammenhang geht es auch um die Art des Datenaustauschs: Neben die zuvor diskutierten traditionellen Medien treten zunehmend moderne Informations- und Kommunikationstechniken, d. h. EDV-gestützte unternehmenseigene Nachrichtensysteme, E-Mail, Intranet, Inhouse-TV, Videokonferenzen etc. Die organisatorischen Voraussetzungen für einen sinnvollen Einsatz dieser Medien unterscheiden sich allerdings nicht grundsätzlich von denen klassischer Kommunikationswege. Neben einer präzisen inhaltlichen Definition bedarf es der Festlegung von Zugriffsrechten und redaktioneller und inhaltlicher Verantwortlichkeiten.

Die bisherigen Überlegungen beschränken sich jedoch auf die formale, quasi institutionalisierte Kommunikation, die jedoch nur einen Teil des Kommunikationsgeschehens in Organisationen ausmacht. In der täglichen Praxis spielen die informellen „Face-to-Face"-Kontakte eine mindestens genauso große Rolle. Die Möglichkeit zu einem offenen oder (auch) vertrauensvollen Gespräch kann nicht verordnet werden, sondern muss Teil einer entsprechenden Unternehmenskultur sein. Dies gilt insbesondere für die so genannte Bottom-up-Kommunikation, d. h. den Informationsfluss zwischen Mitarbeitern und Vorgesetzten.

Hinsichtlich der Art und Weise der Information durch den Vorgesetzten ist zu klären, inwieweit Informationen und/oder Rückmeldungen „neutral" aufgenommen werden können oder ob und ggf. wie Prozesse der selektiven Wahrnehmung stattfinden (z. B. wenn die Rückmeldung über den Vorgesetzten erfolgt).

Generell geht es auch darum, ob Wissen und Erkenntnisse (z. B. aus KVP-Aktivitäten oder Best Practices) weitergegeben bzw. geteilt werden. Da Wissen oft als persönliche Machtressource angesehen wird, kann dies nicht generell vorausgesetzt werden. Insofern bedarf es einerseits eines Konzeptes zum Wissensmanagement und andererseits einen Anreiz, Wissen auch weiterzugeben. Gelegenheiten für einen solchen Informationsaustausch sind zu identifizieren und es sollte sichergestellt werden, dass diese Informationsweitergabe dann auch tatsächlich erfolgt.

Neben einer Nutzenanalyse durch ein „Management by Walking Around“ (als Versuch, vor Ort z. B. Information über den Durchdringungsgrad von Politik und Strategie bzw. des Excellence-Gedankengutes zu erhalten) liefert auch hier eine Mitarbeiterbefragung die notwendige Rückmeldung über den Erfolg der unterschiedlichen Maßnahmen.

Zusammenfassend lassen sich für Teilkriterium 3d als mögliche Ansatzpunkte festhalten:[111]

- Kommunikationsbedürfnisse ermitteln;
- auf Basis der Kommunikationsbedürfnisse die Kommunikationspolitik, -strategie und -pläne entwickeln;
- Kommunikationskanäle von oben nach unten, von unten nach oben und horizontal schaffen und nutzen;
- Gelegenheiten zum Austausch von bewährten Vorgehensweisen und Wissen schaffen und sicherstellen.

Beispiel 2.56 IBM

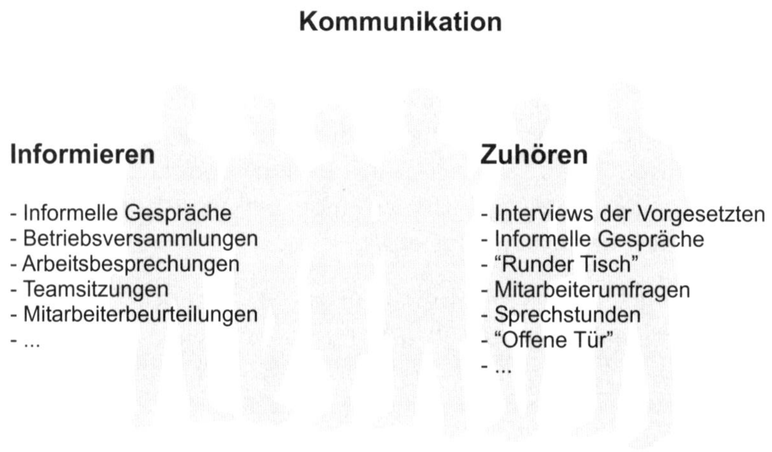

Bild 2.45 Ansätze verbaler Kommunikation[112]

Beispiel 2.57 TNT

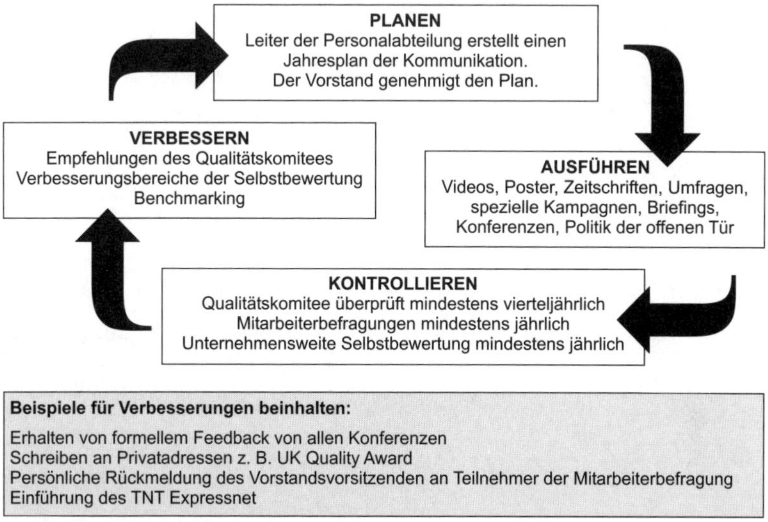

Bild 2.46 Kommunikationsprozess[113]

Beispiel 2.58 Yellow Pages

Regelmäßige Reviews zu unterschiedlichen Zeiten

Umfasst tatsächliche Leistung bezüglich der Geschäftsziele und Anerkennung für persönliche Leistungen und Teamleistungen

Monatliche Team-Briefings

Schließen die Kaskade von Schlüsselnachrichten ein
Umfassen Geschäftsergebnisse, Leistung bzgl. TQ-Maßnahmen, Produktneuheiten, Politikänderungen usw.

Teambesprechungen

Bei Bedarf und zusätzlich zu den monatlichen Team-Briefings

Elektronisches Postsystem

Um eine schnelle Zweiwegekommunikation von Schlüsselnachrichten zu gewährleisten

Personalnachrichten

Stellt Aktualisierungen und Anleitung bzgl. der Politik zur Verfügung

Persönliche Gespräche

Yellow Pages Web

Das Yellow Pages Intranet

Yellow Pages Live

Firmenzeitschrift aufgelegt von einem firmenweiten Redaktionsstab – Gewinner des Award of Excellence der Britischen Vereinigung der Industrieredakteure (Herausgeber) 1989 bis 1993

Bild 2.47 Kommunikationswege[114]

Beispiel 2.59 Volvo

Tabelle 2.5 Kommunikationsmedien[115]

Medium	Bezeichnung	Zielgruppe
Publikationen	VolvoContact	alle Beschäftigten (8–10 Ausgaben pro Jahr)
	WeekBericht	alle Beschäftigten (ca. 2-mal wöchentlich)
	TQM Actueel	Führungskräfte; in TQM Angelegenheiten (bei Bedarf)
	Q-Fakta	Gruppen-Magazin zur Qualitätssicherung (ca. 4 Ausgaben im Jahr)
Digitale Medien	Intranet VCG/Volvo Group/E-Mail	alle PC-Nutzer (ca. 600)
	Lotus Notes Projektdokumentation	in Projekte einbezogene Mitarbeiter
Video	Bei besonderen Gelegenheiten (z. B. Kommunikation von Dokumenten zur Unternehmenspolitik)	abhängig vom Inhalt
Poster	in den Teamecken (Ergebnisdarstellungen)	Beschäftigte im gewerblichen Bereich
	im Bürobereich	Angestellte
	Schautafeln (Ablaufdarstellungen)	Beschäftigte im gewerblichen Bereich

3e: Mitarbeiter werden belohnt, anerkannt und betreut.

Zunächst geht es hier darum, wie einzelne personalwirtschaftliche Themenfelder Politik und Strategie der Organisation unterstützen. Dies bezieht sich auf alle Beschäftigungsaspekte einschließlich der Entlohnung.

Was die Anerkennung betrifft, so ist deren unterste Stufe darin zu sehen, dass die Leistungen eines Mitarbeiters zur Kenntnis genommen werden bzw. das (Top-)Management sich auch „vor Ort“ zeigt („Management by Walking Around“). Ein mündliches oder schriftliches „Dankeschön“ gehört ebenso in diese Kategorie der Rückmeldung wie eine besondere Auszeichnung durch eine Urkunde oder ein Geld- oder Sachgeschenk. Insbesondere in den letztgenannten Fällen ist sorgfältig zu prüfen, ob der Empfänger dies tatsächlich als Anerkennung interpretiert.

Anerkennung kann natürlich im Zusammenhang mit besonderen Erfolgen und Anstrengungen stehen und durch Vorgesetzte, aber auch durch Kunden initiiert werden. Solche Anlässe können sein:

- Schnelles und effektives Lösen von Kundenproblemen.
- Besondere Erfolge und Anstrengungen eines Einzelnen oder eines Teams.
- Besonderes Engagement für Kunden.
- Einhalten von Terminen, die ein Kunde vorgegeben hat – auch unter schwierigen Rahmenbedingungen.
- Initiativen zum Identifizieren und Lösen qualitätsrelevanter Probleme.

Allerdings ist hier zu beachten, dass das Niveau besonderer Anstrengung von Mitarbeiter zu Mitarbeiter variiert und es nicht förderlich wäre, nur „olympiareife" Leistungen anzuerkennen.

Ein jährlich zu verleihender interner „Qualitätspreis" kann einen zusätzlichen Beitrag zur Förderung der innerbetrieblichen Umsetzung umfassender Qualitätskonzepte leisten. Dieser wird z. B. auf Anregung von Kunden oder von Vorgesetzten aus Niederlassungen, Fachbereichen oder Abteilungen, von der Geschäftsleitung oder einem spezifisch dafür eingerichteten Gremium an verdiente Mitarbeiter oder Teams vergeben. Für die Mitarbeiter oder Teams, die nominiert wurden, aber keinen Preis erhalten, sollte zumindest eine Urkunde oder eine sonstige Anerkennung für besondere Bemühungen zur Verfügung stehen. Kriterien und Gewinner sollten intern, aber auch extern (z. B. in Fachzeitschriften) vorgestellt werden. Durch diese breitenwirksamen Maßnahmen lässt sich die Bedeutung einer solchen Auszeichnung zusätzlich steigern. Ein solcher Preis kann für eine begrenzte Zeit auch dazu dienen, besondere Schwerpunkte zu setzen, indem bei der Vergabe spezifische Kriterien zur Bewertung herangezogen werden, wie z. B.:

- Verdienste um die Intensivierung der Kundenorientierung,
- Originalität von erarbeiteten Problemlösungen,
- Beiträge zur dauerhaften Stabilisierung von Ergebnissen,
- Optimierung von Schlüsselprozessen,
- durch Kunden oder Lieferanten zurückgemeldetes herausragendes Verhalten oder
- besonders positive Einflüsse auf die Geschäftsergebnisse.

Für die Beurteilung der Wirksamkeit dieser Maßnahmen ist es von Bedeutung, dass sich dahinter ein ganzheitliches Belohnungskonzept verbirgt, welches einem regelmäßigen Review unterzogen und mit „Best Practice-Beispielen" verglichen wird („Benchmarking").

Verstärkung durch Anerkennung beinhaltet – dem Bewertungskonzept entsprechend – aber auch, welche systematischen Ansätze bestehen, um Beteiligung und Selbstverantwortung zu fördern und aufrechtzuerhalten. Nachdem an früherer Stelle über immaterielle Beteiligung gesprochen wurde, ist nun die materielle Beteiligung das Thema. Dieser Aspekt lässt sich an dem schlichten Satz „Leistung muss sich lohnen" festmachen. Dabei geht es in diesem Kontext um die Stringenz aller Belohnungskonzepte einer Organisation in Bezug auf Politik und Strategie der Gesamtorganisation. Belohnungskonzepte müssen in sich stimmig sein und mehr als nur die Interessen einer Abteilung berücksichtigen. Dabei ist nach einzelnen Hierarchieebenen zu differenzieren: Während es im unteren und mittleren Bereich um eine „zeitnahe" Erfolgsbeteiligung geht, muss auf der Top-Ebene der mittel- bis längerfristige Unternehmenserfolg im Sinne eines richtig verstandenen Shareholder Value[116] im Vordergrund stehen. Immer muss in diesem Zusammenhang der Aspekt der „Lohngerechtigkeit" im Auge behalten werden, wobei die relative Lohngerechtigkeit, also die Stimmigkeit innerhalb der Organisation, in aller Regel das anzustrebende Ziel sein wird.

Grundlage aller „Belohnungskonzepte" muss eine Leistungsbeurteilung sein, die Politik und Strategie der Organisation reflektiert. Wenn z. B. Empowerment der Mitarbeiter ein wichtiges Thema für die Organisation ist, sollte sich dies genauso in den Beurteilungsmerkmalen für Führungskräfte wiederfinden wie finanzielle Messgrößen. Ähnliches gilt für Aspekte wie „Kundenorientierung" oder Beteiligung an betrieblichen Problemlösungen auf der ausführenden Ebene.

Das Teilkriterium 3e betrifft jedoch nicht nur Belohnungskonzepte, sondern auch Arbeitsbedingungen und Sozialleistungen bzw. die Fürsorge, die den Mitarbeitern zuteil wird.

Arbeitsbedingungen werden in modernen Organisationen auch unter dem Aspekt der Gesundheitsförderung thematisiert bzw. durch ein – im besten Fall integratives – Gesundheitsmanagement umgesetzt. Traditionell beschäftigt sich mit diesen Fragen natürlich auch der betriebliche Arbeitsschutz, dem insbesondere nach Anpassung der gesetzlichen Grundlagen an die EU-Richtlinie umfassende Aufgaben zukommen. Um mit diesen wichtigen Themen auch das Management zu erreichen, bietet es sich an, ein Managementsystem aufzubauen, das eine hohe Ähnlichkeit mit Excellence-Modellen hat und daher die „Sprache" des Managements spricht. Darüber hinaus ergeben sich zusätzlich Synergieeffekte. Die folgende Abbildung zeigt ein am Institut für Technologie und Arbeit an der Universität Kaiserslautern entwickeltes Bewertungsmodell, das auf der ersten Version des European Quality Award aufbaut.

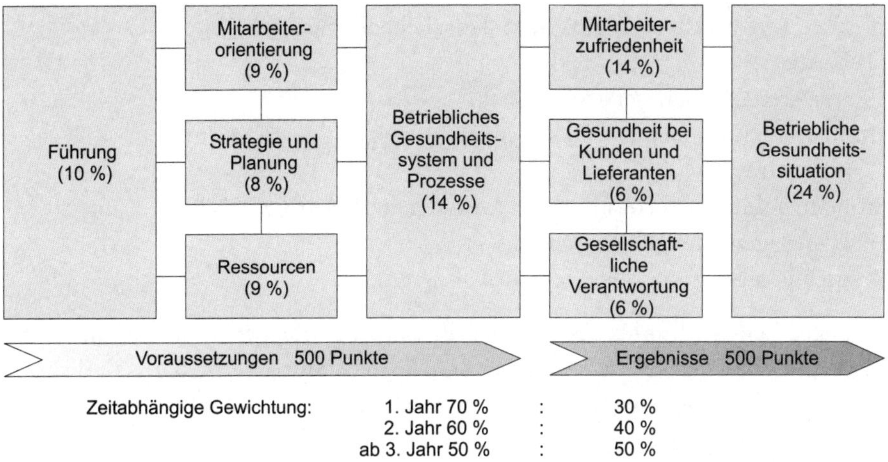

Bild 2.48 Modell zur Bewertung eines integrativen Gesundheitsmanagementansatzes[117]

Diese Aufgaben lassen sich dadurch mit einem ökonomisch vertretbaren Aufwand lösen, dass sie in ein integriertes Managementsystem eingebunden werden. Grundlage hierfür können einschlägige EN ISO-Normen sein - aber auch ein entsprechendes Excellence-Modell.

Ein weiteres in diesem Zusammenhang relevantes Themenfeld ist die aktive Förderung der sozialen Verantwortung der Mitarbeiter. Dazu gibt es bei auf diesem Feld führenden Organisationen Möglichkeiten der Freistellung z. B. im Rahmen von Projekten, die unter Namen wie „Sozialarbeit auf Zeit“ firmieren und auf einen Einsatz von Führungskräften in „sozialen Brennpunkten“ setzen. In diesem Kontext sind natürlich auch andere Ansätze eines „Corporate Volunteering“ relevant, die das soziale Ehrenamt der Mitarbeiter durch Einräumung finanzieller oder zeitlicher Ressourcen fördern.[118]

Sozialleistungen sind in den letzten Jahren eher reduziert denn ausgebaut worden. In ihrer ursprünglichen Form zielen sie vor allem auf Mitarbeiterbindung ab - aber auch die Fürsorge der Organisation gegenüber ihren Mitarbeitern in Problemsituationen oder im Alter spielen eine wichtige Rolle. Eines der „Probleme“ bzgl. betrieblicher Sozialleistungen in Deutschland bestand bzw. besteht in der Bindung an Tarifverträge und damit in „Einheitslösungen“ für alle Mitarbeiter. In anderen Ländern hat man schon seit vielen Jahren so genannte Cafeteria-Konzepte[119] realisiert, die einen „Warenkorb“ anbieten - und so eine stärkere „Kundenorientierung“ ermöglichen. Zu den Sozialleistungen im weitesten Sinne zählen z. B.:

- flexible Arbeitszeiten (Tag, Woche, Jahr, Lebensarbeitszeit),
- Teilzeitarbeit,
- Betriebsrente/Lebensversicherung
- Restaurant/Kantine mit verbilligten Essensmöglichkeiten,
- Kinderbetreuung,
- Sonderzahlungen bei bestimmten Anlässen (z. B. Betriebsjubiläen),
- Firmenwagen oder Fahrtzuschuss,
- betriebliche Sport- und Freizeiteinrichtungen.

Seit einiger Zeit wird unter der Überschrift „Vereinbarkeit von Familie und Beruf“ bzw. „Work Life Balance“ insbesondere die Flexibilisierung der Arbeitszeit diskutiert (z. B. Gewährung von Sabbaticals, Teilzeit auch für Führungskräfte). Aber auch die Unterstützung bei der Kinderbetreuung während der Arbeitszeit gehört zu diesem Themenfeld. Neben der Unterhaltung eigener Betreuungseinrichtungen, was im Allgemeinen nur größeren Unternehmen möglich sein wird, kann die Organisation auch externe Einrichtungen unterstützen. Dadurch kann den Mitarbeitern der Organisation z. B. ein vergünstigter Zugang ihrer Kinder zu Tagesstätten, Kinderkrippen o. Ä. geschaffen werden. Gleichzeitig sind solche Aktivitäten imagewirksam.

Bei der Beschäftigung mit Fragen der Mitarbeitermotivation muss beachtet werden, dass Menschen verschieden sind. Ihre private, aber auch betriebliche Sozialisation, ihre Erfahrungen in unterschiedlichen Kontexten und das sie umgebende gesellschaftliche Umfeld führen zu unterschiedlichen Bedürfnissen. Gerade dann, wenn Organisationen einen „one best way“ angestrebt haben, war dies oft nicht sehr erfolgreich. Insofern ist es wünschenswert, aber aufwändig, differentielle Lösungen für unterschiedliche Bedürfnisse der Mitarbeiter anzubieten – wie dies beispielhaft in dem oben geschilderten Cafeteria-Prinzip zum Ausdruck kommt. In immer globaler werdenden Organisationen verstärkt sich dieser Sachverhalt, da kulturbedingte Unterschiede zwischen den Mitarbeitern stärker in den Vordergrund treten. Ein umfassendes „Diversity Management“ geht jedoch über die Berücksichtigung kultureller Unterschiede zwischen den Mitarbeitern hinaus. Ein diskriminierender Umgang mit Mitarbeitern z. B. aufgrund ihres Alters, ihres Geschlechts, ihrer Nationalität, ihrer Hautfarbe, ihrer Religion oder ihrer sexuellen Orientierung kann zum Verlust wertvoller Potenziale führen. Diversity Management bedeutet deshalb, die Individualität des einzelnen Mitarbeiters zu achten, ein tolerantes und vorurteilsfreies Arbeitsklima zu schaffen und die Unterschiedlichkeit der Mitarbeiter als Bereicherung der Organisation zu nutzen.

Eine exzellente Organisation wird sich in dem in Teilkriterium 3e angesprochenen Themenbereich nicht auf das gesetzliche oder tarifvertragliche Mindestmaß beschränken, sondern diese Forderungen in einzelnen Fällen deutlich übertreffen, weil sie weiß, dass dadurch Win-win-Situationen zwischen Organisation und Mitarbeitern geschaffen werden können.

Veränderte Tätigkeitsfelder - verursacht z. B. durch technische Innovationen oder Marktturbulenzen - schlagen sich auch in Veränderungen der Beschäftigungsverhältnisse nieder. Im besten Falle geht es um interne Versetzungen, die durch entsprechende Personalentwicklungskonzepte abgefedert werden. Wenn es jedoch auch zu Entlassungen kommen muss, stellt sich die Frage, was die Organisation tut, um den ehemaligen Mitarbeitern eine neue Beschäftigung in einer anderen Organisation zu ermöglichen. In diesem Kontext sind die verschiedenen Varianten von „Outplacement"-Konzepten angesprochen.[120]

Zusammenfassend lassen sich für Teilkriterium 3e als mögliche Ansatzpunkte festhalten:[121]

- Entlohnung, Versetzung, Entlassung und andere Beschäftigungsaspekte mit Politik und Strategie in Einklang bringen;
- Mitarbeitern Anerkennung zollen, um ihr Engagement und selbständiges Handeln zu fördern und aufrechtzuerhalten;
- das Bewusstsein und Engagement für Gesundheit, Sicherheit, Umwelt und soziale Verantwortung aktiv fördern;
- den Umfang von Sozialleistungen festlegen, z. B. betriebliche Renten, Gesundheitsfürsorge, Kinderbetreuung;
- sich bei der Förderung sozialer und kultureller Aktivitäten der Verschiedenheit und unterschiedlichen kulturellen Hintergründe bewusst werden und sie berücksichtigen;
- Ressourcen und Dienstleistungen gemäß den gesetzlichen Vorschriften bereitstellen und in einigen Fällen diese Anforderungen überschreiten.

Beispiel 2.60 AUBI

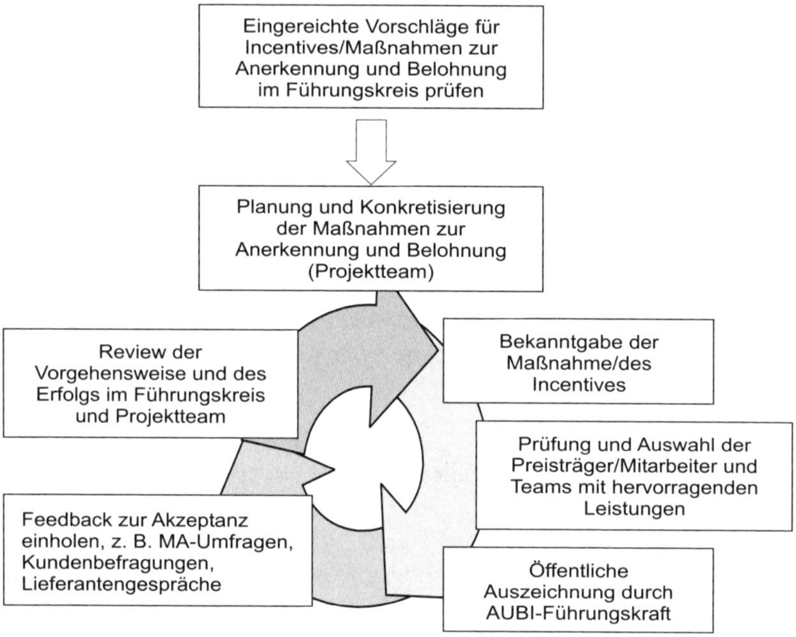

Bild 2.49 Anerkennung bei AUBI[122]

Beispiel 2.61 SEB Bank

Elemente von Politik und Strategie als Teil des Belohnungssystems[123]

Erfolgsbonus setzt sich aus folgenden Größen zusammen:

- Fortschritt bei der Erreichung des strategischen Ziels (x % ROE)
- „Geschäftsergebnis" der eigenen Einheit
- Erreichen selbst gesteckter Ziele
- Kundenzufriedenheit (extern und intern)
- Mitarbeiterzufriedenheit (bei Führungskräften)

Beispiel 2.62 Brisa[124]

- Der EQA-Gewinner 1996 stellt seinen Mitarbeitern und deren Angehörigen unentgeltlich Freizeiteinrichtungen zur Verfügung.
- Dazu gehören ein Schwimmbad sowie Sporthallen und Sportplätze.
- Auf diese Weise „verschmelzen" Beruf und Freizeit, und Brisa wird als wichtiger Teil des Alltags wahrgenommen.

Beispiel 2.63 Fischerwerke Artur Fischer[125]

- Hohe Bedeutung der Mitarbeiter im Leitbild verankert
- Übertarifliche Zulagen
- Für jeden Beschäftigten mit mindestens 15-jähriger Betriebszugehörigkeit Förderung der Altersversorgung über eine Direktversicherung

2.2.4 Kriterium 4: Partnerschaften und Ressourcen

Die Erfüllung von Kundenwünschen beinhaltet die Entwicklung adäquater Problemlösungen innerhalb möglichst kurzer Zeit zu den geringsten Kosten. Herausragende (Markt-)Leistungen setzen daher einen effizienten Umgang mit Ressourcen voraus. Diese Erkenntnis spielte schon früh, insbesondere in „japanischen" Total Quality- und anderen Managementkonzepten (z. B. im Toyota Production System) eine wichtige Rolle. Dabei ging es u. a. um die Vermeidung jeglicher Verschwendung – oder positiv formuliert den optimalen Einsatz von Ressourcen. Insofern stand dieses Thema in den letzten Jahren immer wieder im Vordergrund der Betrachtung, wobei die Nutzung materieller Ressourcen und Sachanlagen insbesondere unter dem Aspekt der Kapitalbindung im Umlaufvermögen thematisiert wurde.

Im Kontext des EFQM-Modells für Excellence wird die Diskussion über die Nutzung von Betriebsmitteln sowie Roh-, Hilfs- und Betriebsstoffen ergänzt um die Analyse der gezielten Nutzung von Daten und Informationen, des Einsatzes finanzieller Mittel sowie innovativer Technologien. Dabei spielt wiederum eine besondere Rolle, wie diese Ressourcen Politik und Strategie und dadurch die Erfüllung des Unternehmenszwecks unterstützen.

Bei der Revision in 2000 wurde dieses Kriterium um den Aspekt der externen Partnerschaften ergänzt. Als externe Partner werden dabei Zulieferer im weitesten Sinne (also auch Universitäten, Forschungsinstitute oder Regierungsstellen), Vertriebspartner, Partner in einem Joint Venture oder die öffentliche Verwaltung gesehen.[126] Aber auch Normeninstitute, Regionalentwicklungsgesellschaften, Presse und Medien, Benchmarking Clearing Houses, Gewerkschaften und Arbeitgeberverbände, Berufsgenossenschaften und andere können hier zugeordnet werden.[127]

Bei der Überarbeitung in 2002 wurde das Kriterium wie folgt definiert:

„Exzellente Organisationen planen und managen externe Partnerschaften, Lieferanten und interne Ressourcen zur Unterstützung ihrer Politik und Strategie und der effektiven Prozessabläufe. Bei der Planung und dem Management von Partnerschaften und Ressourcen sorgen sie für Ausgleich zwischen den aktuellen und zukünftigen Bedürfnissen der Organisation, der Gemeinschaft und der Umwelt."[128]

Im Einzelnen geht es daher um:

4a: Management der externen Partnerschaften

4b: Management der finanziellen Ressourcen

4c: Management von Gebäuden, Einrichtungen und Material

4d: Management von Technologie

4e: Management von Informationen und Wissen

Diese Punkte lassen sich wie folgt weiter detaillieren:

4a: Externe Partnerschaften werden gemanagt.

Da jede Organisation als Teil eines größeren Ganzen von Ressourcen aus ihrer Umwelt abhängig ist, reicht es nicht aus, sie nur nach internen Erfolgskriterien – wie z. B. „Effizienz" – zu optimieren. Immer muss sie sich auch mit ihrem relevanten Umfeld auseinander setzen. Dies kommt im Stakeholderkonzept zum Ausdruck und wird im Teilkriterium 4a für einzelne Stakeholder, die nicht an anderer Stelle (wie Kunden z. B. im Teilkriterium 5e) angesprochen werden, spezifiziert.

Dabei mag es hilfreich sein, sich zunächst mit dem Begriff der Partnerschaft auseinander zu setzen, der mehr als eine bloße Kooperation beinhaltet. Rein formal geht es zwar um eine Kooperation zur Erreichung eines vorher definierten Zieles, aber eine solche Kooperation wird zur Partnerschaft, wenn:

- sie für alle Beteiligten vorteilhaft ist,
- eventuelle Risiken gemeinsam bzw. von allen Beteiligten getragen werden und
- dies alles auf einer gegenseitigen Vertrauensbasis beruht.

Legt man diese Kriterien zugrunde, kann man bei einem Blick in die jüngere Vergangenheit konstatieren, dass z. B. zwischen einigen Automobilherstellern und deren Zulieferern kein partnerschaftliches Verhältnis bestand.

Während der Gedanke der Partnerschaft bei einem Joint Venture auf der Hand liegt, ist eine solche aber auch in der Zulieferkette, in einer virtuellen Organisation oder bei Outsourcing-Aktivitäten unbedingt erforderlich, wenn ein nachhaltiger Erfolg erzielt werden soll. Dies kann auch im Kontext der Entwicklung eines Standortes bzw. einer Region gesehen werden, zu dessen bzw. deren Entwicklung eine Organisation einen wesentlichen Beitrag leistet, insofern greift auch in Deutschland mehr und mehr die Idee einer „Private Public Partnership".

Eine Hauptaufgabe eines systematischen Umgangs mit Partnerschaften muss in der Identifikation derjenigen Schlüsselpartner liegen, die einen Beitrag zur Umsetzung von Politik und Strategie und der langfristigen Vision leisten können. Dies kann z. B. für eine berufsbildende Schule die Kooperation mit relevanten Unternehmen und deren Ausbildungsabteilungen sein. Für ein Krankenhaus sind z. B. die einliefernden Ärzte solche wichtigen Partner, für eine Kommunalverwaltung evtl. ihr EDV-Dienstleister. Im industriellen Sektor geht es zunächst um die A-Lieferanten.

Die Strategie „Vereinfachen vor Automatisieren", d. h. Produktivitätsvorteile durch stabile Prozesse und bessere Produktgestaltung statt durch umfassende Automatisierung zu realisieren, lässt sich hier als Feld der Kooperation einordnen. Dies kann z. B. durch die Einrichtung gemeinsamer Verbesserungsteams geschehen. Auch die „schlanke Beschaffung" ist eine Konsequenz dieser Überlegungen, die Taichi Ohno (Toyota) schon in den 50er Jahren diskutiert hat. Man reduziert die Fertigungstiefe (z. B. nur noch Eigenfertigung von Schlüsselkomponenten) und arbeitet dafür sehr intensiv mit weniger Lieferanten (so genannte Systemlieferanten) zusammen. Ziel dieser Bemühungen ist ein Konzept, das auf langfristigen Verträgen und ggf. auch auf finanzieller Beteiligung beruht. Dies setzt u. a. einen umfassenden Ansatz der Lieferantenbewertung voraus.

Die Zusammenarbeit erstreckt sich sowohl auf die gemeinsame Produktentwicklung (z. B. im Rahmen eines Simultaneous Engineering-Ansatzes) als auch auf die gemeinsame Festlegung von Zielkosten unter Berücksichtigung einer Lernkurve zur Kostendegression. Diese Intensivierung der Zusammenarbeit, die auch die Unterstützung beim Aufbau eines Qualitätsmanagementsystems einschließt, war schon relativ früh in der Automobilindustrie verbreitet. Eine gewisse Vorreiterrolle außerhalb Japans hat hier Ford übernommen (vgl. folgendes Beispiel). Die Art der Arbeitsteilung zwischen Hersteller und Zulieferer wird z. B. im Konzept des „Selbstbestätigenden Lieferanten" deutlich.

Wenn diese strategischen Überlegungen abgeschlossen sind, wird sich – wie oben schon erwähnt – ein erster Schritt mit dem Finden potenzieller Partner beschäftigen.

In einem zweiten Schritt sind die potenziellen Partner zu bewerten, wobei diese Bewertung eine prinzipielle ist und daher nicht mit der oben angesprochenen Lieferantenbewertung zu verwechseln ist:[129]

- Welche kulturellen Rahmenbedingungen bringt der potenzielle Partner mit: Hat er eine Vision oder ein Leitbild erarbeitet? Welche Werte sind handlungsleitend? Welche Ziele strebt er mit der Kooperation an?
- Welche Stärken und Verbesserungsbereiche besitzt der potenzielle Partner?
- Welche Möglichkeiten oder Risiken bietet diese Partnerschaft?
- Welche Strategie(n) hat der potenzielle Partner?
- Welche konkreten Leistungen könnte er erbringen?
- Wie ließe sich der Erfolg der Partnerschaft messen und in welchen Zeitabständen sollte dies geschehen?

Sind die wesentlichen Partner gefunden, muss die Zusammenarbeit so organisiert und strukturiert werden, dass sie zu einer Optimierung der Wertschöpfung führt. Dies kann vertragliche Abmachungen bezüglich der gemeinsam zu erreichenden Ziele beinhalten, wird aber im Kern durch das Management der „Nahtstellen" – und damit über persönliche Kontakte – gesichert. Damit ist – wie schon mehrfach angesprochen – die Gestaltung der „Kunden-Lieferanten-Beziehungen" wieder im Blickfeld des Interesses. Auch hier spielt die Vorbildfunktion auf oberster Ebene in Bezug auf eine vertrauensvolle Zusammenarbeit eine wichtige Rolle.

Ein wichtiger Maßstab für die Beurteilung der Partnerschaft in einer Wertschöpfungskette ist der „Added Value" für den (End-)Kunden. Um diesen sicherzustellen, eignen sich Konzepte wie Simultaneous Engineering oder integrative Produktentwicklung, die alle internen und externen Partner entlang der Wertschöpfungskette zusammenbringen. Solche Ansätze sind dann besonders erfolgreich, wenn, wo immer möglich, auch noch der Kunde eingebunden wird. Ein wesentlicher Effekt dieser Konzepte liegt u. a. in der Herstellung einer „Adressatenverknüpfung", d. h. jeder lernt die Person in der Wertschöpfungskette kennen, die ihm zuarbeitet bzw. für die er arbeitet.

Eine auf längere Dauer ausgelegte Partnerschaft sollte auch darauf achten, dass die Kernkompetenzen der Partner herausgearbeitet und weiterentwickelt werden – und man sich dabei gegenseitig unterstützt. Dies kann z. B. durch gegenseitigen Personalaustausch geschehen oder im Rahmen der oben angesprochenen gemeinsamen Projekte. Größere Partner können aber auch kleinere z. B. bei der Einführung einer Selbstbewertung auf der Grundlage eines Excellence-Modells beraten.

Der letztgenannte Punkt kann auch sehr wesentlich zur Sicherstellung einer zumindest ähnlichen Kultur sein. Viele Joint Ventures sind in der Vergangenheit gerade wegen der Inkompatibilität von Organisationskulturen gescheitert. Diese gemeinsame Kultur, die sich z. B. auf der Grundlage eines Excellence-Modells auch in einer gemeinsamen Sprache äußert, ist eine gute Voraussetzung für den Wissensaustausch zwischen Organisationen – aber auch innerhalb internationaler Organisationen.

Partnerschaften z. B. mit Universitäten, aber auch Ingenieurbüros oder anderen Institutionen können die Kreativität und Innovation fördern. Das Überwinden der Betriebsblindheit durch neue Sichtweisen von Partnern, die auf ähnlichen Gebieten arbeiten, kann sich als lohnend erweisen. Dies kann sich in Produkten, aber auch in (Arbeits-)Prozessen niederschlagen.

Letztendlich besteht dabei auch die Chance, Synergien zu erschließen und damit in der Wertschöpfungskette – bezogen auf Kunden und/oder Lieferanten – einen positiven Beitrag zu leisten. Gemeinsame Problemlösungsworkshops sind dazu ein geeignetes Forum.

Zusammenfassend lassen sich für Teilkriterium 4a als mögliche Ansatzpunkte festhalten:[130]

- In Übereinstimmung mit der Politik, Strategie und der Mission der Organisation Möglichkeiten für Schlüsselpartnerschaften mit anderen Organisationen und der Gesellschaft erkennen;
- Partnerschaften und Lieferantenbeziehungen zur Erzielung und Steigerung von Wertschöpfung gestalten;
- Partnerschaften entlang der Lieferkette bilden, die für die Kunden zu einer Steigerung der Wertschöpfung führen;
- Kernkompetenzen von Partnern erkennen und wirksam einsetzen und die gemeinsame Weiterentwicklung unterstützen;
- die kulturelle Verträglichkeit und den Wissensaustausch mit Partnerorganisationen sicherstellen;
- durch die Partnerschaften innovatives und kreatives Denken entwickeln und unterstützen;
- Synergien in der Zusammenarbeit für Prozessverbesserungen nutzen und dadurch die Wertschöpfung in der Kunden-/Lieferantenkette erhöhen.

Beispiel 2.64 Alpine Electronics Suisse

Was bisher geschah ...

Regelmäßige technische Treffen	Lieferantenauszeichnung
Regelmäßige gegenseitige Audits	Lieferantenkonferenz und Anerkennung
Lieferantentage	Lieferanten/AES Workshops
Lieferanten-TQM-Training	Programm zur Reduzierung von Energie und Abfallmaterial
Kanban(Just-in-Time)-Lieferungen	Lieferanten-EQA-Bewertungen
KVP-Programm für Lieferanten	

Bild 2.50 Aktivitäten aufgrund von Lieferantenpartnerschaften[131]

Beispiel 2.65 SEMATECH[132]

- SEMATECH (SEmiconductor MAnufacturing TECHnology) ist eine internationale Non-Profit-Forschungsgemeinschaft führender Halbleiterhersteller wie z. B. AMD, Intel, Infineon oder Motorola.

- Die SEMATECH-Mitglieder erarbeiten gemeinsame Equipment- und Prozessstandards. Das gemeinsame Ziel ist die Beschleunigung der Entwicklung von fortschrittlichen Produktionstechnologien zur Herstellung der leistungsstärksten Halbleiter.

Beispiel 2.66 DaimlerChrysler

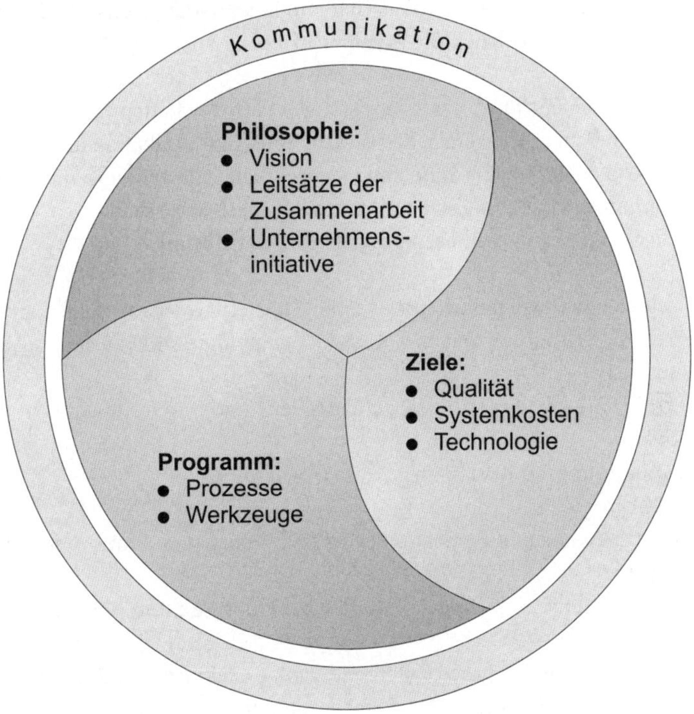

Bild 2.51 DaimlerChrysler-Lieferantenprogramm „Extended Enterprise"[133]

Extended Enterprise bildet den Grundstein für ein partnerschaftliches Miteinander mit den Zulieferern – konzernübergreifend und über die erste Zuliefererstufe hinweg. Extended Enterprise besteht aus drei Bausteinen:

1. Philosophie:
   Unsere Vision in der Zusammenarbeit mit unseren Zulieferpartnern lautet: Wir schaffen das weltweit effektivste Zuliefernetzwerk! Diese Vision werden wir gemeinsam mit leistungsfähigen Partnern in die Realität umsetzen. Der Netzwerkgedanke ermöglicht hierbei eine völlig neue Dimension der Zusammenarbeit. Effizienter Informationsaustausch – über funktionale, organisatorische und kulturelle Grenzen hinweg – entscheidet über den Erfolg unserer Zusammenarbeit.

   Folgende Leitsätze bilden die Maxime unseres Handelns:
   - Wir werden die Zukunft positiv gestalten, indem wir gemeinsam handeln.
   - Die Wünsche und Anforderungen der Kunden bestimmen unser Handeln und unsere Produkte.

- Leistungsfähige Unternehmen sind unsere Partner.
- Wir fordern und fördern Kreativität und Eigeninitiative unserer Zulieferer.
- Wir erwarten höchstes Engagement in Bezug auf Qualität, Kosten, Technologie und Logistik.
- Wir streben nach fairen und langfristigen Partnerschaften.
- Wir glauben an Vertrauen, Fairness, offene Kommunikation und Information.
- Wir wollen der beste Kunde und meistgeschätzte Partner unserer Zulieferer sein.
- Wir handeln in ökologischem Verantwortungsbewusstsein.
- Wir bekennen uns zu unserer sozialen Verantwortung.

2. Ziele:
   Die Ziele, die wir gemeinsam mit unseren Zulieferpartnern verfolgen, orientieren sich an unseren Werttreibern Qualität, Kosten, Technologie und Logistik:
   - Qualität
     Erreichung der Qualitätsziele auf Basis der Kundenerwartungen.
   - Kosten
     Optimierung der Kosten im gesamten Netzwerk.
   - Technologie
     Identifizierung und Beschaffung von Technologien und Innovationen.
   - Logistik
     Schnelle, verlässliche und konsistente Lieferung von Produkten und Services.
3. Programm:
   Die Umsetzung von Extended Enterprise erfolgt strukturiert und anhand abgestimmter Vorgehensweisen. Es gibt eine Vielzahl von Prozessen und Werkzeugen, deren Einsatz im Netzwerk erkennbare Vorteile bringt. Unterschieden wird zwischen globalen und produktspezifischen Aktivitäten. Globale Prozesse und Werkzeuge sind über die einzelnen Marken bzw. Produkte hinweg relevant und können weltweit angewendet werden. Dazu zählen u. a. die Externe Balanced Scorecard, die als Zielvereinbarungs- und Steuerungsinstrument die Leistungen von Zulieferpartnern misst, bewertet und kommuniziert. Andere Werkzeuge oder Prozesse sind nur für einzelne Marken bzw. Produkte von Bedeutung. Beispiele hierfür sind das Mercedes Development System (MDS).

Beispiel 2.67 ELITE

Beispiele für strategische Partnerschaften:[134]

- Produktpartnerschaften: Entwicklung von Netzprodukten in Partnerschaft mit INTRATEC
- Servicepartnerschaft: Entwicklung von Partnerschaften mit Netzbetreibern zur Ausweitung der Netzabdeckung
- Supportpartnerschaften: Rekrutierung spezialisierter Fachkräfte

Beispiel 2.68 Ford

Tabelle 2.6 Lieferantenbewertungssystem:[135]

Kriterien und Bewertungselemente	Punkte
Angemessenheit des Lieferanten-Qualitätssicherungssystems - 20 Fragen zur Systemüberprüfung	30
Qualitätsbewusstsein der Führungskräfte und ihre Einstellung zur Qualität - ständige Verbesserung (Verständnis/Einstellung, Schulung, Überwachung durch das Management) - Reaktion beim Auftreten von Qualitätsbeanstandungen	20
Fortdauernde Qualitätsleistung - Qualität von Produkten und Dienstleistungen	50
Total:	100

Tabelle 2.7 Einstufung der Lieferanten:[136]

Einstufung und Wertziffernbereich	Code
BEVORZUGT - 85–100 (Auszeichnung zum Q1-Kaufteillieferanten möglich)	E
GEEIGNET - 70–84	S
UNGEEIGNET - weniger als 70	U

Beispiel 2.69 Rank Xerox

- Anzahl von Zulieferern von 5.000 auf 400 in zehn Jahren reduziert[137]

Beispiel 2.70 Granite Rock

Partnerschaften mit Zulieferern zu beiderseitigem Nutzen:[138]

- On-going Supplier Quality Performance Tracking System zur Bewertung
- Golden Chain Award für Lieferanten

Beispiel 2.71 Ritz-Carlton

- Liefertreue für alle Arten von Material bei der Einrichtung neuer Hotels von 60 % innerhalb von drei Jahren angestiegen [139]

Beispiel 2.72 Texas Instruments

Integriertes Informationssystem mit 800 Zulieferern[140]

- Regelmäßige Messung der Leistung und Qualität; Dokumentation in Performance Reports
- Implementierung von Customer-Supplier-Teams
- Liefertreue in vier Jahren um 46 % erhöht
- Strategische Allianzen und Reduktion der Zahl der Zulieferer

4b: Finanzen werden gemanagt.

Die Überlebensfähigkeit eines Unternehmens ist kurzfristig von der Sicherung seiner Liquidität und mittel- bis langfristig von einer stabilen Finanzierung abhängig, die die Grundlage dafür liefert, den Verpflichtungen gegenüber Anteilseignern oder Trägern der Organisation, Mitarbeitern und der Gesellschaft dauerhaft nachkommen zu können. Dabei ist zwischen Profit- und Non-Profit-Organisationen zu unterscheiden. Während die ersteren eine stabile Ertragslage anstreben sollten, geht es bei den letzteren um den vernünftigen Umgang mit einem finanziellen Rahmen, der sich im Allgemeinen in einem Budget niederschlägt.

Während in diesem Sinne für ein „Profit-Unternehmen" eine langfristige Optimierung – z. B. unter dem Aspekt der kontinuierlichen Erhöhung des „Shareholder Value" – angestrebt wird, geht es bei „Non-Profit-Unternehmen" um die bestmögliche Verwendung des Budgets. Dies setzt voraus, dass finanzielle Strategien entwickelt und eingeführt werden, die die Politik und Strategie der Organisation unterstützen, indem sich diese in entsprechenden Prozessen zur Allokation der finanziellen Mittel niederschlagen. Dies erfordert eine Finanzplanung und ein Reporting, das die finanziellen Erwartungen an die Organisation allen Organisationsmitgliedern verdeutlicht. Insbesondere in Non-Profit-Organisationen wie z. B. der öffentlichen Verwaltung, die in vielen Fällen noch nach Prinzipien der kameralistischen Buchführung arbeiten, bedarf es der Einführung eines qualifizierten Kostenrechnungssystems als Grundlage für ein entsprechendes Reporting.

Investitionen und Desinvestitionen in bzw. von materiellen und immateriellen Vermögenswerten sind einer entsprechenden Evaluation (z. B. Investitionsrechnung) zu unterziehen. Auch die sonstige Verwendung finanzieller Ressourcen ist in adäquater Form zu bewerten und mit Kennzahlen zu überwachen. Dazu sind entsprechende Instrumente ggf. zu entwickeln und einzusetzen. Der Umgang mit finanziellen Risiken muss auf allen relevanten Ebenen der Organisation mit geeigneten Methoden beherrscht werden. Darüber hinaus sind normative Regeln der Unternehmensführung, wie sie in Corporate Governance-Grundsätzen in der jüngsten Vergangenheit auch in Deutschland formuliert und diskutiert wurden, auf den entsprechenden Ebenen der Organisation anzuwenden.

Da diese und weitere Inhalte in grundlegenden Werken zum internen und externen Rechnungswesen zu finden sind, sollen sie hier nicht weiter ausgeführt werden. Es muss allerdings noch einmal darauf hingewiesen werden, dass sich normative Aussagen, wie z. B. Verstärkung der „Kundenorientierung", auch in der Zuweisung finanzieller Mittel niederschlagen müssen.

Weitere Indikatoren für die Unterstützung von Politik und Strategie können der Anteil der Ausgaben für die Zukunftssicherung (Investitionen, Forschung, Weiterbildung) und die Umsetzung der Ergebnisse der kontinuierlichen Verbesserung (z. B. Verringerung des durchschnittlich gebundenen Kapitals oder Durchlaufzeitverkürzungen, aber auch die Investitionen in die Verbesserung der Rehabilitationsqualität in einer entsprechenden Einrichtung) sein.

Kritisch anzumerken ist in diesem Zusammenhang, dass die wünschenswerte Verfolgung längerfristiger Ziele – zumindest in Deutschland – durch die eher kurzfristigen Beurteilungszeiträume für das Management konterkariert wird.

Neben der inhaltlichen Ausgestaltung der Finanzplanung stellt sich die Frage nach deren regelmäßiger Überprüfung und Verbesserung. Ein systematisches Controlling-Konzept beinhaltet im Allgemeinen Finanzkennzahlen, wie Cashflow oder Umlaufvermögen, die auf dem traditionellen Rechnungs- und Berichtswesen beruhen. Kunden- und prozessorientierte Daten bleiben in der Regel ausgeklammert. Es ist daher zu prüfen, inwieweit hier z. B. Ansätze einer Prozesskostenrechnung zum Tragen kommen. Es geht also darum, wie vorhandene Systeme kontinuierlich weiterentwickelt und neue Ansätze getestet werden (z. B. die systematische Simulation von Finanzanlageoptionen). Es müssen strukturierte Reviews vorhanden sein, die einen adäquaten Detaillierungsgrad aufweisen.

Zusammenfassend lassen sich für Teilkriterium 4b als mögliche Ansatzpunkte festhalten:[141]

- Zur Unterstützung der übergeordneten Politik und Strategie finanzielle Strategien und Prozesse für die Nutzung finanzieller Ressourcen entwickeln und einführen;
- Finanzplanung und Berichterstattung zur Vermittlung der Erwartungen der finanziellen Interessengruppen in der gesamten Organisation gestalten;
- Mechanismen zur Berichterstattung einführen;
- Investitionen und Desinvestitionen in materielle und immaterielle Güter bewerten;
- finanzielle Mechanismen und Parameter zur Sicherstellung effizienter und effektiver Ressourcenstrukturen einsetzen;
- Methoden zum Risikomanagement finanzieller Ressourcen in allen zutreffenden Ebenen der Organisation entwickeln und einführen;
- Kernsteuerungsprozesse[142] in allen zutreffenden Ebenen der Organisation einführen und umsetzen.

Beispiel 2.73 TNT

Grundlegende Daten für Investitionsvorhaben:[143]

- Vollständige Projektbeschreibung
- Detaillierte Kosten-Nutzen-Analyse
- Betrachtung der Alternativen
- Zugrunde gelegte Annahmen
- Risikoanalyse
- Lebensdauer des Projektes und Payback

Beispiel 2.74 Porsche

Tabelle 2.8 Hauptprozesse und Cost-Driver im Beschaffungsbereich (Auszug)[144]

Hauptprozesse	Cost-Driver
Bestellabwicklung - Serienmaterial über Rahmenverträge - Serienmaterial über Einzelbestellungen - Nichtproduktives Material über Einzelbest.	 Anzahl der Rahmenverträge Anzahl der Einzelbest. (Serienmat.) Anzahl der Einzelbest. (Nichtser.mat.)
Materialdisposition - Für JIT-Teile - Für ABC-Teile	 Anzahl der JIT-Teilenummern Anzahl der ABC-Teilenummern
Warenannahme - Material für Hochregallager (HRL)/Kleinteilelager (KTL) - Sonderteile	 Anzahl der angelieferten Teilenummern (HRL/KTL) Anzahl der angelieferten Teilenummern
Wareneinlagerung/-auslagerung HRL	Anzahl der Behälter HRL
Karosserie- und Blechteilelagerung und Handling	Anzahl der Blechteile-Behälter

Tabelle 2.9 Prozesskostensätze im Einkauf von Porsche[145] [lmi: leistungsmengeninduziert; lmn: leistungsmengenneutral]

(1) **Prozesse**	(2) **Maßgrößen**	(3) **Planprozessmenge (Stück)**	(4) **Plankosten (EUR)**	(5a) **Prozesskostensatz (lmi) (EUR)**	(5b) **Umlagensatz (lmn) (EUR)**	(5c) **Gesamtprozesskostensatz (EUR)**
Angebote einholen (lmi)	Anzahl der Angebote	1.200	300.000	250,00	21,27	271,27
Bestellung aufgeben (lmi)	Anzahl der Bestellungen	3.500	70.000	20,00	1,70	21,70
Reklamationen bearbeiten (lmi)	Anzahl der Reklamationen	100	100.000	1.000,00	85,10	1.085,10
Abteilung leiten (lmi)			40.000			

Beispiel 2.75 Yellow Pages

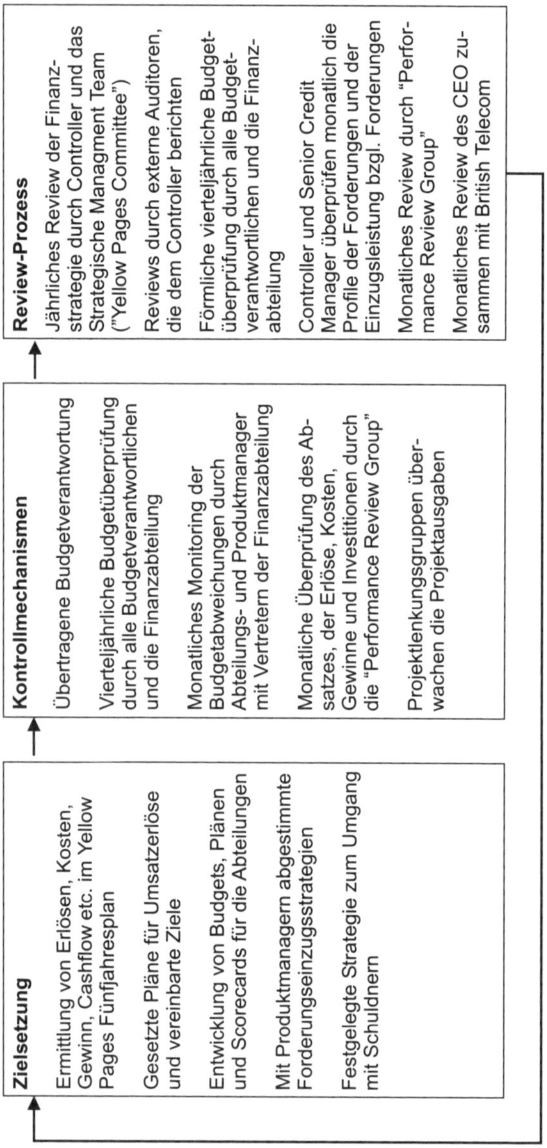

Bild 2.52 Finanzcontrolling[146]

Beispiel 2.76 AUBI

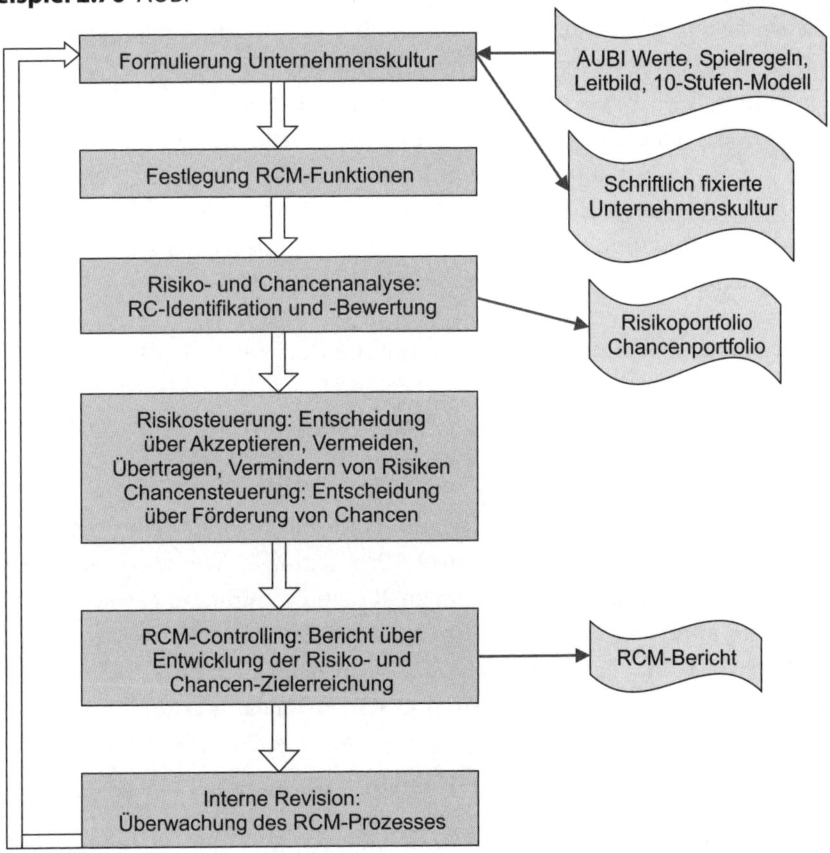

Bild 2.53 Der AUBI-Risiko-und-Chancen-Management(RCM)-Prozess[147]

4c: Gebäude, Einrichtungen und Material werden gemanagt.

Auch hier geht es vorrangig darum, wie Vermögenswerte zur Umsetzung von Politik und Strategie genutzt werden. Wenn im Kontext unterschiedlicher Rahmenbedingungen beispielsweise das Thema „Telearbeit" in den Vordergrund rückt, hat dies deutliche Auswirkung auf die Anforderungen und Bewirtschaftungskonzepte von Gebäuden, aber auch andere Investitionsentscheidungen. Im allgemeinen Sinne gehört dazu auch, den Stand der Technik zu erhalten – insbesondere in technologiegetriebenen Organisationen, wozu z. B. auch Krankenhäuser zählen.

Die alte TQM-Idee, Verschwendung zu vermeiden und Anlagen über ihren technisch möglichen Lebenszyklus nutzen zu können, führt zu Ansätzen wie Total Productive Maintenance (TPM), was viel mit dem traditionellen Konzept der vorbeugenden Instandhaltung zu tun hat - wobei sich vorbeugende Instandhaltung natürlich nicht nur auf Maschinen im engeren Sinne beschränkt. Insofern könnte man auch eine weitere Definition des jüngeren Begriffes „Facility Management" strapazieren. In einem weiten Verständnis lassen sich hier auch Überlegungen der Layout-Planung integrieren, die in unmittelbarem Zusammenhang mit der Materialflussplanung oder auch allgemeiner Ablauf- oder Prozessoptimierung stehen.

Für materielle und immaterielle Vermögenswerte ist ein Sicherheitskonzept zu entwickeln; dazu zählen z. B.: neue Ideen (Patente), Computer-Netzwerke (Backup-Systeme, Anti-Virus-Programme etc.) genauso wie z. B. Systeme der Zugangsberechtigung.

Das Streben nach Optimierung der Lagerbestände hat zu einer Reihe von Konzepten geführt, die schwerpunktmäßig im Toyota-Produktionssystem wiederzufinden sind. Dabei ging es einerseits um Methoden zur Bestandsminimierung, wie Kanban oder Just-in-Time, andererseits aber auch um die Verkürzung von Rüstzeiten mit dem Ziel einer Losgröße 1. In Deutschland sind diese Konzepte auch im Zusammenhang mit Lean Production und Lean Administration stärker thematisiert und umgesetzt worden. Das Bestreben aller große Automobilhersteller, ein eigenes Produktionssystem zu realisieren, geht ebenfalls in diese Richtung.

Die Auswirkung von Prozessen und Produkten auf ihre betriebliche und außerbetriebliche Umwelt ist ein weiterer Punkt, dem Aufmerksamkeit geschenkt werden muss. Inwieweit können Gefahren für Arbeitsbedingungen, Gesundheit und Sicherheit z. B. durch bestimmte Anlagen entstehen? Welche Auswirkungen auf die betriebliche Umwelt sind zu verhindern? Wie kann eine umweltschonende Nutzung von Materialien über den gesamten Lebenszyklus aussehen? Wie an früherer Stelle schon andiskutiert, lassen sich solche Fragen durch geeignete, integrierte Managementsysteme lösen, die auch entsprechende Methoden der Datenerhebung beinhalten. Zu einer umweltorientierten Betrachtungsweise gehört auch die Optimierung des Verbrauchs versorgungswirtschaftlicher Einrichtungen, wie z. B. Strom, Wasser, Gas.

Die Reduzierung und Wiederverwendung von Abfällen ist in Deutschland kein neues Thema und durch eine große Zahl gesetzlicher Regelungen erfasst. Wichtig ist es hier im Sinne der schon angesprochenen integrierten Produkt-, aber auch Prozessentwicklung, diese Fragen von Anfang an und nicht erst „End of the Pipe“ zu behandeln.

Die Minimierung potenziell schädlicher globaler Auswirkungen von Produkten oder Dienstleistungen lässt sich zunächst im Kontext von Umweltmanagementsystemen wie der DIN EN ISO 14 000 oder einer EMAS[148]-Zertifizierung diskutieren. In einer umfassenderen Sicht geht es aber auch um wirtschaftsethische Fragestellungen, wie sie teilweise in Corporate Social Responsibility-Konzepten zum Tragen kommen. Beispielhaft seien hier die Empfehlungen und strategischen Festlegungen der EU-Kommission genannt.[149]

Als ein Teilaspekt dieses Themenkomplexes lassen sich auch Fragestellungen der Sinnhaftigkeit von LKW-Transporten quer durch Europa mit dem Ziel der Kostenminimierung in einer spezifischen Bearbeitungsstufe oder des Ausnutzens „besserer“ gesetzlicher Regelungen hinterfragen.

Zusammenfassend lassen sich für Teilkriterium 4c als mögliche Ansatzpunkte festhalten:[150]

- Zur Unterstützung von Politik und Strategie der Organisation eine Strategie zur Bewirtschaftung von Gebäuden, Einrichtungen und Materialien entwickeln;
- die Wartung und Verfügbarkeit von Vermögenswerten zur Verbesserung der Leistung über den gesamten Lebenszyklus managen;
- die Sicherheit der Vermögenswerte managen;
- mögliche ungünstige Auswirkungen der Vermögenswerte der Organisation auf die Gesellschaft und Mitarbeiter messen und managen, einschließlich Arbeitsplatzergonomie, Gesundheit und Sicherheit;
- Ressourcen über den gesamten Lebenszyklus von Produkten in umweltschonender Weise einsetzen;
- Lagerbestände optimieren;
- den Verbrauch von Anlagen optimieren;
- Abfälle reduzieren und der Wiederverwertung zuführen;
- jegliche ungünstigen globalen Einflüsse von Produkten, Herstellungsprozessen und Dienstleistungen minimieren;
- Verbrauch durch Transporte optimieren.

Beispiel 2.77 Idemitsu Kosan

Total Productivity Maintenance(TPM)-Themenfelder, die von Kleingruppen bearbeitet werden:[151]

- Maßnahmen zur effizienten Anlagennutzung: Verbesserung der Kapazitätsauslastung, Erhöhung der Benzinproduktion
- Selbst initiierte Instandhaltungsmaßnahmen: Erhöhung der Anzahl von Verbesserungsvorschlägen, Qualifizierung der Mitarbeiter zur Steigerung der Diagnosefähigkeit
- Planung der Instandhaltung: Verbesserung der Anlagenzuverlässigkeit, Entwicklung eines Planungssystems, Integration von Planungs- und Instandhaltungserfordernissen
- Präventive Instandhaltung: Verbesserung des Konstruktions- und Planungsprozesses, Entwicklung eines Präventivkonzeptes, instandhaltungsgerechte Aufstellung von Anlagen
- Maßnahmen zur Verbesserung der Arbeitssicherheit: Bewertung von Gefährdungspotenzialen, Sensibilisierung der Mitarbeiter
- Qualifizierung der Mitarbeiter in Bezug auf technische Anforderungen: Entwicklung eines Ausbildungsprogramms für Produktionsmitarbeiter

Dabei wurden folgende Ergebnisse erzielt:

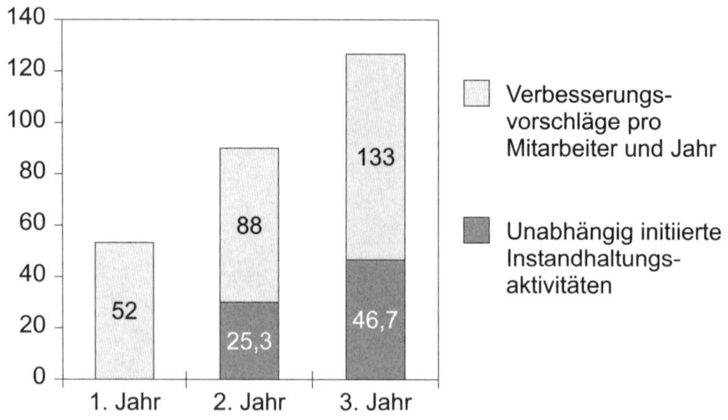

Bild 2.54 Ergebnisse von TPM

Beispiel 2.78 AUBI

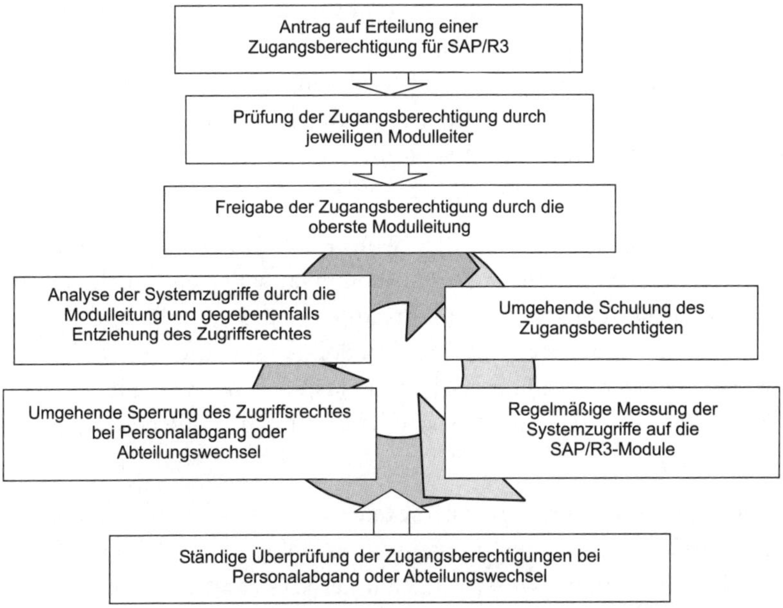

Bild 2.55 Prinzipielle Vorgehensweise bei der Vergabe von Zugriffsrechten[152]

Beispiel 2.79 Rank Xerox

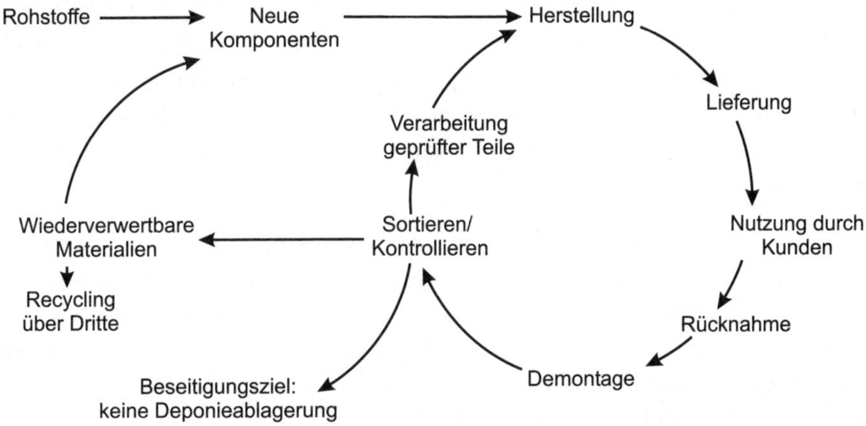

Bild 2.56 Das Rank Xerox-Ökologie-Programm[153]

4d: Technologie wird gemanagt.

Märkte langfristig zu sichern wird ohne Innovation von Produkten und Dienstleistungen in den meisten Fällen nicht möglich sein, was oft entsprechende Prozessinnovationen erfordert. Manches Unternehmen, das in den letzten Jahren ein „umfassendes TQM-Programm“ gestartet hat, war deswegen wenig erfolgreich, weil es die Prozessoptimierung um der Prozessoptimierung willen in den Vordergrund stellte und dabei die Produktinnovation schlicht und ergreifend verschlafen hat.

Daher muss es ein vorrangiges Ziel sein, Kompetenzen und Führerschaft bei Schlüsseltechnologien zu erreichen, zu halten und auszubauen - auch in Kooperation mit externen Partnern und Forschungsinstituten -, dort, wo diese Kooperation eine Conditio sine qua non für das Erreichen von Politik und Strategie ist. Führerschaft in Technologie setzt aber auch Führerschaft in entsprechenden Qualifikationen voraus. Dieses Ziel ist in die strategische Personalplanung und deren Realisierung zu integrieren.

Zur Unterstützung der Innovationsfähigkeit ist ein Prozess zu beschreiben und zu implementieren, wie neue oder alternative Technologien identifiziert und bezüglich ihrer Auswirkungen auf das Unternehmen und die Gesellschaft beurteilt werden. Das daraus entstehende Technologieportfolio ist umzusetzen und entsprechend fortzuschreiben, um veraltete Technologien rechtzeitig zu ersetzen (siehe **Bild 2.57**).

Die optimale Nutzung vorhandener Technologien ist einerseits unter den zuvor diskutierten Aspekten z. B. einer Minimierung der Ausfallzeiten zu sehen, es spielen aber auch tatsächliche Nutzungszeiten, die mit Arbeitszeitregelungen zusammenhängen, eine wesentliche Rolle. Teure Anlagen mit einem hohen Abschreibungsaufwand benötigen ggf. eine mehrschichtige Nutzung, um eine Fixkostendegression zu realisieren. Dazu sind in aller Regel Betriebsmittelnutzungszeiten von individuellen Arbeitszeiten abzukoppeln.

Sicher kann es beim Technologieeinsatz nicht um „Happy Engineering“ gehen, d. h. um die Ausschöpfung aller neuen Technologien ohne die Prüfung der Auswirkungen auf den Kunden (Beitrag zur Lösung seiner Probleme oder auch höhere Kosten und damit auch höhere Preise) und somit auch auf die Geschäftsergebnisse. Hier besteht die wichtige und schwierige Aufgabe, den potenziellen Widerspruch zwischen Restriktion durch systematische Prozesssteuerung und Kreativität so weit wie möglich aufzulösen (z. B. durch eine strikte Trennung zwischen Grundlagenforschung mit „Narrenfreiheit“ und stärker geregelter anwendungsnaher Forschung und Entwicklung).

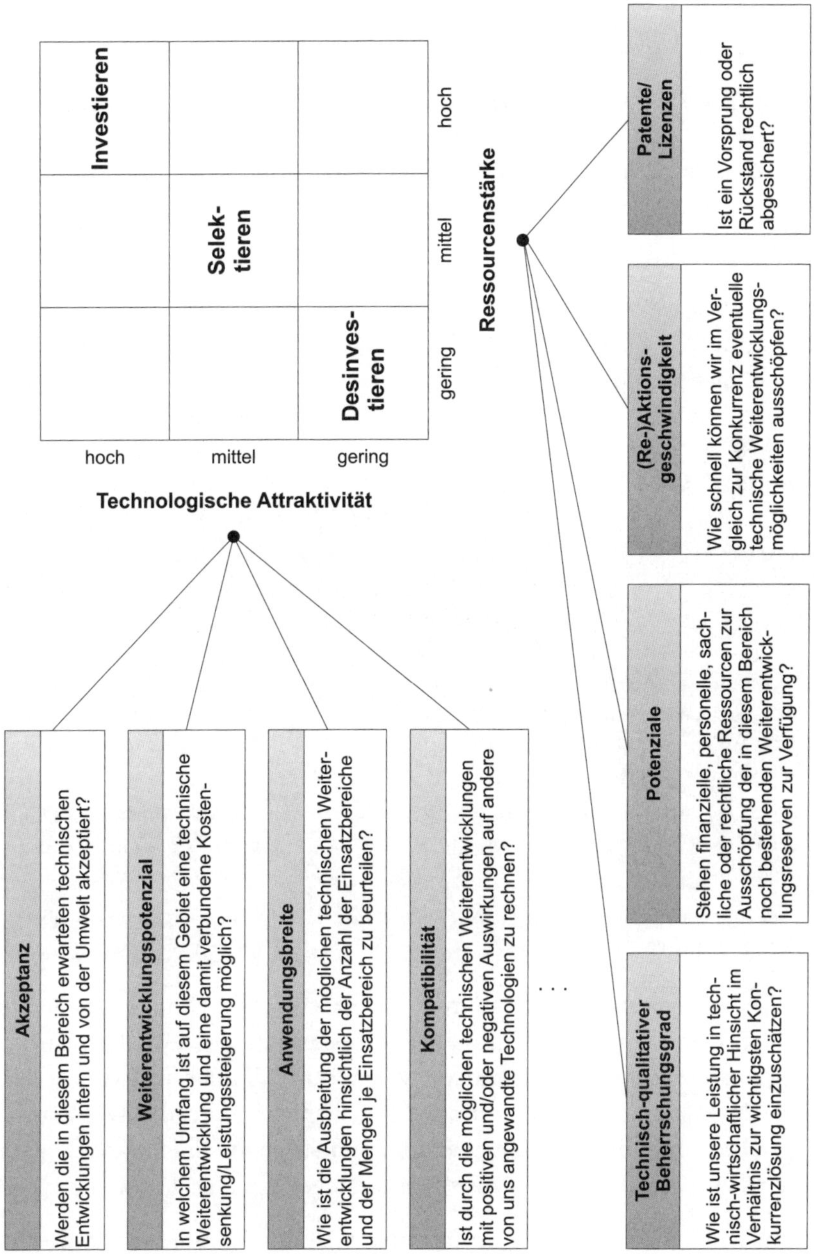

Bild 2.57 Technologieportfolio nach Pfeiffer[154]

Tabelle 2.10 Überwindung organisatorischer Schranken durch neue Technologien[155]

Organisatorische Schwachstellen	***Einsetzbare Technologie***	**Neue Möglichkeiten**
Informationen sind zu einem bestimmten Zeitpunkt nur an einem Ort verfügbar.	*Gemeinsam genutzte Datenbanken*	Informationen können gleichzeitig an vielen beliebigen Orten genutzt werden.
Nur Experten können komplexe Aufgaben übernehmen.	*Expertensysteme*	Ein Generalist kann die Arbeit eines Experten erledigen.
Unternehmen müssen zwischen Zentralisation und Dezentralisation wählen.	*Telekommunikationsnetzwerke*	Unternehmen können gleichzeitig die Vorteile der Zentralisation und Dezentralisation ausschöpfen.
Wer sucht, der findet.	*Automatische Identifizierungs- und Nachforschungstechnik*	Das Gesuchte meldet, wo es ist.
Manager fällen alle Entscheidungen.	*Werkzeuge zur Entscheidungsunterstützung (Datenbanken, Modellbildungssoftware)*	Entscheidungsfindung gehört zur Aufgabenstellung jedes Mitarbeiters.
Außendienstmitarbeiter brauchen Büros, um Informationen empfangen, aufbewahren, abrufen und übertragen zu können.	*Drahtlose Datenkommunikation und tragbare Computer*	Außendienstmitarbeiter können Informationen an jedem beliebigen Ort absenden und empfangen.
Persönlicher Kontakt zu einem potenziellen Käufer ist durch nichts zu überbieten.	*Interaktive Bildplatten*	Der beste Kontakt zu einem potenziellen Käufer ist der effektive Kontakt.
Pläne werden in regelmäßigen Abständen überarbeitet.	*Hochleistungscomputer*	Pläne werden unmittelbar überarbeitet.

Für die Technologieentwicklung werden natürlich auch Umweltaspekte immer bedeutender. Dies kann sich ebenso auf Energieeinsparung bzw. allgemein auf die Schonung knapper Ressourcen beziehen, wie auf die Minimierung von Abfall und Emissionen sowie einer Erhöhung der Recyclingfähigkeit und der Wiedernutzung. Ein steigendes Umweltbewusstsein einerseits und steigende Energiekosten andererseits lassen diese Aspekte immer mehr zu Forderungen des Marktes werden.

In zunehmendem Maße spielen auch Informations- und Kommunikationstechnologien zur Optimierung organisatorischer Abläufe in und zwischen Organisationen eine wesentliche Rolle. Ähnliches gilt, wenn auch noch nicht im gleichen Umfang, für die Schnittstelle zum Kunden. Alle Variationen des E-Commerce (als ein „Konzept zur

Nutzung von bestimmten Informations- und Kommunikationstechnologien zur elektronischen Integration und Verzahnung von Wertschöpfungsketten und unternehmensübergreifenden Geschäftsprozessen") seien hier nur als Stichwort genannt.

Schließlich geht es um den Einsatz von Technologien zur Unterstützung kontinuierlicher Verbesserung. Nicht nur im Produktionsbereich lässt sich die Qualität von Prozessen durch Technikeinsatz verbessern. Die vor einiger Zeit verstärkt diskutierten Ansätze eines Business Reengineering zeigen u. a., wie durch intelligenten Einsatz von Informationstechnologie eine Funktionsintegration erzielt werden kann, die Bearbeitungszeiten drastisch reduziert (siehe **Tabelle 2.10**).

Zusammenfassend lassen sich für Teilkriterium 4d als mögliche Ansatzpunkte festhalten:[156]

- In Unterstützung von Politik und Strategie der Organisation eine Strategie zum Management von Technologie entwickeln;
- alternative und kommende Technologien unter dem Aspekt ihrer Auswirkungen auf die Geschäftsaktivitäten und die Gesellschaft identifizieren und bewerten;
- das Technologieportfolio managen einschließlich der Ermittlung von veralteter Technologie und deren Austausch;
- vorhandene Technologien optimal nutzen;
- innovative und umweltfreundliche Technologien entwickeln (z. B. Einsparung von Energie und Ressourcen, Minimierung von Abfall und Emissionen, Betreiben von Recycling und Wiederverwertung);
- Informations- und Kommunikationstechnologien zur Unterstützung und Verbesserung effektiver Abläufe der Organisation nutzen;
- Technologie zur Unterstützung von Verbesserungen nutzen.

Beispiel 2.80 TNT

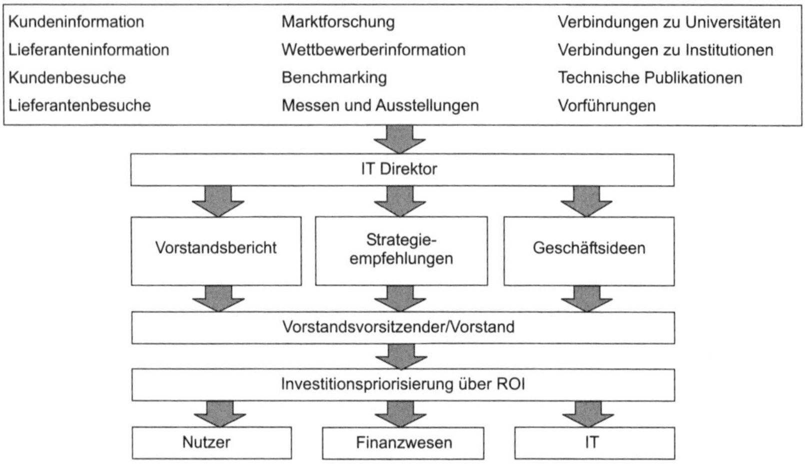

Bild 2.58 Prozess zur Identifizierung und Priorisierung neuer Technologien[157]

Beispiel 2.81 AUBI

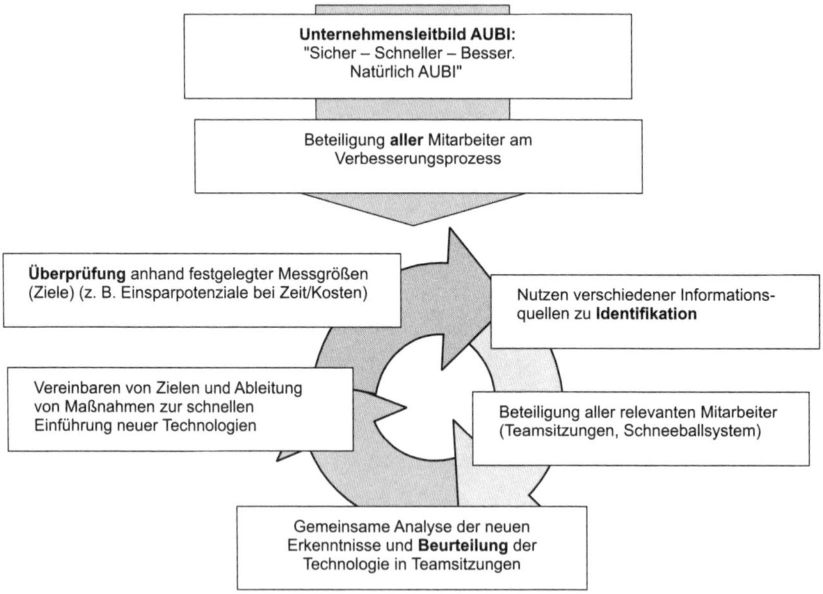

Bild 2.59 Systematische Identifikation von alternativen Technologien[158]

4e: Informationen und Wissen werden gemanagt.

Die Thematik von Information und Wissen wurde zunächst im Kontext der Entwicklung von Politik und Strategie (Teilkriterien 2a und 2b) angesprochen. Bezüglich der Qualifikation der Mitarbeiter wurde die Bedeutung des Wissens für den Organisationserfolg erwähnt (Teilkriterium 3b). Nun geht es um den methodischen Ansatz, wie relevantes Wissen und Informationen identifiziert, zusammengetragen und gemanagt werden können.

In einer Wirtschaft, in der Wertschöpfung zunehmend auf dem Einsatz des „Produktionsfaktors" Wissen basiert, stellt ein erfolgreiches Wissensmanagement für Unternehmen einen entscheidenden Wettbewerbsvorteil dar. Computergestützte Wissensmanagementsysteme ermöglichen es, abgespeicherte und katalogisierte Daten schnell an nahezu allen Orten der Welt abzurufen und allen Mitarbeitern einer Organisation zugänglich zu machen. Wissensmanagement kann jedoch nicht auf die technische Realisierung der Speicherung und Übertragung von Daten reduziert werden: Vielmehr müssen neben technischen auch betriebswirtschaftliche und psychologische Größen beachtet werden. Die Identifizierung und Erfassung relevanten Wissens der Mitarbeiter stellt sich dabei häufig als Problem dar: Mitarbeiter halten Wissen zurück, um individuelle Machtressourcen abzusichern und ihre Stellung in der Organisation zu stärken. Damit stellt sich die Frage nach geeigneten Anreizsystemen zur Schaffung einer wirklichen Wissenstransparenz. Die Bereitschaft, eigenes Wissen mit anderen Organisationsmitgliedern zu teilen und in geeigneter Form in Datenbanken, Projektberichten o. Ä. zu dokumentieren, muss von der Organisation anerkannt werden, indem z. B. entsprechende Kriterien in Personalbeurteilungsinstrumente aufgenommen werden.

Auch die für ein erfolgreiches Wissensmanagement erforderliche Unternehmenskultur steht in diesem Zusammenhang zur Diskussion. In einer Misstrauenskultur wird man von den Mitarbeitern keine offene Wissensweitergabe erwarten können. Wissensmanagement kann deshalb nur dort erfolgreich sein, wo auch die ungeschriebenen Normen so sind, dass niemand aus seiner Offenheit und der Bereitschaft, sein individuelles Wissen weiterzugeben, einen Nachteil erwarten muss.

Dabei muss auf den Unterschied zwischen explizitem und implizitem Wissen hingewiesen werden: Während explizites (bzw. explizierbares) Wissen ohne größere Schwierigkeiten in Büchern, Dokumenten, auf Datenträgern etc. gespeichert und ohne direkten persönlichen Kontakt weitergegeben werden kann, ist implizites Wissen an eine Person gebunden und kann nicht ohne weiteres vom Wissensträger

„getrennt" werden. Implizites Wissen wird durch persönliche Erfahrungen, z. B. im Umgang mit komplexen Problemen oder Systemen, erworben. Mögliche Ansatzpunkte zur Weitergabe impliziten Wissens können Mentoring-Programme oder Sitzungen zum intensiven Erfahrungsaustausch sein.

Wenn im Folgenden von einer Strukturierung und Speicherung von Wissen die Rede ist, so geht es dabei also um explizites Wissen. Implizites Wissen entzieht sich einer solchen Systematisierung aufgrund der oben beschriebenen Merkmale weitestgehend.

Wegen der nahezu unbegrenzten Menge des vorhandenen und ggf. verfügbaren Wissens bedarf es einer Strukturierung und Systematisierung auf der Grundlage von Politik und Strategie. Deshalb muss der Aufbau eines Wissensmanagementsystems mit einer Anforderungsanalyse beginnen, die aus der Politik und Strategie der Organisation ein entsprechendes Konzept für das Wissensmanagement ableitet.

Pragmatisch kann man diese Aufgaben in sechs Segmente zerlegen:[159]

1. Bedarf an Wissen aus Vision, Politik und Strategie ableiten.
2. In der Organisation verfügbares Wissen zusammenstellen und bezüglich seiner Wertigkeit in Bezug auf die geplante Weiterentwicklung feststellen.
3. (Neues) Wissen intern und ggf. mit externen Partnern entwickeln.
4. Das verfügbare Wissen mit jenen teilen, die es zur Erfüllung ihrer Aufgabe benötigen, wobei dieser Prozess im Allgemeinen organisiert werden muss und die Existenz einer entsprechenden (Vertrauens-)Kultur voraussetzt.
5. Das Wissen so schnell wie möglich anwenden.
6. Das verfügbare Wissen regelmäßig überprüfen und entsprechend anpassen.

Wissensmanagement muss sich auch – und auch im Sinne des Kunden – der Frage zuwenden, wie geistiges Eigentum gepflegt, weiterentwickelt und geschützt werden kann. Dieses Thema hat vielfältige Facetten, wie die Verhinderung von Plagiaten durch Absicherung über Patente, aber z. B. auch, wie es gelingt, Leistungsträger zu binden, um implizites Wissen für die Organisation zu erhalten etc.

Der Umgang mit Wissen ist dann optimal, wenn er dazu führt, die Innovationsfähigkeit und Kreativität der Organisation zu fördern, und so zu einem selbstverstärkenden Regelkreis wird. Auch hier spielt die Unternehmenskultur wieder eine wesentliche Rolle. Wenn kontinuierliche Verbesserungen genauso zum Alltag gehören wie fallweise „Break-Through-Innovationen" und dies dadurch zu einer Stabilität auf der Meta-Ebene führt, dass immer wieder die gleichen Instrumente (z. B. eine Selbstbewertung auf der Grundlage von Excellence-Modellen) genutzt werden, wird der Wandel zur Normalität und damit auch zur Überlebenssicherung.

Die Ausrichtung einer Organisation auf Excellence zieht im Allgemeinen organisatorische Konsequenzen (z. B. stärkere Objekt- bzw. Kundenorientierung statt einer Ausrichtung an betrieblichen Funktionen) nach sich, die es erforderlich machen, über bestehende Informations- oder EDV-Konzepte nachzudenken. Hierzu werden Informationen benötigt, die bisher vernachlässigt wurden. Dazu gehören z. B. Daten zur ganzheitlichen Beurteilung von Prozessen oder ein Informationssystem zur Beurteilung der Kundenorientierung der Organisation.[160]

Es wird deutlich, dass eine Veränderung von Politik und Strategie und der damit verbundenen „Kernbotschaften" (oder „Missions") auch entsprechende Informationsstrategien und -systeme benötigt, die die Unternehmensziele widerspiegeln und unterstützen.

Dabei kann *Qualitätsorientierung* im weiteren Sinne nicht bedeuten, dass die Systeme immer komplexer werden: (Interne) Kundenorientierung heißt hier auch verstärkte Benutzerfreundlichkeit. Nachdem es bei der Hardware in den letzten Jahren bereits positive Entwicklungen in diese Richtung gab, betrifft dies insbesondere die verwendete Software. Ein anderer Aspekt ist die Zugänglichkeit, die z. B. durch die Anzahl verfügbarer Terminals oder den Real-Time-Datentransfer bei Unternehmen mit funktionalen Einheiten an verschiedenen Standorten gekennzeichnet wird. Auch Verbesserungsprojekte bezüglich des Antwortzeitverhaltens sind diesem Themenblock zuzuordnen. Schließlich sind in diesem Kontext auch Softwarepakete anzusprechen, die den Mitarbeitern bei Verbesserungsprojekten (z. B. Business Process Management) entsprechende Unterstützung zur Verfügung stellen.

In Summe bedeutet dies eine jederzeit verfügbare zielgruppenspezifische Aufbereitung von Daten, z. B. für den Außendienstmitarbeiter, den Maschinenbediener, Mitarbeiter in der Logistik, aber auch relevante Daten für Kunden und Mitarbeiter im Internet bzw. Intranet.

Wenn man die Existenz eines Informations- und DV-Konzeptes unterstellt, das die Unternehmensziele konsistent unterstützt, erhebt sich wiederum die Frage nach dessen kontinuierlicher Verbesserung, z. B. auf der Grundlage von Self-Assessment- und Benchmarking-Ergebnissen. Dies betrifft auch die Validität, Integrität, Zugänglichkeit und Sicherheit der Inhalte.

Zusammenfassend lassen sich für Teilkriterium 4e als mögliche Ansatzpunkte festhalten:[161]

- In Unterstützung von Politik und Strategie der Organisation eine Strategie zum Management von Informationen und Wissen entwickeln;
- die Anforderungen der Organisation an Information und Wissen ermitteln;
- in Unterstützung von Politik und Strategie Informationen und Wissen sammeln, strukturieren und managen;
- internen und externen Nutzern geeigneten Zugriff auf nötige Informationen und Wissen ermöglichen;
- Informationstechnologie zur Unterstützung der internen Kommunikation, der Information und zum Wissensmanagement nutzen;
- Gültigkeit, Integrität und Schutz der Informationen sicherstellen und verbessern;
- einzigartiges intellektuelles Kapital zur Maximierung der Wertschöpfung beim Kunden pflegen, entwickeln und schützen;
- nach effektivem Erwerb, Vermehrung und Nutzung von Wissen streben;
- innovative und kreative Denkprozesse in der Organisation durch die Nutzung relevanter Information und Wissensressourcen auslösen.

Beispiel 2.82 IBM

Informationssystem „Electronic Customer Support" zur Förderung der Kundenorientierung:[162]

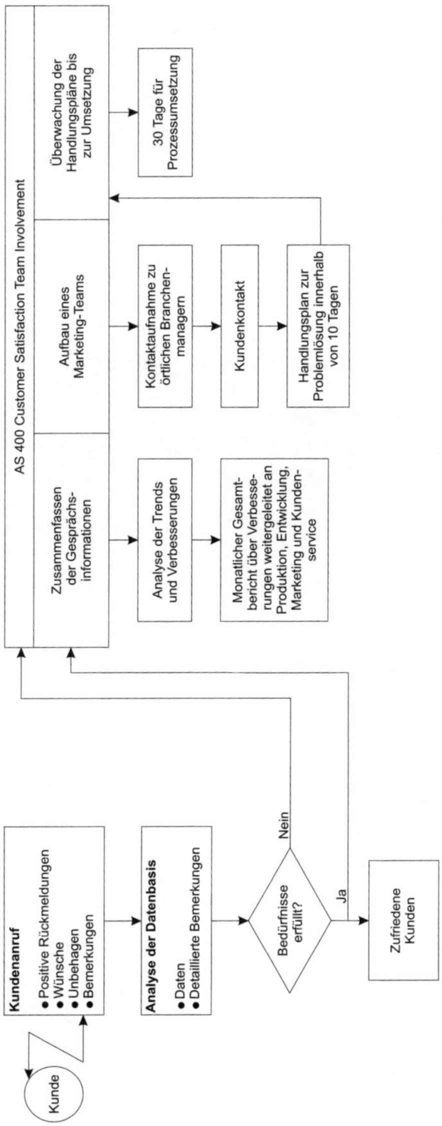

Bild 2.60 Kundenorientiertes Informationsmanagement bei IBM[163]

Ziel:
- Analyse der Kundenzufriedenheit
- Direkte Reaktion auf Kundenbeschwerden

Duale Funktion:
- Problemmanagement: Unterstützung des Kunden bei Problemen durch die direkte Bereitstellung von Informationen.
- Sammlung von Kundenwünschen: Durch die systematische Analyse dieses Datenmaterials können frühzeitig Trends festgestellt werden.

Beispiel 2.83 Texas Instruments

Anwendungsfelder des Informationssystems:[164]

- Lösung von Kundenproblemen:
- Mitarbeiter im Kundenkontakt können für notwendige Entscheidungen auf Echtzeitdaten zurückgreifen und Analysen durchführen (Electronic Customer Support)

- Verbesserung von Prozessen:
- Permanente Analyse und statistische Auswertung von Prozessparametern
- Verminderung der Durchlaufzeiten

- Erhöhung des Produktivitätsniveaus und der Sicherheit

- Integration des Informationsmanagementsystems in den strategischen Planungsprozess

- Ableitung von Handlungsstrategien

Beispiel 2.84 IBM

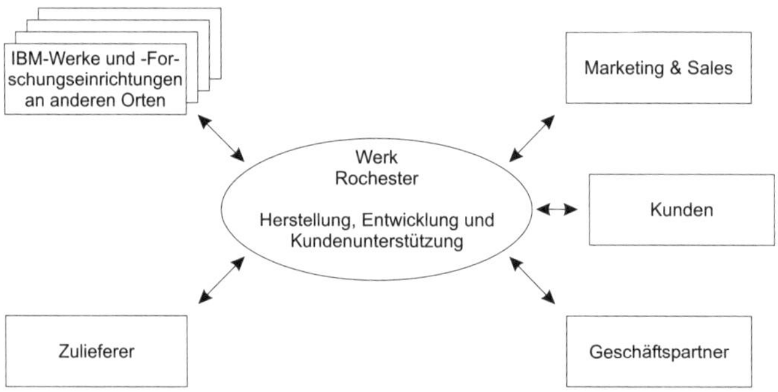

Bild 2.61 Informationsstruktur[165]

Beispiel 2.85 sd&m

Tabelle 2.11 Gestaltungsbereiche und Maßnahmen des Wissensmanagements:[166]

Gestaltungsbereich	Maßnahmen	Relevante Einflussfaktoren
Infrastruktur	sd&m Knowledge Web - Integration operatives MIS - Integration externer Quellen - Individuelle Homepages - Skillverwaltung - Links zwischen allen Ebenen - Einheitliche Suchmaschine	- Unternehmensgröße - Wettbewerbsstrategien - Komplexität des Wissens
Aufbauorganisation	sd&m Technologiemanagement-Gruppe (sTm-Gruppe) - Wissensbroker als interne Berater für Projekte - Jeweils zuständig für Kernthema - Regelmäßige Themenüberprüfung - Pflege und Weiterentwicklung des Wissens	- Unternehmensgröße - Komplexität des Wissens - Nachfrage des Wissens
Ablauforganisation	Verzahnung Kernprozesse und Wissenstransfer - Kick-off-Meetings mit sTm - Touch-down-Meetings mit sTm - Wettbewerbsstrategie - Unternehmenskultur	- Wettbewerbsstrategie - Unternehmenskultur
Koordination	- Prinzip der Selbstversorgung - Freie Wahl der Angebote zum Zugriff auf vorhandenes Wissen - Individuelle Entscheidung über Art, Umfang	- Wettbewerbsstrategie - Unternehmenskultur - Komplexität des Wissens
Motivation	- Wechselnde Aufgabenstellungen - Förderung von Generalisten - Offene Karrierepfade - Kontierung des Wissenstransfers zwischen Projekten	- Unternehmenskultur

Beispiel 2.86 Automobilzulieferindustrie

Interviewfragen

Individuelle Wissensbedarfe
- Welche Informationen zum Thema Ausschuss benötigen Sie bei Ihren Aufgaben?
- Wie sind diese Informationen zu bemessen (Werte, Kennzahlen, ...)?
- Welche Daten sollen in der Auswertung dargestellt sein?
- ...

Form der Wissensbereitstellung
- Welche Darstellung sollte die Auswertung haben?
  (_) Liste (_) Diagramm
  (_) Matrix (_) ________________
- Wie sollte die Auswertung strukturiert sein?
- ...

Intervall der Wissensbereitstellung
In welchem Zeitintervall (Aktualität) sollte die Information bereitgestellt werden:
  (_) online (_) bei Überschreitung eines Grenzwertes
  (_) monatlich (_) ________________________________
  (_) quartalsweise
- ...

Medium der Wissenbereitstellung
- Wie möchten Sie an Ihre Information gelangen?
  (_) Papier (_) PC
  (_) Meeting (_) ________________________________

...

Gewichtungsskala

- Wie bedeutend ist das Wissensfeld Ausschussauswertung für Ihre Arbeit?
  (_) unbedingt erforderlich
  (_) erforderlich
  (_) 'nice to have'
  (_) nicht notwendig

Bild 2.62 Beispiele für Interviewfragen zur Ermittlung des individuellen Wissensbedarfs zum Thema Ausschussanalyse bei einem internationalen Automobilzulieferer[167]

2.2.5 Kriterium 5: Prozesse

Wie das Thema „Ressourcen" hat auch das Kriterium „Prozesse" in den letzten Jahren eine neue Aktualität erfahren. So beinhalten Konzepte wie Lean Production bzw. Lean Management und „Business Reengineering", aber auch Total Quality Management eine starke Ausrichtung auf Prozesse. Aber auch die Welle der Zertifizierung von Qualitätsmanagementsystemen hat das Interesse an einer prozessorientierten Dokumentation verstärkt.

Allen diesen Konzepten liegen einzelne oder mehrere Zielsetzungen zugrunde, die man mit einer prozessorientierten Organisationsform verbindet:

- Verbesserung der Transparenz von Abläufen,
- Schaffung klarer Verantwortlichkeiten,
- Verbesserung der Zusammenarbeit zwischen einzelnen Bereichen/Abteilungen oder Fachgruppen,
- Verkürzung der Durchlaufzeit und in jüngerer Vergangenheit vor allem
- verbesserte Kundenorientierung.

Nach der Revision des EFQM-Modells in 2000 wurde das Thema Prozesse aufgespaltet in jene Schlüsselprozesse bzw. das Netzwerk von Schlüsselprozessen, durch das Politik und Strategie umgesetzt werden – also die prinzipielle Verknüpfung von Politik und Strategie, die sich jetzt im Kriterium 2 wiederfindet, und die Gestaltung, das Management und die Verbesserung von Prozessen, die darauf ausgerichtet sind, den Kunden und die anderen Stakeholder vollständig zufrieden zu stellen und dabei die Wertschöpfung zu erhöhen, die im Kriterium 5 zu finden ist. Die 2000 vorgenommenen Veränderungen auf der Ebene der Teilkriterien tragen auch dem Sachverhalt Rechnung, dass das Thema „Kundenorientierung" auf der Seite der Befähiger deutlicher zum Ausdruck kommen sollte als bisher. Dies zeigen insbesondere die Teilkriterien 5c, 5d und 5e.

Wenn die Teilkriterien 5a und 5b sich vorrangig auf Aspekte des Prozessmanagements fokussieren, setzt dies voraus, dass die Organisation den Weg zu einer Prozessorientierung schon beschritten hat. Dies lässt sich allerdings bei weitem nicht prinzipiell voraussetzen, da eine solche Umstrukturierung ggf. tief greifende Veränderungen nach sich ziehen kann, die insbesondere die Machtstruktur in einer Organisation massiv verändern können.

Eine spezifische Form der Neuorganisation wurde Anfang der 90er Jahre durch die Unternehmensberatung Roland Berger unter dem Namen „Dynamische Unternehmensorganisation“ vorgeschlagen.[168] Ohne dieses Konzept näher zu beschreiben, soll im Folgenden nur die „Transfermatrix“ bzgl. der neuen Personalverteilung gezeigt werden:

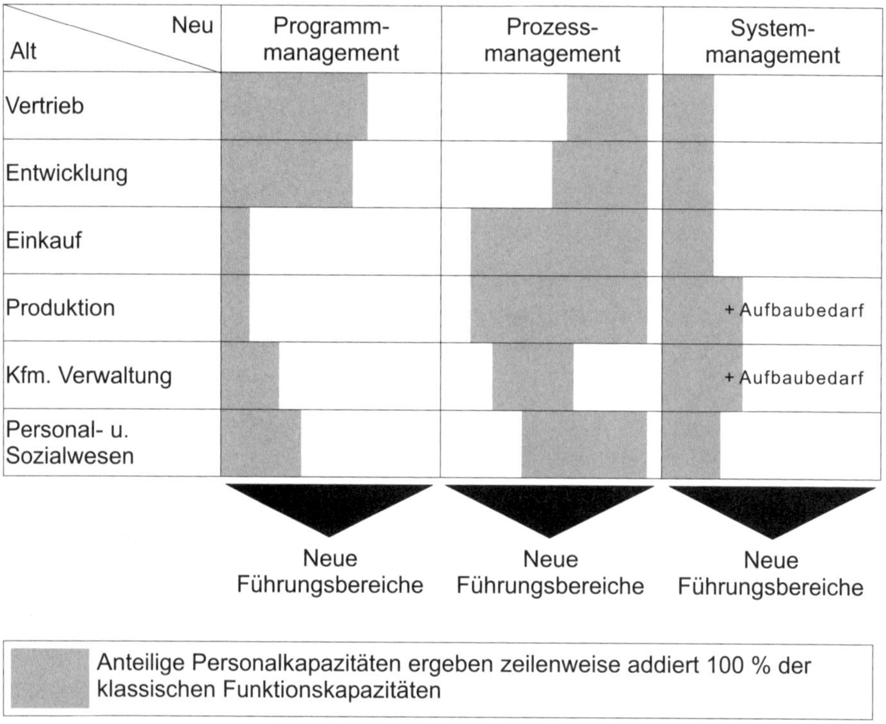

Bild 2.63 Transfermatrix zur neuen Personalverteilung[169]

Die Abbildung zeigt auch, dass die Zahl der Leitungsfunktionen auf der obersten Ebene halbiert wird. Solche schwerwiegenden Eingriffe in die Machtverteilung führen oft zum Scheitern dieser und ähnlicher Konzepte. Man verständigt sich dann eher auf „Kompromisslösungen“, wie das schon sehr früh von IBM eingeführte Process Owner-Konzept, das inzwischen auch Eingang in die revidierte DIN EN ISO 9000:2000 gefunden hat. Die prinzipielle Vorgehensweise am Prozess „Erfüllung eines Kundenauftrages“ zeigt **Bild 2.64**.

Das heißt – und darin besteht der Kompromiss –, die bisherige funktionale Organisation bleibt zwar bestehen, für die Schlüsselprozesse werden jedoch zusätzliche Verantwortlichkeiten geschaffen, deren Relevanz auch in der Zuordnung zu Hierarchieebenen zum Ausdruck kommen sollte. Da durch einen solchen Ansatz die alte Idee der Matrix-Organisation wieder auflebt, muss aus den Fehlern der Vergangenheit insbesondere durch eine eindeutige Klärung der Zuständigkeit der Process Owner gelernt werden.

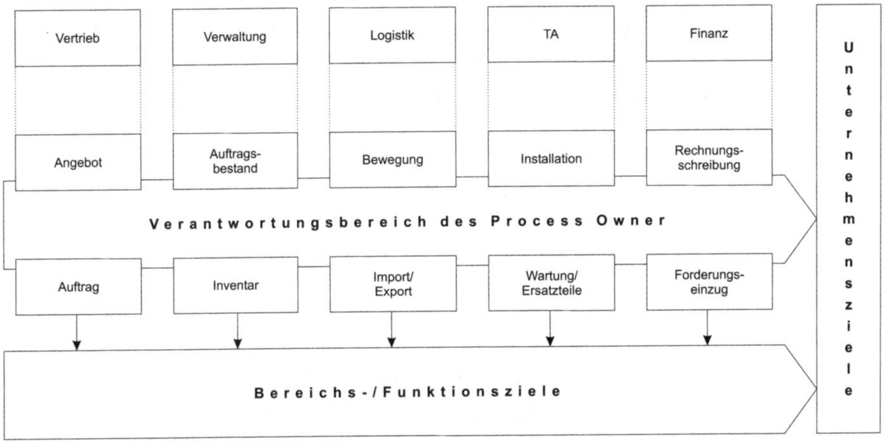

Bild 2.64 Bereichsübergreifender Prozess „Erfüllung eines Kundenauftrages"[170]

Wie an früherer Stelle schon dargestellt, kann man ein ähnliches Konzept auch für prozessorientierte Projektgruppen realisieren.

Das Kriterium Prozesse umfasst folgende Teilkriterien:

5a: Prozesse werden systematisch gestaltet und gemanagt.

5b: Prozesse werden nach Bedarf und unter Nutzung von Innovationen verbessert, um Kunden und andere Interessengruppen voll zufrieden zu stellen und die Wertschöpfung für sie zu steigern.

5c: Produkte und Dienstleistungen werden auf Basis der Bedürfnisse und Erwartungen der Kunden entworfen und entwickelt.

5d: Produkte und Dienstleistungen werden hergestellt, vermarktet und betreut.

5e: Kundenbeziehungen werden gemanagt und vertieft.

Das heißt, „exzellente Organisationen gestalten, managen und verbessern Prozesse, um Kunden und andere Interessengruppen voll zufrieden zu stellen und die Wertschöpfung für diese zu steigern".[171]

5a: Prozesse werden systematisch gestaltet und gemanagt.

Ausgangspunkt der Prozessgestaltung sind Politik und Strategie sowie die daraus abgeleiteten Ziele. Am Beispiel „Kundenorientierung" lässt sich noch einmal beispielhaft der Zusammenhang zur „Prozessorientierung" zeigen, da eine funktionale Gliederung der Organisation eher hinderlich für die reibungslose Erfüllung eines Kundenauftrages ist.

Als Grundlage für ein Prozessmanagement bedarf es auch einer Gewichtung der Prozesse:

- in Schlüssel- oder Kernprozesse, die einen unmittelbaren und wesentlichen Einfluss auf die Politik und Strategie haben bzw. den Wettbewerbsvorteil des Unternehmens ausmachen, und
- Supportprozesse, die nur einen indirekten oder möglicherweise auch begrenzten Einfluss haben.

Fallweise wird darüber hinaus auch der Begriff Managementprozesse verwendet, der die prinzipiellen Voraussetzungen für organisatorisches Handeln beschreibt, wie z. B. Festlegung von Politik und Strategie sowie Ableitung der Ziele, Planung der Geschäftsfelder, Planung und Bereitstellung von Ressourcen sowie kontinuierliche Verbesserung.

Insbesondere bei einer Entwicklung aus funktionalen Zuständigkeiten heraus werden sich die Prozesse in Prozessschritten darstellen lassen. Neben der Festlegung von Prozesseigentümern ist es daher auch notwendig, die Kunden jedes Prozessschrittes festzulegen, um so eine Kette von Kunden-Lieferanten-Beziehungen aufzubauen, die in der Lage ist, die Qualität für die eigene Arbeit mit einem konkreten (internen) Kunden zu verbinden. Für diese Kunden-Lieferanten-Beziehungen sind dann Spezifikationen im Sinne von Maßzahlen zu definieren, die die Qualität des Prozesses und seines Ergebnisses beschreiben können.

Um solche Maßzahlen verwenden zu können, ist es in der Regel erforderlich, eine „Prozesshierarchie" aufzubauen, die die relevanten Prozesse in Sub-Prozesse unterschiedlicher Ebenen gliedert, so dass ihnen letztlich konkrete Maßzahlen zugeordnet werden können:

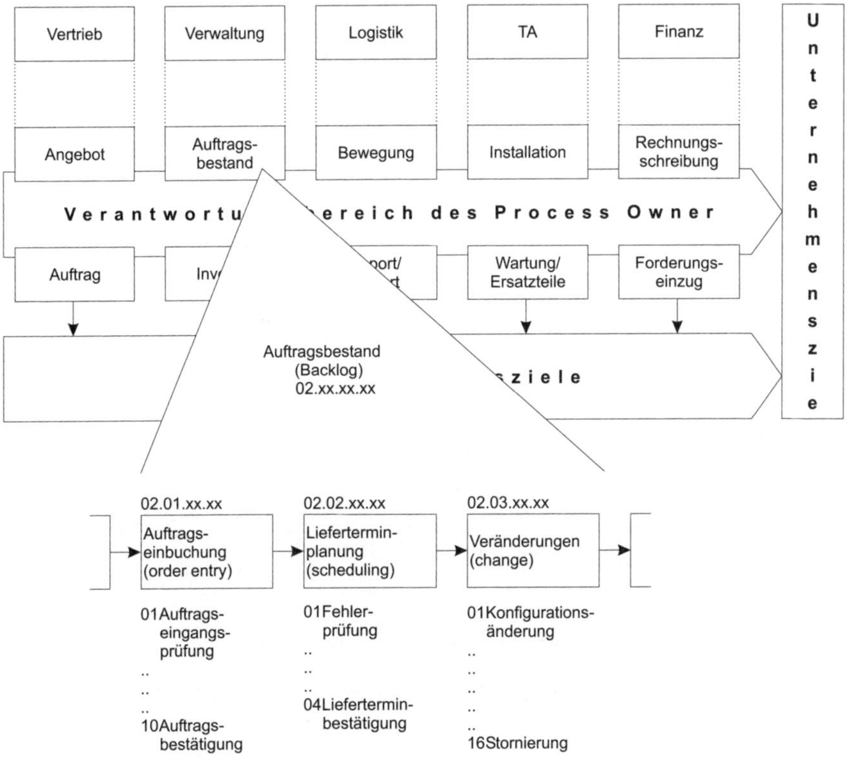

Bild 2.65 Prinzipienskizze der De-Komposition des Prozesses[172]

Neben Prozess- und Ergebnisgrößen sind die Anforderungen an den Prozess-Input (Material, Daten, Informationen) genauso zu beschreiben wie die für die Durchführung erforderlichen Ressourcen (z. B. im Sinne von Hardware oder auch Personalqualifikation).

Auf diesen Daten bauen auch Verfahren zur kontinuierlichen Verbesserung auf, wie beispielsweise der PDCA-Zyklus nach Deming. Hier werden aus den Ergebnissen regelmäßiger interner Audits Verbesserungsziele zu bestimmten Leistungskennzahlen formuliert. Zur Unterstützung beider Verfahren bieten sich Benchmarking-Methoden an, insbesondere um Kennzahlen für Schlüsselprozesse zu ermitteln.

Im Kontext einer Ist-Zustandsanalyse kann die systemorientierte Betrachtungsweise von Kunden-Lieferanten-Beziehungen auch zur Optimierung der Wertschöpfungskette genutzt werden. Die Wertschöpfungskette muss sich dabei nicht auf die eigene Organisation beschränken.

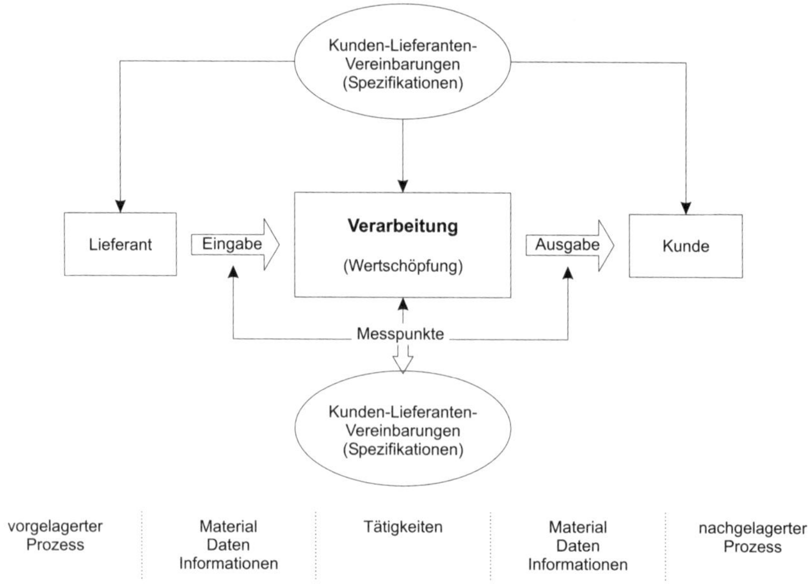

Bild 2.66 Kunden-Lieferanten-Vereinbarungen in der Wertschöpfungskette (IBM)[173]

Diese Abbildung verdeutlicht – übertragen auf das Prozessverständnis –, dass

- ein Prozess immer einen Anfang und ein Ende hat,
- aus einer wiederholten Abfolge von Aktivitäten bzw. Teilschritten besteht und dabei
- eine Eingabe (Input) in eine Ausgabe (Output) verwandelt wird.

Insbesondere Schlüsselprozesse laufen darüber hinaus quer zu den traditionellen Abteilungen und reichen häufig von Schnittstellen mit den Lieferanten zu Schnittstellen zu den Kunden.[174]

Um abteilungs- oder organisationsübergreifende Prozesse (wie die oben zitierte Erfüllung eines Kundenauftrages) auf Dauer stabilisieren zu können, müssen auch präventive Verfahren zum Einsatz kommen, wie z. B. eine Prozess-FMEA.

In einem nächsten Schritt ist zu klären, wie diese Aktivitäten in ein Managementsystem zu integrieren sind bzw. wie die verschiedenen Managementsysteme einer Organisation ihrerseits zu integrieren sind.

Dazu ist es sinnvoll, sich zunächst mit dem Begriff „Managementsystem" auseinander zu setzen: Wenn ein System ganz allgemein das Zusammenwirken von Elementen beschreibt, das im Kontext einer Organisation immer zweckorientiert ist, bezieht sich ein Managementsystem auf die Steuerung und Regelung des Zusammenwirkens dieser Elemente.

Als Managementsystem wird heute allgemein die Gesamtheit aller organisatorischen Maßnahmen verstanden, die geeignet sind, das Erreichen eines festgelegten Unternehmensziels sicherzustellen. Unter organisatorischen Maßnahmen werden dabei sowohl die aufbauorganisatorischen Festlegungen (z. B. Hierarchie, Verantwortlichkeit, Zuständigkeit) als auch die ablauforganisatorischen Regelungen (z. B. Berichtswesen, Informationswege, Entscheidungswege, Arbeitsverfahren) verstanden.[175]

Im Kontext von Managementsystemen geht es dann auch um die Nutzung der Standards (mehr oder minder) etablierter Managementsysteme, wie z. B. der DIN EN ISO 9000:2000 (Qualitätsmanagement), der DIN EN ISO 14 000:1996 (Umweltmanagement) oder entsprechender Arbeitsschutzmanagementsysteme wie z. B. OHSAS 18 000:1999, oder die an früherer Stelle schon kurz angerissenen Gesundheitsmanagementsysteme.

Im Gegensatz zur früheren Version bietet die DIN EN ISO 9000:2000 nun einerseits durch die Prozessorientierung, die Fokussierung auf Kernprozesse und die Integration der Idee der kontinuierlichen Verbesserung Anknüpfungspunkte an die TQM-Idee und die Excellence-Modelle, andererseits werden auch die Voraussetzungen für die Integration einzelner, themenspezifischer Managementsysteme verbessert.

Zur Prozesssteuerung (und -regelung) bedarf es entsprechender Indikatoren und Leistungsziele, die in Messgrößen zu transformieren sind. Die folgenden Abbildungen geben Beispiele für Messgrößen bzw. Indikatoren:

Tabelle 2.12 Indikatoren ausgewählter Subprozesse in der Auftragsabwicklung[176]

Prozessschritt	**Indikatoren**
Vertrag freigeben	Vertragskorrekturen
Auftrag eingeben	Fehlerhafte Einbuchungen
Austrag disponieren	Nicht eingehaltene Liefertermine
Ware empfangen	Unvollständige/fehlerhafte Begleitpapiere
Ware lagern/versenden	Falschlieferungen
Installationen/Abbauten einbuchen	Unvollständige/fehlerhafte Installationspapiere
Rechnung generieren	Rechnungskorrekturen
Zahlungen bearbeiten/zuordnen	Unvollständige/fehlerhafte Zahlungsbelege

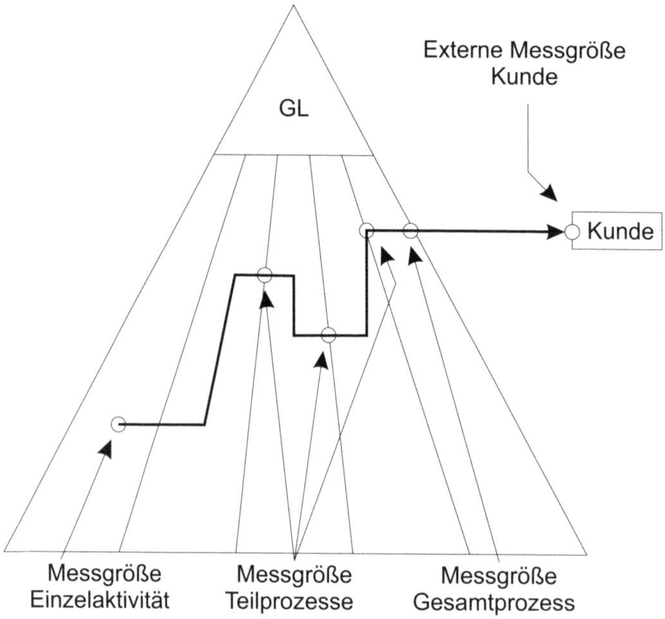

Bild 2.67 Differenzierung von Leistungsmessgrößen für das Prozessmanagement[177]

Tabelle 2.13 Leistungsmessgrößen für den Subprozess „Umsetzung eines Kundenauftrages" in der Auftragsabwicklung

[A1]	Umsetzung Kundenauftrag	
[A11]	Kundenauftrag prüfen, Auftragsbestätigung	Durchlaufzeit (DLZ): Auftragseingang bis Auftragsbestätigung
[A111]	Auftragseingang, kopieren und verteilen, Prüfung veranlassen	Anzahl erarbeiteter Abweichungen Angebot/Auftrag
[A112]	Kaufm./techn. Überprüfung, Mitzeichnung	DLZ
[A113]	Ausfuhr beantragen	Anzahl unbeanstandeter Ausfuhrgenehmigungen
[A114]	Auftragsbestätigung	Anzahl einhaltbarer Terminzusagen
[A12]	Erstellung des internen Auftrages	
[A121]	Kundenauftrag in internen Auftrag umsetzen	Anzahl korrekter interner Aufträge
[A122]	Internen Auftrag unterschreiben	DLZ
[A123]	Internen Auftrag kopieren, verteilen und anmelden	Anzahl korrekter interner Aufträge

Bei der Festlegung bzw. Auswahl von Messgrößen sollten folgende Kriterien berücksichtigt werden:[178]

- Objektivität:
  Die Messgröße soll die Realität widerspiegeln und durch den Messenden nicht beeinflusst werden können.
- Messbarkeit:
  Werden „weiche" Messgrößen verwendet (z. B. Zufriedenheitswerte), so müssen diese durch den Einsatz von qualifizierten Instrumenten (unter Berücksichtigung der Erkenntnisse der empirischen Sozialforschung) messbar gemacht werden.
- Validität:
  Die Messgröße soll den tatsächlich zugrunde liegenden Sachverhalt messen. Dies ist auch für die Akzeptanz der Messgröße von großer Bedeutung.
- Sensitivität:
  Die Messgröße sollte Veränderungen des gemessenen Merkmals mit gleich veränderten Messwerten widerspiegeln.
- Verständlichkeit:
  Messgrößen und Einflussgrößen bzw. Zusammenhänge zwischen ihnen sollten für die Anwender verständlich und transparent sein.
- Beeinflussbarkeit:
  Der Anwender sollte Maßnahmen ergreifen können, durch die sich die Ausprägung der Messgröße beeinflussen lässt.
- Reaktionszeit:
  Zwischen der Änderung eines Prozessparameters und der Reaktion der Messgröße sollte keine wesentliche zeitliche Verzögerung bestehen.
- Messaufwand:
  Der Aufwand für die Messung sollte möglichst gering sein. Entsteht ein hoher Aufwand, muss der Nutzen gegenübergestellt werden, um eine Entscheidung für oder gegen die Messgröße treffen zu können.

Ein unternehmensspezifisches Assessment-Konzept auf Grundlage des MBNQA oder EQA dient dazu, festzustellen, inwiefern die Rahmenbedingungen, aber auch die Ergebniswirksamkeit von Veränderungen zur effektiven Umsetzung der Politik und Strategie beitragen.

Eine adäquate Führung abteilungsübergreifender Prozesse setzt entsprechende organisatorische Rahmenbedingungen und Konsequenzen voraus. Der Einsatz crossfunktionaler Teams und das Konzept des Process Owner sind dabei häufig anzutreffende Lösungsansätze.

Zusammenfassend lassen sich für Teilkriterium 5a als mögliche Ansatzpunkte festhalten:[179]

- Die Prozesse der Organisation gestalten, einschließlich der Schlüsselprozesse, die zur Umsetzung der Politik und Strategie benötigt werden;
- für ein effektives Management der einheitsübergreifenden Prozesse die Interessengruppen der Prozesse identifizieren und Schnittstellenbelange innerhalb der Organisation und mit externen Partnern managen;
- ein Prozessmanagementsystem einführen;
- im Rahmen des Prozessmanagements Systemnormen anwenden, wie z. B. für Qualitätsmanagement-, Umweltmanagement-, Arbeitsschutz- und Gesundheitsmanagementsysteme;[180]
- Prozesskennzahlen einführen und Leistungsziele festlegen;
- die Effektivität der Prozessarchitektur im Hinblick auf die Umsetzung von Politik und Strategie der Organisation bewerten.

Beispiel 2.87 IBM

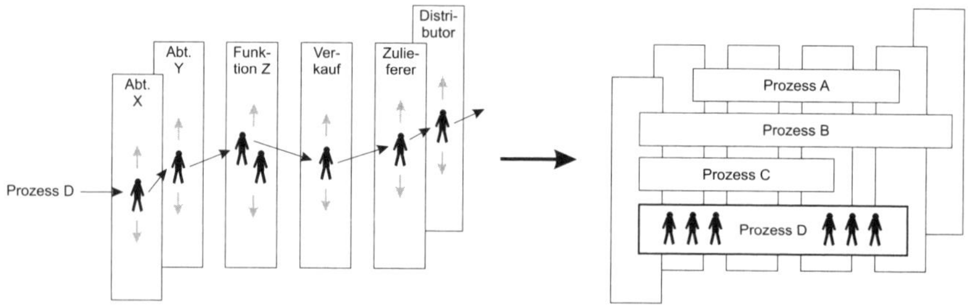

Bild 2.68 Bildung abteilungsübergreifender Teams bei IBM[181]

5b: Prozesse werden nach Bedarf und unter Nutzung von Innovationen verbessert, um Kunden und andere Interessengruppen voll zufrieden zu stellen und die Wertschöpfung für sie zu steigern.

Zu den grundlegenden Prinzipien der Excellence (Modelle) gehört „Management by Facts", was auch bedeutet, Sachverhalte messbar zu machen. Dementsprechend werden die relevanten Prozesse mit Maßzahlen beschrieben, die die Grundlage für eine regelmäßige Überprüfung und Verbesserung bilden. Dabei sind sowohl kleinere Verbesserungen als auch grundlegende Veränderungen zu identifizieren und zu priorisieren.

Ein erster Schritt zur Verbesserung ist die Beschreibung bzw. Visualisierung von (Geschäfts-)Prozessen. Dabei sind die Anforderungen zu berücksichtigen, die aus den unterschiedlichen Managementsystemen resultieren.

Tabelle 2.14 Normenspezifische Anforderungen an die integrierte Beschreibung von Kernprozessen[182]

Merkmal	Erläuterung	QM	UM	AS
Prozess- bzw. Umwelt- oder Gesamtziele	Was soll erreicht werden?	X	X	X
Prozessablauf	Was wird gemacht?	X	(X)	(X)
Prozessverantwortlichkeiten	Wer ist verantwortlich für das Prozessergebnis?	X	(X)	(X)
Prozessinput	Welche Ressourcen, Eingaben und Informationen werden benötigt?	X	X	
Prozessoutput	Was sind die (gewünschten) Prozessergebnisse?	X		
Prozessauswirkungen	Welche Veränderungen entstehen bezogen auf die Umwelt und die Gesundheit?		X	X
Prozesskennzahlen	Anhand welcher Kriterien lässt sich das Prozessergebnis messen und bewerten?	X	(X)	(X)
Legende:	QM: Qualitätsmanagement UM: Umweltmanagement AS: Arbeitssicherheitsmanagement			

Die Visualisierung erfolgt dann über ein Ablauf- oder Flussdiagramm, das unter Verwendung der Prozesssymbole nach DIN 66 001 (siehe **Bild 2.69**) die logische Abfolge der einzelnen Prozessschritte auf einen Blick zeigt.

Neben dem Flussdiagramm muss eine Prozessbeschreibung auch die relevanten Inputs und Outputs im Sinne von gewünschten Prozessergebnissen bzw. -auswirkungen (z. B. auf die Gesundheit oder die Umwelt) enthalten. Das Flussdiagramm wird dann ergänzt durch die Verantwortlichkeiten für einzelne Prozessschritte und den Gesamtprozess („Prozesseigentümer“).

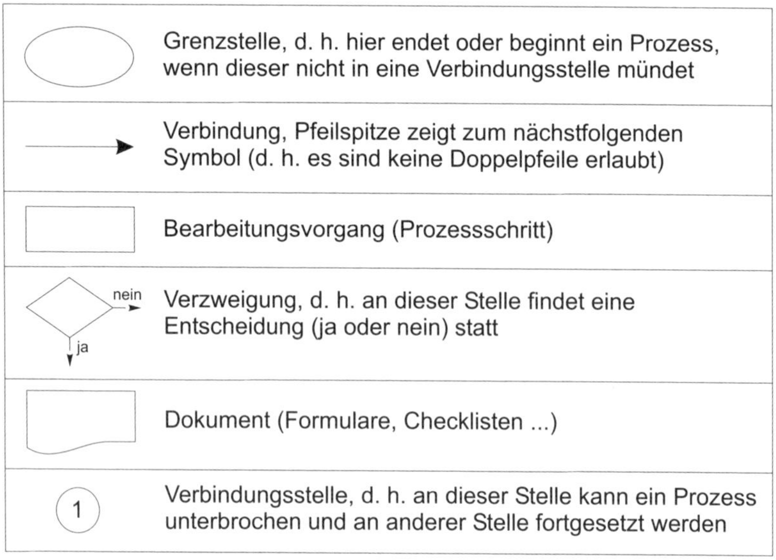

Bild 2.69 Prozesssymbole nach DIN 66 001[183]

Im Gegensatz zu traditionellen Managementkonzepten bezieht sich die Datengrundlage für Verbesserungen oder grundlegende Veränderungen nicht nur auf unmittelbar ökonomische Sachverhalte, sondern auch auf solche mit mittelbarem Einfluss wie Kunden- oder Mitarbeiterzufriedenheit. Im Sinne eines ganzheitlichen Ansatzes spielen auch Daten von Lieferanten und solche von Wettbewerbern eine Rolle.

Auch für die kontinuierliche Verbesserung der Prozesse bedarf es einer Systematik, die in Cross Auditing, Benchmarking und Policy Deployment eingebettet sein kann. Dabei sollte sichtbar werden, wie Prioritäten entstehen, und dass diese die für das Unternehmen wesentlichen Prozesse betreffen. Wesentlich heißt auch hier wieder orientiert an den strategischen Anspruchsgruppen.

Kontinuierliche Verbesserung bedeutet in diesem Kontext, dass sich die zukünftigen Ziele (auch) aus den Daten der Vergangenheit ableiten lassen. Insofern spielt die Entwicklung der Ergebnisgrößen bzw. deren Analyse hier eine wichtige Rolle.

Das Erreichen von Verbesserungen wird nicht selten vom Anspruchscharakter der Zielsetzung abhängen: Anspruchsvolle Ziele motivieren mehr – insbesondere wenn geeignete Rahmenbedingungen für die Zielerreichung geschaffen werden.

Beispiel 2.88 Hewlett-Packard

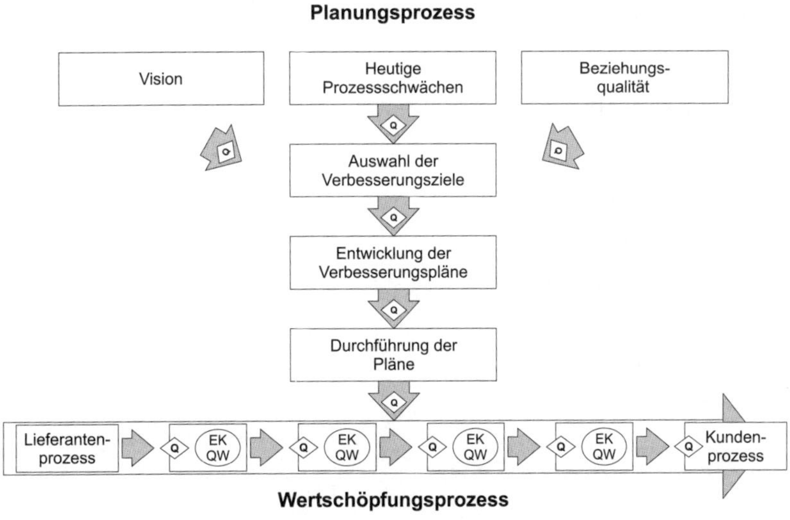

Bild 2.70 Ableitung von Zielen für Prozessverbesserungen[184]

Für die laufende Prozessüberprüfung und -steuerung vor Ort ist es einerseits vorteilhaft, wenn der Process Owner (auf der Subprozessebene) die Kompetenz besitzt, einzugreifen. Die Möglichkeit der Prozessregelung setzt aber andererseits voraus, dass die Maßzahlen oder Messgrößen entsprechend benutzerfreundlich visualisiert werden.

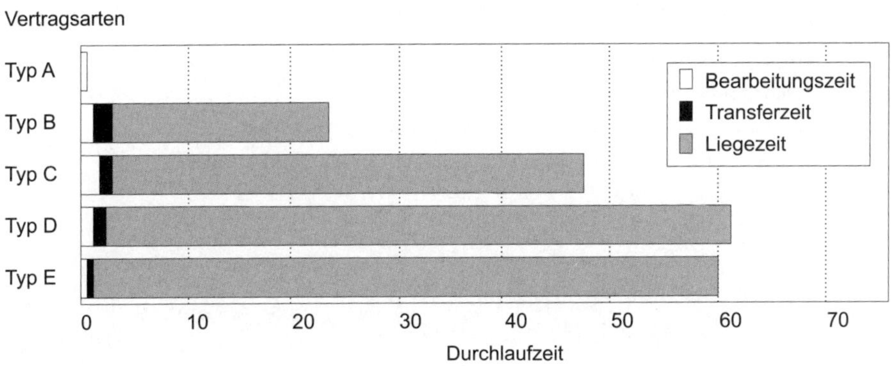

Bild 2.71 Analyse der Aufteilung der Durchlaufzeit in Abhängigkeit von verschiedenen Vertragsarten[185]

Beispiel 2.89 IBM

Continuous Improvement in „Cross-Functional Teams“:

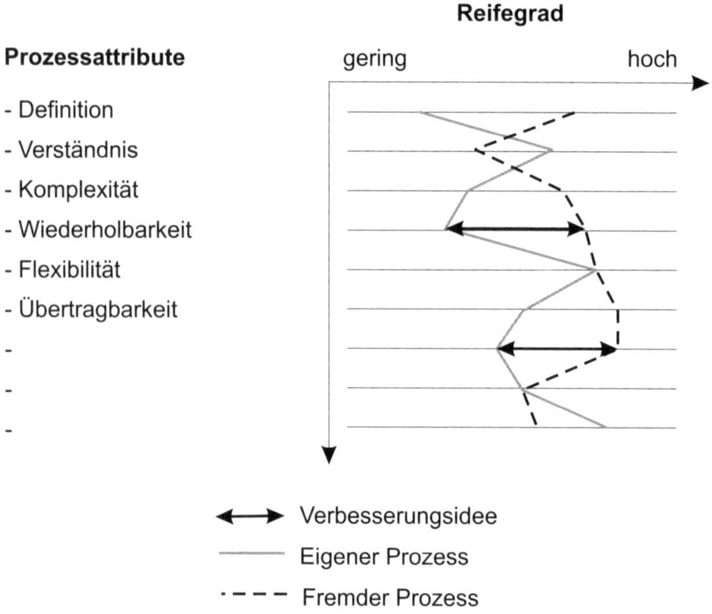

Bild 2.72 Prozessverbesserungen mit Cross-Functional Teams[186]

- Aufgaben:
– Verbesserung der Prozessabläufe
– Auswahl von Tools zur Sicherung der Prozesse

- Vorgehensweise:
– Beschreibung der Problemstellung
– Trendanalyse (Häufigkeit von Fehlern, Auswertung der SPC-Charts)
– Korrelation der Trends mit vorgenommenen Prozessänderungen:
  – Ablauf
  – Material
– Systematische Ermittlung der Ursachen
  – Ursache-Wirkungs-Diagramm (UWD)
  – Praktische Experimente

- Ziele:
– Kostenreduzierung
– Verkürzung von Durchlaufzeiten
– Senkung der Fehlerrate durch Prävention

- Ergebnisse:
  - Reduzierung der DLZ (80 %) und der Bestände (55 %)
  - Reduzierung von Lagerflächen (30 %)

Wie einleitend schon einmal erwähnt, wird die systematische Analyse und Dokumentation von Prozessen nicht selten mit dem Vorurteil der Bürokratisierung in Verbindung gebracht. Insofern macht es Sinn, Innovation und Kreativität auch in diesem Kontext explizit zu erwähnen.

Drei Fragenkomplexe sind in diesem Zusammenhang zu thematisieren:

- Wie kommen (prozessbezogene) Innovationen (z. B. neue Konstruktionsprinzipien, aber auch veränderte Führungstechniken) überhaupt in die Organisation?
- Wie werden die kreativen Fähigkeiten der Mitarbeiter bei graduellen und substantiellen Verbesserungen angeregt?
- Wie werden Unternehmensstrukturen verändert, um Innovation und Kreativität anzuregen?

Die erste der hier genannten Herausforderungen ist sicher die größte und mit dem Themenkomplex „Technologietransfer" zu beschreiben. Dies weist den Weg zu Transferinstitutionen wie Universitäten und sonstigen Forschungseinrichtungen. Aber auch der Erfahrungsaustausch mit Best Practice-Unternehmen oder die Nutzung nationaler und internationaler Netzwerke (z. B. die Treffen der deutschen EFQM-Mitglieder oder die Task Forces der EFQM) sind hier anzuführen. Darüber hinaus ist wieder die Implementierung geeigneter Prozesse zu nennen, wie die systematische Auswertung von (internationalen) Datenbanken oder Kongressveranstaltungen.

Die Nutzung kreativer Fähigkeiten der Mitarbeiter setzt im Allgemeinen Investitionen in Aus- und Weiterbildung voraus sowie das Angebot von Möglichkeiten zur Mitwirkung - verbunden mit der Schaffung entsprechender Rahmenbedingungen (wie z. B. im Rahmen von Kriterium 3: „Mitarbeiter" bereits angesprochen). Diese Mitwirkungsmöglichkeiten können sich auf Teams „außerhalb der Linie" beziehen oder im Rahmen „teilautonomer Gruppenarbeit" integraler Bestandteil der täglichen Arbeit sein. Mitarbeitermotivation kann auch fallweise durch (Ideen-)Wettbewerbe erzielt werden.

Ob und inwieweit dies gelungen ist, kann man u. a. an Beteiligungsquoten und Ergebnissen ablesen. Auch ist eine hohe Zahl verwendeter Methoden und Instrumente ein Indiz für den Stand der Qualifikation und des Problemlösungspotenzials.

Die Veränderung struktureller Rahmenbedingungen lässt sich am ehesten in der Existenz cross-funktionaler Teams (wie z. B. im Rahmen des Simultaneous Engineering) zeigen, da diese den Gedanken der Prozessorientierung am stärksten forcieren. Auch die Vielfalt von Teams oder die Neustrukturierung des betrieblichen Vorschlagswesens sind Indizien für strukturelle Anpassungen. Dennoch handelt es sich bei all diesen Ansätzen eher um „Kosmetik" am alten System. Radikale Neustrukturierungen z. B. im Sinne einer durchgängigen prozessorientierten Arbeitsteilung mit einer starken Reduzierung oder Umstrukturierung bestehender „Abteilungen" oder neue Dezentralisierungskonzepte sind nach wie vor eher selten.

Natürlich geht es hierbei nicht nur um Ideen und Kreativität der eigenen Mitarbeiter, sondern auch um Kunden und Lieferanten oder andere Partner. Hierzu sind geeignete Foren zu organisieren bzw. bestehende (wie z. B. Kunden- oder Lieferantentage) entsprechend neu zu strukturieren.

Beispiel 2.90 Iveco Magirus

Anlaufgespräche – eine betriebsspezifische Ausprägung von Prozessinnovationsteams:[187]

- Mitarbeiterbeteiligung beim Anlauf einer neuen Produktlinie
- 14-tägig ca. 30 Minuten in 20 Meisterbereichen
- Sammlung von Problemen und Schwachstellen sowie Problemlösung, sofern möglich, sonst Weitergabe an Fachabteilung oder Gründung eines Werkstattzirkels
- Moderation durch Meister oder Vorarbeiter
- Teilnahme freiwillig
- Pilotphase:

– April 1991 bis Sept. 1992 mit 266 Themen in 101 Anlaufgesprächen
– Bis Sept. 1992: 172 Problemlösungen umgesetzt
– Beteiligungsquote: 246 von 1.462 Mitarbeitern (16,8 %)

- Fortführungsphase:

– Sept. 1992 bis Juli 1994 mit 352 Themen in weiteren 197 Anlaufgesprächen

- Zielsetzung für „Anlaufgespräche":

– Frühzeitige Sicherung der Produktqualität:
– Geringere Ausschussquoten
– Niedrigere Nachbearbeitungskosten
– Steigerung der Produktivität:
– Optimierung von Fertigungsverfahren und Arbeitsabläufen
– Geringere Ausfallzeiten
– Positive Einstellung der Mitarbeiter gegenüber Veränderungen

Beispiel 2.91 BMW

Modulteams bei BMW:[188]

- Neuorganisation der Produkt- und Prozessentwicklung:
- – Räumliche Zusammenführung aller an der Entwicklung beteiligten Stellen
- – Anordnung der beteiligten Stellen nach dem geistigen Materialfluss
- Förderung der interdisziplinären Kommunikation
- Intensivierung und Verbesserung der Ablaufbeziehungen
- Einführung flexibler Organisationsformen nach den Prinzipien des Projektmanagements
- Simultane und ganzheitliche Projektbearbeitung durch Teams

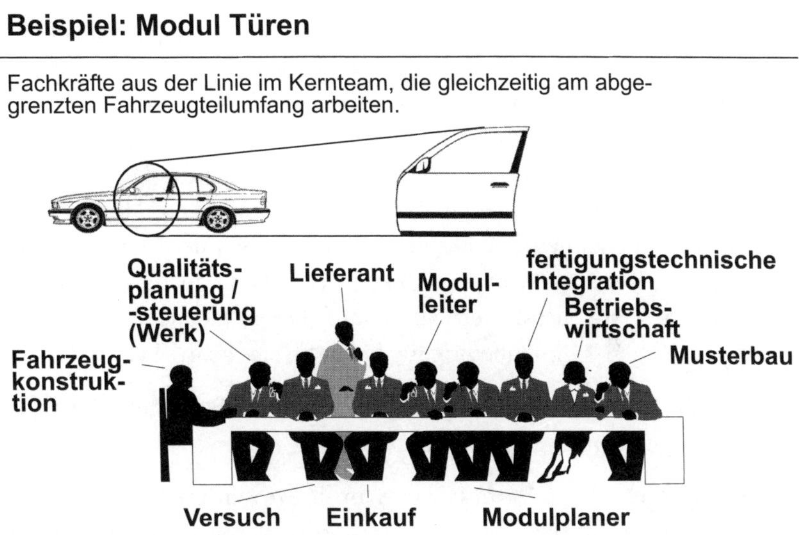

Bild 2.73 Prozessorientierte Produktentwicklung[189]

- Ziele der Modularbeit:
- – Verbesserung der Qualität
- – Verkürzung der Produkt- und Prozessentwicklungszeiten
- – Reduzierung Einmalaufwand
- – Verbesserung der Zusammenarbeit in der gesamten Prozesskette
- – Ganzheitliche und objektspezifische Betrachtung
- Bestimmung von Standardmodulen eines Kraftfahrzeuges
- Prozessorientierung in der Produktentwicklung – von funktionalen zu prozessorientierten Teams

- Bisherige Erfahrungen:
  - Reduzierung von Entwicklungszeit, -aufwand und -kosten
  - Verbesserung der Produkt-/Prozessqualität
  - Effektives simultanes Arbeiten
  - Verbesserung bei der Problemlösung von komplexen und übergreifenden Aufgabenstellungen
  - Frühzeitiges Erkennen von Problemen
  - Direkte und schnelle Problemlösung
  - Hohe Motivation der Teammitarbeiter

Ein weiterer Baustein der kontinuierlichen Verbesserung, aber auch von tief greifenden Veränderungen, bezieht sich auf das Auffinden neuer Methoden der Prozess- oder Arbeitsgestaltung - nicht selten verbunden mit dem Einsatz neuer oder verbesserter Technologien. So liefern insbesondere die neueren Möglichkeiten der Informations- und Kommunikationstechnologie die Möglichkeit, im Extremfall „at any time" und „at any place" zu arbeiten. In internationalen Entwicklungsverbünden eröffnet dies z. B. die Möglichkeit, durch Nutzung von Zeitunterschieden rund um den Globus gemeinsam 24 Stunden an einem Projekt zu arbeiten. Die Möglichkeiten der Telearbeit schaffen so neue Kostenreduzierungspotenziale, die allerdings bei Verlagerungen ins Ausland zu negativen Effekten für einzelne Interessengruppen (Mitarbeiter, Gesellschaft/Kommune) führen können. Hier kann auch systematisches Benchmarking mit Best-in-Class-Unternehmen auf diesem Gebiet Impulse geben, wobei immer die jeweiligen Rahmenbedingungen des Erfolgs analysiert werden müssen.

Natürlich können auch themenspezifische Messen, Brancheninformationsdienste oder Technologieberatungsstellen Inputs liefern.

Wenn die kontinuierliche Verbesserung von Prozessen im Mittelpunkt steht, dann muss es auch einen „Prozess" für die Einführung verbesserter oder neuer Prozesse und deren Bewertung geben. Dieser beinhaltet mindestens vier Aufgabenblöcke:

- Geeignete Methoden zur Einführung von Veränderungen festlegen: Hier sind (noch einmal) alle an früherer Stelle diskutierten Aspekte eines Change Management relevant - und es sei an dieser Stelle zum wiederholten Male auf das Phasenmodell von Kotter[190] hingewiesen. Darüber hinaus lassen sich Veränderungen auch im Kontext eines Policy Deployment-Prozesses einführen, mit allen dort vorgeschlagenen Rahmenbedingungen.
- Die Prüfung der Eignung neuer oder veränderter Prozesse für das angestrebte Ziel mit Hilfe einer Pilotstudie, die die Rahmenbedingungen einer Übertragbarkeit er-

füllt und eine Systematik der Vorgehensweise garantiert: Die Beteiligung der Betroffenen ist dabei eine selbstverständliche Facette der Mitarbeiterorientierung.

- Die rechtzeitige und umfassende Information über und die adäquate Qualifizierung für die Prozessänderung: Insbesondere wenn es um Veränderungen auf der Grundlage von Befragungsergebnissen geht, sollten die Betroffenen frühzeitig informiert werden, da die Umsetzung in aller Regel einige Zeit benötigt. Ansonsten ist es vor allem wichtig, darzustellen, warum Veränderungen notwendig sind, um eine Voraussetzung für Akzeptanz zu schaffen. Bezüglich der Qualifizierung bedarf es einer rechtzeitigen Bildungsbedarfsanalyse, so dass die Qualifikation zu dem Zeitpunkt zur Verfügung steht, zu dem sie benötigt wird.
- Die Prüfung der Resultate der Prozessänderung (insbesondere auch im Hinblick auf die angestrebten Ziele) durch ein geeignetes Auditierungssystem, das die wesentlichen Aspekte einbezieht: Insbesondere für größere Veränderungen an Schlüsselprozessen empfiehlt es sich, ein geeignetes Projektmanagementkonzept zu nutzen. Um einen entsprechenden Nutzen sicherzustellen, kann ein Bewertungsmodell im Vorfeld unterstützend wirken.

Zusammenfassend lassen sich für Teilkriterium 5b als mögliche Ansatzpunkte festhalten:[191]

- Verbesserungsmöglichkeiten und andere Veränderungen, ob schrittweise oder grundlegende, ermitteln und priorisieren;
- Leistungskennzahlen, Befragungsergebnisse und Informationen aus Lernprozessen nutzen, um Prioritäten und Ziele für Verbesserungen und verbesserte Verfahren festzulegen;
- die kreativen und innovativen Talente der Mitarbeiter, Kunden und Partner sowohl für schrittweise als auch grundlegende Verbesserungen anregen und zur Entfaltung bringen;
- neue Prozessgestaltungen, Geschäftsphilosophien und weiterführende Technologien entdecken und einsetzen;
- die Einführung neuer oder geänderter Prozesse in Pilotversuchen erproben und überwachen;
- Prozessänderungen allen betroffenen Interessengruppen bekannt machen;
- sicherstellen, dass die Mitarbeiter im Umgang mit neuen oder geänderten Prozessen vor deren Einführung geschult werden;
- sicherstellen, dass Prozessänderungen die geplanten Ergebnisse erzielen.

Beispiel 2.92 IBM

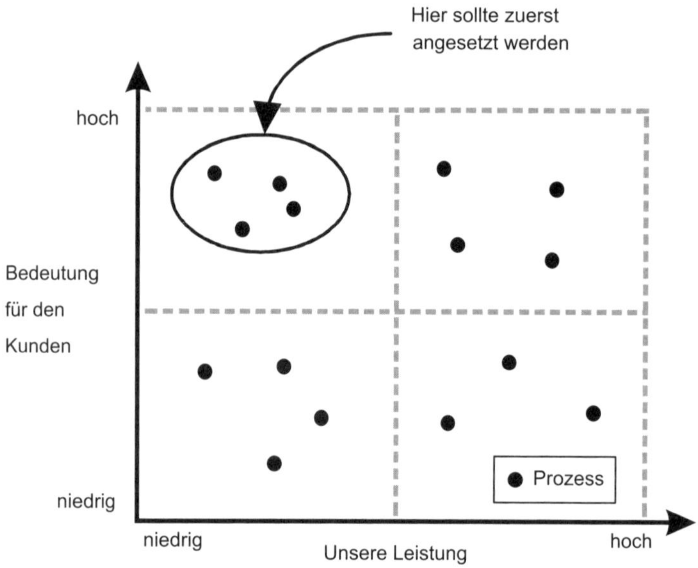

Bild 2.74 Auswahl von Schlüsselprozessen bei IBM[192]

Beispiel 2.93 IBM

Neugestaltung des Entwicklungsprozesses für das System AS 400:[193]

- Einrichtung von Early Manufacturing Involvement Teams (EMI) unter Beteiligung der Zulieferer und Kunden

- Ziele der Neugestaltung des Produktentwicklungsprozesses AS 400:
– Frühzeitige Festlegung der Produktanforderungen
– Vermeidung von Fehlern bei der Produkt- und Prozessgestaltung
– Geringere Anzahl von Hardware- und Softwareänderungen

- Entlinearisierung des Prozessverlaufs

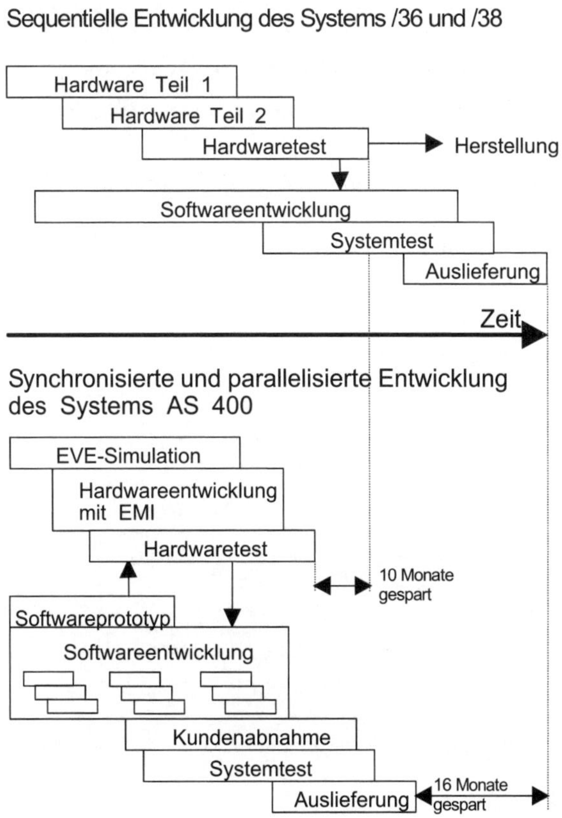

Bild 2.75 Neugestaltung des Entwicklungsprozesses für das System AS 400[194]

Beispiel 2.94 ABB

T 50-Programm bei ABB:[195]

- Erhöhung der Kundenzufriedenheit durch:
  - Reduzierung von Durchlaufzeiten
  - Dezentralisation der Unternehmensstruktur
  - Weiterentwicklung der Kompetenzen der Mitarbeiter

- Ziele des Programms:
  - Reduzierung der DLZ um mindestens 50 %
  - Verbesserung der Liefertreue (Soll: 95–100 %)
  - Reduzierung der Bestände um 30 %
  - Produktivitätssteigerung der Unternehmensprozesse um mindestens 20 %

- Start 1990

- Umsetzung einer prozessorientierten Organisationsform:
- – Organisation der Arbeit in Prozessteams zur Erfüllung folgender Aufgaben:
- – Produktentwicklung
- – Projektabwicklung (Betreuung von Kundenaufträgen)
- – Teilautonome Arbeitsgruppen auf der ausführenden Ebene
- – Einsatz von „Target Oriented Teams“
- – Umsetzung des Programms in 130 Unternehmen (26.300 Mitarbeiter) der Unternehmensgruppe ABB

Target Oriented Teams bei ABB:

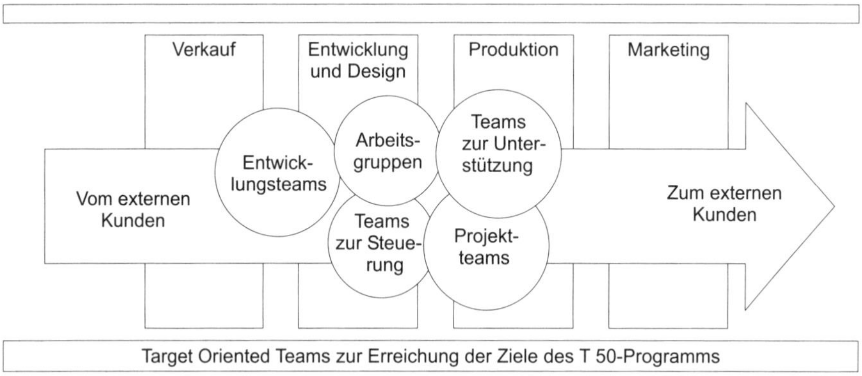

Bild 2.76 Target Oriented Teams bei ABB[196]

- Kennzeichen:
- – Teamarbeit ausgebildeter Mitarbeiter (z. B. Process-Mapping)
- – Analyse der Prozesse
- – Wertschöpfungsorientierung (Verringerung von Wartezeiten und Aufwendungen für Nacharbeit im Prozessablauf)

- Verbesserung der Effektivität und Qualität der Unternehmensprozesse zwischen den Zulieferern und Kunden
  Erzielte Ergebnisse durch Prozessveränderungen bis 1993:
- – Reduzierung der Durchlaufzeiten von der Auftragsannahme bis zur Auslieferung je nach Produkt um 45 bis zu 70 % (Durchschnitt: 47 %)
- – Senkung der Produktentwicklungszeiten um 25 bis zu 80 % je nach Produkt

- Verbesserung der Liefertreue (Durchschnitt: 94 %)

Beispiel 2.95 Milliken European Division[197]

- Das Milliken Opportunity for Improvement(MOFI)-System für Kundenreklamationen hat zu einer Verkürzung der durchschnittlichen Bearbeitungszeit von über 40 Tagen auf unter zwei Tage geführt.
- Jeder Mitarbeiter von Milliken ist prinzipiell zur Bearbeitung von Beschwerden verpflichtet.
- Beschwerden werden nicht mehr als Schuldzuweisungen angesehen, sondern als Chance für Verbesserungen.
- Es wurden Aktionen durchgeführt, um Verbesserungsvorschläge von verbundenen Händlern zu erhalten.
- Milliken erstellt einen Lieferantenprofilbericht, aus dem die Liefertreue von Milliken ersichtlich wird. Dieser wird den Vertragshändlern zugestellt.

5c: Produkte und Dienstleistungen werden auf Basis der Bedürfnisse und Erwartungen der Kunden entworfen und entwickelt.

Wie oben schon erwähnt, hatte das EFQM-Modell in seiner Version bis 1999 keine expliziten Befähigerkriterien für „Kundenorientierung". Auch in der Version 2000 gab es kein eigenes Kriterium, aber es finden sich seitdem im Kriterium „Prozesse" drei Teilkriterien zu diesem Thema. Im Teilkriterium 5c geht es um die Orientierung von Produktentwicklungen an Kundenbedürfnissen und -erwartungen im Gegensatz zu dem nicht selten praktizierten „Happy Engineering" in der Vergangenheit.

Einleitend soll hier noch einmal ins Gedächtnis gerufen werden, dass im Kontext von Politik und Strategie in markt- und ressourcenorientierte Ansätze differenziert wurde, die beide benötigt werden. An dieser Stelle stehen allerdings die marktorientierten Ansätze im Vordergrund.

Bedürfnisse und Erwartungen von Kunden bezüglich Produkten und Dienstleistungen lassen sich durch Marktforschung und alle Formen von Kundenfeedback ermitteln. Dazu zählen beispielhaft:

- jede Form von Kundenkontakt (insbesondere auch Reklamationen),
- Marktstudien,
- Kundenbefragungen,
- User Groups,
- Tag der offenen Tür,
- Messen,
- Analyse von Konkurrenzprodukten und
- Scheineinkäufe.

Neben den traditionellen internen und externen Sekundärquellen sind in der jüngeren Vergangenheit auch alle elektronisch verfügbaren Datenquellen bzw. die Datensuche mit Hilfe des Computers z. B. im Internet zu erwähnen.

Idealerweise sollte sich eine Organisation eine Marketing Data Base aufbauen, in der umfassende und immer wieder aktualisierte Daten über Kunden, Interessenten und potenzielle Kunden zu finden sind.[198]

Ausgehend von dieser Informationsbasis geht es nun darum, bestehende Produkte und Dienstleistungen proaktiv an die zukünftigen Bedürfnisse der Kunden, aber ggf. auch der anderen Interessengruppen (z. B. bei Emissionen) anzupassen, und dadurch einen Wettbewerbsvorsprung zu erarbeiten. Die Notwendigkeit dafür lässt sich auch aus den kundenorientierten Ergebnisdaten ablesen. Für die Entwicklung neuer Produkte oder Dienstleistungen liefern attributorientierte Bewertungen existierender Produkte in aller Regel wenig Impulse. Hier ist es sinnvoller, sich mit aktuellen und zukünftigen Problemen der Kunden zu beschäftigen und dafür neue (möglichst komplette) Problemlösungen anzubieten.

Bei der Neuentwicklung von Produkten und Dienstleistungen empfiehlt es sich immer wieder, die potenziellen Kunden einzubeziehen. Möglicherweise reichen die eigenen Ressourcen für eine komplette Problemlösung nicht aus, so dass außerdem noch weitere Partner in den Entwicklungsprozess einzubeziehen sind. Die Erfahrungen mit Simultaneous Engineering-Konzepten oder integrierter Produktentwicklung zeigen, dass solche Prozesse dann am besten und schnellsten ablaufen, wenn alle relevanten Partner frühzeitig eingebunden werden. Die oben im Zusammenhang mit Prozessinnovationen schon diskutierte besondere Relevanz neuer Technologien bezieht sich genauso auf Produkt- oder Dienstleistungsinnovationen. Dabei ist es wichtig, das Potenzial, aber auch die Auswirkungen der neuen Technologien richtig zu beurteilen. Insofern ist in diesem Kontext der Begriff der Technikfolgenabschätzung einzuführen, der sich natürlich nicht nur auf den gesamten Lebenszyklus des Produktes einschließlich seiner Entsorgung beziehen kann, sondern auch die Auswirkungen auf die Herstellungsprozesse und Arbeitsbedingungen beachten muss. Insofern ist diese Aufgabe unterschiedlichen Teilkriterien des Excellence-Modells zuzuordnen.

Bei der Produktentwicklung im weitesten Sinne und der dazu vorlaufenden Marktforschung dürfen nicht nur bestehende Märkte betrachtet werden, sondern es ist darüber hinaus zu klären, inwiefern entweder zu anderen Märkten Zutritt erreicht werden kann oder ob sogar völlig neue Märkte zu erschließen sind.

Für alle diese Aktivitäten werden zunächst die entsprechenden Kernkompetenzen benötigt, die es u. U. notwendig machen, Partner (z. B. Zulieferer) in den Prozess einzubeziehen. Kompetenzen allein reichen jedoch bei weitem nicht aus, wenn es an Kreativität und Innovationsfähigkeit fehlt. Hierbei bedarf es u. a. der Kenntnis eines großen Methodenrepertoires und dessen gekonnter Umsetzung.[199]

Zusammenfassend lassen sich für Teilkriterium 5c als mögliche Ansatzpunkte festhalten:[200]

- Marktforschung, Kundenumfragen und andere Formen der Rückmeldung nutzen, um die gegenwärtigen Bedürfnisse der Kunden und ihre Erwartungen an Produkte und Dienstleistungen festzustellen;
- in Übereinstimmung mit den zukünftigen Bedürfnissen und Erwartungen der Kunden und anderer Interessengruppen Verbesserungen zur Weiterentwicklung von Produkten und Dienstleistungen voraussehen und identifizieren;
- neue Produkte und Dienstleistungen zusammen mit Kunden und Partnern entwerfen und entwickeln, die die Wertschöpfung für die Kunden erhöhen;
- die Auswirkungen und das Verbesserungspotenzial neuer Technologien auf Produkte und Dienstleistungen verstehen und voraussehen;
- neue Produkte und Dienstleistungen sowohl für die derzeitig etablierten Märkte als auch für den Zugang zu neuen Märkten entwickeln;
- die Kreativität, Innovation und Kernkompetenzen sowohl der Mitarbeiter als auch externer Partner nutzen, um wettbewerbsfähige Produkte und Dienstleistungen zu entwerfen und zu entwickeln.

Beispiel 2.96 Beksa

Tabelle 2.15 Kanäle zum Erhalt von Kundenrückmeldungen[201]

Kanal	System	Beispiele
Produktevaluation durch Kunden	Kundenberichte zur Performance unserer Produkte in den Weiterverarbeitungsprozessen werden in den Abteilungen Technologie, Qualitätssicherung und Produktion in Umlauf gegeben.	Längenabweichungen erkannt und gelöst durch automatische Längenkontrolle.
Systemaudits von Kunden	Beksa trifft Vorbereitungen gemäß definierter Checkliste. Auditergebnisse werden an alle Betroffenen verteilt, Maßnahmen zur Fehlerbeseitigung werden den Kunden mitgeteilt und von der Abteilung für Qualitätssicherung überprüft.	„Verbesserte Identifizierung von eingehendem Material" war geringfügig fehlerhaft bei einem Kundenaudit. Problem gelöst und dem Kunden innerhalb eines Monats gemeldet.
Beschwerdemanagement	Eingang der Reklamation wird dem Kunden innerhalb von 24 h bestätigt; Eingabe in entsprechende Software; Auswertung der Reklamation gemäß Verfahrensanweisung; Behebung des Problems wird dem Kunden mitgeteilt; Ergebnisse werden vom Kundendienst verwaltet.	Arbeitsgruppe „Eye of the Tigar" nach Reklamation von Tigar eingerichtet und Problem behoben. Dankschreiben erhalten.

Beispiel 2.97 AUBI[202]

- Erfassung der Kundenbedürfnisse durch:
- Regelmäßige Marktstudien eines unabhängigen Marktforschungsinstituts
- Jährliche Kundenbefragung
- Kontaktpflege und Betreuung der Kunden durch Führungskräfte
- Kundenbesuche des Außendiensts (Anfertigung von Besuchsberichten)
- Gemeinsame Verbesserungsaktivitäten

- Ermittelte Kundenbedürfnisse werden in regelmäßig stattfindenden Meetings (Montagsrunde, Techn.-Gespräche, Vertriebstagungen, Strategietagungen) ausgewertet und analysiert

- Umsetzung der Kundenbedürfnisse hinsichtlich kundenindividueller Problemlösungen oder Prozessverbesserungen im Rahmen der Jahrszielplanung und daraus resultierender bereichsübergreifender Projektarbeit
- Kundenbedürfnisse werden aufgelistet und im Bereich „Konstruktion und Entwicklung" für alle Mitarbeiter sichtbar ausgehängt
- Initiierung einer „Systempartnerschaft" mit Kunden zur Erarbeitung neuer Entwicklungen und kundenindividueller Problemlösungen
- Einbeziehung von Lieferanten, um kundenindividuelle Problemlösungen realisieren zu können

Beispiel 2.98 Beksa

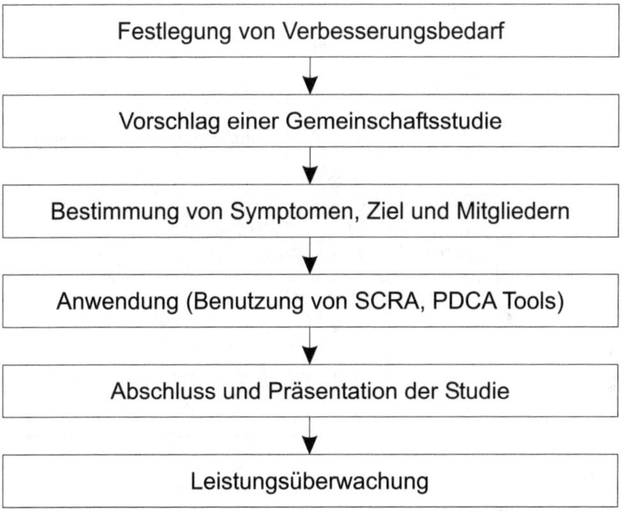

Bild 2.77 Management gemeinsamer Verbesserungsprojekte mit Kunden[203]

Beispiel 2.99 Siemens

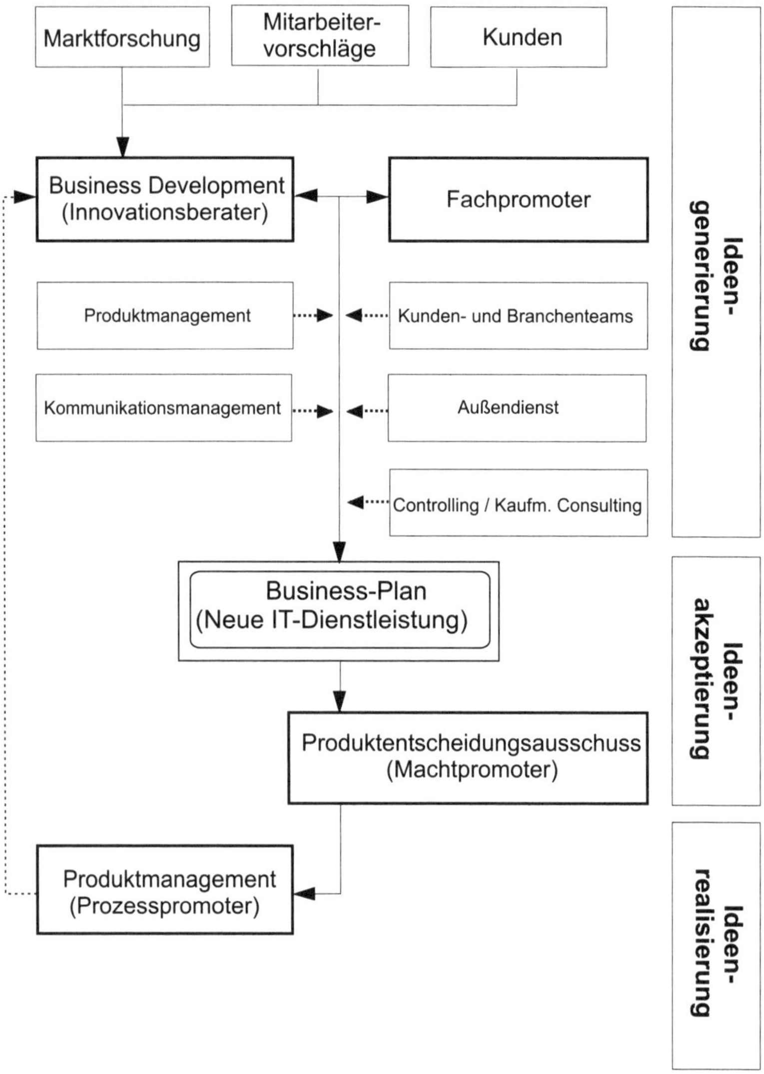

Bild 2.78 Innovationsmanagementmodell der Siemens IT-Service GmbH & Co. OHG[204]

Beispiel 2.100 Futurebank

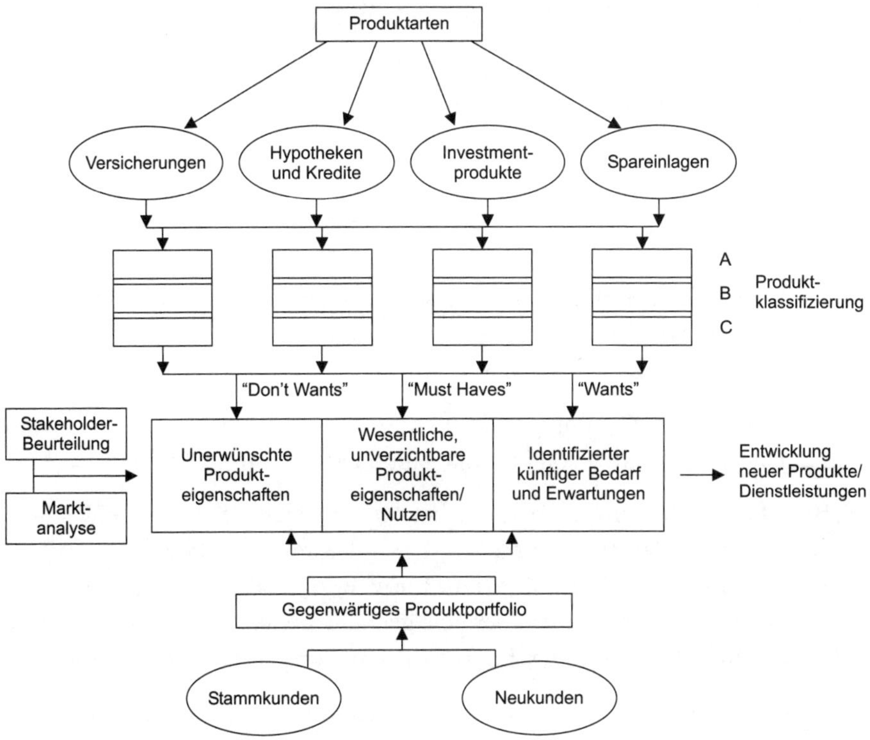

Bild 2.79 Einbeziehung von Kunden in die Entwicklung von Produkten und Dienstleistungen im Bankbereich[205]

5d: Produkte und Dienstleistungen werden hergestellt, vermarktet und betreut.

Mit einer kundenorientierten Produktentwicklung i. w. S. ist schon ein wichtiger Schritt in Richtung Kundenorientierung getan. Im nächsten Schritt geht es nun darum, das Entwicklungsergebnis in die Tat umzusetzen, damit der Kunde tatsächlich das erhält, was er erwartet. Dies setzt voraus, dass das Produkt auch „produzierbar" ist. Daher wurde zuvor schon auf die Notwendigkeit einer integrierten Produktentwicklung hingewiesen. Dabei sind u. a. die ggf. komplexen Produktcharakteristika in Bezug auf den Herstellungsprozess zu betrachten. Als strukturiertes und präventives Instrument hat sich Quality Function Deployment (QFD) erwiesen. Die folgende Abbildung zeigt die Zusammenhänge in einer sehr groben Übersicht:

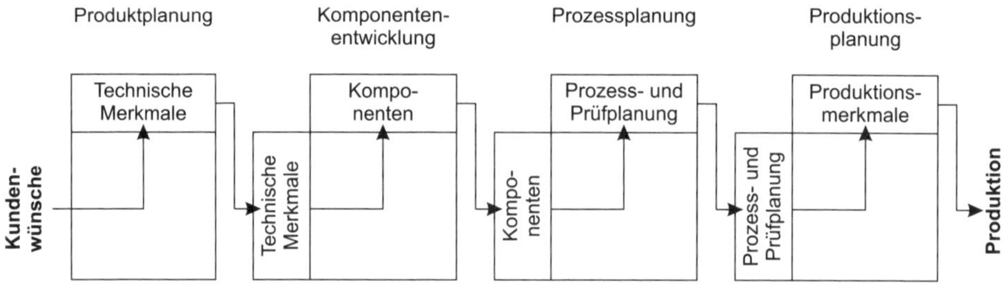

Bild 2.80 QFD als systematischer Ansatz zur Übersetzung der Kundenwünsche in die Sprache der Produktion

Weitere Methoden, die sich in diesem Zusammenhang anbieten, sind DOE (Design of Experiments), FMEA (Fehlermöglichkeits- und -einflussanalyse), DFA (Design for Assembly) oder DFM (Design for Manufacturing).[206]

Nachdem das „Produkt“ so hergestellt wurde, wie es potenzielle Kunden erwarten, geht es um die Vermarktung von Produkten und Dienstleistungen.

Dazu bedarf es der Instrumente des Marketings im engeren Sinne einschließlich der Werbung, um existierende und potenzielle Kunden mit den Produkten bekannt zu machen. Die Pflege der Kundenbeziehungen z. B. über Key Account Manager für besonders wichtige Kunden spielt hier eine genauso wichtige Rolle wie alle Aktivitäten, die man unter dem Begriff des Beziehungsmarketings[207] zusammenfassen kann.

Dabei geht es auch darum, geeignete Kommunikationskanäle für neue Produkte und Dienstleistungen zu finden, die den Erwartungen der Kunden entsprechen.

Der Prozess der „Auslieferung“ der Leistung bedeutet für produzierende, aber auch Handelsunternehmen eine logistische Herausforderung. Der Aspekt „just in time“ in einem weiteren Verständnis ist dabei sicherlich nur einer unter anderen. Insbesondere bei der Einschaltung Dritter ist sicherzustellen, dass diese eine identische Vorstellung von Kundenorientierung besitzen.

Im Bereich der Dienstleistungen ist der „Auslieferungszeitpunkt“ die „Stunde der Wahrheit“. Wenn Deutschland nicht nur einmal als „Dienstleistungswüste“ beschrieben wurde, charakterisiert dies die Problemstellung und die daraus resultierende Herausforderung überdeutlich. Hier spielt auch Verhaltenstraining, das allerdings nicht zur Generierung konfektionierter Rollen führen darf, eine große Rolle. Darüber hinaus ist es wichtig, dass Service zu einem strategischen Faktor gemacht wird, was voraussetzt, dass dieser Prozess ein „gut gestalteter“ Schlüsselprozess ist, der auch mit den entsprechenden Ressourcen ausgestattet wird. Ein Beschwerdemanagementsystem, das den Kunden ernst nimmt und entsprechende interne Eskalationsstufen besitzt, ist ein weiterer Baustein. Wenn Probleme auftreten, geht es um schnellstmögliche Kommunikation des Sachverhalts und (ggf.) gemeinsame Entwicklung einer Lösung. Um Zweifelsfälle auszuschließen, sollte der Umfang der Dienstleistung vorher vereinbart werden - was nicht ausschließt, bei Bedarf (z. B. veränderte Wettbewerbssituation) diese Vereinbarungen zu überschreiten.

Zu den Serviceleistungen kann heute auch die Rücknahme von Verpackungen und Produkten gehören, die in Deutschland teilweise gesetzlich vorgeschrieben ist - und insofern dann nicht als besondere Kundenorientierung bewertet werden kann.

Eine wesentliche „Dienstleistung“ ist in einer verständlichen und damit benutzerfreundlichen Gebrauchsanweisung von Produkten zu sehen, die u. a. auch auf einen verantwortungsvollen Umgang mit den Produkten verweisen.

Zusammenfassend lassen sich für Teilkriterium 5d als mögliche Ansatzpunkte festhalten:[208]

- Produkte und Dienstleistungen in Übereinstimmung mit den Entwürfen und Entwicklungen herstellen oder erwerben;
- an vorhandene und potenzielle Kunden Produkte und Dienstleistungen vermarkten und vertreiben sowie das Wertversprechen kommunizieren;
- Produkte und Dienstleistungen an Kunden liefern;
- Produkte und Dienstleistungen betreuen, einschließlich ihrer Wiederverwertung, soweit angebracht.

Beispiel 2.101 European Communications

Beispielhafte Bausteine eines Kommunikationsplanes, prinzipielle Vorgehensweise (strategischer Ansatz):[209]

- Medienmix (z. B. Direktmarketing über Mailings an alle bekannten Interessenten für das Produkt)
- Schlüsselbotschaft (wichtigste Information für den Kunden)
- Positionierung der Marke (Zusammenfassung der Markenpositionen und der Schlüsselwerte der für die Zielgruppe relevanten „Markenpersönlichkeit")
- Ziele und deren Messung (Messgrößen für die Kommunikation, z. B. Werbewirksamkeit überwachen)
- Zeitplanung (Milestones)
- Budgetplanung (z. B. Budgetrahmen pro Medium)

Beispiel 2.102 Futurebank

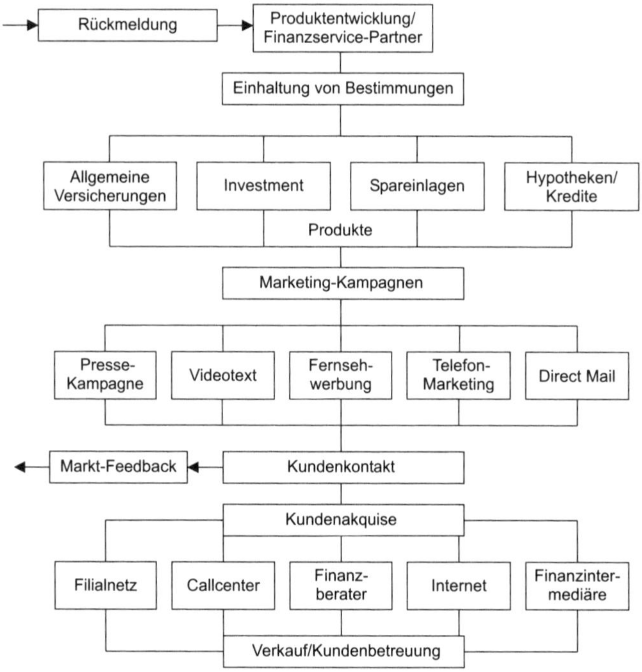

Bild 2.81 Leistungserbringung in einer Bank[210]

Beispiel 2.103 Spectrum

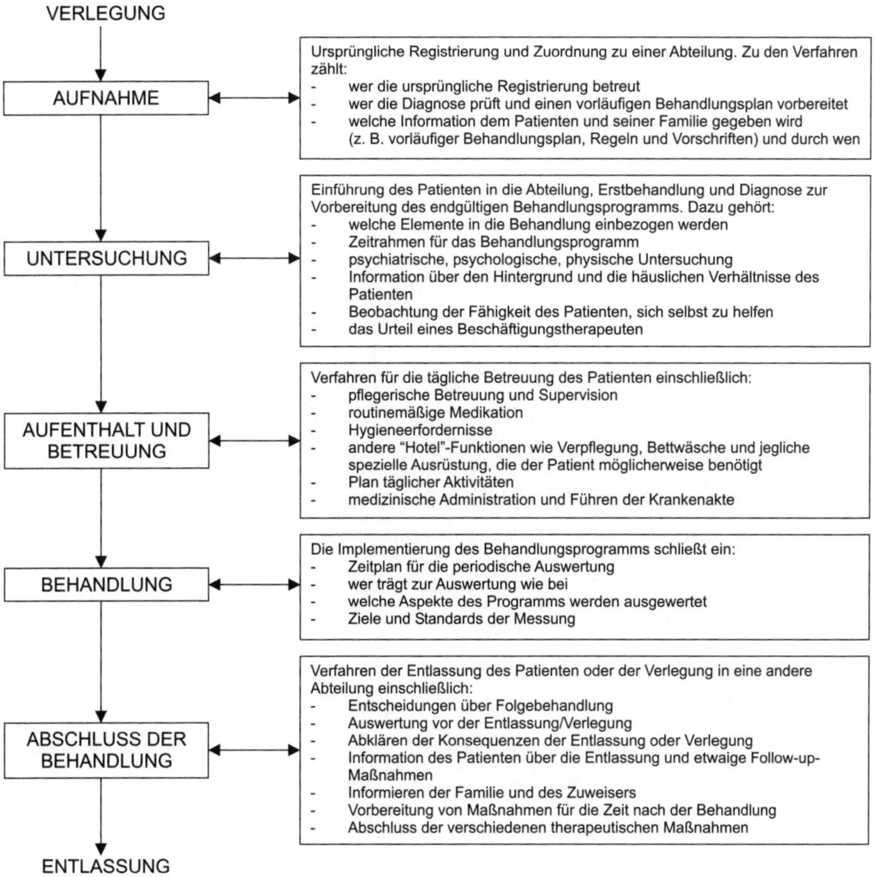

Bild 2.82 Phasen der Leistungserbringung in einem Krankenhaus[211]

5e: Kundenbeziehungen werden gemanagt und vertieft.

Obwohl dieser Aspekt in den vorangegangenen Teilkriterien immer wieder angesprochen wurde, wurde ihm wegen seiner besonderen Bedeutung ein eigenes Teilkriterium gewidmet. Im Kern geht es darum, wie aus einem zufriedenen Kunden ein loyaler Kunde wird. Diese Kundenbindung ist eine wichtige Voraussetzung für einen optimalen Informationsfluss zwischen Kunden und Lieferanten, der es diesem besser ermöglicht, proaktiv zu handeln, weil der Kunde bereit ist, die relevanten Informationen zu liefern.

Die Pflege der Kundenbeziehungen setzt zunächst voraus, seine „Kontaktanforderung“ bezüglich der alltäglichen Zusammenarbeit zu bestimmen und dann auch zu treffen. Dabei spielen unterschiedliche Facetten eine Rolle: Zunächst will der Kunde in seiner Originalität behandelt werden, was z. B. bedeutet, seinen Ansprechpartner zu kennen (wenn möglich „one voice to the customer“). Ein Negativbeispiel dazu wäre ein Call-Center, das bei jedem Kundenkontakt einen anderen Ansprechpartner vorsieht. Ein Positivbeispiel wäre ein Bürger-Center, wo der Kunde an einer Stelle alle wesentlichen Probleme lösen kann.

Erfahrungsgemäß liegen die Verbesserungspotenziale hier nicht nur in zu seltenem Kundenkontakt, sondern oft in zu häufigem. Wichtig ist, dass dieser Kontakt auch zu „aktivem“ Zuhören verwendet wird. Das heißt im Vordergrund steht nicht der Versuch, den Kunden zu überzeugen, dass er unbedingt mein Produkt oder meine Dienstleistung benötigt, sondern zunächst seine Probleme und Wünsche kennen zu lernen, um daraus eine adäquate Problemlösung zu entwickeln. Aktives Zuhören bedeutet dabei, keine eigenen Informationen zu vermitteln, sondern nur durch Zusammenfassen sicherzustellen, dass man die Aussagen des Kunden richtig verstanden hat.

Dabei sollten alle Feedbackquellen genutzt werden und nicht nur die Informationen der „Außendienstmitarbeiter“, die ggf. eine spezifische Problemsicht („Unser Hauptproblem ist der Preis“) haben.

Der Umgang mit den so erhobenen Daten wurde zuvor schon mit der Erstellung einer „Marketing Data Base“ beschrieben, auf die alle Mitarbeiter zurückgreifen können, die mit dem jeweiligen Kunden in Kontakt stehen. Eine spezifische Form der Rückmeldung sind Beschwerden. Für den Umgang mit Beschwerden ist ein eigenständiger Prozess („Beschwerdemanagement“) einzurichten, der nicht nur das Abstellen der Ursachen beinhaltet, sondern auch deren Kommunikation an den Kunden. Gegebenenfalls sollte man auch im Rahmen einer regelmäßigen Kundenkommunikation immer wieder auf die erzielten Verbesserungen (z. B. Verbesserung der Liefertreue) eingehen. Wichtig ist auch, wer sich um Beschwerden kümmert (Managementaufgabe?) und wie lange es dauert, bis der Kunde überhaupt eine Rückmeldung erhält. Beschwerdemanagement ist einer der wichtigsten Indikatoren einer Kundenorientierung! Da dies gleichzeitig Umgang mit Fehlern oder Fehlverhalten bedeutet, ist es mit der Einführung entsprechender Prozesse nicht getan, es bedarf auch einer Änderung der Fehlerkultur: Nicht die Suche nach dem Schuldigen ist das Wichtigste, sondern aus den Fehlern zu lernen und eine Wiederholung auszuschließen.

Wenn man die Idee der Qualitätssicherung auf das Kundenbeziehungsmanagement überträgt, folgt daraus, dass diese Beziehung ein wichtiger Beitrag zur Prävention sein muss. Wenn man sich klar darüber ist, dass es nicht nur um Kundenzufriedenheit geht, sondern um Kundenbindung, muss man die Probleme und Wünsche des Kunden zum frühestmöglichen Zeitpunkt erkennen. Dies gilt für neue Produkte und Dienstleistungen, aber auch für Probleme mit bestehenden Angeboten oder in der Kundenbeziehung.

„Following up" oder das deutsche „Nachfassen" umschreiben die Notwendigkeit, nach jedem Kundenkontakt die Zufriedenheit des Kunden zu überprüfen. Dies wird nur relativ selten über schriftliche Befragungen möglich sein, die meist in einem jährlichen Rhythmus stattfinden. Insofern bedarf es entweder einer direkten Kontaktaufnahme oder des systematischen Verfolgens entsprechender Leistungsindikatoren, wie sie im Teilkriterium 6b zu finden sein sollten. Wie für alle anderen Aktivitäten gilt natürlich auch hier die Notwendigkeit einer Aufwand-Nutzen-Analyse.

Die Idee der kontinuierlichen Verbesserung durch Kreativität und Innovation fehlt auch in diesem Teilkriterium nicht. Die Chancen dazu sind mit hoher Wahrscheinlichkeit dann größer, wenn das Beziehungsmanagement funktioniert. Da dabei neben der Sachebene auch die Beziehungsebene zwischen den beteiligten Personen eine Rolle spielt, erweisen sich stabile Beziehungen (One Face to the Customer, Key Account Management) als sinnvoll. Im Übrigen wird damit nur die organisationsinterne Adressatenverknüpfung nach außen erweitert. Kundenorientierung drückt sich auch in der Benutzerorientierung von Service-Call-Centern aus. Diese lässt sich beispielsweise durch die Zeitdauer beschreiben, die man benötigt, bis man einen Ansprechpartner erreicht, und durch die Häufigkeit der Weitervermittlung, bis ein kompetenter Ansprechpartner gefunden wurde.

Partnerschaftliche Kundenbeziehungen z. B. bei Produkten brauchen sich nicht nur auf das Verhältnis zwischen Verkäufer und Kunden, sondern können sich auch auf die gesamte Wertschöpfungskette beziehen – wie an früherer Stelle schon am Beispiel Simultaneous Engineering erörtert. Solche Beziehungen helfen vor allem den Zulieferern, die ansonsten keinen unmittelbaren Kontakt zum Endkunden haben.

Ein wichtiger Baustein des Kundenbeziehungsmanagements sind die methodischen Ansätze zur systematischen Datensammlung. Da Kundenfeedbacksysteme im Allgemeinen schon an anderer Stelle dargestellt wurden, sollen hier einige Anmerkungen zur Kundenbefragung gemacht werden. Grundsätzlich stehen dazu alle Befragungstechniken zur Verfügung: Interviews, Datenerhebung im Rahmen von Workshops über visualisiertes Brainstorming (so genannte Metaplan-Methode) oder schriftliche

Befragungen. Für die Anwendung aller Methoden bedarf es einer entsprechenden Qualifikation. Das Rad braucht dabei nicht neu erfunden zu werden, da diese Instrumente schon lange am Markt verfügbar sind. Von „selbst gestrickten" Fragebogen sei dringend abgeraten. Will man die Befragungsergebnisse auch zu einem Benchmarking nutzen, macht es Sinn, sich an Organisationen zu wenden, die Befragungen durchführen und über solche Daten verfügen. Man sollte sich jedoch über die Abnutzungseffekte solcher Instrumente im Klaren sein, und sie daher fallweise mit zusätzlichen Anreizen versehen. In jüngerer Vergangenheit wurden Kundendaten oft indirekt über Internetkontakte und Kundenkarten erfasst. Hier ist sicherzustellen, dass der Kunde weiß, dass Daten zum Zweck der Weiterverarbeitung erhoben wurden.

Wichtig ist in allen Fällen, dass eine gewisse Anonymität garantiert wird bzw. dass der Umgang mit Kundendaten auf vertraulicher Basis erfolgt - und diese Daten z. B. nicht noch an Dritte verkauft werden.

Zusammenfassend lassen sich für Teilkriterium 5e als mögliche Ansatzpunkte festhalten:[212]

- Die Bedürfnisse der Kunden bei den Kontakten im Tagesgeschäft feststellen und erfüllen;
- Rückmeldungen aus den Kontakten im Tagesgeschäft einschließlich Beschwerden handhaben;
- proaktives[213] Kümmern um den Kunden, um Bedürfnisse, Erwartungen und Bedenken auszutauschen und anzusprechen;
- Verfolgung der Verkäufe, Dienstleistungen und anderer Kontakte, um den Grad der Zufriedenheit mit den Produkten, Dienstleistungen und anderen Vertriebs- und Dienstleistungsprozessen zu bestimmen;
- die Aufrechterhaltung von Kreativität und Innovation in der Vertriebs- und Dienstleistungsbeziehung zum Kunden anstreben;
- Partnerschaften mit den Kunden etablieren, die die Wertschöpfung der Lieferkette verbessern;
- regelmäßige Umfragen, andere Formen der strukturierten Datenerhebung und Daten aus dem täglichen Kontakt mit Kunden dazu verwenden, die Zufriedenheit mit der Kundenbeziehung festzustellen und zu verbessern;
- Kunden im verantwortungsvollen Umgang mit den Produkten beraten.

Beispiel 2.104 Spectrum

Datenerhebungen in einer psychiatrischen Klinik zur Pflege und Vertiefung der Kundenbeziehungen:[214]

- Vertreter der Klinikleitung treffen sich regelmäßig mit Sprechern der Patienten und Bewohner und quartalsweise mit den Betreuungsteams, um Angelegenheiten der Patienten, ihrer Familien und anderer Vertreter von Patienteninteressen zu diskutieren und einer Lösung zuzuführen.
- Für ambulante Patienten und deren Angehörige wurde ein Help Desk für allgemeine Fragen eingerichtet. Komplexere medizinische Fragen werden an Spezialisten weitergeleitet.
- Patienten, Familienangehörige und einweisende Ärzte werden regelmäßig schriftlich befragt.
- Alle Patienten, die entlassen werden oder ihre Behandlung abbrechen, werden zur Messung der Kundenzufriedenheit interviewt (Entlassungsinterview).

Beispiel 2.105 Alpine Electronics Suisse

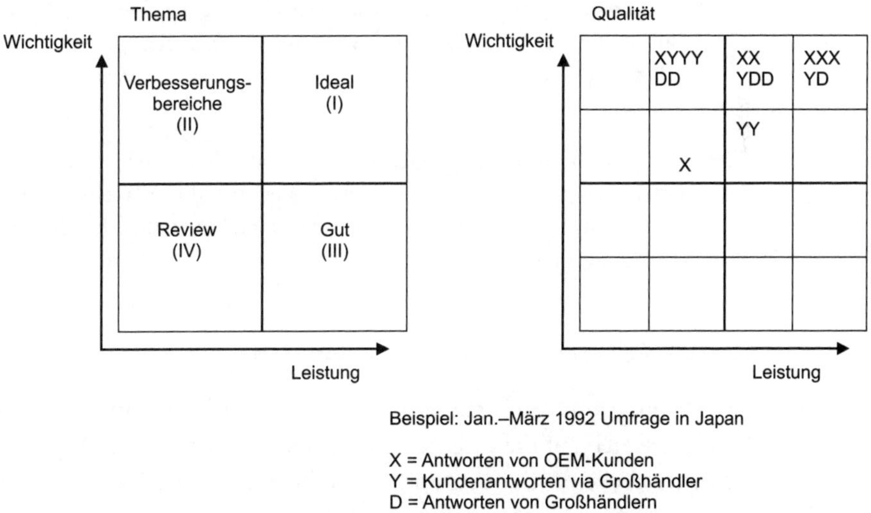

Bild 2.83 Portfolio der Kundenwünsche und -prioritäten auf der Grundlage von Kundenbefragungen[215]

Beispiel 2.106 Futurebank

Bausteine eines Customer Relationship Management in einer Bank:[216]

- Erfassung von Reklamationen und monatliche Auswertung der Ursachen, die an den Vorstandsvorsitzenden gehen. Der Kunde erhält eine Information über die getroffenen Maßnahmen.
- Alle Kundenaktivitäten, die darauf hinweisen, dass der Kunde verloren geht, werden dokumentiert und an ein spezifisches Team weitergeleitet, das Kontakt mit dem Kunden aufnimmt.
- Um proaktiv Kundenverlusten vorzubeugen, werden diese regelmäßig kontaktiert, um festzustellen, ob sie mit dem derzeitigen Produkt zufrieden sind oder Informationen über andere Optionen wünschen. Die Beratung kann durch einen regional verfügbaren Berater erfolgen.
- Immer wenn der Kunde Interesse an einem Produkt zeigt, liefert das CRM-System verwandte Produkte, an denen der Kunde auch ein Interesse haben könnte. Damit werden Kundenbedürfnisse vorweggenommen.
- Wann immer ein Kunde sich für ein Produkt entschieden hat, erhält er einen namentlich genannten Ansprechpartner. Dieser begleitet den Abwicklungsprozess und bemüht sich um die Wünsche und Bedürfnisse des Kunden. In jedem Fall erfolgt ein Follow-up, um die Zufriedenheit des Kunden mit der Dienstleistung festzustellen.
- Zur Ergänzung der Informationen über die Kunden werden monatlich strukturierte Telefoninterviews mit einem repräsentativen Querschnitt durchgeführt. Mit den Daten wird das CRM-System auf den neuesten Stand gebracht. Aktuelle Trends werden dem Management vorgelegt.

2.2.6 Kriterium 6: Kundenbezogene Ergebnisse

Das von der Bedeutung am höchsten gewichtete Ergebniskriterium des EFQM-Modells für Excellence zielt auf die externen Kunden ab. Als exzellente Organisationen werden dementsprechend jene verstanden, die herausragende Ergebnisse erreichen und diese auch umfassend messen.[217] Diese für ein marktwirtschaftliches System eigentlich selbstverständliche Größe ist in wirtschaftlichen Boom-Zeiten verbunden mit „Quasi-Monopolstellungen“ (wie teilweise im Handwerk) offensichtlich allzu häufig verloren gegangen.

Daher weisen alle Excellence Assessment-Konzepte (z. B. auch der MBNQA) diesem Aspekt ein besonderes Gewicht zu. Der Kunde wird auch in einer ganzen Reihe anderer Ansätze (wie z. B. Customer Relationship Management) sowie einer Flut von Buchpublikationen (z. B. im neuesten Buch des Autors von „Business Reengineering" mit dem Titel „Business back to Basics")[218] wiederentdeckt. Der Ansatz des EFQM-Modells für Excellence hat dabei den wesentlichen Vorteil, dass es eine Ergebnisorientierung beinhaltet und dass demzufolge positive Entwicklungen durch Veränderungen in der Kundenzufriedenheit nachzuweisen sind. Während den mitarbeiterbezogenen Ergebnissen ein Befähigerkriterium „Mitarbeiter" gegenübersteht, ist dies für die kundenbezogenen Ergebnisse nur bedingt der Fall. Wegen der offensichtlichen Bedeutung der Kundenorientierung ist dieses Kriterium impliziter Bestandteil aller Potenzialfaktoren und wird zusätzlich im Kontext des Kriteriums „Prozesse" mit drei Teilkriterien besonders betont.

Aufgrund des besonderen Gewichts dieser Thematik sollen einige wichtige Facetten (wie sie darüber hinaus auch der amerikanische MBNQA thematisiert) hier noch einmal aufgegriffen bzw. integriert werden. Im Einzelnen handelt es sich um:

- Kenntnis der Kunden und Märkte,
- Management der Kundenbeziehungen,
- Verpflichtung gegenüber dem Kunden (Kundenorientierung im engeren Sinne),
- Ermittlung der Kundenzufriedenheit,
- Entwicklung der Kundenzufriedenheit und
- Vergleich der Ergebnisse mit der Konkurrenz.

Aktuelle und zukünftige Kundenerwartungen sind ein elementarer Baustein der Politik und Strategie eines Unternehmens, wenn es zur Optimierung des Kundennutzens beitragen will. Es ist daher von Interesse,

- wie (auch potenzielle) Kundengruppen und/oder Marktsegmente definiert werden,
- welche Daten in welcher Häufigkeit und mit welchen Methoden (z. B. Kundenworkshops) erhoben werden und wie deren Objektivität und Gültigkeit abgesichert wird,
- wie spezifische Produkt- oder Servicefeatures und deren Relevanz für unterschiedliche Zielgruppen erhoben bzw. festgelegt werden,
- wie sonstige kundenbezogene Daten (z. B. Beschwerden, Verlust oder Gewinnen von Aufträgen, Leistungskennzahlen bezüglich Produkt und Service) genutzt werden.

Der Aspekt zukünftiger Kundenerwartungen bedarf zusätzlicher Klärungen:

- Für welchen Zeithorizont werden solche Überlegungen angestellt?
- Mit welcher Bedeutung für das zukünftige Verhalten des Kunden werden sich verändernde Rahmenbedingungen (z. B. Technologie, Wettbewerb, Gesellschaft, Umwelt, konjunkturelle und demografische Entwicklungen) in die Betrachtung einbezogen?
- Welche Rolle spielen potenzielle Kunden – auch die der Wettbewerber?
- Wie sieht die Projektion der wesentlichen Produkt- und Servicefeatures aus?
- Inwieweit werden sich verändernde und neue Marktsegmente und deren Auswirkung auf aktuelle Produkte und Dienstleistungen berücksichtigt?

Möglicherweise wird ein Teil dieser Daten im Zusammenhang mit Kundenzufriedenheitsanalysen erhoben. Generell besteht dort allerdings eher eine „produkt- bzw. attributbezogene" Vergangenheits- oder Gegenwartsorientierung. Neue Lösungen für Kundenprobleme, die bisher nicht existieren, sind per definitionem seltener Gegenstand von Zufriedenheitsanalysen.

Wie im Kontext des Kriteriums „Prozesse" schon angesprochen, geht es auch hier um die ständige Evaluation und Verbesserung des Prozesses zur Bestimmung der Kundenanforderungen und -erwartungen. Dies beinhaltet Aspekte wie

- Verbessern des Erhebungsdesigns,
- Sicherstellen der Angemessenheit kundenbezogener Information,
- gleichzeitiger Einsatz mehrerer Verfahren zur Informationsbeschaffung,
- Berücksichtigung der zu- bzw. abnehmenden Bedeutung von zielgruppenspezifischen Produkt-/Serviceeigenschaften.

Ein Schlüsselprozess kundenorientierter Unternehmen besteht im Management von Kundenbeziehungen, was auch als „Kundennutzenoptimierungsprozess"[219] bezeichnet wird. Die Optimierung dieses Prozesses erfordert eine Reihe von Aktivitäten:

- Maßnahmen, die es dem Kunden einfach machen, Unterstützung zu suchen oder Rückmeldung zu geben;
- Investition in Auswahl sowie Aus- und Weiterbildung von Personal mit Kundenkontakt;
- Definition der Schlüsselanforderungen, die zu erfüllen sind, um die Kundenbindung zu erhalten und auszubauen, und deren Übersetzung in Messgrößen;
- Definition von Servicestandards, die aus diesen Schlüsselmaßzahlen abgeleitet sind, und deren Nutzung zur Verbesserung der Kundenorientierung;
- Sicherstellung von Follow-up-Maßnahmen;

- Effektivität und Schnelligkeit der Bearbeitung formeller und informeller Beschwerden;
- Kontinuität in der Prozessverbesserung.

Beispiel 2.107 Granite Rock

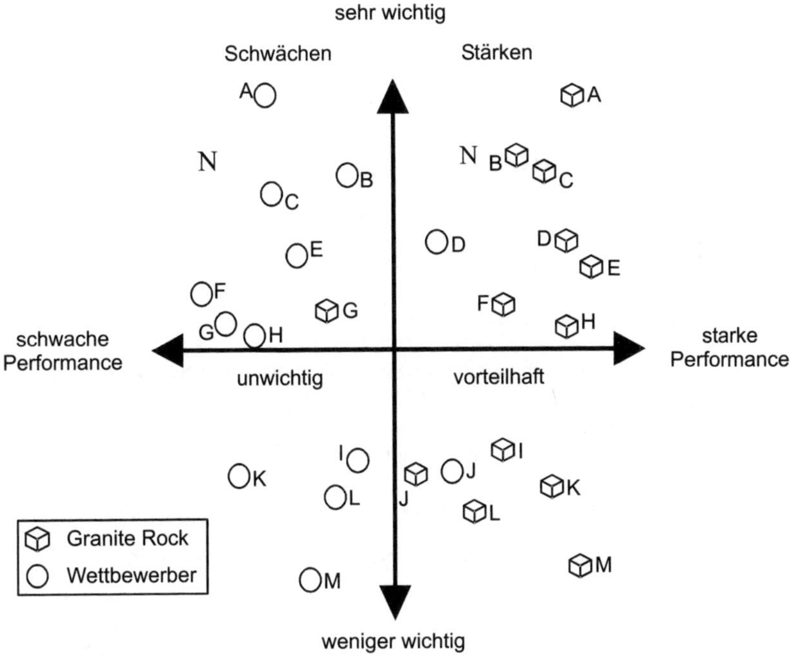

Bild 2.84 Portfoliokonzept von Granite Rock: Bedeutung von Produkt- und Serviceelementen[220]

Beispiel 2.108 Case-Study MBNQA

Definition von Servicestandards für Telefongespräche[221]

- Annahme des Gespräches vor dem dritten Klingeln
- Sofortige Identifikation des Gesprächspartners durch den Mitarbeiter
- Sofortige Dokumentation der Rufnummer, um bei unerwarteter Anrufunterbrechung den Rückruf gewährleisten zu können
- Interne Weiterleitung von Gesprächen vermeiden oder zumindest sicherstellen, dass der Kunde mit der Weiterleitung einverstanden ist

- Bei komplexen Informationen oder umfangreichen Recherchen Rückruf innerhalb von zwei Stunden sicherstellen
- „Follow-up"-Anruf immer durch den Mitarbeiter, der den Erstanruf entgegengenommen hat
- Keine Wartezeit von mehr als 45 Sekunden für den Kunden am Telefon

Beispiel 2.109 IBM

Follow-up-Maßnahmen durch IBM:[222]

- Telefonische Kontaktaufnahme 90 Tage nach Verkauf des Produkts
- Sammlung von Anerkennung, Kritik und allgemeinen Kommentaren
- Aufnahme der Erkenntnisse in die Datenbasis
- Analyse der Datenbasis
- Regelmäßige Verteilung an Entwicklung, Programmierung, Marketing, Produktion und Service
- Kontaktaufnahme mit unzufriedenen Kunden durch Marketing
- Verstehen und Lösen des Problems
- Erneute telefonische Kontaktaufnahme nach weiteren 30 Tagen

Beispiel 2.110 IBM

Customer Complaint Management - Beschwerdemanagement bei IBM:[223]

- Entgegennahme einer Beschwerde durch
- – Werksleiter,
- – Direktor der Produktsparte oder
- – restliches Top-Management
- Behandlung der Beschwerde:
- – Customer Satisfaction Management Team
- – Ernennung eines Verantwortlichen für jede Beschwerde
- – Lösung innerhalb von zwei Wochen
- – Dokumentation und Auswertung jeder Beschwerde
- Nutzung für Verbesserung von Produkten und Service

Kundenorientierung im engeren Sinne zeigt sich in den Verpflichtungen, die ein Unternehmen eingeht, um das Vertrauen der Kunden in Produkte und Dienstleistungen zu stärken. Dies beinhaltet auch - wie an früherer Stelle schon erwähnt - das persönliche Engagement des oberen Managements.

Die „Nagelprobe" für die Einhaltung der Verpflichtungen ergibt sich, wenn Fehler und Probleme entstehen, wenn es um Garantie- und Kulanzregelungen geht, wenn der Kunde nur mangelhaft informiert wird, wenn Interessenkonflikte entstehen (z. B. Termineinhaltung versus Produktqualität) etc.

Die Erfüllung vereinbarter Anforderungen (z. B. die Einhaltung von Lieferterminen) ist in diesem Zusammenhang wegen ihrer Selbstverständlichkeit der Erwähnung kaum wert. Auch eine regelmäßige Kommunikation bzw. Information aller kundenbezogenen Sachverhalte (z. B. Stand der Problembearbeitung) ist hier zu erwähnen.

Beispiel 2.111 Milliken European Division

Rückmeldesystem der Milliken European Division zur Information der Kunden:[224]

Laufendes Geschäftsjahr: (Kunde XY)

Anzahl Bestellungen	63
Quadratmeter (Verkaufsvolumen)	16.311
Anzahl termingerechter Lieferungen	63
Anteil termingerechter Lieferungen	**100 %**

Vergleich zum Vorjahr: (gesamtes Unternehmen, kumulativ)

	laufendes Jahr	Vorjahr
Gesamtzahl Bestellungen	759	564
Quadratmeter (gesamt)	159.237	177.295
Gesamtzahl termingerechter Lieferungen	756	563
Gesamtanteil termingerechter Lieferungen	**99,6 %**	**99,8 %**

Die Ermittlung der Kundenzufriedenheit subsumiert alle relevanten Einflussgrößen. In den Ausschreibungsunterlagen für das EFQM-Excellence-Modell werden folgende Themenfelder beispielhaft genannt, wobei darauf hingewiesen wird, dass diese je nach Organisationszweck variieren können:[225]

- Image insgesamt:
  - Erreichbarkeit
  - Kommunikation
  - Transparenz
  - Flexibilität
  - Proaktives Verhalten
  - Reaktionsfähigkeit
- Produkte und Dienstleistungen:
  - Qualität
  - Wertschöpfung
  - Zuverlässigkeit
  - Innovation beim Design
  - Lieferung
  - Umweltprofil
- Verkaufs- und Kundendienstleistungen:
  - Fähigkeiten und Verhalten der Mitarbeiter
  - Beratung und Unterstützung
  - Kundenunterlagen und technische Dokumentation
  - Behandlung von Beschwerden
  - Produktspezifische Schulung
  - Reaktionszeit
  - Technische Unterstützung
  - Gewährleistungs- und Garantiebestimmungen
- Loyalität:
  - Absicht, erneut zu kaufen
  - Bereitschaft, andere Produkte und Dienstleistungen bei der Organisation zu bestellen
  - Bereitschaft, die Organisation weiterzuempfehlen

Wenn es ein Kernelement eines Total Quality Management-Prozesses mit dem Ziel Excellence ist, kontinuierliche Verbesserungen zu erzielen und diese messbar zu machen, dann muss (auch) die Erhebung der Kundenzufriedenheit regelmäßig stattfinden. Objektivität und Validität der Daten hängen u. a. vom Erhebungsverfahren ab. Eine Datenerhebung durch „die am Markt tätigen Einheiten“ wird eher zu

„erwünschten“ Ergebnissen führen als eine durch ein professionelles externes Unternehmen durchgeführte anonyme Kundenbefragung. In Abhängigkeit von Unternehmensgröße und Kundenstruktur (Zielgruppen) sind unterschiedliche methodische Ansätze denkbar, die auch parallel verwendet werden können, um die Güte der Daten zu verifizieren.

Beispiel 2.112 IBM

Methoden zur Ermittlung der Kundenzufriedenheit:[226]

- Telefonische Umfrage durch unabhängiges Institut:
- Bewertung der relativen Wichtigkeit aktueller und geplanter Produkte/Serviceleistungen
- Objektivität (keine Nennung des Auftraggebers)
- Möglichkeit des Kommentars zur Beantwortung „nicht gestellter Fragen“
- Vorteile:
  - Wirtschaftliche Methode
  - Leicht zu modifizierender Fragenkatalog
  - Hohe Rücklaufquote
  - Schnelle Verfügbarkeit der Informationen
  - Möglichkeit zur Konzentration auf spezifische Probleme
- Nachteile:
  - Keine komplexen Fragen/Multiple Choice
  - Keine Verwendung von Grafiken

- Schriftliche Umfrage durch unabhängiges Institut:
- Bewertung der relativen Wichtigkeit aktueller und geplanter Produkte/Serviceleistungen
- Objektivität (keine Nennung des Auftraggebers)
- Möglichkeit des Kommentars zur Beantwortung „nicht gestellter Fragen“
- Vorteile:
  - Kosten steuerbar
  - Möglichkeit zur Verwendung von Grafiken
  - Komplexe Fragen/Multiple Choice möglich
- Nachteile:
  - Unter Umständen niedrige Rücklaufquote
  - Keine Testfragen möglich bzw. Pretest erforderlich
  - Keine nähere Kenntnis der antwortenden Person
  - Keine kurzfristige Erhebung von Daten möglich

- Kundenworkshops:
- Konzentration auf Schlüsselkunden
- Neutrale Moderation erforderlich
- Vorteile:
  - Detaillierte Auseinandersetzung mit den Kundenproblemen
  - Suche nach Lösungsmöglichkeiten bereits Bestandteil des Workshops
  - Genaue Kenntnis der beteiligten Personen
- Nachteile:
  - Kosten- und zeitintensives Vorgehen
  - Nur für Schlüsselkunden sinnvoll

- Kundenbefragung durch dem Produkt beigelegte Fragebögen/Antwortkarten:
- Vorteile:
  - Sehr kostengünstige Möglichkeit
  - Allgemeine Aussagen über Produktqualität und Lieferprobleme
- Nachteile:
  - Sehr niedrige Rücklaufquote
  - Vor allem von unzufriedenen Kunden genutzt
  - Keine genaue Kenntnis der antwortenden Person
  - Komplexe Fragestellungen kaum möglich
  - Schlechte zeitliche Verfügbarkeit der Daten
  - Häufig als Garantiekarte missverstanden

- Befragung durch Servicepersonal:
- Regelmäßig bzw. nach Erbringung einer Serviceleistung
- „Face-to-Face-Interview"
- Vorteile:
  - Komplexe Fragen/Multiple Choice
  - Sehr flexibles Befragungsverfahren
  - Einsatz von Grafiken
  - Höchste Rücklaufquote
  - Möglichkeit zur gezielten Auswahl der Befragten
- Nachteile:
  - Zeit- und ggf. auch kostenintensivstes Verfahren
  - Interviewereinfluss nicht auszuschließen

Einer der Kernpunkte, die im Vorfeld zu klären sind, ist die Frage: „Wer ist der Kunde?" Diese Frage trägt der Erkenntnis Rechnung, dass z. B. die Qualität eines Produkts, z. B. der Lack eines Automobils, von sehr unterschiedlichen Zielgruppen beurteilt wird. Dies beginnt beim Einkäufer des Automobilunternehmens und endet beim Endverbraucher; dazwischen liegen der Anwendungsberater, derjenige, der den

Lack verarbeitet, und viele andere. Dies zeigt, dass u. U. eine unterschiedliche Kompetenz für die Beurteilung solcher Fragen vorliegt, die durch einen entsprechenden Zielgruppenbezug zu berücksichtigen ist.

Selbstverständlich können auch zusätzliche, interne Indikatoren der kundenbezogenen Ergebnisse herangezogen werden, wie sie beispielhaft im Teilkriterium 6b (Leistungsindikatoren) beschrieben werden. Dabei handelt es sich um „interne Messergebnisse, die die Organisation verwendet, um ihre Leistungen zu überwachen, zu analysieren, zu planen sowie zu verbessern und um vorherzusagen, wie ihre externen Kunden die Leistung wahrnehmen werden“.[227] In Abhängigkeit des Zwecks der Organisation lassen sich folgende Leistungsindikatoren nennen:[228]

- Image insgesamt:
  - Die Anzahl der von Kunden erhaltenen Auszeichnungen und Nominierungen für Preise
  - Berichterstattung in der Presse
- Produkte und Dienstleistungen:
  - Wettbewerbsfähigkeit
  - Fehler-, Ausfall- und Rückweisungsraten
  - Konformitäts- und Umweltzertifikate
  - Garantie- und Gewährleistungsbestimmungen
  - Beschwerden
  - Indikatoren für die Logistik
  - Produktlebenszyklus
  - Innovationen beim Design
  - Entwicklungszeit bis zur Markteinführung
- Verkaufs- und Kundendienstleistungen:
  - Nachfrage nach Schulung
  - Beschwerdebearbeitung
  - Reaktionsraten
- Loyalität:
  - Dauer der Beziehung
  - wirksame Weiterempfehlungen
  - Häufigkeit/Wert von Aufträgen
  - Auftragswert über die gesamte Dauer der Beziehung
  - Anzahl Beschwerden und Anerkennungen
  - neues und/oder verlorenes Geschäft
  - Kundenbindung

Beispiel 2.113 Olivetti

Bild 2.85 Beispiel eines Kundenzufriedenheitsbaumes für mittelgroße Benutzer von Informationstechnologiesystemen, mit gewichteten Armen der ersten Ebene (Q/Z = Qualität/Zuverlässigkeit)[229]

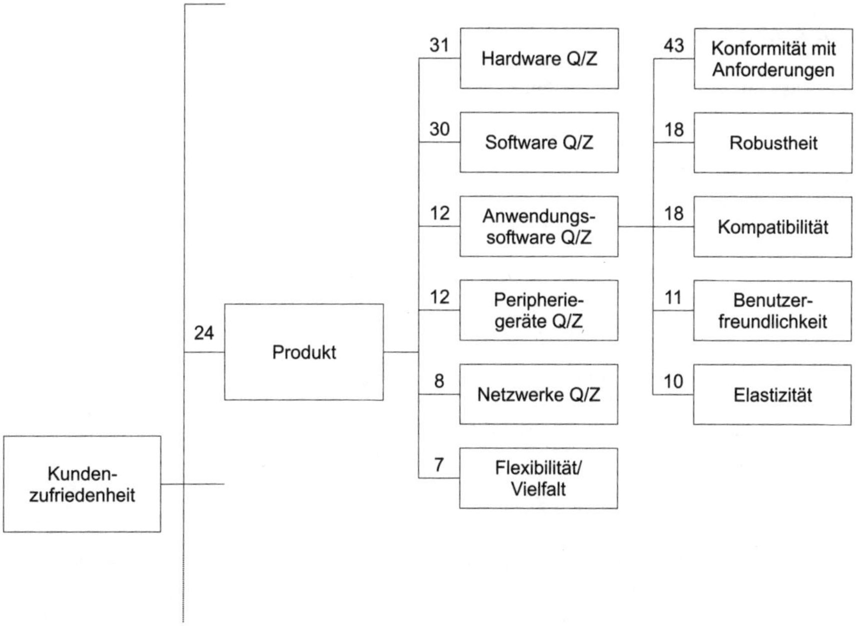

Bild 2.86 Beispiel einer weiteren Ausgestaltung der Zweige, mit Gewichtung bis zur dritten Ebene (Q/Z = Qualität/Zuverlässigkeit)[230]

Außerdem sind natürlich die Lieferantenbewertungsprogramme der Hauptkunden eine umfassende Datenquelle.

Wenn überhaupt eine regelmäßige Kundenbefragung existiert, ist zu klären, wie groß der Anteil aus verschiedenen Kundenkategorien (z. B. A-, B- und C-Kunden) sein soll, der in die Datenerhebung einbezogen wird.

Genauso wichtig sind die Konsequenzen aus der Befragung: Existiert ein systematisches Konzept zur Analyse der Daten? Was wurde wie umgesetzt? Welche Ziele wurden formuliert? Wurden diese erreicht oder überschritten? Wie haben sich Reklamationen und Garantiekosten entwickelt? Welche kontinuierliche Verbesserung findet bei der Datenerhebung statt?

Schließlich ist zu klären, wie die eigenen Zahlen in Relation zum Wettbewerb aussehen und wie das eigene Unternehmen bei vergleichenden Studien Dritter abschneidet.

Beispiel 2.114 Ritz-Carlton

Direkte und indirekte Kundenzufriedenheitsdaten der Ritz-Carlton-Hotelkette:[231]

- Der Besuch im Ritz-Carlton Hotel hat die Erwartungen erfüllt und wird in Erinnerung bleiben: 97 %
- Anteil mit dem Verwaltungspersonal zufriedener Gäste: 97 %
- Anteil mit dem Servicepersonal zufriedener Gäste: 97 %
- Anteil mit den Hoteleinrichtungen zufriedener Gäste: 95 %
- Stammkundenanteil: 97 %
- **Anzahl gewonnener Hotel Awards in 1991: 121**

Beispiel 2.115 Granite Rock

Ermittlung der Kundenzufriedenheit und ausgewählte Kundenzufriedenheitsdaten bei der Granite Rock Company:[232]

- Jährliche Umfrage zur Ermittlung der Kundenzufriedenheit
- Berücksichtigung der eigenen Kunden und der Kunden der Konkurrenz
- Benchmarking mit Unternehmen außerhalb der eigenen Industrie (z. B. Nahrungsmittelindustrie, produzierendes Gewerbe)
- Kundenzufriedenheitsdaten:

– Rückgang der Kundenbeschwerden um 31 % in drei Jahren
– Aufwand zur Lösung von Beschwerden: 0,2 % vom Umsatz (Industriedurchschnitt: 2 %)

Beispiel 2.116 IBM

Lösung aufgetretener Probleme: Auswirkung auf die Kundenzufriedenheit/Multiplikatoreffekt (n = 2.400)[233]

- Kein Problem ist aufgetreten. Der Kunde ist mit Produkt und Service zufrieden:

– „Ich würde das Produkt erneut kaufen.“ 84 %
– „Ich würde das Produkt weiterempfehlen.“ 91 %

Multiplikator: 3

- Ein Problem ist aufgetreten und wurde beseitigt:

– „Ich würde das Produkt erneut kaufen."	92 %
– „Ich würde das Produkt weiterempfehlen."	94 %
Multiplikator:	3

- Ein Problem ist aufgetreten, wurde jedoch nicht beseitigt:

– „Ich würde das Produkt erneut kaufen."	46 %
– „Ich würde das Produkt weiterempfehlen."	48 %
Multiplikator:	7

Managementsystem zur Ermittlung der Kundenzufriedenheit bei IBM:[234]

- Kennen und Verstehen der Kundenbedürfnisse und -wünsche
- Aufbau eines Kennzahlensystems zur Ermittlung von Kundenzufriedenheit
- Aufbau geschlossener Kundenfeedbacksysteme
- Bereitstellung von Aussagen zur Kundenzufriedenheit
- Definition und Beseitigung der Auslöser für Unzufriedenheit

Beispiel 2.117 Volvo

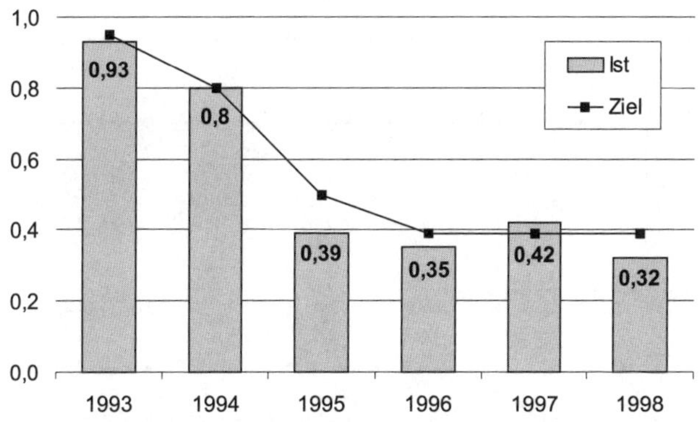

Bild 2.87 Garantiefälle pro Fahrzeug in den ersten drei Monaten nach Fahrzeugkauf[235]

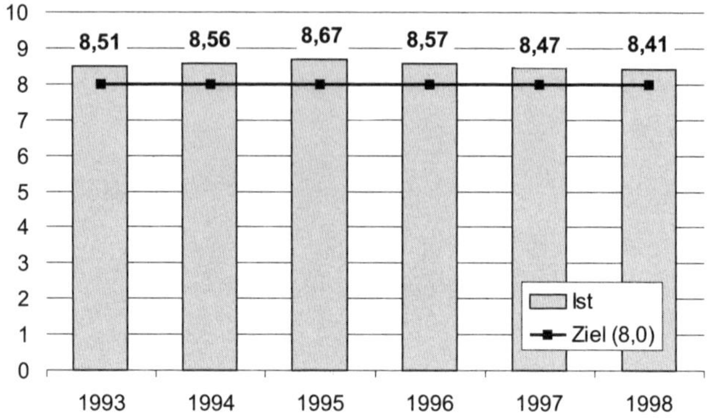

Bild 2.88 Wiederkaufsabsicht (ermittelt mit Hilfe eines Fragebogens mit einer Skala von 1 bis 10, 10 = „würde auf jeden Fall wieder einen Volvo kaufen")[236]

Beispiel 2.118 Motorola

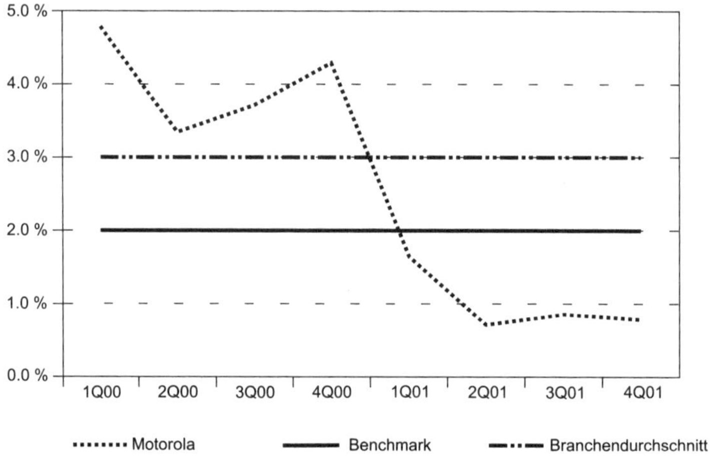

Bild 2.89 Technischer Service Call-Center: Anteil abgebrochener Anrufe[237]

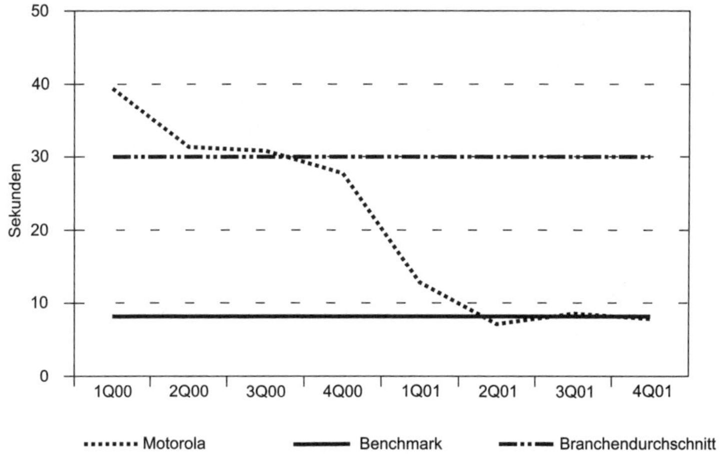

Bild 2.90 Technischer Service Call-Center: Dauer der Warteschleife[238]

2.2.7 Kriterium 7: Mitarbeiterbezogene Ergebnisse

Wenn man der Hypothese zustimmt, dass es ohne zufriedene Mitarbeiter keine zufriedenen Kunden geben kann, ist eine regelmäßige Erhebung der Mitarbeiterzufriedenheit eine logische Konsequenz. Relevante Inhalte einer solchen Befragung werden zunächst mit den Themen beschrieben, die im Rahmen des Befähigerkriteriums „Mitarbeiter" diskutiert wurden: Personalplanung, -auswahl und -entwicklung, Zielvereinbarung und Fortschrittsprüfung, Beteiligung und Kompetenzen, Top-down- und Bottom-up-Kommunikation sowie ständige Verbesserung aller Aspekte der Personalführung. Im Rahmen des Kriteriums „Mitarbeiterbezogene Ergebnisse" steht die Frage im Mittelpunkt, wie die Mitarbeiter die Leistung des Unternehmens im Hinblick auf die Zufriedenheit aller Beteiligten beurteilen. Dabei sind zum einen die Beurteilung des Unternehmens durch die Mitarbeiter im Rahmen einer Datenerhebung (Mitarbeiterbefragung) und zum anderen indirekte Indizes der Mitarbeiterzufriedenheit oder -unzufriedenheit (z. B. Fehlzeiten) zu unterscheiden.[239]

Die Beurteilung durch die Mitarbeiter kann anhand von Mitarbeiterumfragen, Diskussionsgruppen, jährlichen Beurteilungsgesprächen u. Ä. geschehen. Für eine solche Datenerhebung gibt es folgende Möglichkeiten:

- freies Interview (Exploration, Tiefeninterview),
- standardisiertes Interview (festgelegte Fragen, die mündlich anhand eines Fragebogens oder einer Checkliste gestellt werden),

- Gruppendiskussion,
- Beantwortung überlassener Fragebögen:
  - Aufforderung, überlassene Fragebögen ausgefüllt zurückzugeben,
  - Beantwortung ad hoc in Gruppensituationen,
- „Kummerkasten" u. Ä.

Für eine Mitarbeiterbefragung lassen sich zunächst folgende allgemeine Gestaltungshinweise geben:

- Wenn möglich, ganze Belegschaft in die Befragung einbeziehen (sonst repräsentative Stichprobe).
- Regelmäßig durchführen (z. B. jährlich), um Entwicklungen verfolgen zu können.
- Anonymität zusichern und wahren.
- Einbeziehung des Betriebsrats und der Vorgesetzten schon bei der Entwicklung des Erhebungsinstrumentariums.
- Gezielte Auswahl, Schulung und Kontrolle der Interviewer.
- Nicht zu viele Fragen.
- Fragen müssen leicht verständlich sein.
- Jede Frage sollte aus einem „Ankreuzteil" (geschlossene Fragen) und einem Feld für freiwillige, weitergehende Kommentare (offene Fragen) bestehen.
- Letzte Frage: „Gibt es irgendwelche Punkte, die wir noch nicht oder zu wenig behandelt haben, die Ihnen aber am Herzen liegen?"

Mitarbeiterbefragungen sollten unabhängig von der Art der Durchführung folgende wichtigen Fragenblöcke enthalten:

- Fragen zur allgemeinen (bezogen auf das Unternehmen) und speziellen Arbeitszufriedenheit (bezogen auf die Abteilung),
- Schwierigkeiten und positive Aspekte bei der Arbeit (als offene Fragen),
- Zufriedenheit mit spezifischen Bedingungen des Arbeitsplatzes (Umfeldbedingungen und Arbeitsorganisation),
- Änderungswünsche in Bezug auf spezifische Bedingungen des Arbeitsplatzes,
- Bezahlung und Vorgesetztenverhalten,
- Motivationspotenzial der jetzigen Tätigkeit (Fragen zu Arbeitsinhalt, Informationen und Zusammenhangwissen),
- „Entfaltungsbereitschaft" (unabhängig von der jetzigen Tätigkeit),
- Einzelplatz- oder Gruppenarbeit/Zusammenarbeit mit Kollegen,
- statistische Angaben zur Person.

Damit wird deutlich, dass es nicht nur um die Zufriedenheit der Mitarbeiter, sondern auch um deren Motivation geht.

Die EFQM schlägt in ihrem Modell folgende Inhalte einer Mitarbeiterbefragung vor:[240]

- Motivation:
  - Karriereentwicklung
  - Kommunikation
  - Handlungsfreiräume
  - Chancengleichheit
  - Beteiligung
  - Führung
  - Möglichkeiten, zu lernen und etwas zu erreichen
  - Anerkennung
  - Zielsetzung und Beurteilung
  - Werte, Mission, Vision, Politik und Strategie der Organisation
  - Aus- und Weiterbildung
- Zufriedenheit:
  - Verwaltung der Organisation
  - Anstellungsbedingungen
  - Einrichtungen und Dienstleistungen
  - Gesundheitsfürsorge und Arbeitssicherheitsbedingungen
  - Sicherheit des Arbeitsplatzes
  - Entlohnung und Sozialleistungen
  - Verhältnis zu Kollegen
  - Veränderungsmanagement
  - Umweltschutzpolitik der Organisation und deren Auswirkungen
  - Rolle der Organisation in der Gemeinschaft und Gesellschaft
  - Betriebsklima

Beispiel 2.119 Hewlett-Packard

Führungsinstrument „Mitarbeiterbefragung"[241]

- Aufbau des Fragebogens:

– 68 Fragen, die 13 Bereiche abdecken:
Führung, Kontrolle, Kommunikation, Beziehungen, Arbeitsumgebung, Leistung, Entwicklung, Anerkennung, Arbeitsaufgabe, Unternehmensführung, Bezahlung, Belohnungen, Qualität

- 20 spezifische/individuelle Aussagen zur Effektivität
- Platz für Kommentare
- Bearbeitungsdauer: 45 bis 60 Minuten

• Nutzung der Mitarbeiterbefragung zur kontinuierlichen Verbesserung:

Befragung ⇨ Analyse ⇨ Ergebnispräsentation ⇨ Implementierung von Verbesserungsprojekten ⇨ Nutzung des Mitarbeiterfragebogens und anderer Aussagen zur Bewertung der Projekte ⇨ erneute Befragung

• Mitarbeiterbefragung ist ein Führungsinstrument zur

- Verbesserung der Kommunikation,
- Identifikation und Analyse von Problembereichen,
- Ermittlung mitarbeiterbezogener Prioritäten,
- Messung der Effektivität von Maßnahmen und Praktiken,
- Nutzung als Frühwarnsystem,
- fundierteren Entscheidungsfindung.

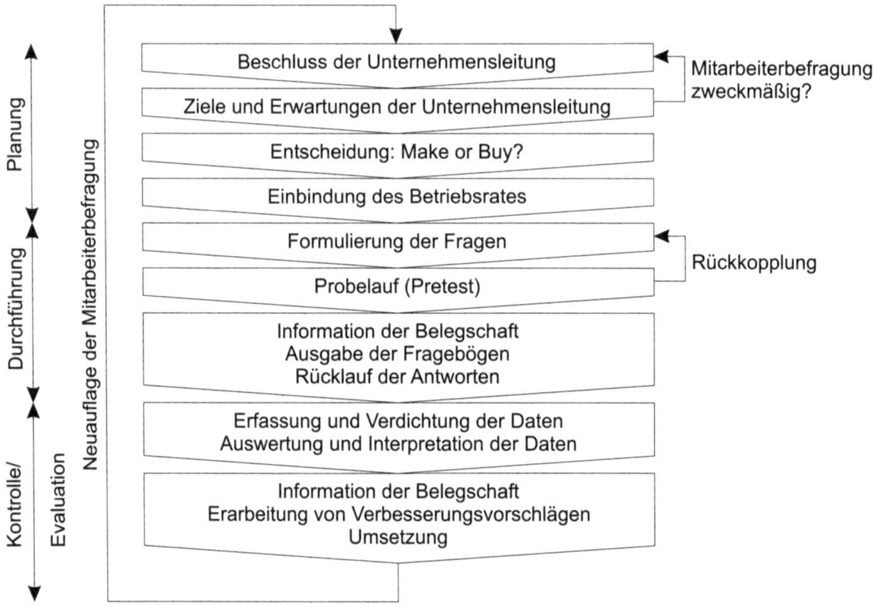

Bild 2.91 Prinzipieller Ablauf einer Mitarbeiterbefragung[242]

Das Thema Mitarbeiterbefragung macht in besonderem Maße deutlich, dass (Business) Excellence mit kontinuierlicher Verbesserung verbunden werden muss. Ohne die ernsthafte Bereitschaft, Befragungsergebnisse als Grundlage zur Einleitung eines Verbesserungsprozesses zu nutzen, wird dies zu einem „gefährlichen" Instrument: Die Enttäuschung geweckter Erwartungen führt zu Frustrationen und damit zur Demotivation. Dies bedeutet im Klartext, dass es in solchen Fällen besser wäre, auf eine Befragung zu verzichten. Diese Gedanken lassen sich auch auf Kundenbefragungen übertragen.

Ebenso ist für beide Themenfelder kritisch anzumerken, dass die in der Praxis verwendeten Befragungsinstrumente im Allgemeinen nur auf Zufriedenheit abheben und Aspekte der Motivation oder der Kundenloyalität weitgehend „außen vor" bleiben. Darüber hinaus fehlt in vielen Fällen auch die Möglichkeit einer „Gap-Analyse", indem einerseits die Zufriedenheit mit einem Kriterium ermittelt wird, andererseits aber auch dessen Bedeutung für den Befragten.

Beispiel 2.120 Hewlett-Packard

Feedbackgruppen:

- Ziel:
  - Ergebnisse der Mitarbeiterbefragung aufarbeiten
- Teilnehmer:
  - 5–10 Mitarbeiter und ein Moderator aus der Personalabteilung
- Aufgaben:
  - Identifikation von Problemfeldern
  - Ausführliche Beschreibung der Problemfelder
  - Analyse möglicher Ursachen
  - Erarbeitung von Lösungsvorschlägen

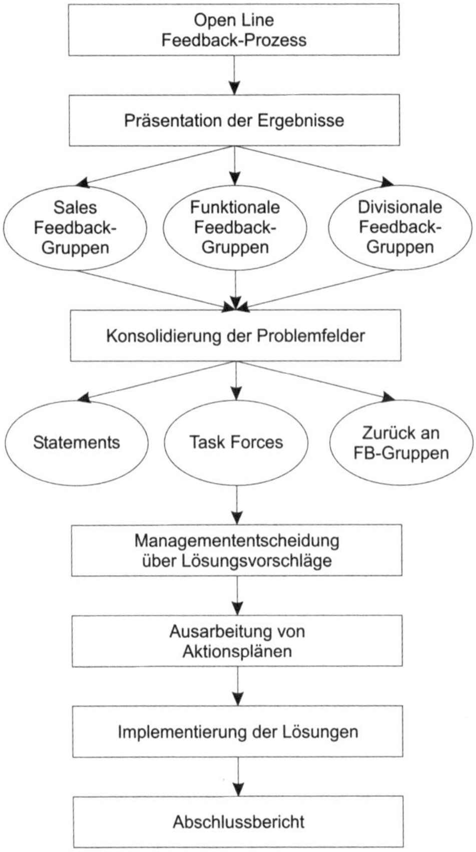

Bild 2.92 Einsatz von Feedbackgruppen bei Hewlett-Packard[243]

Analog zur Kundenbefragung ist die Objektivität und Validität der erhobenen Daten sicherzustellen. Dies erfordert im Allgemeinen eine Datenerhebung durch eine externe Institution, die diese Erfordernisse erfüllen kann – insbesondere wenn es um schriftliche Befragungen geht. Darüber hinaus gibt es bei Mitarbeiterbefragungen zusätzliche Problembereiche, wie

- die Gestaltung der Fragen (müssen neutral gestellt sein) und des Fragebogens,
- Verfälschungen, die durch das Interview (den Interviewereinfluss) auftreten können,
- die Interpretation der bewusst (rationalisiert) geäußerten Meinung und der unbewussten Motive, die sie bestimmt haben können („vorgeschobene" Meinung, „stereotype" Meinung etc.),

- die Prognose des Zusammenhangs von Meinungsäußerung und zukünftigem Verhalten sowie
- die Gefahr systematischer Fehler.

Wichtig erscheint in diesem Zusammenhang vor allem, dass die Chance einer bereichs- und ebenenspezifischen Auswertung besteht. Hier ist u. U. der Widerspruch zwischen „absoluter" Anonymität und der Möglichkeit aufzulösen, zielgruppenspezifische Probleme erkennen und lösen zu können. In jedem Fall ist jedoch die Anonymität des Einzelnen zu schützen.

Da Mitarbeiterbefragungen in Deutschland mitbestimmungspflichtig sind, ist – wie an früherer Stelle schon einmal thematisiert – der Betriebsrat einzubeziehen. Im Idealfall bringt er sich auch inhaltlich ein, indem er z. B. die „Kundenorientierung" der Betriebsratsarbeit abfragt. Eine aktive Unterstützung durch den Betriebsrat fördert im Übrigen die Akzeptanz – falls dies erforderlich ist.

Beispiel 2.121 AUBI

Tabelle 2.16 Ergebnisse der Umfrage „Führung bei AUBI" 1998 bis 2000[244]

Zufriedenheit mit ...	1998 Ist	1999 Ist	2000 Ist	2000 Ziel	Benchmark
Er ist in der Lage, mich zu motivieren	76 %	80 %	82 %	80 %	55 %
Guter Ansprechpartner bei Problemen	76 %	82 %	82 %	82 %	76 %
Hintergründe von Entscheidungen werden deutlich gemacht	76 %	85 %	84 %	85 %	69 %
Informationen über die strategische Entwicklung des Unternehmens	72 %	78 %	80 %	84 %	66 %
Regelmäßige Gespräche über Ziele	70 %	80 %	84 %	84 %	k. A.
Er akzeptiert Fehler, sofern sie nicht vertuscht, sondern aufgezeigt und abgestellt werden	80 %	85 %	84 %	85 %	k. A.
Zeit und Raum für persönliche Gespräche	76 %	80 %	80 %	80 %	76 %
Anerkennung von Leistungen	70 %	80 %	82 %	84 %	74 %

Für die Beurteilung der Ergebnisse stellt sich zunächst die Frage der Repräsentativität. Außerdem ist zu prüfen, inwieweit es kontinuierliche Verbesserungen gibt. Dabei ist hier insbesondere von Interesse, inwieweit diese auf Ergebnisse einer Selbstbewertung auf der Grundlage von Excellence-Modellen zurückzuführen sind bzw. ob die dort formulierten Ziele erreicht wurden. Gleichzeitig ergeben sich Informationen über den Durchdringungsgrad des Excellence-Gedankengutes und den Grad der eigenen, aktiven Beteiligung.[245]

Auch hier bietet sich – wo möglich und sinnvoll – ein Benchmarking an, beispielsweise durch Mitarbeit in Arbeitskreisen, wie sie die Deutsche Gesellschaft für Personalführung anbietet. Ein Idealfall ist erreicht, wenn man selbst als Benchmark dient.

Projektgruppe „Mitarbeiterbefragung"

- Arbeitskreis mit Vertretern verschiedener Unternehmen (u. a. BASF AG, Bertelsmann, 3M Deutschland GmbH, Hamburg-Mannheimer Versicherungs-AG, Hewlett- Packard GmbH, IBM Deutschland GmbH) und Wissenschaftlern
- Zielsetzung
  - Möglichkeiten des Vergleichs
  - Kostenersparnis durch validiertes Standardinstrumentarium
  - Einsatz von Mitarbeiterbefragungen als Instrument der Unternehmensführung
- Entwicklung eines Standardfragebogens, der um unternehmensspezifische Aussagen ergänzt werden kann:

Nr.	Kernbereich	Anzahl der Fragen
1	Arbeitsplatz	2 (+ 1 Statistik)
2	Arbeitssituation	8
3	Information	3
4	Weiterbildung und Entwicklung	4
5	Führung	16
6	Kooperation/Koordination	4
7	Einkommen und Sozialleistungen	5
8	Unternehmensimage	3
9	Bindung an das Unternehmen	2
10	Statistik	9
11	Offene Fragen	1
	Summe	**57**

Bild 2.93 Projektgruppe „Mitarbeiterbefragung"[246]

Neben der direkten Beurteilung des Unternehmens durch die Mitarbeiter können weitere (Leistungs-)Indikatoren zur Vorhersage der Mitarbeiterzufriedenheit, aber auch zu mitarbeiterbezogenen Leistungsdaten, herangezogen werden, wobei hier vor allem der Vergleich zum Branchendurchschnitt oder zu den „Best-in-Class"-

Unternehmen hilfreich ist. Diese Indikatoren sollen helfen, „die Leistung der Mitarbeiter zu überwachen, zu analysieren, zu planen, zu verbessern und vorherzusagen, wie die Mitarbeiter diese Leistung wahrnehmen“.[247]

Je nach Zweck der Organisation sind folgende Aspekte einzubeziehen:[248]

- Erreichte Leistungen:
  - Benötigte Kompetenzen gegenüber vorhandenen Kompetenzen
  - Produktivität
  - Erfolgsquoten von Aus- und Weiterbildung bzgl. der Erreichung der Ziele
  - Externe Auszeichnungen und Anerkennungen
- Motivation und Beteiligung:
  - Mitwirkung in Verbesserungsteams
  - Beteiligung am Vorschlagswesen
  - Niveau der Aus- und Weiterbildung
  - Messbarer Nutzen der Teamarbeit
  - Anerkennung von Einzelnen und Teams
  - Rücklaufraten bei Mitarbeiterumfragen
- Zufriedenheit:
  - Niveau der Fehlzeiten und krankheitsbedingter Abwesenheiten
  - Unfallhäufigkeit
  - Beschwerden von Mitarbeitern
  - Einstellungstrends
  - Personalfluktuation und Mitarbeiterloyalität
  - Streiks
  - Inanspruchnahme betrieblicher Einrichtungen (z. B. bzgl. Erholung, Kinderkrippe) und Sozialleistungen
- Dienstleistungen für die Mitarbeiter der Organisation:
  - Korrektheit im Umgang mit Mitarbeitern
  - Effektivität der Kommunikation
  - Reaktionszeit bei Anfragen
  - Bewertung von Schulungen

Tabelle 2.17 Kenngrößen der mitarbeiterorientierten Aktivitäten (I)[249]

Allgemeine Kenngrößen	
Bewerber pro Ausbildungsplatz (Attraktivität)	$\frac{\text{Anzahl der Bewerber}}{\text{Anzahl der Ausbildungsplätze}}$
Kenngrößen zum betrieblichen Vorschlagswesen:	
Verbesserungsvorschlagsrate	$\frac{\text{Eingereichte Verbesserungsvorschläge x 100}}{\text{Gesamtzahl der Mitarbeiter im Jahresdurchschnitt}}$
Struktur der Einreicher	$\frac{\text{Einreicher mit dem Merkmal i x 100}}{\text{Gesamtzahl der Einreicher}}$
Bearbeitungszeit pro Verbesserungsvorschlag	$\frac{\sum \text{Bearbeitungszeiten}}{\text{Anzahl der Vorschläge}}$
Annahmequote	$\frac{\text{Zahl angenommener Verbesserungsvorschläge x 100}}{\text{Zahl eingereichter Verbesserungsvorschläge}}$
Realisierungsquote	$\frac{\text{Realisierte Verbesserungsvorschläge x 100}}{\text{Angenommene Verbesserungsvorschläge}}$
Durchschnittsprämie	$\frac{\text{Bruttoprämie}}{\text{Prämierte Vorschläge}}$
Einsparungsquote	$\frac{\sum \text{Einsparungen aus Verbesserungsvorschlägen}}{\text{Anzahl der prämierten Vorschläge}}$

Tabelle 2.18 Kenngrößen der mitarbeiterorientierten Aktivitäten (II)[250]

Kenngrößen zur PE/Weiterbildung:	**Formel**
Schulungskosten pro Mitarbeiter	$\frac{\text{Gesamtkosten der Schulungskurse}}{\text{Gesamtzahl der Kursteilnehmer}}$
Kosten pro Schulungsstunde	$\frac{\text{Gesamtkosten der Schulungsstunden}}{\text{Gesamtzahl der Schulungsstunden}}$
Fortbildungszeit pro Mitarbeiter	$\frac{\sum(\text{Schulungsstunden x Teilnehmerzahl})}{\text{Gesamtzahl der Teilnehmer}}$
Schulungsdurchdringung	$\frac{\text{Zahl der geschulten Mitarbeiter}}{\text{Größe der Belegschaft}}$
Zufriedenheit der Kursteilnehmer	$\frac{\text{Zahl der zufriedenen Kursteilnehmer}}{\text{Zahl der abgegebenen Kursbewertungen}}$
Verbesserung der Arbeitsleistung nach der Schulung	∅ Verbesserung der Arbeitsleistung (Differenz zwischen Vor- und Nachtest) für jeden Kurs
Kenngrößen zur Mitarbeiterzufriedenheit:	
Fluktuationsrate	$\frac{\text{Freiwillig ausgeschiedene Beschäftigte x 100}}{\text{Durchschnittlicher Personalbestand}}$
Durchschnittsdauer der Betriebszugehörigkeit	$\frac{\sum \text{Zeitdauer der Betriebszugehörigkeit}}{\text{Gesamtzahl der Mitarbeiter}}$
Häufigkeit stressbedingter Krankheiten	$\frac{\text{Ausgefallene Tage durch stressbedingte Krankheiten x 100}}{\text{Soll - Arbeitszeit in Tagen}}$
Anzahl Versetzungswünsche nach kurzer Dienstdauer	Zahl der Versetzungswünsche nach kurzer Dienstdauer
Ergebnisse der Mitarbeiterbefragungen	qualitativ wie quantitativ

Beispiel 2.122 TNT

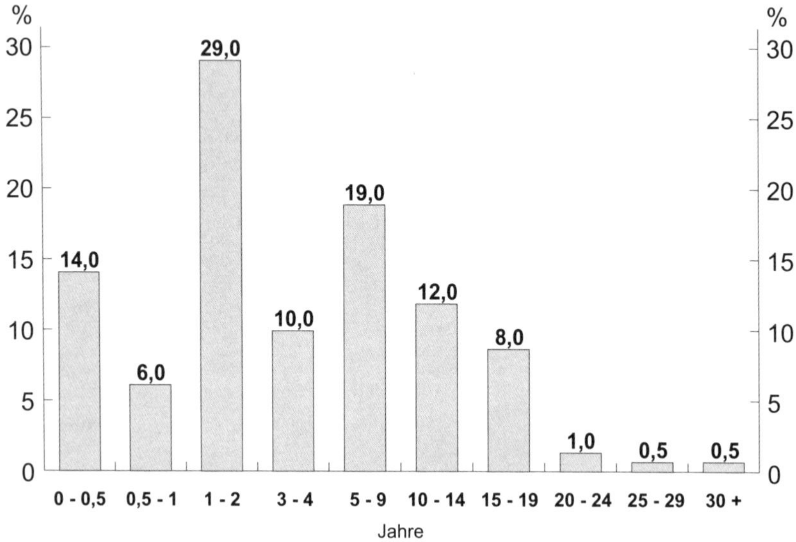

Bild 2.94 Dauer der Betriebszugehörigkeit[251]

Beispiel 2.123 AUBI

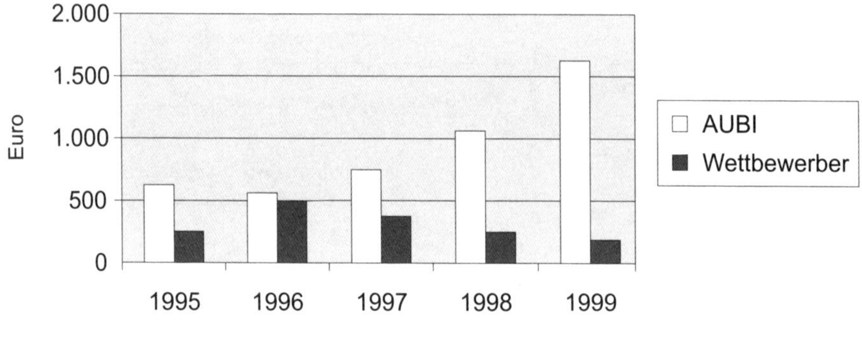

Bild 2.95 Einsparungen in Euro je Verbesserungsvorschlag[252]

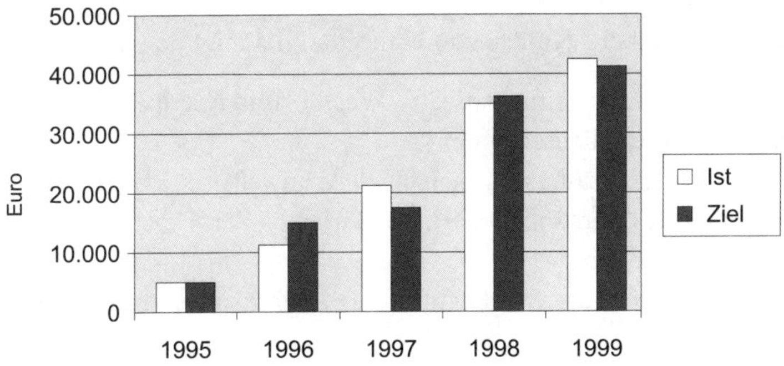

Bild 2.96 Entwicklung der Prämien für Zielerfüllung im Angestelltenbereich[253]

2.2.8 Kriterium 8: Gesellschaftsbezogene Ergebnisse

Im Gegensatz zu den japanischen und auch den US-amerikanischen Excellence Assessment-Modellen beinhaltet das EFQM-Modell für Excellence schon seit seiner ersten Veröffentlichung ein eigenes Kriterium, das sich der Auswirkungen unternehmerischen Handelns auf die Gesellschaft annimmt.

Dies resultiert aus der früheren Sensibilisierung für solche Fragestellungen in Deutschland und in Europa. Auch die Europäische Union hat sich seit dem Amsterdamer Vertrag von 1997 mit zunehmender Konkretisierung dem Thema „Nachhaltiges Wirtschaften" verschrieben. Auf dem Göteborg-Gipfel 2001 legte sie eine Strategie vor, die die Ziele im Bereich Wirtschafts- und Sozialpolitik um jene der Ökologie erweitert.

Schon seit einigen Jahren entwickelt sich in Europa ein System der Zertifizierung unter Umweltaspekten (so genanntes „Öko-Audit"). Dieses „EG-Öko-Audit" zielt auf eine freiwillige Beteiligung gewerblicher Unternehmen an einem Gemeinschaftssystem für das Umweltmanagement und die Umweltbetriebsprüfung.[254] Als Einzelziele werden formuliert:[255]

- Festlegung und Umsetzung standortbezogener Umweltpolitik, -programme und -managementsysteme durch die Unternehmen.
- Systematische, objektive und regelmäßige Bewertung der Leistung dieser Instrumente.
- Bereitstellung von Informationen über den betrieblichen Umweltschutz für die Öffentlichkeit.

Der betriebswirtschaftliche Nutzen von Umweltaudits zeigt sich durch:

- Einsparungspotenziale beim Rohstoff-, Wasser- und Energieeinsatz,
- Reduzierung des Abfallaufkommens,
- Senkung von Versicherungsprämien bei der Umweltrisikoabsicherung,
- Verminderung des persönlichen Haftungsrisikos der Geschäftsführung und der zuständigen Mitarbeiter,
- Minimierung der Gefahr von Rechtsstreitigkeiten sowie von Prozess- und Bußgeldzahlungen,
- Verbesserung des Firmenimages bei
  - Behörden,
  - Kunden,
  - Konsumenten und
  - eigener Belegschaft.

Bei der Modellüberarbeitung 2002 sind die beiden hier relevanten Konzepte „Corporate Social Responsibility" („Wirtschaften in sozialer Verantwortung") und „Corporate Governance" („Verhaltenskodizes") expliziter formuliert und in die einzelnen (Unter-)Kriterien des Excellence-Modells integriert worden. Dies lässt sich in den breiteren Zusammenhang eines nachhaltigen Wirtschaftens stellen, das ökonomische, ökologische und soziale Aspekte miteinander verknüpft.

Fokussiert man diesen Ansatz auf das Kriterium 8, so sind hier einerseits ökologische Fragestellungen im weitesten Sinne und die Auswirkungen des wirtschaftlichen Handelns auf die Gesellschaft zu thematisieren. Mitarbeiterbezogene Aspekte, wie z. B. die Thematik „Work Life Balance", die hier ebenfalls einzubeziehen sind, sind so lange dem Kriterium 3 zugeordnet, als die Mitarbeiter noch Mitglieder der Organisation sind. Freisetzungen von Mitarbeitern, die wegen ihres Umfangs (auch) das örtliche Gemeinwesen treffen, werden dem Kriterium 8 zugerechnet. Insofern steht das Verhalten der Organisation als „verantwortlicher Mitbürger" („Corporate Citizenship") zur Diskussion. Darin ist auch jede Art materieller und immaterieller Unterstützung enthalten.

Dementsprechend finden sich die oben genannten Aspekte in den beispielhaften Erläuterungen der EFQM für Kriterium 8. Dabei wird zunächst gefragt, wie die Organisation ihr Image in der Gesellschaft erfasst (z. B. durch Umfragen, Berichte, Presseartikel, durch Tage der offenen Tür oder durch Rückmeldungen von Repräsentanten der Öffentlichkeit oder Regierungsbehörden).

Je nach Zweck der Organisation kann dies folgende Aspekte betreffen:[256]

- Image:
  - Image bzgl. der Ansprechbarkeit
  - Image als Arbeitgeber
  - Image als verantwortungsvolles Mitglied der Gemeinschaft
- Verhalten als verantwortungsbewusster Mitbürger:
  - Bekanntgabe von Informationen, die für die Gemeinde relevant sind
  - Praktiken bzgl. Chancengleichheit
  - Auswirkungen auf die lokale, nationale und globale Wirtschaft
  - Verhältnis zu maßgeblichen Behörden
  - Ethisches Verhalten
- Mitwirkung in den Gemeinden der Standorte:
  - Mitwirkung bei Aus- und Weiterbildung
  - Einbindung von Gemeindeinstitutionen in wichtige Aktivitäten
  - Unterstützung von Gesundheits- und Wohlfahrtseinrichtungen
  - Unterstützung von Sport- und Freizeitaktivitäten
  - Freiwillige Dienste und Wohltätigkeit
- Maßnahmen, um Belästigungen und Schäden infolge der Tätigkeit der Organisation und/oder während des Lebenszyklus ihrer Produkte und Dienstleistungen zu vermindern und zu vermeiden:
  - Gesundheitsrisiken und Unfälle
  - Lärm- und Geruchsbelästigungen
  - Störfälle (Sicherheit)
  - Umweltverschmutzung und giftige Emissionen
  - Analysen der Lieferkette
  - Ökoeffizienzanalysen, Lebenszyklusbetrachtungen
- Angaben über Maßnahmen, die zur Schonung und zu nachhaltigem Bewahren der Ressourcen beitragen:
  - Auswahl von Transportmitteln
  - Auswirkungen auf die Ökologie
  - Verminderung und Vermeidung von Abfall und Verpackungsmaterial
  - Substitution von Rohstoffen und Betriebsmitteln
  - Verbrauch an Versorgungsgütern wie z. B. Gas, Wasser, Elektrizität
  - Recyclingquoten

Beispiel 2.124 AUBI

Tabelle 2.19 Ergebnisse der Imageumfragen im Vergleich 1998 bis 2000[257]

Fragen	1998 regional	1999 regional	2000 überregional	2001 überregional
Zusammenarbeit	88 %	100 %	90 %	94 %
Kundenorientierung	88 %	94 %	90 %	100 %
Informationsweitergabe	80 %	94 %	88 %	100 %
Flexibilität bzgl. Anforderungen	90 %	100 %	94 %	100 %
Kommunikation	94 %	94 %	88 %	96 %
Kultur des Wandels bei AUBI	90 %	94 %	90 %	96 %
Bekanntheitsgrad	90 %	94 %	84 %	96 %
Soziales Engagement	90 %	90 %	80 %	90 %
Kulturelles Engagement	70 %	80 %	76 %	90 %
Kenntnis der AUBI-Homepage	Neue Frage 1999	85 %	76 %	90 %
Kenntnis über Tschernobyl-Engagement	Neue Frage 1999	100 %	82 %	94 %
Kenntnis über TOP-Seminare	Neue Frage 1999	90 %	80 %	90 %
Umweltmanagement	Neue Frage 1999	90 %	88 %	94 %
Attraktivität als Arbeitgeber	Neue Frage 2000		94 %	96 %
Beitrag zur lokalen Wirtschaft	Neue Frage 2000		90 %	96 %

Beispiel 2.125 Henkel

Seit 1998 unterstützt Henkel das ehrenamtliche Engagement von Mitarbeitern im Rahmen der MIT-Initiative („Miteinander im Team"). Das Unternehmen fördert das gesellschaftliche Engagement seiner Mitarbeiter mit Sach- und Finanzmitteln oder auch durch Freistellung von der Arbeit.

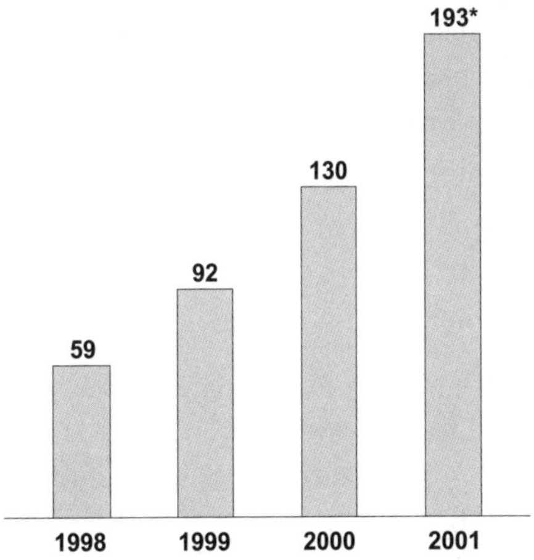

* plus 125 Kinderprojekte der Henkel-Jubiläumsaktion

Bild 2.97 Anzahl der geförderten Projekte „Miteinander im Team“[258]

Beispiel 2.126 TNT

Fragen zur Wahrnehmung in der lokalen Öffentlichkeit

A) Hat TNT Ihrer Meinung nach ein gutes Image als Arbeitgeber?

B) Leistet TNT Ihrer Meinung nach positive und effektive Beiträge zum lokalen Gemeinwesen?

C) Setzt TNT seine Fahrzeugflotte verantwortungsbewusst ein?

D) Geht TNT angemessen mit seinen Auswirkungen auf die Umwelt um?

E) Haben Sie einen positiven Gesamteindruck von TNT?

Wahrnehmung in der lokalen Öffentlichkeit
Befragungsergebnisse

(Anteil positiver Antworten in Prozent)

Frage	**1995**		**1996**		**1997**		**Bench-mark 1**	**Bench-mark 2**
	Erreicht	*Ziel*	**Erreicht**	*Ziel*	**Erreicht**	*Ziel*		
A	-	-	96	*90*	98	*95*	-	-
B	90	*85*	96	*90*	93	*95*	87	81
C	95	*85*	99	*90*	100	*95*	-	-
D	93	*85*	96	*90*	96	*95*	88	-
E	94	*85*	98	*90*	98	*95*	92	80

Bild 2.98 Umfrage zur Wahrnehmung TNTs in der lokalen Öffentlichkeit[259]

Der Beitrag eines Unternehmens zur Erhöhung der Lebensqualität beinhaltet auch die Gestaltung von Arbeitsbedingungen unter dem Gesichtspunkt humaner Arbeit, die üblicherweise mit den Kriterien

- Ausführbarkeit,
- Schädigungslosigkeit,
- Erträglichkeit und
- Persönlichkeitsförderlichkeit

umschreibbar und im Rahmen der Ergebniskriterien schon bei der Mitarbeiterzufriedenheit eingeflossen ist. Deren Auswirkungen auf die Gesellschaft (z. B. Berufsunfähigkeit oder Frühverrentung) schlagen in diesem Teilkriterium zu Buche.

Neben diesen Punkten können auch hier so genannte Leistungsindikatoren herangezogen werden, um die Aktivitäten auf diesem Gebiet zu steuern, ihre Entwicklung zu verstehen bzw. vorhersagen zu können und letztlich die Ergebnisse zu verbessern. Die Kennzahlen können auch dazu dienen, die Wahrnehmung der Organisation durch die Gesellschaft vorherzusagen.

In Abhängigkeit vom Zweck der Organisation kann dies folgende Indikatoren beinhalten:[260]

- Wie das Unternehmen Veränderungen im Beschäftigungsniveau handhabt.
- Wie das Unternehmen mit Behörden umgeht, z. B. bei folgenden Angelegenheiten:
  - Zertifizierung,
  - Unbedenklichkeitsbescheinigungen,
  - Import/Export,
  - Planung,
  - Produktzulassungen.
- Erhaltene Auszeichnungen und Preise:
  - Informationsaustausch über gute Praktiken der sozialen Verantwortung, der Auditierung in diesem Themenfeld und der Sozialberichterstattung.

Beispiel 2.127 Kunert

Einführung einer Öko-Bilanz:[261]

Der Bein- und Oberbekleidungshersteller Kunert war 1991 das erste deutsche Unternehmen, welches eine Öko-Bilanz einführte. Nach eigener Aussage schaffte diese betriebliche Öko-Bilanz schon im vierten Jahr „eine solide Basis für ein Umweltmanagementsystem, und die Kosteneinsparung durch Ökologie überschreitet inzwischen im Konzern die Millionengrenze". Die Öko-Bilanz erfasst die Input- und Outputströme des Unternehmens anhand der Stoff- und Energieflüsse. In dem veröffentlichten Öko-Bericht von Kunert werden die aufgeführten Konten in weiteren Einzelkonten dargestellt, in einem Kommentar interpretiert und schließlich „Konsequenzen und Ziele" beschrieben.

Output			**1991**	**1992**
O	1	Produkte (kg)	9.280.253	7.997.075
	1.1	Beinbekleidung	5.786.896	5.153.663
	1.2	Oberbekleidung	175.962	164.446
	1.3	Garne	309.437	117.273
	1.4	Produktverpackung	3.007.958	2.561.693
O	2	Abfälle (kg)	3.124.629	3.069.063
	2.1	Sonderabfälle	26.475	27.738
	2.2	Wertstoffe	1.963.477	2.260.672
	2.3	Restmüll	1.134.677	780.653
O	3	Energieabgabe (kWh)	185.039.982	157.709.097
	3.1	Nutzbare Energie		keine Angabe
	3.2	Ungenutzte Energie		keine Angabe
	3.3	Lärm		keine Angabe
O	4	Abwasser (m^3)	487.770	388.189
	4.1	Menge	487.770	388.189
	4.2	Belastung		keine Angabe
O	5	Abluft (kg)		keine Angabe
	5.1	Menge		keine Angabe
	5.2	Belastung	29.387.121	23.465.129
O	6	Bodenbelastung		keine Angabe

Bild 2.99 Öko-Bilanzen von Kunert 1991/92 (Output)[262]

Input			1991	1992
I	1	Umlaufgüter (kg)	15.771.320	12.152.962
	1.1	Rohstoffe	5.311.896	4.243.238
	1.2	Halb- und Fertigware	2.655.422	2.114.895
	1.3	Hilfsstoffe	5.954.169	4.262.194
	1.4	Betriebsstoffe	1.849.833	1.532.635
I	2	Anlagegüter (Stück)	nicht erfasst (n. e.)	16.246
	2.1	Gebäude		n. e.
	2.2	Produktionsmaschinen		6.573
	2.3	Büromöbel		7.010
	2.4	Büromaschinen		2.490
	2.5	Fuhrpark		173
	2.6	Sonstige		n. e.
I	3	Energie (kWh)	185.039.982	157.709.097
	3.1	Gas	15.749.655	20.536.032
	3.2	Strom	54.809.172	46.465.619
	3.3	Öl gesamt	97.754.180	71.677.150
	3.4	Fernwärme	1.615.625	2.391.466
	3.5	Treibstoff	15.111.350	16.638.530
I	4	Wasser (m^3)	672.110	530.541
	4.1	Stadtwasser	451.936	338.583
	4.2	Rohwasser	220.174	191.958
I	5	Luft (kg)	n. e.	n. e.
I	6	Boden (m^2)	752.257	771.991
	3.1	Versiegelt	70.066	76.069
	3.2	Grün	529.745	534.794
	3.3	Überbaut	152.446	161.128
	3.4	Nutzfläche	206.618	222.771

Bild 2.100 Öko-Bilanzen von Kunert 1991/92 (Input)[263]

Beispiel 2.128 BMW

CO_2-Emissionen pro produzierter Einheit in Tonnen

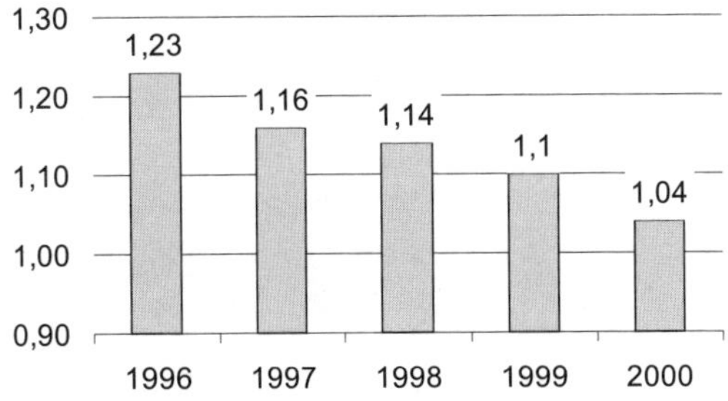

Prozessabwasser pro produzierter Einheit in m³

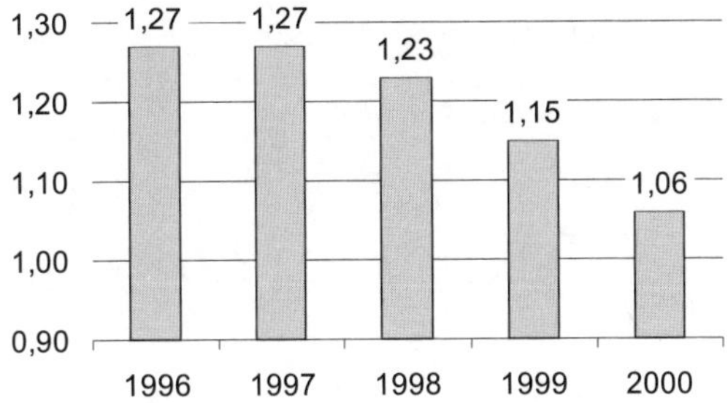

Energieverbrauch pro produzierter Einheit in MWh

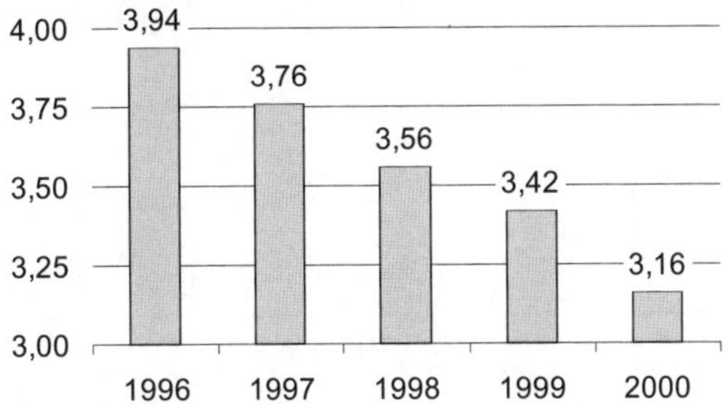

Bild 2.101 CO_2-Emissionen, Prozessabwasser, Energieverbrauch bei BMW[264]

Beispiel 2.129 Volvo

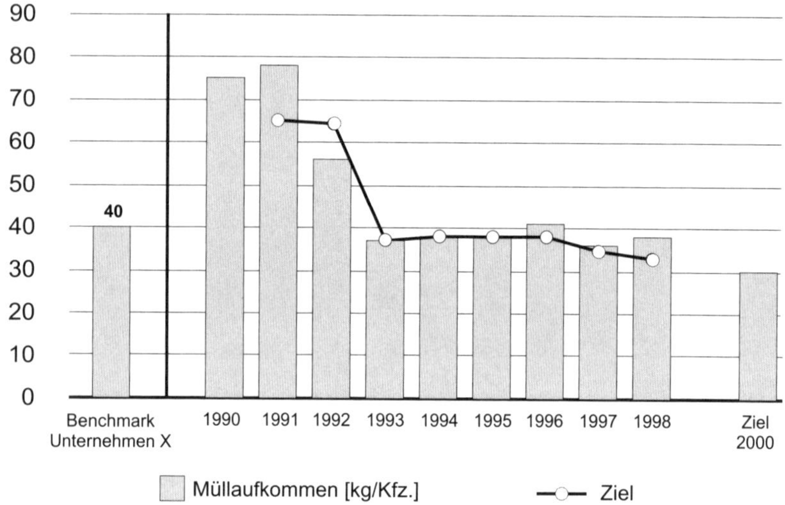

Bild 2.102 Abfallreduktion bei Volvo Cars Gent[265]

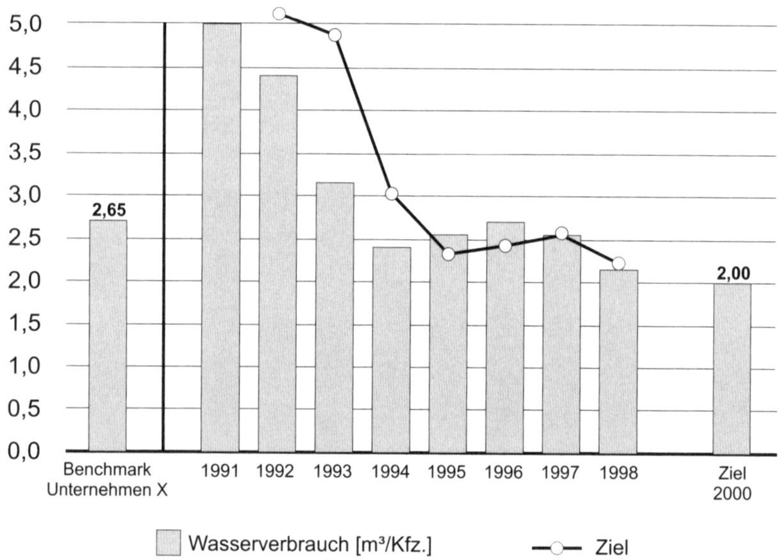

Bild 2.103 Wasserverbrauch bei Volvo Cars Gent[266]

Beispiel 2.130 AUBI

Tabelle 2.20 Zusammenfassung der relevanten Umweltkennzahlen bei AUBI[267]

	1996	1997	1998	2000
Maschinenöl	2,7 m³	2,3 m³	2 m³	1,8 m³
Ziel	3 m³	2,5 m³	2 m³	1,7 m³
Bohr- und Schleifemulsion	1,8 l	3,6 l	3,11 l	2,91 l
Ziel			3,11	3,0
Papier und Kartonagen	0,038 %	0,037 %	0,030 %	0,028 %
Ziel	0,038 %	0,037 %	0,036 %	0,029 %
Gesamtabfallaufkommen	0,059 %	0,055 %	0,056 %	0,052 %
Ziel	0,070 %	0,055 %	0,055 %	0,053 %
Wiederverwertung	37,10 %	37,60 %	41,90 %	42,30 %
Ziel	37 %	38 %	39 %	41 %
Umweltkosten (Gesamt)	3,86 %	3,8 %	3,5 %	3,28 %
Ziel			3,61 %	3,30 %
Energiekosten (Gesamt)	0,75 %	0,73 %	0,72 %	0,67 %
Ziel		0,74 %	0,72 %	0,70 %
Strom (Gesamt)	0,4790 %	0,4580 %	0,4826 %	0,4631 %
Ziel	0,4142 %	0,4790 %	0,4580 %	0,4700 %
Benchmark Branchenführer		0,8000 %	0,7000 %	k. A.
Hermeskeil	0,2635 %	0,2368 %	0,2320 %	0,2259 %
Reinsfeld	0,2155 %	0,2211 %	0,2506 %	0,2372 %
Wasser (Gesamt)	0,0403 %	0,0385 %	0,0334 %	0,0305 %
Ziel	0,0420 %	0,0400 %	0,0350 %	0,0300 %
Benchmark Branchenführer		0,0650 %	0,0600 %	k. A.
Hermeskeil	0,0215 %	0,0168 %	0,0156 %	0,0142 %
Reinsfeld	0,0188 %	0,0217 %	0,0179 %	0,0163 %
Heizöl/Erdgas (Gesamt)	0,1531 %	0,1490 %	0,1409 %	0,1363 %
Ziel	0,1531 %	0,1500 %	0,1430 %	0,1380 %
Benchmark Branchenführer		0,1800 %	0,1700 %	k. A.
Hermeskeil	0,0877 %	0,0639 %	0,0361 %	0,0349 %
Reinsfeld	0,0654 %	0,0851 %	0,1048 %	0,1014 %
Frachtkosten (Gesamt)	2,1 %	2,1 %	1,8 %	1,72 %
Ziel			2,0 %	1,80 %

Beispiel 2.131 Miele

Auszeichnungen für erfolgreiches Engagement:[268]

- **1994:** Umweltpreis der Deutschen Bundesstiftung Umwelt für besonderes Engagement der Umweltinitiative der Wirtschaft im Kreis Gütersloh, zu deren Mitbegründern Miele gehört
- **1996:** Auszeichnung des Werkstandorts Warendorf für umweltgerechte Unternehmensführung durch die Arbeitsgemeinschaft selbständiger Unternehmen (ASU)
- **1996 und 1998:** Auszeichnung des Werkstandorts Oelde für umweltgerechte Unternehmensführung durch die Arbeitsgemeinschaft selbständiger Unternehmen (ASU)
- **1998:** Auszeichnung für ein besonders fortschrittliches Umweltmanagementsystem sowie für ein hohes Engagement im betrieblichen Umweltschutz durch den Bundesdeutschen Arbeitskreis für umweltbewusstes Management (B.A.U.M.)

Beispiel 2.132 Miele

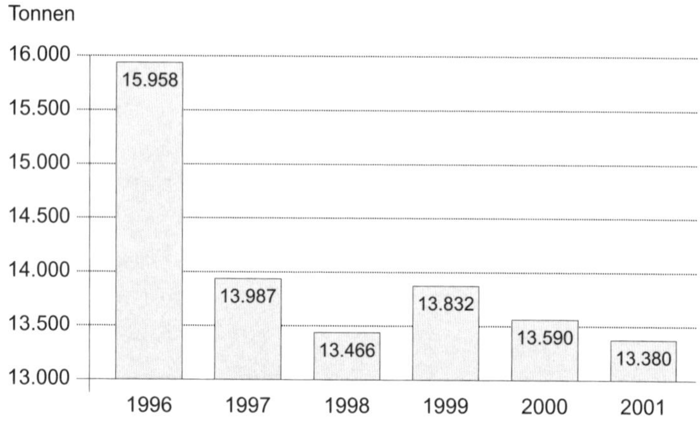

Stückproduktion in 1.000	3.074	3.358	3.372	3.612	3.504	3.279

Veränderung von 1996 bis 2000
– Verpackungsverbrauch: -16,7 %
– Produktion +6,7 %

Bild 2.104 Entwicklung des Verpackungsverbrauchs[269]

Beispiel 2.133 Beksa

Tabelle 2.21 Initiativen und Ergebnisse zu Gesundheit und Arbeitssicherheit (Occupational Health & Safety, OH&S)[270]

Initiative	Verantwortlich	Bereich	System	Ergebnisbeispiel
OH&S-Ausschuss	Vorgesetzter, Führungskräfte, Angestellte	Angestellte	Meeting (1 pro Monat)	Keine mangelnde Übereinstimmung im Protokoll der Arbeitsplatzbegehungen Rückgang der Unfälle
OH&S	15 Angestellte	Angestellte	Verbesserungsvorschlag	Anstieg der Vorschläge von 13 in 1994 auf 80 in 1996 z. B. Schutzschalter für Maschinen
OH&S-Woche	OH&S-Ausschuss	Angestellte, Vertragsfirma	1 pro Jahr	Erhöhtes Bewusstsein bzgl. OH&S Rückgang der Unfälle
Sicherheits-slogan-Wettbewerb	OH&S-Ausschuss	Angestellte, Familienangehörige, Vertragsfirma	1 pro Jahr	Erhöhtes Bewusstsein bzgl. OH&S Zunahme der Beteiligung
Medizinische Untersuchung	Personalabteilung	Angestellte	1 pro Jahr	Rückgang des Krankenstands
OH&S-Schulung	Personalabteilung	Angestellte	Schulungsplan	Gesamtstundenzahl Schulung 3.654 Stunden (1990–1996)
Programm Unfallfreie Tage	Personalabteilung	Angestellte	Monatlich	Anstieg der unfallfreien Tage Rekord: 201 Tage

Beispiel 2.134 Texas Instruments

Verbesserung des Umweltschutzes (z. B. Energieeinsparung):[271]

Die „Defense Systems & Electronics"-Gruppe des Texas Instruments-Konzerns hat an verschiedenen US-Standorten Umweltschutzmaßnahmen ergriffen, die eine Reihe von Verbesserungen nach sich zogen. Zu diesen gehören:

- Austin: Vermeidung gefährlicher Restmüllbeseitigung durch Rückgewinnungsprozesse
- Lewisville: Die US-Navy zitiert als „beste Methode" ein Programm und eine Datenbank (TIESYS) von Texas Instruments zu Überwachung gefährlicher Chemikalien

- Forest Lane: Der Standort wurde 1991 durch die Association of Energy Engineers (AEE) als Energie-Projekt des Jahres ausgezeichnet
- Expressway: 64-prozentige Reduzierung von ozonzerstörenden Chemikalien im Jahre 1991
- McKinney, Lemmon Avenue, Lewisville: Beseitigung von gefährlichen FCKW und Trichlorethanen aus metallbearbeitenden Prozessen
- Außerdem existiert bei Texas Instruments ein umfassendes Recyclingprogramm für Metallschrott, Papier, Kunststoff, Wellpappe und Holz.

Beispiel 2.135 Beksa

Tabelle 2.22 Preisverleihungen an Beksa für soziales Engagement[272]

Jahr	Preis	Anlass	Überreicht von
1990	Siegerpokal	Gewinner des Sabanci Volleyballturniers	Turnierleitung
1992	Schale	Kocaeli, Angestellter des Jahres	Kocaeli News
1993	Zertifikat/Urkunde	Teilnahme am Basketballturnier	Turnierleitung
1995	Pokal	Fußballturnier der Gewerkschaft Metall	Gewerkschaft Metall
1995	Schale	Teilnahme am 9. World Productivity Congress	Kongresskomitee
1996	Dankschreiben	Sponsor und Präsentation im TQM-Seminar	METU Graduates Club
1996	Schale	HABITAT 2. Internationale Handelsmesse	Organisationskomitee
1996	Dankschreiben	Teilnahme an Umweltkampagne	Stadtverwaltung Saraybahce
1996	Schale	Teilnahme am 2. Fußballturnier	Aknet
1996	Schale	Sponsor des Chorkonzerts für klassische Musik	Statthalter von Kocaeli
1996	Siegerpokal	Kentsa-Turnier, Olympische Spiele (Volleyball)	Turnierleitung

Beispiel 2.136 BASF

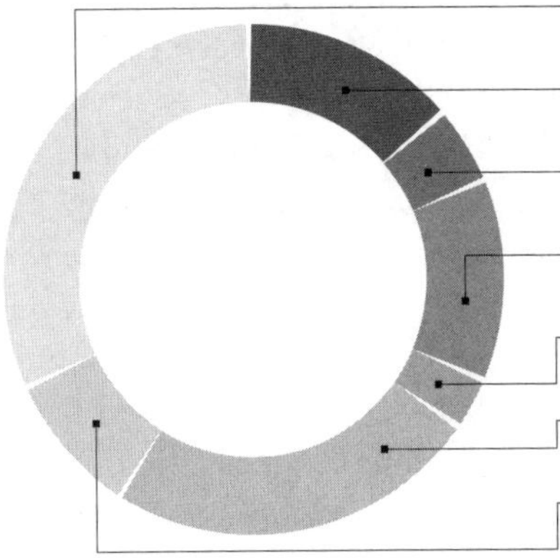

	Millionen Euro	Anteil
Karitative Zwecke	5,0	31,8 %
Schulen und Ausbildung	2,2	14,0 %
Wissenschaft	0,8	5,1 %
Beschäftigungsförderung	2,0	12,7 %
Sport	0,5	3,2 %
Kultur	3,8	24,2 %
Sonstiges	1,4	9,0 %

Bild 2.105 Spenden und Sponsoring der BASF-Gruppe[273]

Neben einer klaren Politik für Sicherheit und Umwelt, einer regelmäßigen subjektiven (Befragung im Unternehmensumfeld) und objektiven Messung (z. B. physikalische Daten) und daraus abgeleiteten Verbesserungszielen und -maßnahmen ist daher auch das Engagement des Unternehmens im kommunalen Bereich zu bewerten.

Das Engagement im kommunalen Bereich kann auch durch Freistellung von Mitarbeitern oder die Bereitstellung sonstiger finanzieller und nichtfinanzieller Ressourcen geschehen.

Insgesamt ist es wichtig, einerseits eine ganzheitliche Politik und Strategie im Bereich „Auswirkungen auf die Gesellschaft" als Teil eines Konzeptes des nachhaltigen Wirtschaftens zu besitzen, die z. B. auch die Zulieferer einbezieht, und andererseits kontinuierliche Verbesserungen auf der Grundlage „geschlossener Feedbacksysteme" nachweisen zu können. Letztendlich sollte auch der Zusammenhang zu den anderen Ergebnisgrößen herstellbar sein.

2.2.9 Kriterium 9: Schlüsselergebnisse

Alle Maßnahmen haben letztendlich das Ziel, die Schlüsselergebnisse einer Organisation dauerhaft zu sichern und zu verbessern. Im Gegensatz zu kurzfristigen Gewinnmaximierungsstrategien steht z. B. in Industrieunternehmen eine dauerhafte Erhöhung des Unternehmenswertes mit seinen vielfältigen Facetten (wie z. B. Vergrößerung des Humankapitals oder Erhöhung des Shareholder Value) im Mittelpunkt der

Betrachtung. Dazu sind, wie bei den Potenzialfaktoren schon beschrieben, die erforderlichen Voraussetzungen zu schaffen, die nicht immer vorhanden sind. Dies beginnt bei prozessorientierten Umstrukturierungen der Organisation und geht über die Veränderung der Belohnungssysteme (auch für das Management) bis zur Neukonzeption des Berichts- und Rechnungswesens. Die Ergebnisse lassen sich entsprechend nur teilweise in (unmittelbar) finanziellen Messgrößen abbilden. Insofern liefern Schlüsselgrößen eine Integration aller Ergebnisgrößen, welche die Unternehmenspolitik in einer Zielhierarchie von Kenn- oder Maßzahlen abbilden, die über „traditionelle" betriebswirtschaftliche Daten hinausgehen. Analog zur Integration der Excellence-Philosophie (z. B. der Aspekte Kunden, Mitarbeiter und Umwelt) in die Unternehmenspolitik ist diese Integration auch für das Berichtswesen bzw. die Ergebnismessung notwendig. Traditionelle Controlling-Konzepte und Ansätze zur Unternehmensbewertung sind daher entsprechend weiterzuentwickeln. Als Basis dafür kann das EFQM-Modell für Excellence dienen.

„Management by Facts" als ein Grundbaustein von Excellence-Konzepten bedeutet, die Wirkungszusammenhänge zwischen der Gestaltung der Potenzialfaktoren und der Entwicklung der Ergebnisgrößen aufzeigen zu können und verstehen zu lernen. Sicherlich gibt es hier nur eine sehr begrenzte Zahl monokausaler Zusammenhänge, dennoch lässt sich der Einfluss spezifischer Gestaltungskonzepte über Sensitivitätsanalysen bewerten. Ebenso ist in bestimmten Bereichen der Einfluss einzelwirtschaftlicher Maßnahmen eher begrenzt. Aber man kann zeigen, dass sich auch die Auswirkungen gesamtwirtschaftlicher Entwicklungen z. B. durch den Aufbau systematisch weiterentwickelter Feedbacksysteme (auch im Sinne von Frühwarnsystemen) eingrenzen lassen. Dies setzt u. a. allerdings voraus, dass sich die Belohnungssysteme für das Management nicht ausschließlich an kurzfristigen Finanzkennzahlen orientieren.

Für die Bewertung der Ergebnisdaten gilt analog, was schon an früherer Stelle thematisiert wurde:

- Wie stellen sich die Ergebnisse absolut und relativ im Vergleich zur Vergangenheit dar (insbesondere positive Trends)?
- Wie sehen die Ergebnisse in Relation zu den formulierten Zielen aus?
- Wie sind die Ergebnisse im Vergleich zu Mitbewerbern (zur Konkurrenz) zu beurteilen?
- Welchen Abstand gibt es zu den weltweit besten Unternehmen?
- Wie vollständig sind alle diese Daten?

Prinzipiell fließen in die hier zu diskutierenden Ergebnisgrößen jene Maßzahlen ein, die zur Beurteilung der Potenzialfaktorgestaltung dienen können (und nicht schon im Rahmen der anderen Ergebniskriterien ausgewiesen wurden).

Insgesamt lassen sich zur Messung und Aufbereitung aller Ergebnisgrößen grundsätzliche Hinweise formulieren, auf die an dieser Stelle in Form einer Checkliste eingegangen werden soll:

- Gegenstand der Darstellung:
  - Relevanz und Tragweite der Daten berücksichtigen und darstellen
  - Eigene Leistungen zeigen
  - Fortschritte zeigen
  - Trends aufzeigen
  - Ziele und Zielerreichung zeigen
  - Umsetzung von Zielen beweisen
  - Leistungen von Konkurrenten und Weltklasseleistungen berücksichtigen
- Art der Darstellung:
  - Vollständig, einfach und deutlich
  - Zeitspanne: je länger, desto besser
  - Aussagefähige Grafiken mit entsprechenden Kommentaren; alle Elemente der Darstellungen erklären (z. B. verschiedene Divisionen, Bezugsgröße „Weltklasse", „Ausreißer", bei selektiven Darstellungen: Auswahlmodus)

Bild 2.106 zeigt eine Möglichkeit, wie in Grafiken Ergebnisse anschaulich und unter Berücksichtigung wichtiger Elemente dargestellt werden können. Aus dieser Grafik werden Trends für einen Erfolgsfaktor über einen längeren Zeitraum im Vergleich mit Benchmarks deutlich. Als Ergebnisse von Schlüsselleistungen und deren Indikatoren werden in den Ausschreibungsunterlagen für den European Quality Award folgende Beispiele genannt.

Ansatzpunkte für Schlüsselleistungen könnten in Abhängigkeit des Zwecks und der Ziele der Organisation folgende sein:[274]

- Finanzielle Ergebnisse einschließlich
  - marktbezogene und generelle Daten (Absatz, Aktienkurs, Dividende etc.),
  - Rentabilität (Bruttomargen, Gewinn pro Aktie, Gewinn vor Zinsen und Steuern, Deckungsbeitrag etc.),
  - investitions- und anlagegüterbezogene Daten (Rendite des investierten Kapitals: ROI, Eigenkapitalrendite: RONA, Gesamtkapitalrendite: ROCE etc.) und

  - Budgeteinhaltung (bezogen auf die Gesamtorganisation oder Organisationseinheiten).
- Nichtfinanzielle Ergebnisse wie z. B.
  - Marktanteile,
  - Entwicklungszeit bis zur Markteinführung,
  - Erfolgsraten,
  - Geschäftsvolumen und
  - prozessbezogene Leistungsdaten.

Beispiel 2.137 Case-Study MBNQA

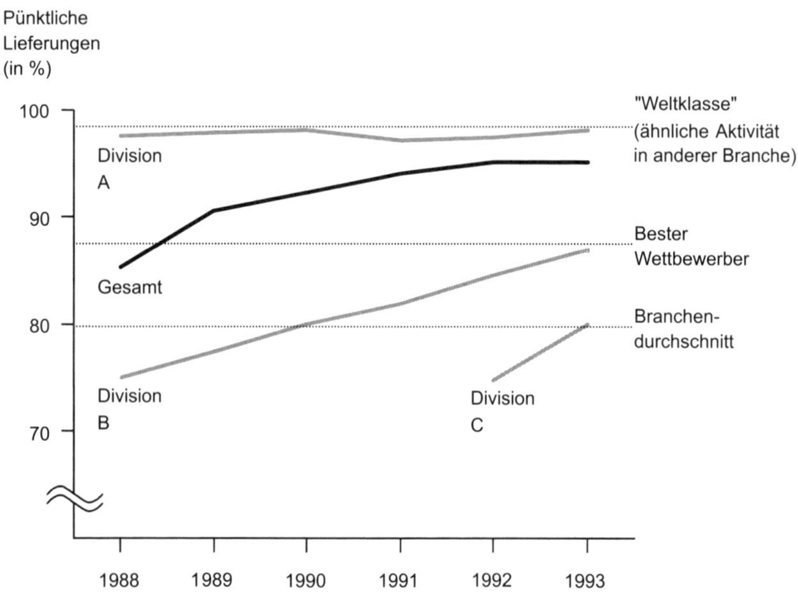

Bild 2.106 Beispiel für eine aussagefähige „Ergebnis"-Grafik zur Liefertreue[275]

Beispiel 2.138 Beksa

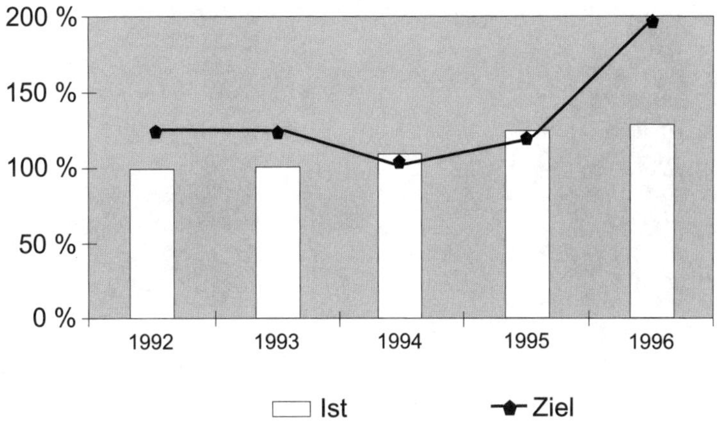

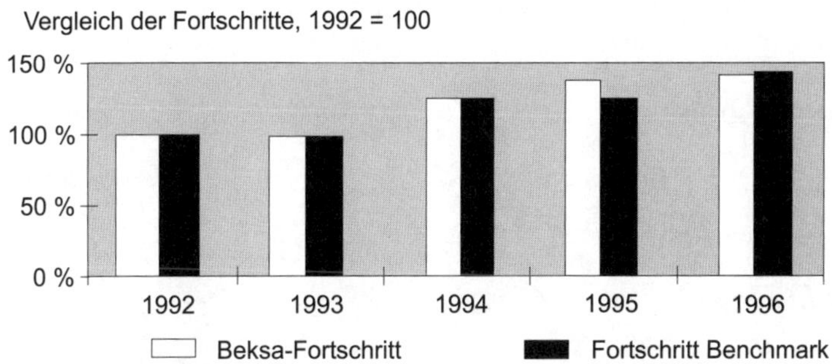

Bild 2.107 Entwicklung der Umsatzerlöse[276]

Beispiel 2.139 IBM

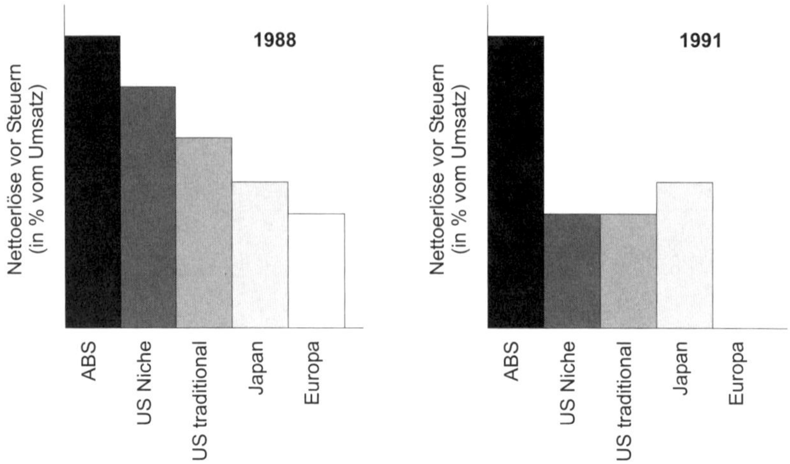

Bild 2.108 Profitabilität im Vergleich zum Wettbewerb[277]

Beispiel 2.140 IBM

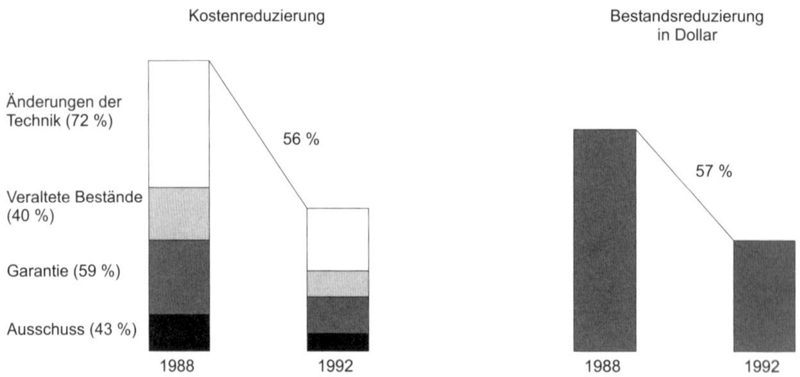

Bild 2.109 Wirtschaftlicher Nutzen durch Qualitätsverbesserungen: Kosten und Bestände[278]

Diese Angaben können in absoluten Zahlen, als Verhältniszahlen pro Kapitaleinheit oder als Verhältniszahlen pro Mitarbeiter dargestellt werden.

Die beiden folgenden Beispiele zeigen, dass durchaus auch eine kombinierte Darstellung von finanziellen und nichtfinanziellen Indikatoren sinnvoll sein kann.

Beispiel 2.141 IBM

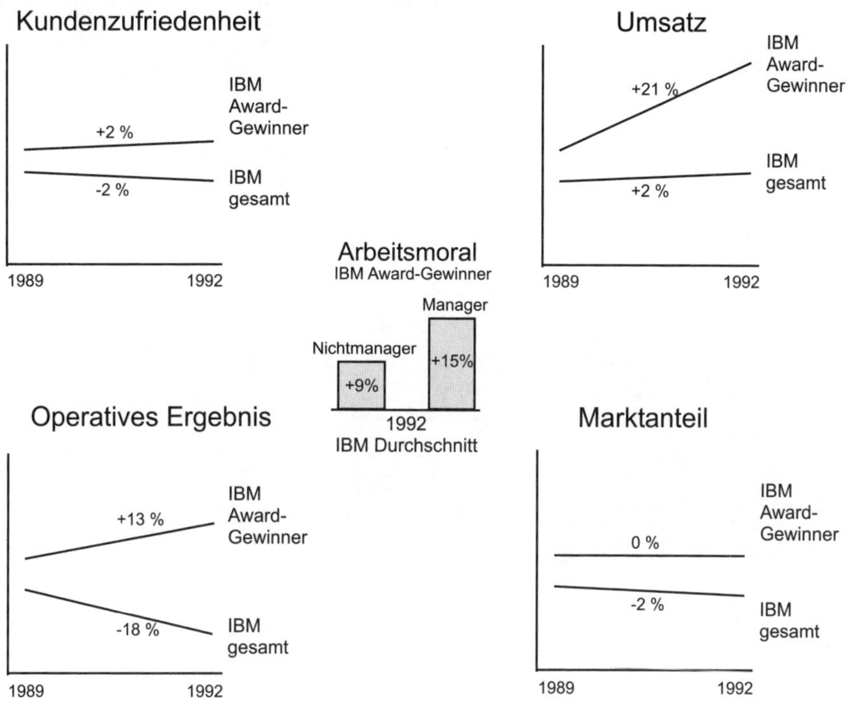

Bild 2.110 Kombinierte Darstellung finanzieller und nichtfinanzieller Kennzahlen bei IBM[279]

Beispiel 2.142 AUBI

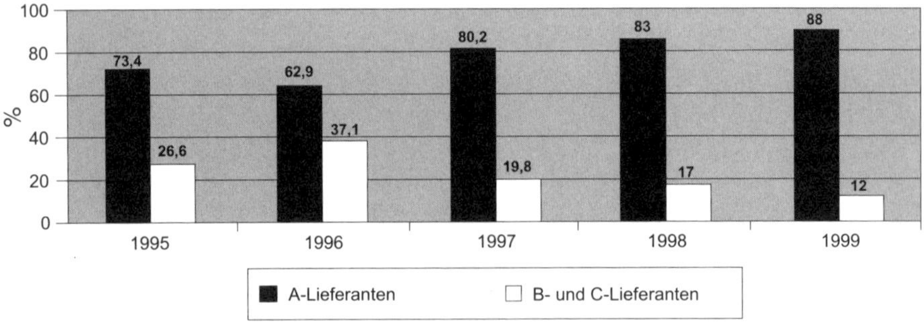

Bild 2.111 Prozentualer Anteil der A-, B- und C-Lieferanten[280]

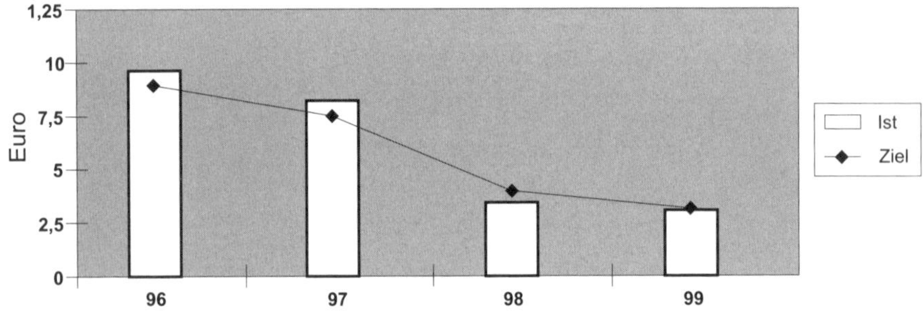

Bild 2.112 Qualitätskostensenkung als Resultat von Lieferantenintegration[281]

Zu den Indikatoren für Schlüsselleistungen gehören „operative Kennzahlen, die verwendet werden, um die Prozesse zu überwachen und zu verstehen sowie die Ergebnisse der Schlüsselleistungen der Organisation vorherzusagen und zu verbessern. Je nach Zweck der Organisation und ihrer Prozesse können dazu folgende gehören“:[282]

- Finanzdaten:
  - Cashflow
  - Abschreibungen
  - Instandhaltungskosten
  - Projektkosten
  - Bonitätseinstufungen

- Nichtfinanzielle Daten:
  - Prozesse (Leistung, Bewertungen, Innovationen; Durchlaufzeiten)
  - Externe Ressourcen einschließlich Partnerschaften (Lieferantenleistung, Anzahl und Wertschöpfung von Partnerschaften, Anzahl und Ergebnisbeitrag von gemeinsam mit Partnern durchgeführten Verbesserungen)
  - Gebäude, Anlagen/Einrichtungen und Materialien/Waren (Fehlerraten, Lagerumschlag, Auslastung)
  - Technologie (Innovationsrate, Wert des geistigen Eigentums, Patente; Lizenzen)
  - Informationen und Wissen (Zugänglichkeit, Integrität, Wert des intellektuellen Kapitals)

Beispiel 2.143 AUBI

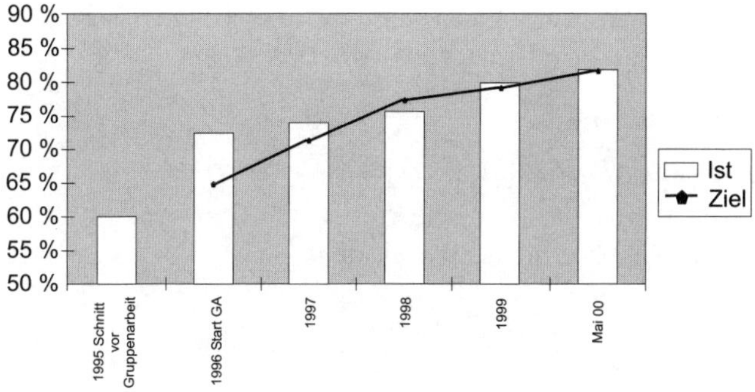

Bild 2.113 Produktivitätsentwicklung seit Einführen der Gruppenarbeit[283]

Beispiel 2.144 AUBI

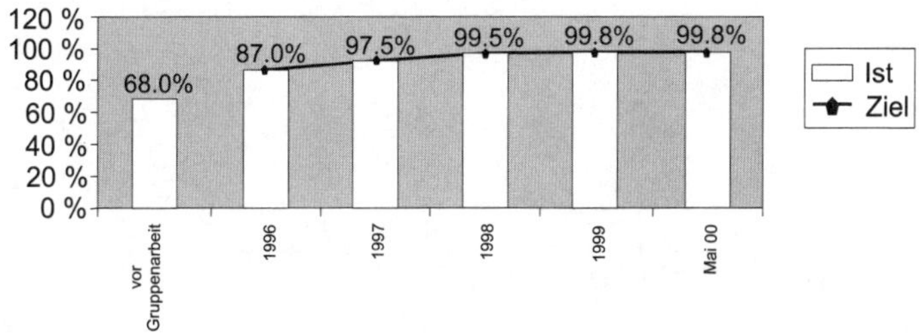

Bild 2.114 Entwicklung der internen Termintreue[284]

Beispiel 2.145 TNT

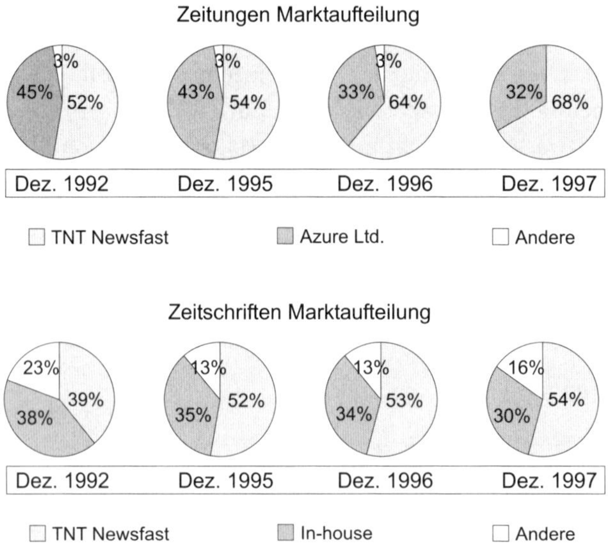

Bild 2.115 Marktaufteilung bei Zeitungen und Zeitschriften[285]

Beispiel 2.146 Milliken European Division

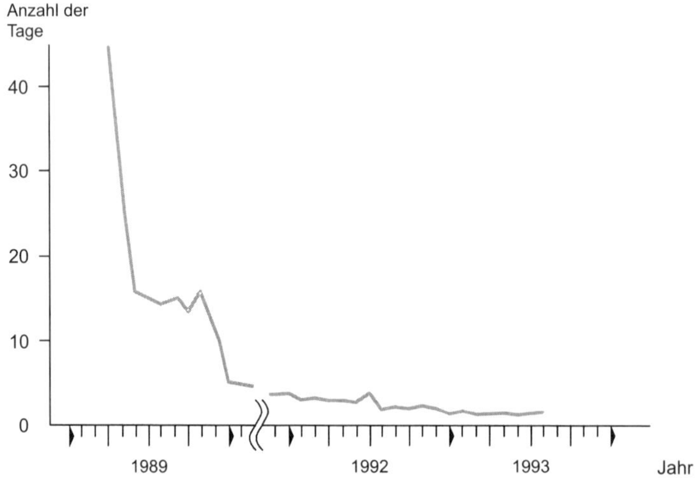

Bild 2.116 Beschwerdebehandlung: Anzahl erforderlicher Tage zur Bearbeitung einer Milliken Opportunity for Improvement (MOFI)[286]

Beispiel 2.147 IBM

Verbesserung der Durchlaufzeiten:

- 50 % Reduzierung in der Produktentwicklung
- 60 % Reduzierung in der Bearbeitungszeit

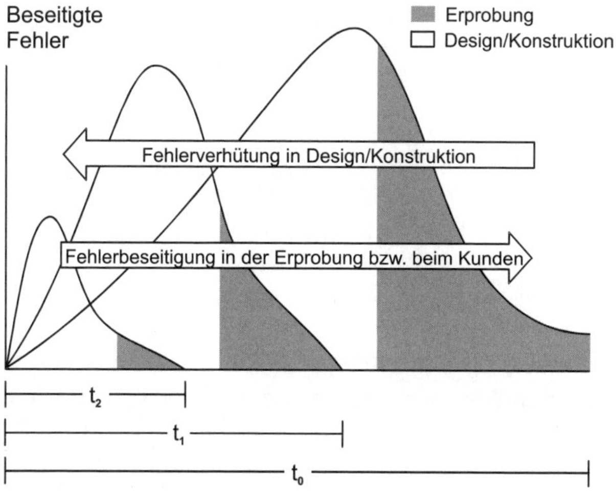

Bild 2.117 Durchlaufzeitverkürzung durch Fehlerverhütung bei IBM[287]

Tabelle 2.23 Leistungen von Lieferanten: Ergebnisverbesserung für IBM und Zulieferer anhand zweier Beispiele (Beträge in tausend USD)[288]

Lieferant A			
Verbesserungen bei Zulieferern		Verbesserungen bei IBM	
Flächenreduzierung	43 %	Reduzierung der Produktionszeit	62 %
Bestandsreduzierung	75 %	Bestandsreduzierung	$ 543
Reduzierung der Durchlaufzeit	80 %		
Lieferant B			
Verbesserungen bei Zulieferern		Verbesserungen bei IBM	
Personalreduzierung	10 %	Reduzierung der Produktionszeit	42 %
Flächenreduzierung	25 %	Bestandsreduzierung	$ 705
Bestandsreduzierung	$ 125	Reduzierung der Transportkosten	$ 200
Reduzierung der Durchlaufzeit	50 %		

Beispiel 2.148 Beksa

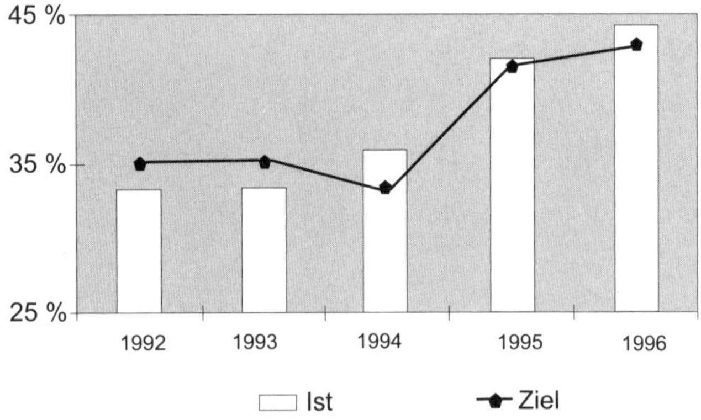

Bild 2.118 Marktanteilsentwicklung im Segment Stahlseile[289]

Neben den im EFQM-Modell genannten Ergebnisgrößen können selbstverständlich viele weitere Indikatoren für ein Unternehmen relevant sein, wie das Beispiel von Ritz-Carlton zeigt.

Beispiel 2.149 Ritz-Carlton

Die folgenden Daten zu Ritz-Carlton Hotels[290] können als gute Beispiele für nichtfinanzielle Indikatoren eines „typischen“ Dienstleistungsunternehmens gesehen werden. Auch diese Indikatoren sind im European Quality Award nicht explizit erwähnt:

- Seit sechs Jahren Benchmarking für Hotelprodukte und -dienstleistungen in den USA
- Seit zwei Jahren höchste Einstufung durch Hoteltester
- Liefertreue für alle Arten von Material bei der Einrichtung neuer Hotels von 60 % in 1989 auf 100 % in 1991 gestiegen
- Start-up Control Plan: 100 % fertige Hotels bei der Eröffnung
- Personalfluktuation: Verbesserung um 46 %, heute um 16 % besser als der beste Wettbewerber
- Führend bezüglich Erlös pro Gästezimmer
- Zusammenarbeit mit Lieferanten: Reduzierung der Lieferzeit für fünf Schlüsselprodukte von fünf Tagen auf einen Tag

3 Selbstbewertung – Grundlagen

3.1 Zum Begriff der Selbstbewertung (Self-Assessment)

Der Begriff „Selbstbewertung" als solcher sagt wenig aus über die in diesem Kontext zu erörternden Fragestellungen. Selbstbewertung an sich ist nichts Neues: Der Erstellung einer Bilanz oder einer Gewinn-und-Verlust-Rechnung (GuV) geht auch eine Selbstbewertung voraus, deren Ergebnis Bilanz und GuV dokumentieren.

Neu ist hier jedoch die Bewertungsgrundlage. Mit Hilfe so genannter Excellence-Modelle soll eine breitere Datenbasis geschaffen werden. Ob es nun um das EFQM-Modell für Excellence, das Malcolm Baldrige Quality Program for Performance Excellence oder den Australian Business Excellence Framework geht, in allen Fällen handelt es sich um Bewertungskonzepte, die auf einer ähnlichen Basis grundlegender Konzepte stehen. Die Zielsetzungen sind mehrdimensional und lassen alle eine Ausrichtung an den wesentlichen Anspruchsgruppen („Stakeholderorientierung") erkennen.

Selbstbewertung bedeutet zunächst natürlich, dass die Organisation die Bewertung selbst durchführt bzw. es sich allenfalls um eine *interne* Fremdbewertung (durch eine andere Geschäftseinheit) handelt.

Eine Selbstbewertung in diesem Sinne dient dem Aufbau eines neuen Berichtswesens, um die Aufgabe der Unternehmensführung besser bewältigen zu können. Wenn sich ein Unternehmen auf ein solch erweitertes Berichtswesen verständigt hat, muss dies „automatisch" zur Datengrundlage aller strategischen und operativen Planungen werden, wobei die relevanten Verbesserungsbereiche sich dann tatsächlich in Verbesserungsmaßnahmen niederschlagen sollten. Dies setzt voraus, dass solche Bewertungen regelmäßig und systematisch durchgeführt werden.

Darüber hinaus kann diese erweiterte Datenbasis Grundlage für ein Benchmarking werden.

3.1.1 Bedeutung im Rahmen von Excellence-Konzepten

Selbstbewertung in dem hier dargestellten Verständnis unterstützt die Unternehmensleitung bei der Messung und Dokumentation von Fortschritten auf dem Weg zu Business Excellence auf der Grundlage des Erreichens der Unternehmensziele. Ausgangspunkt der Unternehmensführung und Organisationsgestaltung ist zunächst eine Vision als ganzheitliche, vorausschauende Vorstellung der Zukunft der Organisation. Sie bildet die Grundlage für die Gestaltung der Unternehmenspolitik, die sich an den Ideen einer Organizational Excellence ausrichten sollte, und um dies zu erreichen, Kundenorientierung und Kundenzufriedenheit zu generellen Unternehmenszielen mit entsprechenden Verhaltensimplikationen für alle Mitglieder der Organisation erhebt.

Die Unternehmenspolitik schafft ein Zielsystem, auf dessen Grundlage sich im Rahmen des strategischen und operativen Managements lang-, mittel- und kurzfristige Ziele für alle Unternehmensbereiche und Funktionen konkretisieren lassen. Diese werden regelmäßig überprüft und überarbeitet. In der betrieblichen Praxis hat sich für diesen systematischen und regelmäßigen Umsetzungsprozess unternehmenspolitischer Leitsätze der Begriff „Policy Deployment“ etabliert.

Die Betriebswirtschaftslehre misst Zielfindungssystemen hohe Bedeutung bei, um die Übereinstimmung von Unternehmenspolitik, Gesamtzielen des Unternehmens und Zielen einzelner Entscheidungsträger sicherzustellen.[1] Ein Modell, das in diesem Zusammenhang immer wieder Erwähnung findet und in unterschiedlichen Ausprägungen auch in der betrieblichen Praxis große Verbreitung gefunden hat, ist - wie schon erwähnt - Management by Objectives. Vor dem Hintergrund der Kritik an seiner vorwiegend funktionsorientierten Sichtweise haben sich mittlerweile auch mehrdimensionale Konzepte zur Ableitung und Umsetzung von Zielen wie „Hoshin-Planning“ oder „Goal Deployment“ durchgesetzt.

Im Rahmen der Zielfindungs- und Bewertungsaufgaben im Unternehmen spielt das Konzept der Selbstbewertung auf der Grundlage von Excellence-Modellen eine wichtige Rolle. Dabei geht es u. a. um folgende Aspekte:

- Beschreibung und Bewertung der Bemühungen der Organisation um Excellence – auf der Grundlage von Fakten,
- Fokussierung der Aktivitäten auf relevante Bereiche,
- Schaffung einer Grundlage, um über den Vergleich mit vorangegangenen Bewertungen Veränderungen und Fortschritte zu dokumentieren und Verbesserungsbereiche für den nächsten Verbesserungszyklus zu bestimmen,[2]

- Unterstützung eines Lernprozesses durch den Zwang zur detaillierten Auseinandersetzung mit der Thematik,[3]
- Schaffung einer gemeinsamen Kommunikationsbasis (insbesondere auch in internationalen Konzernen),
- Positionierung aller laufenden, aber auch beendeten Aktivitäten/Programme unter einem übergeordneten Dach.

Als Konsequenz dieser Ziele ergibt sich zwingend die Notwendigkeit der Einbindung aller Führungskräfte. Sie ist wesentliche Voraussetzung für die Akzeptanz und den Erfolg der Selbstbewertung.

3.1.2 Bewertungsdimensionen

Die Dimensionen für eine Bewertung auf der Grundlage eines Excellence-Modells orientieren sich einerseits an der Idee der kontinuierlichen Verbesserung, andererseits folgen sie auch den grundlegenden Konzepten der Excellence, wie z. B. Management by Facts.

Bei der Anwendung des EFQM-Modells ist grundsätzlich zwischen der Beurteilung von Befähigerkriterien und Ergebniskriterien zu unterscheiden. Bei den Befähigerkriterien werden die Aspekte „Vorgehen", „Umsetzung" sowie „Bewertung und Überprüfung" betrachtet.

Bild 3.1 zeigt stichwortartig die Bewertungskriterien im Detail. Zusammenfassend geht es um das Vorhandensein fundierter Konzepte, die sich in entsprechenden Prozessen abbilden und die strategischen Interessengruppen berücksichtigen. Alle Konzepte sollen Politik und Strategie unterstützen und nicht an unterschiedlichen Stellen der Organisation, z. B. in den einzelnen Vorstandsbereichen, unterschiedlich interpretiert werden. Wenn z. B. ein Bereich sich mit Schlüsselprozessen und ein anderer mit grundlegenden Architekturen der Informationstechnologie beschäftigt, sind diese zwingend zusammenzuführen. Die Hauptproblematik besteht allerdings – und das bestätigt die langjährige nationale und internationale Erfahrung – in einer stringenten Umsetzung der Konzepte sowohl vertikal als auch horizontal. Wenn diese nicht einfache Aufgabe zufrieden stellend gelöst wurde, verlangt die Philosophie des Modells ein regelmäßiges und kritisches „Review". Waren Konzept und/oder Strategie der Umsetzung wirklich sinnvoll? Hätte man das Ziel nicht auf einfachere Art und Weise erreichen können? Manche Organisationen messen zwar z. B. mit Hilfe von Mitarbeiterbefragungen, weigern sich aber wegen der „Qualität" der Ergebnisse, daraus etwas zu lernen und als Folge dieses Lernens auch Verbesserungsmaßnahmen einzuleiten. Will man jedoch einen geschlossenen Regelkreis einrichten, ist dies unbedingt erforderlich.

Vorgehen:

- Fundierung des Ansatzes
  - Vorgehen ist klar begründet
  - Wohl definierte und gestaltete Prozesse
  - Ausrichtung auf Interessengruppen
- Integration
  - Vorgehen unterstützt Politik und Strategie
  - Mit anderen Vorgehensweisen verknüpft (wo zweckmäßig)

Umsetzung:

- Umfang der Einführung
  - Vorgehen eingeführt
- Systematik der Umsetzung
  - Auf strukturierte Art und Weise auf der Grundlage einer entsprechenden Planung umgesetzt

Bewertung und Überprüfung:

- Messung
  - Regelmäßige Messung der Effektivität des Vorgehens und seiner Umsetzung
  - verwendete Messgrößen sind angemessen
- Lernen
  - Identifikation von Verbesserungsmöglichkeiten durch lernorientierte Aktivitäten und Best Practices
- Verbesserungen
  - Verbesserungen identifiziert, priorisiert, geplant und eingeführt durch Output von Messungen und lernorientierten Aktivitäten

Bild 3.1 RADAR-Bewertung der Befähigerkriterien

Für die Bewertung der Ergebnisse „begnügt" sich das EFQM-Modell mit zwei Kategorien: der Qualität der Ergebnisse und deren Umfang. **Bild 3.2** zeigt die entsprechenden Beurteilungskriterien stichwortartig.

Die Qualität der Ergebnisse wird durch ständige Verbesserungen oder zumindest das Halten eines hohen Niveaus bewertet. Da man gute Ergebnisse (zufälligerweise) auch ohne Ziele erreichen kann (z. B. durch veränderte Währungsrelationen), soll der Nachweis erbracht werden, dass die Ergebnisse auf der Grundlage entsprechender Ziele, die sich aus der Politik und Strategie der Organisation ableiten lassen, erreicht wurden. Wie mehrfach thematisiert, ist die „Außensicht" ein für alle Excellence-

Modelle wesentliches Element. Insofern sind die Ergebnisse durch ein Benchmarking zu „relativieren“. Natürlich muss sich zumindest nach einiger Zeit auch die „Logik des Modells“ zeigen: Maßnahmen bei den Befähigern müssen sich in verbesserten Ergebnissen niederschlagen.

Qualität der Ergebnisse:

- Trends
  - Trends sind positiv und/oder
  - es liegt eine gute Leistung über einen längeren Zeitraum vor
- Ziele
  - Ziele werden erreicht
  - Ziele sind angemessen
- Vergleiche
  - Vergleiche mit externen Organisationen finden statt und Ergebnisse fallen im Vergleich mit dem Industriedurchschnitt und anerkannten "Klassenbesten" günstig aus
- Ursachen
  - Ergebnisse sind auf das Vorgehen zurückzuführen

Umfang der Ergebnisse:

- Umfang der behandelten Bereiche
  - Inhaltliche Vollständigkeit
  - Abdeckung der gesamten Organisation (Geschäftsbereiche, Hierarchieebenen)
  - Ggf. angemessene Segmentierung der Daten

Bild 3.2 RADAR–Bewertung der Ergebniskriterien

Der Umfang der Ergebnisse lässt sich am besten am Beispiel von Befragungen verdeutlichen:

Die Befragung sollte inhaltlich insofern vollständig sein, als sie alle in diesem Zusammenhang relevanten Items erhält. Darüber hinaus sind aber auch alle relevanten Zielgruppen entweder durch eine Vollerhebung oder durch eine entsprechend repräsentative Grundgesamtheit abzudecken. Will man mit den Ergebnissen anschließend arbeiten, ist dies nur auf Basis einer differenzierten Auswertung (z. B. nach Abteilungen) möglich. Dennoch muss die Anonymität des einzelnen Befragten gesichert bleiben. Dafür wird im Allgemeinen schon der Betriebsrat sorgen, der bei Mitarbeiterbefragungen ein Mitbestimmungsrecht hat.

Für die quantitative Bewertung liefert die RADAR-Systematik grobe verbale Anhaltspunkte, die für die Ergebniskriterien 2002 etwas konkretisiert wurden.

Für die Befähigerkriterien gelten (außer für den Umfang der Einführung, der durch den prozentualen Anteil 0–100 % beurteilt wird) folgende „Eckpunkte“:

Tabelle 3.1 Bewertungsraster für Befähigerkriterien (ohne Umfang der Einführung)

Kein Nachweis Oder anekdotisch	0 %
Einige Nachweise	25 %
Nachweise	50 %
Klare Nachweise	75 %
Umfassende Nachweise	100 %

Für die Ergebniskriterien wurde insgesamt eine prozentuale Zuordnung vorgenommen, wobei je nach Ergebnisart (Trends, Ziele, Vergleiche, Ursachen, Umfang) die verbale Beschreibung mit aufgenommen wird. Bei den Trends wird nun insgesamt ein dreijähriger Vergleichszeitraum gefordert.

Tabelle 3.2 Bewertungsraster für Ergebniskriterien

Keine Ergebnisse oder anekdotische Information	0 %
Etwa ¼ der Ergebnisse abgedeckt bzw. ¼ der relevanten Bereiche und Aktivitäten	25 %
Etwa ½ der Ergebnisse abgedeckt bzw. ½ der relevanten Bereiche und Aktivitäten	50 %
Etwa ¾ der Ergebnisse abgedeckt bzw. ¾ der relevanten Bereiche und Aktivitäten	75 %
Alle Ergebnisse bzw. alle relevanten Bereiche und Aktivitäten	100 %

Aus den Teilergebnissen für die jeweils relevanten Bewertungsdimensionen wird für jedes Unterkriterium der Gesamterfüllungsgrad ermittelt. Als Ausgangspunkt gilt dabei das arithmetische Mittel, das jedoch unter Berücksichtigung der Gesamtsicht modifiziert werden kann. Wenn eine Organisation beispielsweise bei einem der Befähigerkriterien im Bereich „Vorgehen“ eine Bewertung von 0 % erreicht, erscheint es wenig sinnvoll, in der Gesamtbewertung zu diesem Unterkriterium einen höheren Wert zu vergeben.

Nach der Ermittlung der Erfüllungsgrade für jedes Teilkriterium werden nach folgenden Schemata die Bewertungsergebnisse für jedes der neun Elemente abgeleitet (vgl. **Tabelle 3.3** und **Tabelle 3.4**). Dabei wird deutlich, dass die Unterpunkte innerhalb eines Elements grundsätzlich gleich gewichtet werden. Ausnahmen bilden die Elemente „Kundenbezogene Ergebnisse", „Mitarbeiterbezogene Ergebnisse" und „Gesellschaftsbezogene Ergebnisse".

Tabelle 3.3 Bewertung der Befähigerkriterien (Beispiel)

Kriterium	1	%	2	%	3	%	4	%	5	%
Unterpunkte	1a	*40*	2a	*60*	3a	*60*	4a	*60*	5a	*50*
	1b	*60*	2b	*60*	3b	*50*	4b	*60*	5b	*40*
	1c	*30*	2c	*60*	3c	*40*	4c	*40*	5c	*40*
	1d	*30*	2d	*60*	3d	*50*	4d	*50*	5d	*60*
	1e	*40*			3e	*40*	4e	*40*	5e	*60*
Summe		200		*240*		*240*		*250*		*250*
		/5		/4		/5		/5		/5
Ergebnis		40		*60*		*48*		*50*		*50*

Grundsätzlich sollte ein Unternehmen seine Aktivitäten zu jedem Unterkriterium darlegen. Fehlen entsprechende Beschreibungen, ist ein Erfüllungsgrad von 0 % einzusetzen. Der Erfüllungsgrad für das gesamte Kriterium wird dann als Mittelwert der übrigen Ergebnisse ermittelt. Dazu muss das Unternehmen jedoch sehr überzeugend darlegen, dass bestimmte Forderungen des Modells für seine Situation nicht anwendbar sind. Dies wird erfahrungsgemäß nur in den seltensten Fällen zutreffen.

Tabelle 3.4 Bewertung der „Ergebnis"-Kriterien (Beispiel)

Kriterium	**6**	%			**7**	%		
Unterpunkte	6a	*60*	x 0,75	*45*	7a	40	x 0,75	*30*
	6b	*80*	x 0,25	*20*	7b	60	x 0,25	*15*
Ergebnis				*65*				*45*
Kriterium	**8**	%			**9**	%		
Unterpunkte	8a	*20*	x 0,25	*5*	9a	*70*	x 0,5	*35*
	8b	*60*	x 0,75	*45*	9b	*60*	x 0,5	*30*
Ergebnis				*50*				*65*

Die Gesamtpunktzahl ergibt sich aus den gewichteten Mittelwerten der Ergebnisse der einzelnen Kriterien:

Tabelle 3.5 Ermittlung der Gesamtpunktzahl (Beispiel)

Kriterium	Ergebnis	Faktor	Punkte
Führung	40	x 1,0	40
Politik u. Strategie	60	x 0,8	48
Mitarbeiter	48	x 0,9	43
Partnerschaften und Ressourcen	50	x 0,9	45
Prozesse	50	x 1,4	70
Kundenbezogene Ergebnisse	65	x 2,0	130
Mitarbeiterbezogene Ergebnisse	45	x 0,9	41
Gesellschaftsbezogene Ergebnisse	50	x 0,6	30
Schlüsselergebnisse	65	x 1,5	98
Gesamtpunktzahl			545

3.1.3 Bewertung als Interdependenzproblem

Nachdem oben schon mehrfach von einem mehrdimensionalen Bewertungsansatz gesprochen wurde, sind nun die prinzipiellen Bewertungsdimensionen (noch einmal) zusammenfassend darzustellen. Dabei müssen bei einer Selbstbewertung mit dem EFQM-Modell zwei Ebenen unterschieden werden:

- Eine vorrangig inhaltliche Ebene, die durch die neun Kriterien und deren weitere Differenzierung auf der zweiten und dritten Ebene abgebildet wird. Hier ist die Intention primär in der Schaffung eines breiten Datenfundaments auf Basis der grundlegenden Konzepte zu sehen. Dabei ist zu berücksichtigen, dass diese Konzepte interdependent sind und in ihren jeweiligen Verflechtungen z. B. im Rahmen der Datenerhebung Beachtung finden müssen.
- Eine Ebene der Bewertungsdimensionen auf der Grundlage der RADAR-Systematik, die eine zusätzliche Stringenz in der Verknüpfung prüft (Ergebnisse definiert? Konzepte zu deren Erreichung definiert und stringent umgesetzt? Vorgehen und Ergebnisse überprüft? Aus der Überprüfung etwas gelernt und dies in Verbesserungsmaßnahmen umgesetzt?). Darüber hinaus fließen weitere „Stringenzprüfungen“ ein, wie z. B.: Zusammenhang mit Politik und Strategie sicherge-

stellt? Relevante Interessengruppen berücksichtigt? Mit Zielen geführt und die Ergebnisse auch mit anderen verglichen (Benchmarking)?

3.1.3.1 Inhaltliche Interdependenzen

Als wichtige Grundlage der Bewertung bzw. der ihr vorhergehenden Datensammlung und -aufbereitung müssen die inhaltlichen Zusammenhänge des Modells verstanden werden.

Dabei geht es zum einen um Zusammenhänge zwischen Ergebnissen und Potenzialfaktoren („Befähigern"), die z. B. bei den Kriterien „Mitarbeiter" und „Mitarbeiterbezogene Ergebnisse" ganz offensichtlich sind, aber auch zwischen „Partnerschaften und Ressourcen" sowie „Prozessen" und den „Schlüsselergebnissen" bestehen. Natürlich ist das Kriterium „Politik und Strategie" so ausgelegt, dass es sich auf alle Ergebniskriterien auswirkt, aber auch mit allen Befähigerkriterien in enger Beziehung steht. Dies zeigt, dass es neben den Beziehungen zwischen Befähigern und Ergebnissen weitere zwischen nahezu allen Kriterien gibt.

Bild 3.3 zeigt dies am Beispiel „Politik und Strategie". Ähnliche Interdependenzen könnten aber auch für jedes andere Befähigerkriterium dargestellt werden.

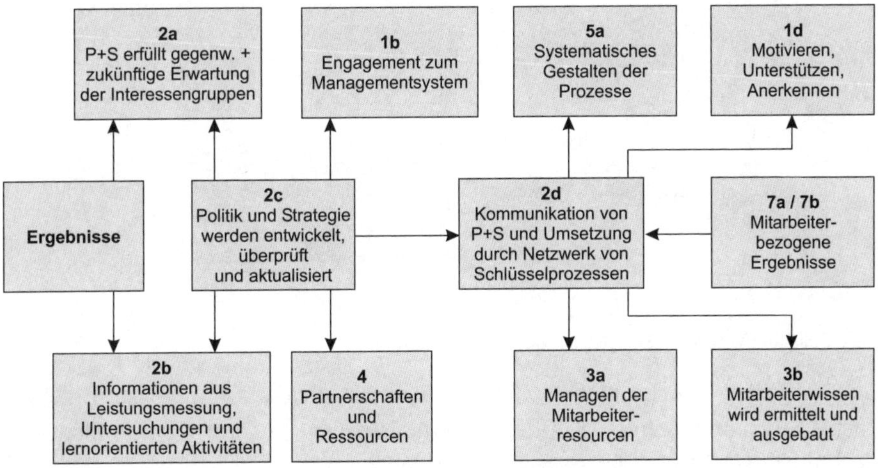

Bild 3.3 Verknüpfungen im Modell am Beispiel „Politik und Strategie"[4]

Neben dieser Verknüpfung zwischen den Kriterien gibt es auch Verknüpfungen innerhalb der Kriterien. Dies gilt zunächst für die gesamte Gruppe der Ergebniskriterien, bei denen, wie bei der Gruppe der „Ergebnisse" in Bezug auf die „Befähiger" zwischen den „vorlaufenden" Indikatoren und den „nachlaufenden" Befragungsergebnissen, ein zeitlicher Versatz besteht. Man könnte daher auch von Früh- und Spätindikatoren sprechen. **Bild 3.4** zeigt dies in einer Prinzipienskizze:

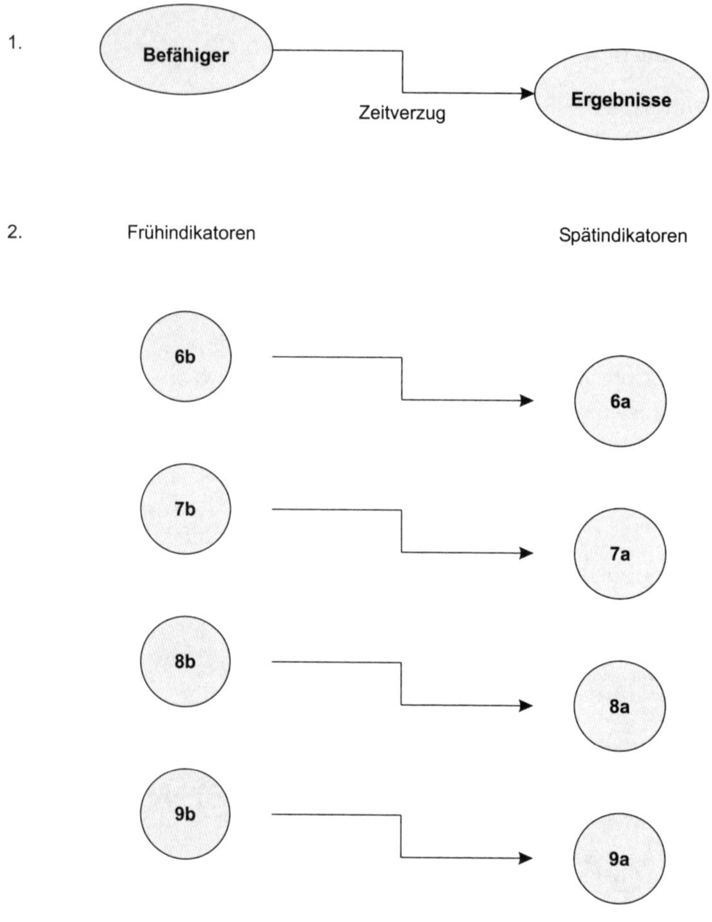

Bild 3.4 Zeitlicher Verzug im EFQM-Modell für Excellence (Prinzipienskizze)[5]

Solche zeitlichen Brüche gibt es aber auch innerhalb der Gruppe der Ergebnisse insofern, als abnehmende Kundenzufriedenheit als sicherer Frühindikator für schlechtere Geschäftsergebnisse gesehen werden kann.

Ähnliche zeitliche Reihenfolgen gibt es z. B. im Kriterium 2, wo die Möglichkeit eines Policy Deployment natürlich die Existenz einer „Policy“ voraussetzt. Ebenso wird im Kriterium 5 die Herstellung von kundengerechten Produkten und Dienstleistungen von einer entsprechenden „Produktentwicklung“ abhängen.

Diese wenigen Beispiele zeigen, dass das Modell nicht statisch ist, sondern verschiedene Formen der Dynamik beinhaltet.

3.1.3.2 Interdependenzen in der Bewertungssystematik

Wie an früherer Stelle schon kurz erwähnt, findet die Bewertung nach der so genannten RADAR-Logik statt. Damit wird über die durch die neun Kriterien gegebene breitere Datenbasis eine Systematik der kontinuierlichen Verbesserung gelegt, deren Grundlage die oben beschriebenen normativen Setzungen (wie z. B. stringente Verknüpfung mit Politik und Strategie oder Stakeholderorientierung) bilden.

Durch die Anlehnung an einen PDCA-Zyklus in der Variation Act (gewünschte Ergebnisse festlegen), Plan (Vorgehen planen und entwickeln), Do (Vorgehen umsetzen) und Check (Vorgehen und dessen Umsetzung beurteilen und verbessern) entsteht auch hier eine stringente zeitliche Abfolge. Die Stringenz des Vorgehens bezieht sich auf Fundiertheit und Integration und kann mit dem an früherer Stelle dargestellten horizontalen und vertikalen Fit in Verbindung gebracht werden (vgl. Darstellung des St. Galler Modells für integriertes Management im Kapitel 1 dieses Buches).

Da Planen und Umsetzen – fallweise sogar Überprüfen – auch Teil der inhaltlichen Beschreibung der Kriterien sind, ergeben sich auch dort Interdependenzen, die **Bild 3.5** beispielhaft zeigt.

Diese Darstellung verdeutlicht, dass das Modell bzw. die RADAR-Logik an einigen Stellen die Planung der Planung, die Umsetzung der Umsetzung und das Review der Reviews prüft.

Neben der prinzipiellen Berechtigung der Frage nach einem geschlossenen Regelkreis, bleibt zu überprüfen, inwieweit hier zukünftig an einigen Stellen bei den Befähigerkriterien nicht dadurch Komplexität reduziert werden kann, dass z. B. „Review“-Teilkriterien entfallen.

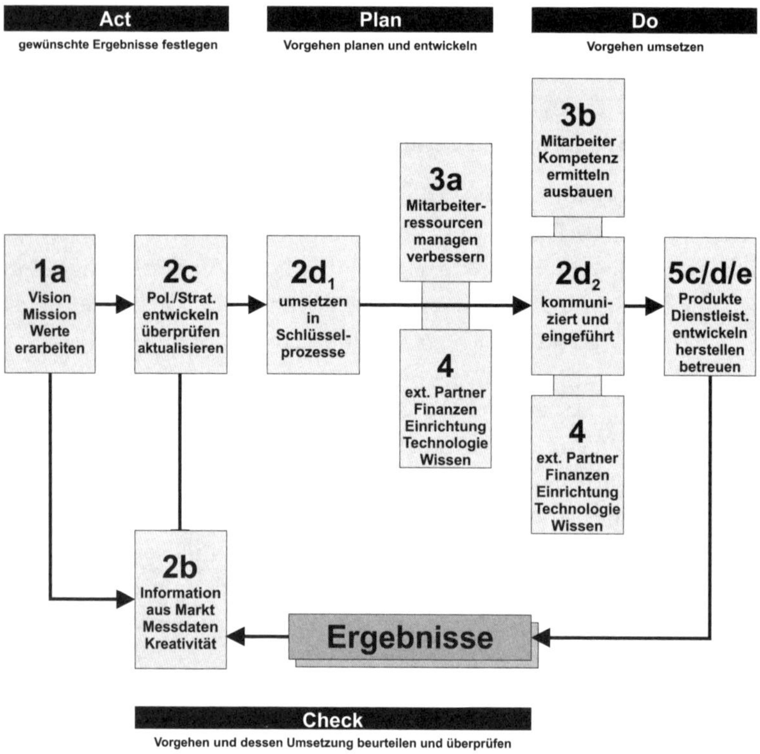

Bild 3.5 Verknüpfung zwischen RADAR-Logik und der inhaltlichen Beschreibung des EFQM-Excellence-Modells[6]

3.2 Ergänzung durch Benchmarking

Da Benchmarking sowohl bei der Bewertung der Potenzialfaktoren („Lernen“ bzw. „lernorientierte Aktivitäten“) als auch der Ergebnisse („Vergleich“ mit externen Organisationen) eine wesentliche Rolle spielt, ist im Folgenden auf dieses Konzept näher einzugehen.

Damit wird (nach dem Review des EFQM-Modells in 2000) Benchmarking (auch) im Sinne eines Vergleichens von Prozessen oder Tätigkeiten bzw. Funktionen verstanden.

Allerdings ist auch nach dieser Revision noch festzuhalten, dass die Abgrenzung in Leistungen der Konkurrenz und Leistungen der klassenbesten Unternehmen nicht das ganze Feld möglicher Benchmarks bzw. Benchmarking-Partner umfasst. So erscheint in größeren Unternehmen durchaus ein Benchmarking „im eigenen Haus" sinnvoll. Klassenbeste Unternehmen dagegen müssen nicht einmal zwangsläufig der eigenen oder einer verwandten Klasse (Branche) angehören. Vielmehr gilt es, die weltbesten Unternehmen in Bezug auf einen bestimmten Prozess (z. B. Bearbeitung von Kundenaufträgen) oder ein bestimmtes Ergebnis (z. B. Liefertreue) zu identifizieren.

Im Folgenden ist zunächst der Begriff des Benchmarkings zu definieren und in seinen verschiedenen Ausprägungsformen mit den dabei zugrunde liegenden Prozessen zu erläutern. Im Anschluss daran werden zum besseren Verständnis einige Beispiele von Unternehmen diskutiert. Abschließend wird im Sinne einer zusammenfassenden Bewertung der Nutzen des Benchmarkings thematisiert.

3.2.1 Der Begriff des Benchmarkings

Die wörtliche Übersetzung des englischen Begriffs „Benchmark" lautet Eckpunkt und weist auf dessen ursprüngliche Herkunft hin. Benchmarks waren und sind Höhenmarken, die in der Vermessungstechnik als Ausgangswerte zur Ermittlung von Höhenunterschieden dienen.[7]

Im heutigen Sprachgebrauch dominiert jedoch Benchmark bzw. der Prozess des Benchmarkings als Bezeichnung für ein Managementinstrument. Die grundsätzliche Bedeutung von Eckpunkten im Sinne der jeweils besten Leistung auf einem Gebiet und der Ermittlung von Unterschieden zwischen diesen Eckpunkten und dem eigenen Unternehmen ist dabei leicht nachzuvollziehen. Diese Methode des Sich-mit-anderen-Vergleichens lässt sich allerdings schon in das Jahr 500 v. Chr. zurückverfolgen. Der chinesische General Sun Tzu schrieb damals: „Wenn du deinen Feind kennst und dich selbst kennst, so brauchst du dich nicht vor dem Ausgang von hundert Schlachten zu fürchten."[8] Ein weiterer Aspekt des Benchmarkings lässt sich in dem japanischen Begriff Dantotsu wiederfinden: der Beste der Besten werden.[9]

Führt man sich die Entwicklung des Wirtschaftsraumes Japan nach dem Zweiten Weltkrieg und das dort konsequent praktizierte Dantotsu vor Augen, so wird deutlich, welche Bedeutung die Methode Benchmarking bei umfassender Anwendung – selbstverständlich eingebettet in einen konzeptionellen Rahmen – haben kann: Das „Abschauen" von Prozessen und Vorgehensweisen in den Vereinigten Staaten und Europa hat Japan im ersten Schritt zur Wettbewerbsfähigkeit mit den genannten Konkurrenten geführt. Die sich im zweiten Schritt anschließende Weiterentwicklung des Erlernten wird heute dadurch spürbar, dass Konzepte japanischer Unternehmen (wie z. B. das Toyota-Produktionssystem) nun selbst zu Benchmarks geworden sind.

Grundsätzlich kann also festgehalten werden, dass Benchmarking im Sinne eines Managementinstrumentes immer einen Vergleich mit anderen und dementsprechend das Lernen von anderen kennzeichnet.

Im Folgenden sind einige ausgewählte Definitionen des Benchmarkings vor dem Hintergrund des oben ausgeführten Begriffsverständnisses zusammengefasst.[10] Die erste Gruppe beschreibt Benchmarking als Prozess oder Aktivität, die zweite bezieht sich auf Benchmarks als Leistungsstandard oder Vergleichsniveau. Benchmarking ist demnach:

- ... der ständige Prozess, unsere Produkte, Dienstleistungen und Praktiken mit denen unserer härtesten Konkurrenten und anerkannter Weltklasseunternehmen zu messen. (Rank Xerox)
- ... der ständige Vergleich der eigenen Prozesse, Praktiken, Produkte oder Dienstleistungen mit den bekanntesten ähnlichen Aktivitäten. Anschließend können herausfordernde, aber noch erreichbare Ziele gesetzt und ein realistischer Aktionsplan implementiert werden, um effizient und in angemessener Zeit zum Besten der Besten zu werden und diese Position zu halten. (IBM Rochester)
- ... eine strukturierte Art, nach außen zu schauen, um das jeweils Beste in der Branche oder für eine spezielle Funktion zu identifizieren, zu analysieren und selbst anzuwenden.
- ... eine Basis, um realistische Leistungsziele zu erhalten, indem man sieht, was die Besten leisten.

Benchmarks als Standards werden wie folgt beschrieben:

- Beschreibende Benchmarks im Sinne von „Praktiken“:
  - eigene Prozesse und „Benchmark“-Prozesse, jeweils mit Input und Output
  - besserer Output bei vergleichbarem Input = besserer Prozess
  - „Benchmark“-Prozess verstehen und selbst umsetzen
- Quantitative Benchmarks im Sinne von Leistungszahlen:
  - das Ergebnis von Prozessen
  - denkbar für alle möglichen Ziele, z. B.:
    - Kunden- und Mitarbeiterzufriedenheit
    - Geschäftsergebnisse
    - Qualität

Insgesamt lässt sich folgende Arbeitsdefinition für Benchmarking ableiten:

„Benchmarking ist die Suche nach den besten Prozessen, Vorgehensweisen oder Ergebnissen, die für die jeweilige Aufgabe im eigenen Unternehmen relevant sind. Dabei ist es Ziel, von diesen Prozessen, Vorgehensweisen und Ergebnissen zu lernen und sie zur Verbesserung der eigenen Leistung einzusetzen.“[11]

3.2.2 Formen des Benchmarkings

Auf der Basis dieser Arbeitsdefinition lassen sich mehrere Arten des Benchmarkings identifizieren.[12]

Beim **internen Benchmarking** werden Tätigkeiten oder Ergebnisse im eigenen Unternehmen als Vergleichsgrundlage genutzt. Diese Vorgehensweise ist dabei nicht nur für größere Unternehmen relevant, in denen sich mehrere Standorte oder Funktionen miteinander vergleichen lassen. Vielmehr lässt sich z. B. auch die Frage stellen, ob Verwaltungsvorgänge wie das Erstellen von Rechnungen genauso als messbare Prozesse betrachtet werden wie die Herstellung eines Produktes. Es kann in diesem Sinne durchaus angezeigt sein, Verwaltungsprozesse so systematisch zu analysieren und zu planen wie die Produktionsprozesse des Unternehmens. Dieses auf den ersten Blick einfach zu realisierende Benchmarking kann enorme Verbesserungen bringen. Als Beispiel lässt sich hier die systematische Verbesserung des Prozesses „Forderungseinzug“ nennen, welche unmittelbar zu Kosteneinsparungen (z. B. Zinsen) führt. Möglicherweise resultiert die dadurch entstehende Transparenz zwischen Bereichen allerdings in Widerständen.

Der Begriff des **Competitive Benchmarking** kennzeichnet einen Vergleich mit direkten Wettbewerbern am Markt – also z. B. für bestimmte Produkte (Kühlschrank Marke A und Kühlschrank Marke B) oder Dienstleistungen (Reparatur in Werkstatt A und B).

Functional Benchmarking[13] charakterisiert das Vergleichen in der eigenen (oder einer ähnlichen) Branche – im Sinne des obigen Beispiels also innerhalb der „Kühlgeräte“-Branche bzw. innerhalb der Branche „Instandsetzungsbetriebe“.

Bezieht sich die Suche nach Vergleichsdaten und -prozessen unabhängig von der Branche auf die bestmögliche Realisierung vergleichbarer Tätigkeiten/Geschäftsprozesse, so wird dies als **Best Practice Benchmarking** bezeichnet. Denkbar ist z. B., den Lieferprozess eines Baustoffherstellers für Fertigbeton mit dem Ausliefern einer Pizza durch einen Pizza-Service zu vergleichen (vgl. Abschnitt

3.2.4.2). Obwohl beide Branchen auf den ersten Blick völlig unterschiedlich erscheinen, zeigt sich bei näherem Hinsehen, dass für die Lieferung der beiden Produkte ähnliche Qualitätskriterien gelten: Sowohl der Beton als auch die Pizza müssen exakt zur vorausbestimmten Zeit in bestimmter Temperatur und Konsistenz beim Kunden eintreffen.

Als weitere Art von Benchmarking kann schließlich das **Award Model Benchmarking** betrachtet werden. Im Grunde bedeutet dies, sich an den Kriterien internationaler Excellence-Modelle zu messen. Geht man davon aus, dass z. B. das EFQM-Modell für Excellence ein auch in der Zukunft erfolgreiches Unternehmen abbilden soll,[14] so erscheint es durchaus sinnvoll, sich anhand der Kriterien zu vergleichen, die ein solches Unternehmen erfüllt. Die Benchmark wird dabei durch die Beschreibung dieses fiktiven Unternehmens in der so genannten Selbstbewertungsbroschüre des EFQM-Modells für Excellence[15] repräsentiert: Die Broschüre beinhaltet in diesem Sinne die Operationalisierung der Excellence-Kriterien. Wie weit das eigene Unternehmen noch von der Idealvorstellung entfernt ist, wird durch den in der Bewertung angegebenen Zielerreichungsgrad für die einzelnen Kriterien ausgedrückt. Insofern kann der Prozess des Self-Assessments durchaus als Benchmarking-Vorgang verstanden werden. Des Weiteren kann ein solches Assessment als Ausgangspunkt für die oben genannten anderen Benchmarking-Arten gesehen werden.

3.2.3 Benchmarking-Prozess

Die folgende Aufzählung zeigt deutlich, dass der Prozess des Benchmarkings *nicht* – wie man annehmen könnte – mit der Suche eines „Benchmarking-Partners" beginnt. Vielmehr ist es zunächst erforderlich, das eigene Unternehmen ausreichend zu kennen bzw. kennen zu lernen und zu verstehen. Nur ein detailliertes Stärken-Schwächen-Profil, welches z. B. auf der Basis eines Self-Assessments erstellt werden kann, schafft die Voraussetzungen für ein zielgerichtetes Vorgehen. Durch diese Ist-Zustandsanalyse wird ersichtlich, welche Prozesse und/oder Ergebnisse besonders problematisch oder verbesserungswürdig erscheinen. Diese stecken letztendlich den Rahmen dafür ab, was im Weiteren zu benchmarken ist.[16]

Der Benchmarking-Prozess im Überblick[17]

- Eigene Stärken und Schwächen
- Was benchmarken?
- Wen benchmarken?
- Datenerhebung und -auswertung
- Ergebnisse kommunizieren
- Ziele setzen
- Ableiten von Aktionsplänen
- Fortschritt messen
- Neues Profil der eigenen Stärken und Schwächen
- (...)

Ansatzpunkte im eigenen Unternehmen können z. B. sein:

- Unternehmenspolitik und -strategie
- Geschäftsprozesse
- Geschäftsergebnisse
- Kundenerwartungen
- Produkte
- Dienstleistungen
- Allgemein kritische Erfolgsfaktoren des Unternehmens

Für jeden dieser Punkte lassen sich Stärken und Schwächen im Sinne von Verbesserungsbereichen skizzieren. Letztlich besteht die Notwendigkeit, einerseits Schwächen zu beseitigen und andererseits Stärken auszubauen.

Nach der Definition dieser Stärken und Verbesserungsbereiche gilt es, die jeweils essentiellen Faktoren, Kennzahlen und Praktiken zu bestimmen. Diese determinieren dann den konkreten Inhalt des geplanten Benchmarkings.

Je nach Art des Benchmarkings ist anschließend die Frage „Wen benchmarken?“ zu beantworten.[18] Einen „one best way“, um mögliche Benchmarking-Partner zu identifizieren, existiert sicherlich nicht. Mögliche Informationsquellen könnten aber die folgenden sein:

- Einschlägige *Publikationen* zu den betreffenden Themen.
- *Marktforschungsinstitute*, die meist einen sehr guten Überblick über die „Unternehmenslandschaft“ besitzen.

- Empirische *Erhebungen und Fallstudien*, die in den meisten Fällen mit Hilfe „realer“ Unternehmen erstellt werden.
- *Betriebsbesichtigungen* bei solchen Unternehmen, die auch ohne nähere Kenntnisse in Frage kommen (z. B. Konkurrenten).
- *Datenbanken* gewinnen zunehmend an Bedeutung, weil internationale Standardwerke, z. B. zum Thema „Wer liefert welche Produkte/Dienstleistungen“ oder „Top-Unternehmen“, verstärkt in elektronischen Medien zur Verfügung stehen.
- *Berufsverbände* geben Auskunft über die in ihren Branchen organisierten Unternehmen und besitzen zumeist eine Fachzeitschrift, in der immer wieder führende Unternehmen der Branche berichten.
- *Benchmarking-„Clubs“* bieten – zumeist gegen Gebühr – die Möglichkeit, in einen Kreis von Unternehmen aufgenommen zu werden, die Benchmarking-Partner suchen. Allerdings besteht oft die Verpflichtung, mit dem Beitritt auch selbst als Benchmarking-Partner für andere zur Verfügung zu stehen.
- *Unternehmensberater oder Benchmarking-Clearing-Houses:* Größere Beratungsgesellschaften verfügen oft über ein weltweites Informationsnetz und können (allerdings ebenfalls nicht gebührenfrei) Kontakte zu anderen Unternehmen vermitteln.

Insgesamt bleibt anzumerken, dass es zumindest für größere Unternehmen bei der Suche nach Benchmarking-Partnern angebracht erscheint, über die Grenzen Europas hinauszublicken, da der Gedanke des Benchmarkings und damit die Idee, die Werkstore auch Außenstehenden zu öffnen, sich in Europa noch nicht umfassend durchgesetzt hat. Darüber hinaus haben sich die oben angeführten Benchmarking-Clubs bisher in Europa noch nicht flächendeckend etabliert. Und schließlich können manche Best Practices nicht in Europa, sondern nur in den USA oder in Japan gefunden werden.

Nachdem der geeignete Partner entdeckt ist, sind entsprechende Daten bezüglich der gewünschten Inhalte zu erheben, auszuwerten und mit den eigenen Daten zu vergleichen.[19]

Wenn die Ergebnisse der Auswertung im eigenen Unternehmen kommuniziert werden, kann damit ein Ansporn für die Zukunft im Sinne eines (Fern-)Zieles gesetzt werden. Auch das oft vorhandene Vorurteil: „Viel besser, als wir das Problem bisher gelöst haben, kann man es nicht lösen“, wird so seiner Grundlage beraubt.

Die Differenz zwischen den Leistungen des Partners und den eigenen Leistungen dient als Basis, um Verbesserungsziele zu setzen und daraus Aktionspläne abzuleiten.[20]

Nach der Umsetzung der Aktionspläne gilt es – z. B. nach einem Zeitraum von einem Jahr – den erzielten Fortschritt durch ein erneutes Self-Assessment zu messen. Daraus ergibt sich dann ein neues Profil der eigenen Stärken und Verbesserungsbereiche, welches wiederum der Ausgangspunkt für einen erneuten Durchlauf des skizzierten Benchmarking-Prozesses ist:

„Die Sprosse einer Leiter war nie zum Ausruhen gedacht, sondern nur dazu, den Fuß eines Menschen lange genug zu halten, dass er den anderen etwas höher setzen kann.“ (Thomas H. Huxley)

3.2.4 Beispiele für Benchmarking[21]

Im Folgenden werden „klassische“ Beispiele zitiert, die zwar schon einige Jahre alt, aber dennoch in ihren Ansätzen heute noch so aktuell wie damals sind.

3.2.4.1 Rank Xerox

Rank Xerox bzw. die Xerox Corporation kann als Pionier des Benchmarkings in der westlichen Welt angesehen werden. Schon zu Beginn der 80er Jahre wurden in diesem Unternehmen Standards zur Ermittlung der Leistungsfähigkeit festgelegt. Man versuchte, diejenigen Methoden zu identifizieren, die den Wettbewerbern halfen, Weltklasseleistungen zu erbringen.[22]

Bild 3.6 zeigt das eher ernüchternde Bild des ersten Vergleiches zwischen Rank Xerox und dessen japanischen Wettbewerbern. Letztlich war es jedoch dieser „Schock“, der das gesamte Unternehmen zu „neuen Ufern“ aufbrechen ließ. Heute ist Rank Xerox bezüglich vieler Prozesse – z. B. für seinen Benchmarking-Prozess – selbst zur Benchmark für andere geworden.

Interessant ist weiterhin, dass neben den „üblichen“ Arten von Benchmarking bei Rank Xerox in beträchtlichem Umfang internes Benchmarking betrieben wird – so z. B. zwischen allen Xerox- und Rank Xerox-Datenverarbeitungszentren weltweit.

Bild 3.7 zeigt die Ermittlung und Umsetzung der grundsätzlichen Benchmarking-Parameter *Indikatoren* (Was?) und *Benchmarking-Partner* (Wer?).

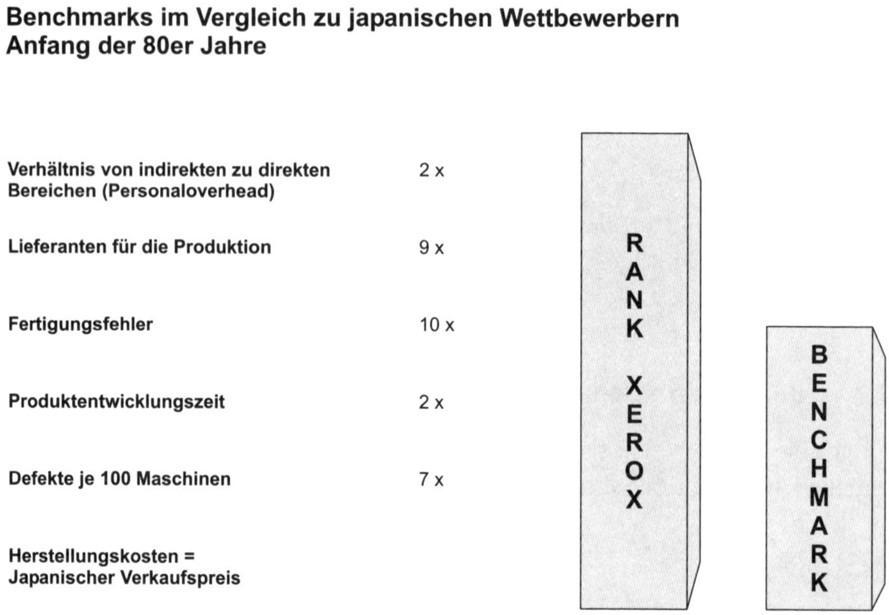

Bild 3.6 Rank Xerox und japanische Wettbewerber Anfang der 80er Jahre[23]

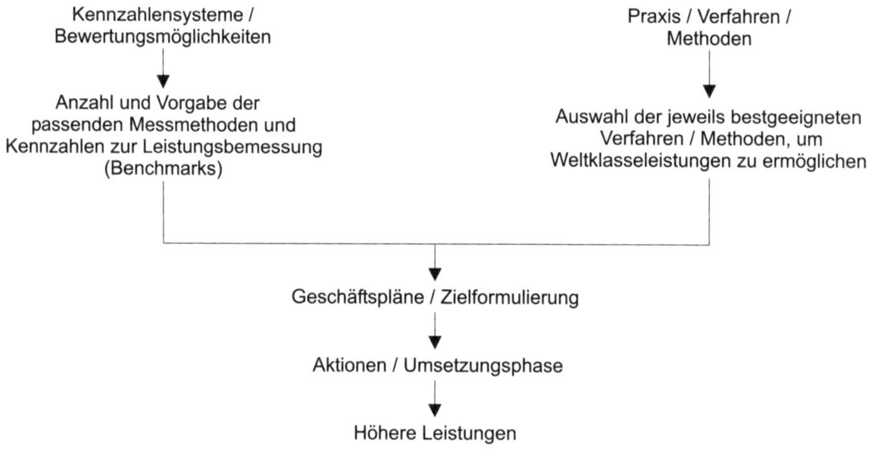

Bild 3.7 Benchmarking bei Rank Xerox[24]

Diese Leistungsdiagnose wird nach dem im **Bild 3.8** gezeigten Ablauf unter Beachtung der entsprechenden Prioritäten in Aktionspläne umgesetzt.

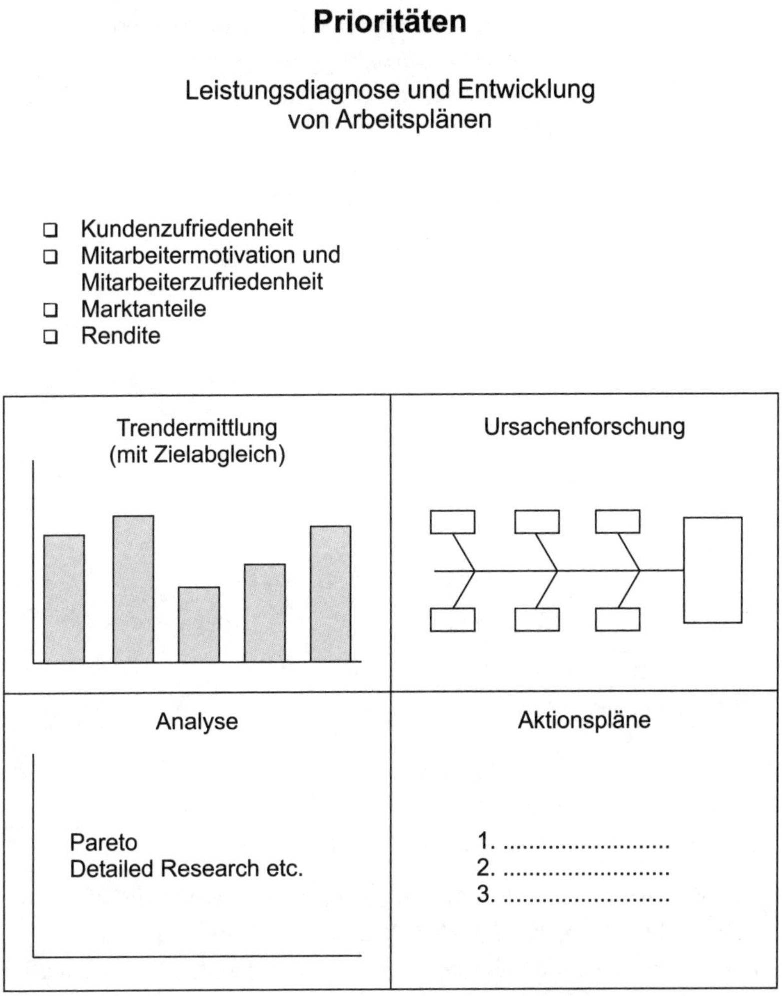

Bild 3.8 Prioritäten und Umsetzung der Leistungsdiagnose in Aktionspläne[25]

3.2.4.2 Granite Rock[26]

Bei dieser Firma handelt es sich um ein Unternehmen der Baustoffindustrie, welches im Jahre 1992 mit dem Malcolm Baldrige National Quality Award in der Kategorie „Kleine Unternehmen" ausgezeichnet wurde.

Erwähnenswert erscheint der bei Granite Rock praktizierte Ansatz des Competitive Benchmarking. Die Grundidee ist dabei, dass in regelmäßigen Befragungen Kunden und Nichtkunden Granite Rock im Verhältnis zur Konkurrenz positionieren. **Bild 3.9** zeigt (noch einmal) die grafische Darstellung dieses Vergleiches in Form eines Leistungsportfolios. Für Produkte und/oder Produktmerkmale lässt sich daraus die Position im Wettbewerb entnehmen.

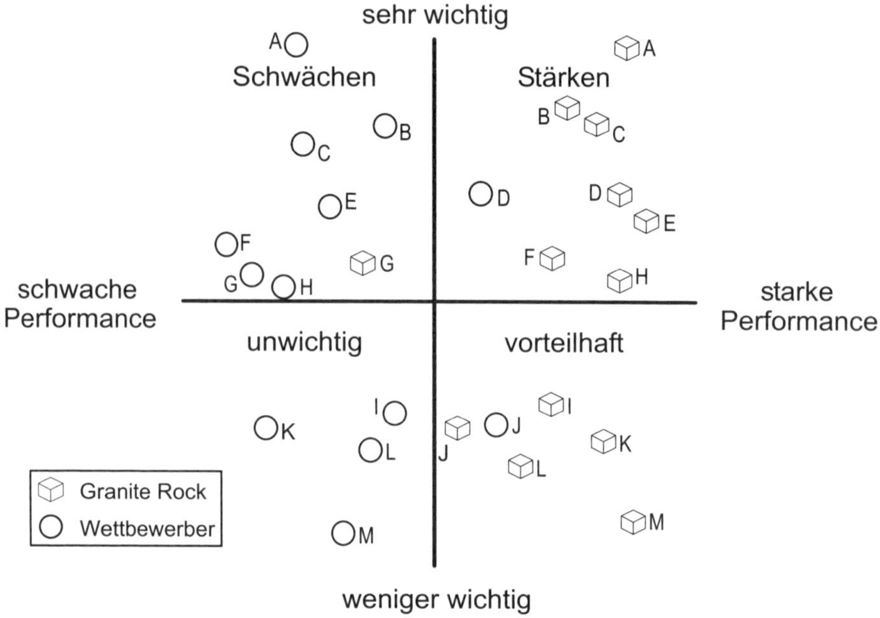

Bild 3.9 Leistungsportfolio: Granite Rock im Vergleich zum Wettbewerb[27]

Die beiden Dimensionen des Diagramms spiegeln einerseits die Wichtigkeit von Produkten/Produktmerkmalen für den Kunden (y-Achse) und andererseits die Leistung der zu vergleichenden Unternehmen (x-Achse) wider. Es wird deutlich, dass es möglichst viele eigene Positionierungen im Quadranten „Stärken“ zu erreichen gilt und dass man möglichst besser sein sollte als der jeweilige Konkurrent (z. B. Produkt[merkmal] A, Produkt[merkmal] D): Eine Position in diesem Quadranten sagt nämlich aus, dass es sich um ein Produkt/Produktmerkmal handelt, welches dem Kunden besonders wichtig ist und in dem der Kunde eine besondere Stärke des eigenen Unternehmens sieht. Entsprechend wichtig ist es, Positionen im Quadranten „Schwächen“ zu verbessern: Es handelt sich um Produkte/Produktmerkmale, die dem Kunden besonders wichtig sind, hinsichtlich derer er aber Granite Rock eine nicht ausreichende Leistung bescheinigt. Positionen in den beiden Quadranten „unwichtig“ (unwichtig für den Kunden und schwache Leistung) und „vorteilhaft“

(unwichtig für den Kunden, aber gute Leistung) repräsentieren dagegen solche Produkte/Produktmerkmale, die in Zukunft nicht im Mittelpunkt des Firmeninteresses stehen müssen, da ihnen aus der Sicht des Kunden keine entsprechende Bedeutung zukommt.

Insgesamt lässt sich sagen, dass eine bessere Positionierung (also „weiter rechts") des Konkurrenten - insbesondere in den Quadranten „Schwächen" und „Stärken" - zusätzlichen Handlungsbedarf für Granite Rock verdeutlicht.

Bei dieser Art der Darstellung ist interessant, dass sie vollständig auf der Sicht des Kunden beruht. Auch die eigene Leistung wird nicht im Sinne einer „Nabelschau" selbst beurteilt, sondern vielmehr dem Urteil des Kunden unterzogen. Dadurch wird ein subjektiver Eindruck des Kunden wichtiger als ggf. davon abweichende objektive Leistungsdaten. Im Sinne einer (wirklichen) Kundenorientierung ist diese Einsicht bemerkenswert.

Neben dem angedeuteten Competitive Benchmarking betreibt Granite Rock auch Best Practice Benchmarking - ein Umstand, der für ein so kleines Unternehmen (insgesamt 400 Mitarbeiter) durchaus als beachtlich angesehen werden kann. Dabei werden völlig unterschiedliche Branchen als Quelle für Benchmarks herangezogen, z. B. die Branche Lebensmittelservice (Domino's Pizza) für Liefertreue. Diesem Benchmarking liegt die Einsicht zugrunde, dass sowohl für Beton als auch für Pizza (-Heimservice) bezüglich Liefertreue vom Kunden besondere Maßstäbe gesetzt werden. Der Beton darf weder zu früh noch zu spät auf einer Baustelle eintreffen, da sonst im ersten Fall Wartezeiten (Verschwendung der Transportkapazität des Betonmischwagens) und möglicherweise Behinderungen des Ablaufes auf der Baustelle entstehen und im zweiten Fall die Arbeiten auf der Baustelle ruhen müssen (Verschwendung der Arbeitskapazität des Bauunternehmens, also des Kunden). Daneben muss der Beton frisch - d. h. im optimalen Verarbeitungszustand - auf der Baustelle eintreffen. Für die Pizzalieferung gelten ähnliche Regeln. Der Kunde will seine Pizza weder vor der Mittagspause noch nach der Mittagspause, sondern in der Mittagspause (Lieferfenster: ca. 0,25 Stunden), und frisch und heiß muss die Pizza in jedem Fall sein.

Andere Branchen, aus denen Granite Rock Benchmarks bezieht, sind z. B. das produzierende Gewerbe (Fertigungsprozesse), langlebige Gebrauchsgüter (z. B. Kühlschränke, Prozess: Sicherstellung von Haltbarkeit) oder der Einzelhandel (Kleinkundenbetreuung).

3.2.4.3 IBM Rochester

IBM Rochester, Malcolm Baldrige Award-Gewinner, betreibt ebenfalls ein sehr umfassendes Benchmarking, wie **Bild 3.10** zeigt.

Rank Xerox Benchmarking-Prozess und Ausbildung, Konferenzen, Top-down-Qualitäts-Ausbildung, Mängellisten	**Northwest Airlines** Abfallbehandlungsprozess in der Nickelbeschichtung
Motorola 6-Sigma-Fehlerverhütung "5-up"-Messungen	**Japanische Industrie** Just-in-Time
IBM Raleigh Fehlerverhütungsprozess	**Honeywell** Verbesserte Planung der Sekretariatsleistung "Dept-Tech"-Organisation
IBM Manassas Dokumentationsinstrument für den Hardware-Prozess	**Hewlett-Packard** Stärkere Spezialisierung der ersten und zweiten Serviceebenen
3M Verbessertes Material-dispositionsinstrument	

Bild 3.10 Beispiele für Benchmarking-Partner[28]

Dabei ist bemerkenswert, dass der Prozess des Benchmarkings selbst mit Xerox „gebenchmarkt" wurde, nachdem bei der ersten Bewerbung von IBM Rochester um den Award im Jahr 1989 fehlendes Benchmarking von den Assessoren als einer der Hauptverbesserungsbereiche herausgestellt worden war.[29]

Betrachtet man die genannten Benchmarking-Partner, so lassen sich die an früherer Stelle thematisierten Arten von Benchmarking fast vollständig erkennen: internes Benchmarking (IBM Raleigh, IBM Manassas), Competitive Benchmarking (Hewlett-Packard), Functional Benchmarking (z. B. Honeywell) und Best Practice Benchmarking (z. B. Northwest Airlines).

Wichtigster Grund für die Aufrechterhaltung eines so umfangreichen Benchmarking-Programms war und ist dabei für IBM Rochester der Nutzen, der für das Unternehmen aus dem Benchmarking entsteht:[30]

- Ziele setzen, die auf Fakten basieren,
- Strukturen bereitstellen, um Verbesserungsideen zu generieren,
- die Organisationsperspektive erweitern,
- einen Gegenpol zum „Not-Invented-Here"-Syndrom schaffen,
- Erwartungen an Verbesserungen erhöhen.

Der grundlegende Prozess des Benchmarkings bei IBM Rochester mit den Schritten Selbstbewertung, Benchmarking (Planung, Analyse) und Umsetzung (Integration, Aktion) ist im **Bild 3.11** abgebildet.

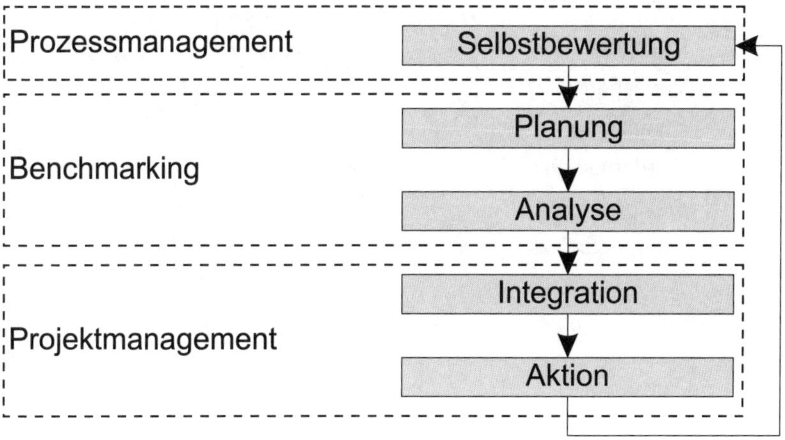

Bild 3.11 Benchmarking-Prozess bei IBM Rochester[31]

Die zugrunde liegende Benchmarking-Hierarchie spiegelt dabei viele der im Abschnitt Benchmarking-Prozess behandelten Aspekte wider (vgl. **Bild 3.12**).

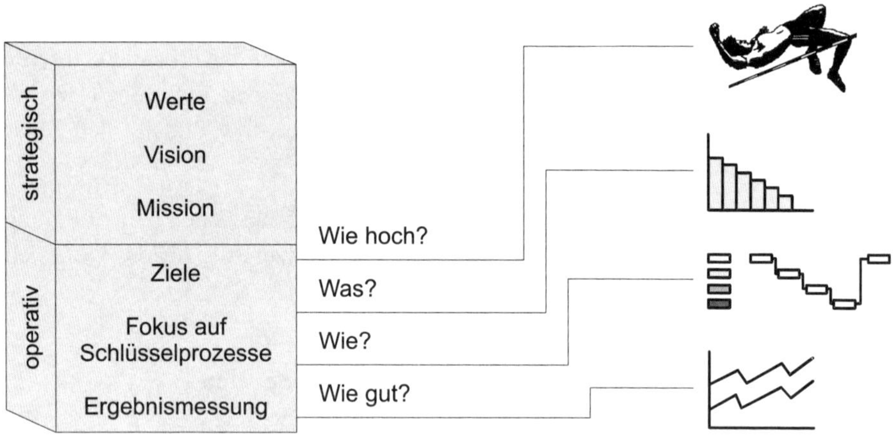

Bild 3.12 IBM Rochester: Benchmarking-Hierarchie[32]

Als Beispiel für ein Werkzeug, das im Rahmen des Benchmarkings bei IBM Rochester eingesetzt wird, soll kurz die so genannte Prozessreifegradanalyse vorgestellt werden.

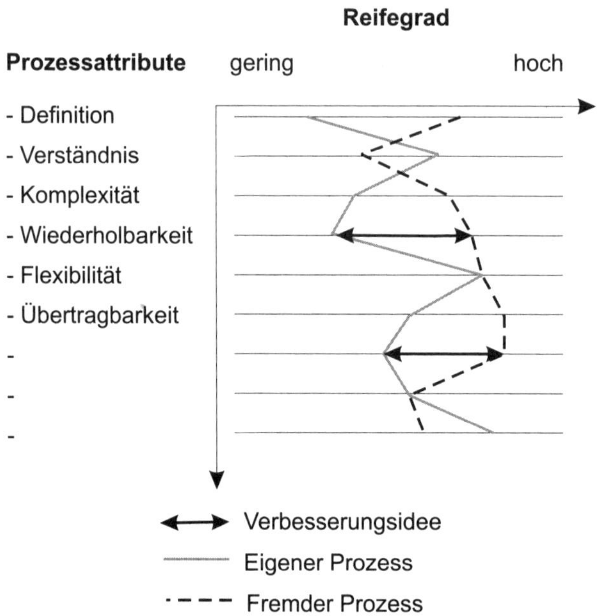

Bild 3.13 Prozessreifegradanalyse[33]

Diese Darstellungsform dient dazu, Verbesserungspotenziale in Unternehmensprozessen abzubilden. Die Idee, die dieser Methode zugrunde liegt, besteht darin, Prozesse nicht als eine Kombination von Teilprozessen, sondern mit Hilfe von Schlüsselattributen zu beschreiben. Damit kann sichergestellt werden, dass überlagernde Faktoren wie Übertragbarkeit, Prozessverständnis oder Flexibilität nicht als Vergleichs- und damit Verbesserungsdimensionen verloren gehen.

3.2.4.4 Texas Instruments Defense Systems and Electronics Group[34]

Für die Texas Instruments Defense Systems and Electronics Group (DSEG), MBNQA-Gewinner in der Kategorie „Produzierende Unternehmen", ist Benchmarking nach eigenen Aussagen von strategischer Bedeutung für Verbesserungsprozesse geworden.

Das so genannte Network of Champions (vgl. **Bild 3.14**) dient dabei zur Koordination der Benchmarking-Aktivitäten, deren Hauptaugenmerk auf der Verbesserung folgender Schlüsselprozesse liegt:

- Sicherstellung von Servicequalität
- Produktions- und Verwaltungsprozesse
- Leistung der Zulieferer
- Beziehungen zu den Mitarbeitern

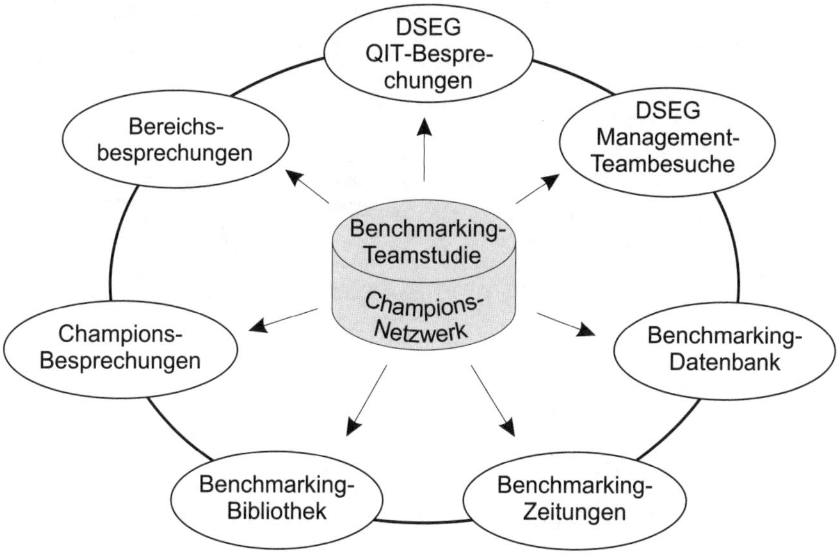

Bild 3.14 Network of Champions zur Koordination der Benchmarking-Aktivitäten[35]

Bild 3.14 verdeutlicht, wie vielfältig die Benchmark-Informationen sind, die im Network of Champions verarbeitet werden.

Zur Datenerhebung ist dabei anzumerken, dass diese in Echtzeit, möglichst nah am Kunden und auf allen Ebenen des Unternehmens erfolgen sollte. Dies wird durch vernetzte Computer mit Dateneingabe- und Verarbeitungsmöglichkeit an jedem relevanten Arbeitsplatz sichergestellt.

Zur Datenverarbeitung bietet das Netzwerk die Möglichkeit einer Verknüpfung der erhobenen Daten mit den wichtigsten Qualitätsmanagementwerkzeugen (z. B. Entwicklungs- und Produktionssimulationen, funktionsspezifische Analysewerkzeuge, SPC/SQC). Diese Qualitätsmanagementwerkzeuge sind im Netz abrufbar und können so direkt auf die Daten angewandt werden.

Die Umsetzung der Ergebnisse obliegt dann den so genannten Quality Improvement Teams (QIT). Der allgemeine Ansatz zur Datensammlung, Analyse und Umsetzung ist im **Bild 3.15** dargestellt.

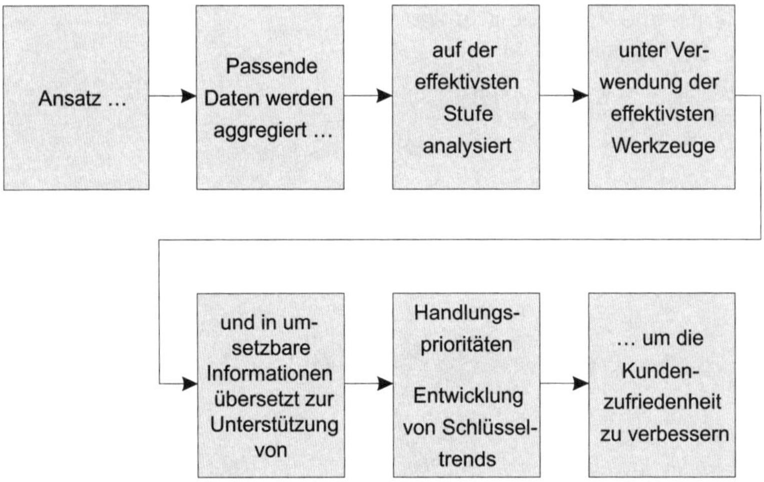

Bild 3.15 Allgemeiner Ansatz zur Datensammlung, Analyse und Umsetzung[36]

3.2.4.5 Ritz-Carlton Hotels[37]

Die Hotelkette Ritz-Carlton war MBNQA-Gewinner 1992 in der Sparte „Dienstleistungsunternehmen".

Benchmarking wird bei dieser Hotelkette seit ihrer Gründung im Jahre 1983 betrieben. Die Bezeichnung „Born at Birth"-Benchmarking rührt von diesem Umstand her.

Der Fokus des Competitive und Functional Benchmarking, das im Hotelgewerbe weltweit betrieben wird, liegt sowohl auf Prozessen als auch auf Ergebnissen. Für das Best Practice Benchmarking bei Unternehmen weltweit werden kundenbezogene Maßzahlen und Testmethoden nach der American Automobile Association (AAA) und dem Mobil Travel Guide (über 100 Indikatoren) zugrunde gelegt.

Für das Unternehmen war die Möglichkeit, eine Verbindung zwischen Kundenzufriedenheit und Geschäftsergebnissen herzustellen, ein wichtiges Ergebnis aus dem Benchmarking mit früheren MBNQA-Gewinnern, was intern zu einer erheblichen Akzeptanzsteigerung des „Umfassenden Qualitätsförderungskonzeptes" mit dem Schwerpunkt Kundenorientierung geführt hat.

Die konsequente Anwendung von Benchmarking und die Umsetzung der Ergebnisse hat dazu geführt, dass Ritz-Carlton eine um 10 % bessere Gesamtleistung als der führende Wettbewerber und eine um 95 % bessere Gesamtleistung als der Branchendurchschnitt ausweisen konnte und Benchmark für andere Unternehmen geworden ist. Interessant ist dabei, dass der führende Wettbewerber selbst früher als Benchmark für Ritz-Carlton gedient hat.

3.2.5 Zusammenfassende Bewertung

Der Begriff Benchmarking skizziert ein in der heutigen Zeit wichtiges Managementinstrument, welches grundsätzlich auf dem Vergleich mit anderen und dem Lernen von anderen basiert.

Notwendige Voraussetzung für ein erfolgreiches Benchmarking ist die profunde Kenntnis des eigenen Unternehmens (z. B. durch ein Self-Assessment), da diese letztlich sowohl den Inhalt des Benchmarkings (Prozesse, Ergebnisse) als auch den Benchmarking-(Wunsch-)Partner determiniert.

Anhand der Herkunft des jeweiligen Partners lassen sich verschiedene Arten von Benchmarking abgrenzen, so z. B. das Competitive Benchmarking mit direkten Wettbewerbern oder das Best Practice Benchmarking mit weltbesten Unternehmen.

Zur optimalen Nutzung des Instrumentes ist es wichtig, die Ergebnisse eines Benchmarkings im Unternehmen zu kommunizieren, sie in erreichbare Verbesserungsziele umzusetzen und entsprechende Aktionspläne abzuleiten. Die Überprüfung der Zielerreichung (z. B. durch ein erneutes Self-Assessment) führt schließlich zu einem Prozess der ständigen Verbesserung, denn dieses neuerliche Self-Assessment ist im Idealfall der Ausgangspunkt für ein weiteres Benchmarking.

Es bleibt auch festzustellen, dass weltweit führende Unternehmen schon sehr lange Benchmarking mit Erfolg praktizieren: Benchmarking dient dazu, wettbewerbsfähig zu werden und dies langfristig zu bleiben.

Diese Aussage lässt sich dadurch begründen, dass Benchmarking es ermöglicht, den Wettbewerb(er) kennen zu lernen und dessen Stärken und Schwächen im Vergleich zu den eigenen einordnen zu können.

Weiterhin kann Benchmarking den Horizont für unbekannte, bei anderen bewährte Lösungen öffnen und so zur Veränderung anspornen, anstatt (weiter) einer „Not-Invented-Here"-Argumentation zu folgen. Dass man die gute Idee für die Lösung eines Problems nicht selbst gehabt hat, sagt eben nicht aus, dass keine bessere Lösung als die eigene existiert.

Der Prozess des Benchmarkings dient dem Erkennen von Kundenbedürfnissen. Man ist durch den Wettbewerbsvergleich gezwungen, sich an der Marktrealität zu orientieren statt an der (eigenen) Vergangenheit.

Benchmarking liefert objektive Daten statt Meinungen und unterstützt so maßgeblich die Idee eines Management by Facts, die auch allen Excellence-Konzepten zugrunde liegt. Benchmarking hilft, realisierbare Ziele zu setzen.

Die gefundenen „Eckpunkte" sind einerseits glaubwürdig und unbestreitbar, denn sie basieren auf Fakten. Andererseits sind sie zukunftsorientiert, wenn es gelungen ist, „Best-in-Class"-Partner zu gewinnen. Das finale Ziel muss allerdings darin bestehen, Benchmark für andere zu werden.

4 Gestaltung des Selbstbewertungsprozesses

4.1 Prinzipielle Voraussetzungen

Während in den vorangegangenen Kapiteln der allgemeine Rahmen für eine Selbstbewertung dargestellt wurde, soll dieses Kapitel einige Hinweise für die praktische Umsetzung liefern. Wie in der Einleitung zu Kapitel 3 schon dargestellt, bezieht sich die Selbstbewertung auf Politik und Strategie einer Organisation oder allgemeiner den „Unternehmenszweck". Sie erfasst, inwiefern der Unternehmenszweck erreicht wurde bzw. wo Handlungsbedarf besteht und inwieweit die strukturellen und personellen Voraussetzungen für die Umsetzung des strategischen Konzepts gegeben sind. Damit werden im Gegensatz zu traditionellen betriebswirtschaftlichen Bewertungsverfahren nicht nur die erzielten finanziellen Resultate erfasst, sondern auch weitere Ergebnisse, die die finanziellen wesentlich beeinflussen (können). Darüber hinaus sind auch die (erforderlichen und realisierten) Erfolgspotenziale und Prozesse, um strategische Vorgaben systematisch umzusetzen, Gegenstand der Betrachtung. Selbstbewertung auf der Grundlage von Excellence-Modellen bedeutet somit Beurteilung der Fähigkeit einer Organisation, ihre lang-, mittel- und kurzfristigen Ziele zu erreichen – und damit die Wettbewerbsfähigkeit zu erhalten oder zu verbessern.[1]

Damit sind klare langfristige Ziele – im Sinne einer Vision – und die mittelfristig abzuleitende Unternehmenspolitik Voraussetzungen einer solchen Selbstbewertung, da auf ihrer Grundlage ein etwaiger Handlungs- und Verbesserungsbedarf ermittelt wird. Die Bedeutung dieser strategischen Grundlagen zeigt **Bild 4.1**. Sie ermöglichen eine Bewertung der Unternehmensleistung im Hinblick auf selbst gesetzte Ziele.

Insbesondere in kleinen und mittleren Unternehmen fehlt häufig eine systematische strategische Planung. Oftmals hat das Management keine klar ausformulierte Vorstellung von den langfristigen Unternehmenszielen; die Entwicklung einer entsprechenden Perspektive wird durch das (operative) Tagesgeschäft verdrängt. Damit fehlen die Grundlagen für eine konsequente und strategisch ausgerichtete Unternehmensführung. Selbstbewertung kann in diesem Fall (noch) nicht dazu beitragen, die Effektivität und Effizienz unternehmerischen Handelns im Hinblick auf eigene Ziele zu bewerten und Handlungsbedarf zu zeigen. Sie kann aber bei der Entwicklung der fehlenden strategischen Grundlagen helfen.

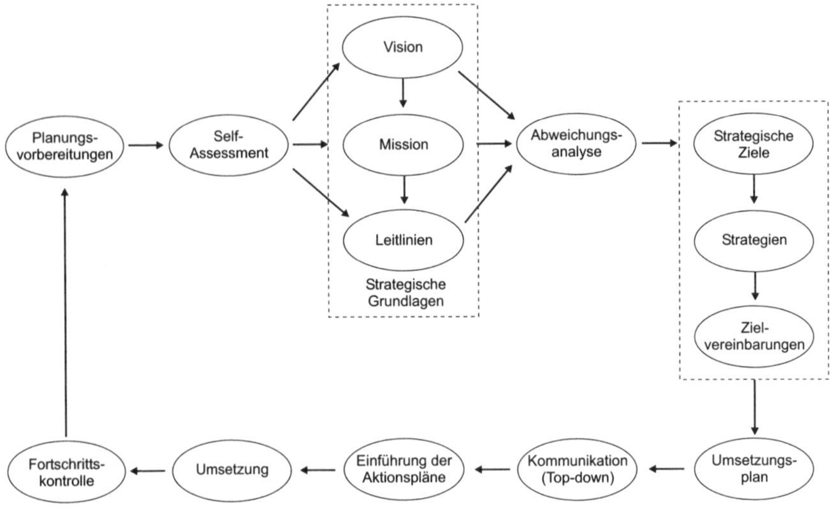

Bild 4.1 Strategisches Planungsmodell nach Dotherty et al.[2]

Leitbild und Vision, d. h. eine langfristige Zielvorstellung über die Zukunft einer Organisation, müssen durch das Top-Management entwickelt werden. Einprägsam formuliert und kommuniziert helfen sie den Mitarbeitern, ihr Handeln auf die Organisationsziele auszurichten. Dazu können in einem mehrstufigen Prozess Zukunftsszenarien entwickelt werden:

1. Das (Top-)Management formuliert in einem moderierten Workshop grundlegende Aussagen und Zielvorstellungen.
2. Die Ergebnisse des Workshops werden in einem erweiterten Führungskreis diskutiert und ggf. überarbeitet, um eine breite Akzeptanz sicherzustellen.
3. Die Ergebnisse werden in einem Top-down-Prozess im Unternehmen kommuniziert und verbreitet. Dazu können die Kernaussagen in Gruppenarbeit bereichsspezifisch übersetzt werden („Missions").

Realistische, d. h. realisierbare Ideen für die Entwicklung der Vision setzen eine fundierte Auseinandersetzung mit der Gegenwart voraus. Nur dann ist gewährleistet, dass die Zielvorstellung vom Ist-Zustand aus zu erreichen ist. Folgende Daten für eine systematische Beschreibung der gegenwärtigen Unternehmenssituation lassen sich z. B. durch eine Selbstbewertung auf der Grundlage von Excellence-Modellen gewinnen:

1. Beurteilung der Organisation durch Management und Mitarbeiter,
2. Lieferantenbeurteilungen,
3. Kunden- und Marktanalysen,
4. Benchmarks sowie
5. Informationen über rechtliche, wirtschaftliche und gesellschaftliche Rahmenbedingungen.

Nationale und internationale (Business) Excellence-Modelle stellen somit ein Bewertungsraster für die Leistungsfähigkeit von Organisationen zur Verfügung. Sie repräsentieren Kriterien für Wettbewerbsfähigkeit in der Zukunft und können damit die Basis für eine selbstkritische und zukunftsorientierte Bewertung des Ist-Zustands bilden. Die Daten aus einer solchen Analyse fließen dann in die Diskussion der Zukunftsszenarien (u. a. der Vision) ein. Dieser Prozess lässt sich durch den Einsatz von Fragebögen und externe Unterstützung in zeitlich akzeptablem Rahmen halten. Den prinzipiellen Ablauf zeigt **Bild 4.2**.

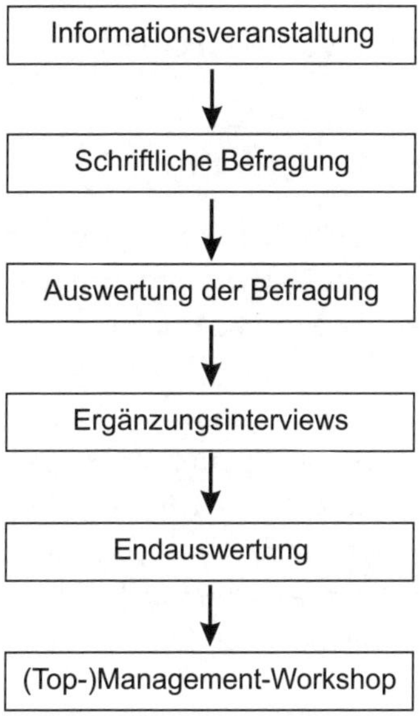

Bild 4.2 Extern unterstützte Selbstbewertung

Am Anfang steht eine Informationsveranstaltung, die den befragten Mitgliedern des Managements die notwendigen Kenntnisse vermittelt. Neben dem Bewertungsmodell geht es dabei vor allem um die Art der Datenerhebung und -auswertung. Es sollte deutlich werden, dass das wichtigste Ergebnis der ersten Selbstbewertung nicht in einem Zahlen- oder Punktwert, sondern in einem qualitativen Profil eigener Stärken und Verbesserungsbereiche besteht.

Eine erste Bewertung der Leistungsfähigkeit stützt sich auf die Auswertung von Fragebögen, in denen alle Beteiligten auf der Basis des verwendeten Kriterienmodells die Leistungen des eigenen Unternehmens bewerten. Um den Aufwand zu reduzieren, konzentriert sich die Befragung im Allgemeinen auf die obere(n) Führungsebene(n). Dieser Personenkreis zeichnet später auch für die Umsetzungsaktivitäten verantwortlich. Externe Sachverständige leisten eine erste Analyse und Bewertung der Antworten. An diese Auswertung schließen sich ergänzende Interviews an, um Missverständnisse und Probleme sowohl hinsichtlich Fragestellung und Modellverständnis als auch bei den Antworten der Teilnehmer zu klären. Die Ergebnisse werden in einem Feedback-Workshop im größeren Teilnehmerkreis präsentiert und diskutiert.

4.2 Planung der Selbstbewertung

4.2.1 Zustimmung des Managements

Unabhängig davon, ob die erste Selbstbewertung in Zusammenhang mit der Entwicklung einer Vision steht oder ob das Unternehmen schon über entsprechende strategische Grundlagen verfügt, sind die Zustimmung und das aktive Engagement des Managements von größter Bedeutung. Da der „Prophet im eigenen Land" oft wenig gilt, d. h. eine Initiative aus dem Unternehmen heraus häufig nicht die nötige Unterstützung erfährt, hat sich in der Praxis eine Einführungs- und Informationsveranstaltung für die Unternehmensleitung mit externer Unterstützung bewährt. Die Bereitschaft, sich mit dem Konzept der Selbstbewertung auseinander zu setzen und seine Umsetzung aktiv zu unterstützen, steigt, wenn beispielsweise ein Vertreter eines anderen Unternehmens und/oder ein anerkannter Experte über positive Erfahrungen und Erfolge berichten kann.

Generell sollten bei der Entscheidung für die Selbstbewertung und bei der Vermittlung des Konzepts im Unternehmen folgende Aspekte Beachtung finden:

1. Ganzheitliche Unternehmensbewertung ist ein Instrument von strategischer Bedeutung, das im Rahmen der Unternehmensplanung zu einer strukturierten Weiterentwicklung der Wettbewerbsfähigkeit dient. Ihre Anwendung dient der kontinuierlichen Überprüfung der Umsetzung der Vision einer Organisation.

2. Wichtig ist vor allem die Botschaft, dass das vorrangige Ziel nicht in der Ermittlung eines Punktwertes oder gar im Gewinn eines Qualitätspreises besteht. Vielmehr wird über die Selbstbewertung ein systematisches Bild eigener Stärken und Verbesserungsbereiche gewonnen, das den Ausgangspunkt einer kontinuierlichen Weiterentwicklung bildet.
3. Als Einstieg in eine ganzheitliche Unternehmensbewertung bietet es sich an, auf bewährte Modelle – wie das EFQM-Modell für Excellence – zurückzugreifen. Später sind dann auch unternehmensspezifische Konzepte denkbar. Der Einstieg mit einem „konfektionierten" Modell hat darüber hinaus den Vorteil, dass man die Ergebnisse mit anderen Organisationen vergleichen kann (Benchmarking).
4. Für die Akzeptanz des Konzepts ist es wichtig, praktische Erfahrungen zur Selbstbewertung hinsichtlich des Aufwands, der Ergebnisse und möglicher Probleme glaubhaft darzustellen. Idealerweise sollte man hier auf einen Referenten aus einem mit der Selbstbewertung erfahrenen Unternehmen zurückgreifen. Im Optimalfall handelt es sich zusätzlich um ein mit dem eigenen freundschaftlich verbundenes Unternehmen. Dessen Aussagen werden in der Regel (noch) besser akzeptiert und wirken dementsprechend überzeugender.

Wesentlicher Inhalt aller Informations- und Motivationsveranstaltungen mit den Führungskräften muss die Diskussion über die Rolle des Managements im Prozess der Selbstbewertung sein. Dabei muss deutlich werden, dass sowohl die Bewertung selbst als auch die Umsetzung der Ergebnisse originäre Managementaufgaben sind bzw. im Verantwortungsbereich des Managements liegen.

Echte Überzeugung, die auch die Bereitschaft zur langfristigen Fortführung eines ganzheitlichen Ansatzes zur Selbstbewertung beinhaltet, wird nur dann erreicht werden, wenn auch potenzielle Probleme und Widerstände offen angesprochen und ausgiebig diskutiert werden.

Dabei geht es z. B. um die Entstehung hoher Transparenz im Unternehmen, die auf viele eine beunruhigende Wirkung haben kann, da sie die Möglichkeit eines direkten Vergleichs verschiedener (Funktions-)Bereiche eröffnet. Daher ist die Verwendung der Bewertungsergebnisse schon in einer frühen Phase festzulegen. Weitere Entscheidungen betreffen den Einsatz eines bestimmten Bewertungsmodells (z. B. des EFQM-Modells für Excellence) sowie die Methode der Datenerhebung. Bei letzterer spielen vor allem der Aufwand und die erwünschte Genauigkeit der erhobenen Daten eine Rolle. Schließlich sind die Frage externer Unterstützung sowie die Verfügbarkeit finanzieller Ressourcen zu klären.

4.2.2 Auswahl der zu bewertenden Einheit

In einem ersten Schritt ist festzulegen, auf welche Bereiche der Organisation sich eine Selbstbewertung beziehen soll. Dies beinhaltet vor allem die Frage nach der optimalen Größe einer zu bewertenden Einheit.

Diese Frage kann für kleine und meist auch für mittelgroße Unternehmen eindeutig beantwortet werden: Eine Bewertung ist nur auf Ebene des Gesamtunternehmens sinnvoll, da sich verschiedene Kriterien (wie z. B. Politik und Strategie) nicht auf Teile kleinerer und mittlerer Unternehmen anwenden lassen.

Die Festlegung der Größe der zu betrachtenden Einheit in Großunternehmen ist aus dem Modell abzuleiten: Die Einheit muss zumindest so groß sein, dass sie Einfluss auf alle neun Elemente des Modells hat. In großen Unternehmen ist es grundsätzlich sinnvoll, dass die zu bewertende Einheit eine überschaubare Größe hat, da mit zunehmender Größe die Möglichkeit zur Beurteilung der Umsetzung von Konzepten geringer wird.

Bei einer dezentralen Selbstbewertungsstrategie ist deshalb zusätzlich ein Verfahren zur Aggregation der Selbstbewertungsergebnisse einzelner Einheiten bis auf die Ebene des Gesamtunternehmens zu implementieren. Dieses Verfahren muss sicherstellen, dass hervorragende Ansätze einzelner Organisationseinheiten im Unternehmen verbreitet werden, hat aber auch dafür Sorge zu tragen, dass Verbesserungsbereiche, die in allen Bereichen festgestellt wurden, mit Unterstützung durch zentrale Stäbe mit vertretbarem Aufwand für das Gesamtunternehmen gelöst werden. Es würde beispielsweise wenig Sinn machen, wenn eine Vielzahl einzelner Abteilungen eine eigene Mitarbeiterbefragung entwickeln, da eine gemeinsame Lösung mit weniger Aufwand erreicht werden kann und zudem die Möglichkeit eines internen Vergleichs („Benchmarking") bieten würde.

Im fünften Element („Prozesse") erfasst das EFQM-Modell auch, wie Organisationen neue Prozesse einführen. Diese Forderung betrifft selbstverständlich auch den Prozess „Einführung der Selbstbewertung". In der Praxis hat sich in großen Unternehmen die Erprobung des Selbstbewertungskonzepts in Pilotbereichen bewährt.

In einer Pilotphase sollten zunächst solche Unternehmensbereiche eine Selbstbewertung durchführen, die sich freiwillig dazu bereit erklären. Der Vorteil der freiwilligen Beteiligung liegt eindeutig darin, dass die Führungskräfte dieser Einheiten schon eine grundsätzlich positive Einstellung gegenüber einer Selbstbewertung entwickelt haben und damit die Erfolgschance wesentlich höher ist. Ein Anreiz kann z. B. auch dadurch geschaffen werden, dass die Zentrale die Kosten für Ausbildung und zusätzliche externe Unterstützungen übernimmt. Im „Gegenzug“ können die Pilotbereiche bzw. deren Leitungen anschließend als Promotoren bei der Überzeugung weiterer Führungskräfte eine wesentliche Rolle übernehmen.

In den Pilotbereichen sollten verschiedene Methoden der Selbstbewertung erprobt werden, um anschließend (beim Roll-out im gesamten Unternehmen) diese Lerneffekte nutzen und die für das Unternehmen beste Vorgehensweise wählen zu können. Diese kann in Abhängigkeit der Größe der Einheiten durchaus variieren.

Vor allem in kleinen, aber auch in mittelgroßen Unternehmen ist die Erprobung in einem Pilotbereich nicht möglich bzw. wenig sinnvoll. Hier ist schon bei der ersten Selbstbewertung das gesamte Unternehmen einzubeziehen, da sonst die Inhalte des Modells und die Zusammenhänge zwischen den Kriterien nicht vollständig betrachtet und bewertet werden können. Hier sollte es anstatt eines Pilotbereiches eine Pilotphase geben. Das heißt, man sollte die erste Selbstbewertung dazu nutzen, Erfahrungen mit den eingesetzten Methoden zu sammeln, um nach der Pilotphase die Konzepte ggf. modifizieren zu können. Dies bedeutet (auch hier), dass – wenn überhaupt – eine zahlenmäßige Bewertung als nachrangig zu betrachten ist. Im Vordergrund haben Stärken und Verbesserungsbereiche bzw. die daraus abgeleiteten Maßnahmen zu stehen.

In der Praxis entwickeln manche Unternehmen die Vorstellung, die Pilotphase beinhalte zunächst die Beschäftigung lediglich mit ausgewählten Kriterien des EFQM-Modells. Eine inhaltliche Erweiterung der Aktivitäten sei dann im Laufe der Zeit möglich. Dieser Ansatz läuft jedoch dem Grundgedanken eines ganzheitlichen Management- und Bewertungskonzeptes zuwider. Überdies werden dadurch die wechselseitigen inhaltlichen Abhängigkeiten der verschiedenen Elemente völlig ausgeklammert.

4.2.3 Auswahl der einzusetzenden Methoden

Die European Foundation for Quality Management schlägt verschiedene „Verfahren für eine Selbstbewertung“ vor:[3]

1. Selbstbewertung durch einen Workshop
2. Selbstbewertung durch Matrixdiagramme
3. Selbstbewertung durch Fragebögen
4. Selbstbewertung durch Standardformulare

5. Selbstbewertung durch die Simulation einer Bewerbung um einen nationalen oder internationalen Preis
6. Selbstbewertung durch die Einbeziehung von Kollegen

Die hier genannten Verfahren sind vorrangig für unterschiedliche Aufgaben einzusetzen: Die ersten beiden Verfahren (Workshop-Ansatz, Matrixdiagramme) beinhalten sowohl die Phasen der Datenerhebung als auch der Datenbewertung. Der Einsatz von Fragebögen bezieht sich vor allem auf die Datenerhebung, während Standardformulare sowie die Simulation einer Bewerbung vor allem die Frage der Datendokumentation adressieren.[4]

Die Selbstbewertung unter Einbeziehung von Kollegen ist eine Erweiterung der Datenbewertung (Konsensfindung) dahin gehend, dass neben den Assessoren der eigenen Einheit „neutrale Dritte“ in die Bewertung einbezogen werden.

Bei der Konzeption der Selbstbewertung sind daher folgende Entscheidungen zu treffen:

1. Welche Form der Datenerhebung und -dokumentation wird genutzt?
2. Welcher Ansatz zur Datenbewertung und Konsensfindung ist für das Unternehmen geeignet?

Für die Datenerhebung ist in dieser Phase noch keine allgemein gültige Entscheidung über die einzusetzenden Methoden möglich. Diese ergeben sich in der Regel während der Datenerhebung. In Abhängigkeit des Kriteriums und der Art der vorliegenden Informationen können hier durchaus unterschiedliche Verfahren zum Einsatz kommen.

Die Auswahl der Verfahren für Datendokumentation und -bewertung bei der ersten Selbstbewertung hängt wesentlich von der Einstellung und Überzeugung des oberen Managements ab. Diese wiederum ist geprägt durch das Wissen über Kriterien und Vorgehen zur Selbstbewertung. Wenn sich die Führungskräfte in der Vorbereitungsphase ausreichend Zeit genommen haben (z. B. durch eine ausführliche Schulung), um das Konzept zu verstehen, sind sie auch in der Lage, die für die Organisation richtigen Entscheidungen zu treffen. Dies kann man nicht erwarten, wenn sie nur einen groben Überblick auf der Grundlage eines einstündigen Vortrags gewonnen haben.

Im ersten Fall ist bekannt, dass der Aufwand für eine Umstellung des Berichtswesens – und um nichts anderes geht es bei der ersten Selbstbewertung – in der Regel hoch ist, dass sich dieser aber für die späteren Folgebewertungen (im Rahmen der Fortschrittskontrolle) wesentlich reduziert. Im zweiten Fall entsteht dagegen erfahrungsgemäß aus Unwissenheit nicht selten eine hohe Skepsis. Sie führt zu dem Wunsch, den Aufwand zunächst möglichst gering zu halten und erst einmal abzuwarten, welche Ergebnisse erzielt werden. Dadurch wird aber der Erfolg der Selbstbewertung gefährdet, denn gerade der erste Durchlauf erfordert durch meist fehlende inhaltliche und methodische Erfahrungen den größten Einsatz. Damit wird sichtbar, wie wichtig eine umfassende Qualifizierung auch und gerade für das obere Management ist.[5]

Zur Durchführung einer Selbstbewertung sind verschiedene Kombinationen der Dokumentations- und Bewertungsmethoden möglich: Die sinnvollsten und in der Praxis am weitesten verbreiteten Vorgehensweisen werden im Kapitel 4.4 diskutiert und bewertet.

4.2.4 Ressourcenplanung

Die Abschätzung des personellen und zeitlichen Aufwandes muss folgende Aspekte berücksichtigen:

1. Aufwand für die Information aller Beteiligten und Betroffenen
2. Aufwand für Qualifizierungsmaßnahmen (detailliert nach unterschiedlichen Zielgruppen)
3. Aufwand für Datenerhebung und -dokumentation
4. Aufwand für Bewertung
5. Aufwand für Koordination des gesamten Selbstbewertungsprozesses

Die erforderlichen Ressourcen hängen in hohem Maße davon ab, welche Methoden für Datenerhebung und -dokumentation ausgewählt werden.

Zudem werden auch direkte finanzielle Aufwendungen, z. B. für Lizenzgebühren und Beschaffung erforderlicher Unterlagen, notwendig sein.

Eine weitere Entscheidung, die zu Beginn des Selbstbewertungsprozesses zu treffen ist, bezieht sich auf die Nutzung externer Unterstützung. Praktische Erfahrungen zeigen, dass diese an verschiedenen Stellen sinnvoll sein kann: Zunächst muss das erforderliche Wissen in das Unternehmen transferiert werden, hierzu bieten sich Schulungsangebote an, die auf dem Seminarmarkt inzwischen umfangreich vorhanden sind.[6] Auch für die Konzeption der Selbstbewertung kann es durchaus sinnvoll sein, einen erfahrenen Berater einzubinden.

Für die Datenerhebung und -bewertung ist externe Unterstützung nur begrenzt sinnvoll. Im Rahmen der Datenerhebung hat sie sich darauf zu beschränken, z. B. bei periodischen Treffen die gesammelten Daten auf ihre Relevanz zu überprüfen und bei der Zuordnung zu den verschiedenen Kriterien zu unterstützen. Aufgrund der fehlenden Kenntnis interner Zusammenhänge ist eine weiter gehende Einbindung an dieser Stelle nicht sinnvoll.

Im Rahmen der eigentlichen Bewertung kommt der externen Unterstützung eine wichtige, wenn auch vom Umfang her begrenzte Aufgabe zu: Erfahrene Berater sollten als „Koordinatenkreuz“ (Senior Assessor) fungieren, um sicherzustellen, dass keine unrealistische (zu hohe bzw. zu niedrige) Bewertung entsteht und dadurch die Vergleichbarkeit zwischen unterschiedlichen Piloteinheiten oder mit anderen Unternehmen leidet.

4.2.5 Auswahl der Beteiligten und Aufgabenzuordnung

Generell ist bei der Aufgaben- und Kompetenzverteilung eine Integration in die bestehende Organisation anzustreben. Die institutionelle Verankerung des Selbstbewertungsprozesses darf nicht zur Entstehung einer Parallelorganisation führen, die als Konkurrenz zu bestehenden Einheiten auftritt. Ansonsten besteht die ernsthafte Gefahr, dass die Selbstbewertung zu einem zeitlich begrenzten Programm wird.[7] In großen Unternehmen kann es sinnvoll sein, eine zentrale Stabsstelle einzurichten, die bei der Einführung und Umsetzung der Selbstbewertung methodische Unterstützung leistet oder beispielsweise die unternehmensweite Organisation von Schulungen übernimmt. Es sollte jedoch keine „hauptberuflichen“ Assessoren geben, die keine andere Aufgabe als die Durchführung von Bewertungen haben und es somit den Linienführungskräften in den bewerteten Einheiten ermöglichen, sich aus diesem Prozess zurückzuziehen. Die Ergebnisse solcher Bewertungen stoßen nicht auf ausreichende Akzeptanz, aus der Selbstbewertung resultierende Maßnahmen würden dementsprechend nicht mit dem notwendigen Nachdruck umgesetzt.

Für die aktive Beteiligung des Managements gibt es verschiedene Möglichkeiten:

1. Führungskräfte übernehmen in der Phase der Datenerhebung die Funktion eines Kriterienverantwortlichen. Dieser stellt – eventuell gemeinsam mit weiteren Mitarbeitern („Datenerhebern“) – alle bewertungsrelevanten Inhalte für die jeweiligen Kriterien zusammen. Die Verantwortung für die einzelnen Kriterien ist dabei in Abhängigkeit der fachlichen Kompetenz bezüglich der Fragestellung festzulegen.

2. Führungskräfte wirken als Assessoren mit, d. h., sie bewerten die vorliegenden Informationen über die eigene Einheit, wobei jeder Assessor alle neun Kriterien bewerten sollte.

In der Praxis hat sich bewährt, dass die Geschäftsleitung beide Aufgaben – Assessoren und Kriterienverantwortliche – übernimmt. In einzelnen Fällen kann die Einbindung von Führungskräften der nächsten Ebene als Kriterienverantwortliche bzw. als Assessoren vorgesehen werden. Entscheidend für die spätere Akzeptanz der Ergebnisse der Selbstbewertung ist jedoch, dass sich der überwiegende Teil der obersten Führungskräfte aktiv beteiligt hat und damit für die Ergebnisse (mit)verantwortlich ist.

Die EFQM hat für Assessoren eine Liste mit erforderlichen bzw. erwünschten Eigenschaften erstellt, die weitgehend dem „Stand der Technik“ hinsichtlich der Fähigkeiten von Führungskräften entsprechen:[8]

1. Fachkenntnisse und Erfahrungen: Ausübung leitender Tätigkeiten, breites Wissen und Erfahrungen im Managementbereich; erfolgreiche Umsetzung von Unternehmenszielen; Fähigkeit, enge Terminvorgaben einzuhalten.
2. Allgemeine Fähigkeiten: gute Auffassungsgabe, Fähigkeit, sich schnell einen Überblick über komplexe Situationen zu verschaffen; Managementkonzepte in verschiedenen Situationen anwenden können; gutes Prozessverständnis.
3. Fähigkeiten im persönlichen Bereich: Verständnis und Einfühlungsvermögen, Erfahrungen mit Gruppenprozessen, Moderation und Lösungsfindung im Konfliktfall, kommunikative Stärken.

Aufgabe der Datenerheber ist es, Informationen zu den Kriterien zusammenzustellen. Hierfür werden meist weitere Führungskräfte und Mitarbeiter der ausführenden Ebene eingesetzt. Auch die Beteiligung des Betriebsrates an der Datenerhebung, z. B. zum Kriterium Mitarbeiterorientierung, hat sich bewährt.

Bei der Auswahl der Datenerheber ist darauf zu achten, dass diese – wie die Kriterienverantwortlichen – inhaltlich zum Kriterium beitragen können, d. h. aufgrund ihrer täglichen Arbeit entsprechende Erfahrungen mitbringen. Die Zusammenstellung der Daten für jedes Kriterium erfolgt in der Regel durch mehrere Personen; als geeignet hat sich ein Team aus einem Kriterienverantwortlichen und zwei bis drei Datenerhebern erwiesen. Eine andere Möglichkeit bestünde darin, die Daten für jeweils ein Teilkriterium von einer Person erheben zu lassen. Findet das Ganze in der „Linie“ statt, handelt es sich um Mitarbeiter des Kriterienverantwortlichen.

Weiterhin ist die Aufgabe des Projektleiters wahrzunehmen. Er ist für die Koordination aller Aktivitäten, beispielsweise für die Organisation der Schulungen und von

Abstimmungstreffen, zuständig. Darüber hinaus steht er als Ansprechpartner für inhaltliche und methodische Fragen zur Verfügung. Diese Aufgaben setzen voraus, dass der Projektleiter entsprechende Kenntnisse des Modells besitzt. In vielen Unternehmen wird diese Aufgabe beispielsweise vom Qualitätsmanagementbeauftragten oder - sofern vorhanden - von einem TQM-Koordinator wahrgenommen. Diese Regelung ist nicht unproblematisch, weil damit der gesamte Ansatz als Fortsetzung von „Zertifizierungsaktivitäten" missverstanden werden kann. Wie schon vielfach erörtert, geht es aber um eine ganzheitliche Unternehmensbewertung, die ein breites Wissen im Bereich General Management voraussetzt. Es wäre daher einerseits wünschenswert, diese Aufgabe im Sinne einer Unterstützungsfunktion unmittelbar an den höchsten Vorgesetzten (Geschäftsführer, Vorsitzender des Vorstandes) anzubinden. Sucht man andererseits eine Zuordnung zu bestehenden Einheiten, würde sich die größte Nähe zum strategischen Controlling ergeben. In jedem Fall ist die Aufgabe dieser Funktion, die entsprechende „Toolbox" zur Verfügung zu stellen. Die Nutzung des Instrumentes (z. B. die Bewertung und Ableitung von Maßnahmen) ist originäre Managementaufgabe.

Für die erste Bewertung ist - wie erwähnt - die Einbindung eines neutralen Dritten als Senior Assessor sinnvoll. Seine Aufgabe besteht im Wesentlichen darin, die Bewertung immer wieder kritisch zu hinterfragen. An diese Person sind sehr hohe Anforderungen zu stellen. Sie muss nicht nur die allgemeinen Anforderungen an Assessoren erfüllen, sondern auch möglichst Erfahrungen aus mehreren Bewertungszyklen - idealerweise auch in unterschiedlichen Organisationen - mitbringen. Solche Erfahrungen können beispielsweise im Assessment-Prozess für nationale (Ludwig-Erhard-Preis) oder internationale (European Quality Award) Quality Awards gewonnen werden. Die Beteiligung am Selbstbewertungsprozess in anderen Unternehmen lässt sich über nationale Netzwerke der EFQM organisieren. Darüber hinaus sollte der Senior Assessor permanent in den Selbstbewertungsprozess des eigenen Unternehmens eingebunden sein, damit er auch Erfahrungen als „Bewerteter" besitzt. In der Einführungsphase kommt für diese Rolle ein erfahrener Berater oder ein Vertreter befreundeter Organisationen in Frage. In großen Unternehmen können diese Aufgabe später auch Assessoren aus anderen Organisationseinheiten übernehmen.[9]

Natürlich hängt die Organisation des Selbstbewertungsprozesses auch von der Unternehmensgröße ab - also z. B. von der Zahl der Standorte oder der Unternehmenseinheiten. Dennoch hat sich grundsätzlich eine Rollen- und Aufgabenverteilung in Anlehnung an die folgende Tabelle bewährt.

Tabelle 4.1 Rollenverteilung im Assessment-Prozess[10]

Funktion	Aufgabe	Funktionsträger
Projektleiter	Leitungsfunktion bei Planung und Durchführung der Selbstbewertung Sicherstellung der Schulungen Koordination aller Aktivitäten im Rahmen der Selbstbewertung Anlaufstelle für Fragen	z. B. TQ-Manager, TQ-Koordinator
Kriterienverantwortliche	verantwortlich für die Datenerhebung zu einem Kriterium (oder zu mehreren Kriterien) sowie für die Autorisierung der entsprechenden Berichtsteile Koordination der Datensammlung	(überwiegend) Mitglieder der Geschäftsleitung
Datenerhebungsteams	Erhebung von bewertungsrelevanten Informationen Berichterstellung	Führungskräfte und Mitarbeiter entsprechender Bereiche
Informationslieferanten	Bereitstellung benötigter Daten und Informationen (auf Anfrage und nach Information durch die Teams)	Führungskräfte und Mitarbeiter entsprechender Bereiche
Assessor	Identifikation von Stärken und Verbesserungsbereichen prozentuale Bewertung des Berichts	Mitglieder der Geschäftsleitung
Senior Assessor	Identifikation von Stärken und Verbesserungsbereichen prozentuale Bewertung des Berichts Leitung des Konsensmeetings stellt durch seine Erfahrung sicher, dass in allen Selbstbewertungen derselbe Maßstab angelegt wird („Koordinatenkreuz" bei der Bewertung) vermeidet „Betriebsblindheit"	erfahrener Assessor (in der Anfangsphase aus anderer Unternehmenseinheit und ggf. später als „neutraler" Dritter)

4.3 Information und Qualifizierung

Im Zusammenhang mit den Aufgaben der Planung wurde schon thematisiert, dass der Erfolg einer umfassenden Selbstbewertung nicht unwesentlich von der Information der Beteiligten und Betroffenen abhängt. Darüber hinaus ist die Qualität der Ergebnisse auch sehr stark von der Qualifikation der Agierenden abhängig.

4.3.1 Kommunikation der Idee

Nachdem das Management der Durchführung einer Selbstbewertung auf der Basis eines Excellence-Modells zugestimmt hat und eine Entscheidung über die Rahmenbedingungen getroffen wurde, muss das Vorhaben im Unternehmen kommuniziert werden. Dabei reicht es erfahrungsgemäß nicht aus, auf bestehende Informations- und Kommunikationswege zurückzugreifen.[11] Das zu erarbeitende Informationskonzept hängt von der Gestaltung des Selbstbewertungsprozesses ab:

1. Wird die Selbstbewertung extern unterstützt und bezieht zunächst nur die Führungskräfte ein?
2. Wird die Selbstbewertung weitgehend ohne externe Unterstützung durchgeführt?
3. Handelt es sich um einen Ansatz, der über mehrere Ebenen alle Mitarbeiter einbezieht?

Während die Zahl der unmittelbar Betroffenen im ersten Fall begrenzt und internes Know-how nur in geringem Maße erforderlich ist, erfordert der letztgenannte Fall ein umfassendes Kommunikationskonzept. Insbesondere in größeren Unternehmen ist durch planmäßiges Vorgehen sicherzustellen, dass möglichst alle Mitarbeiter, insbesondere aber die unmittelbar Beteiligten und Betroffenen, über Konzept und Vorgehen informiert werden. Dabei sollten ein grundlegendes Verständnis der der Selbstbewertung zugrunde liegenden Philosophie (Notwendigkeit eines neuen, umfassenden Berichtswesens) sowie die mit der Anwendung im Unternehmen verfolgten Ziele (z. B. strukturierte Erarbeitung von Stärken und Verbesserungsbereichen) vermittelt werden. Außerdem ist ein erster Überblick über den Ablauf wichtig, um Unsicherheiten und Ablehnung zu vermeiden. Diese Inhalte können über vorhandene Informations- und Kommunikationswege wie Betriebsversammlungen und die Hauszeitung, über Plakate und Poster oder über das Intranet vermittelt werden.

Die Mitarbeiter erkennen die Bedeutung der Selbstbewertung für das Unternehmen an, wenn sie auch in der „Linie“ und im Tagesgeschäft glaubhaft vermittelt wird. Um das Engagement des Managements für das neue Bewertungskonzept und seine Mitwirkung im Selbstbewertungsprozess zu verdeutlichen, sollten alle Vorgesetzten daher auch im Alltag dazu beitragen, den Gedanken einer umfassenden Unternehmensbewertung zu vermitteln und für entsprechende Fragen zur Verfügung stehen.

Damit die Vorgesetzten im Sinne eindeutiger Kommunikation weitgehend identische Informationen weitergeben, können die Kernaussagen beispielsweise in einem Foliensatz zusammengefasst werden, der für Informationsveranstaltungen in den jeweiligen Bereichen zur Verfügung steht. Eine Broschüre ergänzt dieses Material und ist auch für neu eingestellte Mitarbeiter hilfreich. **Tabelle 4.2** zeigt beispielhaft die Gliederung eines solchen Leitfadens.

Tabelle 4.2 Gliederung eines Leitfadens zur Selbstbewertung

Leitfaden für die Selbstbewertung			
	Vorwort der Geschäftsleitung		
1	Aufgabe des Leitfadens		
2	Grundlagen der Selbstbewertung		
	2.1	Ziele	
	2.2	Bedeutung und Inhalt	
	2.3	Bewertungsmodell	
	2.4	Bewertungskriterien	
		2.4.1	Befähiger
		2.4.2	Ergebnisse
	2.5	Zusammenhang mit anderen Projekten und Maßnahmen	
3	Durchführung der Selbstbewertung		
	3.1	Prozess der Selbstbewertung	
		3.1.1	Konzeption
		3.1.2	Qualifizierung
		3.1.3	Datenerhebung
		3.1.4	Datendokumentation
		3.1.5	Datenbewertung und Konsensfindung
		3.1.6	Ergebnisaufbereitung
		3.1.7	Ableitung von Maßnahmen
		3.1.8	Verbindung zum Planungsprozess
	3.2	Organisatorische Hinweise	
	3.3	Empfehlungen für eine erfolgreiche Selbstbewertung	
4	Glossar der verwendeten Begriffe		
5	Anhang		
	5.1	Foliensatz für Präsentationen	
	5.2	Feedback-Bericht	
		5.2.1	Format des Berichts
		5.2.2	Behandlung vertraulicher Informationen

Im Rahmen eines so genannten Train-the-Trainer-Konzepts, das alle Führungskräfte einbindet,[12] erhalten die Linienvorgesetzten einerseits wirksame Unterstützung durch die für die Selbstbewertung zuständige Abteilung, die entsprechende Stabsstelle oder Externe. Andererseits zeigen sie mit der Durchführung von Seminaren im eigenen Bereich, dass sie sich inhaltlich mit dem Konzept auseinander gesetzt haben und es durch eigene Mitwirkung vorantreiben. Damit treten neben das Ziel der Informationsvermittlung motivationale Faktoren: Top-down angelegte Schulungskonzepte fördern die Bereitschaft der Mitarbeiter zur aktiven Beteiligung.

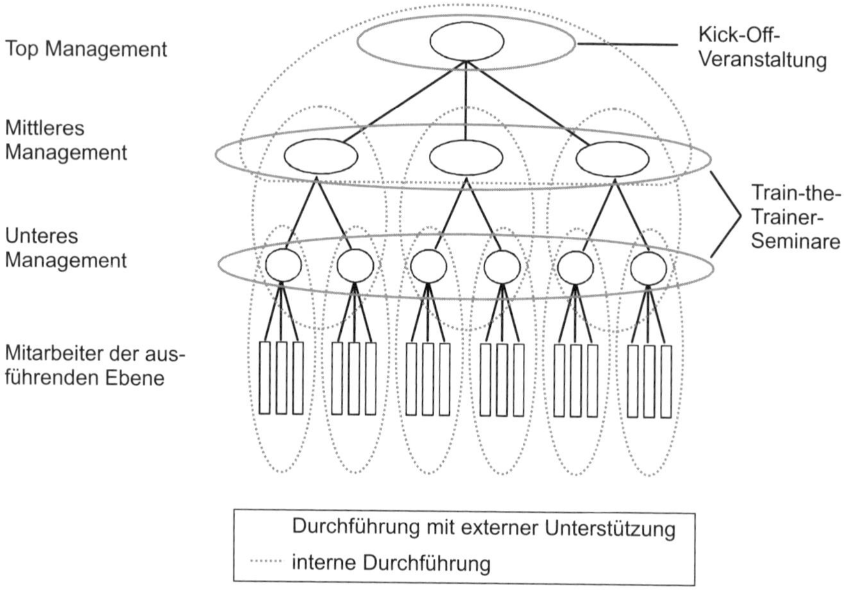

Bild 4.3 Top-down-Schulungskonzept (Schulungskaskade)

4.3.2 Qualifizierung

Um ein Unternehmen anhand eines umfassenden Bewertungskonzepts beurteilen zu können, wie es z. B. das EFQM-Modell für Excellence zur Verfügung stellt, muss zunächst in Qualifizierung investiert werden. Dies ist u. a. auch damit begründet, dass das EFQM-Modell für Excellence so konzipiert wurde, dass es auf alle Arten von Organisationen angewandt werden kann. Diesem Vorteil steht der Nachteil gegenüber, dass es an vielen Stellen eher abstrakte, qualitative Aussagen enthält, die u. U. organisationsspezifisch übersetzt werden müssen.

Natürlich ist eine möglichst umfassende Ausbildung für alle Zielgruppen wünschenswert, doch setzen die zur Verfügung stehenden finanziellen Mittel und der vertretbare Zeitrahmen hier in der Regel (zunächst) Grenzen. Daher ist eine zielgruppenspezifische Abgrenzung und Beschränkung der Ausbildungsinhalte vorzusehen, wie sie **Bild 4.4** zeigt:

Qualifizierungsinhalte / Zielgruppen	Kriterienverantwortliche	Senior-Assessor	Assessoren	Datenerhebungsteam	Informationslieferanten	Projektleiter	Weitere Führungskräfte	Zentrale Unterstützungsstelle	Zentrale Unternehmensleitung (z.B. Zentralvorstand)
Überwindung von Widerständen etc.	●					●	○	●	○
Projektmanagement						●		●	
Umsetzung von Maßnahmen, Integration in die strategische Planung	●					●		●	●
Feedback-Report		●	●	○		●		●	
Durchführung der Selbstbewertung	●	●	●	○	○	●	○	●	○
Kenntnis einzelner Bewertungskriterien	●			●	○				●
Kenntnis aller Bewertungskriterien	○	●	●	○		●		●	○
Kenntnis der Bewertungsdimensionen	●	●	●	●	○	●	○	●	●

○ Überblick

● vertiefte Kenntnisse

Bild 4.4 Zielgruppenspezifische Ausbildungsinhalte [13]

4.3.2.1 Projektleiter, Assessoren, Kriterienverantwortliche und zentrale Unterstützungsstelle

Die Ausbildung dieser Zielgruppen sollte sich – neben alternativen Vorgehensweisen bei der Selbstbewertung – vor allem mit den Inhalten der Kriterienmodelle beschäftigen. Um die Struktur und die inhaltlichen Zusammenhänge zwischen den einzelnen Elementen beispielsweise des EFQM-Modells für Excellence verstehen zu können, müssen alle neun Elemente erklärt und von den Teilnehmern verstanden werden. Eine Beschränkung auf ausgewählte Aspekte hat sich in der Praxis nicht bewährt.

Bei Betrachtung der Aufgaben der hier angesprochenen Zielgruppen wird dies noch deutlicher: Kriterienverantwortliche haben u. a. die Aufgabe, in der Phase der Datenerhebung sicherzustellen, dass keine Redundanzen zwischen einzelnen Berichtsteilen auftauchen und dass die inhaltlichen Zusammenhänge, die im Modell enthalten sind, sich auch in der Datenerhebung wiederfinden. Ohne die Kenntnis aller Kriterien können Kriterienverantwortliche dieser Aufgabe nicht gerecht werden.

Die inhaltliche Auseinandersetzung mit dem Modell erfolgt im Allgemeinen im Rahmen der Auseinandersetzung mit einer Fallstudie. Diese ist von den Teilnehmern im Vorfeld des Trainings zu bearbeiten. Im Seminar bildet sie die Grundlage, um Bewertung und Konsensfindung zu üben. Erst nach der intensiven inhaltlichen Beschäftigung mit dem Modell, für die man etwa zwei Tage benötigt, sollte man sich über eine zahlenmäßige Bewertung unterhalten.

Tabelle 4.3 Assessorentraining auf der Grundlage des EFQM-Modells für Excellence[14]

Vorher	Bearbeitung einer Fallstudie (Dauer: ca. 20–24 Stunden)
Dauer	**1. Tag**
½ Tag	Begrüßung und Einführung (inkl. Erwartungsabfrage) Das EFQM-Modell für Excellence
½ Tag	Der Prozess der Selbstbewertung Kriterien „Führung“ und „Politik & Strategie“
Dauer	**2. Tag**
½ Tag	Kriterien „Prozesse“ und „Mitarbeiter“
½ Tag	Kriterium „Partnerschaften und Ressourcen“ Konsensfindung für Befähigerkriterien
Dauer	**3. Tag**
½ Tag	Kriterien „Kundenbezogene Ergebnisse“, „Mitarbeiterbezogene Ergebnisse“, „Gesellschaftsbezogene Ergebnisse“ und „Schlüsselergebnisse“ Konsensfindung Ergebniskriterien
½ Tag	Entwicklung und Diskussion der unternehmensspezifischen Vorgehensweise zur Selbstbewertung Seminarreview (insbesondere Erfüllung der Erwartungen)

Dieses Vorgehen setzt (moderierte) Kleingruppenarbeit voraus. Die Praxis zeigt, dass die Teilnehmerzahl für ein solches Assessorentraining bei zwei Trainern etwa 14 Personen nicht überschreiten sollte.

Der Aufwand für diese Form der Qualifizierung liegt bei ungefähr einer Woche pro Teilnehmer, da zusätzlich zur Seminarteilnahme vorab noch eine Fallstudie zu bearbeiten ist (Zeitbedarf: ca. 20–24 Stunden).

Weil das Bewertungsschema am Ende die Generierung eines Zahlenwertes vorsieht, entsteht oft der Eindruck, das quantitative Ergebnis habe die größte Bedeutung bei der Selbstbewertung. In der (Seminar-)Praxis werden daher häufig beispielhaft einige der Modellelemente ausgewählt und daran die (zahlenmäßige) Bewertung und Konsensfindung geübt. Erfahrungsgemäß führt dies dazu, dass die zukünftigen Assessoren sich vorrangig über Zahlen streiten, ohne die Inhalte verstanden zu haben. Da Seminarteilnehmer oftmals innerbetriebliche Multiplikatoren sind, wird dieses Missverständnis zudem weiterverbreitet. Das Ziel einer Selbstbewertung besteht jedoch darin, eine umfassende Datengrundlage für die strategische und operative Planung zu schaffen. Damit stehen Daten und Fakten, aber nicht ein summarischer Zahlenwert im Vordergrund.

Neben dieser inhaltlichen Auseinandersetzung mit dem Modell und möglichen Vorgehensweisen zur Selbstbewertung ist insbesondere für den Projektleiter und die Mitarbeiter der zentralen Unterstützungsstelle eine weitere Schulung erforderlich, die vor allem Fragen des Projektmanagements betrifft, um einen möglichst reibungslosen Ablauf der Selbstbewertung sicherstellen zu können.

4.3.2.2 Datenerheber

Aufgabe der Datenerheber ist die Erstellung eines Dokumentes, das die Aktivitäten einer Organisation - auf der Grundlage der zu den verschiedenen (Unter-)Kriterien eines Excellence-Modells ermittelten Daten - beschreibt. Dieses Dokument ist die Basis für die Bewertung durch die Assessoren. In der Praxis werden meist mehrere Teams gebildet, die zu jeweils ein bis zwei Kriterien bewertungsrelevante Informationen sammeln und aufbereiten. Folglich ist bei der Qualifizierung der Datenerheber eine Konzentration auf „ihr" Kriterium erforderlich.

In einem Datenerhebungstraining sollten immer zwei Kriterien – je ein Befähiger- und ein Ergebniskriterium – ausführlich behandelt werden. Dabei ist es empfehlenswert, Kriterien zu kombinieren, die inhaltliche Zusammenhänge besitzen. Die Kombination von Kriterien in Seminaren hat sich aus zwei Gründen als sinnvoll erwiesen: Datenerheber, die für Befähiger- oder Ergebniskriterien zuständig sind, müssen die Bewertungsdimensionen der jeweils anderen „Seite" des Modells ebenfalls kennen, damit im späteren Bericht Wiederholungen und Redundanzen vermieden werden können. Die Kombination von Kriterien kann weiterhin auch zur Einsparung von Ressourcen beitragen, da sie die Anzahl unterschiedlicher Seminartypen reduziert. Die in **Tabelle 4.4** dargestellten Kombinationen haben sich in der Seminarpraxis bewährt.

Tabelle 4.4 Seminartypen für Datenerhebertrainings

Befähigerkriterium	**Ergebniskriterium**
Führung	Kundenbezogene Ergebnisse
Politik und Strategie	Schlüsselergebnisse
Mitarbeiter	Mitarbeiterbezogene Ergebnisse
Partnerschaften und Ressourcen	Gesellschaftsbezogene Ergebnisse
Prozesse	Schlüsselergebnisse

Beide Kriterien werden in Gruppenarbeiten auf Basis einer Fallstudie ausführlich diskutiert. Die Seminarteilnehmer sollen den Inhalt des Kriteriums, für das sie Informationen sammeln, vollständig erfassen und verstehen. Die „restlichen" Kriterien, die nicht in Gruppenarbeiten vertieft werden, müssen im Plenum zumindest kurz vorgestellt werden, um inhaltliche Zusammenhänge verdeutlichen zu können.

Neben der inhaltlichen Auseinandersetzung mit dem Modell sind in der Qualifizierung der Datenerheber auch methodische Fragestellungen zu thematisieren. Dies beinhaltet beispielsweise die Auseinandersetzung mit den Methoden, die zur Datenerhebung grundsätzlich eingesetzt werden können.

Die Übertragung dieser Inhalte auf das eigene Unternehmen bildet den Abschluss des Seminars. Die Teilnehmer sammeln in einer Gruppenarbeit erste Ideen bezüglich möglicher Daten- und Informationsquellen.

Zwei wichtige Botschaften sind im Seminar an die Teilnehmer zu vermitteln:

1. Während der Selbstbewertung sind die Datenerheber im Unternehmen unterwegs, führen Interviews und sammeln Dokumente, die bewertungsrelevant erscheinen. Damit sind sie diejenigen, die wesentlich zur Akzeptanz der Selbstbewertung beitragen können. Dieser Aufgabe sollten sie dadurch gerecht werden, indem sie u. a. Fragen ausführlich und kompetent beantworten können.

2. Die Datenerhebung soll den aktuellen Stand im Unternehmen beschreiben. Das bedeutet, dass es beispielsweise nicht die Aufgabe der Datenerheber ist, die Schlüsselprozesse zu erheben oder „noch schnell" eine Mitarbeiter- oder Kundenbefragung durchzuführen. Im Rahmen der Datenerhebung wird in solchen Fällen lediglich festgehalten, dass zu einem bestimmten Teilkriterium oder Ansatzpunkt im Unternehmen noch keine Aktivitäten eingeleitet sind.

Tabelle 4.5 Datenerhebungstraining zum EFQM-Modell für Excellence[15]

Zeit	Inhalt 1. Tag	Art
Vorher	Bearbeitung von Teilen der Fallstudie (ca. 8–10 Stunden)	Einzeln
13.00 Uhr	Begrüßung und Vorstellung	Plenum
	Das EFQM-Modell für Excellence, Selbstbewertung im eigenen Unternehmen, Rolle und Aufgaben des Datenerhebungsteams	Vortrag
	Pause	
	1. Gruppenarbeit zu einem Befähigerkriterium	Gruppen/Plenum
18.30 Uhr	Ende 1. Tag	
Zeit	**Inhalt 2. Tag**	**Art**
08.30 Uhr	2. Gruppenarbeit zu einem Befähigerkriterium	Gruppen/Plenum
	Die weiteren Befähigerkriterien	Plenum
	Pause	
	Gruppenarbeit zu einem Ergebniskriterium	Gruppen/Plenum
	Die weiteren Ergebniskriterien	Plenum
13.00 Uhr	Mittagspause	
14.00 Uhr	Methoden der Datenerhebung	Plenum
	Gruppenarbeit: „Wo finde ich Daten zu den behandelten Kriterien?"	Gruppen/Plenum
	Tools, Hilfsmittel, Ansprechpartner im Unternehmen	Plenum
16.00 Uhr	Ende 2. Tag	

4.3.2.3 Informationslieferanten

Führungs- oder Fachkräfte, die nicht aktiv in die Selbstbewertung eingebunden sind, werden im Verlauf der Datenerhebung mit hoher Wahrscheinlichkeit dennoch einen Beitrag zur Selbstbewertung zu leisten haben. Dieser Beitrag besteht in der Regel in der Bereitstellung von Informationen zu einem bestimmten Kriterium.

In der praktischen Umsetzung hat es sich bewährt, auch diese Führungs- bzw. Fachkräfte in einer kurzen Schulung mit dem Thema vertraut zu machen. Dabei muss es das vorrangige Ziel sein, den Zweck dieser Form der Datenerhebung und -bewertung zu vermitteln. Dies ist insbesondere deswegen notwendig, da sonst der Eindruck entstehen kann, es handle sich „wieder einmal um ein Programm", mit dem durch Abfrage von Know-how vor allem Personal eingespart werden soll.

Tabelle 4.6 Informationsveranstaltung für Führungskräfte

Zeit	Inhalt	Art
Vorher	Bearbeitung von Teilen der Fallstudie (ca. 4 Stunden)	Einzeln
8.30 Uhr	Begrüßung und Vorstellung	Plenum
	Das EFQM-Modell für Excellence, Selbstbewertung im eigenen Unternehmen	Vortrag
	Pause	
	Gruppenarbeit zu einem Befähigerkriterium (Fallstudie)	Gruppen/Plenum
13.00 Uhr	Mittagspause	
14.00 Uhr	Gruppenarbeit zu einem Ergebniskriterium (Fallstudie)	Gruppen/Plenum
	Pause	
	Gruppenarbeit zu Befähiger- und Ergebniskriterium (Übertragung auf das eigene Unternehmen)	Gruppen/Plenum
	Pause	
	Die restlichen Kriterien des Modells	Plenum
	Abschlussdiskussion und Seminarreview	Plenum
19.00 Uhr	Ende	

Die Schulung dieser Zielgruppe dauert maximal einen Tag. Dabei werden das Modell und die Bewertungsdimensionen mit Hilfe einer Fallstudie anhand von zwei Kriterien vorgestellt. Die beispielhafte Übertragung auf die eigene Organisation ist ebenfalls Bestandteil des Seminars, um den Teilnehmern die Relevanz für ihr eigenes Arbeitsumfeld zu verdeutlichen.

4.3.2.4 Sonstige Führungskräfte und Mitarbeiter

Auch den Mitarbeitern der ausführenden Ebene wird es nicht verborgen bleiben, dass Teams im Unternehmen unterwegs sind und Informationen zu einer großen Zahl von Themen sammeln. In verschiedenen Fällen werden auch diese Mitarbeiter Informationen bereitstellen. Deshalb ist für diese Zielgruppe eine entsprechende Information – wie sie oben schon dargestellt wurde – sinnvoll, um der Entstehung von Gerüchten entgegenzuwirken.

4.3.2.5 Zentrale Unternehmensleitung (bei dezentralisierter Selbstbewertungsstrategie)

In größeren Unternehmen, die das Instrument der Selbstbewertung nicht auf der Ebene der Gesamtorganisation einsetzen, sondern dezentral in kleineren, besser überschaubaren Einheiten, ist auch die Qualifizierung der zentralen Unternehmensleitung ein wichtiger Bestandteil.

In vielen Unternehmen wird diesem Aspekt jedoch zu wenig Beachtung geschenkt. Die „Unwissenheit" der Führungskräfte in der Zentrale führt dann schnell zu Bestrebungen, (Punkt-)Bewertungen der einzelnen Einheiten zur Erstellung von Rankings („Hitlisten") zu benutzen, die der Unschärfe des Punktbewertungsverfahrens und vor allem der eigentlichen Zielsetzung „offene und realistische Einschätzung des Ist-Zustands" zuwiderlaufen: Keine Einheit wird bei der Selbstbewertung mit Engagement und Überzeugung Verbesserungsbereiche identifizieren, wenn sie weiß, dass sie anschließend mit einem schlechten Platz in einer Ranking-Tabelle dafür bestraft wird. Im Extremfall beschließen Führungskräfte, die nicht mit dem Modell vertraut sind, dass ein Teil der leistungsabhängigen Vergütung von Führungskräften an das Erreichen einer bestimmten Punktzahl geknüpft ist. Eine ehrliche und realistische Bewertung ist damit in den allermeisten Fällen nicht mehr zu erwarten. Soll die Selbstbewertung tatsächlich als Instrument zur Unternehmensführung eingesetzt werden, muss daher auch das Top-Management ausgebildet und qualifiziert werden.

Um die Zeitrestriktionen dieser Zielgruppe zu berücksichtigen, ist allerdings eine Beschränkung auf etwa 1½ Tage denkbar. Dabei wird der erste Tag bis spät in den Abend hinein genutzt. Auch hier bietet sich die Bearbeitung einer Fallstudie an, auch die Nutzung veröffentlichter Bewerbungsdokumente von European Quality Award-Gewinnern ist denkbar.

Tabelle 4.7 Management-Intensivseminar zum EFQM-Modell für Excellence[16]

Zeit	Inhalt 1. Tag	Art
vorher	Bearbeitung von Teilen der Fallstudie	Einzeln
14.00 Uhr	Begrüßung Vorstellung und Erwartungen der Teilnehmer	Plenum/Abfrage
	Das EFQM-Modell für Excellence, Selbstbewertung	Vortrag
	Pause	
	Führung	Gruppen/Plenum
18.30 Uhr	Abendessen	
19.30 Uhr	Prozesse	Gruppen/Plenum
	Politik und Strategie	Plenum
21.30 Uhr	Ende 1. Tag	
Zeit	**Inhalt 2. Tag**	**Art**
8.30 Uhr	Mitarbeiter, Partnerschaften und Ressourcen	Plenum
	Pause	
	Kundenbezogene Ergebnisse, Schlüsselergebnisse	Gruppen/Plenum
12.30 Uhr	Mittagspause	
13.30 Uhr	Mitarbeiterbezogene Ergebnisse, gesellschaftsbezogene Ergebnisse	Plenum
	Integration der Selbstbewertungsergebnisse in Planungsprozesse	Gruppen/Plenum
	Abschlussdiskussion und Review	Plenum
17.00 Uhr	Ende 2. Tag	

Es werden jedoch nur die Modellelemente bearbeitet, die für die Unternehmensleitung von besonderer Relevanz sind. Dies gilt z. B. für das (eigene) Führungsverhalten, die Entwicklung und Umsetzung von Politik und Strategie, die (Schlüssel-)Prozesse, die Ausrichtung auf den Kunden oder die Betrachtung der Geschäftsergebnisse. Im Seminar werden dann die nicht bearbeiteten Elemente im Plenum vorgestellt und deren Inhalte am eigenen Unternehmen gespiegelt.

In einem solchen Management-Intensivseminar ist zudem die Verwendung der Ergebnisse (z. B. hinsichtlich Vertraulichkeit) sowie die Anknüpfung der Selbstbewertung an Planungsprozesse zu thematisieren.

4.4 Durchführung der Selbstbewertung

Nachdem alle Vorbereitungsaktivitäten wie Planung, Teambildung, Training und Information der Mitarbeiter über den Prozessablauf abgeschlossen sind, beginnt die Selbstbewertung im engeren Sinne mit der Datenerhebung.

4.4.1 Datenerhebung

Die Datenerhebung wird von den zuvor ausgewählten und qualifizierten Datenerhebern mit Unterstützung durch die Kriterienverantwortlichen durchgeführt. Für fast alle Kriterien ist ein eigenes Kriterienteam einzusetzen, eine Kombination von Kriterien ist nur in zwei Fällen machbar: Mitarbeiter und mitarbeiterorientierte Ergebnisse haben inhaltlich starke Zusammenhänge und können deshalb sehr gut von einem Team bearbeitet werden; Partnerschaften und Ressourcen haben inhaltliche Anknüpfungspunkte mit gesellschaftsbezogenen Ergebnissen im Bereich des Umweltschutzes, beide sind hinsichtlich ihres Umfangs eher begrenzt und können folglich ebenfalls kombiniert werden.

Die gesamte Datenerhebung sollte mit einer Startveranstaltung beginnen, bei der alle Datenerheber und Kriterienverantwortlichen zusammentreffen. Hier können einerseits schon erste inhaltliche Abstimmungen erfolgen, andererseits kann dieses Treffen auch dem Kennenlernen dienen, da es in größeren Einheiten, die sich einer Bewertung unterziehen, durchaus vorkommen kann, dass sich nicht alle Datenerheber und Kriterienverantwortliche kennen.

Am Beginn der Datenerhebung steht die Frage nach den für die zu bewertende Einheit relevanten Ansatzpunkten. Die EFQM schlägt in ihrer Modellbroschüre eine Reihe von Ansatzpunkten zu jedem Teilkriterium vor.[17] Wie an früherer Stelle schon diskutiert, sind diese jedoch nicht im Sinne einer Vorgabe oder Checkliste zu verstehen, sondern dienen als Anhaltspunkt, um den Inhalt des jeweiligen Teilkriteriums zu verdeutlichen.

Deshalb müssen die Kriterienteams zunächst entscheiden, welche Ansatzpunkte in der eigenen Selbstbewertung betrachtet werden sollen. Die Auswahl und Ergänzung der Ansatzpunkte sollte nach ihrer grundsätzlichen Bedeutung für das Unternehmen erfolgen. Die Frage, ob im Unternehmen Ansätze oder Ergebnisse vorhanden sind, darf an dieser Stelle noch keine Rolle spielen.

Dies kann in der Konsequenz dazu führen, dass von der EFQM vorgeschlagene Ansatzpunkte gestrichen oder modifiziert werden und dafür völlig neue Aspekte aufgenommen werden. Erfahrungsgemäß wird bei einer ersten Selbstbewertung zu Beginn der Datenerhebung jedoch in weiten Teilen mit den Vorschlägen der EFQM gearbeitet. Während der Zusammenstellung und Auswertung der Daten und Informationen kommen dann häufig noch weitere Themenfelder hinzu.

Die Auswahl geeigneter Datenquellen wird anschließend auf Basis der ausgewählten Themenfelder bzw. Ansatzpunkte vorgenommen. Dabei sollte im Kriterienteam zunächst überlegt werden, welche Informationen den Mitgliedern des Teams bekannt sind. Da die Teammitglieder nach fachlicher Kompetenz ausgewählt wurden, ist zu erwarten, dass eine Reihe wichtiger und relevanter Informationen schon vorhanden ist.

Die Bewertungsdimensionen sind – neben den ausgewählten Ansatzpunkten – eine zweite Richtschnur für die Datenerhebung. Die Teams müssen sich also die im **Bild 4.5** dargestellten Fragen stellen.

Die Datenerhebung hat das Ziel, ein realistisches und neutrales Bild des momentanen Zustands der Organisation zu zeichnen. Damit ist ausgeschlossen, dass die Kriterienteams aufnehmen, was sie gerne umgesetzt hätten oder wie – aus ihrer Sicht – die Organisation aussehen sollte.

Ebenso ist es nicht die Aufgabe der Datenerheber, fehlende Daten „zu beschaffen", indem eigenständig die (Schlüssel-)Prozesse des Unternehmens definiert oder eine Kunden- bzw. Mitarbeiterbefragung durchgeführt wird.

Die Kriterienteams nehmen nur vorhandene Informationen auf. Dies kann bei den Befähigerkriterien durchaus bedeuten, dass in der Praxis etablierte Abläufe beschrieben werden, wenn solche Beschreibungen bisher nicht vorliegen. Es ist jedoch nicht die Aufgabe der Datenerhebungsteams, Prozesse erstmalig zu definieren. In diesem Fall ist im Bericht lediglich festzuhalten, dass zu einem Teilkriterium oder einem relevanten Ansatzpunkt keine definierte, systematische Vorgehensweise gefunden werden konnte.

Ergebnisse
• Berücksichtigen die Ergebnisse alle vorhandenen Interessengruppen? • Werden alle relevanten Vorgehensweisen gemessen? • Wird die Umsetzung der Vorgehensweisen gemessen? • Wird die Umsetzung der Vorgehensweisen wahrgenommen? • Berücksichtigen die Messungen die Leistungsindikatoren? • Werden positive Trends sichtbar? • Sind gute Ergebnisse über einen längeren Zeitraum nachzuweisen? • Wenn ja, über welchen Zeitraum? • Gibt es Ziele? • Wenn ja, werden die Ziele erreicht? • Werden die Ergebnisse mit anderen verglichen, z.B. mit Wettbewerbern, dem Industriedurchschnitt oder Klassenbesten? • Schneiden die Ergebnisse im Vergleich gut ab? • Weisen sie eine Ursache-Wirkungs-Verknüpfung mit den Vorgehensweisen auf? • Wird bei den Messungen eine ausgewogene Reihe von Fakten berücksichtigt, nicht nur gegenwärtige sondern auch zukünftige? • Zeigen die Ergebnisse ein ganzheitliches Bild?

Befähiger	
Vorgehen Ist das Vorgehen:	• fundiert? • auf die Bedürfnisse der Interessengruppen ausgerichtet? • unterstützend für die Politik und Strategie? • mit anderen Vorgehensweisen verknüpft? • nachhaltig? • innovativ? • flexibel? • messbar?
Umsetzung Ist die Umsetzung des Vorgehens:	• in allen relevanten Bereichen der gesamten Organisation eingeführt? • so eingeführt, dass sein Potenzial/seine Fähigkeiten voll zum Tragen kommen? • so eingeführt, dass es den geplanten Nutzen erzielt? • systematisch? • von allen Interessengruppen verstanden und akzeptiert? • messbar?
Bewertung und Überprüfung Wird das Vorgehen und seine Umsetzung:	• regelmäßig auf Effektivität überprüft? • genutzt, um daraus zu lernen? • mit anderen verglichen, z.B. mit Wettbewerbern, dem Industriedurchschnitt oder Klassenbesten? • Anhand des Outputs von lernorientierten Aktivitäten und Leistungsmessungen verbessert?

Bild 4.5 Bewertungsdimensionen als Orientierung bei der Datenerhebung[18]

Damit wird auch einer der wesentlichen Unterschiede zwischen einer Selbstbewertung und der Bewerbung um eine Auszeichnung für Spitzenleistung im Wettbewerb deutlich: Während in einer Bewerbung normalerweise nur die positiven Seiten dargestellt werden - die Verbesserungsbereiche müssen von den Assessoren gefunden werden, sind bei der Selbstbewertung positive *und* negative Erkenntnisse in der Datenerhebung festzuhalten. Eine Datenerhebung, in der Verbesserungsbereiche nicht aufgenommen werden, würde dem Ziel der Selbstbewertung zuwiderlaufen.

Die ausschließliche Konzentration auf die Beschreibung des aktuellen Zustandes hat zwei Gründe: Zum einen entstehen methodische Probleme, wenn schon in der Datenerhebung Maßnahmen diskutiert und umgesetzt werden. Ohne Kenntnis des Gesamtbildes kann nicht fundiert entschieden werden, welches die wirklich wichtigen Verbesserungsbereiche sind, die adressiert werden müssen. Weiterhin können mögliche Synergien von übergreifenden Maßnahmen nicht genutzt werden. Die Einleitung von Maßnahmen schon während der Datenerhebung würde zum anderen zu einer deutlichen Erhöhung des Aufwandes für die Selbstbewertung führen und den gesamten Prozess so verlängern, dass beispielsweise die Kopplung an den Unternehmensplanungsprozess kaum möglich wäre.

Die eigentliche Sammlung der Daten kann auf unterschiedliche Art und Weise erfolgen:

4.4.1.1 Dokumentenanalyse

Das Ziel einer Dokumentenanalyse ist es, in Papierform vorliegende Informationen zu sammeln und zu verdichten. Dabei kann es sich beispielsweise um die Auswertung von Handbüchern, Verfahrensanweisungen, Organisationsrichtlinien, Protokollen, eines Managementreports oder von Gewinn-und-Verlust-Rechnungen bzw. Bilanzen handeln.

Eine Dokumentenanalyse kann Informationen zu Vorgehensweisen liefern, die im Rahmen der Befähigerkriterien von Bedeutung sind. Wenn in den untersuchten Dokumenten zudem Statistiken enthalten sind, kann dies bei der Beurteilung der Umsetzung von Vorgehensweisen helfen oder zur Beschreibung der Ergebnisse dienen.

In erweitertem Sinne kann auch die Analyse von Daten in EDV-Systemen als Dokumentenanalyse angesehen werden.

4.4.1.2 Versenden von Fragebögen und Durchführen von Interviews

Der von der EFQM vorgeschlagene Einsatz von Fragebögen hat seinen Schwerpunkt in der Erhebung von Daten, d. h. die Kriterienteams können sie zur Unterstützung bei der Datenerhebung verwenden. Grundsätzlich können hierfür Fragebögen mit geschlossenen oder mit offenen Fragen eingesetzt werden.

Fragebögen mit geschlossenen Fragen haben den Vorteil, dass sie - sofern standardisiert und erprobt - relativ einfach einsetzbar sind und die Einbindung einer größeren Anzahl von Mitarbeitern ermöglichen.[19] Allerdings schaffen diese Fragebögen keine ausreichende Grundlage zur Definition von Stärken und Verbesserungsbereichen. Sie können jedoch ergänzende Informationen hinsichtlich des Umsetzungsgrads einzelner Maßnahmen in unterschiedlichen Bereichen und auf unterschiedlichen Hierarchieebenen liefern.

Eine weitere Möglichkeit ist die Nutzung von Fragebögen mit offenen Fragen. Dies setzt nicht notwendigerweise voraus, dass alle angeschriebenen Führungskräfte und Mitarbeiter zu allen Kriterien antworten müssen, eine Beschränkung auf die für die Befragten relevanten Themenbereiche ist durchaus sinnvoll. Die offenen Fragen beziehen sich dabei in der Regel auf die relevanten Ansatzpunkte zu einzelnen Teilkriterien.

Mitarbeiter	**D** Nicht begonnen	**C** Gewisse Fortschritte	**B** Beträchtliche Fortschritte	**A** Vollständig erreicht
Stellt Ihre Organisation sicher, dass neue Mitarbeiter zu den Werten und Bedürfnissen der Organisation passen? Gibt es einen von den Mitarbeitern geschätzten Mitarbeiterbeurteilungsprozess, um die Ziele und die Schulung der Einzelnen mit den Bedürfnissen der Organisation abzustimmen?	☐	☐	☐	☐
Gibt es eine effektive Kommunikation im Dialog mit den Mitarbeitern, und würden diese zustimmen, dass sie gut informiert sind und Wert auf ihre Meinung gelegt wird?	☐	☐	☐	☐

Bild 4.6 Selbstbewertungsfragebogen der EFQM (Auszug)[20]

Allerdings besteht bei Fragebögen grundsätzlich die Gefahr, dass Missverständnisse auftreten. Deshalb ist insbesondere beim Einsatz offener Fragen ein ergänzendes Interview vorzusehen. Im Rahmen dieses Interviews wird überprüft, ob die Fragen richtig verstanden wurden. Zusätzlich werden Unklarheiten in den Antworten geklärt.

Auch bei Fragebögen ist eine unternehmensspezifische Gestaltung möglich, d. h. Fragestellungen, die für die zu bewertende Einheit von besonderer Bedeutung sind, können ausführlicher untersucht werden. Der Aufwand für die Erstellung und Auswertung der unternehmensspezifischen Fragebögen ist dementsprechend höher.

Unternehmen, die Fragebögen und Interviews zur Datenerhebung einsetzen, müssen sich bewusst sein, dass diese Form der Datenerhebung manchmal von den Befragten mit einer Mitarbeiterbefragung verwechselt wird. Insofern können hierdurch erhebliche Erwartungen entstehen, da man „jetzt endlich einmal loswerden konnte, was man schon immer gedacht hat". Dieser Erwartungshaltung muss nach der Selbstbewertung durch eine entsprechende Auswahl, Kommunikation und Realisierung von Verbesserungsmaßnahmen zumindest ansatzweise Rechnung getragen werden.

Unabhängig von der Methode sollte auch bei einer umfassenden Datenerhebung der Aufwand in einem angemessenen Rahmen bleiben. Dies setzt u. a. die Nutzung vorhandener Datenquellen und Informationssysteme voraus. Dazu gehören z. B.:[21]

1. Ergebnisse aus Kundenbefragungen und Reklamationsstatistiken,
2. Ergebnisse aus Mitarbeiterbefragungen, Statistiken über Arbeitssicherheit, Krankenstand, Fehlzeiten und Fluktuation, Informationen aus Personalentwicklungsplänen,
3. prozessbezogene Kennzahlen über Durchlaufzeiten oder Prozessfähigkeit, Verbesserungsprojekte und erzielte Verbesserungen,
4. produktbezogene Kennzahlen über Fehlerraten, Lebensdauer oder Ausfallraten sowie
5. Finanzkennzahlen, z. B. Gewinn, Umsatz, Return on Investment (ROI), Liquiditätskennzahlen.

Während der gesamten Phase der Datenerhebung sind regelmäßige Abstimmungstreffen der Kriterienteams erforderlich, um beispielsweise die inhaltlichen Zusammenhänge zwischen Führung und Mitarbeiterorientierung oder zwischen Politik und Strategie, Prozessen und den Ergebniskriterien zu berücksichtigen, aber auch um Überschneidungen zu vermeiden.

Die Datenerhebung bei der ersten Selbstbewertung dauert erfahrungsgemäß zwei bis drei Monate. Der Zeitraum sollte nicht zu lange gewählt werden, da dann in den ersten Wochen sowieso nichts passiert. Insofern ist auch ein kürzeres Zeitfenster (z. B. vier bis sechs Wochen) akzeptabel.

Nach der Erhebung der Daten sind die vorliegenden Erkenntnisse in einer Form zu dokumentieren, die es den Assessoren ermöglicht, zu nachvollziehbaren Stärken und Verbesserungsbereichen sowie zu einer prozentualen Bewertung zu kommen.

4.4.1.3 Psychologische Aspekte der Datenerhebung

Die Datenerhebung beeinflusst wichtige psychologische Erfolgsfaktoren der Selbstbewertung: Das Ziel besteht in einer objektiven Bewertung der Organisation, die nur auf der Grundlage entsprechender Daten erfolgen kann. Objektive oder „ehrliche" Daten wird man aber nur erhalten, wenn der betroffene Mitarbeiter als „Datenlieferant" weiß, was mit diesen Daten geschieht – und mit welchen Konsequenzen er u. U. zu rechnen hat. Auch hier zeigt sich also wieder die Notwendigkeit umfassender Information und Qualifizierung. Insbesondere das Ziel der Selbstbewertung, die Erhöhung der Wettbewerbsfähigkeit durch kontinuierliche Verbesserung, muss nachvollziehbar und glaubhaft vermittelt werden.

Aus Gründen der Motivation erscheint es sinnvoll, zuerst Stärken zu erheben und erst in einem zweiten Schritt die Suche nach Verbesserungsmöglichkeiten zu beginnen. Damit wird der Eindruck einer systematischen Fehlersuche als Grundlage späterer Verantwortungs- und Schuldzuweisung vermieden. Außerdem sollten die Begriffe „Schwächen" oder „Schwachstellen" vermieden werden. Stattdessen bietet sich als Alternative „Verbesserungsbereiche" an. Dahinter verbirgt sich die Botschaft einer Chance für ständige Verbesserung.

Jedes Unternehmen wird bei der Selbstbewertung feststellen, dass es mitunter verschiedene, jeweils als objektiv angenommene Beurteilungen ein und desselben Sachverhaltes gibt: Die Geschäftsführung vertritt oftmals eine andere Sicht als das mittlere oder untere Management – und die Mitarbeiter sehen das Ganze möglicherweise aus einer nochmals anderen Perspektive. Dieser Sachverhalt, den man wahrnehmungs- oder kognitionspsychologisch erklären kann, muss auch bei der Datenerhebung berücksichtigt werden. Unterschiedliche Sachaussagen von Führungskräften und Mitarbeitern sollten beispielsweise direkt vor Ort im gemeinsamen, konstruktiven Gespräch geklärt werden.

Häufig werden in der Pilotphase nur Führungskräfte in den Prozess der Selbstbewertung einbezogen. Dieses Vorgehen entspricht jedoch eher einem Management-Audit als einer Selbstbewertung.[22] Ein ganzheitlicher Bewertungsansatz muss die verschiedenen Zielgruppen ebenenspezifisch ansprechen. Er sollte außerdem außenstehende Gruppen wie die Kunden – z. B. durch Befragungsergebnisse – einbinden. Wenn das Unternehmen begonnen hat, cross-funktionale oder cross-divisionale Aufgaben in einer eigenständigen Organisationsform abzuwickeln, müssen als weitere Zielgruppe Prozessverantwortliche oder -eigentümer in die Datenerhebung einbezogen werden, um eine solide Datenbasis für die Selbstbewertung zu gewinnen.[23] Dieser ebenenspezifische Ansatz schlägt sich auch in den Methoden zur Datenerhebung nieder (sofern es sich nicht um eine reine Dokumentenanalyse handelt): Informationen vom Top-Management bzw. der Geschäftsleitung wird man eher in Form von Einzelinterviews erheben. Für das mittlere und untere Management bieten sich Gruppendiskussionen an. Auf der Mitarbeiterebene kommen eher Fragebögen zum Einsatz.

Diese Formen der Datenerhebung betreffen insbesondere die Potenzialfaktoren (so genannte „Befähiger“ [EQA] oder „Mittel und Wege“ [LEP]) und hier in erster Linie Aspekte der Umsetzung. Dabei wird das Management mitunter einen geplanten oder angestrebten Idealzustand schildern, während die Mitarbeiter eher die tatsächliche Umsetzung im Tagesgeschäft wahrnehmen. Die Verwendung anonymer Fragebögen zur Datenerhebung bietet hier den Vorteil, dass Mitarbeiter ohne Angst vor Sanktionen ihre Meinung offen äußern können. Die betriebliche Praxis zeigt in diesem Zusammenhang, dass die Anonymität nur in Ausnahmefällen dazu verleitet, unsachliche Kritik zu üben. Die Mehrzahl der Antworten zeichnet sich durch Sachlichkeit und inhaltliche Fundierung aus.

4.4.2 Datendokumentation

Die European Foundation for Quality Management beschreibt in ihrer Selbstbewertungsrichtlinie zwei verschiedene Verfahren zur Dokumentation der Daten: zum einen den Einsatz so genannter Standardformulare, zum anderen die Erstellung eines (fiktiven) Bewerbungsdokuments für eine Auszeichnung.

Das von der EFQM vorgestellte Standardformular ist eine einfache und kurze Darstellung der gesammelten Daten. Da diese Form zur Schaffung einer (vor allem für die folgenden Bewertungen) geeigneten Datenbasis nicht ausreichend ist, wird im Folgenden in „einfache Standardformulare“ (Vorlage der EFQM) und „erweiterte Standardformulare“ (Weiterentwicklung der EFQM-Vorlage) unterschieden.

4.4.2.1 Einfache Standardformulare

Das von der EFQM vorgestellte Standardformular ermöglicht es, alle wesentlichen Informationen aufzunehmen:

1. vom Unternehmen ausgewählte Ansatzpunkte,
2. Stärken und Verbesserungsbereiche,
3. Nachweise und
4. die prozentuale Bewertung.

Die Datenerhebungsteams formulieren zum Abschluss der Datenerhebung erste Vorschläge für Stärken und Verbesserungsbereiche, d. h. die Assessoren erhalten vollständig ausgefüllte Standardformulare und können auf Basis der darin enthaltenen Vorschläge ihre eigene Bewertung durchführen.

Führung

Exzellente Führungskräfte fördern und vermitteln die Umsetzung der Mission und Vision. Sie entwickeln die für den nachhaltigen Erfolg der Organisation benötigten Werte und Systeme und und setzen diese durch ihr Handeln und ihre Verhaltensweisen um. In Phasen der Veränderung bewahren sie die Konstanz der Zielsetzungen. Wenn nötig, sind solche Führungskräfte in der Lage, die Ausrichtung der Organisation zu ändern und begeistern andere, ihnen zu folgen.

Teilkriterium 1a

Führungskräfte entwickeln die Vision, Mission, Werte und ethischen Grundsätze und sind Vorbilder für die Kultur der Excellence.

Beispielhafte Ansatzpunkte:*

Wie Führungskräfte

- **die Vision, Mission und Kultur der Organisation entwickeln;**
- **Werte und ethische Grundsätze sowie Verantwortung für die Gesellschaft entwickeln und vorleben, die die Kultur der Organisation unterstützen;**
- **die Wirksamkeit des persönlichen Führungsverhaltens bewerten und verbessern;**
- **aktiv an Verbesserungsaktivitäten mitwirken;**
- **zur Zusammenarbeit in der Organisation anregen und ermutigen.**

Stärken:

→ Das oberste Management-Team hat ein Modell der Management-Kompetenzen entwickelt, dass die Werte der Organisation unterstreicht.

→ Die Effektivität der Führungskräfte wird durch die Mitarbeiter-Umfrage und die 360°-Bewertung gemessen.

→ Die Abteilungsleiter sorgen für die Mitwirkung ihrer Mitarbeiter an bereichsübergreifenden Verbesserungsprojekten.

Verbesserungspotenziale:

→ Die Führungskräfte wirken nicht persönlich an Verbesserungspotenzialen mit.

Nachweis:

→ Das Kompetenzmodell liegt auf dem Intranet der Organisation vor.

→ Die Mitarbeiterumfragen von 2000, 2001 und 2002 werden zweckmäßig nach Bereichen ausgewertet und die Führungskräfte werden auch anhand ihrer umgesetzten Verbesserungsmaßnahmen beurteilt.

→ Alle bereichsübergreifenden Projekte und die Mitgliedschaft in Teams sind im Intranet der Organisation dokumentiert.

Vorgehen:	Umsetzung:	Bewertung und Überprüfung:	Gesamtergebnis:
60%	50%	20%	45%

* Die Ansatzpunkte wurden von der die Selbstbewertung durchführenden Organisation ausgewählt - sie sind demnach für ihre Tätigkeit besonders relevant.

Bild 4.7 Einfaches Standardformular der EFQM [24]

Das einfache Standardformular hat eine übersichtliche Struktur. Insbesondere für die Befähigerkriterien ist diese Form der Dokumentation sehr geeignet.

Einfache Standardformulare sind weiterhin geeignet, um bei einer dezentralisierten Selbstbewertungsstrategie in großen Unternehmen die Ergebnisse zu bündeln und einen Gesamteindruck über Stärken und Verbesserungsbereiche des Unternehmens zu erhalten.

Da in den einfachen Standardformularen nur die wichtigsten Nachweise in Stichworten aufgenommen werden können, erfordert diese Art der Datendokumentation auch in der Phase der Datenerhebung nur einen relativ geringen Aufwand.

Problematisch ist jedoch, dass keine fundierte und für Folgebewertungen ausreichende Datenbasis geschaffen wird. Da die wichtigsten Nachweise nur in Stichworten aufgenommen werden, ist in den folgenden Jahren keine Reduzierung des Aufwands für die Datenerhebung zu erwarten.

Die Dokumentation der Nachweise bei den Ergebniskriterien gestaltet sich sehr schwierig, da hier Nachweise meist Statistiken und Grafiken sind, die aufgrund des begrenzten Platzes nicht aufgenommen werden können.

Ein zusammenhängendes und aufschlussreiches Gesamtbild des Unternehmens ist ebenfalls nur in Ansätzen zu erkennen, da es sich nur um eine stichwortartige Aufzählung von Einzelaspekten handelt. Aus diesem Grund ist auch die Gefahr einer unrealistischen prozentualen Bewertung nicht auszuschließen.

4.4.2.2 Erweiterte Standardformulare

Das einfache Standardformular vereint Stärken, Verbesserungsbereiche, Bewertung und Nachweise auf einer Seite. Bei der praktischen Durchführung werden jedoch zuerst die Nachweise als Basis für die Bewertung gesammelt und dokumentiert. Deshalb ist eine Trennung des Standardformulars in einen Teil für die Nachweise und einen Teil für die Bewertung sinnvoll.

Dies ermöglicht es, einen umfangreichen und aussagefähigen Bericht über Vorgehensweisen und Ergebnisse im Unternehmen zu erstellen, da die Nachweise nicht nur in Form einer kurzen, stichwortartigen Aufzählung dokumentiert werden, sondern bei Bedarf auch nähere Erläuterungen enthalten sein können.

Erweiterte Standardformulare haben einen weiteren, nicht zu unterschätzenden Vorteil: Die Quelle des Nachweises wird in einer eigenen Spalte aufgenommen und so die Datenerhebung in den folgenden Jahren vereinfacht, da die „Suche“, wie sie für die Datenerhebung der ersten Selbstbewertung erforderlich war, entfällt oder zumindest deutlich reduziert wird.

Die Nachweise für jedes Teilkriterium werden vom zuständigen Kriterienteam in die Standardformulare eingetragen. Dabei gibt es keine formalen Vorschriften. Das Kriterienteam entscheidet selbst, ob Sachverhalte durch ausformulierten Text oder Flussdiagramme bei den Befähigern und Tabellen oder Grafiken bei den Ergebnissen beschrieben werden. Einigkeit sollte jedoch darüber bestehen, dass eine Liste mit Stichworten in den meisten Fällen nicht ausreicht, um den Assessoren eine vernünftige Grundlage für die Bewertung zu liefern.

1 Führung Exzellente Führungskräfte fördern und vermitteln die Umsetzung der Mission und Vision. Sie entwickeln die für den nachhaltigen Erfolg der Organisation benötigten Werte und Systeme und setzen diese durch ihr Handeln und ihre Verhaltensweisen um. In Phasen der Veränderung bewahren sie die Konstanz der Zielsetzungen. Wenn nötig, sind solche Führungskräfte in der Lage, die Ausrichtung der Organisation zu ändern und begeistern andere, ihnen zu folgen.

1d **Es ist nachzuweisen, wie Führungskräfte in der Organisation zusammen mit den Mitarbeitern eine Kultur der Excellence verankern.**

Beispielhafte Ansatzpunkte **können** sein, **wie** Führungskräfte:

- persönlich den Mitarbeitern die Mission, Vision, Werte, Politik und Strategie, Planungen, Ziele und Zielwerte der Organisation kommunizieren;
- die Bemühungen von Teams und Einzelnen auf allen Ebene der Organisation zeitnah und auf angemessene Weise anerkennen.

Nachweis	Quelle
Top-Down werden vom Vorstand Ziele für Vorgesetzte und Mitarbeiter definiert und im Rahmen der Bonusregelung honoriert.	Zielvereinbarungssystematik und Bonusregelung
Neben der regelmäßigen Bewertung der Leistung werden Anerkennungen und monetäre Zuwendungen durch die Führungskräfte für besondere Anstrengungen und Leistungen für Mitarbeiter, Vorgesetzte und Teams vorgesehen.	Broschüren „Kontinuierlicher Verbesserungsprozess", „Vorschlagswesen"
Keine durchgängige Vorgehensweise zur rechtzeitigen Anerkennung auf allen Ebenen nachvollziehbar	Interviews mit verschiedenen, zufällig ausgewählten Führungskräften

Bild 4.8 Nachweissammlung mit erweiterten Standardformularen (Beispiel)[25]

Beim praktischen Einsatz der Standardformulare hat sich gezeigt, dass eine Begrenzung der Seitenzahl pro Teilkriterium erforderlich ist, um eine mehrere hundert Seiten umfassende Dokumentation zu vermeiden. Dabei ist eine Unterscheidung in Befähiger- und Ergebniskriterien erforderlich, da für die Befähiger in der Regel weniger Platz benötigt wird als für Ergebniskriterien. Eine Begrenzung auf zwei Seiten bei den Befähiger-Teilkriterien und auf fünf Seiten bei den Ergebnis-Teilkriterien hat sich als praktikabel erwiesen. Damit ergibt sich ein Gesamtumfang für die Dokumentation von ungefähr 90 Seiten.

Erweiterte Standardformulare zur Dokumentation von Nachweisen haben den Vorteil, dass in übersichtlicher und gut verständlicher Form ein Bild des Ist-Zustandes eines Unternehmens gezeichnet werden kann. Dies ermöglicht den Assessoren eine fundierte Diskussion von Stärken und Verbesserungsbereichen. Durch die strukturierte Darstellung ist weiterhin der Informationsaustausch zwischen verschiedenen Einheiten größerer Unternehmen einfacher zu realisieren.

Es ist jedoch sicherzustellen, dass das Ausfüllen der Standardformulare nicht vollständig an Mitarbeiter delegiert wird, weil es als „einfache" Schreibarbeit fehlinterpretiert wird. Auch hier ist die Beteiligung des Top-Managements unerlässlich, um die dokumentierten Nachweise als Basis für die spätere Bewertung zu akzeptieren. Diese Beteiligung des Top-Managements kann beispielsweise durch regelmäßige Diskussion der Ergebnisse der Datensammlung erzielt werden.

Der zweite Teil des erweiterten Standardformulars umfasst Stärken und Verbesserungsbereiche sowie die prozentuale Bewertung. Dieser Teil wird an späterer Stelle – im Kapitel „Feedback-Bericht" – vorgestellt.

4.4.2.3 Dokumentation in Form einer Award-Bewerbung

Eine weitere Möglichkeit zur Beschreibung der Aktivitäten und Ergebnisse einer Organisation ist die Dokumentation in Form einer (fiktiven) Bewerbung um beispielsweise den European Quality Award oder den Ludwig-Erhard-Preis.

Die Dokumentation unterscheidet sich in diesem Fall vor allem dadurch von Standardformularen, dass es formale Vorgaben hinsichtlich des Aussehens des Berichtes gibt: Das Dokument soll so gestaltet werden, dass es als Bewerbungsunterlage bei der EFQM oder für den Ludwig-Erhard-Preis eingereicht werden könnte. Das grundsätzliche Vorgehen unterscheidet sich hingegen nicht wesentlich vom Einsatz der Standardformulare. Die einzelnen Kriterienberichte werden auch hier von den Datenerheberteams zusammen mit dem jeweiligen Kriterienverantwortlichen erstellt und nach einer Gesamtabstimmung der Inhalte mit den anderen Kriterien zu einem Gesamtbericht zusammengefasst. Deshalb gelten die Vorteile, die vor allem bei den erweiterten Standardformularen genannt wurden, auch für die Erstellung einer (fiktiven) Bewerbung:

1. Basisdokumentation, die für Folgebewertungen fortgeschrieben werden kann;
2. gute Grundlage für die Identifikation von Stärken und Verbesserungsbereichen;
3. Möglichkeit zum Informationsaustausch zwischen verschiedenen Unternehmensteilen.

Darüber hinaus bietet diese Methode Unternehmen, die sich in der Zukunft für eine Auszeichnung bewerben möchten, eine gute Möglichkeit, sich darauf vorzubereiten.

1d. Führungskräfte verankern in der Organisation zusammen mit den Mitarbeitern eine Kultur der Excellence.

Anerkennung

Gesetzliche Gehaltsvorschriften erlauben nicht die finanzielle Belohnung von Leistungen und Ergebnissen. Daher haben die Direktoren von Spectrum andere Mittel zur Anerkennung entwickelt. Wenn auch Einzelpersonen für ihren Beitrag gelobt werden, betont Spectrum doch die Teamanerkennung, da fast 80% der Mitarbeiter in Teams arbeiten.

Anerkennung wird systematisch durch die Abteilungsleiter ausgesprochen. Sie werden darin bestärkt, individuelle oder Teamfortschritte zu identifizieren und anzuerkennen. Dafür haben sie mit Hilfe ihrer Mitarbeiter Anerkennungskriterien entwickelt. Teamleiter aller multidisziplinären (MDTs) und anderen Teams werden entsprechend dazu angehalten, wobei die Teammitglieder zuvor gemeinsam die Regeln entworfen haben. Im Zuge bereichsübergreifender Kooperationsbemühungen identifizieren und anerkennen die betroffenen Führungskräfte und/oder Prozesseigner den Fortschritt unter Verwendung der Teamregeln. Um bei aller Flexibilität ein gewisses Maß an Konsistenz sicherzustellen, werden zuvor alle Regeln/Kriterien durch den Ausschuss für Mitarbeiterangelegenheiten (Human Resource Review Committee HRRC) überprüft. Das Erreichen und Übertreffen von Zielen ist das häufigste Anerkennungskriterium.

Eine schriftliche Anerkennung erfolgt im Abschnitt „Im Scheinwerferlicht“ des Wochenblattes „Schnappschüsse“. Führungskräfte sind aufgefordert, Mitarbeiter zu benennen, deren Ergebnisse eine Anerkennung rechtfertigen. Sie sollen auch in ihren monatlichen Teambesprechungen ihren Dank für gute Arbeit zum Ausdruck bringen.

Teams oder Abteilungen, die herausragende Verbesserungen ihrer Ergebnisse erzielen, werden auf Kosten von Spectrum mit einer Abendeinladung belohnt. In den letzten fünf Jahren haben 63 Personen „Im Scheinwerferlicht“ gestanden; 21 Teams (mit insgesamt 91 Mitgliedern) kamen in den Genuss einer Abendeinladung. Beispiele, wofür diese Form der Anerkennung erfolgt ist, sind:

- für die Apotheke wegen des Austausches eines Markenpräparates zur Anwendung bei Psychosen durch ein Generikum,
- für die Arbeitsgruppe, die intensive häusliche Betreuung (Intensive Psychiatric Home-Care IPHC) initiiert hat,
- für die Ambulanz, die ihre Patientenzahl ohne Mehrpersonal erhöht hat.

Bild 4.9 Nachweissammlung durch die Dokumentation in Form einer Award-Bewerbung (Beispiel)

Der Vorteil bei der Erstellung eines ausführlichen Dokumentes gegenüber der Verwendung von Standardformularen besteht in der Möglichkeit, logische Zusammenhänge deutlich beschreiben und die Verbindung zwischen Ergebnissen und den dazugehörigen Vorgehensweisen herstellen zu können.

Die Orientierung an den Vorgaben der Preisvergabeprozesse führt insgesamt jedoch zu einer deutlichen Erhöhung des Aufwandes für die Datenaufbereitung. Es reicht nicht mehr aus, die vorhandenen Aktivitäten in Standardformularen nacheinander aufzulisten und kurz zu beschreiben. Aus jedem Berichtsteil muss ein durchgängig formulierter „Aufsatz" werden. Die Methode erfordert außerdem eine Begrenzung der Nachweise auf maximal 75 Seiten, da längere Ausführungen bei der Bewerbung um einen Preis nicht zugelassen sind. Diese Seitenbegrenzung ist natürlich nur bei einer Bewertung relevant. Dennoch sollte das Dokument lesbar bleiben (vgl. dazu auch die Seitenangaben bei den Standardformularen).

Es besteht weiterhin die Gefahr, dass – ausgelöst durch den Begriff „Bewerbung" – versucht wird, Stärken zu betonen und Verbesserungsbereiche eher nur anzudeuten. Dies ist für eine interne Bewertung jedoch nicht sinnvoll, da es dem Ziel der Selbstbewertung, einer systematischen und objektiven Bewertung eigener Stärken und Verbesserungsbereiche, nicht gerecht wird. Das aktive Engagement und eine entsprechende Vorbildfunktion der Führungskräfte sind deshalb auch hier zwingend erforderlich.

Unternehmen, die erst am Anfang der Selbstbewertung stehen, sollten sich nicht schon im ersten Jahr für diese Methode entscheiden, sondern zunächst mit einfacheren Ansätzen, z. B. den erweiterten Standardformularen, beginnen. In der Praxis hat sich gezeigt, dass eine kontinuierliche Pflege der Dokumentation mit (erweiterten) Standardformularen fast automatisch zu einer Art Bewerbungsdokument führt, da von Jahr zu Jahr immer mehr Formulierungen oder Darstellungen in Form von Flussdiagrammen vorliegen. Damit kann der Schritt zur Dokumentation in Form einer Bewerbung nahtlos und ohne größere Veränderungen vollzogen werden.

4.4.3 Datenaufbereitung

Nach der Datenerhebung im engeren Sinne sind die Ergebnisse zu dokumentieren. Dabei ergeben sich u. a. zwei Aufgaben:

1. Zusammenführung von Daten zu einzelnen Kriterien in einem Gesamtbericht: Hierbei sind vor allem die wechselseitigen Beziehungen zwischen den Kriterien zu berücksichtigen. Ziel ist es, die Konsistenz und Übereinstimmung verwandter oder zusammenhängender Daten sicherzustellen.

2. Aggregation von Daten in größeren Unternehmen mit mehreren Unternehmensbereichen und Standorten (wie oben dargestellt).

Das Gesamtdokument der Datenerhebung liefert Aussagen zu jedem Kriterium. Der Gesamtumfang dieses Dokumentes und die Ausführungen zu einzelnen Kriterien sind begrenzt (siehe oben). Um die Aussagen nachvollziehen zu können, sollten die verwendeten Datenquellen dokumentiert werden, um bei einer nächsten Selbstbewertung wieder darauf zurückgreifen zu können. Darüber hinaus sind alle Verbesserungsvorschläge, die bei der Datenerhebung geäußert wurden, festzuhalten.

Bevor die Assessoren den Gesamtbericht zur Bewertung erhalten, muss er durch die jeweiligen Kriterienverantwortlichen und den Leiter der Unternehmenseinheit bzw. des Unternehmens autorisiert werden. Die Verantwortlichen, meist Mitglieder der Geschäftsleitung, bestätigen dabei, dass die Situation im Unternehmen vollständig und zutreffend dargestellt wird. Der genannte Personenkreis sollte daher nicht nur mit dem Ergebnis konfrontiert, sondern frühzeitig einbezogen werden.

Die Erstellung des Berichts beginnt mit der Dokumentation von Stärken und Verbesserungsbereichen, falls von den Datenerhebungsteams dazu schon Vorschläge formuliert wurden. Eine frühzeitige Strukturierung und elektronische Verfügbarkeit der Daten kann den Aufwand für die Erstellung des Feedback-Berichts wesentlich reduzieren. Der Text sollte - wo immer möglich - durch Grafiken (z. B. Ablaufdiagramme) oder aussagefähige Tabellen unterstützt werden. Dies gilt in besonderem Maße für die Ergebniskriterien, deren Darstellung folgende Aspekte berücksichtigen sollte:

1. Gegenstand der Darstellung: Aussagen zu Relevanz und Evidenz der Daten, Dokumentation von Trends und Fortschritten, Darstellung eigener Ziele, Nachweis der Zielumsetzung und -erreichung, Vergleich mit Konkurrenten und Weltklasse-Unternehmen;
2. Art der Darstellung: Vollständige, einfache und deutliche Darstellung, Dokumentation über möglichst lange Zeiträume, Erläuterung durch aussagefähige Grafiken, Erklärung durch ergänzende Hinweise.

Bei der Datenerhebung wird man ggf. auch auf vertrauliche Inhalte stoßen. Die Verwendung entsprechender Daten ist mit dem jeweils Verantwortlichen abzuklären; ggf. werden absolute Zahlen durch eine Trenddarstellung ersetzt.

4.4.4 Bewertung und Konsensfindung

Die Datenbewertung hat das Ziel, Stärken und Verbesserungsbereiche in den gesammelten Nachweisen zu identifizieren und - sofern gewünscht - eine prozentuale Bewertung für jedes Teilkriterium zu vergeben. Weiterhin kann im Rahmen dieser Konsensfindung eine erste, grobe Priorisierung der Verbesserungsbereiche erfolgen, wenn tatsächlich die oberen Führungskräfte als Assessoren bewerten.

Grundsätzlich sind zwei verschiedene Vorgehensweisen möglich:

1. Ein Konsensmeeting mit Senior Assessor und Assessoren findet statt, nachdem jeder der Assessoren zuvor eine individuelle Bewertung durchgeführt hat.
2. Ein Bewertungsworkshop findet ohne vorherige individuelle Bewertung durch die Assessoren statt.

Eine Erweiterung der Datenbewertung kann erfolgen, indem (zusätzlich zum Senior Assessor) „neutrale Dritte" als Assessoren einbezogen werden. Diese Vorgehensweise wird von der EFQM unter der Bezeichnung „Einbeziehung von Kollegen" vorgestellt.

4.4.4.1 Einzelbewertung durch Assessoren und Konsensmeeting

Ausgangspunkt dieser Vorgehensweise ist die Verteilung der gesammelten Nachweise an alle Assessoren und den Senior Assessor. Diese beurteilen dann den in der Datenerhebung erstellten Bericht zunächst individuell.

Dabei ist eine während der Datenerhebung zugeteilte Kriterienverantwortung nicht mehr von Bedeutung: Im Konsensmeeting diskutieren die Assessoren alle Kriterien, d. h. jeder Assessor muss entsprechend vorbereitet sein und hat deshalb vorab alle Kriterien zu bewerten. Hierzu unterzieht jeder Assessor den Bericht einer Inhaltsanalyse pro Teilkriterium, um Stärken und Verbesserungsbereiche zu identifizieren. Offene Fragen werden für die Klärung im Konsensmeeting festgehalten.

Nachdem die Assessoren unter Berücksichtigung der Bewertungsdimensionen Stärken und Verbesserungsbereiche identifiziert haben, wird - noch immer auf Ebene der Teilkriterien - eine prozentuale Bewertung vergeben.

Diese wird für die jeweils relevanten Bewertungsdimensionen (Vorgehen/Umsetzung/Bewertung und Überprüfung bzw. Qualität/Umfang) getrennt ermittelt. Aus den Ergebnissen für die jeweils relevanten Bewertungsdimensionen wird für jedes Teilkriterium der Gesamterfüllungsgrad ermittelt.[26]

Die Einzelbewertungen der Assessoren müssen in einem nächsten Schritt zu einem ersten groben Gesamtbild verdichtet werden. Hierzu werden die Stärken und Verbesserungsbereiche der Assessoren zusammengeführt und um Mehrfachnennungen einzelner Aspekte bereinigt. In dieser Stufe des Bewertungsprozesses ist es noch nicht das vorrangige Ziel, alle Widersprüche zu beseitigen oder unterschiedliche Meinungen zu diskutieren.

In den meisten Fällen wird der Projektleiter dieses Zusammenführen und Bereinigen durchführen. Um diese Aufgabe zu vereinfachen, ist es ratsam, dass die Assessoren ihre Stärken und Verbesserungsbereiche von Beginn an in einem einheitlichen Textverarbeitungsprogramm erfassen. Das Zusammenführen der Stärken und Verbesserungsbereiche kann - wenn sinnvoll und möglich - auch in einer Art „Vor-Konsensmeeting" erfolgen. Dies bedeutet, dass sich alle Assessoren schon vor dem eigentlichen Konsensmeeting treffen und ihre Ergebnisse diskutieren. Diese Vorgehensweise ermöglicht es, einen großen Teil der Widersprüche zu beseitigen und in der Diskussion mit dem Senior Assessor nur die wesentlichen Differenzen zu behandeln. In dieser Phase werden die prozentualen Bewertungen der einzelnen Assessoren noch nicht zusammengefasst, sondern verbleiben beim jeweiligen Assessor.

Die Liste mit den zusammengeführten Stärken und Verbesserungsbereichen erhält der Senior Assessor zur Vorbereitung des Konsensmeetings. Er kann damit schon vor dem Konsensmeeting feststellen, wo die größten Differenzen auftreten und somit das Konsensmeeting entsprechend planen.

Die individuelle Bewertung durch jeden Assessor erfordert erfahrungsgemäß einen zeitlichen Aufwand von ca. 20–24 Stunden.

Nach der individuellen Bewertung ist im Rahmen eines Konsensmeetings eine einvernehmliche Sicht bezüglich Stärken und Verbesserungsbereichen und eine Konsensbewertung im Sinne einer von allen akzeptierten prozentualen Bewertung zu erzielen.

Das Konsensmeeting wird von einem (unabhängigen) Senior Assessor moderiert. Dabei geht seine Bewertung nicht in die Endbewertung ein, sie dient lediglich als „Koordinatenkreuz". Er hinterfragt die Datenerhebung und die gefundenen Stärken und Verbesserungsbereiche und führt einen Konsens herbei.

Das Treffen beginnt mit einer Einführung durch den Senior Assessor, in der das Ziel des Konsensmeetings verdeutlicht wird, die Grundlagen der Bewertung wiederholt werden und seine eigene Rolle beschrieben wird.

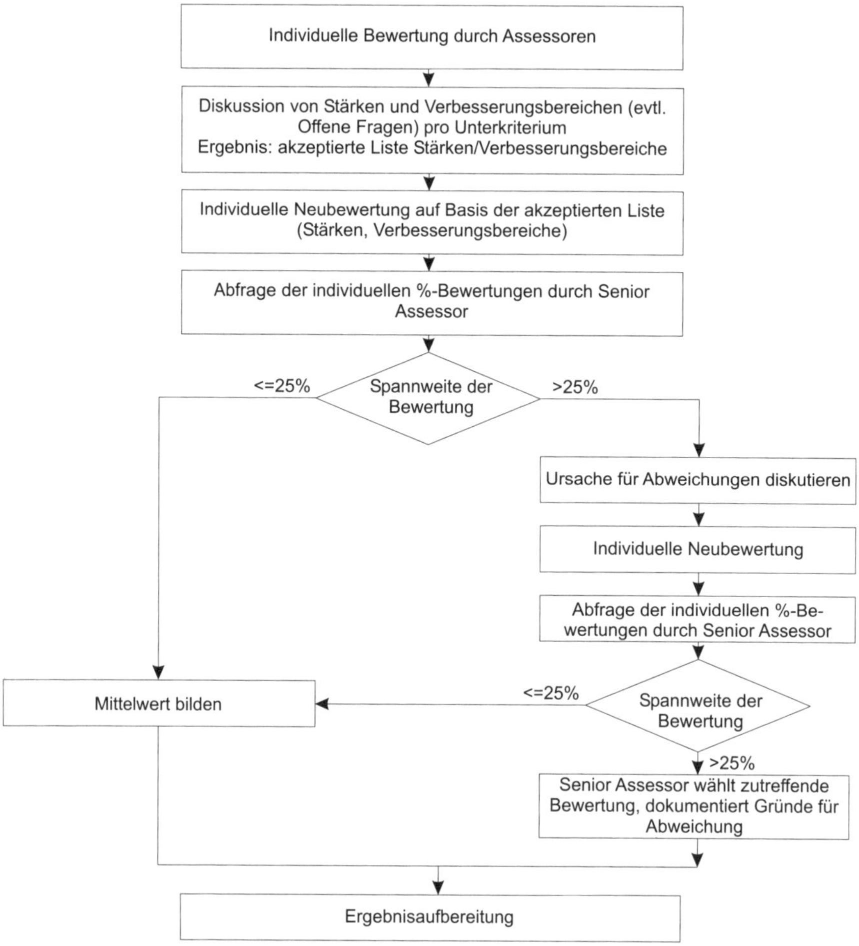

Bild 4.10 Ablauf der Konsensfindung pro Teilkriterium

Anschließend wird für jedes Teilkriterium auf Basis der „zusammengeführten“ Stärken und Verbesserungsbereiche die endgültige Liste erstellt. Dabei sind die Bewertungsdimensionen zu berücksichtigen. Vor allem bei einer ersten Selbstbewertung wird dieser Aspekt häufig vernachlässigt. Den Ablauf der Konsensfindung pro Teilkriterium verdeutlicht **Bild 4.10**.

Nach der Einigung auf Stärken und Verbesserungsbereiche, die den wesentlichen Teil der Diskussion einnimmt, muss jeder Assessor zunächst für sich selbst überlegen, welche prozentuale Bewertung er vergibt. Dabei kann er seine erste Bewertung aus der „Heimarbeit“ verwenden, wenn sich das Diskussionsergebnis nicht wesentlich von seinen ersten Erkenntnissen unterscheidet. Sind jedoch durch die Diskussion neue Erkenntnisse hinzugekommen, wird er in der Regel seine Erstbewertung modifizieren.

Der Senior Assessor fragt die Bewertung aller Assessoren ab. Darauf aufbauend ist die Entscheidung zu treffen, ob ein Mittelwert gebildet werden kann oder ob eine erneute Diskussion erforderlich ist. Die EFQM hat im Preisvergabeprozess die Regel eingeführt, dass bei Abweichungen von maximal 25 %-Punkten der Mittelwert gebildet werden kann. Die Begründung hierfür liegt in der Erfahrung, dass bei Differenzen über 25 % ein qualitativer Sprung entsteht. Diesem Sachverhalt entsprechen auch die Bewertungstabellen: Es existieren entsprechende Beschreibungen für die Bewertungsstufen 0 %, 25 %, 50 %, 75 % und 100 %, d. h. in 25 %-Schritten. Bei einer Differenz von maximal 25 %-Punkten im Assessorenteam liegen alle Assessoren entweder in einem Bewertungsfenster oder dicht oberhalb und unterhalb einer Bewertungsstufe. In diesem Falle kann davon ausgegangen werden, dass die Assessoren ein weitgehend einheitliches Bild hinsichtlich des zu bewertenden Teilkriteriums haben. Dies entspricht dem qualitativen Bewertungskonzept im Rahmen solcher Verfahren, das sich in den Bewertungsdimensionen entsprechend niederschlagen muss.

Bei Abweichungen von mehr als 25 %-Punkten ist dementsprechend davon auszugehen, dass grundlegende Unterschiede in der Einschätzung durch die Assessoren vorhanden sind. Diese Unterschiede können entstehen durch

1. einen unterschiedlichen beruflichen Erfahrungshintergrund, und dadurch bedingt
2. eine unterschiedliche Einschätzung dessen, was als „herausragende" Leistung bezeichnet werden kann,
3. ein abweichendes Verständnis der Bewertungstabellen oder
4. nur durch „Übersehen" einer Stärke oder eines Verbesserungsbereichs bei der Bewertung durch einen der Assessoren.

Die Abweichungen sind im Assessorenteam zu diskutieren. Der Senior Assessor hat darauf zu achten, dass es in dieser Diskussion lediglich um den Austausch der Gründe für die individuelle Bewertung geht, aber nicht um ein „Handeln" um Prozentwerte. In der Praxis hat es sich als geeignet erwiesen, dass die beiden Assessoren mit dem höchsten und tiefsten Wert die Diskussion mit der Begründung ihrer Bewertung eröffnen. Die anderen Assessoren können anschließend ergänzende Argumente einbringen.

Eine individuelle Neubewertung schließt sich an den Austausch der Argumente an. Nach einer zweiten Abfrage der Einzelbewertungen wird in den allermeisten Fällen die Abweichung unter 25 %-Punkten liegen, der Mittelwert kann gebildet werden.

In seltenen Fällen liegt die Differenz immer noch über 25 %-Punkten. In solchen Fällen muss der Senior Assessor die aus seiner Sicht zutreffende Bewertung auswählen. Eine weitere Diskussion ist nicht mehr sinnvoll. Allerdings ist in der Ergebnisaufbereitung festzuhalten, dass es bei einem oder mehreren Teilkriterien sehr hohe Differenzen in der Bewertung gegeben hat.

Nach Abschluss der Bewertung für jedes Teilkriterium kann eine erste grobe Priorisierung vorgenommen werden: Für jedes Teilkriterium wird der Verbesserungsbereich gekennzeichnet, der aus Sicht der Assessoren am wichtigsten ist. Da die Priorisierung Aufgabe der Führungskräfte ist, sollte dieser Schritt jedoch nur dann vollzogen werden, wenn die Führungskräfte tatsächlich die Assessoren sind und diese Aufgabe nicht delegiert haben.

Bei einer dezentralisierten Selbstbewertungsstrategie in großen Unternehmen sollte vermerkt werden, welche Verbesserungsbereiche nicht durch die bewertete Einheit (allein) zu verantworten und zu beheben sind. Dies kann z. B. beim Kriterium „Politik und Strategie“ von Bedeutung sein, da dezentrale Einheiten großer Unternehmen in den Planungsprozess des Gesamtunternehmens integriert sind. Weist der gesamte Planungsprozess Verbesserungsbereiche auf, so werden diese auch in den dezentralen Einheiten zu finden sein.

Das Konsensmeeting dauert zwischen einem und zwei Tagen, wobei vor allem zu Beginn – also bei der ersten Selbstbewertung – eher mehr Zeit investiert werden sollte, da hier häufig auch noch grundsätzliche Verständnis- und Verfahrensfragen diskutiert werden. Die Vorbereitung des Konsensmeetings, vor allem das Zusammenführen der Stärken und Verbesserungsbereiche der einzelnen Assessoren, hat einen deutlichen Einfluss auf die Dauer des Konsensmeetings: Je mehr Redundanzen und Differenzen schon im Vorfeld entfernt werden, desto weniger Zeit wird für das eigentliche Treffen erforderlich sein.

Zum Abschluss des Konsensmeetings wird das weitere Vorgehen – insbesondere hinsichtlich der Ableitung von Maßnahmen – festgelegt.

Die Protokollierung des Konsensmeetings, insbesondere die Aufnahme der Änderungen und Ergänzungen der Stärken und Verbesserungsbereiche auf Basis der im Vorfeld zusammengeführten Daten, übernimmt in der Regel der Projektleiter, da er diese Aufgabe schon im Vorfeld wahrgenommen hat. Ein separater Protokollführer ist dann erforderlich, wenn dem Projektleiter die Beteiligung an der Diskussion ermöglicht werden soll. Der Senior Assessor kann die Dokumentation nicht übernehmen, da er sich vollständig auf die Moderation und die inhaltliche Diskussion konzentrieren muss.

4.4.4.2 Konsensmeeting ohne vorherige Einzelbewertung (Bewertungsworkshop)

Im Unterschied zum Konsensmeeting wird beim „Bewertungsworkshop" ohne vorherige individuelle Bewertung durch die Assessoren gearbeitet. Die Assessoren, die gleichzeitig in der Phase der Datenerhebung Kriterienverantwortliche waren, kommen mit den Informationen über „ihr" Kriterium in den Bewertungsworkshop und stellen ihre Erkenntnisse vor. Im Rahmen des Workshops werden diese Daten zusammengeführt. In der Diskussion ergibt sich ein konsensfähiges Bild des Unternehmens zu jedem Teilkriterium, das nach Stärken und Verbesserungsbereichen gegliedert ist. Zunächst stellt der jeweils verantwortliche Berichterstatter die bislang zusammengetragenen Informationen für jedes Teilkriterium vor. Damit wird der wesentliche Unterschied zum Konsensmeeting deutlich: Die Assessoren führen keine individuelle Bewertung vor der Konsensfindung in der Gruppe durch.

Die Diskussion wird vereinfacht, wenn diese Präsentation schon in Stärken und Verbesserungsbereiche gegliedert ist. Die gesamte Gruppe diskutiert anschließend darüber, inwieweit diese Daten vollständig und inhaltlich zutreffend sind. Gegebenenfalls werden Ergänzungen oder Korrekturen vorgenommen. Dabei sollten sich alle Mitglieder des Teams darüber im Klaren sein, dass es nicht darum geht, die Vorarbeit des Kriterienverantwortlichen zu bewerten oder zu kritisieren. Ziel muss es vielmehr sein, ein umfassendes und angemessenes Bild der Leistungsfähigkeit des Unternehmens zu gewinnen. **Tabelle 4.8** verdeutlicht den Ablauf eines Bewertungsworkshops.

Tabelle 4.8 Ablauf eines Bewertungsworkshops

Zeit	Inhalt 1. Tag	Verantwortlich
vorher	Datenerhebung zu allen Kriterien	Kriterien-verantwortliche
9.00 Uhr	Begrüßung Hinweis auf Bedeutung der Selbstbewertung	Leiter der bewerteten Einheit
	Ziele des Bewertungsworkshops, Einführung in Vorgehensweise, Rolle des Senior Assessors	Senior Assessor
	Befähigerkriterien: Vorstellung und Diskussion der Ergebnisse der Datenerhebung, Stärken und Verbesserungsbereiche, Bewertung (Pausen nach Bedarf)	Kriterien-verantwortliche, Senior Assessor
13.00 Uhr	Mittagspause	
14.00 Uhr	Befähigerkriterien (Forts.): Vorstellung und Diskussion der Ergebnisse der Datenerhebung, Stärken und Verbesserungsbereiche, Bewertung (Pausen nach Bedarf)	Kriterien-verantwortliche, Senior Assessor
19.00 Uhr	Ende 1. Tag	
Zeit	**Inhalt 2. Tag**	**Art**
08.30 Uhr	Begrüßung, kurze Zusammenfassung Tag 1	Senior Assessor
	Befähigerkriterien (Forts.): Vorstellung und Diskussion der Ergebnisse der Datenerhebung, Stärken und Verbesserungsbereiche, Bewertung (Pausen nach Bedarf)	Kriterien-verantwortliche, Senior Assessor
	Ergebniskriterien: Vorstellung und Diskussion der Ergebnisse der Datenerhebung, Stärken und Verbesserungsbereiche, Bewertung (Pausen nach Bedarf)	Kriterien-verantwortliche, Senior Assessor
13.00 Uhr	Mittagspause	
14.00 Uhr	Ergebniskriterien (Forts.): Vorstellung und Diskussion der Ergebnisse der Datenerhebung, Stärken und Verbesserungsbereiche, Bewertung (Pausen nach Bedarf)	Kriterien-verantwortliche, Senior Assessor
	Vereinbarung des weiteren Vorgehens (z. B. Termin für Maßnahmendefinition)	Leiter der bewerteten Einheit
	Review des Bewertungsworkshops	Senior Assessor
16.00 Uhr	Ende 2. Tag	

Es ist Aufgabe des Senior Assessors, eine Atmosphäre des konstruktiven Dialogs zu schaffen, in der eine ergebnisorientierte Diskussion stattfinden kann. Durch seine Erfahrung trägt er dazu bei, ein insgesamt objektives Profil aus Stärken und Verbesserungsbereichen zusammenzustellen. Die Diskussion im Team dient dazu, weitgehende Einigkeit über die im Vorfeld zusammengestellten Informationen zu erzielen. Anschließend nimmt jeder Assessor individuell seine Bewertung für das Teilkriterium vor. Aus den Einzelwerten wird dann die Gesamtbewertung ermittelt, die Vorgehensweise entspricht dem im vorigen Kapitel geschilderten Verfahren beim Konsensmeeting. Auch im Workshop ist eine erste Priorisierung der Verbesserungsbereiche sowie in großen Unternehmen die Kennzeichnung der fremdbestimmten Bereiche möglich und sinnvoll.

Bei dieser Vorgehensweise sind besonders hohe Anforderungen an Qualifikation und Erfahrung des Senior Assessors zu stellen. Im Gegensatz zu einem Konsensmeeting, wie es im vorigen Kapitel dargestellt wurde, hat er hier nicht die Möglichkeit, die erhobenen Daten vorher zu bewerten und Stärken und Verbesserungsbereiche zu identifizieren. Er muss also im Bewertungsworkshop nicht nur die Diskussion moderieren, sondern gleichzeitig entscheiden, wo Stärken und Verbesserungsbereiche liegen. Ergänzend zur „normalen" Qualifikation, die ein Senior Assessor besitzen sollte, ist für die Moderation eines Konsensworkshops zwingend erforderlich, dass er schon mehrere Konsensmeetings als Senior Assessor geleitet hat.[27]

Der Bewertungsworkshop dauert insgesamt zwischen eineinhalb und zwei Tagen. Damit steht pro Teilkriterium ein Zeitraum von ca. 25 Minuten zur Verfügung. Dieser Wert ist jedoch nur als Orientierungshilfe zu verstehen. In der Praxis wird es meist so sein, dass die Kriterien Führung, Politik und Strategie sowie Prozesse längere Zeit in Anspruch nehmen, während vor allem die Ergebniskritierien weniger Zeit benötigen.

Der Workshop sollte nicht beendet werden, ohne das weitere Vorgehen zu beschließen, was meist zur Vereinbarung eines Termins für die Ableitung von Maßnahmen führt.

Die Protokollierung der Workshop-Ergebnisse stellt höhere Anforderungen an den dafür Verantwortlichen als beim Konsensmeeting. Da vorher keine individuelle Bewertung durchgeführt wird, kann auch keine Zusammenführung der Stärken und Verbesserungsbereiche vorab erfolgen. Deshalb sind die Ergebnisse der Diskussion vollständig zu dokumentieren. Dies kann entweder auf Overhead-Folien, auf Flipcharts oder direkt in ein Textverarbeitungsprogramm, für alle sichtbar mit Hilfe eines Beamers, geschehen. Die Dokumentation muss auf jeden Fall so vorgenommen werden, dass direkt im Anschluss an eine Diskussion die Bewertung möglich ist, d. h. eine für alle Teilnehmer sichtbare Visualisierung der Stärken und Verbesserungsbereiche ist erforderlich.

Auch hier gilt, dass entweder der Projektleiter oder ein Protokollführer die Dokumentation übernimmt. Aufgrund der hohen Anforderungen an die Dokumentationsaufgabe können sich auch zwei Personen abwechseln.

4.4.4.3 Erweiterung: Einbeziehung „neutraler Dritter"

Die „Einbeziehung von Kollegen"[28] ist kein völlig eigenständiges Verfahren, sondern lediglich eine Modifikation in der Phase der Datenbewertung.

Die Modifikation bezieht sich auf die Auswahl der Assessoren. In diesem Verfahren werden Assessoren von außerhalb der bewerteten Einheit eingesetzt. Hierbei kann es sich tatsächlich um „Kollegen" aus anderen Einheiten handeln, es ist jedoch auch möglich, Assessoren aus befreundeten Unternehmen zu rekrutieren oder erfahrene Berater einzusetzen.[29]

Bei der Auswahl der Assessoren sind die Kriterien anzulegen, die auch bei der Auswahl interner Assessoren gelten, d. h. auch sie sollten in ihrer eigenen Einheit Führungsaufgaben wahrnehmen.

Ausgangspunkt dieser Vorgehensweise ist eine Dokumentation der Ergebnisse der Datenerhebung. Dieser Bericht wird nun nicht oder nicht ausschließlich von Assessoren aus dieser Einheit bewertet, sondern durch Assessoren aus anderen Bereichen oder Unternehmen.

Der Bewertungsprozess erfährt durch die Einbeziehung von „neutralen Dritten" eine wesentliche Erweiterung: Nach der Konsensfindung – der Bewertung des vorliegenden Berichtes – ist ein zusätzlicher Vor-Ort-Besuch erforderlich, um den Assessoren einen Eindruck zu vermitteln, in welchem Umfang die in der Datenerhebung beschriebenen Aktivitäten tatsächlich umgesetzt werden. Zudem ist ein solcher Vor-Ort-Besuch sinnvoll, um ggf. offene Fragen und Ungereimtheiten in der Datenbasis zu klären.

Voraussetzung für den Vor-Ort-Besuch ist jedoch in jedem Fall eine abgeschlossene Konsensfindung, wie sie in den beiden vorherigen Kapiteln beschrieben wurde. In dieser Konsensfindung werden neben Stärken und Verbesserungsbereichen auch „Themen für den Vor-Ort-Besuch" diskutiert.

Der Besuch in der bewerteten Einheit kann sich dann beispielsweise in drei wesentliche Blöcke gliedern:

1. Interviews und Gespräche mit der Geschäftsleitung, insbesondere zu den Themen Führung, Politik und Strategie und Schlüsselergebnisse,
2. Gespräche mit Vertretern des mittleren Managements hinsichtlich der Kriterien Mitarbeiterorientierung, Ressourcen und Partnerschaften, Prozesse und kundenbezogene Ergebnisse,
3. Gruppengespräche mit Mitarbeitern zu Führung, speziellen Umsetzungsfragen bei Politik und Strategie sowie Mitarbeiterorientierung.

Die genaue Festlegung, welche Themen mit welcher Zielgruppe zu diskutieren sind, muss jedoch im Einzelfall vor dem Hintergrund der Analyse der Dokumentation und der spezifischen Organisationsstruktur erfolgen. Für bestimmte Fragestellungen sind die Gesprächspartner beispielsweise nicht nach ihrer Hierarchieebene auszuwählen, sondern anhand ihrer Funktion (z. B. Marketingleiter für kundenbezogene Ergebnisse, Finanzleiter zum Thema „Management finanzieller Ressourcen“).

Wichtig für den Vor-Ort-Besuch ist eine gute Planung. Die Beantwortung folgender Fragen ist dabei hilfreich:

1. Welche Informationen fehlen noch? Welche Fragen werden gestellt?
2. Welche Standorte sollen besucht werden?
3. Wer soll befragt werden?
4. Wer führt welche Befragung durch?

Bei spezifischen Fragestellungen, zu deren Beantwortung zusätzliche Unterlagen erforderlich sind, ist es sinnvoll, schon vor Beginn des Besuchs dem Befragten mitzuteilen, welche Informationen noch fehlen, um einen reibungslosen Ablauf zu ermöglichen.

Für die Gesprächsrunden mit Mitarbeitern ist eine solche Information meist nicht sinnvoll, da es hier vor allem um Informationen über das Betriebsklima und die tatsächliche Umsetzung der Vorgehensweisen geht. Eine Vorbereitung, um die „richtigen“ Antworten zu geben, ist dem Ziel der Selbstbewertung, der realistischen Einschätzung der Unternehmensleistung, nicht dienlich.

Die Ergebnisse sind möglichst während oder direkt im Anschluss an den Vor-Ort-Besuch zu dokumentieren. Für die Planung und Ergebnisdokumentation bietet sich folgender Aufbau an.

3 Mitarbeiter
3b: Es ist nachzuweisen, wie das Wissen und die Kompetenzen der Mitarbeiter ermittelt, ausgebaut und aufrechterhalten werden.

Themen		*Folgerungen*
1. Höhe des Schulungsbudgets	*Standort:* Unternehmenszentrale *Zu besuchen:* Personalvorstand *Team:* Assessor A, Assessor B	Ca. 25 Mio. € = 4,5% der Personalkosten
2. Ablauf der Schulungsbedarfs-ermittlung	*Standort:* Unternehmenszentrale, Werk 1 *Zu besuchen:* Personalvorstand, zufällig ausgewählte Mitarbeiter *Team:* Assessor A, Assessor B	Systematische Ermittlung des Schulungsbedarfs wurde durch entsprechende Unterlagen nachgewiesen. Review des Verfahrens wurde durchgeführt. Bei zufällig ausgewählten Mitarbeitern konnte praktische Umsetzung des Verfahrens nachvollzogen werden.
Konsensbewertung (%): 40		**Bewertung nach Vor-Ort-Besuch (%): 55**

Bild 4.11 Planung und Ergebnisdokumentation für Vor-Ort-Besuch (Beispiel)

Nach Abschluss des Vor-Ort-Besuchs ist die Konsensbewertung zu überprüfen und auf Basis der gewonnenen Erkenntnisse anzupassen. Dies kann sowohl zu einer Erhöhung als auch zu einer Reduzierung der Bewertung einzelner (Unter-)Kriterien führen.

Für die Dokumentation des Vor-Ort-Besuchs hat der Senior Assessor die Gesamtverantwortung. Da die neutralen Assessoren jedoch in kleinen Teams arbeiten, kann die Verantwortung für die einzelnen Kriterien auch an diese übertragen werden.

4.4.4.4 Psychologische Aspekte der Konsensfindung

Die psychologischen Aspekte der Konsensfindung lassen sich unter der Überschrift „Entscheidung in Gruppensituationen“ oder auch „Gruppendynamik“ zusammenfassen. Dabei geht es zunächst um solche Sachverhalte wie Meinungsführerschaft bzw. Unabhängigkeit. Gibt es in der Assessorengruppe Mitglieder mit unterschiedlicher hierarchischer Zuordnung, so könnte die Gefahr bestehen, dass man sich beim Konsens an der Meinung des höchsten „Hierarchen“, aber auch an der eines „informellen Führers“ orientiert. Um dies auszuschließen, sollte man Methoden finden, die eine gleichzeitige Bewertung ermöglichen. Dies kann aufwändig mit Hilfe elektronischer Abstimmungsmechanismen geschehen, die auf dem Markt angeboten werden. Billiger und einfacher lässt sich dieses Ziel dadurch erreichen, dass jeder Assessor seine Bewertung auf eine Karte schreibt – und diese gleichzeitig hochgehalten werden.

Erfahrungsgemäß führt die Gruppendynamik im Bewertungsprozess nicht selten zu dem Phänomen, dass man sich (zu sehr) an idealen Vorstellungen orientiert - und damit den im realen Kontext üblichen Standard verliert. Hier ist es Aufgabe des Senior Assessors, die Assessoren immer wieder auf den Boden dessen, was derzeit üblich ist, zurückzuholen.

Es ist nicht auszuschließen, dass es auch in Assessorenteams Außenseiterpositionen gibt, die sich als dauerhafte „High- oder Low-Scorer" offenbaren. Es wäre hier wenig förderlich, immer wieder und stundenlang zu diskutieren. Hier ist es die Aufgabe des Senior Assessors, solche Extremurteile auszugrenzen.

4.4.5 Kombination verschiedener Methoden der Datendokumentation und der Bewertung in unterschiedlichen Phasen der Selbstbewertung

Für die Durchführung einer Selbstbewertung sind unterschiedlichste Kombinationen der Verfahren denkbar, nicht alle davon sind jedoch auch sinnvoll. Deshalb sollen in diesem Kapitel die wichtigsten Kombinationsmöglichkeiten kurz beschrieben und anhand verschiedener Kriterien beurteilt werden. Zu beachten ist dabei auch, dass die Kombinationen unterschiedliche Auswirkungen auf den Umfang von Qualifizierung und Datenerhebung haben.

In **Tabelle 4.9** werden die Kombinationen vorgestellt, die grundsätzlich möglich sind und sich auch in der praktischen Anwendung bewährt haben. Dabei ist zu erkennen, dass die Vielfalt an Verfahren, die von der European Foundation for Quality Management vorgestellt wird, sich auf drei grundsätzliche Verfahren beschränkt, bei denen wesentliche Unterschiede im Bereich der Datendokumentation und der Datenbewertung auftreten.

1. Einfacher Workshop-Ansatz
2. Erweiterter Standardformularansatz
3. Simulationsansatz

Tabelle 4.9 Kombinationsmöglichkeiten in verschiedenen Phasen der Selbstbewertung

	Einfacher Workshop-Ansatz	Erweiterter Standardformularansatz	Simulation einer Award-Bewerbung
Qualifizierung	Nur Geschäftsleitung, reduzierte Schulung (1–1½ Tage) in Anlehnung an Führungskräfteschulung (vgl. Kap. 4.3.2.5) möglich	Assessoren und Kriterienverantwortliche aus Geschäftsleitung, Datenerheber (weitere Führungskräfte), Information und Qualifizierung weiterer Personen nach individuellen Erfordernissen	Assessoren und Kriterienverantwortliche aus Geschäftsleitung, Datenerheber (weitere Führungskräfte), Information und Qualifizierung weiterer Personen nach individuellen Erfordernissen
Datenerhebung	Reduzierter Aufwand, nur wesentliche Nachweise, Abstimmung zwischen Kriterienverantwortlichen nicht zwingend vorgesehen	Vollständige Datenerhebung, Methoden nach individuellen Erfordernissen	Vollständige Datenerhebung, Methoden nach individuellen Erfordernissen
Datendokumentation	Einfache Standardformulare	Erweiterte Standardformulare	(Fiktive) Award-Bewerbung
Datenbewertung	Bewertungsworkshop	Individuelle Bewertung und Konsensmeeting	Individuelle Bewertung und Konsensmeeting
Erweiterung: Einbeziehung „neutraler Dritter“	Nicht ausschließlich „neutrale Dritte“ als Assessoren möglich, da Vollständigkeit der Daten überprüft werden muss, als Ergänzung des Assessorenteams denkbar, Notwendigkeit des Vor-Ort-Besuchs individuell zu beurteilen	Möglich, da Dokumentation der Daten aussagefähig, zusätzlicher Vor-Ort-Besuch erforderlich	Sehr gut möglich, da Daten aussagefähig sind und Zusammenhänge zwischen Ergebnissen Vorgehen beschrieben sind, zusätzlicher Vor-Ort-Besuch erforderlich

Weitere Kombinationsmöglichkeiten sind zwar theoretisch denkbar, bergen in der praktischen Umsetzung jedoch Probleme, die ihren Einsatz wenig sinnvoll erscheinen lassen:

4. Eine individuelle Bewertung der einfachen Standardformulare durch alle Assessoren vor einem Konsensmeeting ergibt wenig Sinn, da auf den Standardformularen selbst relativ wenig Informationen enthalten sind und somit die Erklärung durch den jeweiligen Kriterienverantwortlichen erforderlich ist.
5. Die Bewertung einer umfangreichen Dokumentation (erweiterte Standardformulare, fiktives Bewerbungsdokument) erst im Rahmen eines Bewertungsworkshops würde zu viel Zeit beanspruchen, da sehr viele Informationen zu verarbeiten sind. Dadurch wäre es den Assessoren nicht möglich, sich intensiv mit den vorliegenden Daten auseinander zu setzen, was zu Verfälschungen führen würde. Die individuelle Bewertung durch die Assessoren ist Voraussetzung für eine anschließende Konsensfindung.

Bei der Auswahl des geeigneten Verfahrens sind sowohl deren spezifische Eigenschaften als auch die unternehmensbezogenen Rahmenbedingungen (z. B. hinsichtlich verfügbarer Kapazitäten) in Betracht zu ziehen. Die spezifischen Eigenschaften der verschiedenen Verfahren lassen sich anhand folgender Beurteilungskriterien verdeutlichen:

1. Aufwand:
   Die Verfahren unterscheiden sich deutlich hinsichtlich des erforderlichen Aufwandes. Bei der Beurteilung sind sowohl der Aufwand für Erhebung, Dokumentation und Bewertung der Daten als auch erforderliche Schulungsnotwendigkeiten zu berücksichtigen.
2. Geeignete Unternehmensgröße:
   Hier ist vor allem die Mitarbeiterzahl der zu bewertenden Einheit zu berücksichtigen. Weitere Determinanten sind beispielsweise die Anzahl der betrachteten Standorte sowie vorhandene Führungsspannen.
3. Möglichkeit zur Ableitung von Stärken und Verbesserungsbereichen:
   Die Identifikation von Stärken und Verbesserungsbereichen ist ein wesentliches Ziel der Selbstbewertung. Diesem Ziel muss das gesamte Verfahren Rechnung tragen, indem eine Datenbasis geschaffen wird, die dies überhaupt erst ermöglicht.
4. Nachvollziehbarkeit der prozentualen Bewertung:
   Die prozentuale Bewertung und der abschließende Punktwert für eine Einheit sind zwar nur „Nebenprodukte“ der Selbstbewertung, trotzdem muss sich ein Unternehmen darüber im Klaren sein, dass bei der Anwendung verschiedener Ver-

fahren in mehreren Einheiten großer Unternehmen die ohnehin nur begrenzte Vergleichbarkeit der Punktwerte noch weiter reduziert wird. Voraussetzung für eine nachvollziehbare Bewertung ist eine strukturierte und in der bewerteten Einheit akzeptierte Datenbasis.

5. Basis für weitere Selbstbewertungen:
   Das Instrument der Selbstbewertung ist nur dann wirklich hilfreich, wenn es in regelmäßigen Abständen eingesetzt wird, um Stärken und Verbesserungsbereiche zu identifizieren und Maßnahmen abzuleiten. Dies bedeutet jedoch auch, dass in regelmäßigen Abständen erneut Aufwand für eine Selbstbewertung erforderlich ist. Eine entsprechende Ausgestaltung der Dokumentation kann den Aufwand für die Re-Assessments jedoch verringern.

Tabelle 4.10 Beurteilung der Selbstbewertungsverfahren

	Einfacher Workshop-Ansatz	**Erweiterter Standardformularansatz**	**Simulationsansatz**
Aufwand	Gering	Mittel	Hoch
Geeignete Unternehmensgröße	Vor allem für kleine Unternehmen und kleine Einheiten von großen Unternehmen geeignet	Für alle Unternehmensgrößen geeignet	Für kleine Unternehmen nur bedingt geeignet (Aufwand durch Erfüllung formaler Anforderungen hoch)
Ableitung von Stärken und Verbesserungsbereichen	Gut möglich, allerdings stark abhängig von professioneller und erfahrener Moderation	Sehr gut möglich	Sehr gut möglich
Nachvollziehbarkeit der prozentualen Bewertung	Gering bis mittel, stark abhängig von professioneller und erfahrener Moderation	Hoch	Hoch
Basis für weitere Selbstbewertungen	Schlecht, da Stärken/Verbesserungsbereiche und Nachweise nur in Stichworten dokumentiert werden, Aufwand für Re-Assessment unwesentlich geringer	Sehr gut durch ausführliche Dokumentation, Aufwand für Re-Assessment deutlich geringer	Sehr gut durch ausführliche Dokumentation, Aufwand für Re-Assessment deutlich geringer

4.5 Ergebnisse

Um eine systematische Verbesserung einzuleiten, müssen die Ergebnisse der Selbstbewertung im Unternehmen verbreitet werden. Dieser Feedback-Prozess beinhaltet in der Regel drei Bausteine:

1. Feedback-Bericht
2. Feedback-Workshop mit der Geschäftsleitung
3. Kommunikation der Ergebnisse innerhalb der Organisation(seinheit)

4.5.1 Feedback-Bericht

Nach Abschluss der Bewertung sind die Ergebnisse in strukturierter Form aufzubereiten. Ziel ist es,

- Stärken, Verbesserungsbereiche und prozentuale Bewertung übersichtlich und nachvollziehbar darzustellen, um damit
- ein späteres Nachschlagen zu ermöglichen,
- die Basis für Veränderungsmessungen in weiteren Bewertungen zu schaffen,
- eine gemeinsame Grundlage für abzuleitende Maßnahmen zur Verfügung zu stellen und
- die Information aller an der Selbstbewertung beteiligten Personen und weiterer Mitarbeiter zu unterstützen.

Der so genannte „Feedback-Bericht" sollte folgende Bereiche beinhalten:

- Beschreibung des Ablaufs der Selbstbewertung:
  Der Feedback-Bericht soll als Nachschlagewerk dienen. Deshalb ist zu erwarten, dass auch Führungskräfte, die nicht aktiv an der Selbstbewertung mitgewirkt haben, ihn lesen werden. Zur Förderung der Akzeptanz der Ergebnisse ist zwingend erforderlich, dass nachvollziehbar ist, wie Stärken und Verbesserungsbereiche entstanden sind.
- Kurze Beschreibung des Gesamteindrucks (ca. eine Seite):
  Hier wird der Eindruck der Assessoren zusammengefasst. Dies bedeutet, dass für jedes der neuen Kriterien in einem Satz die wesentliche Stärke und der größte Verbesserungsbereich genannt werden. Diese Seite kann beispielsweise auch zur Information eines größeren Mitarbeiterkreises verwendet werden, ohne dass vertrauliche Informationen zu breit gestreut werden. Der Gesamteindruck wird in der Regel vom Senior Assessor formuliert.

- Stärken und Verbesserungsbereiche für jedes Unterkriterium:
  Für jedes Unterkriterium werden Stärken und Verbesserungsbereiche detailliert im Feedback-Bericht dokumentiert. Hierfür kann der „zweite Teil" der erweiterten Standardformulare genutzt werden. Wichtig ist dabei, dass auf Ebene der Unterkriterien keine prozentuale Bewertung genannt wird, um das Augenmerk vollständig auf die inhaltliche Auseinandersetzung mit Stärken und Verbesserungsbereichen zu lenken.

1	**Führung**	Exzellente Führungskräfte fördern und vermitteln die Umsetzung der Mission und Vision. Sie entwickeln die für den nachhaltigen Erfolg der Organisation benötigten Werte und Systeme und setzen diese durch ihr Handeln und ihre Verhaltensweisen um. In Phasen der Veränderung bewahren sie die Konstanz der Zielsetzungen. Wenn nötig, sind solche Führungskräfte in der Lage, die Ausrichtung der Organisation zu ändern und begeistern andere, ihnen zu folgen.
1d		**Es ist nachzuweisen, wie Führungskräfte zusammen mit den Mitarbeitern eine Kultur der Excellence in der Organisation verankern.**

Beispielhafte Ansatzpunkte **können** sein, **wie** Führungskräfte:
- persönlich den Mitarbeitern die Vision, Mission, Werte, Politik und Strategie, Planungen, Ziele und Zielwerte der Organisation kommunizieren;
- die Bemühungen von Teams und Einzelnen auf allen Ebenen der Organisation zeitnah und auf angemessene Weise anerkennen.

1d Stärken
- Anerkennung wird in Jahresgesprächen durch Führungskräfte ausgesprochen.
- Teilweise erkennen Führungskräfte herausragende Leistungen öffentlich oder per E-Mail an.
- Die zweite Führungsebene erkennt Leistungen der Mitarbeiter in Besprechungen und informellen Treffen an.

1d Verbesserungsbereiche
- Keine Systematik bei der Anerkennung von Leistungen und für Kritik nachvollziehbar.
- Keine Überprüfung des eigenen Vorgehens erkennbar.

Bild 4.12 Stärken und Verbesserungsbereiche (erweitertes Standardformular)

- Bewertung der Kriterien und Gesamtbewertung:
  Bei der Darstellung der Bewertung ist der (begrenzten) Genauigkeit des Verfahrens Rechnung zu tragen. Deshalb empfiehlt es sich, keine exakten Prozent- und Punktwerte anzugeben, sondern nur die Bandbreite, in der die Bewertung liegt, zu verdeutlichen. Die genaue Bewertung, die im Konsensmeeting oder Bewertungsworkshop erzielt wurde, wird nicht im Feedback-Bericht festgehalten, sondern verbleibt beim Projektleiter.

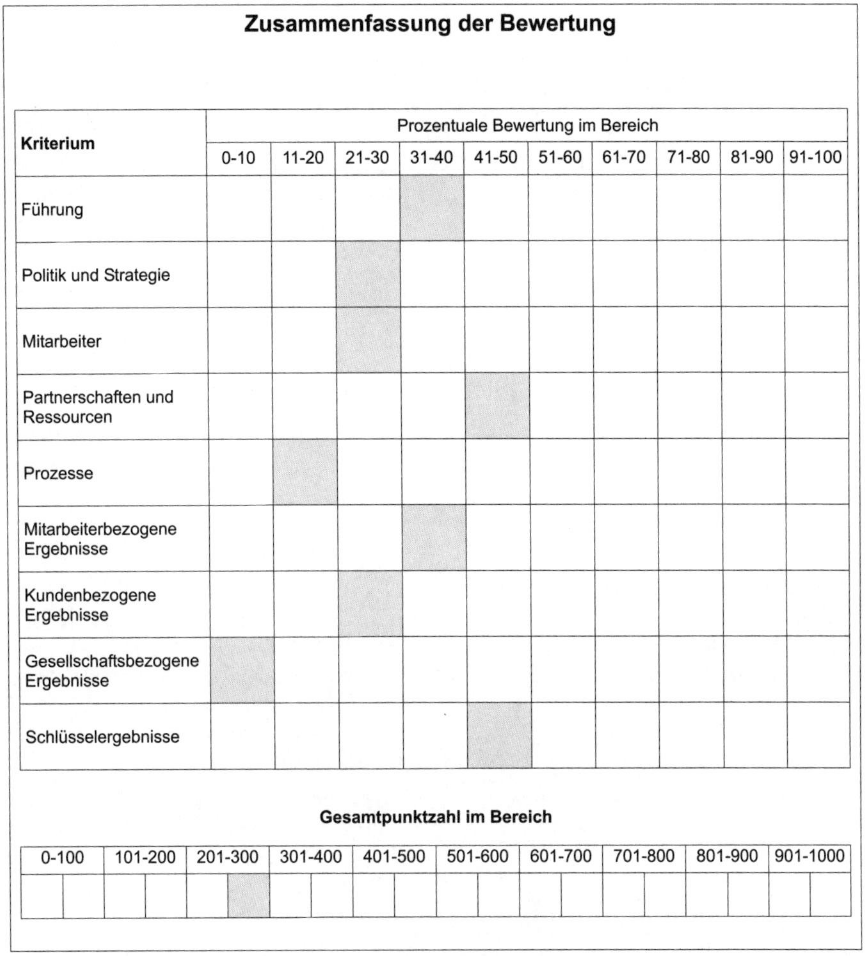

Bild 4.13 Dokumentation der Bewertung im Feedback-Bericht

Eine grundsätzliche Empfehlung zur Erstellung des Feedback-Berichts ist aus dem Rollenverständnis des Assessors abzuleiten: Er ist „neutraler Dritter“, der einen Sachverhalt nach bestem Wissen und Gewissen beurteilt. Er darf daher nicht als Unternehmensberater oder gar „Oberlehrer“ auftreten und der Geschäftsleitung vorschreiben, was sie zu tun hat. Auf dieses Verständnis müssen die Formulierungen in seinem Bericht abgestimmt sein. **Tabelle 4.11** gibt dazu einige Beispiele.

Tabelle 4.11 Formulierung des Feedback-Berichts

Stärken	**Verbesserungsbereiche**
Hilfreich	Hilfreich
„Der Geschäftsführer verschickt handgeschriebene Statements, um sich für besondere Leistungen zu bedanken und die Mitarbeiter weiter anzuspornen." „In vierteljährlichen Vorstandstreffen werden Leistungen und Budgetvorgaben gegenüber den entsprechenden Zielwerten überprüft, um dann Prioritäten und Aktionen neu zu definieren." „Die Ausführung der ISO 9001-Zertifizierung zeigt deutliche Verbesserungen im Prozessmanagement."	„Es gibt viele Aktivitäten mit Kunden und Zulieferern; aber es ist nicht klar, wie die Führungskräfte in diese Aktivitäten eingebunden sind." „Es gibt keine Hinweise darauf, wie die Fähigkeiten von Mitarbeitern mit den Bedürfnissen des Unternehmens in Einklang gebracht werden."
Nicht hilfreich	Nicht hilfreich
„Verbesserungen dargestellt." (Völlig unklar, was gemeint ist; Bezug zur Dokumentation herstellen!) „ISO 9001-Zertifizierung" (Viel zu kurz: vgl. 3. Punkt oben; das Wesentliche herausstellen!)	„Wie ist die Verbindung zwischen Leistung und Bonussystem?" (Frage, keine Aussage; Aussagen treffen, die nachvollziehbare Auswirkungen auf die Bewertung haben!) „Es gibt wenig Hinweise, wie Total Quality bei der Förderung berücksichtigt wird." (Völlig unklar, was gemeint ist; Bezug zur Dokumentation herstellen!) „Die Mitarbeiterbefragung sollte öfter durchgeführt werden und die Daten sollten umfassender verwendet werden." (Formulierung beinhaltet Unternehmensberatung; Kommentare auf Themen beschränken, die sich aus den Kriterien oder den Bewertungstabellen ergeben!)

Um unnötige Diskussionen zu vermeiden, sollte man im Feedback-Bericht auf die fehlende Darstellung einzelner Sachverhalte verweisen. Assessoren lassen sich gelegentlich zu der These verleiten, bestimmte Kriterien seien nicht erfüllt, weil ein systematischer Ansatz des Unternehmens nicht vorhanden sei. Liegen die Verbesserungsbereiche dann in der Darstellung statt in der tatsächlichen Realisierung im Unternehmen, entsteht bei den Betroffenen leicht das Gefühl, ungerecht beurteilt zu werden. Daher bieten sich eher Formulierungen wie „... ist nicht erkennbar" oder „... wird nicht dargelegt" an.

Des Weiteren ist es wenig sinnvoll, in einem Feedback-Bericht zu jedem Unterkriterium eine große Anzahl Stärken und eine große Anzahl Verbesserungsbereiche aufzulisten. Aufgrund begrenzter Ressourcen können nur ausgewählte Maßnahmen eingeleitet werden. Diese beziehen sich deshalb auf wesentliche Verbesserungsbereiche. Es ist deshalb nicht sinnvoll, schon bei der ersten Selbstbewertung alle Details aufzunehmen. Eine Verfeinerung und Detaillierung von Stärken und Verbesserungsbereichen erfolgt mit jeder neuen Selbstbewertung.

4.5.2 Feedback-Workshop

Die Ableitung von Maßnahmen aus der Selbstbewertung ist die Aufgabe des obersten Managements der bewerteten Einheit. Hierzu ist sicherzustellen, dass alle Mitglieder dieser Hierarchieebene die Ergebnisse der Selbstbewertung kennen und verstehen. Dies sollte möglichst durch die Tatsache sichergestellt sein, dass die Top-Führungskräfte als Kriterienverantwortliche bzw. Assessoren aktiv mitgewirkt haben. Auch wenn einzelne Personen der Geschäftsleitung nicht an der Bewertung beteiligt waren, ist ein zusätzlicher „Feedback-Workshop“ nicht unbedingt sinnvoll. Die Information über die Ergebnisse kann durch den Feedback-Bericht und ein bilaterales Gespräch mit einem der Assessoren oder dem Senior Assessor weitergegeben werden.

Sinnvoll ist ein Feedback-Workshop, wenn nur wenige Geschäftsleitungsmitglieder aktiv an der Selbstbewertung mitgewirkt haben. Dies kann z. B. dann der Fall sein, wenn für die Bewertung „neutrale Dritte“ als Assessoren eingesetzt wurden. Als Moderatoren für den Feedback-Workshop kommen der Projektleiter und der Senior Assessor in Frage, in der Anfangsphase ergänzend möglicherweise auch externe Berater.

Einleitend sollten zunächst noch einmal die Grundlagen der Selbstbewertung dargestellt werden. Dabei ist zu erläutern, wie die der Bewertung zugrunde liegenden Daten erhoben und ausgewertet wurden. Ein objektives Ergebnis hängt von ehrlichen Antworten der Mitarbeiter ab. Da es sich um eine Selbstbewertung handelt, spiegeln die Daten die Sicht der Befragten wider und sind insofern subjektiv gefärbt. Diese Einflüsse sind bei der qualitativen Bewertung, d. h. der inhaltlichen Ermittlung von Stärken und Verbesserungsbereichen weitgehend unkritisch. Sie kommen jedoch zum Tragen, sobald es um eine zahlenmäßige Bewertung geht. In diesem Zusammenhang ist deutlich darauf hinzuweisen, dass die Ermittlung eines Zahlenwertes im Rahmen einer qualitativen Beurteilung niemals exakt sein kann. Sie sollte sich daher auf eine grob gestufte Skala mit Segmenten von 25 % stützen (0 %, 25 %, 50 %, 75 %, 100 %). Ein Endergebnis von 467 Punkten täuscht eine Scheingenauigkeit vor, die jeder sachlichen Grundlage entbehrt. Derartige Werte kommen nicht durch exakte Messung zustande, sondern durch Mittelung der Ergebnisse innerhalb des Assessorenteams. Die Ergebnisse sollten daher in der Anfangsphase eher Klassen (z. B. „nicht begonnen", „gewisse Fortschritte", „beträchtliche Fortschritte", „vollständig erreicht" wie im EFQM-Fragebogen für Einsteiger) zugeordnet werden.

Die Diskussion im Feedback-Workshop sollte sich nicht auf die erreichten Zahlenwerte konzentrieren, sondern auf Stärken und Verbesserungsbereiche innerhalb des Kriterienmodells. Dabei ist es sinnvoll, das Modell „von rechts nach links zu lesen" und dem Vorschlag von Conti zu folgen, Prozesse als Mittelinstanz zwischen Potenzialfaktoren bzw. Befähigern und Ergebnissen zu sehen (vgl. **Bild 4.14**).

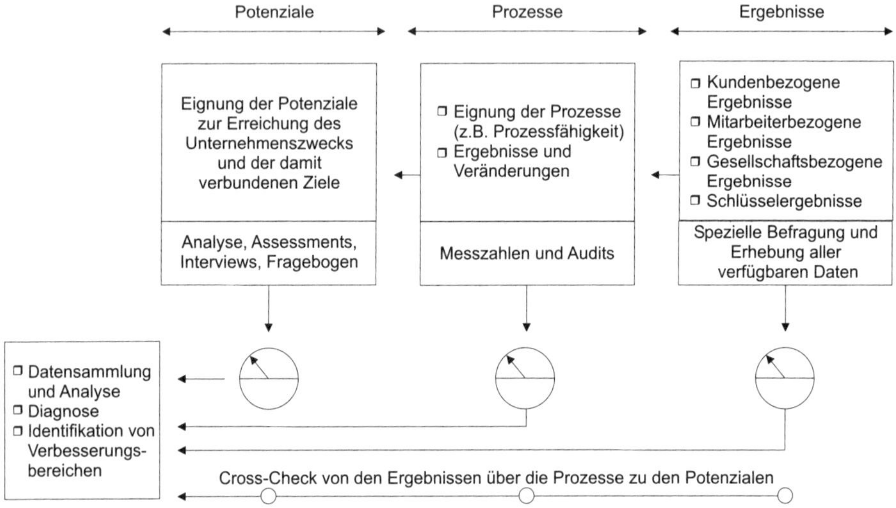

Bild 4.14 Analyse der Selbstbewertungsergebnisse[30]

Bei dieser Analyse ist allerdings die zeitliche Verzögerung zwischen den Ergebnissen und den übrigen Elementgruppen zu berücksichtigen: Die Ergebnisgrößen sind in der Regel aktuell. Die diesen zugrunde liegenden Entscheidungen und Handlungen (Potenziale und Prozesse) liegen dagegen in der Vergangenheit. Eine Veränderung des Reklamationsprozesses wird beispielsweise erst in Zukunft die Kundenzufriedenheit positiv beeinflussen. Dieser Zusammenhang spielt zwar für die Bewertung selbst nur eine untergeordnete Rolle. Er muss jedoch bei der Ableitung von Korrekturmaßnahmen berücksichtigt werden.

Die Kriterienmodelle, die für die Selbstbewertung herangezogen werden können, enthalten im Allgemeinen etwa 30 Teilkriterien. Beim ersten Durchlauf wird es nicht schwer fallen, für jedes Teilkriterium mindestens zwei Verbesserungsbereiche zu finden. Damit ergeben sich oft mehr als 60 Veränderungsvorschläge. Es wäre fatal, all diese Maßnahmen und Projekte gleichzeitig in Angriff zu nehmen. Hier muss das Management die wirklich wichtigen Maßnahmen auswählen. Eine ABC-Analyse kann dabei den jeweiligen Beitrag zur Erreichung der Unternehmensziele visualisieren. Die Projekte mit der höchsten Bewertung sind dann bezüglich ihrer Umsetzbarkeit (z. B. finanzielle Restriktionen, Widerstände etc.) zu diskutieren.

Tabelle 4.12 Beiträge einzelner Projekte zur Zielerreichung

	Unternehmensziele					
Projekte	**A**	**B**	**C**	**D**	**E**	**Bewertung**
I	0	2	1	3	0	6
II	4	2	4	0	2	12
III	3	2	0	3	0	8
IV	1	4	4	0	1	10
...	...	...	...	...	...	...

Legende:	0	kein Beitrag
	1	geringer Beitrag
	2	durchschnittlicher Beitrag
	3	hoher Beitrag
	4	sehr hoher Beitrag

Am Ende des Workshops sollte ein Maßnahmenplan stehen, der die für die Umsetzung Verantwortlichen benennt. Im Idealfall sind dies diejenigen Mitglieder der Geschäftsführung, die bei der Datenerhebung für das jeweilige Kriterium zuständig waren. Außerdem sollte in jedem Fall ein neuer Termin für die Fortschrittskontrolle vereinbart werden.

Feedback-Workshops für Folgebewertungen unterscheiden sich in der Vorgehensweise von den bisherigen Ausführungen dadurch, dass ein Review der Maßnahmen aus vorhergehenden Bewertungen hinzukommt. Durch wachsende Erfahrung mit der Selbstbewertung auf der Grundlage umfassender Managementkonzepte gewinnt überdies die vertiefende Analyse von Zusammenhängen zwischen einzelnen Kriteriengruppen bzw. Kriterien an Bedeutung, wie sie in den Strukturmodellen der „Qualitätspreise" zum Ausdruck kommen. Entsprechende Darstellungen finden sich beispielsweise schon in früheren Versionen des Malcolm Baldrige National Quality Award.

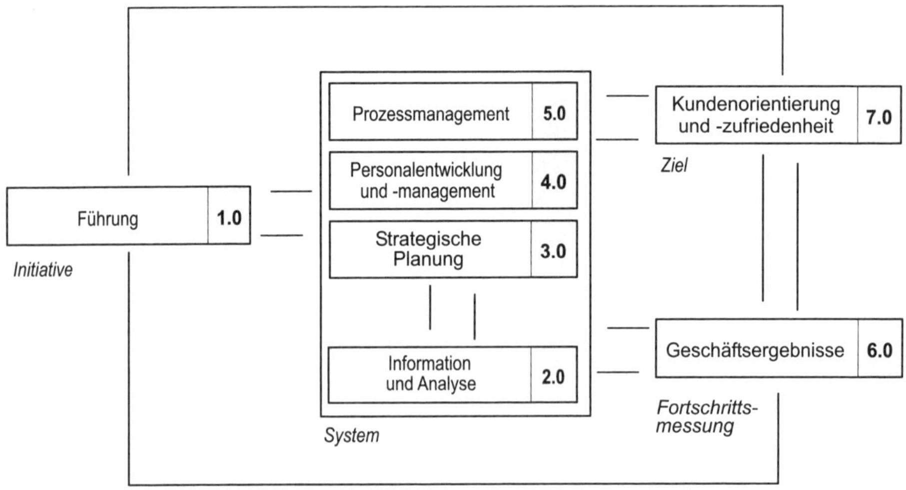

Bild 4.15 Kriterienmodell des Malcolm Baldrige National Quality Award 1995[31]

Diese Darstellung verdeutlicht die hervorgehobene Rolle des (oberen) Managements („Senior-Executive Leadership") als treibende Kraft im (Business) Excellence-Prozess. Die System- oder Potenzialfaktoren beinhalten optimal definierte und gestaltete Prozesse, eine systematische Personalentwicklung sowie einen strukturierten Planungsprozess. Außerdem umfassen sie die Verwaltung und Nutzung von Informationen als unterstützende Funktion. Dadurch werden die strukturellen Voraussetzungen geschaffen, um Kundenanforderungen zu erfüllen und Unternehmensergebnisse zu verbessern.

1997 wurde die inhaltliche Struktur des Modells modifiziert; die Kriterien wurden neu gruppiert. Dadurch entstand die Rubrik „Business Results", die alle Geschäftsergebnisse zusammenfasst und inhaltlich der Gruppe der Ergebniskriterien im EFQM-Modell für Excellence nahe kommt. Der MBNQA stützt sich in seiner aktuellen Fassung auf sieben Schlüsselgrößen bzw. -konzepte, die er durch einen systemischen Ansatz miteinander verknüpft. **Bild 4.16** zeigt die entsprechenden Zusammenhänge.

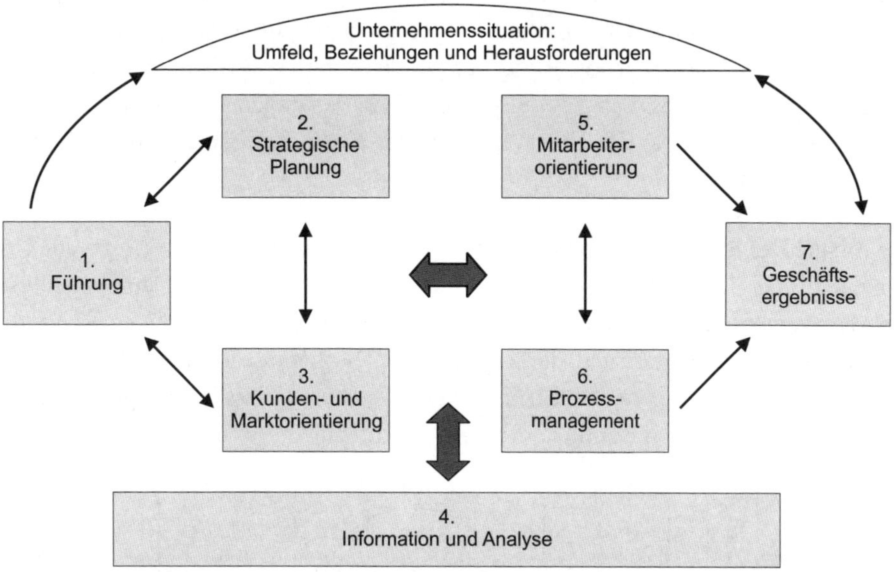

Bild 4.16 Kriterienmodell des Malcolm Baldrige National Quality Award 2003[32]

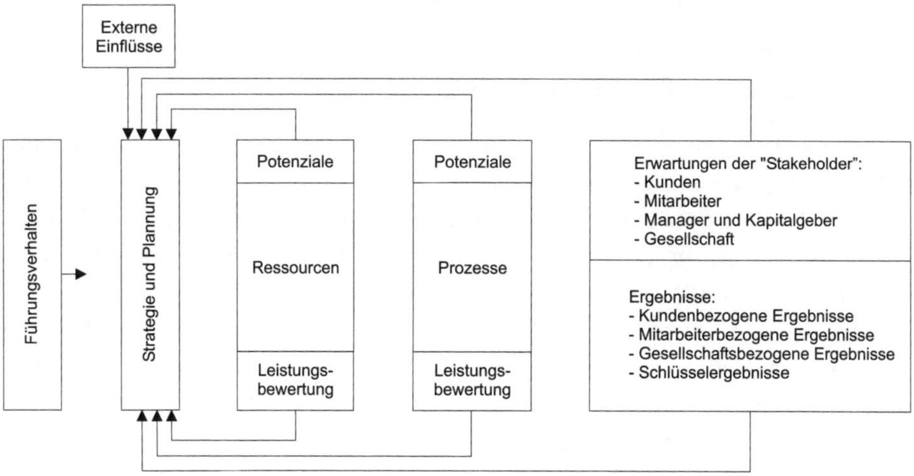

Bild 4.17 Modellelemente nach Conti[33]

Conti verknüpft die beiden Strukturmodelle des MBNQA (siehe **Bild 4.17**). Er zeigt, dass Unternehmen oder Organisationen verschiedenen Interessengruppen gerecht werden müssen. Die Umgruppierung der Modellkriterien verdeutlicht die zentrale Rolle der Unternehmensstrategie. Diese muss die Erwartungen verschiedener Interessengruppen erfüllen. Das Führungsverhalten übt einen dominierenden Einfluss auf deren Umsetzung aus.

Die Inhalte der Ergebniskriterien beziehen sich auf Leistungen und Erfolge des Unternehmens bei der Erfüllung des Unternehmenszwecks. Dieser wiederum beeinflusst alle Managemententscheidungen. Damit ergibt sich ein geschlossener Regelkreis, der im **Bild 4.18** grob vereinfacht dargestellt wird. Die herausragende Bedeutung des Führungsverhaltens darf den Blick nicht dafür verstellen, dass Führungskompetenz ihrerseits wiederum ein wesentlicher Potenzialfaktor ist.

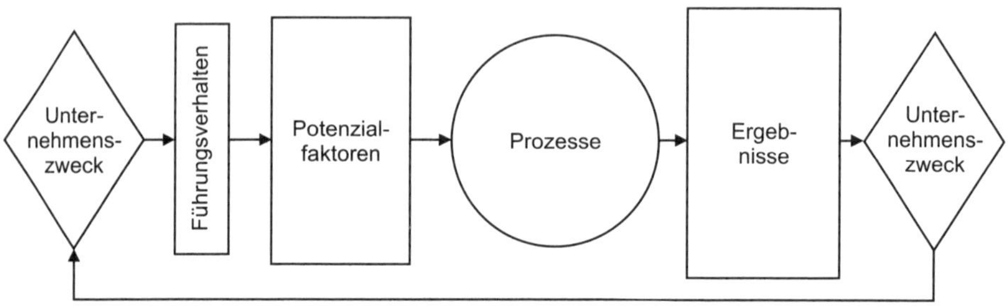

Bild 4.18 Erfüllung des Unternehmenszwecks als Bewertungsziel

Meist bestehen zwischen den einzelnen Kriterien keine linearen Wirkungszusammenhänge: Ergebnisse und Potenzialfaktoren („Befähiger") sind nicht monokausal verknüpft, Veränderungen der Ergebnisse meist auf mehrere Ursachen zurückzuführen. Zur Visualisierung bieten sich in diesem Fall Ursache-Wirkungs-Diagramme an,[34] deren Aufbau **Bild 4.19** zeigt. Dieses Instrument unterstützt die Problemstrukturierung und die grafische Darstellung einseitiger Abhängigkeiten. Bei höheren Komplexitätsgraden oder detaillierteren Analyseanforderungen kommen z. B. Matrix-Darstellungen in Anlehnung an Quality Function Deployment in Betracht.[35] Dabei kann eine Unterstützung durch Software-Tools hilfreich sein.

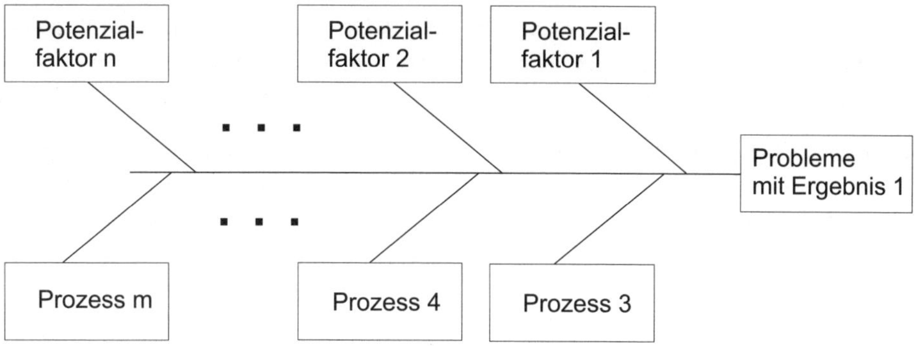

Bild 4.19 Ursache-Wirkungs-Diagramm

4.5.3 Verbreitung der Ergebnisse im Unternehmen

Das Vorgehen zur Verbreitung der Ergebnisse im Unternehmen, d. h. zur Information aller Mitarbeiter über die Ergebnisse, muss sich an den Erfahrungen und Kenntnissen zur Selbstbewertung orientieren.

Diente ein erstes „Pilotprojekt" im Rahmen eines Workshops zur Sammlung von Erfahrungen, sind alle Beteiligten schon über das Ergebnis informiert. Wurde ein „traditioneller" Ansatz gewählt, so hat man in aller Regel den Feedback-Bericht als Möglichkeit zur Dokumentation und den Feedback-Workshop zur Bekanntmachung der Selbstbewertungsergebnisse. Diese beschränken sich jedoch auf eine relativ begrenzte Zielgruppe. Es ist daher notwendig, zunächst alle beteiligten und betroffenen Mitarbeiter zu informieren, die nicht am Feedback-Workshop teilgenommen haben.

Darüber hinaus ist es jedoch durchaus sinnvoll, die Ergebnisse der Selbstbewertung im gesamten Unternehmen bekannt zu machen. Als Basis hierfür kann der im Feedback-Bericht enthaltene Gesamteindruck dienen.

Als Informationskanäle können die genutzt werden, die sich auch schon zur Bekanntgabe der Durchführung der Selbstbewertung bewährt haben:

1. Im Rahmen einer Betriebsversammlung informiert der Leiter der bewerteten Einheit die Mitarbeiter über die Ergebnisse der Selbstbewertung.
2. Informationen werden top-down über die „normale Besprechungskaskade" verbreitet.

3. Schriftliche Informationen in Rundschreiben oder unternehmensinterne Publikationen können ergänzend zur Kommunikation in Versammlungen oder Besprechungen eingesetzt werden.

Es hat sich in der Praxis bewährt, mit der Informationsweitergabe so lange zu warten, bis neben den wesentlichen Eindrücken, die in der Selbstbewertung gewonnen wurden, auch schon darüber informiert werden kann, welche konkreten Maßnahmen abgeleitet wurden.

Die Integration der Selbstbewertung in den Planungsprozess in Kombination mit einem Policy Deployment-Konzept und einer entsprechenden Zielvereinbarung ermöglicht es weiterhin, jedem Mitarbeiter zu verdeutlichen, welche Auswirkungen die Maßnahmen aus der Selbstbewertung für seine eigene Arbeit haben.

4.5.4 Integration in den strategischen Planungsprozess

Ob Selbstbewertung ein Programm wie viele andere wird oder bleibt, hängt wesentlich von der Umsetzung der Ergebnisse ab.[36] Das übergeordnete Ziel des Konzepts besteht in der Förderung des Verbesserungsprozesses. Insofern müssen die Ergebnisse der Selbstbewertung in konkrete Maßnahmen münden. Damit ergeben sich folgende Fragen:

1. Welche und wie viele Projekte sollen bearbeitet werden?
2. Ist die Planung der Verbesserungen Teil der Unternehmensplanung oder handelt es sich um isolierte Projekte?

Die erste Frage sollte – wie oben dargestellt – im Feedback-Workshop durch das Management beantwortet werden. Dabei müssen mögliche Verbesserungsprojekte mit Prioritäten versehen werden, um personellen und finanziellen Restriktionen Rechnung zu tragen. Die Verabschiedung konkreter Verbesserungsprojekte durch das Management stellt darüber hinaus sicher, dass auch die nötige Unterstützung für die Umsetzung gewährleistet ist. Dies ist in besonderem Maße bei cross-funktionalen oder cross-divisionalen Problemen erforderlich.

Dennoch ist die Einbindung des Managements im Rahmen des Feedback-Workshops noch kein Garant dafür, dass die Selbstbewertung nicht nur ein Programm für einen begrenzten Zeitraum bleibt. Dies ist nur durch eine Integration in die tägliche Arbeit, d. h. in bestehende Planungs- und Bewertungsprozesse des Unternehmens zu erreichen. Dieser Aspekt wird im Übrigen durch die Bewertungsdimensionen zu den

Befähigerkriterien im EFQM-Modell erfasst. **Bild 4.20** zeigt die Verknüpfung von Selbstbewertung und strategischer Planung.

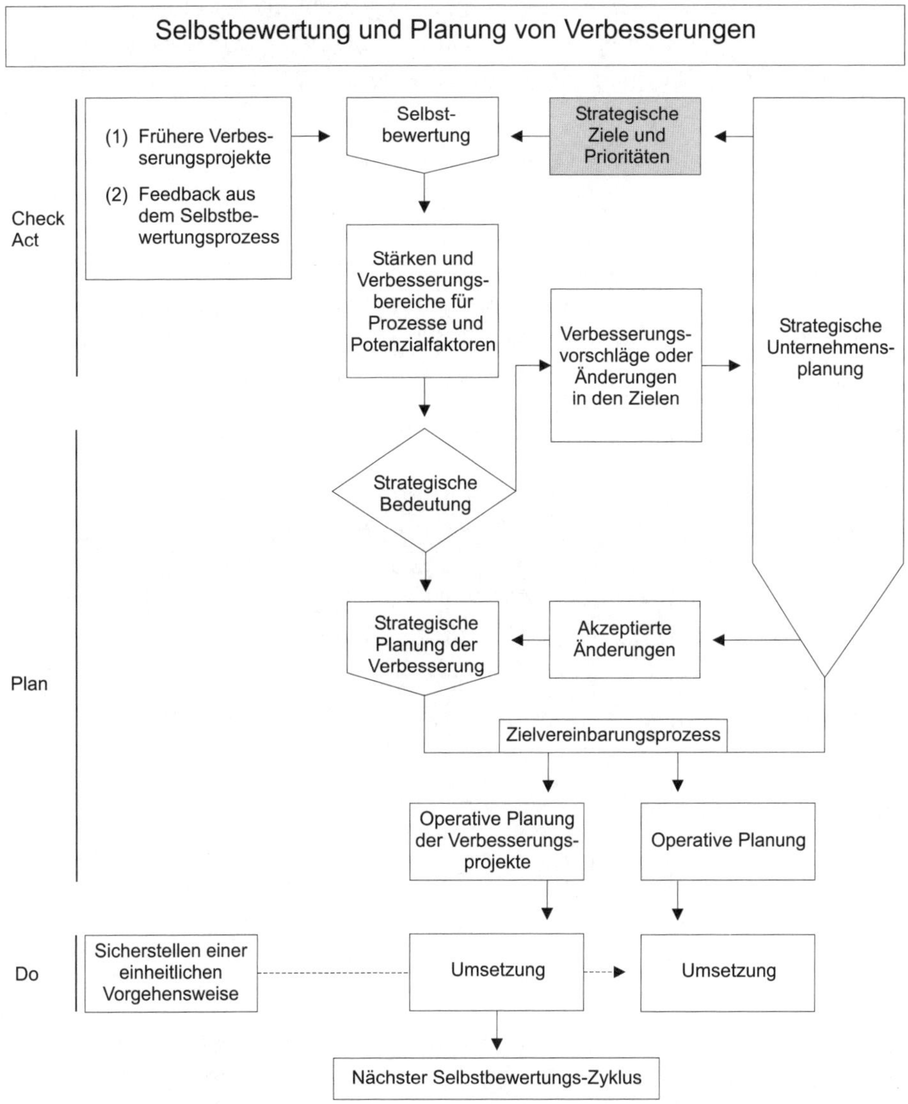

Bild 4.20 Verknüpfung von strategischer Planung und Selbstbewertung[37]

Conti zeigt zwar die Zusammenhänge zwischen Selbstbewertung und strategischer Unternehmensplanung, er unterscheidet in der Umsetzung jedoch zwischen „operativer Planung“ und „operativer Planung von Verbesserungsprojekten“. Dadurch entsteht u. U. der Eindruck, dass es sich um getrennte Prozesse handelt, für die auch unterschiedliche Personen zuständig sind. In der Einführungsphase ist dies vielleicht vorstellbar, aber spätestens nach einigen Erfahrungen mit der Selbstbewertung sollte ein Konsolidierungsprozess eintreten. Er führt zur Integration der Selbstbewertung in den Planungs- und Zielformulierungsprozess, wie **Bild 4.21** zeigt.

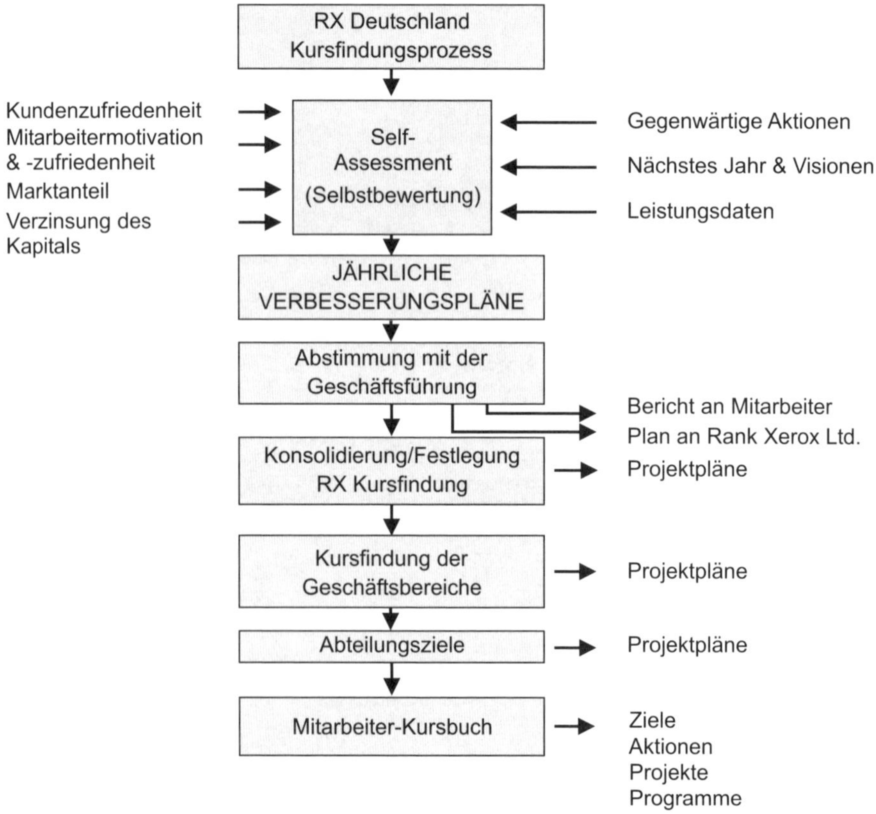

Bild 4.21 Integration der Selbstbewertung bei Rank Xerox[38]

Neben der Einbindung in den Planungsprozess kann die Selbstbewertung auch dadurch dauerhaft etabliert werden, dass das Controlling mit den Ergebnissen arbeitet. Dies hat den Vorteil, dass abgeleitete Maßnahmenpläne und deren Umsetzung nicht Gegenstand eines unabhängigen Projekt-Controllings sind, sondern gemeinsam mit allen anderen Maßnahmen verfolgt werden. Auch Zuständigkeiten und Rechenschaftspflichten sowie die regelmäßige Fortschrittskontrolle bedürfen keiner eigenständigen Regelung.

Die Integration der Selbstbewertungsergebnisse in bestehende Planungs- und Bewertungsprozesse hat darüber hinaus den Vorteil, dass sich das Denken und Handeln „ganzjährig" an den Kriterien und damit am EFQM-Modell für Excellence als „Geschäftsmodell" (Business Model) ausrichtet und nicht nur für die Zeit der Selbstbewertung. Außerdem werden nicht nur diejenigen eingebunden, die in den Bewertungsprozess unmittelbar involviert sind, sondern alle Führungskräfte und Mitarbeiter im Unternehmen.

Die Integration der Selbstbewertung in den strategischen Planungsprozess ist an eine Reihe von Voraussetzungen gebunden. Dazu gehört z. B. eine sinnvolle zeitliche Abstimmung. Die Selbstbewertung muss so weit vor dem Planungszyklus liegen, dass die entsprechenden Ergebnisse vorliegen bzw. der Feedback-Workshop abgeschlossen ist, wenn der Planungsprozess im Unternehmen anläuft. Andererseits kann mit der Selbstbewertung erst begonnen werden, wenn die Ergebnisse und Informationen aus der Vorperiode vorliegen und die prinzipiellen strategischen Entscheidungen für die Folgeperiode getroffen sind. Im Rahmen der Selbstbewertung wird dann geprüft, ob die Ziele der Vorperiode erreicht wurden und inwiefern Prozesse und Potenzialfaktoren geeignet erscheinen, Ziele der Folgeperiode abzusichern. Die bei der Bewertung ermittelten Verbesserungsbereiche gehen – nach der Prioritätensetzung durch das Management – in die Planung der Folgeperiode ein. Diesen zeitlichen Zusammenhang zeigt **Bild 4.22**.

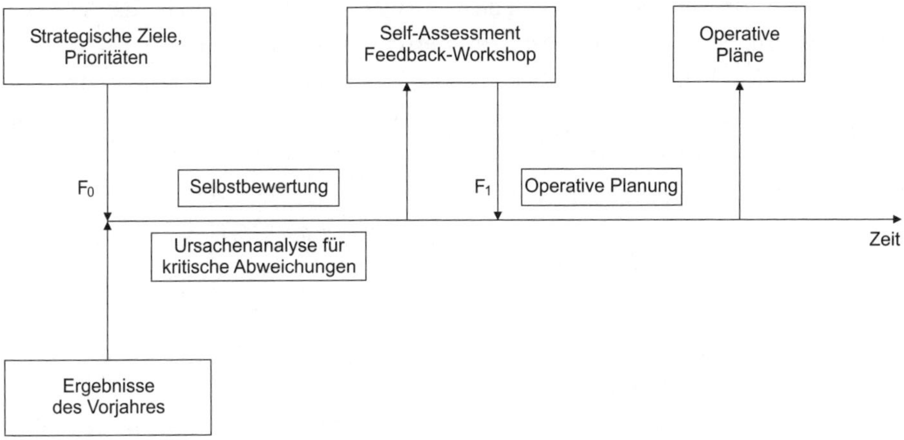

Bild 4.22 Zeitlicher Zusammenhang von Planung und Selbstbewertung[39]

Im Hinblick auf den zeitlichen Zusammenhang zwischen strategischer Planung und Selbstbewertung ist ein weiterer Punkt von besonderer Bedeutung, der bereits mehrfach angesprochen wurde: Die Selbstbewertung untersucht einerseits Ergebnisse und deckt dabei ggf. Leistungsdefizite („Performance Gaps“) auf. Andererseits werden Potenzialfaktoren (Befähiger) analysiert und dabei Fähigkeits- oder Kompetenzdefizite („Capability Gaps“) bestimmt. Diese Betrachtung und damit die erforderlichen Maßnahmen beziehen sich auf unterschiedliche Zeithorizonte:

1. kurzfristig: Reaktion auf Leistungsdefizite oder unbefriedigende Ergebnisse, um Periodenziele zu erreichen;
2. längerfristig: Aus- und Aufbau von Kompetenzen, um Zukunftsszenarien gerecht werden zu können.

Ein umfassender Selbstbewertungsansatz muss sich mit beiden Aspekten auseinander setzen. Er unterstützt einerseits eine schnelle und flexible Reaktion auf veränderte wirtschaftliche oder gesellschaftliche Rahmenbedingungen, andererseits aber auch einen langfristigen, strategischen Planungsprozess, der die gestaltende Auseinandersetzung mit der Unternehmenszukunft beinhaltet.

Dieses Verständnis steht möglicherweise im Gegensatz zu einer engen (TQM-) Interpretation, die ausschließlich die Kunden- und Marktorientierung, d. h. eine Ausrichtung an von außen vorgegebenen Anforderungen, in den Mittelpunkt stellt. Selbstbewertung wird in diesem Zusammenhang als Grundlage für einen Prozess der kontinuierlichen Verbesserung (oft im Verständnis von KAIZEN, d. h. einer Verbesserung in kleinen Schritten) angesehen. Umfassende Konzepte, die auf Organizational Excellence abzielen, dürfen sich jedoch nicht in reaktiven, durch Kunden- und Marktanforderungen bestimmten Strategien erschöpfen, sondern müssen Innovationen auch (proaktiv) auf der Grundlage eigener Ressourcen und Kompetenzen vorantreiben. Dies setzt den langfristigen Aufbau von Erfolgspotenzialen voraus; die Selbstbewertung liefert in diesem Zusammenhang die Grundlage zur Bewertung der Defizite („Gaps“) zwischen vorhandenen und erforderlichen Potenzialen.

Damit ergeben sich drei Aufgaben der Unternehmensführung, die im englischen Sprachraum mit den Begriffen „Daily Management“, „Continuous Improvement Management“ und „Breakthrough Management“ beschrieben werden. Während kontinuierliche Feedback-Schleifen im „Daily Management“, d. h. im Tagesgeschäft, Prozesssicherheit gewährleisten, trägt die Selbstbewertung dazu bei, die beiden anderen Felder abzudecken. Insbesondere über „Breakthrough“-Ziele wird Innovation im Hinblick auf „Hardware“ (z. B. neue Techniksysteme) und „Software“ (z. B. neue Führungs- oder Entlohnungskonzepte) in das System integriert.

Ein weiterer Aspekt betrifft die Verknüpfung von Strategie und Umsetzung. Dazu bietet sich z. B. das an früherer Stelle schon erwähnte Konzept der Balanced Scorecard an, dessen grundlegende Idee mit dem EFQM-Modell für Excellence vergleichbar ist. Im Mittelpunkt des EFQM-Modells steht die ganzheitliche Bewertung; das Konzept der Balanced Scorecard dagegen zielt vor allem auf die Zielentfaltung und -umsetzung. Daher liegt es nahe, beide Ansätze miteinander zu verknüpfen.

Ausgangspunkt sind strategische Überlegungen hinsichtlich unterschiedlicher Zukunftsszenarien sowie die Ergebnisse der Selbstbewertung auf der Grundlage des EFQM-Modells für Excellence. Daraus werden Ziele und Steuerungsgrößen für die Unternehmensführung abgeleitet, die in der Scorecard zusammengefasst werden.

Durch kontinuierliche Verbesserung und die Zufriedenstellung der Kunden sollen Ergebnisse erzielt werden, die die Erwartungen der Aktionäre erfüllen und gleichzeitig die Grundlage für Investitionen in Prozesse und Personalentwicklung schaffen. Bessere Prozesse und Qualifizierung wiederum helfen den Mitarbeitern, die Kunden zufrieden zu stellen.

Die Scorecard bildet das „Steuerungsinstrument“ für diesen Prozess. Sie beinhaltet für jeden der oben genannten Bereiche eine Anzahl von Zielen und entsprechende Maßzahlen. Dadurch werden eine kontinuierliche Messung und Beurteilung der Unternehmensleistung möglich. Somit entsteht ein geschlossener Regelkreis für die Unternehmensführung. Gleichzeitig werden Zusammenhänge zwischen kurz- und langfristigen Zielen für alle Mitarbeiter deutlich. Zur weiteren Konkretisierung wird die Unternehmensscorecard in Scorecards für Unternehmensbereiche heruntergebrochen. Mess- oder Zielkriterien werden mit den betroffenen Führungskräften diskutiert. Die Fortführung dieses Prozesses endet schließlich bei Zielvereinbarungen mit Teams und einzelnen Mitarbeitern. Damit wird eine einheitliche Zielausrichtung aller organisatorischen Einheiten und Mitarbeiter angestrebt. Einer der größten Vorteile besteht darin, dass nun jeder Mitarbeiter des Unternehmens den Zusammenhang zwischen seiner eigenen Tätigkeit und übergeordneten Plänen verstehen kann.

4.6 Review des Vorgehens

Das EFQM-Modell für Excellence und alle anderen internationalen Bewertungskonzepte dieser Art beinhalten die Frage, ob das gewählte Vorgehen einer regelmäßigen und strukturierten Überprüfung unterzogen wird. Dies muss damit auch für das Vorgehen bei der Selbstbewertung gelten.

Das Review kann in drei wesentliche Blöcke unterteilt werden:

1. Grundsätzliche Fragen zur Selbstbewertung
2. Beurteilung der ersten Selbstbewertung („Pilotselbstbewertung“)
3. Fragen zur Gestaltung weiterer Selbstbewertungen

Die grundsätzlichen Fragen zur Selbstbewertung stellen ggf. den Nutzen eines solch umfassenden Bewertungskonzeptes insgesamt in Frage. Es handelt sich damit um die Entscheidung, ob weitere Selbstbewertungen auf der Grundlage von Excellence-Modellen folgen sollen.

Grundsätzliche Fragen zur Selbstbewertung (Beispiele)

1. Wurden die für die Selbstbewertung gesetzten Ziele erreicht?
2. Welcher Nutzen ergab sich aus der Anwendung des Bewertungskonzepts für das Unternehmen?
3. Ist eine erneute Selbstbewertung unternehmensweit durchsetzbar bzw. durchführbar?

Der zweite Fragenblock bezieht sich auf den gerade abgelaufenen Selbstbewertungsprozess. Er hinterfragt die einzelnen Schritte und ist deshalb unternehmensspezifisch zu gestalten. Die Fragen haben folglich nur beispielhaften Charakter.

Beurteilung der Pilotselbstbewertung (Beispiele)

1. War die Betrachtungsebene, d. h. die bewertete Einheit, für die Selbstbewertung geeignet?
2. Wurden bei der Planung der Selbstbewertung alle wichtigen Themen berücksichtigt?
3. Waren die Schulungen für die verschiedenen Zielgruppen geeignet?
4. Welche Probleme sind in der Phase der Datenerhebung aufgetreten? Wurden z. B. Informationen in einzelnen Bereichen nicht oder nur zögerlich bereitgestellt?
5. Waren die ausgewählten Methoden für die Datendokumentation und die Datenbewertung geeignet?
6. Wie ist der Ablauf des Konsensmeetings bzw. des Bewertungsworkshops zu beurteilen (z. B. hinsichtlich Teamgröße, Leitung durch Senior Assessor, Bereitschaft zu offener Diskussion und realistischer Bewertung)?

7. Ist die Form des Feedback-Berichts geeignet, um die Ergebnisse zu dokumentieren und weiteren Mitarbeitern zugänglich zu machen?
8. Wie ist die Zusammensetzung des Teams der Pilotselbstbewertung zu beurteilen? Waren alle maßgeblichen Unternehmensbereiche an der Selbstbewertung beteiligt? Haben sich die Führungskräfte der bewerteten Einheit aktiv an der Selbstbewertung beteiligt?
9. Was passiert mit den Ergebnissen der Pilotselbstbewertung?

Der letzte Teil des Reviews hat zum Ziel, aus den gewonnenen Erkenntnissen Konsequenzen für zukünftige Selbstbewertungen abzuleiten.

Fragen zur Gestaltung weiterer Selbstbewertungen (Beispiele)

1. Welche Betrachtungsebene ist für Selbstbewertungen im Unternehmen sinnvoll?
2. In welchem Umfang müssen zeitliche und finanzielle Ressourcen für eine Selbstbewertung bereitgestellt werden?
3. Wie soll zukünftig mit den Ergebnissen der Selbstbewertungen in den einzelnen Bereichen umgegangen werden (z. B. hinsichtlich Vertraulichkeit)?
4. Wer sollte aktiv an Datenerhebung und -bewertung beteiligt sein? Welche Personen/Bereiche sollten auf jeden Fall in die Selbstbewertung (als Datenerheber und/oder als Assessor) eingebunden sein?
5. Ist in diesem Zusammenhang die Formulierung eines klaren Anforderungsprofils für Assessoren/Datenerheber hilfreich?
6. Ist eine personelle Trennung der eigentlichen Bewertung und der Datenerhebung sinnvoll (z. B. aus Kapazitätsgründen)?
7. Welche Schulungs-, Informations- und Kommunikationsmaßnahmen sind bei der Einführung der Selbstbewertung sinnvoll (z. B. Vorstandsbriefing?)
8. Ist das Unternehmen bereit, nach einer Selbstbewertung – unabhängig von der Betrachtungsebene – tatsächlich Maßnahmen abzuleiten?

Die Überprüfung kann um spezifische Fragestellungen des Unternehmens ergänzt werden. So ist die Frage nach der Vorgehensweise zur unternehmensweiten Einführung der Selbstbewertung in Großunternehmen ein wichtiger Aspekt, da ein Mittelweg gefunden werden muss zwischen einer Überforderung der gesamten Organisation durch Schulungsmaßnahmen u. Ä. sowie einer zu langen Verzögerung in Teilen der Organisation, was zu einer deutlich unterschiedlichen Entwicklung der verschiedenen Unternehmensteile führen würde.

Die Review-Ergebnisse müssen in den an früherer Stelle thematisierten Leitfaden zur Selbstbewertung einfließen.

4.7 Probleme bei der Einführung

Selbstbewertung auf der Basis von Excellence-Modellen kann zu einem „mächtigen" Managementinstrument werden. Für die Unternehmensführung bietet sie einen ganzheitlichen, systematischen Ansatz, um zur kontinuierlichen Weiterentwicklung der Organisation beizutragen. Das Konzept hilft, Schwächen des traditionellen, ausschließlich an finanziellen Ergebnissen orientierten Rechnungswesens zu überwinden, indem es auch die Analyse und Bewertung von Potenzialfaktoren einbezieht. Selbstbewertung kann jedoch genauso zu einer Spielwiese für wenige „Freaks" werden, wenn sie zu einem nur punktuell eingesetzten Instrument degeneriert.

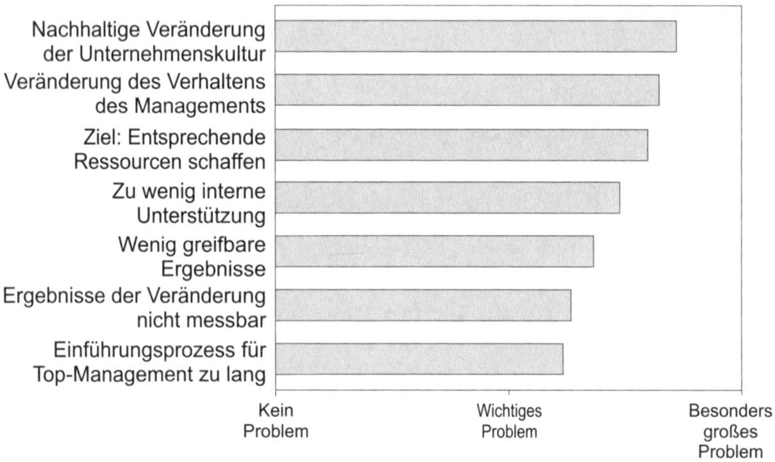

Bild 4.23 Probleme bei der TQM-Einführung

Einführung und Nutzung dieses Instruments sind nicht einfach! Hinter dem Konzept einer ganzheitlichen Bewertung steht die Idee ganzheitlicher Unternehmensführung. Diese setzt in vielen Fällen eine veränderte Unternehmenskultur sowie neue Einstellungen beim Management voraus. Solche Veränderungen lassen sich nicht kurzfristig herbeiführen und insbesondere nicht erzwingen. Wie schwierig dieser Prozess ist, zeigen schon sehr frühe Untersuchungen zu Ursachen von Misserfolgen bei der Einführung von TQM (vgl. **Bild 4.23**). Daher kann man Dyason und Kaye in ihrer Argumentation folgen: „Tatsächlichen Erfolg kann man nur dann erzielen, wenn man Manager und Business Excellence gleichzeitig entwickelt."[40]

5 Zusammenfassende Bewertung und Ausblick

In einem zunehmend komplexer werdenden Umfeld werden andere Methoden der Unternehmensführung bzw. zu deren Bewertung benötigt als in der Vergangenheit. Die hier dargestellten Excellence-Modelle, insbesondere das EFQM-Modell für Excellence, liefern Ansätze, die in diesem Kontext hilfreich sein können. Dabei geht es vorrangig um eine neue Form des „Berichtswesens" bzw. der Datenerhebung und der darauf aufbauenden Bewertung, die dann auch die Grundlage für neuere Instrumente des Policy Deployment, wie z. B. die Balanced Scorecard, liefert.

Da diese Instrumente eher in der industriellen Praxis denn in der Theorie entstanden sind, haben sie nach wie vor auch einige Verbesserungsmöglichkeiten. Dennoch ist zunächst festzustellen, dass sie im Gegensatz zu den alten Instrumenten, wie z. B. dem traditionellen Rechnungswesen, einige Vorteile aufweisen.

Neben einer Orientierung an den wesentlichen Anspruchsgruppen der Organisation (Kunden, Kapitalgeber, Mitarbeiter, Partner und Gesellschaft) überwinden sie die Vergangenheitsorientierung, indem sie sich auch mit Potenzialfaktoren beschäftigen. Die Erweiterung der Ergebnispalette um Kunden- und Mitarbeiterdaten liefert gleichzeitig Ansätze für ein Frühwarnsystem. So wird eine Verschlechterung der kundenbezogenen Ergebnisse ohne Zweifel zu schlechteren finanziellen Ergebnissen führen.

Wenn nun solche Konzepte als alternative Methoden der Unternehmensbewertung zu verstehen sind, stellt sich natürlich auch die Frage nach der Güte dieser Bewertung. Ähnlich wie bei der Nutzwertanalyse werden hier qualitative und quantitative Daten auf eine „dimensionslose" Prozentpunkteskala transformiert. Beim europäischen Modell wird für die mittleren Bewertungsbereiche eine Skalendistanz von 25 %-Punkten angenommen. Dies ist insofern plausibel, als solche Unterschiede allgemein als qualitative Sprünge akzeptiert sind. Da die einzelnen Bewertungsbereiche zumindest beim größeren Teil der Befähigerkriterien nur sehr allgemein beschrieben sind („kein Nachweis", „einige Nachweise", „Nachweise", „klare Nachweise" und „umfassende Nachweise"), muss die Transformationsleistung vom Bewerter erbracht werden, was eine entsprechend große Erfahrung voraussetzt. Inwieweit dadurch Probleme des gleichen Abstands zwischen Merkmalsausprägungen (Äquidistanz) bzw. der Validität des Urteils ausgeräumt werden können, bleibt fraglich. Ähnlich anderer Bewertungskonzepte, wie z. B. der Arbeitsbewertung, wäre eine Ergänzung durch „Brückenbeispiele" sehr hilfreich. Darüber hinaus wäre auch eine bessere verbale Beschreibung der Skalen sinnvoll (statt z. B. „no evidence" für Skalenwerte zwischen 0 und 10 %). Dennoch kann diese Problematik für die praktische Anwendung insofern vernachlässigt werden, als die Bewertung einerseits immer als Teambewertung angelegt ist und andererseits die quantitative Bewertung lediglich ein Hilfskonstrukt zum Sichtbarmachen unterschiedlicher Interpretationen ein und derselben Situation sein sollte. Die oben angesprochenen Weiterentwicklungen sind allerdings sowohl für die Ausbildung von Assessoren als auch für die Durchführung von Wettbewerben hilfreich, da damit die teilweise immer noch großen Streuungen bei Erstbewertungen deutlich reduziert werden könnten.

Neben diesen formalen Aspekten zur Bewertungsgüte stellt sich die Frage nach dem Bewertungsumfang bzw. der Bewertungskomplexität. Im EFQM-Modell für Excellence wird dies zunächst durch das RADAR-Konzept repräsentiert, das nach dem Review von 1999 ab 2000 eingeführt wurde. Der Vorteil dieses Ansatzes liegt in der klaren Ausrichtung auf die Ergebnisse und dem vermeintlich geschlossenen Regelkreis. Bei der Analyse der Bewertungstabellen wird sichtbar, dass es bei der Bewertung der Ergebnisse im Hinblick auf „Qualität" und „Umfang" geblieben ist, während die Befähigerkriterien mit dem „RADAR"-Ansatz bewertet werden. Das bedeutet in der Praxis, dass Konzepte und deren Umsetzung – ohne den Kontext mit den Ergebnissen herzustellen – zu überprüfen sind und ein Lernfortschritt ebenso nachzuweisen ist wie die Tatsache, dass daraus Verbesserungsmaßnahmen abgeleitet wurden. Insofern stellt sich die Frage, ob das angestrebte Ziel ggf. nicht logischer und etwas weniger komplex mit dem australischen ADRI-Zyklus zu erreichen ist. Approach, Deployment, Results und Improvement (ADRI) bilden einen geschlossenen Regelkreis und stellen die erforderlichen Verbesserungen von Konzept und Umsetzung in den Kontext der damit erzielten Ergebnisse. Das australische Business Excellence Model hat zwar einen anderen Aufbau wie das EFQM-Modell für Excellence, indem keine „offizielle" Trennung zwischen Befähiger- und Ergebniskriterien stattfindet, de facto gibt es jedoch ein Ergebniskriterium.

Wenn Komplexität auch etwas mit der Anzahl der relevanten Unterkriterien zu tun hat, die zu adressieren sind, so stehen den 32 Unterkriterien des EFQM-Modells 21 beim Australian Business Excellence Model und 2003 erstmals 19 statt 18 beim Malcolm Baldrige Performance Excellence Model gegenüber. Die Areas to Address sind von 29 auf 32 angestiegen, während die Anzahl beim EFQM-Modell 200 übersteigt. Obwohl die Ansatzpunkte in offizieller Lesart nur als Beispiele zu verwenden sind, werden sie in der Praxis nicht selten als „Checkliste" abgearbeitet.

Trotz dieses nicht unerheblichen Umfangs muss die Frage nach der Vollständigkeit der Kriterien immer wieder gestellt werden, was z. B. beim Malcolm Baldrige Performance Excellence Model zu einer nahezu jährlichen Überarbeitung führt.

Für das EFQM-Modell für Excellence ist zunächst festzustellen, dass durch das „Refreshment" in 2002 einige wesentliche Konzepte der jüngeren Vergangenheit aufgenommen wurden.

Die folgenden Abbildungen zeigen die Integration der Themenfelder „Corporate Governance" und „Corporate Social Responsibility":

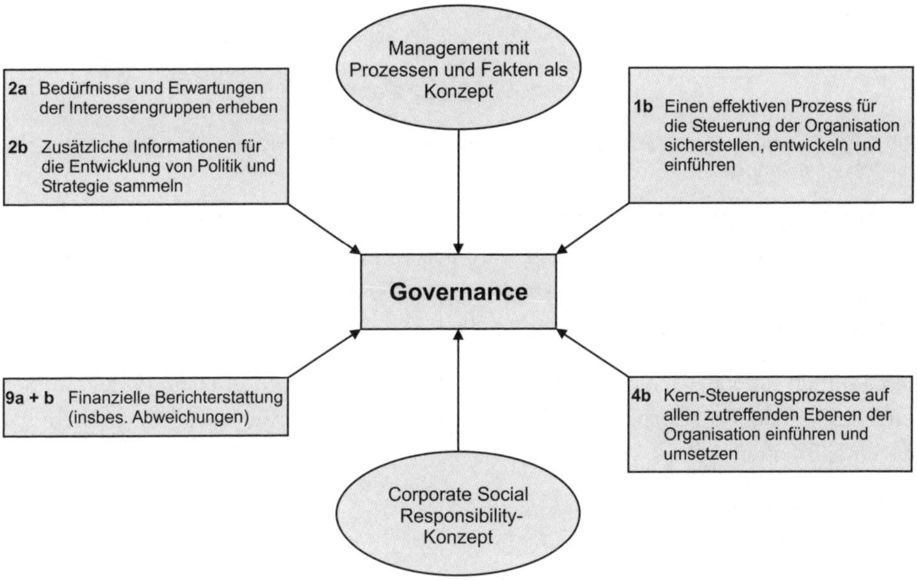

Bild 5.1 Die Integration von Corporate Governance in das EFQM-Modell für Excellence[1]

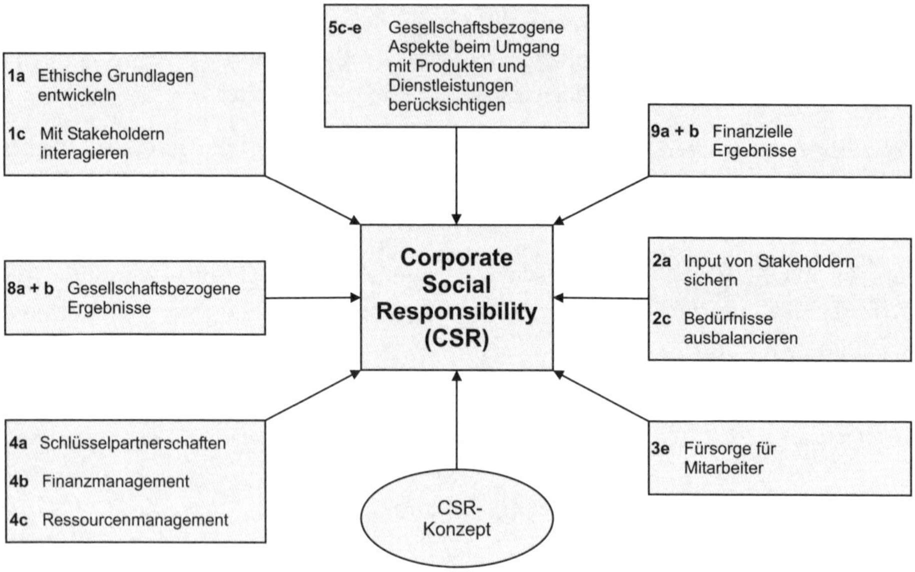

Bild 5.2 Die Integration von Corporate Social Responsibility in das EFQM-Modell für Excellence (ausgewählte Verknüpfungen)[2]

Die auf der Grundlage der Modellüberarbeitung entwickelten Broschüren beinhalten unter der Überschrift „Roter Faden durch das Modell“ eine Darstellung, die diese, aber auch weitere Zusammenhänge zwischen mehr oder minder aktuellen Konzepten und den Teilkriterien des EFQM-Modells zeigt.[3]

Dazu zählen – neben den im **Bild 5.1** und **Bild 5.2** wiedergegebenen, derzeit aktuellen Themenfeldern „Corporate Governance“ und „Corporate Social Responsibility“ folgende Inhalte:

- Kommunikation
- Kreativität und Innovation
- Kunden
- Wissen
- Markt und Marktverständnis
- Mitarbeiter
- Prozessmethodologie
- Lieferanten und Partner
- Nachhaltigkeit

Darüber hinaus findet sich auch eine Darstellung, die die Verknüpfung zwischen „Fundamental Concepts“ und den Modellelementen wiedergibt. Dies hilft dem Anwender, diese Zusammenhänge besser zu verstehen.[4]

Vergleicht man das Modell in seiner 2002 überarbeiteten Version zunächst mit den internationalen „Konkurrenten“ aus Australien, Japan und den USA, so kann man feststellen, dass in diesen die oben skizzierten Themenbereiche entweder schon immer vorhanden waren („Market Focus“) oder ebenfalls in der jüngsten Vergangenheit integriert worden sind („Governance“ und „Social Responsibility“). Teilweise jedoch auch mit einer expliziteren Gewichtung: So hat der Japanese Quality Award ein eigenes Kriterium „Social Responsibility of Management“ eingeführt.

Man muss allerdings auch feststellen, dass im europäischen Modell nach wie vor einige Aspekte nicht oder zu wenig betont werden. Das betrifft insbesondere den Begriff der Innovation, den das Modell zwar als Grundkonzept enthält und der auch in die Bewertung integriert ist. Die explizite Integration in ein Kriterium auf der obersten Ebene wäre jedoch überlegenswert (im australischen Modell: „Leadership and Innovation“). Ein weiteres Grundkonzept, das sich in allen anderen Modellen findet, betrifft „Agility“. In einem Umfeld, in dem auch Zeit zum Wettbewerbsfaktor geworden ist, muss eine entsprechende Reaktionsfähigkeit zum „Basiszielkatalog“ auf der obersten Ebene gehören. Der Japanese Quality Award ergänzt „Social Responsibility“ explizit um „Environment Preservation“ und hat darüber hinaus auch noch das Thema „Fairness“ als Grundwert. Hier erscheint auch die nicht zu unterschätzende Thematik der „Globalisierung“.

Ein weiterer bisher kaum betrachteter Sachverhalt betrifft „virtuelle“ Organisationen bzw. den Tatbestand zeitlich begrenzter Netzwerke.

Der Logik des Aufbaus des EFQM-Modells folgend, würde man erwarten, dass alle Potenzialfaktoren auch zu entsprechenden Ergebniskriterien führen. Ehrlicherweise muss man allerdings festhalten, dass Versuche der EFQM zur Vergrößerung der Kriterienzahl an den (berechtigten) Interessen all jener Organisationen gescheitert sind, die zuvor tausende Mitarbeiter nach dem alten Modell geschult haben.

Wie an früherer Stelle schon einmal erwähnt, ist das EFQM-Modell durch Einführung der RADAR-Methodik deutlich anspruchsvoller, weil stringenter, geworden. Wenn allerdings das RADAR-Element „Assessment and Review“ nun verlangt, die Effektivität der Ansätze und deren Umsetzung zu messen, aus den Messergebnissen in Verbindung mit Benchmarking zu lernen und das Gelernte dann in Verbesserungsmaßnahmen umzusetzen, sollte man innerhalb der Teilkriterien nicht noch einmal nach Verbesserungsmaßnahmen fragen. Während die Effektivität der Ansätze zu messen ist, und das Verstehen von Abweichungen dann auch zu Verbesserungsmaßnahmen führen soll, hat das Modell für die Ergebnisgrößen einen solchen Prozess nur implizit vorgesehen. Ergebnisse sollen auf Ursachen (Aktivitäten im Bereich der Befähiger) zurückzuführen und mit Zielen verbunden sein, eine Verbindung zwischen unbefriedigenden Ergebnissen in der Vorperiode mit entsprechenden Maßnahmen und Zielen wird nicht explizit gefordert. Mit anderen Worten: Die Verknüpfung zwischen Ergebnissen in der Vergangenheit und Zielen (Ergebnissen für die Zukunft) wird nur indirekt thematisiert bzw. unterstellt.

Der Wunsch, beim Review 2002 die Zahl der Teilkriterien bei 32 zu belassen, hat – wegen der Hinzufügung eines neuen Teilkriteriums zum Thema „Wandel" bei Kriterium 1 – zur Notwendigkeit geführt, an anderer Stelle zwei Teilkriterien zusammenzulegen. Dass dies die beiden wichtigen Themenfelder „Schlüsselprozesse" und „Policy Deployment" betraf, scheint nicht sehr glücklich. Schon bei der Revision in 2000 wurde die Thematik „Schlüsselprozesse", die zuvor im Kriterium 5 (Prozesse) einen breiten Raum einnahm, in einer deutlich verkürzten Version dem Kriterium 2 (Politik und Strategie) zugeordnet. Wenn nun durch Zusammenlegung mit den Aufgaben des Policy Deployment eine weitere „Abwertung" erfolgt, scheint dies der Bedeutung von Schlüsselprozessen und kritischen Erfolgsfaktoren im Excellence-Prozess nicht mehr gerecht zu werden.

Trotz dieser eher kritischen Anmerkungen bleibt abschließend festzuhalten, dass Excellence-Modelle nicht alle Aspekte einer Unternehmensführung abdecken können, wenn sie gleichzeitig handhabbar bleiben sollen. Auch kurzfristig auftretende und ergebnisrelevante volkswirtschaftliche Verwerfungen wird man nicht berücksichtigen können. Dennoch helfen die Modelle insbesondere noch nicht exzellenten Unternehmen oder Organisationen zunächst auf der inhaltlichen Ebene aktuelle Entwicklungen, aber auch einige fundamentale Prinzipien in ihre Überlegungen zu integrieren. Alle Excellence-Modelle setzen bestimmte thematische Schwerpunkte: Von Anfang an war dies die Binsenweisheit, dass die Ausrichtung auf den Kunden besonders wichtig ist. Im Laufe der Zeit wurden Inhalte angepasst, wie z. B. im Themenfeld Mitarbeiterorientierung. Andere Aspekte – wie „Corporate Governance" oder „Corporate Social Responsibility" – sind erst in jüngerer Vergangenheit neu hinzugekommen.

Ein weiterer, ebenso wichtiger Sachverhalt ist die Ausrichtung auf kontinuierliche Verbesserung. Durch regelmäßige Selbstbewertungen und die damit verknüpfte Einbeziehung der strategischen Anspruchsgruppen, das kritische Hinterfragen der bisherigen Vorgehensweisen und deren Umsetzung und den Vergleich mit anderen (Benchmarking) auf der Grundlage eigener Ziele ergibt sich mehr oder minder zwangsweise eine systematische Verbesserung von Vorgehensweisen, Umsetzungsstrategien und Ergebnissen.

Dennoch scheint das Potenzial solcher Konzepte noch nicht ausgereizt. Hierzu sind die bisher eher praxeologischen Konzepte theoretisch stärker zu fundieren und implizit vorhandene Synergiepotenziale z. B. im Hinblick auf Konzepte des Risikomanagements (vgl. KonTraG) oder der Risikobeurteilung (vgl. Basel II) explizit zu machen. Darüber hinaus ist ein klarerer Zusammenhang zwischen thematischen Managementsystemen (z. B. für Qualität, Umwelt oder Arbeitsschutz) bzw. deren Integration (integrierte Managementsysteme) und den Excellence-Modellen herzustellen.

Bei der Bewertung des Erfolgs der Einführung eines solchen Excellence-Modells wäre es allerdings fatal, wenn man nicht dem Grundgedanken einer Stakeholderorientierung folgte, sondern sich ausschließlich auf traditionelle finanzwirtschaftliche Größen beschränkte.

6 Exkurs: Beispielhafte Anwendungsfelder des EFQM-Modells im nichtindustriellen Bereich

Das EFQM-Modell für Excellence ist bewusst offen formuliert, um eine möglichst breite Anwendbarkeit unabhängig vom jeweiligen Zweck der zu bewertenden Organisation zu gewährleisten. Trotzdem ist in einigen Fällen eine Anpassung des Modells an den spezifischen Anwendungskontext sinnvoll, um z. B. eine bessere Verständlichkeit der Kriterien bzw. der Ansatzpunkte für die Nutzer zu erreichen. Im Folgenden sind beispielhafte Erfahrungen mit dem Einsatz des EFQM-Modells im nichtindustriellen Bereich wiedergegeben. Dabei gibt es einige Beispiele, in denen Anpassungen des Modells lediglich auf Ebene der Ansatzpunkte vorgenommen wurden und andere, in denen auch die (Teil-)Kriterien des Modells modifiziert wurden.

6.1 Erhaltung der Grundstruktur mit fallweiser Modifikation der Ansatzpunkte

Insbesondere die Verknappung öffentlicher Mittel und das damit verbundene Problem einer optimalen Ressourcenallokation hat auch in verschiedenen nichtindustriellen Bereichen zu einem zunehmenden Interesse an einem umfassenden Konzept zur Qualitätsbeurteilung geführt. In einzelnen Fällen mag es dabei auch um konkrete Qualitätsprobleme gehen. Ein verstärktes Interesse am Thema Qualität lässt sich z. B. in Krankenhäusern finden, ebenso in der öffentlichen Verwaltung, aber auch – bedingt durch Veränderungen in der Sozialgesetzgebung – in sozialen Einrichtungen wie ambulanten Pflegediensten, Suchthilfeeinrichtungen, Werkstätten für behinderte Menschen oder Altenhilfeeinrichtungen.

Dabei steht immer wieder zur Diskussion, wie man diesen „Qualitätsanforderungen" gerecht werden soll: durch eine „allgemeine" Zertifizierung nach DIN EN ISO 9000, durch spezifische Zertifizierungen z. B. KTQ® im Krankenhaus oder durch eine Beschäftigung mit dem EFQM-Modell für Excellence. Da wir das EFQM-Modell in nahezu allen diesen Einrichtungen eingesetzt haben, sollen im Folgenden einige beispielhafte Erfahrungen wiedergegeben werden.

6.1.1 Kommunalverwaltung

Spezifische Problemstellung[1]

Gerade in der jüngeren Vergangenheit sehen sich öffentliche Verwaltungen einem wachsenden Anpassungsdruck ausgesetzt. Das Ende der „Wachstumsära" und veränderte Anforderungen der Bürger an öffentliche Leistungen[2] zwingen insbesondere Kommunalverwaltungen zu einer grundlegenden Veränderung,[3] die meist unter dem Begriff „Verwaltungsmodernisierung" diskutiert wird.[4] Daneben werden die Kommunen aufgrund der aktuellen finanziellen Probleme mit der Forderung konfrontiert, ihre Verwaltungsstrukturen zu überprüfen.[5]

Die Möglichkeiten und Effekte einer Neugestaltung von Organisationsstrukturen werden vor allem durch die Entwicklung in vielen europäischen Ländern, aber auch den USA deutlich.[6] Diese Entwicklung, die dort zu einem umfassenden Reformprozess geführt hat, ließ jedoch die kommunale Verwaltung in Deutschland bis vor einigen Jahren fast unberührt,[7] da kein akuter reformpolitischer Problem- und Handlungsdruck empfunden wurde.[8]

Traditionell interpretiert man Kommunalverwaltungen in erster Linie als exekutive Gewalt und Rechtsinstanz.[9] Daher wird das Handeln durch Vorschriften geprägt und die Prinzipien der Rechtmäßigkeit und Gesetzesmäßigkeit der Verwaltung werden als Leitmaxime zur Gestaltung der Strukturen herangezogen.[10]

Dies führt dazu, dass der traditionelle Aufbau der Verwaltung und die Ablauforganisation nur begrenzt auf den Bürger ausgerichtet sind. Die Bildung von „Kunden"-Gruppen und die entsprechende Optimierung der Dienstleistungen spielten in diesen Strukturen in der Regel nur eine untergeordnete Bedeutung. Für Abteilungen werden nur teilweise in sich geschlossene Aufgabenbereiche mit klaren Zielen und Kompetenzbereichen für einen Leistungsauftrag gebildet. Aus der Sicht der Bürger ergibt sich hieraus ein „Zuständigkeitswirrwarr",[11] der sich in langen Dienstwegen sowie aufwändigen und unübersichtlichen Verfahren manifestiert.[12]

Darüber hinaus gewinnt auch die betriebswirtschaftliche Dimension kommunalen Handelns immer stärker an Bedeutung. Gemeindeverwaltungen werden nicht nur als Gebietskörperschaften mit hoheitlichen Aufgaben, sondern vielmehr als eine Dienstleistungsorganisation mit öffentlichen Aufgaben verstanden.[13] Schlagworte wie *Schlanke Verwaltung, Reengineering, Konzern oder Dienstleistungsunternehmen Stadt* und *Neues Steuerungsmodell*[14] machen deutlich, dass auch Fragen der Wirtschaftlichkeit vermehrt diskutiert werden.[15] Das heißt, neben den „traditionellen" Ansprüchen an die Verwaltung wie „Rechtmäßigkeit des Handelns" und „Erfüllung des politischen Willens" treten verstärkt auch Ziele wie Effizienz, Bürgernähe und die Qualität der Leistungen auf den Plan.[16]

Im Hinblick auf eine Neuorientierung der Kommunalverwaltungen hat sich in Deutschland vor allem das „Neue Steuerungsmodell" etabliert, welches von der Kommunalen Gemeinschaftsstelle für Verwaltungsvereinfachung (KGSt) entwickelt wurde.[17] Gegenstand der Betrachtung sind u. a. die Organisationsstruktur, das Finanzmanagement und die interne Steuerungslogik.[18]

Die „neue Steuerung" zielt primär auf *ein strategisches Management* mit einer Ausrichtung der Leistungen an den Anforderungen der Bürger. Die ziel- und ergebnisorientierte Steuerung des *Leistungsprogramms* der Verwaltung soll durch eine Aufgabenteilung zwischen Politik und Verwaltung erreicht werden. Während die politische Seite sich auf die strategische Definition von Zielen und Rahmenvorgaben konzentriert,[19] ist die Verwaltung mit deren Realisierung betraut. Dieses so genannte Kontraktmanagement[20] führt innerhalb der Verwaltungsorganisation zu *dezentralen, selbststeuernden Einheiten*, welche die Verantwortung für spezifische Aufgabenfelder erhalten.[21] Ihre Leistung wird am Grad der Zielerreichung gemessen und die vorherrschende Steuerung mit Haushaltsansätzen durch eine *Ergebnis-* bzw. *Outputsteuerung* abgelöst.[22] Hierfür werden die dezentralen Einheiten mit den entsprechenden finanziellen und personellen Ressourcen ausgestattet und von den verantwortlichen Leitern selbständig verwaltet.[23]

Darüber hinaus ist der Einsatz betriebswirtschaftlicher *Instrumente* vorgesehen, um Kosten und Leistungen transparent zu beschreiben. Neben einem leistungsfähigen Controlling und Rechnungswesen wird auch die Budgetierung als ein wichtiges Element betrachtet.[24] Schließlich soll die direkte Einbeziehung motivierter, informierter und qualifizierter Mitarbeiter das Konzept zum Erfolg führen. Deshalb ist eine Verbesserung der Bedingungen und Anreize im Rahmen eines *Personalmanagements* zwingend erforderlich.[25]

Angestrebte Ziele

In der Stadtverwaltung, deren Projekte die Grundlage dieser Darstellung bilden, hat man aus der Diskussion um das „Neue Steuerungsmodell“ zunächst zwei Projekte abgeleitet:

- die Entwicklung betriebswirtschaftlicher Instrumente zur Ablösung der kameralistischen Buchführung und
- die Übertragung eines Prozessmanagementansatzes auf den kommunalen Bereich, wobei dieses Konzept deutlich über das Neue Steuerungsmodell hinausgeht.

In diesem Zusammenhang ist nur das Thema Prozessmanagement von Interesse, das als wichtiger Baustein der Verwaltungsreform mit dem Ziel „Modernisierung zu einem kundenorientierten Dienstleister“ gesehen wurde. Die Steigerung der Dienstleistungsqualität sollte sich z. B. in folgenden Punkten zeigen:

- bessere Erfüllung der Kundenanforderungen,
- Verringerung von Durchlaufzeiten (z. B. Bearbeitungs- und Wartezeiten),
- Erhöhung der Transparenz von Abläufen,
- Verbesserung der Zusammenarbeit,
- Schaffung eindeutiger Zuständigkeiten und Kompetenzen.

Darüber hinaus strebte man mit der Neugestaltung auch eine sinnvolle Aufgabenverteilung für die Mitarbeiter und eine selbständige Kontrolle der ausgeführten Arbeit an.

Nachdem die Definition der Schlüsselprozesse sowohl zu organisatorischen Veränderungen (z. B. Neuordnung der Ämterstruktur oder Zusammenfassen von Prozessen in einem Bürger-Service-Zentrum) als auch zu Befragungen von Bürgern und Mitarbeitern als Grundlage der Prozessgestaltung geführt hatte, und darüber hinaus natürlich strategische Konzepte einer Stadtentwicklungsplanung Inhalt eines Schlüsselprozesses waren, lag es nahe, diese gesamte Entwicklung einer Bewertung zu unterziehen.

Obwohl es zur Messung der Verwaltungsmodernisierung eine Reihe von Instrumenten gibt, haben wir es vorgezogen, das EFQM-Modell für Excellence einzusetzen, was unseres Wissens dazu führte, dass diese Stadtverwaltung die erste war, die sich in Deutschland einem solchen Prozess unterzogen hat.

Ziel der Selbstbewertung war dementsprechend, einerseits den erzielten Stand der Entwicklung zu messen und andererseits eine strukturierte Grundlage für eine weitere kontinuierliche Verbesserung zu erhalten.

Beispielhafte Erfahrungen

Wie oben erwähnt, hat sich der Oberbürgermeister dieser Stadt entschieden, die Stadtverwaltung der sehr umfassenden Bewertung durch das EFQM-Modell zu unterziehen. Wie auch bei Industrieunternehmen führten erste Bewertungen zu Verbesserungsmöglichkeiten im Hinblick auf die Umsetzung systematischer Vorgehensweisen und eine kontinuierliche Bewertung, Überprüfung und Verbesserung. Insofern sind diese Ergebnisse als nicht ungewöhnlich zu bezeichnen. Das große Engagement der Verwaltungsspitze, das schon durch die Beteiligung an der Selbstbewertung deutlich wurde, zeigte sich z. B. auch bei der Leitbildentwicklung. Die Stadt hat sich auf der Grundlage der Definition von Schlüsselprozessen gezielter mit Stadtentwicklungskonzepten beschäftigt. Die Zeitperspektive reicht dabei derzeit bis zum Jahr 2015. Begründet durch Wahlperioden scheint Strategieentwicklung im politischen Feld sonst eher kein Thema zu sein. Obwohl hier eine Ausnahme vorliegt, kann man noch Verbesserungsbereiche in einem stringenten Policy Deployment sehen. Als positiv sind die oben schon erwähnten Konzepte und Ergebnisse im Bereich Prozesse anzusehen. Einen strukturierten Prozess zur Entwicklung neuer Dienstleistungen und einen ebensolchen zur Einbeziehung des Kunden wird man wohl andernorts sehr selten finden. Die hier gegebene Existenz von Prozessverbesserungsteams in Verbindung mit einem Steuerkreis und entsprechenden Projektgruppen kann nur als Stärke gewertet werden.

Die Entwicklung von Indikatoren zur Messung der Effizienz der Abläufe liegt ebenso noch nicht vor wie Schlüsselleistungen, die sich aus den Zielen der Verwaltung ableiten lassen. Da Befragungen eher punktuell und nicht immer in allen Bereichen durchgeführt wurden, kann man natürlich keine Trends erkennen. Dennoch zeigt z. B. der Sachverhalt, dass es nur wenige Benchmarks im Verwaltungsbereich gibt, dass man sich zumindest in Teilbereichen mit den hier gewählten Ansätzen eher selbst als Benchmark für andere einstufen kann.

Eine inzwischen auch in einer anderen Kommune durchgeführte Selbstbewertung auf Grundlage des EFQM-Modells kommt zu vielen ähnlichen Ergebnissen, z. B. dass es in einzelnen Ämtern vielversprechende Ansätze gibt, eine dezernatweite Abstimmung und Umsetzung jedoch noch nicht erreicht wurde. Verbesserungsbereiche in der Etablierung systematischer Vorgehensweisen und die Gewährleistung einer breiten Umsetzung treten eher häufig auf. Ebenso das Fehlen stringenter Zielbildungsprozesse, was zunächst eine inhaltliche Einigung über messbare Ziele z. B. eines Dezernates voraussetzt – wobei damit dezernatübergreifende Schlüsselprozesse noch gar nicht angesprochen sind.

Zusammenfassend ist festzustellen, dass die Anwendung des EFQM-Modells für Excellence im kommunalen Bereich einen sehr positiven Beitrag zur Weiterentwicklung und Modernisierung der Verwaltung leisten kann.

Literatur

Brandstätt, T.: Prozessmanagement in der kommunalen Verwaltung. Möglichkeiten und Grenzen für die Übertragung eines Organisationskonzeptes. Lohmar, Köln 2000

Zink, K. J.; Brandstätt, T.: Prozessmanagement in der kommunalen Verwaltung. Möglichkeiten und Grenzen aus der Sicht der Praxis. In: Wojda, F. (Hrsg.): Innovative Organisationsformen. Neue Entwicklungen in der Unternehmensorganisation. Stuttgart 2000, S. 399–433

Zink, K. J.; Brandstätt, T.: Prozessmanagement - ein Organisationskonzept für Kommunalverwaltungen. In: Institut für Technologie und Arbeit, Universität Kaiserslautern; Stadtverwaltung Pirmasens (Hrsg.): Prozessmanagement in der Stadtverwaltung Pirmasens: Konzept, Realisierung und Erfahrungen, Pirmasens 1999, S. 1–28

Zink, K. J.; Brandstätt, T.: Gestaltung von Geschäftsprozessen im Rahmen umfassender Qualitätsmanagement-Konzepte. In: wisu - Das Wirtschaftsstudium, 25. Jg. (1996), Heft 8/9, S. 743–749

6.1.2 Berufsschulen

Spezifische Problemstellung

Das Ziel unseres Bildungs- bzw. Schulsystems besteht darin, Heranwachsende an die für sie relevanten Lebensfragen heranzuführen und ihnen einen optimalen Start ins Berufsleben zu ermöglichen. Daher besteht im dualen System der beruflichen Ausbildung das Interesse der beteiligten Schulen und Betriebe sowie der Lernenden selbst darin, eine fundierte und qualitativ hochwertige berufliche Ausbildung zu bieten bzw. zu erhalten. Im Zuge dessen sieht sich auch die berufliche Schule vor der Herausforderung, den unterschiedlichen Erwartungen der beteiligten Partner sowie der Öffentlichkeit nachzukommen. Angesichts sich verändernder Rahmenbedingungen (komplexere Anforderungen in der Arbeitswelt, technologische Entwicklungen etc.) muss die berufliche Schule in besonderer Weise Wert darauf legen, zu einer adäquaten Berufsfähigkeit beizutragen. Zugleich ändern sich die internen Bedingungen beruflicher Schulen tendenziell dahin gehend, dass sie ihren aufwändiger werdenden Auftrag im Bildungswesen, mit gleich bleibenden oder evtl. geringeren Ressourcen erfüllen müssen. Darüber hinaus finden auch sie sich in einer kritischen Debatte zur Qualität und Leistungsfähigkeit von Schulen wieder, was zusammenfassend konzeptionelle Maßnahmen erforderlich werden lässt.

Angesichts dieser Herausforderungen erscheint es notwendig, die Effizienz und Qualität der beruflichen Schule zu überprüfen und weiterzuentwickeln. Geeignete Ansätze dazu sind Konzepte zur Qualitätsentwicklung, die in Betrieben, Verwaltungen und anderen Einrichtungen erfolgreich eingesetzt werden. Als ein solches wurden im Modellversuch QuabS („Qualitätsentwicklung an beruflichen Schulen"), das EFQM-Modell für Excellence und der Prozess der Selbstbewertung verwendet.

Angestrebte Ziele

An dem Modellversuch QuabS beteiligten sich insgesamt acht berufliche Schulen, von denen sich vier in Rheinland-Pfalz und drei in Bayern befinden (eine weitere in Schleswig-Holstein nutzte die DIN ISO 9000). Ein wesentliches Ziel bestand darin, das EFQM-Modell im Bereich beruflicher Schulen einzusetzen, um deren Qualität i. w. S. zu betrachten und zu verbessern. Dazu mussten die Inhalte und Zusammenhänge des Modells auf den Kontext der beruflichen Bildung übertragen und dementsprechend „interpretiert" werden.

Aufgrund der Ergebnisse sollten in den Schulen Verbesserungsbereiche identifiziert, konkrete Maßnahmen abgeleitet und umgesetzt werden. Diese Aufgaben sollten die Lehrer der beteiligten Schulen selbst übernehmen. Dazu erhielten sie eine Einführung in das EFQM-Modell und in den Prozess der Selbstbewertung sowie im weiteren Verlauf des Modellversuchs Unterstützung bei der Vorbereitung der Datenerhebung (als Teil des Selbstbewertungsprozesses). Ebenso wurden für die Konsensmeetings, die den Selbstbewertungsprozess abschlossen, externe Moderatoren zur Verfügung gestellt. In diesen Meetings setzten sich die Lehrer anhand der erhobenen Daten mit dem Ist-Zustand „ihrer" Schule auseinander. Durch die ganzheitliche Perspektive des Modells sollte es für sie möglich werden, einen umfassenden Überblick über die Situation der Organisation „Berufsschule" zu gewinnen und sich auf die wichtigsten Verbesserungsbereiche zu konzentrieren. Im Rahmen dessen war es besonders wichtig, dass sich die Lehrer mit den unterschiedlichen externen Ansprüchen beschäftigten, die die Bedingungen berufsschulischen Arbeitens mitprägen. Durch dieses Vorgehen sollte in den Schulen das Fachwissen für ein umfassendes Qualitätskonzept wie das EFQM-Modell verankert werden. Zugleich sollten die Bereitschaft zur Mitwirkung sowie die Akzeptanz eines solchen Ansatzes gestärkt werden.

Beispielhafte Erfahrungen

Der Ansatz nach dem EFQM-Modell zeichnet sich dadurch aus, dass verschiedene im Modell formulierte Anforderungen z. T. relativ abstrakt gehalten sind, was eine Übertragung auf Prozesse der Schulentwicklung erschwert. Dem eigenen universellen Anwendungsanspruch folgend ist das EFQM-Modell dennoch auch für Schulentwicklungsprozesse geeignet.

Eine wichtige Forderung des EFQM-Ansatzes besteht darin, die Erwartungen der verschiedenen Interessengruppen, die für eine Organisation relevant sind, systematisch zu erfassen und sie in den eigenen Plänen und Maßnahmen zu berücksichtigen. Dazu ist es zunächst erforderlich, diese Interessengruppen zu identifizieren und abzugrenzen. Für eine berufliche Schule bedeutet dies, dass sie das für sie relevante Umfeld differenziert, wodurch sie sich auf die wesentlichen Anspruchsgruppen konzentrieren kann. Verständlicherweise sind dies u. a. die Schüler, auf deren Erwartungen eine Schule eingeht. Diese Erwartungen können z. B. in einer Umfrage ermittelt werden. Keine Schule kann jedoch ihren Bildungsauftrag in Frage stellen, weswegen z. B. eine klare Aussage zum eigenen Selbstverständnis („Leitbild") sinnvoll sein kann. Im Rahmen der Ergebnisbetrachtung kann die Schule untersuchen, ob und wie es ihr gelungen ist, die berechtigten (!) Ansprüche ihres Umfeldes zu berücksichtigen und in ein ausgewogenes Verhältnis zueinander zu bringen, wie es nach den Grundkonzepten der Excellence gefordert wird. Im Zuge dieser Überlegungen verliert auch der Kundenbegriff seine Dramatik.

Die Aufgaben einer Organisation werden durch ihre internen Ressourcen, Strukturen und Prozesse umgesetzt, die es ebenfalls im Rahmen einer Selbstbeurteilung auf Grundlage des EFQM-Modells zu analysieren gilt. Eine Schule kann sich anhand der entsprechenden Kriterien des Modells die Frage stellen, wie ihre Strukturen beschaffen sind und wie sie ihre Prozesse der Wissensvermittlung handhabt. Hierbei liegt eine Gefahr darin, sich ausschließlich auf die Betrachtung der unmittelbaren Unterrichtsprozesse zu beschränken. Stattdessen müssen zur Erfüllung der Modellforderungen ebenso die übergeordneten Aspekte der Strukturen und Abläufe der betreffenden Schule untersucht und auch dafür Verbesserungsmöglichkeiten identifiziert werden. Auf diese Art und Weise kann das Verständnis dafür geschaffen werden, im weiteren Zeitverlauf z. B. exemplarische Unterrichtsprozesse detailliert zu betrachten.

Ein überaus wichtiges Element des EFQM-Modells ist die Mitarbeiterorientierung. Im Zuge der damit verbundenen Überlegungen ist die Schule (wie auch andere Organisationen) gefordert, der Frage nachzugehen, ob und wie sie ihre Humanressourcen (Lehrer und andere Arbeitskräfte der Schule) systematisch pflegt und weiterentwickelt (z. B. durch Bildungsbedarfsanalysen, gezielte Weiterbildungen und einen Transfer neuen Wissens in die Schule). Die Effektivität und Effizienz des Vorgehens sowie die damit erreichten Ergebnisse kann die Schule im Falle des Lehrpersonals z. B. durch eine entsprechend strukturierte Befragung der Lehrer überprüfen.

Diese kurz erläuterten Gesichtspunkte zeigen, dass die Systematik des offen angelegten EFQM-Modells auch im schulischen Kontext geeignet ist, um Verbesserungsprozesse anzustoßen. Allerdings kann dies nur gelingen, wenn sich die Projektgruppe einer Schule auf die ihr zunächst ungewohnte Thematik einlässt bzw. wenn sie über die entsprechenden Ressourcen verfügt und die Schulleitung hinter dem Projekt steht.

Eine zentrale Schwierigkeit der Schulen gleich zu Beginn des Modellvorhabens war, die bewusst abstrakt gehaltenen Inhalte des EFQM-Modells auf die Institution „Schule“ zu übertragen bzw. anzupassen. Die externe fachliche Begleitung, die aus verschiedenen Gründen auf nur sehr wenige Treffen beschränkt werden musste, erbrachte den teilnehmenden Lehrern kein abschließend sicheres Verständnis für die Modellforderungen. Um diese jedoch zu erlangen, wählten viele der beteiligten Schulen als Lösungsweg die Anfertigung von zum Teil sehr umfangreichen Fragenkatalogen (bis zu 200 Fragen), anhand derer die geforderten Inhalte der Modellkriterien erschlossen werden sollten.

Trotz dieser Schwierigkeiten zeigte das Modellvorhaben auch positive Effekte. So war deutlich zu spüren, dass die in dem Modellvorhaben engagierten Lehrer ein deutlich verbessertes Gespür für das System Schule in der Gesamtsicht, wie sie von dem EFQM-Modell gefordert wird, entwickelt hatten. Tendenziell wurde den Lehrern bewusst, dass die Leistungsproblematik, wie sie beispielsweise durch die PISA-Studie aktuell zum Ausdruck kommt, nicht auf eine Ursachenquelle zurückzuführen ist, sondern das Ergebnis von Verbesserungspotenzialen auf allen Ebenen bzw. Funktionsbereichen und bei allen Interessengruppen (Schüler, Eltern, übergeordnete Behörden und Ministerien, Lehrer etc.) des Systems Schule ist. Die Diskussionen in den Konsensmeetings offenbarten den Teilnehmern darüber hinaus, welche Verbesserungspotenziale der Organisation Schule von ihnen selbst angegangen werden können und welche sie - evtl. auch nur mittelbar - beeinflussen können (z. B. durch die Teilnahme an schulübergreifenden Fachausschüssen). In diesem Zusammenhang ist ebenfalls die Erkenntnis wichtig, sich vor der Organisation und Durchführung von Verbesserungsmaßnahmen grundlegende Gedanken darüber zu machen, wie welche Maßnahmen (z. B. zur Verbesserung des Schüler-Lehrer- oder Eltern-Lehrer-Verhältnisses) auf ihre Effektivität hin überprüft werden können. Beispielhaft sei an dieser Stelle ein Verbesserungsprojekt der BBS Idar-Oberstein (Rheinland-Pfalz) zu nennen, die in ihren Schulklassen (nach randomisierter Zufallsauswahl) Lernklima-Befragungen anhand anonymisierter Fragebögen konzipierten und durchführten, die auch ausdrücklich eine Bewertung des Lehrers einschlossen. Ausgangspunkt für diese Initiative war das Ergebnis des ersten Konsensmeetings, dass es bislang (wie vermutlich an vielen Schulen) keine strukturierte Erfassung der Unterrichtsqualität, insbesondere aus der Sicht der Schüler gab. Die Befürchtung, dass diese Befragung als „Abrechnung" mit unbeliebten Lehrern missbraucht werden könnte, hat sich als unbegründet erwiesen. Vielmehr konnten die Lehrer wertvolle Erkenntnisse für die Verbesserung ihres Unterrichts (und damit einen der Zielgruppe angepassten Unterricht) gewinnen, die der subjektiven Wahrnehmung der Lehrer bis dahin verborgen blieben.

Literatur und Informationen im WWW

Esser, C.; Behrens, S.: Nutzung des EFQM-Modells für Excellence im Rahmen von Schulentwicklungsprozessen. In: Wirtschaft und Erziehung, Heft 1/2003, S. 3–8

Schelten, A.; Tenberg, R.: Zwischenbericht der wissenschaftlichen Begleitung des Modellversuches QuabS. München 2001

www.quabs.de - Modellversuch Qualitätsentwicklung an berufsbildenden Schulen

Zink, K. J.; Behrens, S.: Ansätze für Bewertung und Qualitätsmanagement. In: Grundlagen der Weiterbildung - Zeitschrift, Heft 6/2000, S. 274–276

6.1.3 Krankenhaus

Spezifische Problemstellung

Akutkrankenhäuser in Deutschland sehen sich verstärkt mit der Aufgabe konfrontiert, auf tief greifende Veränderungen der strukturellen Rahmenbedingungen reagieren zu müssen. Die notwendigen Anpassungsmaßnahmen berühren zentrale Fragen der Führung und Organisation und werden in ihrem Ergebnis zumindest für manche von existenzieller Bedeutung sein. Vordergründig sind es natürlich die Auswirkungen des Gesundheitsstrukturgesetzes, die diese Veränderungen erforderlich machen. Allerdings ist auch dieses Gesetz nur vor dem Hintergrund entstanden, dass die bisherigen Versuche, ständige Kostensteigerungen im Gesundheitswesen unter Kontrolle zu bekommen, zu keinem dauerhaften Erfolg führten.

Allgemeine gesellschaftliche und wirtschaftliche Rahmenbedingungen lassen mittelfristig keine Entlastung der Kostensituation im Gesundheitswesen erwarten. Zu den wesentlichen Auswirkungen des Gesundheitsstrukturgesetzes gehört ein Abbau von Akutbetten zu Gunsten „preisgünstigerer" Angebote im vor- und nachstationären Bereich. Zentren für ambulantes Operieren bzw. Tageskliniken, Spezialeinrichtungen zur Frührehabilitation oder Pflegeheime sind Beispiele dafür. Es ist leicht vorstellbar, dass es vor diesem Hintergrund einerseits zu einem verschärften Wettbewerb zwischen Anbietern „traditioneller" medizinischer Dienstleistungen im stationären Bereich kommen wird und andererseits zu einem Wettbewerb mit neu auf den Gesundheitsmarkt drängenden Anbietern spezialisierter Dienstleistungen. Die „richtige", also am tatsächlichen Bedarf orientierte Leistung, in einer möglichst hohen Qualität und zu einem vergleichsweise günstigen Preis anzubieten, wird zur immer zentraleren Aufgabenstellung für das Management der Krankenhäuser.

Dahinter verbergen sich jedoch im Einzelnen so unterschiedliche Themen wie z. B. die richtigen strategischen Entscheidungen zu treffen, den Einsatz vorhandener Ressourcen (Mitarbeiter, Finanzen, technische und räumliche Ausstattung) zu optimieren, die Potenziale neuer Technologien zu nutzen oder die Organisationsstrukturen und zentralen Abläufe konsequent auf die Erfüllung von „Kunden"-Anforderungen auszurichten. Jedes dieser hier nur beispielhaft genannten elementaren Handlungsfelder weist eine ausgesprochen hohe Komplexität auf. In der Summe wird die Schwierigkeit vor allem darin bestehen, die Koordination zwischen unterschiedlichsten Veränderungsmaßnahmen einerseits und der Aufrechterhaltung des Alltagsbetriebs andererseits zu leisten, ohne dabei die mittel- und langfristigen Gesamtziele aus den Augen zu verlieren.

Eine Chance, Veränderungsmaßnahmen und Aktivitäten zur Aufrechterhaltung des Status quo miteinander zu koppeln sowie die zentralen Themen in einer integrativen Weise anzugehen, bieten umfassende Qualitätsmanagementkonzepte.

Angestrebte Ziele

Wie einleitend schon festgestellt wurde, geht es um eine am Bedarf orientierte Leistung zu möglichst günstigen Preisen unter Einhaltung eines hohen Qualitätsniveaus.

Bei einer ganzheitlichen Sicht der Organisation werden dazu wesentliche Veränderungen in den Aspekten Kundenorientierung, Prozessorientierung und Mitarbeiterorientierung erforderlich.

Strebt man eine Erhöhung der Kundenorientierung an, so sind zunächst einige Fragen im Vorfeld zu klären:

- Wer sind die Kunden?
- Welche Anforderungen haben diese Kunden?
- Welche relative Bedeutung besitzen dabei unterschiedliche Anforderungen?
- Wie zufrieden sind die Kunden mit der bisherigen Erfüllung der Anforderung?

Im vorliegenden Fall wurden neben den Patienten einweisende Ärzte und Vertreter der Kostenträger als Kunden definiert.

Krankenhäuser weisen bezüglich ihrer Organisationsstruktur eine starke funktionale Gliederung auf, die durch die relative Autonomie der einzelnen Fachbereiche noch weiter verstärkt wird. Dies ist nicht unbedingt eine gute Voraussetzung für abteilungsübergreifende Prozesse, wie sie bei der Behandlung eines Patienten üblicherweise gegeben sind. Überlagernd kann im Einzelfall hinzukommen, dass es „Schnittstellenprobleme" zwischen ärztlichen Diensten, Pflegediensten und Verwaltung gibt. Wenn man Kundenorientierung realisieren will, ist dies in der Regel ohne Prozessorientierung nicht möglich. Außerdem liegt das Potenzial für wirtschaftliche Verbesserungen in aller Regel nicht in abteilungsinternen Optimierungen, sondern in der Verbesserung abteilungsübergreifender zentraler Prozesse.

Da nun erhebliche Veränderungen in den Krankenhäusern erforderlich sind, kann dies nicht ohne die Mitarbeiter, sondern nur mit ihnen zusammen realisiert werden. Insofern ist Mitarbeiterorientierung ein weiterer wichtiger Baustein, wobei nach unseren Erfahrungen insbesondere die Entwicklungs-, Informations- und Beteiligungsmöglichkeiten einer zusätzlichen Aufmerksamkeit bedürfen.

Wenn man die Ergebnisse solcher Veränderungsprozesse messen will, um daraus wiederum für die Zukunft zu lernen, bedarf es der Nutzung eines Konzeptes, das auch Ergebnisqualität integriert. Insofern ist hierzu ein Zertifizierungssystem wie z. B. auf der Grundlage von KTQ® – Kooperation für Transparenz und Qualität im Krankenhaus – weniger geeignet. Obwohl KTQ® den großen Vorteil besitzt, die Sprache des Krankenhauses zu sprechen, bleiben doch wesentliche Inhalte (wie z. B. Systematik der Unternehmensführung verbunden mit Benchmarking oder die Beurteilung der wirtschaftlichen Ergebnisse) außen vor.

Beispielhafte Erfahrungen

Wie in allen anderen Organisationen steht und fällt der Erfolg einer solch umfassenden Selbstbewertung mit der Einbindung der obersten Leitung. Wie oben schon erwähnt, stellt sich die Situation im Krankenhaus durch die drei Säulen Ärztliches Direktorium, Pflegedirektorium und Verwaltungsdirektorium komplexer als in einem Industrieunternehmen dar. Gelingt die Einbindung und Integration dieser Bereiche, führt eine Selbstbewertung nach dem EFQM-Modell zu den relevanten Ansatzpunkten für stringente Verbesserungen. Die Befragung der relevanten Kundengruppen liefert erste wichtige Anhaltspunkte. Ähnliches gilt für die Ergebnisse von Mitarbeiterbefragungen. Einige ausgewählte Maßnahmen sollen am Beispiel des Krankenhauses München-Schwabing (KMS) dargestellt werden.

- **Führung**
  - Aus Vision und Leitsätzen sollen messbare Ziele für alle Abteilungen formuliert werden.
  - Regelmäßige berufsgruppenübergreifende Abteilungsbesprechungen sollen in allen Abteilungen zu einem besseren Informationsfluss führen.
  - Mitarbeitergespräche sollen optimiert und der Umsetzungsgrad soll gesteigert werden.
  - Das Bewusstsein der zweiten Führungsebene (Oberärzte, Stationsleitungen, Abteilungs- und Sachgebietsleiter der Verwaltung) für Führungsaufgaben wird u. a. durch vierteljährliche Meetings mit der Krankenhausleitung geschärft.
  - Die Führungskompetenz der Führungskräfte aller Ebenen wird durch Schulungen und Workshops ausgebaut.
  - Anforderungsprofile zur Personalauswahl und -entwicklung werden für Stationsleitungen und Oberärzte ausgehend von den Leitsätzen formuliert.
- **Mitarbeiterorientierung**
  - Das Intranet wird bezüglich Technologie und Inhalt weiter ausgebaut, Informationen werden den Mitarbeitern zeitnah und leicht zugänglich angeboten (z. B. aktueller Veranstaltungskalender, betriebliches Vorschlagswesen).
  - Schriftliche Delegationsvereinbarungen sowie die horizontale Mitarbeiterflexibilität und -verantwortung werden innerhalb zulässiger Grenzen gesteigert (z. B. Förderung von Projektarbeit, Flexibilisierung der Arbeitszeiten sowie des Arbeitsortes).

- **Partnerschaften**
  - Wichtige Partnerschaften werden definiert und ausgebaut.
  - Regelmäßige Treffen zwischen der Führung und den relevanten Kunden (insbesondere niedergelassene Ärzte) werden von der Krankenhausleitung initiiert und gefördert.
- **Prozesse**
  - Die wichtigsten Schlüsselprozesse des KMS werden festgelegt und die patienten- und ablauforientierte Gestaltung auf Basis der DRG (Diagnosis Related Groups) wird entwickelt; die nötigen Kennzahlen werden entwickelt und gemessen.
  - Wichtige Stützprozesse werden definiert, gestaltet und mit Kennzahlen überprüft.
  - Prioritäten werden – orientiert an der Vision, den Leitsätzen und Zielen des KMS – berufsgruppen- und abteilungsübergreifend abgestimmt.
- **Befragungen zu den Kriterien 6, 7 und 8**
  - Patientenbefragung erfolgt zwei- bis dreijährlich.
  - Umfassende Mitarbeiterbefragung erfolgt zwei- bis dreijährlich.
  - Die Einarbeitung neuer Mitarbeiter in der Pflege wird jährlich überprüft.
  - Telefonische Interviews der Überleitungspflege erfolgen jährlich.
- **Daten werden gesammelt und ausgewertet**
  - Es erfolgt eine jährliche Auswertung der Kennzahlen zu den Kriterien 6b, 7b, 8b und 9.
  - Für die wichtigsten DRG wird eine Kostenanalyse mit Daten zur Wiederaufnahme, Verweildauer und Mortalität erstellt.
  - Komplikationsraten, Infektionsraten und Sturzmeldungen.
  - Personalstatistiken: z. B. Anteil ausgebildeter Pflegekräfte, Pflegekräfte mit speziellen Weiterbildungen, Anteil der Fachärzte, Teilnahme an Fortbildungen, Fluktuationsrate, Wege- und Arbeitsunfälle.
  - Einweiser- und Einzugsgebietsstatistik.

Literatur

Schubert, H.-J.; Zink, K. J. (Hrsg.): Qualitätsmanagement im Gesundheits- und Sozialwesen. 2. erw. u. überarb. Auflage, Neuwied, Kriftel 2001

Schubert, H.-J.; Zink, K. J.; Albert, W.; Bahmer, F.: Zentrale Prinzipien umfassender Qualitätsmanagementkonzepte und deren Übertragung auf Krankenhäuser. In:

Schubert, H.-J.; Zink, K. J. (Hrsg.): Qualitätsmanagement im Gesundheits- und Sozialwesen. 2. Aufl., Neuwied, Kriftel 2001, S. 242–251

Seyfahrt-Metzger, I.; Liebich, B.; Milla, G.: Erfahrungen aus einer Selbstbewertung nach EFQM im Krankenhaus. In: Schubert H.-J.; Zink, K. J. (Hrsg.): Qualitätsmanagement im Gesundheits- und Sozialwesen. 2. Aufl., Neuwied, Kriftel 2001, S. 269–289

6.1.4 Suchthilfeeinrichtung

Spezifische Problemstellung

Der Verein Jugendberatung und Jugendhilfe e. V. (JJ) ist Träger eines Suchthilfeverbundes mit Hilfsangeboten für Suchtgefährdete und Abhängige im Rhein-Main-Gebiet mit 30 Einrichtungen und ca. 450 Mitarbeitern. Ein wesentlicher Ausgangspunkt für Qualitätsinitiativen im Suchthilfeverbund war der Anspruch, Bemühungen auf der Ebene jeder Einrichtung und koordiniert im Gesamtverbund gleichermaßen voranzutreiben, um Synergieeffekte optimal zu nutzen. Der Verein ist zur Überzeugung gelangt, dass Qualitätsentwicklung und -sicherung zur mittel- bis langfristigen Existenzsicherung beiträgt, und hat sich vor diesem Hintergrund mit Qualitätsmanagementkonzepten beschäftigt. Alle Überlegungen waren dabei in folgende Rahmenbedingungen einzubinden:

- JJ ist als gemeinnütziger Verein nicht an Gewinnerzielung orientiert wie Unternehmen der Erwerbswirtschaft. Vielmehr werden JJ bei der Verwendung der finanziellen Mittel Auflagen der Zuwendungsgeber erteilt, die zwingend einzuhalten sind.
- JJ ist ein Dienstleistungsunternehmen, das sowohl hinsichtlich der Finanzierung als auch hinsichtlich sonstiger Vorgaben (z. B. Konzeption, Arbeitsschwerpunkte, Stellenplan) von Zuwendungsgebern, Leistungs- und Kostenträgern abhängig ist.
- Das Arbeitsgebiet von JJ umfasst psychosoziale und medizinische Dienstleistungen. Zu den Besonderheiten der fachlichen Tätigkeit gehören der eigenverantwortliche und eigenständige Kontakt der Mitarbeiter zu den Klienten einerseits sowie andererseits die enge Kooperation und Abstimmung der Fachteams. Gemeinsame Praxisreflexion in den Teams der Einrichtungen von JJ und fortlaufende Überprüfung der Weiterentwicklung der Inhalte und Methoden gehören zu den Spezifika der Teamarbeit in diesem Arbeitsgebiet.

- Die fachlichen Aktivitäten von JJ finden in einem Problemfeld statt, das mit großer gesellschaftlicher und politischer Aufmerksamkeit besetzt ist. Die Interventionen und Arbeitsaufträge fordern besonderes Engagement und hohe Innovationsbereitschaft auf allen Ebenen der Organisation. Zu ihrer Umsetzung bedarf es der permanenten Anpassung der Hilfeangebote an die Lebenssituation und die Probleme der Klientel sowie der fortlaufenden Weiterentwicklung und Evaluation der Arbeitskonzepte.

Angestrebte Ziele

Für JJ sind mit der Qualitätsförderung die Ziele verbunden, die inhaltliche Arbeit zu verbessern, die vorhandenen Mittel effektiver und optimal einzusetzen und damit die Existenz der Angebote des Vereins zu sichern. Wichtigstes Ergebnis der Bestandsaufnahme der Qualitätsentwicklung bei JJ sollte eine Festlegung der Bereiche sein, in denen Verbesserungen und Entwicklungen der gesamten Organisation und der Einrichtungen erforderlich sind. Dazu sollte im Rahmen einer Selbstbewertung eine Bewertung des Qualitätsstands des Verbundes auf drei Ebenen erfolgen:

- Erste Ebene: Es wird der Qualitätsstandard bei JJ hinsichtlich der Erfüllung der Anforderungen der einzelnen Auftrags-, Zuwendungsgeber und Leistungsträger erfasst.
- Zweite Ebene: Die derzeitigen Strukturen, Prozesse und Verfahren bei JJ werden hinsichtlich ihrer Erfüllung der Anforderungen der Normen der DIN EN ISO 9000 ff. überprüft.
- Dritte Ebene: Der erreichte Qualitätsstandard bei JJ hinsichtlich der Dimensionen nach EFQM wird bewertet.

Als Grundlage für die Selbstbewertung wurden im Vorfeld die Ansatzpunkte des EFQM-Modells auf die Spezifika von JJ übertragen.

Beispielhafte Erfahrungen

Das Ergebnis der Selbstbewertung nach dem EFQM-Modell für Excellence zeigte Resultate, die typisch für eine Organisation sind, die sich bisher noch nicht systematisch mit umfassenden Ansätzen der Qualitätsentwicklung auseinander gesetzt hat:

- Es existiert keine klare und schriftlich niedergelegte Formulierung von Politik und Strategie des Suchthilfeverbundes. Dadurch ist es auch für die einzelnen Einrichtungen nicht möglich, daraus eine einrichtungsbezogene Formulierung von Politik und Strategie zu entwickeln.

- Es fehlt eine klare und systematische Identifizierung und dokumentierte Beschreibung der Schlüsselprozesse.
- Es fehlen systematische Befragungen der Mitarbeiter und Kunden.
- In vielen Bereichen fehlt ein systematisches Review im Hinblick auf Effizienz und Effektivität von Prozessen und durchgeführten Maßnahmen.

Auf der Grundlage des Feedback-Berichtes und einer Diskussion und Priorisierung von Verbesserungsbereichen ergaben sich folgende Handlungsfelder:

1. Bereich Prozesse
   Identifikation und Beschreibung der Schlüsselprozesse der Einrichtungen und des Vereins.
2. Bereich Führung
   Entwicklung von Evaluationskriterien für die Arbeit,
   Systematisierung der Anerkennung für Mitarbeiter,
   Erstellung eines Beratungs- und Supervisionskonzeptes auf der Grundlage von EFQM.
3. Bereich Politik und Strategie
   Erklärung zu Politik und Strategie der Einrichtungen,
   Formulierung des Leitbildes JJ,
   Review des Dokumentationssystems sowie Sicherstellung der Datenerhebung als Instrument der Prozess-Steuerung.
4. Bereich Kundenzufriedenheit
   Systematische Erfassung der Kundenzufriedenheit über Kundenbefragungen.
5. Bereich Mitarbeiterorientierung/Mitarbeiterzufriedenheit
   Systematische Erfassung der Mitarbeitermotivation und -zufriedenheit,
   Zielvereinbarungen mit Teams sowie einzelnen Mitarbeitern.

Daraus abgeleitete Projekte zeigt die folgende Auflistung:

- **Führung**
  - Zusammenstellung von Unterlagen für die Einarbeitung neuer Mitarbeiter in den Einrichtungen,
  - Erarbeitung von Leitlinien zur Durchführung von Gesprächen über die Entwicklung von Arbeitszielen und -inhalten zwischen Leitung und Mitarbeitern.
- **Politik und Strategie**
  - Darstellung des Prozesses der Zielableitung aus übergeordneten Zielvorgaben der Leitungsebene bis hin zur Umsetzung der Zielvorgaben in konkrete Handlungen durch die Mitarbeiter (Policy Deployment),

  - Erfassung und Überarbeitung vorhandener Dokumentationsinstrumente im Verein.
- **Mitarbeiterorientierung**
  - Erstellung und Erprobung von Erhebungsinstrumenten zur Mitarbeitermotivation und -zufriedenheit.
- **Prozesse**
  - Zusammenstellung der in den Einrichtungen des Vereins dokumentierten Prozessbeschreibungen,
  - Entwicklung von Leitlinien für die Erstellung von Beschreibungen für die Hauptprozesse im Verein.
- **Ressourcen/Geschäftsergebnisse**
  - Erstellung einer Übersicht der in den Einrichtungen des Vereins vorhandenen Ressourcen an Geräten, Materialien etc.,
  - Erarbeiten der Grundlagen für die Gestaltung des Jahresberichtes, insbesondere Zusammenstellung der für die Hauptaufgaben des Vereins zu dokumentierenden Ergebnisgrößen.
- **Kundenorientierung**
  - Erarbeitung und Entwicklung von Fragebögen zur Ermittlung der Zufriedenheit der Klienten mit den Angeboten von JJ im stationären sowie im ambulanten Bereich.
- **Gesellschaftliche Verantwortung/Image**
  - Vorarbeiten zur Herstellung eines „Infoblattes" JJ.

Im Vergleich zur Ausgangssituation lassen sich folgende Veränderungen festhalten:

- Systematische Beschäftigung mit allen für Qualitätsentwicklung relevanten Fragen.
- Es ist eine Struktur geschaffen, in die sich viele neue Fragestellungen einbetten lassen (z. B. Gefährdungsanalyse, Supervision).
- Entsprechend dem EFQM-Modell erfolgt die Bewertung für das Vorgehen und die Umsetzung von Maßnahmen sowie für die Qualität und den Umfang von Ergebnissen nach einheitlichen Gesichtspunkten.
- Qualitätsentwicklung als eine generelle Managementmethode ist transparent.

Literatur

Kunz, D.: Qualitätsförderung im Suchthilfeverbund Jugendberatung und Jugendhilfe e. V. (JJ). In: Schubert, H.-J.; Zink, K. J. (Hrsg.): Qualitätsmanagement im Gesundheits- und Sozialwesen. 2. Aufl., Neuwied, Kriftel 2001, S. 168–184

6.1.5 Werkstätten für behinderte Menschen (WfbM)

Spezifische Problemstellung (1)

In Deutschland sind gegenwärtig ca. 650 Hauptwerkstätten und 1.000 Zweigwerkstätten mit insgesamt ca. 215.000 Werkstattbeschäftigten als WfbM anerkannt. In den WfbM werden u. a. pädagogische, therapeutische und pflegerische Leistungen erbracht, mit dem Ziel, den behinderten erwachsenen Menschen die Teilhabe am beruflichen Leben und der Gemeinschaft zu ermöglichen. Wichtige rechtliche Grundlagen für WfbM sind seit dem 01. 07. 2001 im Neunten Buch des Sozialgesetzbuches (SGB IX) geregelt.

WfbM sind auch wirtschaftlich tätig und nehmen mit ihren Produkten und Dienstleistungen am Markt teil. Ca. 70 % des Gesamtumsatzes werden mit Lohn- bzw. Lohnauftragsfertigung erwirtschaftet, ca. 15 % jeweils mit Dienstleistungen und Eigenproduktion.

Das EFQM-Modell wurde für den spezifischen Bedarf von WfbM angepasst. Die Konformität mit dem ursprünglichen EFQM-Modell blieb jedoch gewahrt. Das EFQM-Modell für WfbM umfasst deckungsgleich mit dem Original neun Kriterien sowie 32 Unterkriterien. Die wesentlichen Unterschiede bestehen vor allem in der Formulierung und Beschreibung der Ansatzpunkte. Diese wurden neu artikuliert und zur besseren Verständlichkeit teilweise mit Beispielen versehen, so dass sie von den Mitarbeitern der WfbM ohne zusätzlichen Erklärungsbedarf verstanden werden konnten.

So sind z. B. die Begriffe Leitbild und (Werkstatt-)Konzeption im sozialen Bereich weit verbreitet. Vision und Mission sind dagegen eher Begriffe aus Industrieunternehmen. Der Umgang mit neuen Technologien bedeutet für WfbM auch die Anwendung von neuen Methoden der Rehabilitation. Kunden einer WfbM sind die betreuten behinderten Menschen sowie ihre Angehörigen und Sorgeberechtigten, Industriekunden und Kostenträger. Wichtige Partner sind z. B.: Wohnheime, niedergelassene Ärzte, Schulen, das Arbeitsamt, kooperierende Werkstätten und Beförderungsunternehmen.

Die Besonderheit dieser Kunden- und Partnerstruktur hat insbesondere Auswirkungen auf die Kriterien 5 (Prozesse), 6 (kundenbezogene Ergebnisse) und 9 (Schlüsselergebnisse der Organisation). Der Vergleich des EFQM-Modells für WfbM mit dem Original in **Tabelle 6.1** zeigt die Umformulierungen der Ansatzpunkte. Eine Selbstbewertung und damit die Einleitung eines kontinuierlichen Verbesserungsprozesses kann dadurch für WfbM erleichtert werden.

Tabelle 6.1 Beispiele für Unterschiede in der Beschreibung der Ansatzpunkte zwischen dem EFQM-Modell im Original und dem EFQM-Modell für WfbM

Kriterium	EFQM-Modell für WfbM	EFQM-Modell im Original
1b	Die Organisationsstruktur so ausrichten, dass sie die Umsetzung der Inhalte von Vision und Mission (Leitbild) unterstützt	Die Organisationsstruktur so ausrichten, dass sie die Realisierung ihrer Politik und Strategie unterstützt
2	Wie die Organisation ihr Leitbild (Vision) und ihre Werkstattkonzeption (Mission) durch eine klare, auf die Mitarbeiter, Kunden, Partner und Vertreter der Gesellschaft ausgerichtete Strategie einführt und diese durch entsprechende Politik, Pläne, Ziele und Prozesse unterstützt wird	Wie die Organisation ihre Vision und Mission durch eine klare, auf die Interessengruppen ausgerichtete Strategie einführt und wie diese durch entsprechende Politik, Pläne, Ziele, Teilziele und Prozesse unterstützt wird
4d	Technologie (einschließlich Methoden der Rehabilitation) wird gemanagt	Technologie wird gemanagt
5a	Schnittstellen innerhalb der Organisation (z. B. Berufsbildungsbereich – Arbeitsbereich) und mit externen Partnern (z. B. WfbM/Schulen) bereinigen, um Prozesse vom Lieferanten bis zum Kunden effektiv zu managen (z. B. im Rahmen von Prozessmanagement)	Schnittstellen innerhalb der Organisation und mit externen Partnern lösen, um Prozesse durchgehend effektiv zu managen
5c	Neue Produkte und Dienstleistungen zusammen mit Partnern (Wohnheime, niedergelassene Ärzte, Schulen, Arbeitsamt, Lieferanten, kooperierende Unternehmen und ggf. Werkstätten, Beförderungsunternehmen ...) entwickeln und erstellen	Neue Produkte zusammen mit Partnern entwickeln

6a	Messergebnisse aus Sicht der einzelnen Kundengruppen (betreute behinderte Menschen, Angehörige und Sorgeberechtigte, Industriekunden, Kostenträger)	Messergebnisse aus Kundensicht
	Produkte und Dienstleistungen (einschließlich begleitender Angebote) z. B. Qualität, Nutzen (Relevanz der Dienstleistung), Zuverlässigkeit, Innovationen, Umweltverträglichkeit, Preis, Reaktionszeit, Behandlung von Beschwerden, Attraktivität, Chancengleichheit, Beteiligung, Führung, Gelegenheit, zu lernen und etwas zu leisten, Anerkennung, Zielsetzung und Beurteilung, Werte, Verwaltung der Organisation, Gesundheitsfürsorge- und Arbeitssicherheitsbedingungen, Entlohnung und Sozialleistungen, Verhältnis zu Kollegen, das Management von Veränderungen, Betriebsklima	Produkte und Dienstleistungen: Qualität, Wertschöpfung, Zuverlässigkeit, Innovationen beim Design, Lieferung, Umweltprofil
6b	Produkte und Dienstleistungen (Wettbewerbsfähigkeit, Unterstützung für Kunden und deren Beteiligung, Fehler-, Ausfall- und Rückweisungsrate), Garantie- und Gewährleistungsbestimmungen, Beschwerden, Innovationen (z. B. neue Therapie, neue arbeitsbegleitende Maßnahmen), Leistung bzgl. kundenorientierter Ziele (z. B. Erhöhung der Arbeitszeitflexibilität), Erfüllung § 93 BSHG, Beständigkeit der Dienstleistung, Anzahl Neuaufnahmen, Mitwirkung an Verbesserungsteams, Beteiligung am Vorschlagswesen, Anerkennung der Leistungen von Einzelnen und Teams, Rücklaufraten bei Mitarbeiterbefragungen, Niveau der Fehlzeiten und krankheitsbedingte Abwesenheit, Unfallhäufigkeit, Beschwerden, Reaktionszeit auf Anfragen	Produkte und Dienstleistungen: Wettbewerbsfähigkeit, Fehler-, Ausfall- und Rückweisungsraten, Garantie- und Gewährleistungsbestimmungen, Beschwerden, Indikatoren für die Logistik, Produktlebenszyklus, Innovationen beim Design, Entwicklungszeit bis zur Markteinführung
9a	Nichtfinanzielle Ergebnisse: z. B. Wirtschaftlichkeit, Zielerreichungsgrad Förderziele, Vermittlungen auf dem allgemeinen Arbeitsmarkt, Auftragsentwicklung	Nichtfinanzielle Ergebnisse einschließlich: Marktanteil, Entwicklungszeit bis zur Markteinführung, Geschäftsvolumen, Erfolgsraten

Spezifische Problemstellung (2)

Der Diskussion um „Qualität" sehen sich die Werkstätten für Menschen mit Behinderung (WfbM) schon seit längerem ausgesetzt, da sie sich im Spannungsfeld mehrerer unterschiedlicher Anspruchsgruppen mit teilweise divergierenden Interessen befinden. Mit der Novellierung des Bundessozialhilfegesetzes (BSHG) wurde der Begriff „Qualität" für WfbM gesetzlich verankert. Der Gesetzgeber fordert, dass Vereinbarungen über Inhalt, Umfang und Qualität der zu erbringenden Leistungen sowie über die zu entrichtenden Vergütungen zu treffen sind und darüber hinaus Wirtschaftlichkeit und Qualität der Leistungen geprüft werden (§ 93 BSHG).

Während diese aktuellen Tendenzen auf gesetzlicher bzw. gesellschaftlicher Ebene entsprechende Anpassungen grundsätzlicher Ausrichtungen und Positionierungen von WfbM erfordern, sehen sich die Werkstätten über ihren rehabilitativen Auftrag gemäß § 136 SGB IX hinaus im Zusammenhang mit ihrem Produktionsauftrag auch einer zunehmenden Verschärfung des Wettbewerbs und höheren Anforderungen von Kunden aus Industrie und Dienstleistung ausgesetzt.

In diesem Zusammenhang gab es in den letzten Jahren unterschiedliche Ansätze, die im Wesentlichen jedoch nur zu Partialoptimierungen geführt haben. So wurde schon Mitte der 90er Jahre in Rheinland-Pfalz von etwa zwei Dritteln der Werkstätten eine Zertifizierung des Produktionsbereiches nach DIN EN ISO 9000:1994 als Reaktion auf den Druck ihrer Kunden aus dem Industrie- und Dienstleistungsbereich vorgenommen. Dadurch ließen sich insbesondere Verbesserungen im Hinblick auf Qualität der Produktionsabläufe sowie die Transparenz der Leistungserbringung und Klarheit über die Organisationsstruktur erzielen.

Während durch die Aktivitäten im Rahmen der Zertifizierung im Produktionsbereich gewisse Qualitätsstandards erreicht werden konnten, wurde der Bereich der Förderung und Betreuung bei der Einführung der DIN EN ISO 9000:1994 in fast allen Werkstätten ausgeklammert. Im Rehabilitationsbereich gab es lediglich vereinzelte Initiativen. Dies änderte sich jedoch Ende der 90er Jahre, als einige rheinland-pfälzische WfbM damit begannen, auch für den Bereich der Förderung und Betreuung ein systematisches Qualitätsmanagement zu entwickeln, um den geänderten Anforderungen aus gesetzlichen Vorgaben und Kundenbedürfnissen begegnen zu können.

Bei diesen Aktivitäten zur Qualitätsentwicklung im Förderungs- und Betreuungsbereich kristallisierte sich jedoch schnell heraus, dass die Herausforderung darin besteht, das Qualitätsmanagementsystem aus dem Rehabilitationsbereich mit dem aus der Produktion kompatibel zu halten, um nicht mehrere separat zu pflegende Qualitätsmanagementsysteme parallel aufrechterhalten zu müssen.

Diese Überlegungen verdeutlichen, dass auch in WfbM eine umfassende Qualitätsphilosophie Grundlage der Überlegungen sein muss. Während die DIN EN ISO 9000:2000 wesentliche Gedanken eines umfassenden Qualitätsmanagements aufgreift, sind diese in so genannten „Excellence"-Modellen, wie z. B. dem EFQM-Modell für Excellence, schon immer enthalten. Bei ihnen steht die Überzeugung im Vordergrund, durch umfassende Qualität und systematische Einbeziehung der Anforderungen aller Interessengruppen und auch von Normen, wie z. B. der DIN EN ISO 9000:2000, zu exzellenten Ergebnissen in allen relevanten Organisationsbereichen zu kommen.

Angestrebte Ziele

Aufbauend auf bisherigen Erfahrungen mit der Einführung umfassender Qualitätsmanagementkonzepte in WfbM besteht das vorrangige Ziel in der Entwicklung eines ganzheitlichen Verfahrens zur Bewertung von Qualität in WfbM. Dieses soll basierend auf dem jeweiligen Stand des Qualitätsmanagements Ansatzpunkte für einen kontinuierlichen Verbesserungsprozess liefern. Dabei muss sichergestellt werden, dass

- eine Integration der Qualitätsmanagementsysteme aus Produktion und Rehabilitation möglich ist und
- die rechtlichen Forderungen, wie z. B. aus § 93 BSHG und § 135 SGB IX (vorher § 4 SchwbG) erfüllt werden.

Ziele sind dementsprechend

- Steigerung der Effektivität und Effizienz der WfbM durch gezielte Unterstützung bei der Ableitung und Umsetzung von Verbesserungsmaßnahmen,
- Einleitung eines Prozesses zur kontinuierlichen Verbesserung und damit zur Organisationsentwicklung,
- verbesserte Nutzung vorhandener Ressourcen in allen Bereichen (Mitarbeiterfähigkeiten, Finanzen, Technik, Anlagen, Gebäude, Material etc.),
- Steigerung der Motivation und auch der Zufriedenheit der Mitarbeiter,
- strategische Positionierung der Werkstatt vor dem Hintergrund zukünftiger Anforderungen.

Es lag daher nahe, das EFQM-Modell für Excellence zur Bewältigung dieser Aufgaben heranzuziehen.

Beispielhafte Erfahrungen

Zusammenfassend lassen sich folgende Erfahrungen festhalten:

- Das gewählte Vorgehen für eine Selbstbewertung auf Basis eines an WfbM angepassten Business Excellence-Modells stieß auf eine große Akzeptanz auf den Führungsebenen der Werkstätten.
- Der Aufwand für die Datenerhebung im Rahmen der Selbstbewertung wurde trotz Unterstützung in Form eines Leitfadens und Coachings als hoch empfunden.
- Teilweise war man von der Fülle der Verbesserungsbereiche überrascht.
- Die Organisationsmitglieder aus unterschiedlichen Fachbereichen sprechen nun bezogen auf „Managementthemen" eine gemeinsame Sprache.
- Es wurde eine konstruktive und grundsätzliche Auseinandersetzung über alle Bereiche der eigenen Werkstatt, gespiegelt an einem anerkannten Businesss Excellence-Modell, geführt.
- Die Diskussionen im Rahmen der Selbstbewertung erzeugten für alle Beteiligten ein hohes Maß an Transparenz.

Im Anschluss an die Selbstbewertung wurden Verbesserungsmaßnahmen abgeleitet und priorisiert, die dann den Ausgangspunkt für einen Organisationsentwicklungsprozess bildeten. Sie verdeutlichen auch die wesentlichen Problembereiche der beteiligten WfbM, die insbesondere in einer teilweise nur eingeschränkt vorhandenen strategischen Ausrichtung und in fast durchgängig fehlenden Datengrundlagen (z. B. zufriedenheitsbezogene Daten im Hinblick auf Kunden und prozessbezogene Leistungsindikatoren) liegen. So wurden neben werkstattspezifischen Einzelmaßnahmen folgende Projekte umgesetzt:

- Entwicklung eines werkstattspezifischen Leitbilds,
- Prozessmanagement insbesondere in der Rehabilitation und der Verknüpfung mit der Produktion,
- Befragung der angestellten Mitarbeiter,
- Befragung der Werkstattbeschäftigten (Nutzerbefragung),
- Einführung von Mitarbeitergesprächen,
- Management von Verbesserungen und Möglichkeiten der Anerkennung.

Die Umsetzung dieser Maßnahmen sowie der jeweils werkstattspezifisch bearbeiteten Verbesserungspotenziale aus der Selbstbewertung und deren Integration in die Unternehmensplanung verdeutlichen für viele Mitarbeiter in den Werkstätten den konkreten Nutzen des EFQM-Modells.

Literatur und Informationen im WWW

Egger, M.; Schübel, U. F.; Zink, K. J.: Total Quality Management (TQM) in Werkstätten für behinderte Menschen. Hamburg 2003

Egger, M.; Steinmetz, W.: Bewertung der Erfahrungen bei der Zertifizierung des Produktions-/Dienstleistungsbereichs in rheinland-pfälzischen WfB. In: Schubert, H.-J.; Zink, K. J. (Hrsg.): Qualitätsmanagement im Gesundheits- und Sozialwesen. 2. Aufl., Neuwied, Kriftel 2001, S. 120–132

European Foundation for Quality Management (Hrsg.): Das EFQM-Modell für Excellence. Brüssel 1999

Schübel, U. F.; Egger, M.: Organisationsentwicklung durch Total Quality Management in Werkstätten für Behinderte. In: Schubert, H.-J.; Zink, K. J. (Hrsg.): Qualitätsmanagement im Gesundheits- und Sozialwesen. 2. Aufl., Neuwied, Kriftel 2001, S. 133–148

www.bagwfb.de – Bundesarbeitsgemeinschaft Werkstätten für behinderte Menschen

www.wfbm.info – Internetportal der Werkstätten für behinderte Menschen

Zink, K. J.: Neuere Entwicklungen im Qualitätsmanagement in Werkstätten für Behinderte (WfB). In: Schubert, H.-J.; Zink, K. J. (Hrsg.): Qualitätsmanagement im Gesundheits- und Sozialwesen. 2. Aufl., Neuwied, Kriftel 2001, S. 89–105

6.2 Modifikation der Grundstruktur

Während in den obigen Beispielen Modellanpassungen nur auf der Ebene der Ansatzpunkte stattgefunden haben, finden solche Modifikationen in den nächsten Beispielen auf der Ebene der Kriterien statt. Dabei ist es immer das Ziel, die Ähnlichkeit mit dem EFQM-Modell bestehen zu lassen, um dadurch einerseits Benchmark-Möglichkeiten nicht völlig auszuschließen und andererseits – bei Weiterentwicklungen des EFQM-Modells dort ggf. wieder „andocken" zu können. Die Modifikationen haben unterschiedliche Ursachen: Im ersten Fall (Behördenpreis) geht es darum, das

Thema Kundenorientierung auch auf der Befähiger-Seite zu positionieren. Im zweiten Fall (Gesundheitsmanagement) wird die EFQM-Grundstruktur auf ein Themenfeld projiziert. Die Ähnlichkeit im dritten Fall (Managementweiterbildung) bezieht sich nur noch auf die Stakeholderorientierung und die Gruppierung in Potenzial- und Ergebnisfaktoren.

In den beiden ersten Fällen wurde die Kriterienbezeichnung des EFQM-Modells in seiner ersten Version beibehalten.

6.2.1 Behördenpreis Baden-Württemberg

Spezifische Problemstellung

Im Jahre 1997 hat das Innenministerium Baden-Württemberg unter Federführung der Stabsstelle für Verwaltungsreform eine Auszeichnung für Landesbehörden geschaffen, die besondere Leistungen in den Bereichen Kunden- und Mitarbeiterorientierung erbringen. Daneben sollten die Themen Qualitätsmanagement und Verwaltungsmodernisierung gefördert werden.

Der Preis stieß auf große Resonanz: 62 Behörden von Finanzämtern, Forstämtern, Amtsgerichten, Notariaten und Landwirtschaftsämtern über Polizeidienststellen bis hin zu einem Ministerium und zwei Landesmuseen stellten sich der Bewertung. Grundlage war ein landesspezifisch gestalteter Fragebogen, der Elemente des EFQM-Modells mit denen des Speyerer Qualitätspreises verknüpft.

Ziele und Modellmodifikation

Mit der Neuauflage des Preises im Jahr 2000 verfolgte das Innenministerium das Ziel, die Transparenz der Bewertung und den Nutzen für die teilnehmenden Behörden weiter zu erhöhen. Aus diesem Grund entstand in Zusammenarbeit mit dem Institut für Technologie und Arbeit an der Universität Kaiserslautern das Bewertungsmodell Q 2000, das inhaltlich und in den Bewertungsdimensionen das EFQM-Modell für Excellence weitgehend abdeckt und im Anspruch an die Behörden nicht hinter diesem zurückfällt.

Bereits in der grafischen Darstellung zeigen sich deutliche Parallelen. Die Dualität von „Vorgehensweisen und Konzepten“ sowie „Ergebnissen“, die inhaltliche Gliederung der Elemente sowie die Gestaltung der Fragen reflektieren nahezu identisch die Struktur des EFQM-Modells. Die Abgrenzung der Elemente „Geschäftsprozesse“

(Kriterium 5) und „Kundenorientierung“ (Kriterium 6) verfolgt das Ziel, eine kontinuierliche Evolution des Modells gegenüber dem Preis von 1997 zu verdeutlichen. Sie beinhaltet jedoch keine inhaltliche Veränderung gegenüber dem EFQM-Modell. Dieses geht in seinen Unterkriterien ebenso zunächst auf das grundsätzliche Instrumentarium zum Prozessmanagement sowie zur Prozessverbesserung und anschließend auf die drei Schlüsselprozesse Produkt- und Dienstleistungsentwicklung, Leistungserstellung und Beziehungsmanagement ein.

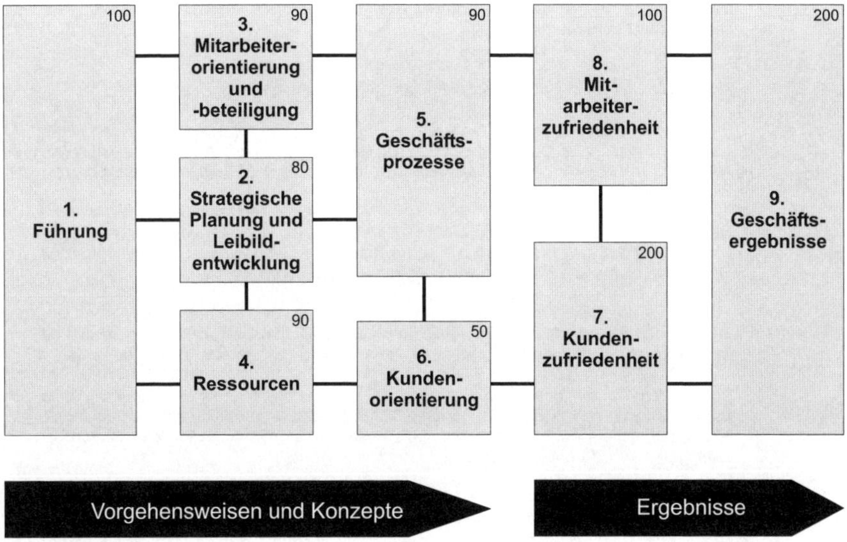

Bild 6.1 Das Modell des Q 2000

Die Eigenständigkeit des Modells Q 2000 leitet sich daher im Wesentlichen aus der besonderen Form der Darstellung ab. Die Elemente und Unterkriterien des EFQM-Modells wurden hier in Fragen gekleidet (vgl. **Bild 6.2**), die die Sprache der Landesbehörden aufgreifen. Allerdings sind diese Fragen bewusst offen formuliert und erfordern frei formulierte Antworten. Sie eröffnen den teilnehmenden Behörden einerseits die Möglichkeiten zur individuellen Darstellung, „zwingen“ diese andererseits auch dazu, eigene und individuell angemessene Lösungen zu entwickeln.

Strategische Planung und Leitbildentwicklung

Die strategische Planung bezieht sich auf das Arbeitsprogramm und die langfristigen Ziele einer Behörde, die sich aus ihrem gesetzlichen Auftrag, ihrem Selbstverständnis und externen Anforderungen (z.B. der Kunden) ergeben.

Frage 5: Bitte beschreiben Sie, welche Daten und Informationen Sie bei der Entwicklung Ihrer strategischen Planung zu Grunde gelegt haben.

Relevante Informationen für die Entwicklung einer Strategie können sein: gesetzliche Bestimmungen und Richtlinien, Vorgaben übergeordneter Behörden, Daten über Kunden- und Mitarbeiteranforderungen etc.

Frage 6: Zeigen Sie, wie Sie bei der Entwicklung Ihrer Strategie vorgegangen sind.

Beschreiben Sie insbesondere, wie Sie Ihre Strategie und Ihr übergeordnetes Leitbild entwickelt und daraus konkrete Ziele für Abteilungen, Referate und Sachgebiete abgeleitet haben. Dies kann beispielsweise in jährlichen Planungskonferenzen oder Workshops erfolgen.

Gehen Sie auch darauf ein, wie Sie bei der Entwicklung Ihrer Strategie die – mitunter widersprüchlichen – Interessen von Kunden, Lieferanten, Mitarbeitern und Mitarbeiterinnen sowie die gesetzlichen Anforderungen berücksichtigen.

Frage 7: Beschreiben Sie, wie strategische Ziele innerhalb der Organisation bekannt gemacht und wie daraus stringent Ziele für Abteilungen, Referate und Sachgebiete abgeleitet werden.

Bitte gehen Sie zunächst darauf ein, wie sichergestellt wird, dass alle Mitarbeiter und Mitarbeiterinnen sowohl die übergeordnete Strategie der Organisation als auch die für sie relevanten Ziele kennen. Dies kann beispielsweise durch Hilfsmittel wie Mitarbeiterzeitungen oder Mitarbeiterversammlungen realisiert werden.

Bitte legen Sie anschließend dar, wie sich die Strategie der Organisation in konkreten Maßnahmen und Projekten niedergeschlagen hat. So kann beispielsweise das langfristige Ziel „Steigerung der Kundenzufriedenheit" zur Verbesserung des Beschwerdemanagements führen.

Frage 8: Erläutern Sie, wie die strategische Planung der Organisation aktualisiert und verbessert wird.

Legen Sie anhand einiger Beispiele dar, wie Sie die Aktualität und Angemessenheit einmal festgelegter Strategien und Ziele bewerten und diese – falls erforderlich – anpassen.

Bild 6.2 Elemente und Unterkriterien des Q 2000-Modells, aufbereitet in Frageform, am Beispiel des Kriteriums 2

So schreibt das Modell beispielsweise nicht den Einsatz der Balanced Scorecard vor. Dieses Instrument wird zwar derzeit - auch im Rahmen der Einführung des „Neuen Steuerungsmodells" - intensiv diskutiert. Es stellt allerdings nach wie vor nur eines unter mehreren Alternativen dar, um messbare Ziele zu formulieren und diese auf Dezernate, Referate und Abteilungen einer Behörde herunterzubrechen. Bewerber um den Behördenpreis sind konsequenterweise aufgefordert, ihr individuelles Vorgehen zur Formulierung und Entfaltung von Zielen zu beschreiben. Ob sie sich dabei auf die Balanced Scorecard oder andere Methoden stützen, beeinflusst die Bewertung hingegen nicht.

In dieser Tatsache kommt die Philosophie des Q 2000 zum Ausdruck, die sich mit der des EFQM-Modells für Excellence deckt: Die Behörden sollen zur kritischen Reflexion und kreativen Verbesserung des eigenen Handelns angeregt werden. Im Mittelpunkt der Bewertung steht weniger die Bewertung einzelner Instrumente, Methoden oder Verfahren, sondern vielmehr die konsequente Ausrichtung des Verwaltungshandelns an den Zielen und dem Auftrag einer Behörde sowie an Wünschen und Anforderungen von Kunden und weiteren wesentlichen Gruppen.

Das Modell wurde nach einem Reviewzyklus, unter Einbeziehung der teilnehmenden Behörden, inzwischen modifiziert und nennt sich gemäß des aktuellen Wettbewerbs „Bewertungsmodell des Q 2003". Im Wesentlichen wurde das Modell des Q 2000 dem ursprünglichen EFQM-Modell für Excellence weitestgehend angeglichen. Unter anderem wurde das Kriterium „Image und gesellschaftliche Verantwortung" (im EFQM-Modell „Gesellschaftsbezogene Ergebnisse", Kriterium 8) im Modell des Q 2003 wieder integriert, um so eine strukturelle Grundlage für die Darstellung von Befragungsergebnissen zur Wahrnehmung einer Behörde in der Öffentlichkeit zu bieten. Darüber hinaus werden unter diesem Kriterium objektive Messgrößen dargestellt, die Auskunft über die soziale Verantwortung und zum Umweltschutz einer Behörde/Institution der öffentlichen Verwaltung geben.

Weitere Änderungen betrafen im Wesentlichen leichte Modifikationen in der Bezeichnung der Kriterien (vgl. **Bild 6.3**, Kriterium 1 und 2) oder die Abfolge der Modellforderungen in den Unterkriterien.

Dagegen wurde die formale Trennung von Geschäftsprozessen und Kundenorientierung in der Struktur des Modells beibehalten, wobei auch hier gilt, dass darüber hinaus in diesem Punkt keine inhaltliche Änderung zum zugrunde liegenden EFQM-Modell vorgenommen wurde.

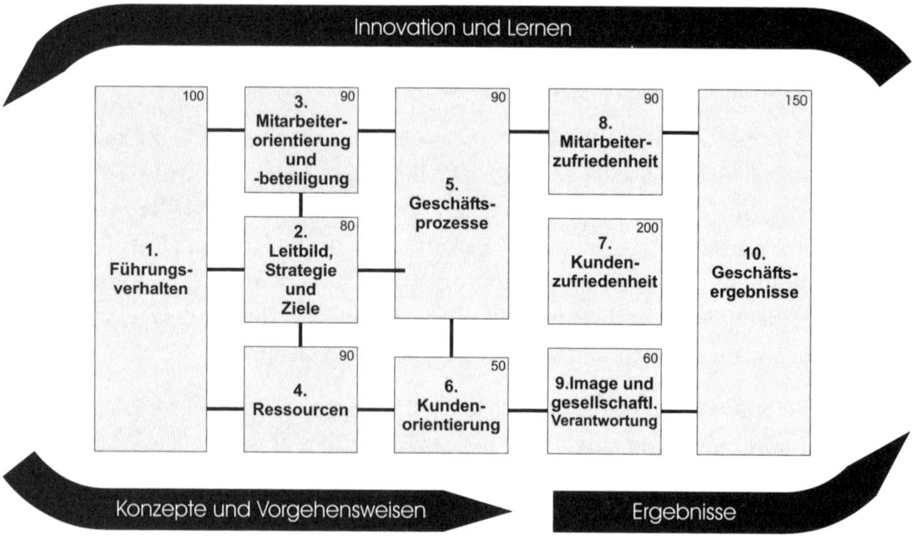

Bild 6.3 Das Modell des Q 2003

Beispielhafte Erfahrungen

Es bleibt festzustellen, dass die Evolution des Behördenpreises in Baden-Württemberg seit 1997 eine schrittweise Angleichung an das originäre EFQM-Modell beinhaltet. Dies legt die Sichtweise nahe, dass auch für den Bereich der öffentlichen Verwaltung das EFQM-Modell Gültigkeit bzw. Praxisrelevanz besitzt und eine Anpassung allenfalls auf begrifflicher Ebene (als Beitrag zur erleichterten Implementierung in die Organisationskultur) sinnvoll erscheint.

Informationen im WWW

www.q2000.baden-wuerttemberg.de – Unterlagen zum Q 2000

www.q2003.baden-wuerttemberg.de – Unterlagen zum Q 2003

www.ita-kl.de – Institut für Technologie und Arbeit an der Universität Kaiserslautern

6.2.2 Betriebliches Gesundheitsmanagement

Spezifische Problemstellung

Themen wie Arbeitsschutz oder Arbeitssicherheit sind meist mit einem spezifischen Image behaftet: Ihre Umsetzung ist mit Kosten verbunden, der Nutzen wird nicht immer transparent und man engagiert sich in erster Linie, weil gesetzliche Vorschriften dies verlangen. Teilweise - wie auch im Bereich der betrieblichen Gesundheitsförderung - haben Unternehmen in der Vergangenheit Programme erlebt, deren Zielsetzungen, Inhalte und Vorgehensweisen häufig nur wenig Akzeptanz fanden. Die Konzepte wurden aus der isolierten Sichtweise von Fachexperten entwickelt, die Abstimmung mit dem Tagesgeschäft war unzureichend und die Einbindung des Managements oft sehr begrenzt.

Das im Folgenden vorzustellende Konzept eines betrieblichen Gesundheitsmanagements will diesen Problemen begegnen. Statt „nur" Arbeitssicherheit steht ein breiter und positiv belegter Gesundheitsbegriff (entsprechend der WHO-Definition) im Vordergrund. Als Realisierungsansatz wird ein „Management Approach" verwendet, der die Sprache der Unternehmensleitung trifft und Managementprinzipien zur nachhaltigen Förderung der Gesundheit im Unternehmen nutzt. Zur Umsetzung der resultierenden Anforderungen sind in den Unternehmen entsprechende Strukturen zu schaffen, die zum einen mit der Politik und Strategie einer Organisation verknüpft sind. Zum anderen muss aber auch sichergestellt sein, dass die gesundheitsförderlichen Potenziale der Arbeit erschlossen und gleichzeitig alle gesetzlichen Vorschriften (z. B. aus dem Arbeitsschutzgesetz) erfüllt werden.

Den Ausgangspunkt zur Entwicklung dieses Konzepts bildete ein Modellvorhaben der AOK Niedersachsen. Diese Krankenversicherung gewährt Unternehmen sowie deren AOK-versicherten Mitarbeitern einen Beitragsbonus, wenn die Organisation den Nachweis erbringen kann, dass sie ein breit angelegtes betriebliches Gesundheitsmanagement erfolgreich etabliert hat. Aufgabe des Instituts für Technologie und Arbeit (ITA) an der Universität Kaiserslautern war die Entwicklung eines geeigneten Bewertungsmodells. Dieses bildet die Basis für einen Selbstbewertungsansatz, mit dessen Hilfe am ITA die Entscheidung über die Erfüllung der Voraussetzungen zur Bonusgewährung getroffen wird (Bewertungsfunktion). Gleichzeitig zeigt das Modell grundsätzliche Wege auf, wie ein umfassendes Gesundheitsmanagementsystem inhaltlich auszugestalten ist (Leitbildfunktion).

Ziele und Modellmodifikation

Aufgrund unserer Erfahrungen mit dem Einsatz des EFQM-Modells in anderen Feldern war schnell klar, dass sich mit Hilfe eines entsprechenden Bewertungskonzepts ein besserer Zugang beim Management bezüglich Gesundheitsfragen erreichen lässt. Insofern trafen wir die Entscheidung, das EFQM-Modell als Basis für die Entwicklung eines Bewertungsmodells für betriebliche Gesundheitsmanagementsysteme zu verwenden. Mit dieser Festlegung waren darüber hinaus einige weitere Intentionen verknüpft: Einerseits sollten Unternehmen, die schon mit dem EFQM-Modell arbeiten, das Thema Gesundheit problemlos in ihr betriebliches Managementsystem integrieren können. Andererseits war beabsichtigt, Organisationen, die noch keine Erfahrung mit dem EFQM-Modell hatten, über das betriebliche Gesundheitsmanagement an eine umfassende Bewertung der Unternehmensorganisation heranzuführen. Schließlich sollten Synergieeffekte derart erschlossen werden, dass die umzusetzenden Managementstrukturen und -prozesse auch für andere Themenbereiche wie z. B. Qualität und Umweltschutz nutzbar sind. Um diese Ziele zu erreichen, aber gleichzeitig auch alle gesetzlichen Anforderungen abzudecken, wurde das EFQM-Modell in seinem prinzipiellen Aufbau beibehalten, in einzelnen Kriterien jedoch für den hier verfolgten Zweck modifiziert.

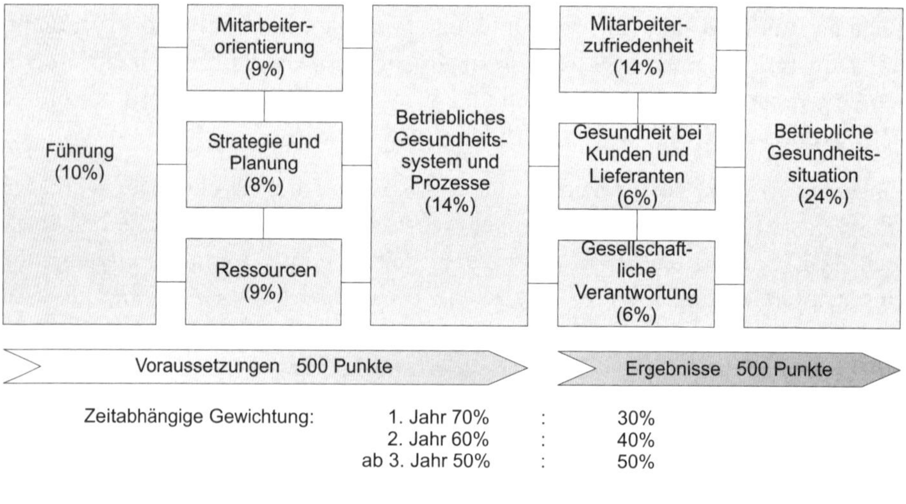

Bild 6.4 Modell zur Bewertung betrieblicher Gesundheitsmanagementkonzepte

Bild 6.4 zeigt den Aufbau des Modells. Dabei lassen sich – wie beim EFQM-Modell – zwei Kriteriengruppen gegeneinander abgrenzen: Eine breite Palette von Ergebniskenngrößen und Kriterien, die den Aufbau und die erfolgreiche Umsetzung eines betrieblichen Gesundheitsmanagements ermöglichen (Voraussetzungen).

Das Modell liefert lediglich Hinweise darauf, welche Voraussetzungen grundsätzlich zu schaffen und welche Ergebnisse zu berücksichtigen sind, um einem umfassenden Gesundheitsverständnis gerecht zu werden. Wie die einzelnen Voraussetzungen konkret umzusetzen sind und welche Ergebnisse in welchem Umfang erzielt werden sollen, muss jede Organisation vor dem Hintergrund ihrer jeweiligen Rahmenbedingungen und Zielsetzungen selbst entscheiden.

Ergebnisse und Voraussetzungen sind in diesem Modell prinzipiell gleich gewichtet. Dies bringt die Summe von 500 Punkten zum Ausdruck, die bei der externen Bewertung maximal für jeweils beide Kriteriengruppen vergeben werden kann. Hat ein Unternehmen eine bestimmte Mindestpunktzahl erreicht, erfüllt es die Voraussetzungen für die Gewährung des prospektiven Beitragsbonus der AOK. Empirische Erfahrungen zeigen jedoch, dass zwischen der Umsetzung von Maßnahmen und dem Erzielen erster Ergebnisse ein zeitlicher Bruch besteht. Strukturen und Prozesse, die heute geschaffen bzw. initiiert werden, bringen oftmals erst mittel- und langfristig die beabsichtigten Resultate hervor. Um diesem Sachverhalt Rechnung zu tragen, werden im Rahmen des Modellvorhabens die Voraussetzungen in den ersten beiden Jahren stärker gewichtet als die Ergebnisse.

Dem Aufbau des EFQM-Modells für Business Excellence entsprechend werden die neun Kriterien durch Unterkriterien näher beschrieben, wobei die Zahl der Unterkriterien deutlich reduziert wurde.

Tabelle 6.2 zeigt die Kriterienstruktur des Modells zur Bewertung betrieblicher Gesundheitsmanagementkonzepte. Auch in diesem Modell werden die Unterkriterien durch Ansatzpunkte näher erläutert. Dies wird in **Tabelle 6.3** beispielhaft für das Kriterium 1 (Führung) verdeutlicht.

Tabelle 6.2 Kriterienstruktur des Bewertungsmodells

Kriterium	Unterkriterium
Führung	Sichtbares Engagement und Vorbildfunktion der Führungskräfte und der Mitarbeitervertretung in Bezug auf betriebliches Gesundheitsmanagement
	Wie Führungskräfte betriebliches Gesundheitsmanagement durch das Bereitstellen geeigneter Ressourcen und durch Unterstützung fördern
Strategie und Planung	Wie das Unternehmen Gesundheitsmanagement bei der Entwicklung/Weiterentwicklung von allgemeinen Strategien und Plänen berücksichtigt
	Wie spezielle Strategien und Pläne des betrieblichen Gesundheitsmanagements entwickelt, bekannt gemacht und umgesetzt werden
Mitarbeiterorientierung	Wie das Unternehmen seine Humanressourcen pflegt und weiterentwickelt
	Wie Mitarbeiter aktiv in den Prozess des betrieblichen Gesundheitsmanagements einbezogen und deren Beiträge anerkannt werden
Ressourcen	Management der finanziellen Ressourcen im Rahmen des betrieblichen Gesundheitsmanagements
	Management von Informationen und Know-how im Rahmen des betrieblichen Gesundheitsmanagements
	Umgang mit Materialien, Betriebsmitteln, Gebäuden, Energieträgern und deren Lieferanten
Betriebliches Gesundheitssystem und Prozesse	Wie das Unternehmen geeignete Strukturen zur Umsetzung des betrieblichen Ansatzes des Gesundheitsmanagements schafft
	Wie das Unternehmen die Prozesse des betrieblichen Gesundheitsmanagements steuert
Gesundheit bei Kunden und Lieferanten	Indikatoren, die die Wirksamkeit des betrieblichen Gesundheitsmanagementansatzes in Bezug auf Kunden und Lieferanten zeigen
Mitarbeiterzufriedenheit	Indikatoren, die die Mitarbeiterzufriedenheit kennzeichnen
Gesellschaftliche Verantwortung	Indikatoren, die belegen, dass das Unternehmen auch außerhalb der Organisation die Idee des Gesundheitsmanagements wirkungsvoll verbreitet hat
	Volkswirtschaftliche Auswirkungen des betrieblichen Gesundheitsmanagements
Betriebliche Gesundheitssituation	Objektive Indikatoren, die die Gesundheitssituation im Unternehmen kennzeichnen
	Subjektive Indikatoren, die den Gesundheitszustand der Mitarbeiter kennzeichnen

Tabelle 6.3 Beispielhafte Struktur der Bewertungskriterien

Kriterium	Unterkriterium	Ansatzpunkte
Kriterium 1: Führung Wie Führungskräfte durch ihr Verhalten und ihre Handlungen die betriebliche Gesundheitsförderung fördern und unterstützen	**Kriterium 1a:** Sichtbares Engagement und Vorbildfunktion der Führungskräfte und der Mitarbeitervertretung in Bezug auf betriebliches Gesundheitsmanagement	Wie Führungskräfte das betriebliche Gesundheitsmanagement initiieren
		Wie Führungskräfte aktiv bei der Umsetzung mitwirken (z. B. im Steuerkreis oder in entsprechenden Projektgruppen)
		Wie Führungskräfte persönlich überprüfen, ob die Aktivitäten des betrieblichen Gesundheitsmanagements erfolgreich sind
		Wie Führungskräfte Schulungen zu Gesundheitsthemen durchführen oder selbst daran teilnehmen.
		Wie Führungskräfte mit ihren Mitarbeitern über Gesundheitsthemen kommunizieren
	Kriterium 1b: Wie Führungskräfte betriebliches Gesundheitsmanagement durch das Bereitstellen geeigneter Ressourcen und durch Unterstützung fördern	Wie Führungskräfte Mitarbeiter für die Beteiligung an Gesundheitsprojekten freistellen
		Wie Führungskräfte geeignete Räumlichkeiten und Hilfsmittel für Gruppenarbeiten im Rahmen des betrieblichen Gesundheitsmanagements bereitstellen
		Ob Führungskräfte ein eigenes Budget besitzen, aus dem sie Aktivitäten des betrieblichen Gesundheitsmanagements finanzieren und dessen Höhe z. B. unabhängig von der aktuellen wirtschaftlichen Lage ist
		Wie Führungskräfte Investitionen in das betriebliche Gesundheitsmanagement veranlassen, ohne dies von kurzfristigen Erfolgen abhängig zu machen
		Wie Führungskräfte sich als Sponsoren für Veranstaltungen oder sonstige Aktivitäten, die im Zusammenhang mit Gesundheitsmanagement stehen, engagieren

Beispielhafte Erfahrungen

Analog zur Selbstbewertung nach dem (ursprünglichen) EFQM-Modell wird die (Selbst-)Bewertung des betrieblichen Gesundheitsmanagements aufgrund des anfänglich hohen Aufwandes zur Erstellung der Bewerbungsunterlagen von den beteiligten Unternehmen als aufwändig erlebt. Dieses Problem relativiert sich jedoch mit dem Einstieg in die regelmäßige Wiederholung des Bewertungsprozesses.

Die bisher vorliegenden Ergebnisse zeigen, dass Unternehmen, die schon seit einigen Jahren die Realisierung dieses Konzeptes betreiben, mittlerweile fundierte betriebliche Gesundheitsmanagementstrukturen geschaffen haben und Gesundheit nicht mehr völlig losgelöst vom sonstigen betrieblichen Geschehen betrachten (eine wichtige Voraussetzung, um nicht wieder bei Programmen zu landen!). Insbesondere lässt sich auch feststellen, dass das Thema „Gesundheit" in zunehmendem Maße als Führungsaufgabe verstanden wird. Ein Grund hierfür mag in der Tatsache liegen, dass das Bewertungsmodell die Einbindung gesundheitsrelevanter Aspekte in die strategische Unternehmensplanung fordert.

Die erhofften Synergieeffekte in Bezug auf die simultane Nutzung der geschaffenen Managementstrukturen und -prozesse für weitere Themenbereiche wie Qualität und Umweltschutz sind bisher nur vereinzelt aufgetreten. Ebenso war nur in wenigen Fällen eine evolutionäre Weiterentwicklung des betrieblichen Gesundheitsmanagements in Richtung Organizational Excellence zu verzeichnen. Konsequenterweise konnten Unternehmen deshalb auch nur selten weiter gehende Nutzenpotenziale, die aus einer Verknüpfung von Aktivitäten des Tagesgeschäfts mit denen des betrieblichen Gesundheitsmanagements resultieren, systematisch erschließen. So zeigen z. B. Erfahrungen mit der prozessorientierten Ausrichtung von Organisationen, dass sich Prozessmanagementkonzepte sehr gut mit Ansätzen zur Neugestaltung von Arbeitsinhalten koppeln lassen. Dabei lassen sich dann gleichzeitig ökonomische Vorteile für das Unternehmen (z. B. Verkürzung der Durchlaufzeit), eine höhere Kundenorientierung und für den Mitarbeiter anspruchsvollere sowie interessantere Arbeitsinhalte realisieren. Um die Umsetzung entsprechender Aktivitäten in den Unternehmen zu stimulieren, hat das ITA das Bewertungsmodell dahin gehend weiterentwickelt, dass wirtschaftliche Effekte von Maßnahmen des betrieblichen Gesundheitsmanagements als explizite Ergebnisgrößen aufgenommen worden sind.

Literatur

Thul, M. J.; Zink, K. J.: Selbstbewertung als Ansatz zur Bewertung Betrieblicher Gesundheitsmanagementsysteme. Konzept, Möglichkeiten und Grenzen. In: Pfaff, H.; Slesina, W. (Hrsg.): Effektive betriebliche Gesundheitsförderung. Konzepte und methodische Ansätze zur Evaluation und Qualitätssicherung. Weinheim, München 2001, S. 161–180

6.2.3 Universitäre Weiterbildung

Spezifische Problemstellung

Im Jahr 2000 formulierte der Europäische Rat in Lissabon das strategische Ziel, die Europäische Union „zum wettbewerbsfähigsten und dynamischsten wissensbasierten Wirtschaftsraum in der Welt zu machen – einem Wirtschaftsraum, der fähig ist, ein dauerhaftes Wirtschaftswachstum mit mehr und besseren Arbeitsplätzen und einem größeren sozialen Zusammenhalt zu erzielen.“[26] Im Kontext ihrer Politik zur „sozialen Verantwortung der Unternehmen“[27] betont die Europäische Kommission die Bedeutung einer Stakeholderorientierung der Unternehmen zur Verwirklichung dieses strategischen Ziels. Das EFQM-Modell für Excellence beinhaltet sowohl die Ausrichtung von Politik und Strategie an den relevanten Anspruchsgruppen als auch die gesellschaftliche Verantwortung von Unternehmen, die sich seit der Überarbeitung im Jahr 2002 als „roter Faden“ durch die Modellkriterien zieht. Damit ist es grundsätzlich dazu geeignet, eine Entwicklung im Sinne des vom Europäischen Rat vorgegebenen strategischen Ziels zu fördern. Wenn die Anwendung zwar praxeologisch begründeter Business Excellence- bzw. Performance Excellence-Modelle gleichzeitig auch zu positiven wirtschaftlichen Effekten auf Unternehmensebene führt, wie z. B. die Analyse von Award-Gewinnern zeigt, müssen solche Inhalte auch in die wissenschaftliche Erstausbildung und Weiterbildung von Managern Eingang finden.

Ziele und Modellmodifikation

In einem immer komplexer und dynamischer werdenden Umfeld erhöhen sich die Anforderungen an Führungskräfte in Unternehmen: Um sich den vielfältigen Herausforderungen stellen zu können, braucht eine gute Führungskraft eine breite Qualifikation – sowohl ein umfangreiches Repertoire an wissenschaftlich fundiertem Managementwissen als auch die immer wichtiger werdenden Führungs- und Methodenkompetenzen. Ein entsprechender universitärer Weiterbildungsstudiengang muss demnach zum einen wesentliche Fachinhalte zur Unternehmensführung beinhalten, wobei auch zukunftsorientierte Fragestellungen wie das Management von E-Business-Unternehmen und -Projekten stark thematisiert werden sollten. Zum anderen müssen breit gefächerte Methoden- und Führungskompetenzen mit den Schwerpunkten Innovationsmanagement, Komplexitätsmanagement, Change Management, ganzheitliche Bewertungs- und Steuerungskonzepte sowie interkulturelles Management als Querschnittsinhalte vermittelt werden.

Die Erfahrungen der jüngeren Vergangenheit zeigen, dass eine ausschließliche Orientierung an finanziellen Ergebnisgrößen zu kurz greift. Die Verwirklichung langfristigen wirtschaftlichen Erfolgs ist heute nur unter Berücksichtigung aller Dimensionen des Nachhaltigkeitsbegriffs möglich. Es sind neben finanziellen deshalb auch soziale und ökologische Zielgrößen zu beachten. Dazu ist es notwendig, dass die Entscheider in Unternehmen die individuellen und gesellschaftlichen Voraussetzungen und Folgen ihres wirtschaftlichen Handelns erkennen, beurteilen und berücksichtigen können.

Das Fundament einer universitären Weiterbildung, die diesen Überlegungen Rechnung trägt, bildet ein Modell stakeholderorientierter Unternehmensführung (**Bild 6.5**), das in Inhalt und Darstellung Parallelen zum EFQM-Modell für Excellence aufweist. Gegenüber dem EFQM-Modell betont dieses Modell jedoch explizit den Zweck eines Unternehmens, der sich auch aus seiner gesellschaftlichen Rolle in einer sozialen Marktwirtschaft ergibt. Darüber hinaus wird den wichtigsten Anspruchsgruppen eines Unternehmens jeweils ein eigenes Systemelement zugeordnet, wodurch der Aspekt der Stakeholderorientierung noch stärker hervorgehoben wird. Ziel ist es, den Teilnehmern an dem Weiterbildungsstudiengang eine „ganzheitlichere" Perspektive der Unternehmensführung nahe zu bringen.

Unter Ganzheitlichkeit wird dabei Folgendes verstanden:

- eine Orientierung an den relevanten Anspruchsgruppen,
- verbunden – wo immer möglich – mit einem Ausgleich zwischen sich den daraus ergebenden Anforderungen,
- auf der Grundlage einer integrierenden, systemorientierten Betrachtungsweise und
- einer nachhaltigen und langfristigen Ausrichtung.

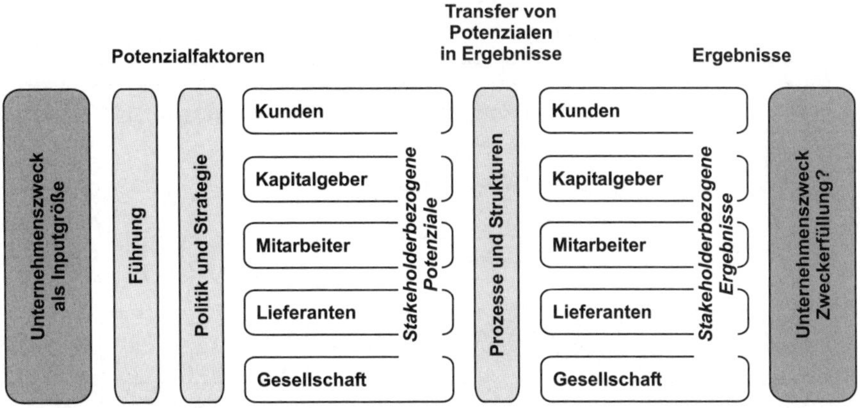

Bild 6.5 Modell stakeholderorientierter Unternehmensführung

Während in vielen wirtschaftswissenschaftlichen Weiterbildungsprogrammen eine „einseitige" Orientierung an vordergründig rein ökonomischen Zielgrößen zu erkennen ist, werden in einem auf Nachhaltigkeit ausgerichteten Studiengang auch die sozialen und ökologischen Folgen wirtschaftlichen Handelns und die daraus abzuleitende Forderung nach unternehmerischer Verantwortung aufgegriffen. Der Gedanke der Stakeholderorientierung zielt darauf ab, Unternehmenspolitik und -strategie nicht ausschließlich auf die Interessen der Kapitalgeber auszurichten, sondern auf Basis einer bestmöglichen Befriedigung der Ansprüche aller relevanten Anspruchsgruppen nachhaltige Wettbewerbsfähigkeit zu erreichen – und damit auch den Interessen der Shareholder besser zu dienen.

Um die oben genannten Studienziele zu erreichen, müssen insbesondere in einem Weiterbildungsstudiengang auch geeignete Formen der Studienorganisation entwickelt werden, die das begrenzte Zeitbudget Berufstätiger berücksichtigen. Insofern geht es um eine Mischung aus Selbstlern- und Präsenzphasen.

Innerhalb der Selbstlern- und Präsenzphasen können drei verschiedene Formen von Lehrmodulen unterschieden werden. **Bild 6.6** veranschaulicht die Grundstruktur des Weiterbildungsstudienganges.

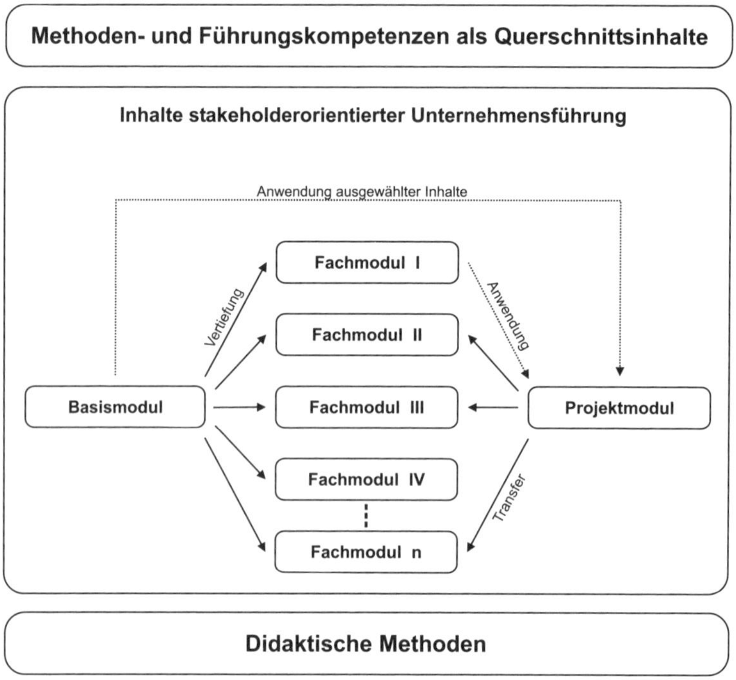

Bild 6.6 Grundkonzept eines Weiterbildungsstudiums

Basismodul:

Das Basismodul beinhaltet die Vermittlung des Modells stakeholderorientierter Unternehmensführung sowie ganzheitlicher Bewertungs- und Steuerungskonzepte. Aus den einzelnen Systemelementen des Modells werden alle Fachmodule abgeleitet, so dass es als integrative Klammer zur Einordnung und Vernetzung aller Studieninhalte in einem übergeordneten Zusammenhang dient.

Fachmodule:

In den Fachmodulen werden spezielle Fachinhalte, die sich aus den verschiedenen Elementen des Modells stakeholderorientierter Unternehmensführung herleiten lassen, konkretisiert und vertieft. So beinhalten z. B. die aus dem Element „Kapitalgeber“ abgeleiteten Lernmodule Themen wie „Rentabilitätsmanagement“ oder „Integratives Risikomanagement“, während unter der Überschrift „Mitarbeiterorientierung“ z. B. „People Empowerment“ oder „Personalentwicklung“ angeboten werden. Das Themenfeld Gesellschaft umfasst u. a. Lernmodule zu den Themen „Rechtliche

Rahmenbedingungen unternehmerischer Verantwortung", „Umweltmanagement" oder auch „Nachhaltigkeit als Leitbild verantwortungsvollen Wirtschaftens".

Projektmodul:
Im Projektmodul werden ausgewählte Inhalte des Basismoduls und der Fachmodule in einem Unternehmen angewandt und in Form einer schriftlichen Arbeit dokumentiert. Nach Durchführung dieses selbständigen In-Company-Projekts findet eine Präsenzveranstaltung statt, in der die Projektergebnisse präsentiert sowie deren Transferierbarkeit und Auswirkungen auf andere Problemstellungen der Unternehmensführung diskutiert werden. Ziel ist es, eine „Re-Integration" der spezialisiert bearbeiteten Inhalte in einen übergeordneten Rahmen zu fördern und die komplexen Wechselwirkungen zwischen den verschiedenen Aspekten der Unternehmensführung zu verdeutlichen.

Beispielhafte Erfahrungen

Da die hier vorgetragenen Überlegungen noch nicht abschließend realisiert sind, können noch keine konkreten Erfahrungen mitgeteilt werden. Es gibt jedoch positive Erfahrungen mit einem European Master Programme in Total Quality Management, das von einem Netzwerk europäischer Universitäten mit Unterstützung durch die EFQM getragen wird. Der an den Modulen des EFQM-Modells für Excellence orientierte Weiterbildungsstudiengang hat in den letzten Jahren bei Teilnehmern und Unternehmen eine positive Resonanz erfahren.

Literatur

Behrens, S.: Die inhaltliche Fundierung eines Weiterbildungs-Konzepts und die Beschreibung der Train-the-Trainer-Phase. Internes Arbeitspapier Nr. 12-2002, Institut für Technologie und Arbeit, Kaiserslautern 2002

Zink, K. J.; Steimle, U.; Liebrich, A.: Grundkonzeption eines weiterbildenden Fernstudienganges „Ganzheitliche Unternehmensführung". Internes Arbeitspapier Nr. 1-2003, Lehrstuhl für Industriebetriebslehre und Arbeitswissenschaft an der Universität Kaiserslautern 2003

Anmerkungen und Quellen

Kapitel 1

1 vgl. Bleicher, K.: Das Konzept Integriertes Management. 5. Aufl., Frankfurt 1999

2 vgl. ebenda, S. 47 f.

3 vgl. Ulrich, P.; Fluri, E.: Management, Eine konzentrierte Einführung. 6. neubearb. u. erg. Aufl., Bern, Stuttgart 1992, S. 19

4 Bleicher, K., a. a. O., S. 73

5 bei Bleicher als „Vorgaben“ bezeichnet

6 Abbildung aus Bleicher, K., a. a. O., S. 77

7 bei Bleicher als „Programme“ bezeichnet

8 vgl. ebenda, S. 586 ff.

9 Der Begriff „integrativ“ wird hier vorgezogen, weil er im Vergleich zu „integriert“ einen stärker prozessualen Charakter hat.

10 Abbildung modifiziert nach Bleicher, K., a. a. O., S. 589

11 Womack, J. P.; Jones, D. T.; Roos, D.: Die zweite Revolution in der Autoindustrie: Konsequenzen aus der weltweiten Studie aus dem Massachusetts Institute of Technology. 8. Aufl., Frankfurt 1994, S. 77 ff.

12 Traditionelle Formen der Organisation der Produktion werden dabei als robust/buffered charakterisiert, d. h. die „Robustheit“ gegenüber Störungen wird durch umfangreiche (Material-)Puffer erzielt. Die Erinnerung an den Begriff „fragile“ (zerbrechlich) mag für die spätere Diskussion u. U. hilfreich sein.

13 vgl. Daum, M.; Piepel, U.: Lean Production – Philosophie und Realität. In: io Management, 61. Jg. (1992), Heft 1, S. 40 ff.

14 vgl. Shingo, S.: Das Erfolgsgeheimnis der Toyota Produktion. Landsberg/Lech 1992, S. 37 ff.

15 vgl. ebenda, S. 259 ff.

16 zitiert nach Womack, J. P. et al., a. a. O., S. 198

17 vgl. ebenda

18 vgl. dazu Curtius, B.: Quality Function Deployment in der westdeutschen Automobil- und Zuliefererindustrie: Versuch einer Darstellung fördernder und hemmender Faktoren. Dissertation, Universität Kaiserslautern 1994, S. 197 f. und S. 200 ff.

19 vgl. dazu Wildemann, H.: Das Just-In-Time-Konzept, Produktion und Beschaffung auf Abruf. 2. Aufl., Frankfurt 1990

20 vgl. dazu Babson, S.: Lean or Mean. The MIT Model and Lean Production at Mazda. Wayne State University/Labor Studies Center, Detroit 1992, dargestellt in: MacShane, D.: Ausbeutung wächst. In: Der Gewerkschafter, 41. Jg. (1993), Heft 2, S. 36 f.

21 vgl. Womack, J. P.; Jones, D. T.; Roos, D.: Konsequenzen aus der weltweiten Studie aus dem Massachusetts Institute of Technology. München 1998, S. 312 ff.

22 vgl. ebenda, S. 122 und S. 344

23 vgl. ebenda, S. 352 f.

24 Abbildung aus Imai, M.: KAIZEN – Der Schlüssel zum Erfolg der Japaner im Wettbewerb. 12. Aufl., München 1994, S. 25

25 Abbildung aus ebenda, S. 41

26 vgl. Zink, K. J.: Quality Circles – noch ein Thema? In: Personalführung, 23. Jg. (1990), Heft 3, S. 147–153

27 vgl. ebenda

28 Abbildung aus Imai, M., a. a. O., S. 50 f.

29 Abbildung aus ebenda, S. 111 f.

30 ebenda, S. 269

31 vgl. auch Ishikawa, K.: What is Total Quality Control. New York 1985, S. 91 ff.

32 wie z. B. TPM (Total Productive Maintenance)

33 vgl. dazu Zink, K. J.: Quality Circles …, a. a. O.

34 vgl. Harry, M. J.; Schroeder, R. (1999): Six Sigma. The Breakthrough Management Strategy Revolutionizing the world's Top Corporations. New York 1999 sowie Henhoff, R.: What Motorola learns from Japan. In Fortune, 119 (9), S. 157–168

35 vgl. Bergman, B.; Kroslid, D.; Magnusson, K.: Six Sigma – der pragmatische Ansatz. München 2001

36 vgl. Hammer, H.; Champy, J.: Business Reengineering – Die Radikalkur für das Unternehmen. Frankfurt, New York 1994

37 ebenda, S. 48

38 vgl. ebenda, S. 49

39 Hier zeigen sich Parallelen zu „Lean-Beratern", die den doppelten Output bei gleichem Input versprechen.

40 vgl. ebenda, S. 70

41 vgl. ebenda, S. 71 ff.

42 vgl. z. B. Rühl, G.: Untersuchungen zur Arbeitsstrukturierung. In: Industrial Engineering, 3. Jg. (1973), Heft 3, S. 147–197

43 vgl. z. B. Scheer, A.-W.: EDV-orientierte Betriebswirtschaftslehre. 3. Aufl., Berlin, Heidelberg 1987, S. 16 ff.

44 vgl. z. B. Höhn, R.: Führungsbrevier der Wirtschaft. 7. Aufl., Bad Harzburg 1970

45 vgl. Hammer, M.; Champy, J., a. a. O., S. 112 ff.

46 vgl. ebenda, S. 103

47 vgl. ebenda, S. 260 ff. Dies wird auch in besonderem Maße im zweiten Buch der Autoren deutlich: Champy, J.: Reengineering Management: The Mandate for New Leadership. New York 1995

48 vgl. Hammer, M; Champy, J., a. a. O., S. 69

49 vgl. dazu die Darstellung dieser Thematik in den Publikationen von Juran, Deming oder Feigenbaum sowie die entsprechenden Kriterien internationaler Excellence-Modelle, die die Definition von Schlüsselprozessen und entsprechende organisatorische Konsequenzen fordern.

50 vgl. Champy, J.: Reengineering im Management: die Radikalkur für die Unternehmensführung. Frankfurt 1995

51 vgl. ebenda, S. 1 f.

52 vgl. ebenda, S. 7

53 vgl. dazu z. B. Matsuda, T.: „Organizational Intelligence“ als Prozeß und als Produkt. In: technologie & management, 42. Jg. (1993), Heft 1, S. 12–17; Momm, C.: Organizational Intelligence. Das japanische Managementkonzept der Zukunft? In: technologie & management, 42. Jg. (1993), Heft 1, S. 45 f.

54 vgl. Zink, K. J.: Traditionelle und neuere Ansätze der Organisationsentwicklung. In: Zink, K. J. et al. (Hrsg.): Industrial Engineering und Organisationsentwicklung im kommenden Dezennium. München 1979, S. 61–75

55 vgl. Zink, K. J.: Selbststeuerung im Rahmen differentieller und dynamischer Ausbildungskonzepte. In: Arnold, R. (Hrsg.): Taschenbuch der betrieblichen Bildungsarbeit. Hohengehren 1991, S. 193

56 vgl. ebenda, S. 195 f. sowie Zink, K. J.; Blickle, G.; Ritter, A.: Lernen als kooperative Problembewältigung vor Ort – Arbeitsstrukturierung, qualifizierende Arbeitsgestaltung, Problemlösungsgruppen. In: Arnold, R. (Hrsg.): Taschenbuch der betrieblichen Bildungsarbeit. Hohengehren 1991, S. 179–190

57 vgl. Stewart, T. A.: Der vierte Produktionsfaktor: Wachstum und Wettbewerbsvorteile durch Wissensmanagement. München, Wien 1998

58 vgl. Senge, P. M.: Die fünfte Disziplin: Kunst und Praxis der lernenden Organisation. 7. Aufl., Stuttgart 1999

59 vgl. ebenda, S. 87 f.

60 vgl. Rappaport, A.: Shareholder Value: ein Handbuch für Manager und Investoren. 2. Auflage, Stuttgart 1999

61 vgl. Kennedy, A. A.: Das Ende des Shareholder-Value. München 2001

62 vgl. Pfeffer, J.: The Human Equation: Building Profits by Putting People First. Boston, Mass. 1998

63 ebenda, S. 13 f.

64 ebenda, S. 17 f.

65 vgl. Zink, K. J.: Human Resources und Business Excellence – Arbeitspolitik unter veränderten Rahmenbedingungen. In: Institut für angewandte Arbeitswissenschaft e. V. (Hrsg.): Arbeitsorganisation in der Automobilindustrie – Stand und Ausblick. Köln 2000, S. 24–39

66 vgl. Pfeffer, J., a. a. O., S. 94 f.

67 Abbildung nach ebenda, S. 301

68 ebenda, S. 62

69 vgl. Kaplan, R. S.; Norton, D. P.: The Balanced Scorecard: Translating Strategy into Action. Boston, Mass. 1997

70 vgl. Kaplan, R. S.; Norton, D. P.: Balanced Scorecard: Strategien erfolgreich umsetzen. Stuttgart 1997, S. 9

71 Abbildung nach ebenda, S. 10

72 vgl. z. B. Rapp, R.: Customer Relationship Management: Das neue Konzept zur Revolutionierung der Kundenbeziehungen. Frankfurt/New York 2000

73 Rapp, R.: Customer-Relationship-Management: Die Entdeckung der Kundennähe. In: Manager-Seminare, Heft 49, Juli/August 2001, S. 24

74 vgl. ebenda., S. 22–30

75 vgl. dazu auch: Eggert, A.; Fassot, G. (Hrsg.): eCRM: Electronic Customer Relationship Management – Management der Kundenbeziehungen im Internetzeitalter. Stuttgart 2001 oder Link, J.: Customer Relationship Management – Erfolgreiche Kundenbeziehungen durch integrierte Informationssysteme. Berlin, Heidelberg 2001

76 vgl. Rapp, R.: Costumer-Relationship-Management: Die Entdeckung …, a. a. O., S. 24 f.

77 vgl. ebenda, S. 25 ff.

78 vgl. Hammer, M.; Champy, J., a. a. O., S. 90 ff.

79 Deutsches Institut für Normung (Hrsg.): DIN EN ISO 9001:2000 Qualitätsmanagement-Systeme – Forderungen. Entwurf Januar 2000, Berlin 2000, S. 16

80 Abbildung nach Tavolato, P.; Vicena, K.: Prototyping Methology and its Tool. In: Budde, R. et al. (Hrsg.): Approaches to Prototyping. Heidelberg, New York 1984, S. 425

81 zitiert nach Berwick, D. M.; Godfrey, A. B.; Roessner, J.: Curing Health Care. San Francisco 1990, S. 55

82 Abbildung nach Whiteley, R. C.: The Customer Driven Company. Moving from Talk to Action. Reading, Mass. 1992, S. 10

83 Abbildung nach ebenda, S. 14

84 vgl. Deutsches Institut für Normung e. V. (Hrsg.): DIN 55 350: Begriffe der Qualitätssicherung und Statistik, Teil 11. Berlin 1987, S. 6; Abbildung aus Eggs, I.; Rosemann, K.: Informationstechnik als Instrument der Qualitätssicherung. In: CIM Management, 3. Jg. (1987), Heft 2, S. 27

85 vgl. Sullivan, L. P.: Quality Function Deployment. In: Quality Progress, o. Jg. (1986), Juni, S. 50

86 vgl. § 93 Abs. 2 BSHG

87 vgl. National Institute of Standards and Technology (Hrsg.): Criteria for Performance Excellence. Gaithersburg 2003, S. 9

88 vgl. Standards Australia International (Hrsg.): The Australian Business Excellence Framework 2003. Sydney 2003, S. 35

89 vgl. European Foundation for Quality Management (Hrsg.): EFQM Excellence Model. Brüssel 2003, S. 12–24

90 vgl. Deutsches Institut für Normung (Hrsg.): Vision 2000 – eine Strategie zur Entwicklung Internationaler Normen zu Qualitätsmanagement und Qualitätssicherung für die 90er Jahre. In: DIN Mitteilungen, 70. Jg. (1991), Heft 6, S. 344–351 und die Ausführungen in Geiger, W.: Qualitätslehre – Einführung, Systematik, Terminologie. 2. Aufl., Braunschweig 1994, S. 69 f.

91 vgl. in diesem Zusammenhang auch die (haftungsrechtliche) Bedeutung von Qualitätssicherungsvereinbarungen: Ensthaler, J.: Haftungsrechtliche Bedeutung von Qualitätssicherungsvereinbarungen. In: Neue Juristische Wochenschrift, 47. Jg. (1994), Heft 13, S. 817–821

92 Deutsches Institut für Normung e. V. (Hrsg.): DIN ISO 8402 – Qualiätsmnagement und Qualitätssicherung – Begriffe. Berlin 1992, S. 25

93 vgl. dazu insbesondere Kapitel 2.1

94 vgl. dazu auch: Zink, K. J.; Voß, W.; Reuter, A. Y.: Qualitätsmanagement und Business Excellence. In: VDI-Z, 143. Jg. (2001), Heft 5, S. 29

95 Bleicher, K., a. a. O., S. 148

96 Abbildung modifiziert nach Bleicher, K., a. a. O., S. 77

Kapitel 2

1 Vorbemerkung: Die Aussagen, die sich auf den European Quality Award, seine Entstehung und seine einzelnen Elemente beziehen, beruhen auf Materialien der European Foundation for Quality Management (EFQM).

2 vgl. Conti, T.: Company Quality Assessments (Part 1). In: The TQM Magazine, 3. Jg. (1991), Heft 3, S. 111–115

3 EFQM (Hrsg.): Das EFQM-Modell für Excellence – Änderungen. Brüssel 1999, S. 4

4 Abbildung nach EFQM (Hrsg.): Das EFQM-Modell für Excellence. Brüssel 2000, S. 8

5 vgl. EFQM (Hrsg.): The Fundamental Concepts of Excellence. Brüssel 2003

6 vgl. dazu Kapitel 3 und 4

7 Abbildung aus EFQM (Hrsg.): Das EFQM-Modell für Excellence, a. a. O., S. 10

8 zur Definition der Kriterien, der Teilkriterien sowie der beispielhaften Ansatzpunkte vgl.: EFQM (Hrsg.): EFQM Excellence Model, a. a. O.

9 vgl. EFQM (Hrsg.): EFQM Excellence Model, a. a. O., S. 13. Die Übersetzungen der Kriterien, Kriteriendefinitionen und Ansatzpunke in diesem Buch entsprechen weitestgehend den offiziellen Übersetzungen des Deutschen EFQM Centers. Wo von diesen abgewichen wird, ist dies gesondert vermerkt.

10 Kotter, J. P.: Leading Change. Boston 1996, S. 72

11 vgl. Edwards, M. R.; Ewen, A. J.: 360°-Beurteilung: Klareres Feedback, höhere Motivation und mehr Erfolg für alle Mitarbeiter. München 2000. Kritisch dazu Neuberger, O.: Das 360°-Feedback. Alles fragen? Alles sehen? Alles sagen? München, Mering 2000

12 vgl. EFQM (Hrsg.): EFQM Excellence Model, a. a. O., S. 13

13 vgl. Ritz-Carlton Hotel Company (Hrsg.): Application Summary, National Quality Award, 1992 Winner. Atlanta (Georgia), S. 3

14 vgl. Granite Rock Company (Hrsg.): Quality By Design – Application Summary. National Quality Award, 1992 Winner. Watsonville (Cal.) 1992, S. 2–6

15 vgl. Brombacher, R.-B.; Burg, K.-E.: Ludwig-Erhard-Preis 2000: Der Weg zu Business-Excellence bei AUBI: Die erfolgreiche Bewerbung. Düsseldorf 2001, S. 17 ff.

16 vgl. Texas Instruments – Defense Systems & Electronics Group (Hrsg.): Malcolm Baldrige Application Summary. Plano (Texas) 1992, S. 2

17 vgl. Yellow Pages (Hrsg.): Application for the 1999 European Quality Award. Berkshire 1999, S. 7

18 vgl. Conti, T.: Building Total Quality. London 1993, S. 159 ff.

19 Gaitanides, M.: Prozessorganisation – Entwicklung, Ansätze und Programme prozessorientierter Organisationsgestaltung. München 1983, S. 71; Eiff, W. von: Geschäftsprozessmanagement. In: Zeitschrift Führung und Organisation, 63. Jg. (1994), Heft 6, S. 366; Eiff, W. von: Geschäftsprozessmanagement, in: FB/IE, 45. Jg. (1996), Heft 1, S. 6; Arbeitskreis Organisation der Schmalenbach-Gesellschaft (Hrsg.): Organisation im Umbruch. In: Zeitschrift für betriebswirtschaftliche Forschung, 48. Jg. (1996), Heft 6, S. 626–628; Weth, M.: Reorganisation zur Prozessorientierung, Frankfurt 1997, S. 72; Tiemeyer, E.: Computerunterstützte Optimierung von Geschäftsprozessen. In: FB/IE, 44. Jg. (1995), Heft 6, S. 307; Gaitanides, M.: Je mehr, desto besser? Zu Umfang und Intensität des Wandels bei Vorhaben des Business Reengineering. In: technologie & management, 44. Jg. (1995), Heft 2, S. 69–76

20 vgl. hierzu: Harrington, H. J.: Business Process Improvement – the breakthrough Strategy for Total Quality Productivity and Competitiveness. New York 1991, S. 45; Rummler, G. A.; Brache, A. P.: How to manage the white Space on the Organisation Chart. San Francisco 1990, S. 134 ff.

21 vgl. dazu die Kapitel 3 und 4

22 vgl. Camp, R. C.: Business Process Benchmarking – Finding and implementing best Practices. Milwaukee 1995, S. 253–406; Camp, R. C.: Benchmarking – the Search for Industry best Practices that lead to superior Performance. Milwaukee 1989, S. 6–15; Furey, T.: A Six-step Guide to Process Reengineering. In: Planning Review, 21. Jg. (1993), Heft 2, S. 22

23 vgl. EFQM (Hrsg.): EFQM Excellence Model, a. a. O., S. 13

24 Im Original als „governance" bezeichnet. „Steuerung" wäre vielleicht eine treffendere Übersetzung.

25 vgl. Granite Rock Company (Hrsg.), a. a. O., S. 12 ff.

26 vgl. Texas Instruments Europe (Hrsg.): Application for the European Quality Award 1995. Northampton 1995, S. 33 f.

27 Yellow Pages (Hrsg.), a. a. O., S. 37

28 vgl. EFQM (Hrsg.): EFQM Excellence Model, a. a. O., S. 14

29 vgl. entsprechende Veranstaltungsankündigungen der EFQM

30 vgl. Texas Instruments – Defense Systems & Electronics Group (Hrsg.), a. a. O., S. 3

31 vgl. entsprechende Veranstaltungsankündigungen der EFQM

32 www.bmwgroup.com

33 Henkel KGaA (Hrsg.): Der Henkel Nachhaltigkeitsbericht 2001. Düsseldorf 2001

34 vgl. Rückle, H.: Feedback. In: Management Enzyklopädie, Band 3, 2. Aufl., München 1982, S. 487 ff.

35 vgl. ebenda, S. 485 ff.

36 vgl. z. B. Neuberger, O.: Das Mitarbeitergespräch. München 1973 (insbesondere Kapitel 5: Das Mitarbeitergespräch bei Anerkennung und Kritik)

37 vgl. EFQM (Hrsg.): EFQM Excellence Model, a. a. O., S. 14

38 In der offiziellen Übersetzung des Deutschen EFQM Center „sie zusammenschweißen".

39 vgl. Ritz-Carlton Hotel Company (Hrsg.), a. a. O., S. 3 ff.

40 vgl. Texas Instruments - Defense Systems & Electronics Group (Hrsg.), a. a. O., S. 1

41 vgl. Garstang, S.; Ashworth, S.: Milliken European Division: Kunden- und Mitarbeiterzufriedenheit. In: Zink, K. J. (Hrsg.): Business Excellence durch TQM: Erfahrungen europäischer Unternehmen. München, Wien 1994, S. 142 ff.

42 vgl. Bäuerle, T.; Niggemeyer, R.; Perlweitz, U.: Leadership and Policy & Strategy. In: Hagedorn, C.; Weißhuhn, S.; Zink, K. J.; Schmidt, A. (Hrsg.): Best Practices in Total Quality, Experiences from East Asia and the USA. Lübeck 1995, S. 95

43 www.equality-management.de

44 vgl. Hammer, M.: Business back to Basics: Die 9-Punkte-Strategie für den Unternehmenserfolg. München 2002, S. 289 ff.

45 vgl. Eggert, A.; Fassott, G. (Hrsg.): eCRM-Electronic Costumer Relationship Management: Management der Kundenbeziehungen im Internet-Zeitalter. Stuttgart 2001

46 vgl. Kotter, J. P.: Leading Change, a. a. O., S. 17 ff.

47 vgl. Kotter, J. P.: Chaos, Wandel, Führung. Düsseldorf 1997, S. 38 f. (deutsche Übersetzung von Leading Change)

48 vgl. EFQM (Hrsg.): EFQM Excellence Model, a. a. O., S. 14

49 zitiert nach Hammer, M., a. a. O., S. 303

50 zitiert nach ebenda, S. 303 f.

51 vgl. Nuland, Y. V. et al.: Excellent - a guide fort the implementation of the EFQM-Excellence Model. Blanden 1999, S. 91

52 vgl. EFQM (Hrsg.): EFQM Excellence Model, a. a. O., S. 15

53 vgl. Freeman, R. E.: Strategic Management. A Stakeholder Approach. Boston 1984, S. 31 und S. 49

54 vgl. ebenda, S. 41

55 vgl. ebenda, S. 89

56 vgl. Mackrodt, D.: TQM – Total Quality Management im Vertrieb – dargestellt am Beispiel der Hewlett-Packard GmbH. In: Zink, K. J. (Hrsg.): Qualität als Managementaufgabe. Landsberg 1994, S. 190

57 vgl. EFQM (Hrsg.): EFQM Excellence Model, a. a. O., S. 15

58 Abbildung nach Granite Rock Company (Hrsg.), a. a. O., S. 2

59 Abbildung nach TNT United Kingdom (Hrsg.): Submission for the 1998 European Quality Award, Atherstone 1998, S. 11

60 Abbildung aus Mackrodt, D., a. a. O. , S. 192

61 vgl. EFQM (Hrsg.): EFQM Excellence Model, a. a. O., S. 15

62 vgl. TNT United Kingdom (Hrsg.), a. a. O., S. 12

63 vgl. IBM Rochester (Hrsg.): The Quality Showcase. Rochester 1993, S. 18

64 Abbildung nach Yellow Pages (Hrsg.), a. a. O., S. 14

65 Abbildung nach Texas Instruments Europe (Hrsg.), a. a. O., S. 15

66 Tabelle nach Volvo Cars Gent (Hrsg.): Submission for the 1999 European Quality Award. Gent 1999, S. 12

67 Abbildung aus Brombacher, R.-B.; Burg, K.-E., a. a. O., S. 62

68 vgl. dazu z. B. Soin, S. S.: Total Quality Control Essentials. New York 1992 (insbesondere Kapitel 3)

69 vgl. EFQM (Hrsg.): EFQM Excellence Model, a. a. O., S. 15

70 vgl. IBM Rochester (Hrsg.): The Quality Showcase, a. a. O., S. 17

71 vgl. ebenda, S. 17

72 Abbildung nach Toyota Motor Corporation (Hrsg.): The Customer Fight – TQC at Toyota. o. O. 1992, S. 15

73 Tabelle aus Brombacher, R.-B.; Burg, K.-E., a. a. O., S. 79

74 Abbildung nach IBM Rochester (Hrsg.): The Quality Showcase, a. a. O., S. 11

75 Abbildung aus Conti, T.: Building Total Quality, a. a. O., S. 165 f.

76 Abbildung nach ebenda, S. 166

77 Abbildung aus Gaitanides, M.; Scholz, R.; Vrohlings, A.: Prozeßmanagement – Grundlagen und Zielsetzungen. In: Gaitanides, M. et al. (Hrsg.): Prozeßmanagement – Konzepte, Umsetzungen und Erfahrungen des Reengineering. München, Wien 1994, S. 12

78 Abbildung aus Sommerlatte, T.; Wedekind, E.: Leistungsprozesse und Organisationsstruktur. In: Little, A. D. (Hrsg.): Management der Hochleistungsorganisation. Wiesbaden 1990, S. 30

79 Abbildung in Anlehnung an Martinéz, J. L.: Industrias del Ubierna SA – Ubisa: Prozesse, Politik und Strategie. In: Zink, K. J. (Hrsg.): Business Excellence durch TQM: Erfahrungen europäischer Unternehmen. München, Wien 1994, S. 118 ff.

80 Abbildung nach Texas Instruments (Hrsg.): Semiconductor Group Total Quality. Dallas 1994, S. 5

81 Abbildung nach Conti, T.: Building Total Quality, a. a. O., S. 157

82 Abbildung aus Turner, L.; Droege, W.: Rank Xerox Ltd.: Ressourcen, Auswirkungen auf die Gesellschaft und Geschäftsergebnisse. In: Zink, K. J. (Hrsg.): Business Excellence durch TQM: Erfahrungen europäischer Unternehmen. München, Wien 1994, S. 157

83 vgl. IBM Rochester (Hrsg.): The Quality Journey Continues, 2. Aufl., Rochester 1991, S. 7

84 vgl. EFQM (Hrsg.): EFQM Excellence Model, a. a. O., S. 15

85 vgl. ebenda, S. 16

86 Abbildung aus Zink, K. J.; Schick, G.: Quality Circles , Band 1. München, Wien 1987, S. 25

87 vgl. Zink, K. J.: Simultaneous Engineering und Total Quality Management. In: Scheer, A.-W. (Hrsg.): Simultane Produktentwicklung. München 1992, S. 485–515

88 vgl. EFQM (Hrsg.): EFQM Excellence Model, a. a. O., S. 16

89 Abbildung nach Texas Instruments Europe (Hrsg.), a. a. O., S. 19

90 Abbildung nach TNT United Kingdom (Hrsg.), a. a. O., S. 18

91 Abbildung aus Laukamm, T.: Strategisches Management von Human-Ressourcen. In: Cisek, G. et al. (Hrsg.): Personalstrategien der Zukunft – Wie Unternehmen den technisch-kulturellen Wandel bewältigen. Hamburg 1988, S. 48

92 Abbildung nach Beksa (Hrsg.): Application for the European Quality Award for SME's 1997, S. 10

93 Abbildung nach Yellow Pages (Hrsg.), a. a. O., S. 21

94 vgl. Zink, K. J.; Braig, D.: Mitarbeiterbeteiligung bei Innovations- und kontinuierlichen Verbesserungsprozessen. In: Reichwald, R.; Wildemann, H. (Hrsg.): Kreative Unternehmen – Spitzenqualität durch Produkt- und Prozessinnovationen. Stuttgart 1995, S. 286–298

95 vgl. Hewlett-Packard (Hrsg.): interne Unterlagen, o. S.

96 vgl. Waldron, S.; Hurdle, T.: BOC Special Gases: Führung durch Mitarbeiterorientierung. In: Zink, K. J. (Hrsg.): Business Excellence durch TQM: Erfahrungen europäischer Unternehmen. München, Wien 1994, S. 102–107

97 Abbildung aus Brombacher, R.-B.; Burg, K.-E., a. a. O., S. 98

98 vgl. Granite Rock Company (Hrsg.), a. a. O., S. 6

99 Abbildung nach Texas Instruments Europe (Hrsg.), a. a. O., S. 21

100 vgl. z. B. Höhn, R.: Führungsbrevier der Wirtschaft. 7.Aufl., Bad Harzburg 1970

101 vgl. EFQM (Hrsg.): EFQM Excellence Model, a. a. O., S. 16

102 Abbildung aus Brombacher, R.-B.; Burg, K.-E., a. a. O., S. 106

103 Abbildung aus Neumann, T.: Integrierte Personalarbeit durch Projektmanagement – Die Rolle der Personalabteilung. In: Ackermann, K.-F. (Hrsg.): Reorganisation der Personalabteilung. Stuttgart 1994, S. 80

104 entnommen aus der Studie „Framework for the Future“ von Electronic Business und Ernst & Young 1991, o. S.

105 vgl. BMW AG (Hrsg.): BMW Lernstatt. München 1983, S. 5

106 Ciba-Geigy (Hrsg.): Interne Unterlagen (von Ciba zur Verfügung gestellt)

107 Abbildung aus Ritter, A.; Zink, K. J.: Differenzierte Kleingruppenkonzepte als wesentlicher Bestandteil eines umfassenden, integrierten Qualitätsmanagements. In: Zink, K. J. (Hrsg.): Qualität als Managementaufgabe. 3. Aufl., Landsberg/Lech 1994, S. 255

108 vgl. EFQM (Hrsg.): EFQM Excellence Model, a. a. O., S. 16

109 vgl. Ritz-Carlton Hotel Company (Hrsg.), a. a. O., S. 6 und S. 8

110 Die Grundlagen für diese Darstellung wurden von Bosch zur Verfügung gestellt.

111 vgl. EFQM (Hrsg.): EFQM Excellence Model, a. a. O., S. 16

112 Abbildung aus IBM Rochester (Hrsg.): The Quality Journey ..., a. a. O., S. 10

113 Abbildung nach TNT United Kingdom (Hrsg.), a. a. O., S. 25

114 Abbildung nach Yellow Pages (Hrsg.), a. a. O., S. 27

115 Tabelle aus Volvo Cars Gent (Hrsg.), a. a. O., S.25

116 vgl. Rappaport, A.: Shareholder Value. 2. Aufl., Stuttgart 1999

117 vgl. Thul, M. J.; Zink, K. J.: Selbstbewertung als Ansatz zur Bewertung betrieblicher Gesundheitsmanagementsysteme. Konzept, Möglichkeiten und Grenzen. In: Pfaff, H.; Slesina, W. (Hrsg.): Effektive betriebliche Gesundheitsförderung. Konzepte und methodische Ansätze zur Evaluation und Qualitätssicherung. Weinheim, München 2001, S. 169

118 vgl. Schubert, R.; Littmann-Wernli, S.; Tingler, P.: Corporate Volunteering. Bern 2002

119 vgl. Wagner, D.; Grawert, A.; Langemeyer, H.: Cafeteria-Modelle: Möglichkeiten der Individualisierung von Entgeltsystemen für Führungskräfte. Stuttgart, Zürich 1993

120 vgl. Fritz, W.: Wie: Methoden und Instrumente des Outplacement. In: Schulz, D.; Fritz, W. et al. (Hrsg.): Outplacement. Wiesbaden 1989, S. 45–107

121 vgl. EFQM (Hrsg.): EFQM Excellence Model, a. a. O., S. 16

122 Abbildung aus Brombacher, R. B.; Burg, K. E., a. a. O., S. 116

123 Bonussystem der BfG-Bank AG 2001

124 vgl. Zink, K. J.: Bewertung ganzheitlicher Unternehmensführung: am Beispiel des Ludwig-Erhard-Preises für Spitzenleistungen im Wettbewerb. München, Wien 1998, S. 92

125 vgl. ebenda, S. 92

126 vgl. Nuland, Y. V. et al., a. a. O., S.173

127 vgl. ebenda, S. 181

128 vgl. EFQM (Hrsg.): EFQM Excellence Model, a. a. O., S. 17. In der Übersetzung des Deutschen EFQM Centers beginnt der letzte Satz der Definition folgendermaßen: „Durch Planung und Management von Partnerschaften ...“ Dies gibt den Inhalt des Originals („During planning and whilst managing partnerships ...“) m. E. nicht exakt wieder.

129 Zur Partnerwahl im Rahmen von KMU-Kooperationen vgl. Zink, K. J.; Esser, C.: KMU-Kooperationen – Strukturierte Auswahl von Partnern. In: FB/IE. Zeitschrift für Unternehmensentwicklung und Industrial Engineering, 51. Jg. (2002), Heft 4, S. 170 ff.

130 vgl. EFQM (Hrsg.): EFQM Excellence Model, a. a. O., S. 17

131 Abbildung nach EFQM (Hrsg.): Alpine Electronics Suisse. Fallstudie. Brüssel 1999, S. 37

132 http://www.sematech.org/

133 https://portal.covisint.com/wps/public

134 EFQM (Hrsg.): Elite. Fallstudie. Brüssel 2000, S. 42

135 Ford-Werke AG (Hrsg.): Leitfaden – Weltweites Qualitätsbewertungssystem. o. O. 1990, S. 1 f.

136 Ford-Werke AG (Hrsg.): Leitfaden – Q1-Qualitätsauszeichnung. o. O. 1990, S. 3

137 vgl. Turner, L.; Droege, W., a. a. O., S. 164

138 vgl. Granite Rock Company (Hrsg.), a. a. O., S. 10

139 vgl. Ritz-Carlton Hotel Company (Hrsg.), a. a. O., S. 12

140 vgl. Texas Instruments - Defense Systems & Electronics Group (Hrsg.), a. a. O., S. 10 ff.

141 vgl. EFQM (Hrsg.): EFQM Excellence Model, a. a. O., S. 17

142 Das Deutsche EFQM Center übersetzt das englischsprachige Original („core governance processes") mit „Kern-Kontrollprozesse".

143 vgl. TNT United Kingdom (Hrsg.), a. a. O., S. 29

144 Abbildung nach Cervellini, U.: Prozesskostenrechnung für das Management indirekter Kosten - das Beispiel der Porsche AG. In: Witt, F. J. (Hrsg.): Aktivitätscontrolling und Prozesskostenmanagement. Stuttgart 1991, S. 203

145 Abbildung nach ebenda, S. 201

146 Abbildung nach Yellow Pages (Hrsg.), a. a. O., S. 29

147 Abbildung aus Brombacher, R. B.; Burg, K. E., a. a. O., S. 134

148 Verordnung (EWG): Nr. 1839/93 des Rates der Europäischen Gemeinschaften. In: Amtsblatt der Europäischen Gemeinschaften, Nr. L 168/1 vom 10. Juli 1993

149 Europäische Kommission (Hrsg.): Europäische Rahmenbedingungen für die soziale Verantwortung der Unternehmen - Grünbuch. Luxemburg 2001

150 vgl. EFQM (Hrsg.): EFQM Excellence Model, a. a. O., S. 18

151 vgl. Zink, K. J.: Bewertung ganzheitlicher Unternehmensführung, a. a. O., S. 107 f.

152 Abbildung aus Brombacher, R. B.; Burg, K. E., a. a. O., S. 141

153 Abbildung aus Turner, L.; Droege, W: Rank Xerox Europe Ltd. - resources, impact on society and business results. In: Zink, K. J. (Hrsg.): Successful TQM. Inside Stories from European Quality Award Winners. Cambridge 1997, S. 77

154 Abbildung aus Wolfrum, B.: Grundgedanke, Formen und Aussagewert von Technologieportfolios (I). In: wisu - Das Wirtschaftsstudium, 21. Jg. (1992), Heft 4, S. 319 in Anlehnung an: Pfeiffer, W.; Dögl, R.; Schneider, W.: Das Technologie-Portfolio-Konzept als Tool zur strategischen Vorsteuerung von Innovationsaktivitäten. In: wisu - Das Wirtschaftsstudium, 18. Jg. (1989), Heft 8/9, S. 486

155 vgl. Hammer, M.; Champy, J., a. a. O., S. 122–133

156 vgl. EFQM (Hrsg.): EFQM Excellence Model, a. a. O., S. 18

157 Abbildung nach TNT United Kingdom (Hrsg.), a. a. O., S. 34

158 Abbildung aus Brombacher, R. B.; Burg, K.E., a. a. O., S. 159

159 vgl. Nuland, Y. V. et al., a. a. O., S. 210 ff.

160 Siehe Bild 2.60

161 vgl. EFQM (Hrsg.): EFQM Excellence Model, a. a. O., S. 18

162 vgl. IBM Rochester (Hrsg.): The Quality Journey ..., a. a. O., S. 17

163 Abbildung nach ebenda, S. 17

164 vgl. Texas Instruments - Defense Systems & Electronics Group (Hrsg.), a. a. O., S. 4 f.

165 Abbildung nach IBM Rochester (Hrsg.): The Quality Journey ..., a. a. O., S. 13

166 Trittmann, R.; Brössler, P.: Effizienter Wissenstransfer in der Softwareentwicklung: Der sd&m-Ansatz. In Eppler, M. G.; Sukowski, O.: Fallstudien zum Wissensmanagement: Lösungen aus der Praxis. St. Gallen 2001, S. 177–184

167 Abbildung nach Rauch-Geelhaar, C.; Puhl, H.: Wer will was wozu wissen: Anwenderorientierte Wissenslogistik in einem Unternehmen der Automobilzulieferindustrie. In: Eppler, M. J.; Sukowski, O. (Hrsg.): Fallstudien zum Wissensmanagement: Lösungen aus der Praxis. St. Gallen 2001, S. 34

168 vgl. Simon, H.: Neue Konzepte für die Managementstrukturen der Zukunft. In: Zink, K. J. (Hrsg.): Wettbewerbsfähigkeit durch innovative Strukturen und Konzepte. München 1994, S. 323–336

169 Abbildung aus ebenda S. 330

170 Abbildung aus Striening, H. D.: Prozeß-Management – Versuch eines integrierten Konzeptes situationsadäquater Gestaltung von Verwaltungsprozessen. Frankfurt/Main 1988, S. 164

171 EFQM (Hrsg.): EFQM Excellence Model, a. a. O., S. 19

172 Abbildung aus Striening, H. D., a. a. O., S. 168

173 internes Arbeitspapier IBM

174 vgl. Osterloh, M.; Frost J: Prozeßmanagement als Kernkompetenz: Wie Sie Business Reengineering strategisch nutzen können. Wiesbaden 1996, S. 34–37

175 Johann, H. P.; Werner, W.: Managementsysteme für Qualität und Umweltschutz. In: UWF - UmweltWirtschaftsForum, 2. Jg. (1994), Heft 6, S. 53–57

176 Abbildung in Anlehnung an Scholz, R.; Vrohlings A.: Prozess-Leistungs-Transparenz. In: Gaitanides, M. et al. (Hrsg.): Prozessmanagement - Konzepte, Umsetzungen und Erfahrungen des Reengineering. München, Wien 1994, S. 63

177 Abbildung aus Jung, M.: Business Process Management: Ein vielseitiges Werkzeug. In: Mehdorn, H.; Töpfer, A. (Hrsg.): Besser - schneller - schlanker: TQM-Konzepte in der Praxis. Neuwied, Kriftel, Berlin 1994, S. 157

178 vgl. Fries, S.: Neuorientierung der Qualitätskostenrechnung in prozessorientierten TQM-Unternehmen: Entwurf eines ganzheitlichen Entwicklungsprozesses zur Auswahl von Prozessmessgrößen. St. Gallen 1994, S. 96 ff.

179 vgl. EFQM (Hrsg.): EFQM Excellence Model, a. a. O., S. 19

180 in der Übersetzung des Deutschen EFQM Center „arbeitsmedizinische und Arbeitssicherheitssysteme“

181 Abbildung in Anlehnung an IBM Rochester (Hrsg.): The Quality Journey ..., a. a. O., S. 15

182 Tabelle aus Egger, M.: Management von integrierten Geschäftsprozessen. Leitfaden zum IMS-Projekt. Institut für Technologie und Arbeit. Kaiserslautern 2002, S. 13

183 ebenda S. 14

184 Abbildung in Anlehnung an Legat, D.: Hewlett-Packard S.A. Genf: Total Quality im Managementprozess, a. a. O., S. 84 f.

185 Abbildung in Anlehnung an Scholz, R.; Vrohlings A.: Prozess-Leistungs-Transparenz, a. a. O., S. 72

186 vgl. IBM Rochester (Hrsg.): The Quality Showcase, a. a. O., S. 40; IBM Rochester (Hrsg.): The Quality Journey ..., a. a. O., S. 14 f.

187 vgl. Zink, K. J.; Braig, D.: Mitarbeiterbeteiligung bei Innovations- und kontinuierlichen Verbesserungsprozessen. In: Reichwald, R.; Wildemann, H. (Hrsg.): Kreative Unternehmen – Spitzenqualität durch Produkt- und Prozessinnovationen. Stuttgart 1995, S. 286–298

188 vgl. Wagenstaller, H.: Modularbeit bei BMW. In: Zink K. J. (Hrsg.): Erfolgreiche Konzepte zur Gruppenarbeit – aus Erfahrungen lernen. Neuwied, Kriftel, Berlin 1995, S. 237–252

189 Abbildung aus ebenda, S. 249

190 vgl. Kotter, J. P.: Chaos, Wandel, Führung, a. a. O.

191 vgl. EFQM (Hrsg.): EFQM Excellence Model, a. a. O., S. 19

192 Abbildung aus IBM Rochester (Hrsg.): The Quality Journey ..., a. a. O., S. 11

193 vgl. ebenda, S. 249

194 Abbildung in Anlehnung an ebenda, S. 11

195 vgl. ABB Sweden (Hrsg.): Customer Focus Program, o. O. 1994, o. S.

196 Abbildung nach ebenda

197 vgl. Garstang, S.; Ashworth, S., a. a. O., S. 136–140

198 vgl. Kotler, P.; Bliemel, F.: Marketing-Management. 9. Auflage, Stuttgart 1999, S. 197

199 vgl. dazu z. B. King, B.; Schlicksupp, H.: Idea Edge – Transforming Creative Thought into Organizational Excellence. Methuen 1998

200 vgl. EFQM (Hrsg.): EFQM Excellence Model, a. a. O., S. 20

201 Abbildung nach Beksa (Hrsg.), a. a. O., S. 18

202 vgl. Brombacher, R.-B.; Burg, K.-E., a. a. O., S. 39 ff. und S. 55 ff.

203 Abbildung nach Beksa (Hrsg.), a. a. O., S. 18

204 Abbildung nach Bauer, H. H.; Westerhoff, T.; Keller, T,: Innovationsmanagement in investiven Dienstleistungsunternehmen am Beispiel der Siemens IT-Service GmbH & Co. OHG. In: Herrmann, H.; Hertel, G.; Virt, W.; Huber, F. (Hrsg.): Kundenorientierte Produktgestaltung. München 2000, S. 411

205 Abbildung nach EFQM (Hrsg.): Futurebank. Fallstudie. Brüssel 2000, S. 41

206 vgl. dazu z. B. Bergman, B.; Klefsjö, B.: Quality: From Customer Needs to Customer Satisfaction. London 1994

207 vgl. Kotler, P.; Bliemel, F., a. a. O., S. 75 ff.

208 vgl. EFQM (Hrsg.): EFQM Excellence Model, a. a. O., S. 20

209 vgl. EFQM (Hrsg.): European Communications S.A. Fallstudie. Brüssel 1999, S. 54

210 Abbildung nach EFQM (Hrsg.): Futurebank, a. a. O., S. 44

211 Abbildung nach EFQM (Hrsg.): Spectrum. Fallstudie. Brüssel 2000, S. 48

212 vgl. EFQM (Hrsg.): EFQM Excellence Model, a. a. O., S. 20

213 in der Übersetzung des Deutschen EFQM Center „aktives"

214 vgl. EFQM (Hrsg.): Spectrum, a. a. O., S. 49 f.

215 Abbildung nach EFQM (Hrsg.): Alpine Eletronics Suisse, a. a. O., S. 43

216 Abbildung nach EFQM (Hrsg.): Futurebank, a. a. O., S. 45 ff.

217 vgl. EFQM (Hrsg.): EFQM Excellence Model, a. a. O., S. 21

218 vgl. Hammer, M., a. a. O.

219 Sommerlatte, T.; Wedekind, E., a. a. O., S. 30

220 Abbildung nach Granite Rock Company (Hrsg.), a. a. O., S. 13

221 Case-Study zur Darstellung des Malcolm Baldrige National Quality Award. Vgl. Steeples, M. M.: The corporate guide to the Malcolm Baldrige National Quality Award - Proven Strategies for Building Quality into your Organisation. 2. Aufl., Milwaukee (Wisc.) 1993, S. 200

222 vgl. IBM Rochester (Hrsg.): The Quality Journey ..., a. a. O., S. 17

223 vgl. ebenda

224 vgl. Garstang, S.; Ashworth, S., a. a. O., S. 140

225 vgl. EFQM (Hrsg.): EFQM Excellence Model, a. a. O., S. 21

226 in Anlehnung an IBM Rochester (Hrsg.): Center for Excellence – Customer Satisfaction Workshop. Rochester 1992, S. 14 ff.

227 vgl. EFQM (Hrsg.): EFQM Excellence Model, a. a. O., S. 21

228 vgl. ebenda

229 Abbildung nach Conti, T.: Building total quality, a. a. O., S. 125

230 vgl. ebenda, S. 126

231 vgl. Ritz-Carlton Hotel Company (Hrsg.), a. a. O., S. 14 f. Die direkten Kundenzufriedenheitsdaten wurden durch im Hotelzimmer ausgelegte Fragebögen erhoben.

232 vgl. Granite Rock Company (Hrsg.), a. a. O., S. 12 ff.

233 vgl. IBM Rochester (Hrsg.): Center for Excellence, a. a. O., S. 8. Die Kennzahl „Multiplikator" ermöglicht eine Aussage darüber, in welchem Umfang die betrachteten Personen Dritten von ihren Erlebnissen hinsichtlich Fehlerbeseitigung berichten.

234 vgl. IBM Rochester (Hrsg.): The Quality Journey ..., a. a. O., S. 16 f.

235 Abbildung nach Volvo Cars Gent (Hrsg.), a. a. O., S. 55

236 Abbildung nach ebenda, S. 49

237 Abbildung nach Motorola (Hrsg.): 2002 Malcolm Baldrige National Quality Award. Application Summary. S. 52

238 Abbildung nach ebenda

239 Diese Unterscheidung findet sich auch im European Quality Award. Die Beurteilung des Unternehmens durch die Mitarbeiter wird dabei mit 75 % und die indirekten Indizes zur Förderung der Zufriedenheit der Mitarbeiter werden mit 25 % gewichtet.

240 vgl. EFQM (Hrsg.): EFQM Excellence Model, a. a. O., S. 22

241 Die Unterlagen zur Mitarbeiterbefragung wurden von Hewlett-Packard zur Verfügung gestellt.

242 Abbildung aus Martin, C.; Weber, A.: Was wissen die Mitarbeiter? In: Personalführung 27. Jg. (1994), Heft 5, S. 246

243 vgl. Hewlett-Packard (Hrsg.): Interne Unterlagen

244 Tabelle aus Brombacher, R.-B.; Burg, K.-E., a. a. O., S. 222

245 Ggf. kann dazu auch eine getrennte Datenerhebung erfolgen bzw. diese in „Routinebefragungen" integriert werden.

246 Abbildung aus Domsch, M.: Mitarbeiterbefragungen – ein Instrument zeitgemäßer Personalführung. In: io-Management, 60. Jg. (1991), Heft 5, S. 56 ff.

247 vgl. EFQM (Hrsg.): EFQM Excellence Model, a. a. O., S. 22

248 vgl. ebenda

249 vgl. Ford, D. J.: Benchmarking HRD. In: Training & Development, 47. Jg. (1993), Heft 6, S. 39; Schulte, C.: Personal-Controlling mit Kennzahlen. München 1989, S. 51 ff.

250 vgl. ebenda

251 Abbildung nach TNT United Kingdom (Hrsg.), a. a. O., S. 60

252 Abbildung aus Brombacher, R.-B.; Burg, K.-E., a. a. O., S. 228

253 Abbildung aus ebenda S. 230

254 vgl. Verordnung (EWG) Nr. 1836/93 des Rates der Europäischen Gemeinschaften. In: Amtsblatt der Europäischen Gemeinschaften, Nr. L 168/1 vom 10. Juli 1993

255 vgl. Artikel 1, Absatz 2 der EG-Verordnung

256 vgl. EFQM (Hrsg.): EFQM Excellence Model, a. a. O., S. 23

257 Tabelle aus Brombacher, R.-B.; Burg, K.-E., a. a. O., S. 238

258 Abbildung aus Henkel KGaA (Hrsg.), a. a. O., S. 13

259 Abbildung nach TNT United Kingdom (Hrsg.), a. a. O., S. 62

260 vgl. EFQM (Hrsg.): EFQM Excellence Model, a. a. O., S. 23

261 vgl. Kunert AG (Hrsg.): Öko-Bericht der Kunert AG. In: Kunert AG (Hrsg.): Geschäftsbericht der Kunert AG. Immenstadt 1993

262 Abbildung aus ebenda

263 Abbildung in Anlehnung an Kunert AG (Hrsg.): Öko-Bericht der Kunert AG, a. a. O., S. 16 f.

264 Abbildung aus BMW Group (Hrsg.): Umwelt, Wirtschaft, Soziales: Wege der Zukunftsfähigkeit, Sustainable Value Report 2001/2002. O. O., 2002

265 Abbildung nach Volvo Cars Gent (Hrsg.), a.a.O, S. 65

266 Abbildung nach ebenda

267 Tabelle aus Brombacher, R.-B.; Burg, K.-E., a. a. O., S. 242

268 vgl. Miele & Cie. GmbH & Co. (Hrsg.): Nachhaltigkeitsbericht 2002 – Produkte, Umwelt, Menschen. Gütersloh 2002, S. 10

269 Abbildung aus ebenda, S. 43

270 Abbildung nach Beksa (Hrsg.), a. a. O., S. 30

271 vgl. Texas Instruments – Defense Systems & Electronics Group (Hrsg.), a. a. O., S. 13

272 Abbildung nach Beksa (Hrsg.), a. a. O., S. 31

273 Abbildung aus BASF (Hrsg.): Jahresbericht 2002, S. 55

274 vgl. EFQM (Hrsg.): EFQM Excellence Model, a. a. O., S. 24

275 Case-Study zur Darstellung des Malcolm Baldrige National Quality Award. Abbildung nach United States Department of Commerce (Hrsg.): Malcolm Baldrige National Quality Award – 1995 Award Criteria, Gaithersburg 1994, S. 38

276 Abbildung nach Beksa (Hrsg.), a. a. O., S. 32

277 Abbildung nach IBM Rochester (Hrsg.): Center for Excellence, a. a. O., S. 2

278 Abbildung nach IBM Rochester (Hrsg.): The Quality Showcase, a. a. O., S. 6

279 Abbildung nach IBM Rochester (Hrsg.): Center for Excellence, a. a. O., S. 2

280 Abbildung aus Brombacher, R.-B.; Burg, K.-E., a. a. O., S. 257

281 Abbildung aus ebenda, S. 258

282 vgl. EFQM (Hrsg.): EFQM Excellence Model, a. a. O., S. 24

283 Abbildung aus Brombacher, R.-B.; Burg, K.-E., a. a. O., S. 254

284 Abbildung aus ebenda, S. 256

285 Abbildung nach TNT United Kingdom (Hrsg.), a. a. O., S. 75

286 Abbildung aus Garstang, S.; Ashworth S., a. a. O., S. 138

287 Abbildung in Anlehnung an IBM Rochester (Hrsg.): The Quality Showcase, a. a. O., S. 5

288 Abbildung aus ebenda, S. 28

289 Abbildung nach Beksa (Hrsg.), a. a. O., S. 34

290 vgl. The Ritz-Carlton Hotel Company (Hrsg.), a. a. O., S. 12 f.

Kapitel 3

1 vgl. Frese, E.: Ziele als Führungsinstrument, Kritische Anmerkungen zum Management by Objectives. In: Zeitschrift für Organisation, 40. Jg. (1971), Heft 5, S. 227

2 vgl. Conti, T.: Company Quality Assessments (Part 1). In: The TQM Magazine, 3. Jg. (1991), Heft 3, S. 112

3 vgl. Davis, V. S.: Self-Audits: First Step in TQM. In: Human Resources Magazine, 37. Jg. (1992), Heft 9, S. 39

4 Schimmelpfennig, K.: Ludwig Erhard Preis – Auszeichnung für Spitzenleistungen im Wettbewerb; Assessoren-Briefing 2002, S. 9; interne Unterlage veröffentlicht mit Genehmigung des Autors

5 Abbildung nach EFQM (Hrsg.): EFQM Assessor Modules. O. O., o. J., S. 18

6 beispielhaft nach Schimmelpfennig, K., a. a. O., S. 17

7 vgl. z. B. Terrell, P. (Hrsg.): Pons Großwörterbuch Deutsch-Englisch, Englisch-Deutsch, Teil II: Englisch-Deutsch. Stuttgart 1991, S. 57

8 Clavel, J. E.: Sun Tzu – The Art of War. New York 1983, o. S.

9 vgl. Camp, R. C.: Learning from the Best Leaders to Superior Performance. In: The Journal of Business Strategy, 13. Jg (1992), Heft 3, S. 3

10 Abbildung in Anlehnung an Camp, R. C., a. a. O., S. 10–15; vgl. auch IBM Rochester (Hrsg.): The Quality Showcase, a. a. O., S. 37; zu weiteren Definitionen vgl. die zu diesem Kapitel angegebene Literatur

11 Zink, K. J.: Bewertung ganzheitlicher Unternehmensführung: am Beispiel des Ludwig-Erhard-Preises für Spitzenleistung im Wettbewerb. München, Wien 1998, S. 180

12 vgl. dazu auch Camp, R. C., a. a. O., S. 60–65; Watson, G. H.: Benchmarking – vom Besten lernen. Landsberg/Lech 1993, S. 106 ff.

13 Dieser auf Camp zurückgehende Begriff ist allerdings bei einer wörtlichen Übersetzung ins Deutsche insofern irreführend, als sich normalerweise jede Art von Vergleich (Benchmarking) an einzelnen Funktionen (Aufgaben) orientiert und nicht am gesamten Unternehmen.

14 vgl. EFQM (Hrsg.): Preliminary Information about the European Quality Award. Eindhoven o. J.

15 vgl. EFQM (Hrsg.): Selbstbewertung anhand des Europäischen Modells für Umfassendes Qualitätsmanagement (TQM) 1995: Richtlinien für die Identifizierung und Behandlung von Fragen zum Umfassenden Qualitätsmanagement. Brüssel 1994

16 vgl. Karlöf, B.: Das Benchmarking-Konzept: Wegweiser zur Spitzenleistung in Qualität und Produktivität. München 1994, S. 91–117

17 vgl. Camp, R. C., a. a. O., S. 17

18 vgl. ebenda, S. 119 ff.

19 zur Entwicklung von Erhebungsfragebögen sowie zur zielgerichteten Auswertung von Benchmarking-Daten vgl. Leibfried, K. H. J.: Benchmarking – Von der Konkurrenz lernen, die Konkurrenz überholen. Freiburg 1993, S. 336–366

20 vgl. Camp, R. C., a. a. O., S. 173 ff.

21 zu weiteren Beispielen wie Hewlett-Packard, General Motors vgl. Watson, G. H., a. a. O., S. 111–163

22 vgl. Turner, L.; Droege, W.: Rank Xerox Ltd.: Ressourcen, Auswirkungen ..., a. a. O., 148 f.

23 Abbildung aus ebenda, S. 150

24 Abbildung aus ebenda, S. 153

25 Abbildung aus ebenda, S. 155

26 vgl. auch Granite Rock Company (Hrsg.), a. a. O., S. 13

27 Abbildung nach ebenda, S. 13

28 Abbildung nach IBM Rochester (Hrsg.): The Quality Showcase, a. a. O., S. 40

29 vgl. Steeples, M. M., a. a. O., S. 282 f.

30 vgl. IBM Rochester (Hrsg.): The Quality Showcase, a. a. O., S. 38

31 Abbildung nach ebenda, S. 39

32 Abbildung nach ebenda, S. 38

33 Abbildung nach ebenda, S. 40

34 vgl. Texas Instruments Defense Systemy & Electronics Group (Hrsg.), a. a. O.

35 Abbildung nach ebenda, S. 4

36 Abbildung nach ebenda, S. 5

37 vgl. Ritz-Carlton Hotel Company (Hrsg.), a. a. O.

Kapitel 4

1 vgl. Conti, T.: Organizational Self-Assessment. London 1997, S. 1

2 Abbildung nach Dotherty, L. M.; Wells, D. L.; Burns, K. R.: Introducing Change by Creating a Shared Vision. In: Kanji, G. P. (Hrsg.): Proceedings of the 2nd World Congress for TQM: The Quality Forum. In: Total Quality Management, 8. Jg. (1997), Heft 2/3, S. 136

3 vgl. EFQM (Hrsg.): Excellence bewerten. Eine praktische Anleitung zur Selbstbewertung. Brüssel 1999, S. 12–29

4 Die verschiedenen Verfahren zur Datenerhebung, -dokumentation und –bewertung werden im Kapitel 4.4 ausführlich beschrieben. An dieser Stelle soll nur kurz vorgestellt werden, welche Schritte in der Planung zu berücksichtigen sind.

5 vgl. hierzu auch Zink, K. J.: Bewertung ganzheitlicher Unternehmensführung, a. a. O., S. 207

6 vgl. hierzu auch Kapitel 4.3.2

7 vgl. Zink, K. J.: Bewertung ganzheitlicher Unternehmensführung, a. a. O., S. 195

8 vgl. EFQM (Hrsg.): The European Quality Award, 1998 Assessors. Brüssel 1997, S. 2

9 vgl. Zink, K. J.: Bewertung ganzheitlicher Unternehmensführung, a. a. O., S. 196 und S. 219

10 in Anlehnung an ebenda, S. 196

11 vgl. Conti, T.: Organizational Self-Assessment. London 1997, S. 150

12 vgl. Zink, K. J. (Hrsg.): Qualitätswissen, Lernkonzepte für moderne Unternehmen. Berlin, Heidelberg 1997 sowie Zink, K. J.; Schmidt, A.; Bäuerle, T.: Train-the-Trainer-Konzepte. Arbeitsmaterialien zur Vermittlung von Qualitätswissen. Berlin, Heidelberg 1997

13 Abbildung in Anlehnung an Zink, K. J.: Bewertung ganzheitlicher Unternehmensführung, a. a. O., S. 197

14 in Anlehnung an ebenda, S. 199

15 in Anlehnung an ebenda, S. 202

16 in Anlehnung an ebenda, S. 200 f.

17 vgl. EFQM (Hrsg.): EFQM Excellence Model, a. a. O., S. 13–24 sowie Kapitel 2 im vorliegenden Buch

18 Abbildung nach EFQM (Hrsg.): Das EFQM-Modell für Excellence, a. a. O., S. 33

19 vgl. EFQM (Hrsg.): Excellence bewerten, a. a. O., S. 13

20 Abbildung nach ebenda, S. 12

21 vgl. Zink, K. J.: Bewertung ganzheitlicher Unternehmensführung, a. a. O., S. 207

22 vgl. Conti, T.: Organizational Self-Assessment, a. a. O., S. 160

23 vgl. ebenda., S. 158

24 Abbildung in Anlehnung an EFQM (Hrsg.): Excellence bewerten, a. a. O., S. 23

25 Abbildung in Anlehnung an EFQM (Hrsg.): Spectrum, a. a. O., S. 12 f.

26 vgl. zur Bewertung und den Bewertungsdimensionen auch Kapitel 3.1

27 vgl. zur erforderlichen Qualifikation eines Senior Assessors Kapitel 4.2.5

28 EFQM (Hrsg.): Selbstbewertung 1997. Richtlinie für Unternehmen. Brüssel 1996, S. 49

29 Deshalb erscheint es sinnvoller, das Verfahren als „Einbeziehung neutraler Dritter" zu nennen.

30 Abbildung nach Conti, T.: Organizational Self-Assessment, a. a. O., S. 39

31 Abbildung nach National Institute of Standards and Technology (Hrsg.): Malcolm Baldrige National Quality Award, 1995 Award Criteria. Gaithersburg 1994, S. 5

32 Abbildung nach National Institute of Standards and Technology (Hrsg.): Criteria for Performance Excellence, a. a. O., S. 5

33 Abbildung nach Conti, T.: Organizational Self-Assessment, a. a. O., S. 34

34 vgl. Zink, K. J.; Schick, J.: Quality Circles. Band 1. München, Wien 1987, S. 79 ff.

35 vgl. Conti, T.: Organizational Self-Assessment, a. a. O., S. 132 ff.

36 vgl. EFQM (Hrsg.): Selbstbewertung 1997, a. a. O., S. 62 ff.

37 Abbildung nach Conti, T.: Organizational Self-Assessment, a. a. O., S. 170

38 Abbildung aus Turner, L.; Droege, W.: Rank Xerox Ltd.: Ressourcen, Auswirkungen ..., a. a. O., S. 157

39 Abbildung nach Conti, T.: Organizational Self-Assessment, a. a. O., S. 171

40 Dyason, M. D.; Kaye M. M.: Achieving real business advantage through the simultaneous development of managers and business excellence. In: Kanji, G. P. (Hrsg.): Proceedings of the 2nd World Congress for TQM: The Quality Forum. In: Total Quality Management, 8. Jg. (1997), Heft 2/3, S. 145–151

Kapitel 5

1 Abbildung nach EFQM (Hrsg.): Model refreshing Review – Themes for Updates, Presentation Forum 2002. Barcelona 2002, Slide 18

2 Abbildung nach ebenda, Slide 19

3 vgl. EFQM (Hrsg.): EFQM Excellence Model, a. a. O., S. 26 f.

4 vgl. EFQM (Hrsg.): EFQM Excellence Model, a. a. O., 2003, S. 10 ff.

Kapitel 6

1 aus Zink, K. J.; Brandstätt, T.: Prozessmanagement – ein Organisationskonzept für Kommunalverwaltungen. In: Institut für Technologie und Arbeit, Universität Kaiserslautern; Stadtverwaltung Pirmasens (Hrsg.): Prozessmanagement in der Stadtverwaltung Pirmasens: Konzept, Realisierung und Erfahrungen. Pirmasens 1999, S. 2–5

2 vgl. Bargehr, B.: Verwaltungsmarketing. In: Strehl, F. (Hrsg.): Managementkonzepte für die öffentliche Verwaltung. Wien 1993, S. 12–15

3 vgl. Reichard, C.: Umdenken im Rathaus. Neue Steuerungsmodelle in der deutschen Kommunalverwaltung. Berlin 1994, S. 10

4 Schwerpunkte sind beispielsweise „verstärkte Einbeziehung der Bürger, Steigerung der Wirtschaftlichkeit, Maßnahmen zur Personalentwicklung". Vgl. Haubner, O.: Hill, H.; Klages, H.: 1. Speyerer Qualitätswettbewerb 1992. In: Verwaltungsführung, Organisation, Personal, 15. Jg. (1993), Heft 1, S. 48 f.

5 vgl. Hesse, J. J.; Ellwein, T.: Das Regierungssystem der Bundesrepublik Deutschland – Band 1. 8. Auflage, Opladen 1997, S. 83 und S. 360

6 vgl. Kißler, L. et al.: Moderne Zeiten im Rathaus? Reform der Kommunalverwaltungen auf dem Prüfstand der Praxis. Berlin 1997, S. 14 f.

7 vgl. Banner, G.: Die internationale Entwicklung im kommunalen Management und ihre Rezeption in Deutschland. In: Banner, G.; Reichard, C. (Hrsg.): Kommunale Managementkonzepte in Europa – Anregungen für die deutsche Reformdiskussion. Köln 1993, S. 190

8 vgl. Wollmann, H.: Verwaltungsmodernisierung – Ausgangsbedingungen, Reformanläufe und aktuelle Modernisierungsdiskurse. In: Reichard, C., Wollmann, H. (Hrsg.): Kommunalverwaltung im Modernisierungsschub? Basel, Boston, Berlin 1996, S. 19

9 vgl. z. B. Becker, B.: Öffentliche Verwaltung. Percha 1989, S. 457; Siepmann, H.; Siemann, U.: Verwaltungsorganisation. München 1981, S. 30–35

10 vgl. Eichhorn, P.: Strukturmodell zur Reorganisation der Kommunalverwaltung. In: Budäus, D. (Hrsg.): Organisationswandel öffentlicher Aufgabenwahrnehmung. Baden-Baden 1998, S. 212 f.

11 vgl. Seibel, W.: Entbürokratisierung in der Bundesrepublik Deutschland. In: Die Verwaltung, o. Jg. (1986), Heft 2, S. 142

12 vgl. Eichhorn, P.: Strukturmodell ..., a. a. O., S. 212 f.

13 vgl. ebenda, S. 211. Dies zeigt sich auch in der Etablierung des Speyerer Qualitätspreises, der die Leistungsfähigkeit öffentlicher Verwaltung auszeichnet. Haubner, O.; Hill, H.; Klages, H.: 1. Speyerer Qualitätswettbewerb 1992, a. a. O., S. 48 f.

14 vgl. Kommunale Gemeinschaftsstelle für Verwaltungsvereinfachung (Hrsg.): Das neue Steuerungsmodell – Begründung, Konturen, Umsetzung, Bericht 5/1993. Köln 1994: Kommunale Gemeinschaftsstelle für Verwaltungsvereinfachung (Hrsg.): Das neue Steuerungsmodell: Definition und Beschreibung von Produkten, Bericht 8/1994. Köln 1994

15 vgl. Reinermann, H.: Die Krise als Chance: Wege innovativer Verwaltungen. Speyer 1994, S. 4

16 vgl. Bargehr, B.: Verwaltungsmarketing, a. a. O., S. 12

17 vgl. Kommunale Gemeinschaftsstelle für Verwaltungsvereinfachung (Hrsg.): Das neue Steuerungsmodell ... a. a. O.; Banner, G.: Die internationale Entwicklung ..., a. a. O., S. 192

18 Reichard, C.: Neue Ansätze der Führung und Leitung. In: König, K.; Siedentopf, H. (Hrsg.): Öffentliche Verwaltung in Deutschland. Baden-Baden 1997, S. 650 f.

19 vgl. Kommunale Gemeinschaftsstelle für Verwaltungsvereinfachung (Hrsg.): Das neue Steuerungsmodell ..., a. a. O., S. 16 f.

20 vgl. Kommunale Gemeinschaftsstelle für Verwaltungsvereinfachung (Hrsg.) Wege zum Dienstleistungsunternehmen Kommunalverwaltung, Fallstudie „Tilburg“, KGSt-Bericht 19/1992. Köln 1992, S. 42 und Kommunale Gemeinschaftsstelle für Verwaltungsvereinfachung (Hrsg.): Das neue Steuerungsmodell ..., a. a. O., S. 16

21 vgl. Schmidthals, E.; Streibl, U.: Geschäftssegmentierung am Beispiel des neuen Steuerungsmodells der KGSt. In: Verwaltung und Management, 1. Jg. (1995), Heft 4, S. 218–219

22 vgl. Kommunale Gemeinschaftsstelle für Verwaltungsvereinfachung (Hrsg.): Das neue Steuerungsmodell ..., a. a. O., S. 17–21

23 vgl. Reichard, C.: Umdenken im Rathaus – Neue Steuerungsmodelle in der deutschen Kommunalverwaltung. 5. Auflage, Berlin 1996, S. 35

24 vgl. Hill, H.: Einführung eines neuen Steuerungsmodells. In: Verwaltungsorganisation, 29. Jg. (1995), Heft 1, S. 9

25 vgl. Janning, H.: Rahmenbedingungen neuer Steuerungsmodelle und dezentraler Organisationsstruktur in der Kommunalverwaltung. In: Verwaltungsführung, Organisation, Personal, 16. Jg. (1994), Heft 4, S. 242

26 vgl. Europäische Kommission (Hrsg.): Die soziale Verantwortung der Unternehmen: Ein Unternehmensbeitrag zur nachhaltigen Entwicklung. Luxemburg 2002, S. 4

27 vgl. Europäische Kommission (Hrsg.): Europäische Rahmenbedingungen für die soziale Verantwortung der Unternehmen – Grünbuch. Luxemburg 2001; Europäische Kommission (Hrsg.): Die soziale Verantwortung der Unternehmen: Ein Unternehmensbeitrag zur nachhaltigen Entwicklung. Luxemburg 2002

Literatur

ABB Sweden (Hrsg.):
Customer Focus Program. O. O. 1994

Arbeitskreis Organisation der Schmalenbach-Gesellschaft (Hrsg.):
Organisation im Umbruch. In: Zeitschrift für betriebswirtschaftliche Forschung, 48. Jg. (1996), Heft 6, S. 626 ff.

Babson, S.:
Lean or Mean – The MIT Model and Lean Production at Mazda. Wayne State University/Labor Studies Center. Detroit 1992, dargestellt in: MacShane, D.: Ausbeutung wächst. In: Der Gewerkschafter, 41. Jg. (1993), Heft 2, S. 36 f.

Banner, G.:
Die internationale Entwicklung im kommunalen Management und ihre Rezeption in Deutschland. In: Banner, G.; Reichard, C. (Hrsg.): Kommunale Managementkonzepte in Europa – Anregungen für die deutsche Reformdiskussion. Köln 1993, S. 185–196

Bargehr, B.:
Verwaltungsmarketing. In: Strehl, F. (Hrsg.): Managementkonzepte für die öffentliche Verwaltung. Wien 1993, S. 12–15

BASF AG (Hrsg.):
Jahresbericht 2002, Wertsteigerung durch Wachstum und Innovation. Ludwigshafen 2003

Bäuerle, T.; Niggemeyer, R.; Perlweitz, U.:
Leadership and Policy & Strategy. In: Hagedorn, C.; Weißhuhn, S.; Zink, K. J.; Schmidt, A. (Hrsg.): Best Practices in Total Quality, Experiences from East Asia and the USA. Lübeck 1995, S. 94–104

Bauer, H. H.; Westerhoff, T.; Keller, T:
Innovationsmanagement in investiven Dienstleistungsunternehmen am Beispiel der Siemens IT-Service GmbH & Co. OHG. In: Herrmann, H.; Hertel, G.; Virt, W.; Huber, F. (Hrsg.): Kundenorientierte Produktgestaltung. München 2000, S. 401–417

Becker, B.:
Öffentliche Verwaltung. Percha 1989

Behrens, S.:
Die inhaltliche Fundierung eines Weiterbildungs-Konzepts und die Beschreibung der Train-the-Trainer-Phase. Internes Arbeitspapier Nr. 12-2002, Institut für Technologie und Arbeit, Kaiserslautern 2002

BEKSA Steel Cord Manufacturing and Trading Incorporation (Hrsg.):
Application for the European Quality Award for SME's 1997

Bergman, B.; Klefsjö, B.:
Quality: From Customer Needs to Customer Satisfaction. London 1994

Bergman, B.; Kroslid, D.; Magnusson, K.:
Six Sigma – der pragmatische Ansatz. München 2001

Berwick, D. M.; Godfrey, A. B.; Roessner, J.:
Curing Health Care. San Francisco 1990

Bleicher, K.:
Das Konzept integriertes Management. 5. Aufl., Frankfurt 1999

BMW AG (Hrsg.):
BMW Lernstatt. München 1983

BMW Group (Hrsg.):
Umwelt, Wirtschaft, Soziales: Wege der Zukunftsfähigkeit. Sustainable Value Report 2001/2002. O. O. 2002

Brandstätt, T.:
Prozessmanagement in der kommunalen Verwaltung. Möglichkeiten und Grenzen für die Übertragung eines Organisationskonzeptes. Lohmar, Köln 2000

Brombacher, R.-B.; Burg, K.-E.:
Ludwig-Erhard-Preis 2000: Der Weg zu Business-Excellence bei Aubi: Die erfolgreiche Bewerbung. Düsseldorf 2001

Bundessozialhilfegesetz (BSHG)

Camp, R. C.:
Benchmarking – the search for industry best practices that lead to superior performance. Milwaukee 1989

Camp, R. C.:
Business Process Benchmarking – Finding and implementing best practices. Milwaukee 1995

Camp, R. C.:
Learning from the Best Leaders to Superior Performance. In: The Journal of Business Strategy, 13. Jg. (1992), Heft 3, S. 3–6

Cervellini, U.:
Prozeßkostenrechnung für das Management indirekter Kosten – das Beispiel der Porsche AG. In: Witt, F. J. (Hrsg.): Aktivitätscontrolling und Prozeßkostenmanagement. Stuttgart 1991, S. 191–212

Champy, J.:
Reengineering im Management: die Radikalkur für die Unternehmensführung. Frankfurt 1995

Champy, J.:
Reengineering Management: The Mandate for New Leadership. New York 1995

Clavel, J. E.:
Sun Tzu – The Art of War. New York 1983

Conti, T.:
Building Total Quality. London 1993

Conti, T.:
Company Quality Assessments (Part 1). In: The TQM Magazine, 3. Jg. (1991), Heft 3, S. 111–115

Conti, T.:
Organizational Self-Assessment. London 1997

Curtius, B.:
Quality Function Deployment in der westdeutschen Automobil- und Zulieferindustrie: Versuch einer Darstellung fördernder und hemmender Faktoren. Dissertation, Universität Kaiserslautern 1994

Daum, M.; Piepel, U.:
Lean Production – Philosophie und Realität. In: io-Management, 61. Jg. (1992), Heft 1, S. 40 ff.

Davis, V. S.:
Self-Audits: First Step in TQM. In: Human Resources Magazine, 37. Jg. (1992), Heft 9, S. 39 ff.

Deutsches Institut für Normung e. V. (Hrsg.):
DIN 55 350: Begriffe der Qualitätsregelung und Statistik. Teil 11. Berlin 1987

Deutsches Institut für Normung e. V. (Hrsg.):
Vision 2000 – eine Strategie zur Entwicklung Internationaler Normen zu Qualitätsmanagement und Qualitätssicherung für die '90er Jahre. In: DIN Mitteilungen, 70. Jg. (1991), Heft 6, S. 344–351

Deutsches Institut für Normung e. V. (Hrsg.):
DIN ISO 8402 – Qualitätsmanagement und Qualitätssicherung – Begriffe. Berlin 1992

Deutsches Institut für Normung e. V. (Hrsg.):
DIN EN ISO 9001:2000 Qualitätsmanagement-Systeme – Forderungen. Entwurf Januar 2000. Berlin 2000

Doherty, L. M.; Wells, D. L.; Burns, K. R. :
Introducing Change by Creating a Shared Vision. In: Kanji, G. P. (Hrsg.): Proceedings of the 2nd World Congress for TQM: The Quality Forum. In: Total Quality Management, 8. Jg. (1997), Heft 2/3, S. 135–140

Domsch, M.:
Mitarbeiterbefragungen – ein Instrument zeitgemäßer Personalführung. In: io-Management, 60. Jg. (1991), Heft 5, S. 56 ff.

Dyason, M. D.; Kaye, M.M.:
Achieving real business advantage through the simultaneous development of managers and business excellence. In: Kanji, G. P. (Hrsg.): Proceedings of the 2nd World Congress for TQM: The Quality Forum. In: Total Quality Management, 8. Jg. (1997), Heft 2/3, S. 145–151

Edwards, M. R.; Ewen A. J.:
360°-Beurteilung: Klareres Feedback, höhere Motivation und mehr Erfolg für alle Mitarbeiter. München 2000

EFQM (Hrsg.):
Alpine Electronics Suisse. Fallstudie. Brüssel 1999

EFQM (Hrsg.):
Das EFQM-Modell für Excellence – Änderungen. Brüssel 1999

EFQM (Hrsg.):
Das EFQM-Modell für Excellence. Brüssel 2000

EFQM (Hrsg.):
EFQM Excellence Model. Brüssel 2003

EFQM (Hrsg.):
ELITE. Fallstudie. Brüssel 2000

EFQM (Hrsg.):
European Communications S.A. Fallstudie. Brüssel 1999

EFQM (Hrsg.):
Excellence bewerten. Eine praktische Anleitung zur Selbstbewertung. Brüssel 1999

EFQM (Hrsg.):
Futurebank, Case Study. Brüssel 2000

EFQM (Hrsg.):
Model refreshing Review – Themes for Updates, Presentation Forum 2002. Barcelona 2002

EFQM (Hrsg.):
Preliminary Information about the European Quality Award. Eindhoven o. Jg.

EFQM (Hrsg.):
Selbstbewertung anhand des Europäischen Modells für Umfassendes Qualitätsmanagement (TQM) 1995: Richtlinien für die Identifizierung und Behandlung von Fragen zum Umfassenden Qualitätsmanagement. Brüssel 1994

EFQM (Hrsg.):
Selbstbewertung 1997. Richtlinien für Unternehmen. Brüssel 1996

EFQM (Hrsg.):
Spectrum. Fallstudie. Brüssel 2000

EFQM (Hrsg.):
The European Quality Award, 1998 Assessors. Brüssel 1997

EFQM (Hrsg.):
The Fundamental Concepts of Excellence. Brüssel 2003

EFQM (Hrsg.):
EFQM Assessor Modules, o. O., o. J.

Egger, M.:
Management von integrierten Geschäftsprozessen, Leitfaden zum IMS-Projekt. Institut für Technologie und Arbeit, Kaiserslautern 2002

Egger, M.; Schübel, U. F.; Zink, K. J.:
Total Quality Management (TQM) in Werkstätten für behinderte Menschen. Hamburg 2003

Egger, M.; Steinmetz, W.:
Bewertung der Erfahrungen bei der Zertifizierung des Produktions-/Dienstleistungsbereichs in rheinland-pfälzischen WfB. In: Schubert, H.-J.; Zink, K. J. (Hrsg.): Qualitätsmanagement im Gesundheits- und Sozialwesen. 2. Aufl., Neuwied, Kriftel 2001, S. 120–132

Eggert, A.; Fassott, G. (Hrsg.):
eCRM - Electronic Customer Relationship Management: Management der Kundenbeziehungen im Internetzeitalter. Stuttgart 2001

Eggs, I.; Rosemann, K.:
Informationstechnik als Instrument der Qualitätssicherung. In: CIM Management, 3. Jg. (1987), Heft 2, S. 26–34

Eichhorn, P.:
Strukturmodell zur Reorganisation der Kommunalverwaltung. In: Budäus, D. (Hrsg.): Organisationswandel öffentlicher Aufgabenwahrnehmung. Baden-Baden 1998, S. 211–221

Eiff, W. von:
Geschäftsprozessmanagement. In: FB/IE - Zeitschrift für Unternehmensentwicklung und Industrial Engineering, 45. Jg. (1996), Heft 1, S. 4–11

Eiff, W. von:
Geschäftsprozessmanagement. In: Zeitschrift Führung und Organisation, 63. Jg. (1994), Heft 6, S. 364–371

Ensthaler, J.:
Haftungsrechtliche Bedeutung von Qualitätssicherungsvereinbarungen. In: Neue Juristische Wochenschrift, 47. Jg. (1994), Heft 13, S. 817–821

Esser, C.; Behrens, S.:
Nutzung es EFQM-Modells für Excellence im Rahmen von Schulentwicklungsprozessen. In: Wirtschaft und Erziehung, Heft 1/2003, S. 3–8

Europäische Kommission (Hrsg.):
Die soziale Verantwortung der Unternehmen: Ein Unternehmensbeitrag zur nachhaltigen Entwicklung. Luxemburg 2002

Europäische Kommission (Hrsg.):
Europäische Rahmenbedingungen für die soziale Verantwortung der Unternehmen - Grünbuch. Luxemburg 2001

Ford-Werke AG (Hrsg.):
Q1-Qualitätsauszeichnung, Leitfaden, o. O. 1990

Ford-Werke AG (Hrsg.):
Weltweites Qualitätsbewertungssystem, Leitfaden, o. O. 1990

Ford, D. J.:
Benchmarking HRD. In: Training & Development, 47. Jg. (1993), Heft 6, S. 39

Freeman, R. E.:
Strategic Management. A Stakeholder Approach. Boston 1984

Frese, E.:
Ziele als Führungsinstrument, Kritische Anmerkungen zum Management by Objectives. In: Zeitschrift für Organisation, 40. Jg. (1971), Heft 5, S. 227–238

Fries, S.:
Neuorientierung der Qualitätskostenrechnung in prozessorientierten TQM-Unternehmen: Entwurf eines ganzheitlichen Entwicklungsprozesses zur Auswahl von Prozessmessgrößen. St. Gallen 1994

Fritz, W.:
Wie: Methoden und Instrumente des Outplacement. In: Schulz, D.; Fritz, W. et al. (Hrsg.): Outplacement. Wiesbaden 1989, S. 45–107

Furey, T.:
A Six-step Guide to Process Reengineering. In: Planning Review, 21 Jg. (1993), Heft 2, S. 20–23

Gaitanides, M.:
Je mehr desto besser? Zu Umfang und Intensität des Wandels bei Vorhaben des Business Reengineering. In: technologie & management, 44. Jg. (1995), Heft 2, S. 69–76

Gaitanides, M.:
Prozeßorganisation – Entwicklung, Ansätze und Programme prozeßorientierter Organisationsgestaltung. München 1983

Gaitanides, M.; Scholz, R.; Vrohlings, A.:
Prozeßmanagement – Grundlagen und Zielsetzungen. In: Gaitanides, M. et al. (Hrsg.): Prozeßmanagement – Konzepte, Umsetzungen und Erfahrungen des Reengineering. München, Wien 1994, S. 1–19

Garstang, S.; Ashworth, S.:
Milliken European Division: Kunden- und Mitarbeiterzufriedenheit. In: Zink, K. J. (Hrsg.): Business Excellence durch TQM: Erfahrungen europäischer Unternehmen. München, Wien 1994, S. 135–146

Geiger, W.:
Qualitätslehre – Einführung, Systematik, Terminologie. 2. Aufl., Braunschweig 1994

Granite Rock Company (Hrsg.):
Quality By Design – Application Summary. National Quality Award, 1992 Winner. Watsonville 1992

Hammer, H.; Champy, J.:
Business Reengineering – Die Radikalkur für das Unternehmen. Frankfurt, New York 1994

Hammer, M.:
Business back to Basics: Die 9-Punkte-Strategie für den Unternehmenserfolg. München 2002

Harrington, H. J.:
Business Process Improvement – the Breakthrough Strategy for Total Quality Productivity and Competitiveness. New York 1991

Harry, M. J.; Schroeder, R.:
Six Sigma: The Breakthrough Management Strategy Revolutionizing the world's Top Corporations. New York 1999

Haubner, O.; Hill, H.; Klages, H.:
1. Speyerer Qualitätswettbewerb 1992. In: Verwaltung, Organisation, Personal, 15. Jg. (1993), Heft 1, S. 46–50

Henhoff, R.:
What Motorola learns from Japan. In: Fortune, Vol. 119 (1999), No. 9, S. 157–168

Henkel KGaA (Hrsg.):
Der Henkel Nachhaltigkeitsbericht. Düsseldorf 2001

Hesse, J. J.; Ellwein, T.:
Das Regierungssystem der Bundesrepublik Deutschland – Band 1. 8. Aufl., Opladen 1997

Hill, H.:
Einführung eines neuen Steuerungsmodells. In: Verwaltungsorganisation, 29. Jg. (1995), Heft 1, S. 6–11

Höhn, R.:
Führungsbrevier der Wirtschaft. 7. Aufl., Bad Harzburg 1970

IBM Rochester (Hrsg.):
Center for Excellence – Customer Satisfaction Workshop. Rochester 1992

IBM Rochester (Hrsg.):
The Quality Journey Continues. 2. Aufl., Rochester 1991

IBM Rochester (Hrsg.):
The Quality Showcase. Rochester 1993

Imai, M.:
KAIZEN – Der Schlüssel zum Erfolg der Japaner im Wettbewerb. 12. Aufl., München 1994

Ishikawa, K.:
What is Total Quality Control? New York 1985

Janning, H.:
Rahmenbedingungen neuer Steuerungsmodelle und dezentraler Organisationsstruktur in der Kommunalverwaltung. In: Verwaltung, Organisation, Personal, 16. Jg. (1994), Heft 4, S. 239–245

Johann, H. P.; Werner, W.:
Managementsysteme für Qualität und Umweltschutz. In: UWF – UmweltWirtschaftsForum, 2. Jg. (1994), Heft 6, S. 53–57

Jung, M.:
Business Process Management: Ein vielseitiges Werkzeug. In: Mehdorn, H.; Töpfer, A. (Hrsg.): Besser – schneller – schlanker: TQM-Konzepte in der Praxis. Neuwied, Kriftel, Berlin 1994, S. 137–164

Kaplan, R. S.; Norton, D. P.:
The Balanced Scorecard: Translating Strategy into Action. Boston 1997

Karlöf, B.:
Das Benchmarking-Konzept: Wegweiser zur Spitzenleistung in Qualität und Produktivität. München 1994

Kennedy, A. A.:
Das Ende des Shareholder-Value. München 2001

King, B.; Schlicksupp, H.:
Idea Edge – Transforming Creative Thought into Organizational Excellence. Methuen 1998

Kißler, L. et al.:
Moderne Zeiten im Rathaus? Reform der Kommunalverwaltungen auf dem Prüfstand der Praxis. Berlin 1997

Kommunale Gemeinschaftsstelle für Verwaltungsvereinfachung (Hrsg.):
Das neue Steuerungsmodell – Begründung, Konturen, Umsetzung. Bericht 5/1993, Köln 1994

Kommunale Gemeinschaftsstelle für Verwaltungsvereinfachung (Hrsg.):
Das neue Steuerungsmodell: Definition und Beschreibung von Produkten. Bericht 8/1994, Köln 1994

Kommunale Gemeinschaftsstelle für Verwaltungsvereinfachung (Hrsg.):
Wege zum Dienstleistungsunternehmen Kommunalverwaltung, Fallstudie „Tilburg". KGSt-Bericht 19/1992, Köln 1992

Kotler, P.; Bliemel, F.:
Marketing-Management. 9. Aufl., Stuttgart 1999

Kotter, J. P.:
Chaos, Wandel, Führung: Leading Change. Düsseldorf 1997

Kotter, J. P.:
Leading Change. Boston 1996

Kunert AG (Hrsg.):
Geschäftsbericht der Kunert AG. Immenstadt 1993

Kunert AG (Hrsg.):
Öko-Bericht der Kunert AG. In: Kunert AG (Hrsg.): Geschäftsbericht der Kunert AG. Immenstadt 1993

Kunz, D.:
Qualitätsförderung im Suchthilfeverbund Jugendberatung und Jugendhilfe e. V. (JJ). In: Schubert, H.-J.; Zink, K. J. (Hrsg.): Qualitätsmanagement im Gesundheits- und Sozialwesen. 2. Aufl., Neuwied, Kriftel 2001, S. 168–184

Laukamm, T.:
Strategisches Management von Human-Ressourcen. In: Cisek, G. et al. (Hrsg.): Personalstrategien der Zukunft – Wie Unternehmen den technisch-kulturellen Wandel bewältigen. Hamburg 1988, S. 39–88

Legat, D.:
Hewlett-Packard S.A. Genf: Total Quality im Managementprozeß. In: Zink, K. J. (Hrsg.): Business Excellence durch TQM: Erfahrungen europäischer Unternehmen. München, Wien 1994, S. 79–89

Leibfried, K. H. J.:
Benchmarking – Von der Konkurrenz lernen, die Konkurrenz überholen. Freiburg 1993

Link, J.:
Customer Relationship Management – Erfolgreiche Kundenbeziehungen durch integrierte Informationssysteme. Berlin, Heidelberg 2001

Mackrodt, D.:
TQM – Total Quality Management im Vertrieb – dargestellt am Beispiel der Hewlett-Packard GmbH. In: Zink, K. J. (Hrsg.): Qualität als Managementaufgabe. 3. Aufl., Landsberg/Lech 1994, S. 185–202

Martin, C.; Weber, A.:
Was wissen die Mitarbeiter? In: Personalführung, 27. Jg. (1994), Heft 5, S. 244–247

Martinéz, J. L.:
Industrias del Ubierna SA – Ubisa: Prozesse, Politik und Strategie. In: Zink, K. J. (Hrsg.): Business Excellence durch TQM: Erfahrungen europäischer Unternehmen. München, Wien 1994, S. 118 ff.

Matsuda, T.:
„Organizational Intelligence" als Prozeß und als Produkt. In: technologie & management, 42. Jg. (1993), Heft 1, S. 12–17

Miele & Cie. GmbH & Co.:
Nachhaltigkeitsbericht 2002 – Produkte, Umwelt, Menschen. Gütersloh 2002

Momm, C.:
Organizational Intelligence. Das japanische Managementkonzept der Zukunft? In: technologie & management, 42. Jg. (1993), Heft 1, S. 45 f.

Motorola (Hrsg.):
2002 Malcolm Baldrige National Quality Award. Application Summary. o. O. 2002

National Institute of Standards and Technology (Hrsg.):
Malcolm Baldrige National Quality Award, 1995 Award Criteria. Gaithersburg 1994

National Institute of Standards and Technology (Hrsg.):
Malcolm Baldrige National Quality Award, 1997 Criteria for Excellence. Gaithersburg 1996

National Institute of Standards and Technology (Hrsg.):
Criteria for Performance Excellence. Gaithersburg 2003

Neuberger, O.:
Das 360°-Feedback. Alles fragen? Alles sehen? Alles sagen? München, Mering 2000

Neuberger, O.:
Das Mitarbeitergespräch. München 1973

Neumann, T.:
Integrierte Personalarbeit durch Projektmanagement – Die Rolle der Personalabteilung. In: Ackermann, K.-F. (Hrsg.): Reorganisation der Personalabteilung. Stuttgart 1994, S. 71–89

Nuland, Y. V. et al.:
Excellent – a guide for the implementation of the EFQM-Excellence Model. Blanden 1999

Osterloh, M.; Frost, J.:
Prozeßmanagement als Kernkompetenz: wie Sie Business Reengineering strategisch nutzen können. Wiesbaden 1996

Pfeffer, J.:
The Human Equation: Building Profits by Putting People First. Boston 1998

Pfeiffer, W.; Dögl, R.; Schneider, W.:
Das Technologie-Portfolio-Konzept als Tool zur strategischen Vorsteuerung von Innovationsaktivitäten. In: wisu – Das Wirtschaftsstudium, 18. Jg. (1989), Heft 8/9, S. 485–492

Rapp, R.:
Customer Relationship Management: Das neue Konzept zur Revolutionierung der Kundenbeziehungen. Frankfurt, New York 2000

Rapp, R.:
Customer Relationship Management: Die Entdeckung der Kundennähe. In: Manager-Seminare, o. Jg. (2001), Heft 49, S. 24

Rappaport, A.:
Shareholder Value: ein Handbuch für Manager und Investoren. 2. Aufl., Stuttgart 1999

Rauch-Geelhaar, C.; Puhl, H.:
Wer will was wozu wissen: Anwenderorientierte Wissenslogistik in einem Unternehmen der Automobilzulieferindustrie. In: Eppler, M. J.; Sukowski, O. (Hrsg.): Fallstudien zum Wissensmanagement: Lösungen aus der Praxis. St. Gallen 2001, S. 27–44

Reichard, C.:
Neue Ansätze der Führung und Leitung. In: König, K.; Siedentopf, H. (Hrsg.): Öffentliche Verwaltung in Deutschland. Baden-Baden 1997, S. 641–660

Reichard, C.:
Umdenken im Rathaus – Neue Steuerungsmodelle in der deutschen Kommunalverwaltung. 5. Aufl., Berlin 1996

Reichard, C.:
Umdenken im Rathaus. Neue Steuerungsmodelle in der deutschen Kommunalverwaltung. Berlin 1994

Reinermann, H.:
Die Krise als Chance: Wege innovativer Verwaltungen. Speyer 1994

Ritter, A.; Zink, K. J.:
Differenzierte Kleingruppenkonzepte als wesentlicher Bestandteil eines umfassenden, integrierenden Qualitätsmanagements. In: Zink, K. J. (Hrsg.): Qualität als Managementaufgabe. 3. Aufl., Landsberg/Lech 1994, S. 245–273

Ritz-Carlton Hotel Company (Hrsg.):
Application Summary. Atlanta 1992

Rückle, H.:
Feedback. In: Management Enzyklopädie. Band 3. 2. Aufl., München 1982, S. 487 f.

Rühl, G.:
Untersuchungen zur Arbeitsstrukturierung. In: Industrial Engineering, 3. Jg. (1973), Heft 3, S. 147–197

Rummler, G. A., Brache, A. P.:
How to manage the white space on the organisation chart. San Francisco 1990

Scheer, A.-W.:
EDV-orientierte Betriebswirtschaftslehre. 3. Aufl., Berlin, Heidelberg 1987

Schelten, A.; Tenberg, R.:
Zwischenbericht der wissenschaftlichen Begleitung des Modellversuches Quabs, München 2001

Schimmelpfennig, K.:
Ludwig-Erhard-Preis - Auszeichnung für Spitzenleistungen im Wettbewerb; Assessoren-Briefing 2002; interne Unterlage veröffentlicht mit Genehmigung des Autors

Schmidthals, E.; Streibl, U.:
Geschäftssegmentierung am Beispiel des Neuen Steuerungsmodells der KGSt. In: Verwaltung und Management, 1. Jg. (1995), Heft 4, S. 215–221

Scholz, R.; Vrohlings, A.:
Prozeß-Leistungs-Transparenz. In: Gaitanides, M. et al. (Hrsg.): Prozeßmanagement – Konzepte, Umsetzungen und Erfahrungen des Reengineering. München, Wien 1994, S. 57-98

Schübel, U. F.; Egger, M.:
Organisationsentwicklung durch Total Quality Management in Werkstätten für Behinderte. In: Schubert, H.-J.; Zink, K. J. (Hrsg.): Qualitätsmanagement im Gesundheits- und Sozialwesen. 2. Aufl., Neuwied, Kriftel 2001, S. 133–148

Schubert, R.; Littmann-Wernli, S.; Tingler, P.:
Corporate Volunteering: Unternehmen entdecken die Freiwilligenarbeit. Bern, Stuttgart, Wien 2002

Schubert, H.-J.; Zink, K. J. (Hrsg.):
Qualitätsmanagement im Gesundheits- und Sozialwesen. 2. Aufl., Neuwied, Kriftel, 2001

Schubert, H.-J.; Zink, K. J.; Albert, W.; Bahmer, F.:
Zentrale Prinzipien umfassender Qualitätsmanagementkonzepte und deren Übertragung auf Krankenhäuser. In: Schubert, H.-J.; Zink, K. J. (Hrsg.): Qualitätsmanagement im Gesundheits- und Sozialwesen. 2. Aufl., Neuwied, Kriftel 2001, S. 242–251

Schulte, C.:
Personal-Controlling mit Kennzahlen. München 1989

Seibel, W.:
Entbürokratisierung in der Bundesrepublik Deutschland. In: Die Verwaltung, o. Jg. (1986), Heft 2, S. 137–162

Senge, P. M.:
Die fünfte Disziplin: Kunst und Praxis der lernenden Organisation. 7. Aufl., Stuttgart 1999

Seyfahrt-Metzger, I.; Liebich, B.; Milla, G.:
Erfahrungen aus einer Selbstbewertung nach EFQM im Krankenhaus. In: Schubert H.-J.; Zink, K. J. (Hrsg.): Qualitätsmanagement im Gesundheits- und Sozialwesen. 2. Aufl., Neuwied, Kriftel 2001, S. 269–289

Shingo, S.:
Das Erfolgsgeheimnis der Toyota Produktion. Landsberg/Lech 1992

Siepmann, H.; Siemann, U.:
Verwaltungsorganisation. München 1981

Simon, H.:
Neue Konzepte für die Managementstrukturen der Zukunft. In: Zink, K. J. (Hrsg.): Wettbewerbsfähigkeit durch innovative Strukturen und Konzepte. München 1994, S. 323–336

Soin, S. S.:
Total Quality Control Essentials: Key Elements, Methodologies and Managing for Success. New York 1992

Sommerlatte, T.; Wedekind, E.:
Leistungsprozesse und Organisationsstruktur. In: Little, A. D. (Hrsg.): Management der Hochleistungsorganisation. Wiesbaden 1990, S. 23–41

Staehle, W. H.:
Management. 8. Aufl., München 1999

Standards Australia International (Hrsg.):
The Australian Business Excellence Framework 2003. Sydney 2003

Steeples, M. M.:
The Corporate Guide to the Malcolm Baldrige National Quality Award – Proven Strategies for Building Quality into your Organisation. 2. Aufl., Milwaukee 1993

Stewart, T. A.:
Der vierte Produktionsfaktor: Wachstum und Wettbewerbsvorteile durch Wissensmanagement. Übersetzung von Eggert, U., München, Wien 1998

Striening, H.-D.:
Prozeß-Management – Versuch eines integrierten Konzeptes situationsadäquater Gestaltung von Verwaltungsprozessen. Frankfurt/Main 1988

Sullivan, L. P.:
Quality Function Deployment. In: Quality Progress, o. Jg. (1986), Juni, S. 36–50

Tavolato, P.; Vicena, K.:
Prototyping Methology and its Tool. In: Budde, R. et al. (Hrsg.): Approaches to Prototyping. Heidelberg, New York 1984, S. 434–464

Terrell, P. (Hrsg.):
Pons Großwörterbuch Deutsch-Englisch, Englisch-Deutsch, Teil II: Englisch-Deutsch. Stuttgart 1991

Texas Instruments – Defense Systems & Electronics Group (Hrsg.):
Malcolm Baldrige Application Summary. Plano 1992

Texas Instruments (Hrsg.):
Semiconductor Group Total Quality. Dallas 1994

Texas Instruments Europe (Hrsg.):
Application for the European Quality Award 1995. Northampton 1995

Thul, M.; Zink, K. J.:
Gesundheitsassessment – ein methodischer Ansatz zur Bewertung von Gesundheitsmaßnahmen. In: Müller, R.; Rosenbrock, R. (Hrsg.): Betriebliches Gesundheitsmanagement, Arbeitsschutz und Gesundheitsförderung. St. Augustin 1998, S. 327–348

Thul, M. J.; Zink, K. J.:
Selbstbewertung als Ansatz zur Bewertung betrieblicher Gesundheitsmanagementsysteme. Konzept, Möglichkeiten und Grenzen. In: Pfaff, H.; Slesina, W. (Hrsg.): Effektive betriebl. Gesundheitsförderung. Konzepte und methodische Ansätze zur Evaluation und Qualitätssicherung. Weinheim, München 2001, S. 161–180

Tiemeyer, E.:
Computerunterstützte Optimierung von Geschäftsprozessen. In: FB/IE – Zeitschrift für Unternehmensentwicklung und Industrial Engineering, 44. Jg. (1995), Heft 6, S. 304–313

TNT United Kingdom (Hrsg.):
Submission for the 1998 European Quality Award. Atherstone 1998

Toyota Motor Corporation (Hrsg.):
The Customer Fight – TQC at Toyota. O. O. 1992

Trittmann, R.; Brössler, P.:
Effizienter Wissenstransfer in der Softwareentwicklung: Der sd&m-Ansatz. In: **Eppler, M. G.; Sukowski, O.** (Hrsg.): Fallstudien zum Wissensmanagement: Lösungen aus der Praxis. St. Gallen 2001, S. 163–188

Turner, L.; Droege, W.:
Rank Xerox Europe Ltd. – Resources, Impact on Society and Business Results. In: Zink, K. J. (Hrsg.): Successful TQM: inside stories from European quality award winners. Cambridge 1997, S. 65–81

Turner, L.; Droege, W.:
Rank Xerox Ltd.: Ressourcen, Auswirkungen auf die Gesellschaft und Geschäftsergebnisse. In: Zink, K. J. (Hrsg.): Business Excellence durch TQM: Erfahrungen europäischer Unternehmen. München, Wien 1994, S. 147–168

Ulrich, P.; Fluri, E.:
Management, Eine konzentrierte Einführung. 6. neubearb. u. erg. Aufl., Bern, Stuttgart 1992

United States Department of Commerce (Hrsg.):
Malcolm Baldrige National Quality Award – 1995 Award Criteria. Gaithersburgh 1994

Verordnung (EWG) Nr. 1836/93 des Rates der Europäischen Gemeinschaft. In: Amtsblatt der Europäischen Gemeinschaft, Nr. L 168/1 vom 10. Juli 1993

Volvo Cars Gent (Hrsg.):
Submission for the 1999 European Quality Award. Gent 1999

Wagenstaller, H.:
Modularbeit bei BMW. In: Zink, K. J. (Hrsg.): Erfolgreiche Konzepte zur Gruppenarbeit – Aus Erfahrungen lernen. Neuwied, Kriftel, Berlin 1995, S. 237–252

Wagner, D.; Grawert, A.; Langemeyer, H.:
Cafeteria-Modell: Möglichkeiten der Individualisierung von Entgeltsystemen für Führungskräfte. Stuttgart, Zürich 1993

Waldron, S.; Hurdle, T.:
BOC Special Gases: Führung durch Mitarbeiterorientierung. In: Zink, K. J. (Hrsg.): Business Excellence durch TQM: Erfahrungen europäischer Unternehmen. München, Wien 1994, S. 102–107

Watson, G. H.:
Benchmarking – vom Besten lernen. Landsberg/Lech 1993

Weth, M.:
Reorganisation zur Prozessorientierung. Frankfurt 1997

Whiteley, R. C.:
The Customer Driven Company, Moving from Talk to Action, The Forum Corporation. Reading 1992

Wildemann, H.:
Das Just-In-Time-Konzept, Produktion und Beschaffung auf Abruf. 2. Aufl., Frankfurt 1990

Wolfrum, B.:
Grundgedanke, Formen und Aussagewert von Technologieportfolios (I). In: wisu – Das Wirtschaftsstudium, 21. Jg. (1992), Heft 4, S. 312–320

Wollmann, H.:
Verwaltungsmodernisierung – Ausgangsbedingungen, Reformanläufe und aktuelle Modernisierungsdiskurse. In: Reichard, C.; Wollmann, H. (Hrsg.): Kommunalverwaltung im Modernisierungsschub? Basel, Boston, Berlin 1996, S. 1–49

Womack, J. P.; Jones, D. T.; Roos, D.:
Die zweite Revolution in der Autoindustrie: Konsequenzen aus der weltweiten Studie aus dem Massachusetts Institute of Technology. 8. Aufl., Frankfurt 1994

Womack, J. P.; Jones, D. T.; Roos, D.:
Konsequenzen aus der weltweiten Studie aus dem Massachusetts Institute of Technology. München 1998

Yellow Pages (Hrsg.):
Application for the 1999 European Quality Award. Berkshire 1999

Zink, K. J.:
Traditionelle und neuere Ansätze der Organisationsentwicklung. In: Zink, K. J. et al. (Hrsg.): Industrial Engineering und Organisationsentwicklung im kommenden Dezennium. München 1979, S. 61–75

Zink, K. J.:
Quality Circles – noch ein Thema? In: Personalführung, 23. Jg. (1990), Heft 3, S. 147–153

Zink, K. J.:
Selbststeuerung im Rahmen differentieller und dynamischer Ausbildungskonzepte. In: Arnold, R. (Hrsg.): Taschenbuch der betrieblichen Bildungsarbeit. Hohengehren 1991, S. 190–199

Zink, K. J.:
Simultaneous Engineering und Total Quality Management. In: Scheer, A.-W. (Hrsg.): Simultane Produktentwicklung. München 1992, S. 485–515

Zink, K. J.:
Qualitätswissen, Lernkonzepte für moderne Unternehmen. Berlin, Heidelberg 1997

Zink, K. J.:
Bewertung ganzheitlicher Unternehmensführung: am Beispiel des Ludwig-Erhard-Preises für Spitzenleistungen im Wettbewerb. München, Wien 1998

Zink, K. J.:
Human Resources und Business Excellence - Arbeitspolitik unter veränderten Rahmenbedingungen. In: Institut für angewandte Arbeitswissenschaft e. V. (Hrsg.): Arbeitsorganisation in der Automobilindustrie - Stand und Ausblick. Köln 2000, S. 24–39

Zink, K. J.:
Neuere Entwicklungen im Qualitätsmanagement in Werkstätten für Behinderte (WfB). In: Schubert, H.-J.; Zink, K. J. (Hrsg.): Qualitätsmanagement im Gesundheits- und Sozialwesen. 2. Aufl., Neuwied, Kriftel 2001, S. 89–105

Zink, K. J. (Hrsg.):
Qualität als Managementaufgabe - Total Quality Management. 2. überarb. Aufl., Landsberg/Lech 1992

Zink, K. J. (Hrsg.):
Business Excellence durch TQM, Erfahrungen europäischer Unternehmen. München, Wien 1994

Zink, K. J. (Hrsg.):
Successful TQM: Inside Stories from European Quality Award Winners. Cambridge 1997

Zink, K. J.; Behrens, S.:
Ansätze für Bewertung und Qualitätsmanagement. In: Grundlagen der Weiterbildung - Zeitschrift, Heft 6/2000, S. 274–276

Zink, K. J.; Blickle, G.; Ritter, A.:
Lernen als kooperative Problembewältigung vor Ort - Arbeitsstrukturierung, qualifizierende Arbeitsgestaltung, Problemlösungsgruppen. In: Arnold, R. (Hrsg.): Taschenbuch der betrieblichen Bildungsarbeit. Hohengehren 1991, S. 179–190

Zink, K. J.; Braig, D.:
Mitarbeiterbeteiligung bei Innovations- und kontinuierlichen Verbesserungsprozessen. In: Reichwald, R.; Wildemann, H. (Hrsg.): Kreative Unternehmen - Spitzenqualität durch Produkt- und Prozessinnovationen. Stuttgart 1995, S. 286–298

Zink, K. J.; Brandstätt, T.:
Gestaltung von Geschäftsprozessen im Rahmen umfassender Qualitätsmanagement-Konzepte. In: wisu - Das Wirtschaftsstudium, 25. Jg. (1996), Heft 8/9, S. 743–749

Zink, K. J.; Brandstätt, T.:
Prozessmanagement – ein Organisationskonzept für Kommunalverwaltungen. In: Institut für Technologie und Arbeit, Universität Kaiserslautern; Stadtverwaltung Pirmasens (Hrsg.): Prozessmanagement in der Stadtverwaltung Pirmasens: Konzept, Realisierung und Erfahrungen. Pirmasens 1999, S. 1–28

Zink, K. J.; Brandstätt, T.:
Prozessmanagement in der kommunalen Verwaltung. Möglichkeiten und Grenzen aus der Sicht der Praxis. In: Wojda, F. (Hrsg.): Innovative Organisationsformen. Neue Entwicklungen in der Unternehmensorganisation. Stuttgart 2000, S. 399–433

Zink, K. J.; Esser, C.:
KMU-Kooperationen – Strukturierte Auswahl von Partnern. In: FB/IE – Zeitschrift für Unternehmensentwicklung und Industrial Engineering, 51. Jg. (2002), Heft 4, S. 170–173

Zink, K. J.; Schick, J.:
Quality Circles . Band 1. München, Wien 1987

Zink, K. J.; Schmidt, A.; Bäuerle, T.:
Train-the-Trainer-Konzepte, Arbeitsmaterialien zur Vermittlung von Qualitätswissen. Berlin, Heidelberg 1997

Zink, K. J.; Steimle, U.; Liebrich, A.:
Grundkonzeption eines weiterbildenden Fernstudienganges „Ganzheitliche Unternehmensführung". Internes Arbeitspapier Nr. 1-2003, Lehrstuhl für Industriebetriebslehre und Arbeitswissenschaft an der Universität Kaiserslautern 2003

Zink, K. J.; Voß, W.; Reuter, A. Y.:
Qualitätsmanagement und Business Excellence. In: VDI-Z, 143. Jg. (2001), Heft 5, S. 27–30

Abkürzungsverzeichnis

AAA	American Automobile Association
ADRI	Approach, Deployment, Results, Improvement
AEE	Association of Energy Engineers
AES	Alpine Electronics Suisse
AOL	America Online
ASU	Arbeitsgemeinschaft selbständiger Unternehmen
B.A.U.M.	Bundesdeutscher Arbeitskreis für umweltbewusstes Management
BBS	Berufsbildende Schulen
BSHG	Bundessozialhilfegesetz
CBT	Computer-Based Training
CIC	Customer-Interaction-Center
CIP	Continuous Improvement Process
CRM	Customer Relationship Management
CSR	Corporate Social Responsibility
DFA	Design for Assembly
DFM	Design for Manufacturing
DGQ	Deutsche Gesellschaft für Qualität e. V.
DIN	Deutsches Institut für Normung
DLZ	Durchlaufzeit
DOE	Design of Experiments
DQS	Deutsche Gesellschaft für Qualitätssicherung e. V.
DRG	Diagnosis Related Groups
DSEG	Defense Systems and Electronics Group
DV	Datenverarbeitung
EDV	Elektronische Datenverarbeitung
EFQM	European Foundation for Quality Management
EG	Europäische Gemeinschaft
EMAS	Eco Management and Audit Scheme
EMI	Early Manufacturing Involvement Team
EN	Europäische Normung
EQA	European Quality Award
EU	Europäische Union
FK	Führungskräfte
FMEA	Fehlermöglichkeits- und -Einflussanalyse
GuV	Gewinn-und-Verlust-Rechnung
HRL	Hochregallager
HRM	Human Resource Management
I.u.K.	Informations- und Kommunikationstechnologien
IPDP	Individual Professional Development Plan
ISO	International Standardization Organization
ITA	Institut für Technologie und Arbeit
JJ	Verein Jugendberatung und Jugendhilfe e. V.
KGSt	Kommunale Gemeinschaftsstelle

KMS Krankenhaus München-Schwabing
KonTraG Gesetz zur Kontrolle und Transparenz im Unternehmensbereich
KTL Kleinteilelager
KTQ® Kooperation für Transparenz und Qualität im Krankenhaus
KVP Kontinuierlicher Verbesserungsprozess
LEP Ludwig-Erhard-Preis
MBNQA Malcolm Baldrige National Quality Award
MDS Mercedes Development System
MIT Massachusetts Institute of Technology
MOFI Milliken Opportunity for Improvement
O.E. Organisationsentwicklung
O.I. Organizational Intelligence
OHSAS Occupational Health and Safety Assurance System
OH&S Occupational Health & Safety
PDCA Plan, Do, Check, Act
QuabS Qualitätsentwicklung an beruflichen Schulen
QC Quality Circle
QFD Quality Function Deployment
QIT Quality Improvement Teams
QKZ Qualitätskennzahl
QM Qualitätsmanagement
RCM Risiko- und Chancen-Management
ROE Return on Equity
ROI Return on Investment
RX Rank Xerox
SCRA Symptom, Cause, Remedy, Action
SEMATECH Semiconductor Manufacturing Technology
SGB Sozialgesetzbuch
SPC Statistical Process Control
SQC Statistical Quality Control
SWOT Strengths, Weaknesses, Opportunities, Threats
TI Texas Instruments
TOP Teamorientierte Produktion
TPM Total Productive Maintenance
TPS Toyota Production System
TQ Total Quality
TQC Total Quality Control
TQM Total Quality Management
USD United States Dollar
UWD Ursache-Wirkungs-Diagramm
VCG Volvo Cars Gent
VDA Verband der Automobilindustrie
VDE Verband Deutscher Elektrotechniker e. V.
VDI Verein Deutscher Ingenieure e. V.
WfbM Werkstätten für behinderte Menschen
WHO World Health Organization

Stichwortverzeichnis